Die
Forstliche Statik.

Ein Handbuch
für leitende und ausführende Forstwirte
sowie zum Studium und Unterricht.

Von

Dr. H. Martin,

Königl. preußischem Forstmeister und Professor der Forstwissenschaft
an der Forstakademie zu Eberswalde.

Springer-Verlag Berlin Heidelberg GmbH

1905

ISBN 978-3-662-40804-9   ISBN 978-3-662-41288-6 (eBook)
DOI 10.1007/978-3-662-41288-6

Softcover reprint of the hardcover 1st edition 1905

Vorwort.

Daß man in jeder Art von Wirtschaft die Erträge und Produktionskosten gegeneinander abwägen muß, ist so selbstverständlich, daß eine besondere Begründung hierfür nicht erforderlich ist. Gleichwohl hat die forstliche Statik, welche diese Abwägung vornehmen soll, seither in der praktischen Betriebsführung wenig Anwendung gefunden. Sehr charakteristisch war die Beurteilung, welche der ersten selbständigen Schrift über die forstliche Statik zuteil geworden ist. Borggreve schloß die erste Abteilung seiner „Forstreinertragslehre", welche die Überschrift führt: „Wesen und Ziele der G. Heyerschen Statik" mit den Worten: „Wer hiernach die forstliche Statik noch für eine bemerkenswerte theoretische — also mathematische — Errungenschaft resp. Leistung G. Heyers, für eine selbständige Disziplin, für die Blüte am Baum der forstlichen Erkenntnis ansieht — dem vermag ich jedenfalls nicht beizukommen, vielleicht ist er sogar gegen das Kämpfen der Götter gefeit." Ney reihte seiner Sammlung von Waldliedern („Lieder und Reimereien eines alten Grünrocks aus der Pfalz" — Straßburg 1896) ein Gedicht ein, welches „Die forstliche Statik" überschrieben ist und mit den Worten beginnt: „Ich liebe die Forstwissenschaften und pflege sie, wo ich nur kann. Für eine nur kann ich nicht schwärmen, das ginge mir wider den Mann. Ich lerne sie niemals begreifen, mir reicht dazu nicht der Verstand, gehört zur Waldwertberechnung, wird forstliche Statik genannt." Zum Schlusse heißt es: „Sind gefunden die wirklichen Werte, von A, von K und von D, vielleicht in dem nächsten Jahrhundert, glaub ich an das forstliche p. Bis dahin die forstliche Statik mit Mißtrauen stets ich betracht', sind auch ihre zierlichen Formeln ganz richtig und logisch erdacht." Beide Äußerungen haben bisweilen zur Erheiterung der Fachgenossen beigetragen. Aber sie haben doch, zumal sie von anerkannt tüchtigen und einflußreichen

Männern herrühren, ihre ernste Seite und geben allen, welche sich
mit dem Gegenstande beschäftigen, Anlaß zum Nachdenken.

Die leitenden Behörden, welchen die Regelung des Ertrags und
die Feststellung der Kosten obliegt, haben sich im allgemeinen
gegen die forstliche Statik teils reserviert, teils ablehnend verhalten.
Namentlich hat diese in der Fassung, die G. Heyer ihr hat ange-
deihen lassen, keine Anwendung gefunden, während die Anregungen,
die Preßler gegeben hatte, wenigstens in der Anwendung des Zu-
wachsbohrers und im Begriff des Weiserprozents den Forstwirten
geläufiger geworden sind. Für die Zurückhaltung der Regierungen
auf dem vorliegenden Gebiet bestanden auch triftige Gründe. Die
Statik in die Praxis einzuführen ist Aufgabe der Forsteinrichtungs-
behörden. Diese hatten vielfach andere, dringendere Aufgaben zu
erledigen. In Preußen stand vor 30 Jahren, als die Statik Heyers
erschienen war, die wirtschaftliche Einteilung an erster Stelle; sie
bildete in den Gebirgsforsten in den Jahren von 1870—1890 den
wichtigsten und schwierigsten Teil der Forsteinrichtungsarbeiten.
In den neuen Landesteilen fand zu derselben Zeit die Ablösung
zahlreicher Servituten statt, die oft den Abtrieb großer Holzmassen
auf den Abfindungsflächen nötig machte. Dazu kamen noch manche
Naturschäden, welche der Wirtschaft eine so bestimmte Richtung
gaben, daß statische Untersuchungen irgend welcher Art nicht
erforderlich waren. Naturschäden werden nun auch in Zukunft
nicht ausbleiben und die Anwendung statischer Grundsätze in vielen
Fällen überflüssig machen. Allein im ganzen geht doch die fortschreitende Entwicklung dahin, daß die ökonomischen Verhältnisse
der Forstwirtschaft bestimmter nachgewiesen werden müssen als es
früher erforderlich war. Nachdem die meisten deutschen Waldungen, insbesondere die Staatsforsten, vermessen und eingeteilt,
die schädlichen Nebennutzungen aufgehoben und die formalen Verhältnisse der Taxation wohlgeordnet sind, bilden die statischen
Fragen der Hiebsreife, des ökonomischen Verhaltens der Holz- und
Betriebsarten, des Einflusses der Durchforstungen auf den Ertrag u. a.
die wichtigsten Aufgaben für die Vertreter des Forsteinrichtungswesens.

Die vorliegende Schrift tritt ihren Vorgängerinnen gegenüber
mit veränderter Form, zum Teil auch mit verändertem Inhalt auf.
Die Ursache der veränderten Methode ist in der Einteilung begründet; bezüglich des Inhalts muß auf die einzelnen Abschnitte

verwiesen werden. An dieser Stelle sind dagegen einige Bemerkungen darüber am Platze, ob das Erscheinen, ob namentlich eine Fortsetzung dieser Schrift wünschenswert und begründet ist. Dem Verfasser selbst ist dies zur Zeit noch zweifelhaft; er will daher seine Ansicht hier kurz niederlegen.

Jede Arbeit verlangt einen Erfolg; ohne Erfolg bleibt sie besser ungetan; ohne die Aussicht auf Erfolg fehlt jeder Sporn zur Ausführung. Auch die vorliegende Arbeit untersteht diesem allgemeinen Gesetz für die Betätigung menschlicher Arbeitskraft. Als Erfolg kann aber für diese Schrift nichts anderes in Frage kommen, als daß ihre Ergebnisse in der praktischen Wirtschaft zur Anwendung gelangen; und zwar nicht etwa nur im Walde irgend eines Privatbesitzers Müller oder Schulze, sondern in der großen Wirtschaft des deutschen Volkes. In erster Linie nimmt der Verfasser hierbei auf die preußische Staatsforstverwaltung, der er angehört und der er die vorliegende Schrift widmet, Bezug. Ohne die Aussicht auf einen solchen Erfolg hat der Verfasser so wenig Neigung, die hier begonnene Arbeit fortzusetzen, als ein Holzhauer oder Bergarbeiter, der keinen Tagelohn erhält. Was sollte ihn hierzu bewegen? Stilübungen vorzunehmen unter Zusammenfassung eigener und fremder Gedanken ist keine befriedigende Tätigkeit; sie würde erfolgreicher auf andere Gebiete verwandt werden. Für den Zweck des akademischen Unterrichts, der den ersten Anlaß zu dem vorliegenden allgemeinen Teil gegeben hat, kann die Statik in viel kürzere, leichtere Formen zurechtgestutzt werden, ähnlich wie dies vom Verfasser mit anderen Gegenständen des forstlichen Unterrichts, die er zu vertreten hat, geschehen ist. Um aber einzelne Fragen, die zeitweise das forstliche Interesse in besonderem Grade in Anspruch nehmen, zu behandeln, ist die Darstellung in der Form von Aufsätzen in forstlichen Zeitschriften, ein bequemerer, dem Verfasser offen stehender Weg. Die viel Zeit und Arbeit in Anspruch nehmende systematische Bearbeitung des vorliegenden Gegenstandes, der sich besondere Schwierigkeiten entgegenstellen, kann, nachdem die theoretischen Grundlagen der Wirtschaft zur Genüge erörtert sind, nur in der Einführung der Ergebnisse in die große Praxis einen entsprechenden Lohn finden. Hierin liegt überhaupt der wesentlichste Zweck der Forstwissenschaft. Die literarischen, wissenschaftlichen Arbeiten sollen die amtlichen, praktischen vorbereiten und ergänzen. Beide sind aufeinander angewiesen. Die amtliche

Praxis kann nur gute Vorschriften erteilen, wenn sie sich dabei auf richtige physiologische, bodenkundliche und ökonomische Prinzipien stützt. Andererseits ist aber der Fortschritt aller Anwendungen der Wirtschaftslehre an die Unterstützung der praktischen Verwaltung gebunden. Der Verfasser wendet sich deshalb an die Leiter der größeren Staatsforstwirtschaften, in erster Linie an die preußische Staatsforstverwaltung, mit der Bitte, ihn, falls diese Schrift fortgesetzt wird, in einer ev. vorher zu bezeichnenden Weise zu unterstützen. Dabei ist aber eine weitere Voraussetzung, daß bezüglich der allgemeinen Grundgedanken eine (nicht kleinlich aufzufassende) Übereinstimmung stattfindet, namentlich betreffs der Grundgedanken der Reinertragslehre. Ohne diese Voraussetzung würde der Verfasser gleichfalls von der Fortsetzung dieses Buches Abstand nehmen und (wie er schon begonnen hat) seine Arbeit anderen Gegenständen zuwenden. Die Berechtigung zu einer konservativen Richtung verkennt der Verfasser durchaus nicht; gerade die Staatsforstverwaltung hat Anlaß, sie zu vertreten. Aber der Konservatismus in der Forstwirtschaft kann und muß anders begründet werden, als durch eine Bekämpfung der Grundsätze der Reinertragslehre, die in der vollen Würdigung der Produktionsfaktoren der Forstwirtschaft ihre bleibende Bedeutung hat.

Der vorliegende erste Band der forstlichen Statik enthält zunächst allgemeine, auf Ertrag und Kosten bezügliche Sätze, welche für alle Holzarten, Betriebsarten usw. eine Anwendung zulassen. Es liegt im Wesen der Sache, daß das Allgemeine und Besondere hier nicht immer scharf getrennt werden kann. Dann folgt die Wahl der Kulturarten, wobei der Verfasser vorzugsweise auf die Verhältnisse Preußens Bezug nimmt. Die Fortsetzung der Schrift würde sich auf die Wahl der Holzarten, der Betriebsarten, die Art der Bestandesbegründung, den Durchforstungs- und Lichtungsbetrieb und die Umtriebszeit zu erstrecken haben. Es bedarf aber kaum der Begründung, daß eine Fortsetzung nicht schnell, sondern nur sehr allmählich würde erfolgen können. Abgesehen von der Fülle des Stoffs, der Menge der Waldbilder, der Vielseitigkeit der technischen Maßnahmen, auf welche dabei Bezug genommen werden muß, kommt als zwingender Grund für den etwaigen Fortgang der Arbeit der Umstand hinzu, daß das statistische Material, welches zu den genannten Aufgaben notwendig ist, in der wünschenswerten Verfassung zur Zeit nicht vorliegt. Dies Material betrifft namentlıch den Nachweis des Wertzuwachses, welcher den wichtigsten Bestimmungsgrund der Erziehung und der Umtriebszeit der Bestände bildet. Ein Nachweis des Ganges der Wertbildung hat eine gute Sortierung des Stammholzes zur Voraussetzung. Seither ist diese vielfach nicht in der wunschenswerten Weise bewirkt. Zufolge der dankenswerten Anregung des Forstwirtschaftsrats wird in Zukunft die Sortierung sich einheitlicher und sachgemäßer gestalten. Insbesondere wird dies auch in Preußen der Fall sein. Durch Erlaß des Landwirtschaftsministeriums vom 28. Februar d. J. sind neue Taxklassen angeordnet worden, welche vom 1. Oktober d. J. zur Anwendung gelangen werden. Diese würde der Verfasser ev. in erster Linie bei der Fortsetzung dieser Schrift benutzen. Wenigstens zwei Wirtschaftsjahre müßten aber abgelaufen sein, ehe man die Ergebnisse der Statistik zu dem angegebenen Zweck verwenden kann. Daher kann eine Fortsetzung, wenn sie überhaupt erfolgt, erst nach Ablauf der Wirtschaftsjahre 1906 und 1907 in Angriff genommen werden. —

Was die Literatur betrifft, so hat der Verfasser die wesentlichsten einschlägigen literarıschen Erscheinungen bis zur neuesten Zeit, soweit sie ihm zu Gebote standen, zu benutzen gesucht. Vollständig wird ihm dies nicht gelungen sein. Weit mehr Lücken und Mängel als betreffs der Literatur liegen zweifellos bezüglich der weniger leicht zugänglichen amtlichen Erlasse vor. Diese haben auf die wirkliche Gestaltung des Forstwesens einen weit größeren Einfluß ausgeübt, als die veröffentlichten Schriften; sie müssen deshalb auch möglichst berücksichtigt werden. Von allgemeinen Verfügungen der neuesten Zeit, die zum Inhalt dieser Schrift in Beziehung stehen, ist der Erlaß des preußischen Landwirtschaftsministeriums vom 15. Mai 1905, betreffend Waldwertberechnungen, zu erwähnen. Er konnte nicht mehr benutzt werden. Im wesentlichen befinden sich aber die den Zinsfuß und den Wert betreffenden Ausfuhrungen dieser Schrift mit den in kurzen Sätzen niedergelegten Bestimmungen jener Verfügung in Übereinstimmung. Vom sächsischen Finanzministerium ist unter dem 22. November 1904 eine „Anweisung zur Anfertigung von Wertsermittelungen" erlassen, welche zunächst für die Zwecke der Veräußerung bestimmt, aber auch für statische Fragen von Bedeutung ist. Von diesem Erlaß erhielt der Verfasser erst während der Drucklegung Kenntnis; der Inhalt ist in der Note S. 281 angegeben.

Die in den Noten angegebenen Zitate enthalten vielfach eine wörtliche Wiedergabe charakteristischer Stellen der betreffenden Autoren. Dies ist zunächst mit Rücksicht auf die Bequemlichkeit des Buches für den eigenen akademischen Gebrauch geschehen; ein Suchen und Nachschlagen wird dadurch entbehrlich. Aber es wird auch für manchen Leser von Interesse sein, solche Stellen wörtlich wiedergegeben zu sehen.

Bei der Abfassung der vorliegenden Schrift ist der Verfasser von zahlreichen Fachgenossen, insbesondere von Vertretern des preußischen Landwirtschaftsministeriums und der sächsischen Forsteinrichtungsanstalt, sowie von den in den betreffenden Noten genannten Oberforstmeistern, Forsträten, Oberförstern und Forstassessoren unterstützt worden. Allen diesen Herren sei an dieser Stelle herzlicher Dank ausgesprochen! Ebenso den Herren Kollegen, die den Verfasser auf seinen Reisen in den im zweiten Teile genannten Wirtschaftsgebieten freundlichst geführt haben.

Eberswalde,

im Monat der Feier des 75 jährigen Bestehens der Forstakademie und der Enthüllung des Danckelmann-Denkmals.

H. Martin.

Inhaltsverzeichnis.

Einleitung. Seite
1. Begriff 1
2. Einteilung 1
3. Zur Geschichte der forstlichen Statik 2
   a) Forstliche Literatur 2
   b) Schriften von Landwirten und Nationalökonomen 9
   c) Ausbildung der Statik durch die forstliche Praxis 12
   d) Ausbildung der Statik durch die forstlichen Versuchsanstalten 14
4. Behandlung der forstlichen Statik 15

ₗErster Teil.

Grundlagen und Methoden der forstlichen Statik.

Erster Abschnitt.

Die Erzeugung der Holzmasse durch den Zuwachs.

I. Die Grundbedingungen der Zuwachsbildung 26
  1. Der Einfluß des Standorts auf den Zuwachs 27
    a) Das Verhalten des Bodens 27
    b) Das Verhalten der Lage 30
  2. Der Einfluß der Bestandesverhältnisse auf den Zu-
    wachs 31
  3. Der Einfluß des Holzgehalts 35
    a) Der Gehalt des Holzes an Mineralstoffen 35
    b) Das Trockengewicht 38
  4. Verschiedenheiten der Zuwachsmasse 39
    a) Nach Holzarten 40
    b) Nach Betriebsarten 40
    c) Nach dem Alter 40
    d) Nach der Bestandesstellung 41
II. Der laufende Zuwachs 41
 A. Der Höhenzuwachs 42
 B. Der Stärkezuwachs 45
  1. Der Stärkezuwachs des einzelnen Stammes 45
    a) Ohne Rücksicht auf die Höhe, in welcher die Querschnitte
      gemessen werden 45
    b) In verschiedenen Baumhöhen 54
    c) Der Einfluß von Lichtungen auf den Stärkezuwachs . . . 57
  2. Der Kreisflächenzuwachs in Beständen 59
    a) Normale Bestände 61
    b) Reale Bestände 64

Seite

C. Der Massenzuwachs 66
  1. Verlauf des Zuwachses in vollen Beständen 66
    a) In der ersten Jugend 67
    b) Im Dickungsalter 67
    c) Im jüngeren und mittleren Stangenholzalter 67
    d) Im höheren Stangenholzalter 68
    e) Im Baumholzalter 68
    f) Bei den natürlichen Verjüngungen 68
    g) Die Dauer der einzelnen Stufen 68
  2. Der Einfluß von Lichtungen auf den Massenzuwachs
     der Bestände 70
    a) Allgemeine Grundsätze 70
    b) Gefahren und Mißstände, die mit dem Lichtungszuwachs
       verbunden sein können 72
    c) Regeln für die Ausnutzung des Lichtungszuwachses . . . 73
  3. Die Verteilung des laufenden Zuwachses 74
    a) Verteilung des Zuwachses auf die Stammklassen 75
    b) Verteilung des Zuwachses auf Haubarkeits- und Vornutzung 78
III. Der Durchschnittszuwachs 84
  1. Unterscheidungen 84
  2. Der Haubarkeitsdurchschnittszuwachs 85
  3. Der Durchschnittszuwachs an Gesamtmasse 87
  4. Das Verhältnis des Durchschnittszuwachses zum
     laufenden Zuwachs 88

Zweiter Abschnitt.

Die Bildung der Werte des Holzes.

I. Gebrauchswert 93
  1. Die technischen Eigenschaften des Holzes 93
  2. Bestimmungsgründe für den Gebrauchswert 96
    a) Standortsverhältnisse 96
    b) Bestandesverhältnisse 98
  3. Mittel, den Gebrauchswert des Holzes zu erhöhen . 99
  4. Die Bildung der Sortimente 103
II. Tauschwert 109
  1. Maßstab des Tauschwertes 109
  2. Das Verhältnis von Gebrauchs- und Tauschwert . . 113
  3. Die Bestimmungsgründe des Tauschwertes 116
    a) Im allgemeinen 116
    b) Bei dem Hauptprodukt der Forstwirtschaft 119
  4. Ermittelung und Darstellung der Preise 124
    a) Nach Sortimenten 124
    b) Nach Alter und Standort 124
    c) Zeitliche Veränderungen der Holzpreise 126
    d) Örtliche Verschiedenheiten der Holzpreise 127
  5. Einfluß der Holzpreise auf die Wirtschaftsführung 128

Dritter Abschnitt.

Die Produktionskosten der Forstwirtschaft.

I. Arbeitslöhne 133
  1. Allgemeines 133
  2. Die einzelnen Zweige der forstlichen Arbeit 141
    a) Holzhauerlöhne 141
    b) Kulturkosten 142
    c) Verwaltungskosten 144
    d) Sonstige Kosten 145

Seite

II. Kapital als Bestandteil der Produktionskosten 146

  1. Begriff und Bedeutung des Vorrats 147
  2. Besondere Eigentümlichkeiten des Vorrats 149
    a) Das Verbundensein mit dem Boden 149
    b) Die lange Dauer der Erzeugung 150
  3. Bestimmungsgründe für die Höhe des Vorrats-
     kapitals 151
    a) Forsttechnische Bestimmungsgründe 151
    b) Ökonomische Bestimmungsgründe 152
  4. Berechnung des Vorrats 153
    a) Die Masse des Vorrats 154
    b) Berechnung des Werts des Vorrats 157
  5. Der Zinsfuß für das Holzvorratskapital 164
    a) Die Höhe des Zinsfußes 164
    b) Unterschiede des forstlichen Zinsfußes 173
    c) Die Anwendung des Zinsfußes 177

III. Der Boden als Bestandteil der Produktionskosten 179

  1. Bodenwert und Bodenrente im allgemeinen 179
  2. Bodenrenten und Bodenwerte in der Forstwirtschaft 186
    a) Ursache der Entstehung der forstlichen Bodenrente und
     ihrer Unterschiede 186
    b) Die Abhängigkeit der Rente des Waldbodens von der-
     jenigen anderer Kulturarten 189
    c) Die Berechnung der Bodenwerte und Bodenrenten . . . 191
    d) Bodenwerte und Bodenrenten als Folge der Wirtschaft . 193

Vierter Abschnitt.

Der Reinertrag der Forstwirtschaft.

I. Begriffe 197

  1. Unterscheidungen des Reinertrags nach dem Wirt-
    schaftssubjekt 107
    a) Volks- und privatwirtschaftlicher Reinertrag 197
    b) Verschiedenheit der Wirtschaft nach den Eigentumsver-
     hältnissen 206
  2. Unterscheidung des Reinertrags nach dem Objekt . 210
    a) Waldreinertrag 211
    b) Bodenreinertrag 212
    c) Unternehmergewinn 213

II. Methoden 214

  1. Die Hiebsreife des Einzelbestandes 216
    a) Nach dem Weiserprozent 216
    b) Nach Massen- und Wertzuwachsprozenten 219
  2. Der Reinertrag des aussetzenden Betriebs 221
    a) Die Bestimmung des Unternehmergewinns 221
    b) Die Verzinsung des Produktionsfonds 222
  3. Der Reinertrag des jährlichen Betriebs 223

III. Folgerungen 225

  1. Die Bodenrente als bestimmendes Prinzip der
    Bodenkultur 225
    a) Guts- und Bodenrente in der Landwirtschaft 226
    b) Wald- und Bodenrente in der Forstwirtschaft 228
  2. Die Zunahme der Intensität der Bodenkultur . . . 230
    a) In der Landwirtschaft 230
    b) In der Forstwirtschaft 232

Zweiter Teil.
Anwendungen.

Erster Abschnitt.

Wahl zwischen landwirtschaftlicher und forstwirtschaftlicher Benutzung des Bodens.

Seite

A. Die Ausscheidung des Schutzwaldes 238
  1. Erklärungen 238
  2. Gesetzliche Maßnahmen 240
  3. Forsttechnische Maßnahmen 245

B. Flächen, für deren Bewirtschaftung der Ertrag den Bestimmungsgrund bildet 249
  I. Die Bestimmung der Kulturart auf Grund von Berechnungen 250
    1. Landwirtschaftlich benutzte Flächen 250
      a) Die Ermittelung des Rohertrags 251
      b) Die Ermittelung der Reinerträge 255
        I. Äcker 256
        II. Wiesen 262
        III. Weiden 269
    2. Forstwirtschaftlich benutzte Flächen 275
      a) Rohertrag 275
      b) Reinertrag 276
        I. Regelmäßige Fichtenbestände 277
        II. Regelmäßige Kiefernbestände 284
        III. Ödland 286
          1. Sandböden in Norddeutschland 290
            Schleswig-Holstein 290
            Hannover 293
            Östliche Provinzen Preußens 298
          2. Gebirgsböden Westdeutschlands 301
    3. Vergleichung der land- und forstwirtschaftlichen Bodenrente 305
  II. Bestimmung der Kulturart auf gutachtlichem Wege 315
    1. Chemisch-physikalische Bestimmungsgründe der Kulturart 316
      a) Der Einfluß des Bodens auf die Wahl der Kulturart . . . 316
        1. Der chemische Gehalt des Bodens 316
        2. Die physikalischen Eigenschaften 322
      b) Der Einfluß der Lage auf die Kulturart 325
    2. Ökonomische Bestimmungsgründe für den Standort der Land- und Forstwirtschaft 328
      a) Die Schwere und Haltbarkeit der Erzeugnisse 329
        1. Einfluß in der Geschichte der Bodenkultur 329
        2. Der Standort der Kulturarten im isolierten Staat J. H. von Thünens 331
      b) Arbeit 336
      c) Mittel zur Regelung der Beziehungen zwischen den Erzeugungs- und Verbrauchsgebieten 341
        I. Beförderungsmittel 341
          1. Eisenbahnen 342
          2. Wasserstraßen 346
        II. Zollpolitik 350

Einleitung.

1. Begriff. Statik heißt die Lehre vom Gleichgewicht. In der Physik behandelt die Statik die Gesetze des Gleichgewichts der Kräfte, in der Landwirtschaft die chemischen Beziehungen zwischen der Erschöpfung des Bodens durch die Ernten und dem Ersatz der Bodenkraft durch Düngung. In der forstlichen Statik werden die Erzeugungskosten und ihre Erfolge in Vergleich gestellt. Die Erzeugungskosten bestehen in dem Aufwand von Arbeit, Kapital und Boden; der Erfolg ist der Ertrag.

Auch als die Kunst des Abwägens kann die Statik definiert werden. In diesem Sinne findet sie in der forstlichen Praxis am meisten Anwendung. Ein Abwägen braucht nicht immer in der Form der Rechnung zu erfolgen, sondern kann auch im Wege eines wirtschaftlichen Gutachters bewirkt werden. Da eine vollständige Würdigung der Produktionskosten einen möglichst hohen Bodenreinertrag zur Folge hat, so wird die Bezeichnung Bodenreinertragswirtschaft in gleichem Sinne wie forstliche Statik gebraucht.

2. Einteilung. Bei der Behandlung der forstlichen Statik sind die allgemeinen Grundlagen und Methoden von ihrer Anwendung auf bestimmte Wirtschaftsmaßnahmen zu trennen. Die allgemeinen Grundlagen erstrecken sich auf das Zustandekommen des forstlichen Ertrags durch den Massen- und Wertzuwachs, auf die Wirkung der Produktionsfaktoren: Arbeit, Kapital und Boden, und auf die Art der Vergleichung der Produktionskosten mit den ihnen entsprechenden Erträgen.

Anwendungen der forstlichen Statik werden, sofern es sich um den bleibenden forstlichen Betrieb, nicht um Veräußerungen usw. handelt, hauptsächlich im Waldbau und in der Forsteinrichtung gemacht. Die hierher gehörigen Aufgaben betreffen: die Wahl zwischen der land- und forstwirtschaftlichen Benutzung des Bodens, die Wahl der Holzart, der Betriebsart, der Bestandesbegründung, der Bestandesdichte (Durchforstungs- und Lichtungsbetrieb) und die Feststellung der Umtriebszeit.

3. Zur Geschichte der forstlichen Statik.

Die forstliche Statik ist, wie alle Zweige des Forstwesens, einerseits durch die Literatur, andererseits durch die Praxis ausgebildet worden. Die auf sie bezüglichen Schriften sind zum größten Teile von Forstwirten verfaßt; aber auch Landwirte und Nationalökonomen kommen in Betracht. Außerdem haben sich auch die Vertreter des Forsteinrichtungs- und Versuchswesens mit der Statik zu beschäftigen.

a) **Forstliche Literatur.** Als der literarische Begründer der forstlichen Statik als eines besonderen Zweiges der Forstwirtschaft ist Hundeshagen zu bezeichnen.[1] Die früheren Vertreter der Forstwirtschaft (G. L. Hartig, H. Cotta u. a.) haben die betreffenden Fragen nur ganz allgemein und ohne hinlängliche Würdigung der Produktionskosten behandelt. Hundeshagen nahm in seiner „Enzyklopädie der Forstwissenschaft" die in der ersten Ausbildung begriffene Statik als wesentlichen Teil der forstlichen Gewerbslehre auf, die außerdem den Wirtschaftsbestand (Vermessung, Wirtschaftszustand und Statistik), die Wirtschaftssysteme, die Forstabschätzung und Forsthaushaltungskunde zum Inhalt haben sollte. Die Statik wurde von Hundeshagen als das „allgemein Bestimmbare in den Beziehungen zwischen Produktionskosten und Ertrag" bezeichnet; ferner als „Inbegriff der den Ertrag bestimmenden endlichen Ursachen", oder auch (was von seinen Nachfolgern übernommen wurde) als die „Meßkunst der forstlichen Kräfte und Erfolge". Als die Kräfte werden Arbeit (Aufwand für Kultur, Werbung und Beförderung der Forstprodukte, Verwaltung, Schutz) und Kapitalkraft (Holzvorratskapital, Boden, Gebäude, Geld) hervorgehoben. Durch die Verbindung der genannten Kräfte wird der Ertrag hervorgebracht, dessen ökonomische Bedeutung die Statik auf Grund der Holzzuwachsgesetze und der forsttechnischen Regeln nachweisen soll.

Hundeshagens bleibende Bedeutung auf dem vorliegenden Ge-

---

[1] Die der Statik eigentümlichen, auf die Würdigung der Produktionskosten gerichteten Gedanken sind aber schon früher ausgesprochen und begründet worden. Endres (Lehrbuch der Waldwertrechnung und Forststatik, S. 164) bezeichnet den Naturforscher M. de Buffon als den ersten, welcher über die Rentabilität des forstlichen Betriebs praktische Rechnungen anstellte. Ebenda wird darauf hingewiesen, daß in Stahls Forstmagazin, Band IV, 1764, Berechnungen über das statische Verhalten verschiedener Holz- und Betriebsarten vorliegen, bei denen die Zeit des Eingangs der Nutzungen gewürdigt wird. In Mosers Forstarchiv 1790 wird die Hiebsreife der Tanne unter Forderung der Verzinsung ihres Wertes begründet. Stotzer (Waldwertrechnung und forstliche Statik, S. 11) weist auf die von Bechstein herausgegebene Zeitschrift Diana 1801 hin, worin vergleichende Untersuchungen über die Hiebsreife angestellt und die Vorzüge des 80jährigen Umtriebs gegenüber dem 120jährigen hervorgehoben werden. Auch in den Schriften von Oettelt, Zanthier u. a. ältern Autoren sind Erörterungen über die Wahl der Holzart, Betriebsart und Umtriebszeit enthalten.

biete liegt in dem wissenschaftlichen Gehalt seiner Schriften und der systematischen Darstellung des Stoffes. Eine unmittelbare Anwendung für die forstliche Praxis konnte von ihm nicht gemacht werden. Seine Unterstellungen in bezug auf Massen und Werte sind vielfach, wenigstens in der Verallgemeinerung, die Hundeshagen machte, nicht richtig.

Pfeil hat die Statik als systematisch geordnetes Ganzes nicht behandelt. Aber in einzelnen seiner Schriften, insbesondere in den 1822 erschienenen „Grundsätzen der Forstwirtschaft in bezug auf die Nationalökonomie" und zahlreichen Artikeln der „Kritischen Blätter"[1] wurden die wichtigsten Gegenstände der forstlichen Statik einer Erörterung unterzogen, die noch immer anregend und nicht ohne praktische Bedeutung ist. Insbesondere hat Pfeil die Eigentümlichkeit des Vorratskapitals und die Notwendigkeit seiner Verzinsung, sowie die Bedeutung der Zeit des Eingangs der Nutzungen betont. Bei allen den Reinertrag betreffenden Fragen stellt sich Pfeil auf den volkswirtschaftlichen Standpunkt und hebt hervor, daß die Forstwirtschaft das leitende Prinzip, nach dem sie geführt wird, aus den allgemeinen Grundsätzen der Nationalökonomie erhalten müsse. Das Ziel der Wirtschaft soll, insbesondere in den Staatsforsten, dahin gerichtet sein, einen Zustand herzustellen, bei welchem der Waldboden das größte Einkommen für das Volk liefert. Bei der Bestimmung der Umtriebszeiten soll stets Rücksicht auf die Bedeutung genommen werden, welche der Umlauf des aus der Forstwirtschaft ausscheidenden Kapitals in der Volkswirtschaft besitzt. In allen diesen praktisch wichtigen Fragen stellt Pfeil als einer der ersten die Grundsätze auf, welche die Bodenreinertragslehre charakterisieren.

Wie auf vielen anderen Gebieten, so vertritt Pfeil auch auf dem vorliegenden die Bedeutung des Örtlichen. Forststatische Untersuchungen — sagt er — werden immer Resultate ergeben, die nur lokalen Wert haben. Hierzu ist nun aber zu bemerken, daß in der Literatur in erster Linie die auf allen Gebieten bestehenden allgemeinen Gedanken und Grundsätze niederzulegen sind, während die Auffassung und Behandlung der örtlichen Verschiedenheiten Aufgabe der Praxis ist.

K. Heyer hat in der richtigen Erkenntnis, daß die forstliche Statik ohne einen genügenden Nachweis ihrer statistischen Grundlagen nicht gefördert werden kann, seine hierher gehörige rege Tätigkeit auf die Beschaffung des zu statischen Untersuchungen nötigen

---

[1]) Insbesondere sind hervorzuheben die Jahrgange 1833 (Die Verzinsung des Holzvorrats), 1841 (Kritik der Ansichten staatswirtschaftlicher Schriftsteller über die Ordnung der Forstwirtschaft im Interesse des Staats), 1849 (Der rationelle Waldbau), 1858 (Die Forststatistik und die forstliche Statik)

Materials beschränkt. Im Jahre 1845 erließ er einen „Aufruf zur Bildung eines Vereins für forststatische Untersuchungen", welcher der in Darmstadt tagenden Versammlung süddeutscher Forstwirte übergeben wurde. Als Aufgabe der Tätigkeit des zu gründenden Vereins bezeichnete Heyer: „Die Erforschung der Waldprodukten-Erträge an Holz und Nebennutzungen maßgeblich der verschiedenen Holz-, Betriebs- und Waldbehandlungsarten, Umtriebszeiten und Standortsgüten mit besonderer Berücksichtigung des Einflusses, welchen der Bezug mancher Nebennutzungen auf den Holzzuwachs ausübt." Entsprechend diesem Programm verfaßte K. Heyer im Auftrage der genannten Versammlung im Jahre 1846 eine „Anleitung zu forststatischen Untersuchungen", welche gemäß dem Inhalt jenes Aufrufs im ersten Teile die Hauptnutzungserträge, geordnet nach Betriebsarten, Haubarkeits- und Vornutzungen, im zweiten Teile die Nebennutzungen, im dritten weitere Untersuchungsgegenstände aus den Gebieten des Waldbaues, der Forstbenutzung, des Forstschutzes und der Ertragsregelung behandelte. Durch diese in Verbindung mit anderen Fachgenossen (v. Gehren, v. Wedekind) vollzogene Arbeit gab K. Heyer den ersten wirksamen Anstoß für die Bestrebungen, die später durch die Organisation des forstlichen Versuchswesens ihren bleibenden Ausdruck fanden.

Mit den ökonomischen Grundlagen der forstlichen Statik hat sich Heyer nicht beschäftigt. Ebenso sind Anwendungen der Statik auf Gegenstände der forstlichen Betriebslehre von ihm nicht gemacht worden, weil er annahm, daß solche erst ausgeführt werden könnten, wenn die Statistik der Produktionskosten und Erträge weiter fortgeschritten sei.

Ihrem Kerne nach eingehender als von K. Heyer ist die forstliche Statik von seinem Zeitgenossen König gefördert worden, und zwar sowohl in bezug auf die Grundlagen und Methoden, als auch in bezug auf die praktischen Folgerungen. In seiner „Forstmathematik" behandelt König die wichtigsten den Reinertrag betreffenden Gegenstände unter der Bezeichnung: „Allgemeine mathematische Gesetze und Verhältnisse des Holzertrags." Der Inhalt kommt am deutlichsten zum Ausdruck in den Tafeln, die mit der Überschrift „Gegensätze des Massen- und Wertserwachses normaler Holzbestände" versehen sind. Hier werden die Massen und Werte vom Hauptbestand und Vorertrag, der durchschnittliche Massen- und Wertzuwachs und die Massen- und Wertzunahmeprozente, bezogen auf Haupt- und Gesamtertrag, übersichtlich dargestellt. In den Tafeln, welche sich auf den Massen- und Wertertrag normaler Wirtschaftswälder beziehen, werden die Erträge nach ihren absoluten Beträgen und ihrem Verhältnis zum Wert des Bodens und des Vorratskapitals nachgewiesen.

Die Anwendung mancher ungeläufiger Ausdrücke, die Verbindung technischer und ökonomischer Fragen mit einem Lehrbuch der elementaren Mathematik, manche Fehler in der Rechnungsführung[1]) haben dazu beigetragen, daß König auf die mit- und nachlebenden Fachgenossen wenig Einfluß ausgeübt hat. Auch können gegen die Ermittlung des Materials, welches seinen Tafeln zugrunde gelegt ist, berechtigte Einwendungen erhoben werden. Trotzdem bleibt Königs Schrift wegen ihres durchaus originalen Charakters und ihres wissenschaftlichen und praktischen Gehaltes von großer Bedeutung für die Fortbildung der forstlichen Statik.[2]) Wäre sie dieser entsprechend von den Zeitgenossen gewürdigt worden, so würden die Gegensätze gegen die Anwendung der Reinertragslehre, die bis zur Gegenwart hervorgetreten sind, kaum möglich gewesen sein.

Die regste Wirksamkeit auf dem Gebiete der Reinertragslehre entfaltete M. R. Preßler. Er wollte die Bezeichnung „forstliche Statik" nicht gelten lassen, weil sich diese, gemäß dem in der Landwirtschaft üblichen Sprachgebrauch, mit den Bedingungen des Gleichgewichts zwischen Bodenerschöpfung und Bereicherung zu befassen habe. Er behandelte den gleichen Gegenstand unter der Bezeichnung „Reinertrags-Forstwirtschaft". Aber der Inhalt seiner Schriften[3]) fällt mit dem der forstlichen Statik ganz überein. Der rationelle Waldwirt und andere selbständige Schriften und Artikel haben übereinstimmend die Tendenz, daß die Produktionskosten der Forstwirtschaft vollständig gewürdigt werden sollen. Das von Preßler überall hervortretende Wirtschaftsprinzip entspricht ganz dem von Pfeil aufgestellten und ist dahin gerichtet, daß auf gegebenem Boden mittels Holzproduktion ein möglichst hoher Reinertrag erzielt werden solle. Zugleich mit dieser ökonomischen Forderung wies Preßler auf die Mittel hin, durch welche die Wertproduktion gefördert werden könne. Er hob hervor, welchen Einfluß die Art der Bestandesgründung, die Ästung, insbesondere aber die richtig ausgeführte Durchforstung und Lichtung auf die Rentabilität der Wirtschaft ausüben — letztere beide Maßnahmen in zweifacher Richtung, einmal durch Steigerung des Wertzuwachses, zum anderen durch Verminderung der Masse des bleibenden Bestandes. Trotz der angedeuteten technischen Richtung, die in vielen Wirtschaftsgebieten später zur Geltung gelangt ist, blieben die Anregungen Preßlers zunächst in der großen Praxis fast

---

[1]) Vgl G Heyer, Handbuch der forstlichen Statik, S. 36—39 u 70—73.

[2]) Wie Grebe, der Herausgeber der 5 Auflage der Forstmathematik, S. 432 mit Recht hervorhebt.

[3]) Von Preßlers Schriften sind besonders hervorzuheben: Der rationelle Waldwirt und sein Waldbau des höchsten Ertrags, 1.—5. Heft, 1858—1865; Das Gesetz der Stammbildung, 1865.

ohne Erfolg. Die Art seiner Darstellung, seine ungenügende Kenntnis
der großen Wirtschaft und die abfällige Beurteilung der bestehenden
Verhältnisse und Personen mögen dazu beigetragen haben, ihm die
Sympathie vieler Fachgenossen zu entziehen. Um so mehr Ursache
hat die Nachwelt, ihm Dank zu zollen. Trotzdem Preßlers Wirksamkeit in erster Linie auf die Hebung des Ertrags gerichtet war, wurde
sie von seinen Gegnern fortgesetzt dahin umgedeutet, daß die Einnahmen der Gegenwart hauptsächlich auf Kosten der Zukunft erhöht
werden sollten. Es fand daher kaum Beanstandung, daß, als auf der
Versammlung der Land- und Forstwirte zu Dresden 1865 das Thema
zur Besprechung kam: „Soll man bei der Bewirtschaftung der Waldungen den höchsten und wertvollsten Naturalertrag und folgerecht
im Bestande den größten jährlichen Durchschnittsertrag oder die
höchste Rentabilität und demgemäß auch den nachhaltig höchsten
Bodenreinertrag erstreben?" dieser Gegenstand in die Frage um-
gesetzt wurde: „Ist die Theorie, daß durch Herabsetzung des bisher
in Deutschland üblichen Umtriebs und durch möglichstes Heran-
ziehen der Nutzungen in den Vordergrund der Gegenwart ein peku-
niärer Gewinn erzielt werde, richtig oder falsch?" Die meisten Teil-
nehmer der genannten Versammlung, insbesondere auch die Vertreter
der Staatsforstverwaltungen, sprachen sich zufolge dieser veränderten
Fragestellung gegen die Wirtschaft des größten Bodenreinertrags aus.
Ebenso erfolgten in der forstlichen Literatur viele gegensätzliche
Kundgebungen, die in erster Linie wegen der vermeintlichen Folgerungen, zu denen die Bodenreinertragslehre führen sollte, veranlaßt
waren. Unter den gegen Preßler gerichteten Schriften waren insbesondere die von Bose (Der sog. rationelle Waldwirt, insbesondere
die Lehre von der Abkürzung der Umtriebszeit, 1865) und von
Braun (Beiträge zur Waldwertrechnung in Verbindung mit einer
Kritik des rationellen Waldwirts, 1860) von Bedeutung. Ihnen
folgten zahlreiche andere Kundgebungen.[1])

Die erste Anwendung der von Preßler aufgestellten Grundsätze
auf dem Gebiet der Betriebsregelung wurde von Judeich gemacht.
Sein Lehrbuch der „Forsteinrichtung" war in bezug auf die Ertragsregelung in erster Linie dadurch ausgezeichnet, daß die Hiebsreife
der Bestände auf Grund des von Preßler eingeführten Weiserprozents
ermittelt wurde, im Gegensatz zu der mechanischen Verteilung der

[1]) Auf Einzelheiten kann hier nicht eingegangen werden. Noch unmittelbar vor der Niederschrift dieser historischen Skizze erschienen öffentliche
Kundgebungen gegen die Bodenreinertragslehre von Urich (Forstwissenschaftliches Zentralblatt, 1904), von Bentheim (Zum Etat der preuß. Forstverwaltung — Neue Preuß. Kreuzzeitung, 29. Januar 1904); Guse („Zur Abwehr",
Zeitschr. f. Forst- und Jagdw., Juliheft 1904); Usener (Waldreinertrags- und
Bodenreinertragswirtschaft, Allgem. Forst- u. Jagdz., Oktober 1904).

Erträge, wie sie bei den Fachwerksmethoden, welche seit Beginn des 19. Jahrhunderts in fast allen Ländern geherrscht hatten, vorgenommen wurde. Das Judeichsche Verfahren ist seit seiner Begründung in vielen Forstwirtschaften angewandt worden und gewinnt fortgesetzt größere Bedeutung.

Systematischer und in strengerer Fassung als von Preßler wurde die forstliche Reinertragslehre von Gustav Heyer bearbeitet und in den forstlichen Unterricht eingeführt. Nachdem Heyer bereits im Jahre 1865 seiner Anleitung zur Waldwertrechnung einen Anhang mit der Bezeichnung „Zur forstlichen Statik" angefügt hatte, gab er 1871 ein „Handbuch der forstlichen Statik" heraus, das sich die Aufgabe stellte: „die in praxi üblichen Wirtschaftsverfahren auf ihre Rentabilität zu prüfen, nach Bedürfnis auch andere, besser rentierende Verfahren ausfindig zu machen und zu diesem Zwecke nicht allein die Erträge und Produktionskosten der Waldwirtschaft aus der Literatur sowie durch besonders anzustrebende Untersuchungen und Versuche zu erheben, sondern auch die Methoden der Rentabilitätsrechnung weiter zu vervollkommnen." Der erste (ausschließlich erschienene) Band behandelt die Methoden der forstlichen Rentabilitätsrechnung. Hierauf sollte der Nachweis der Erträge und Produktionskosten folgen; dann die Anwendung der Statik auf Gegenstände der forstlichen Betriebslehre. Aber auch Heyer konnte den Weg in die Praxis, der die Statik dienen soll, nicht finden. Trotz der klaren Darstellung des Stoffes drang die Schrift in die Kreise der leitenden und ausführenden Forstbeamten nicht ein. Sowohl die Methoden, welche von vornherein durch den an die Spitze gestellten, für die Forstwirtschaft ungeeigneten Begriff des Unternehmergewinns charakterisiert waren, als auch die zahlreichen Formeln, in welche die statischen Lehrsätze gefaßt wurden, machten sie praktisch nicht empfehlenswert.

In der Einseitigkeit der mathematischen Behandlung und der Zurückführung aller forstlichen Verhältnisse auf Formeln lag der sachliche Grund, daß einige Jahre später eine Gegenschrift von Borggreve, „Die Forstreinertragslehre — insbesondere die sogenannte Statik Professor Dr. Gustav Heyers nach ihrer wissenschaftlichen Nichtigkeit und wirtschaftlichen Gefährlichkeit" erschien, welche sich nicht nur gegen die Schrift G. Heyers richtete, sondern die Berechtigung der forstlichen Statik überhaupt in Zweifel stellte. Diese war jedoch dem Systeme der Forstwirtschaft schon zu fest und lebensfähig eingefügt, um durch die Kritik beseitigt oder dauernd zurückgehalten werden zu können.

Der öffentlich hervorgetretene Gegensatz seiner beiden forstlichen Lehrer, G. Heyer und Borggreve, gab dem Verfasser dieser

Schrift Veranlassung, seine Ansicht über die Reinertragslehre und ihre waldbaulichen Anwendungen in der Schrift „Folgerungen der Bodenreinertragstheorie für die Erziehung und Umtriebszeit der wichtigsten deutschen Holzarten", 1894—1899, auszusprechen.

Unter den weiteren Bearbeitungen der forstlichen Statik sind die Schriften von Stötzer „Waldwertrechnung und forstliche Statik", 1. Auflage 1894, Endres, „Lehrbuch der Waldwertrechnung und Forststatik", 1895, und Wimmenauer (4. Aufl. der Waldwertrechnung von G. Heyer, Anhang) hervorzuheben. Diese Schriften haben gegenüber G. Heyer den Stoff in mathematischer Hinsicht beschränkt, in nationalökonomischer und forsttechnischer Beziehung dagegen ergänzt. Für die Zwecke des forstlichen Unterrichts, bei dem vorzugsweise fertige, abgeschlossene Gegenstände vorgetragen werden, sind sie deshalb besonders zu empfehlen.[1]

Als Teil größerer Werke über die gesamte Forstwissenschaft ist die forstliche Statik bearbeitet von J. Lehr in Loreys „Handbuch der Forstwissenschaft" (in der 2. Auflage von Stoetzer) und von Hess in seiner „Enzyklopädie und Methodologie der Forstwissenschaft".

Außer den genannten Schriften, welche sich auf die Statik in ihrem ganzen Umfang erstrecken, sind einzelne Teile derselben auch in Artikeln der forstlichen Zeitschriften und besonderen Abhandlungen bearbeitet worden. Insbesondere sind hier die Arbeiten von Faustmann[2] hervorzuheben, welche in der Aufstellung und Begründung der Formel für den Bodenerwartungswert ihren bestimmten Ausdruck fanden. Hierdurch wurde nicht nur die rechnungsmäßige Behandlung der den Reinertrag bestimmenden Faktoren klargestellt, sondern es wurden auch bestimmte Folgerungen ausgesprochen, die Faustmann in den Satz faßte: „Um ein Urteil über die größere oder geringere Einträglichkeit der Holz- und Betriebsarten zu gewinnen, vergleiche man die wirtschaftlichen Bodenwerte." Trotz mancher Abweichung in der Ausführung hat dieser Grundsatz seit jener Zeit das gemeinsame Merkmal aller Vertreter der forstlichen Reinertragslehre gebildet.

Bestimmtere Anwendungen des von Faustmann aufgestellten

---

[1] Als die Drucklegung des Vorstehenden bereits eingeleitet war, erschien die Schrift von F. Riebel, Waldwertrechnung und Schatzung von Liegenschaften, Wien u Leipzig 1905, welche sich zwar in erster Linie auf Wertberechnungen und Schatzungen zu Zwecken des An- und Verkaufs, der Expropriation, der Besteuerung erstreckt, aber auch die verwandten Gegenstände der forstlichen Statik behandelt (im ersten, theoretischen, Teil die Grundlagen, im zweiten, angewandten, Teil einzelne Aufgaben: Bestimmung der Umtriebszeit, Holzart, Betriebsart usw.).

[2] Allgem. Forst- u Jagdz. 1849, Dezemberheft; v. Wedekinds Neue Jahrbucher der Forstkunde 1853, 2. Folge, 3. Band, 4. Heft.

Prinzips wurden von Kraft[1]) gemacht. In mehreren Artikeln forstlicher Zeitschriften und besonderen Abhandlungen („Zur Praxis der Waldwertrechnung und forstlichen Statik") wurden unter Zugrundelegung des Bodenerwartungswerts bestimmte Rentabilitätsrechnungen ausgeführt. Zufolge der Stellung, die er einnahm, gab Kraft, im Gegensatz zu Preßler und G. Heyer, seinen Arbeiten eine praktische Richtung. Dies tritt sowohl in bezug auf die waldbaulichen Aufgaben hervor, die von Kraft behandelt wurden (Wahl zwischen land- und forstwirtschaftlicher Bodenbenutzung, Wahl der Holzart, Betriebsart usw.), als auch in bezug auf die Forsteinrichtung („Über die Beziehungen des Bodenerwartungswertes und der Forsteinrichtungsarbeiten zur Reinertragslehre").

b) Schriften von Landwirten und Nationalökonomen. Unter den nichtforstlichen Schriftstellern, die sich mit Aufgaben der forstlichen Statik beschäftigt haben, nimmt J. H. v. Thünen weitaus die erste Stelle ein. Im ersten Teile seines „Isolierten Staates in Beziehung auf Landwirtschaft und Nationalökonomie" werden die Folgerungen, die sich durch die Schwere des Holzes für den Standort des Waldes und die örtlichen Beziehungen zu anderen Kulturarten (Gartenbau, Landwirtschaft, Viehzucht usw.) ergeben, klargelegt. Zugleich sind hier die Grundsätze, die aus dem Charakter des Vorratskapitals und der Forderung seiner Verzinsung hervorgehen, unter Hinweis auf den Verlauf des Massen- und Wertzuwachses ausgesprochen. Der dritte Teil der genannten Schrift enthält „Grundsätze zur Bestimmung der Bodenrente, der vorteilhaftesten Umtriebszeit und des Wertes der Holzbestände von verschiedenem Alter für Kiefernwaldungen". Hier wird insbesondere der Einfluß untersucht, den Durchforstungen und Lichtungen auf die Erhöhung der Bodenrente und die Umtriebszeit ausüben.

Eine direkte Anwendung der Arbeiten von Thünens für die praktische Wirtschaft kann nicht gemacht werden, weil manche seiner Unterstellungen, insbesondere bezüglich des Massenzuwachses, des Wertzuwachses und der Durchforstungserträge, nicht zutreffend sind. Dagegen werden die allgemeinen Grundsätze und Gedanken, die im Isol. Staate ausgesprochen und begründet sind, nicht nur für die Forstwirtschaft, sondern für das gesamte Gebiet der Bodenkultur jederzeit Bedeutung behalten. Die wichtigsten Folgerungen, die von Thünen für die Forstwirtschaft zieht, gehen dahin, daß die Bodenrente den allgemeinsten Bestimmungsgrund für die Kulturart und die Wirtschaftsführung bilden müsse, daß aus der Höhe

---

[1]) Allgem. Forst- u. Jagdz 1865, „Zur forstl. Statik" u. a. Naher auf die Arbeiten Krafts einzugehen, werden die spateren Abschnitte dieser Schrift Veranlassung geben.

der Waldrente, ebenso wie aus der Höhe der Gutsrente in der Landwirtschaft, ein Beweis für die Richtigkeit der Wirtschaftsführung nicht entnommen werden könne und daß durch richtig geführte Durchforstungen die Reinerträge des Waldbodens außerordentlich gesteigert würden. Hierdurch werden, wie v. Thünen weiter ausführt, die Gegensätze, die zwischen der bestehenden Forstwirtschaft und den Anforderungen der Volkswirtschaft vorliegen, aufgehoben. Die Holzzucht erscheint als eine Art der Bodenkultur, die in ihren Reinerträgen die Landwirtschaft oft übertrifft. Es entspricht daher nicht nur den nationalökonomischen Forderungen, sondern auch dem Interesse der Grundeigentümer, daß die Forstkultur, insbesondere auf geringen Böden, weiter ausgedehnt wird.

Es lag in der Natur der Sache, daß sich mit den auf ökonomischen Grundlagen beruhenden Fragen der Forstwirtschaft auch einzelne Vertreter der Nationalökonomie beschäftigten. Den Urteilen derselben wurde auch von den Staatsforstverwaltungen mit Recht Wert beigelegt. In allgemeiner Fassung war die Forstwirtschaft bereits von früheren Vertretern der Nationalökonomie in den Kreis der Betrachtungen gezogen worden. Insbesondere hatte Rau[1]) die wirtschaftliche Eigentümlichkeit des stehenden Holzvorrats gezeigt und die Notwendigkeit einer positiven Richtung der staatlichen Politik nach der physischen und ökonomischen Seite vertreten. Roscher[2]) hatte die Unterschiede der Forstwirtschaft von der Landwirtschaft hervorgehoben und, der von ihm vertretenen geschichtlichen Methode gemäß, darauf hingewiesen, daß die Forsten ungleich weniger intensiv zu bewirtschaften seien, als Landbaugüter derselben Zeit und Gegend. Zu einer eingehenden Beschäftigung mit Fragen der forstlichen Betriebslehre gab aber erst der Gegensatz in der Auffassung der Wirtschaftsprinzipien Veranlassung, den Preßler durch die Veröffentlichung seines rationellen Waldwirts im Kreise der Forstwirte hervorrief. Helferich trat in der „Zeitschrift für die gesamte Staatswissenschaft"[3]) den Ansichten Preßlers entgegen. Er erkannte die privatwirtschaftliche Richtigkeit seiner Lehre an, bestritt jedoch ihre Zulässigkeit vom volkswirtschaftlichen Standpunkt. Die Erstrebung des höchsten Reinertrags spreche nur das Interesse der Privatökonomie aus. Daß damit auch dem Interesse der Gesamtwirtschaft oder Nationalökonomie genug getan werde, sei eine Behauptung, die erst noch des Beweises bedürfe. Helferich

---

[1]) Lehrbuch der politischen Ökonomie, 1. Band, Volkswirtschaftslehre, u. 2. Band, Wirtschaftspolitik.

[2]) System der Volkswirtschaft, 2. Band, Nationalökonomik des Ackerbaues u. der verwandten Urproduktionen.

[3]) Jahrgang 1867 u. 1871, Die Waldrente.

suchte den Nachweis zu erbringen, daß die Anwendung des Wirtschaftsprinzips durch die besonderen Verhältnisse der verschiedenen Länder bedingt werde. Die klimatischen Verhältnisse, das Vorhandensein von Ersatzmitteln für Holz, die Bodengestaltung und die Beförderungsmittel müßten dabei berücksichtigt werden. Er gelangte, die örtlichen Besonderheiten deutscher und außerdeutscher Wirtschaftsgebiete hervorhebend, zu dem Schluß, daß für einzelne Länder (Großbritannien mit einem Seeklima und der Möglichkeit des Bezugs von Kohlen, auch Niederdeutschland mit ebenen Lagen und reichen Torflagern) die Bodenreinertragstheorie richtig und anwendbar sei, während sie für andere Länder (insbesondere für Süddeutschland mit kontinentalem Klima, mangelnden Kohlenlagern und schwierigen Transportmitteln) unrichtig und gefährlich sein werde. In dieser Hervorhebung der örtlichen und zeitlichen Verschiedenheiten liegt die schwache Seite der Beweisführung Helferichs, auf die in späteren Abschnitten dieser Schrift nochmals hinzuweisen sein wird. Es bedarf kaum der weiteren Begründung, daß örtliche und zeitliche Verschiedenheiten, so wichtig sie auch gerade in der Forstwirtschaft sind, hinsichtlich der allgemeinen Wirtschaftsprinzipien keine Unterschiede bewirken dürfen. Die abweichenden Verhältnisse geben Anlaß zu Unterschieden in der Wirtschaftspolitik und in der Art der Ausführung, aber nicht in der grundlegenden Theorie.

Ähnliche Ansichten wie Helferich äußerte einige Jahre später A. Schäffle.[1]) Zur Begründung der Gegensätze zwischen sozialistischer und privatwirtschaftlicher Betriebsführung, die in seinem geistreichen Buche „Bau und Leben des sozialen Körpers" ausgesprochen sind, erschien die Forstreinertragslehre von Borggreve als ein willkommenes Beispiel, um den Gegensatz der privaten Wirtschaftsführung zu den Ideen und praktischen Forderungen des Sozialismus zu begründen. „Den Nationalökonomen" — schrieb Schäffle bei der Rezension der Borggreveschen Schrift — „wird die forstliche Reinertragsfrage stets interessieren, einmal, weil es sich dabei um Sein oder Nichtsein des Waldes handelt, dann, weil hier ein eklatanter Fall vorliegt, der beweist, daß die streng spekulative, privatwirtschaftliche, kapitalistische Betriebsweise mit höheren volkswirtschaftlichen Gesichtspunkten in schneidenden Gegensatz geraten kann." Indessen, wie später hervorgehoben wurde, war der hier ausgesprochene Gegensatz zwischen der sozialistischen und privatwirtschaftlichen Wirtschaftsführung in der Annahme begründet, daß die Anwendung der Bodenreinertragslehre das Verlassen des Hochwaldbetriebs und

[1]) Zeitschrift für die gesamte Staatswissenschaft, Jahrg 1879, Zum gegenwärtigen Stand des Streites um die Waldreinertragslehre

die Umwandlung der meisten Waldflächen in Ackergrundstücke zur
Folge habe. Da dies nun offenbar ein Irrtum war, sah sich Schäffle
später zu der Einschränkung veranlaßt, daß er seine Ansicht nur
hypothetisch, in der Unterstellung ausgesprochen habe und aufrecht-
erhalte, „daß die höchste privatwirtschaftliche Geldrente zu solchen
Betriebs- und Besitzesformen führen würde, welche die oberste volkswirtschaftliche Maxime der vollkommensten volkswirtschaftlichen
Versorgung beeinträchtigen und bedrohen".

c) **Ausbildung der Statik durch die forstliche Praxis.**
Unter den Vertretungen der forstlichen Praxis gebührt der Forsteinrichtungsanstalt des Königreichs Sachsen das Verdienst,
die forstliche Statik in die praktische Wirtschaft eingeführt zu
haben.[1]) Für Sachsen lagen die Verhältnisse in bezug auf den
Rentabilitätsnachweis der Forstwirtschaft sehr günstig. Schon frühzeitig war hier eine besondere ständige Forsteinrichtungsbehörde ins
Leben getreten, die es ermöglichte, daß manche Geschäfte (Bonitierung, Aufnahme der Massen, Kartierung u. a.) gleichmäßiger und
sachgemäßer durchgeführt wurden, als es in anderen Staaten bei
wechselndem Taxationspersonal der Fall sein konnte. Auch die Beziehungen der Forsteinrichtung zu anderen Fachzweigen können
durch eine ständige Behörde besser unterhalten und gefördert werden.
Zu diesen in den bestehenden Einrichtungen liegenden Vorzügen
traten noch andere hinzu, welche lediglich als Folge äußerer Umstände angesehen werden müssen. Hierher gehören die günstigen
Absatz- und die einfachen Bestandesverhältnisse der sächsischen
Staatsforsten. Im größten Teil des Landes ist die Fichte herrschende
Holzart, die im regelmäßigen Kahlschlagbetrieb bewirtschaftet wird.
Infolge dieser Verhältnisse wurde in Sachsen nicht nur die technische
Behandlung der Ertragsregelung rascher gefördert, sondern es wurden
auch die wirtschaftlichen Fragen eingehender behandelt, als es in
den meisten anderen Ländern zu gleicher Zeit möglich gewesen wäre.
Insbesondere wurden die Produktionskosten und Erträge ermittelt,
die Bodenwerte berechnet, die Vorräte nach Massen und Werten
eingeschätzt und die Verzinsung des Waldkapitals nachgewiesen.[2])

In den meisten anderen Staatsforsten hat die forstliche Statik
zurzeit noch wenig oder keinen Eingang gefunden. Dies ist in der
Entwicklung der allgemeinwirtschaftlichen und forstlichen Verhältnisse vollständig begründet. Die meisten Forstverwaltungen hatten
im 19. Jahrhundert andere Aufgaben zu erledigen, die dringender

---

[1]) Vgl. die „Entwicklung der Staatsforstwirtschaft im Konigreich Sachsen",
dargestellt durch die Kgl. Sachs. Forsteinrichtungsanstalt (Sonderabdruck aus
dem Thar. forstl Jahrbuch), mit einem Atlas von 12 Tafeln, Dresden 1897.
[2]) Vgl. die Tabellen 4—10 a. a. O.

waren als Untersuchungen der Rentabilität. In Preußen lag lange Zeit hindurch in den bestehenden Servituten und den ihre Ablösung betreffenden Arbeiten und Verhältnissen ein Hinderungsgrund für eine gründliche Behandlung statischer Fragen bei der Ausführung von Forsteinrichtungen. In den Gebirgsforsten war in der zweiten Hälfte des 19. Jahrhunderts die Einteilung in ständige Wirtschaftsfiguren von größerer und unmittelbarerer Bedeutung, als die Bestimmung der Umtriebszeit auf Grund statischer Untersuchungen. Hierzu kamen manche Naturschäden (Stürme, Insekten), welche die Abnutzung beeinflußten. Auch darf nicht unbeachtet bleiben, daß, im Gegensatz zu der früh entwickelten sächsischen Forstwirtschaft, in Preußen und anderen Ländern einzelne Teile großer Waldkörper als kostenlose Naturgaben angesehen werden mußten, auf die eine Anwendung der forstlichen Statik, welche die Bestände mit den Kosten der längeren Erzeugung belastet, nicht zutreffend ist. In der neueren Zeit hat sich dies jedoch fortgesetzt im Sinne der forstlichen Rentabilitätslehre verändert.

In den prinzipiellen Fragen, welche die forstliche Statik beherrschen, haben sich die meisten Staatsforstverwaltungen, sofern es überhaupt geschah, sehr reserviert ausgesprochen. Von der preußischen Staatsforstverwaltung[1]) wurde nachdrucksvoll hervorgehoben, daß die Staatsforsten im Interesse des Gesamtwohls und der zukünftigen Generationen bewirtschaftet werden sollen. „Die preußische Staatsforstverwaltung bekennt sich nicht zu den Grundsätzen des nachhaltig höchsten Bodenreinertrags unter Anlehnung an eine Zinseszinsrechnung, sondern sie glaubt, im Gegensatz zur Privatforstwirtschaft, sich der Verpflichtung nicht entheben zu dürfen, bei der Bewirtschaftung der Staatsforsten das Gesamtwohl der Einwohner ins Auge zu fassen." Hiermit wird eine entschiedene Stellung gegen die Theorie des laisser faire sowie gegen die einseitige Methode der Rechnung, die von manchen Vertretern der forstlichen Statik eingehalten ist, genommen. Ein Gegensatz zu dem Prinzip der forstlichen Statik, daß die Produktionskosten vollständig bei der Einrichtung der Wirtschaft gewürdigt werden müssen, wird hieraus jedoch nicht gefolgert werden dürfen, wie es von den Gegnern der Reinertragslehre vielfach geschieht.[2]) Voraussichtlich werden schon in der nächsten Zeit bestimmtere Anwendungen der forstlichen Statik auch für die preußischen Staatsforsten gemacht werden. Die wichtigsten Forderungen, welche sich nach dieser Richtung ergeben, gehen dahin, daß die Produktionskosten — sowohl die in der Arbeit liegenden, als auch Kapital und Boden — bestimmter nachgewiesen

---

[1]) v. Hagen-Donner, Forstl. Verhältnisse Preußens, 3. Aufl., S. 177.
[2]) Borggreve, Die Forstabschatzung 1888, S. 162 flg.

werden, als es seither geschehen ist. Ein solcher Nachweis ist nicht nur zur Begründung der Wirtschaftsregeln für einen geordneten Betrieb erforderlich; auch für die Zwecke der Besteuerung und Beleihung ist er immer wünschenswert und notwendig. Sodann wird die Frage der Hiebsreife der Bestände in Zukunft eingehender, als es den seitherigen Fachwerksmethoden entsprach, zu behandeln sein. Beide Aufgaben sind einschneidend genug, um eine neue Regelung des Forsteinrichtungswesens nötig zu machen. — Ähnlich wie in Preußen liegen die Verhältnisse in der vorliegenden Richtung auch in den meisten anderen deutschen Staaten, auf die hier nicht näher einzugehen ist.

d) Ausbildung der Statik durch die forstlichen Versuchsanstalten. Endlich muß, um die Entwicklung der Statik darzustellen, auch noch auf die Vertreter des forstlichen Versuchswesens hingewiesen werden. Um Vergleichungen zwischen den Erträgen und Produktionskosten vorzunehmen, ist das Vorhandensein statistischer Grundlagen über die Faktoren, welche den Reinertrag bestimmen, unerläßlich. In dem Mangel an solchen Grundlagen und Hilfsmitteln lag die wesentlichste Ursache, weshalb lange Zeit ein Fortschritt auf dem Gebiete der Statik in praktischer Richtung nicht möglich war. Die ersten Arbeiten auf dem Gebiete des Versuchswesens sind bekanntlich von einzelnen ausgegangen. Indessen die in der langen Reifezeit der Bestände liegende Eigentümlichkeit der Forstwirtschaft forderte bleibende Einrichtungen. Das Streben nach einer einheitlichen Regelung des Versuchswesens war daher seit der Mitte des vorigen Jahrhunderts allgemein, bis durch die jetzige Organisation bleibende Verhältnisse geschaffen wurden. Seit dieser Zeit haben die Vertreter des forstlichen Versuchswesens am Ausbau der forstlichen Statik mitgewirkt. Zunächst geschah dies durch die Beschaffung des Materials. Es war aber natürlich, daß im Anschluß an die Ertragstafeln, welche von den Vertretern des Versuchswesens aufgestellt wurden, auch gewisse wirtschaftliche Folgerungen gezogen wurden. In diesem Sinne sind in der neueren Zeit zahlreiche Veröffentlichungen, zum Teil in Zeitschriften, zum Teil in besonderen Abhandlungen, niedergelegt, auf die im speziellen Teile dieser Schrift Bezug zu nehmen sein wird.

So sehr man nun auf die Verbindung der forstlichen Statik mit dem Versuchswesen Wert zu legen Ursache hat, so wird doch die Würdigung des Sachverhalts zu der Erkenntnis führen, daß beide Gebiete, die sich, wie alles, was der Entwicklung fähig ist, bei entsprechenden Bedingungen auszudehnen streben, unabhängig von einander gehalten werden müssen. In der Literatur ist, wie oben bereits angedeutet wurde, oft die Ansicht vertreten, die forstliche Statik könne erst dann in positiver Richtung fortgesetzt werden, wenn die Tätigkeit der Versuchsanstalten abgeschlossen sei. Eine solche zeitlich abgegrenzte Behandlung beider Gebiete wird aber niemals verwirklicht werden. Das Versuchswesen wird in absehbarer Zeit nicht abgeschlossen werden; es wird jederzeit einen entwicklungsfähigen und entwicklungsbedürftigen Charakter behalten. Die normalen Bestände, welche die Versuchsanstalten bis jetzt aufgestellt haben, ändern sich je nach den Grundsätzen der Behandlung und den äußeren wirtschaftlichen Verhältnissen. Man braucht nur auf die neuesten Mitteilungen des Versuchswesens den Blick zu richten, um diese Ansicht vollauf bestätigt zu finden.[1]

In der forstlichen Praxis wird sich die forstliche Statik hauptsächlich an das Forsteinrichtungswesen anzuschließen haben. Die wichtigsten Aufgaben der Statik, insbesondere die Bestimmung der Umtriebszeit, die nach Maßgabe des Durchforstungsbetriebs festzusetzenden Vornutzungserträge, die Wahl der Holzarten u. a., stimmen mit den Aufgaben, welche bei der Betriebseinrichtung zu regeln sind, überein. Es geht daraus hervor, daß die Statik bei ihrer praktischen Anwendung mehr auf die besonderen Verhältnisse bestimmter einzelner Reviere eingehen und mehr auf unregelmäßige Verhältnisse Bezug nehmen muß, als dies beim forstlichen Versuchswesen, das vorzugsweise regelmäßige Bestände zur Untersuchung zieht, der Fall ist.

4. Behandlung der forstlichen Statik. Die meisten Vertreter der forstlichen Statik haben diese unmittelbar an die Waldwertrechnung angeschlossen. Da es sich in beiden Zweigen der Forstwirtschaft um dieselben Begriffe (Ertrag, Bodenwert, Bodenrente, Bestandes- und Vorratswerte usw.) handelt, so ist ihr Zusammenhang auch durch die Natur der Sache gegeben. Trotzdem hat man zu einer richtigen Beurteilung der Behandlung des Stoffes neben dem selbstverständlichen Zusammenhang auch die Verschiedenheit der Waldwertrechnung und der forstlichen Statik hervorzuheben. Die Waldwertrechnung ist hauptsächlich ausgebildet, um für die Zwecke der Veräußerung von Boden und Bestand die notwendige Grundlage zu schaffen. Wenn es sich um Kauf und Verkauf oder Tausch handelt, so ist es erforderlich, daß die betreffenden Rechnungen in möglichst bestimmter Fassung geführt werden. Oft bringt es der Zweck der Geschäfte mit sich, daß ein Minimum oder Maximum der Werte

---

[1] In den Normalertragstafeln von Schwappach fur die Fichte in Mittel- und Norddeutschland vom Jahre 1890 wird z B. auf I Standortsklasse der Haubarkeitsertrag fur u = 120 auf 1215 fm, die Summe der Vorertrage auf 532 fm angegeben; in den Tafeln vom Jahre 1902 sind die entsprechenden Zahlen 852 und 1005 fm. Die großen Unterschiede sind lediglich Folge der veränderten Anschauungen uber die Durchforstungen

berechnet werden soll. Bei der forstlichen Statik handelt es sich aber meist um Anwendungen für den bleibenden forstlichen Betrieb. Und hier sind die gegebenen Bedingungen und die zu stellenden Anforderungen von anderer Art. Die meisten praktischen Forstwirte, welche Bestände zu begründen oder Durchforstungs- und Lichtungshiebe auszuführen haben, würden ganz außerstande sein, von den Lehren der Statik irgend welchen Gebrauch zu machen, wenn sie genötigt wären, hierbei die Methode anzuwenden, die G. Heyer in seinem Handbuch der forstlichen Statik für die betreffenden forstlichen Maßnahmen angewandt wissen will. Ebenso wären die Behörden, welche Verfügungen hinsichtlich der Betriebsarten, wie z. B. betreffs der Überführung des Mittel- und Niederwaldes in Hochwald oder eines Wechsels der Holzarten erlassen, hierzu außerstande, wenn sie den Unternehmergewinn oder die Verzinsung des Produktionsfonds genau nachweisen lassen müßten. Die streng mathematische Behandlung der Bodenreinertragslehre, die durch die Verbindung mit der Waldwertrechnung eingeführt ist, hat zweifellos in materieller und formeller Hinsicht Wert gehabt. Sie hat die Grundlagen und Ziele der Wirtschaft klargestellt und manche Phrase, die gerade hier so leicht sich einstellt, endgültig unmöglich gemacht. Aber sie hat auch zu unrichtigen Auffassungen Anlaß gegeben. Sie hat die Meinung erweckt, als bestehe das wesentlich charakteristische Merkmal verschiedener wirtschaftlicher Anschauungen in der Methode der Behandlung des Stoffes. Die Begriffe Bodenreinertrag und mathematische Behandlung wurden fast als identisch betrachtet. Es war sehr bezeichnend, daß die meisten Gegensätze gegen die Bodenreinertragslehre sich nicht gegen das ökonomische Prinzip, sondern gegen die Methoden seiner Darstellung richteten.[1]) Wenn man die

---

[1]) Dies gilt auch von der anregendsten und originellsten Kritik, die gegen die forstliche Statik gerichtet ist, von Borggreves „Forstreinertragslehre". Sie hat auf die Anschauungen weiter Kreise, namentlich in Preußen, Einfluß geübt und wird auch in Zukunft (im Gegensatz zu vielen anderen Kundgebungen) stets Interesse behalten, weshalb an dieser Stelle besonders auf sie hingewiesen wird. Der sachliche Inhalt der genannten Schrift tritt am klarsten in dem Teile hervor, in welchem der Nachweis geführt werden soll, „daß der Kern der Statik, namlich die geforderte Feststellung der vorteilhaftesten Wirtschaftsformen nach den Ergebnissen von Rentabilitatsberechnungen lediglich ein in wissenschaftliche Form gekleideter Humbug sei," weil die dazu erforderliche Gewinnung von Rechnungsgrundlagen widersinnig und unmoglich erscheine. Diesem allgemeinen Hauptsatz entsprechen die Ausführungen der einzelnen Abschnitte. Sie behandeln die Begutachtung der in Betracht kommenden Wirtschaftsformen, den Zinsfuß, die Holzpreise, die Materialerträge, den Boden- und Holzvorratswert, die Verfahren, welche bei den statischen Aufgaben angewandt werden. Am Schluß dieses Hauptteils der Schrift wird die Folgerung gezogen, daß die Anwendung der Rentenrechnungsformeln auf die Regelung des forstlichen Betriebs untunlich sei; daß die Empfehlung solcher Berechnungen zur Regelung des großen Forstwirtschaftsbetriebs eine Verkennung der

Bedeutung der mathematischen Methode innerhalb gewisser Grenzen anerkennen, wenn man sogar darauf hinweisen darf, daß die Praxis in Zukunft von der mathematischen Behandlung mancher Faktoren in weit höherem Grade Anwendung wird machen müssen, als es seither der Fall gewesen ist, so wird doch die einseitige Behandlung, wie sie insbesondere von G. Heyer vertreten ist, niemals Geltung erlangen. Wirtschaftliche Fragen können nicht auf einseitig mathematischem Wege gelöst werden. In der allgemeinen Wirtschaftslehre ist dieser Grundsatz allseitig anerkannt.[2]) Daß er auch in der Forstwirtschaft, die es im großen Betriebe stets mit langen Zeiträumen zu tun hat, gültig ist, lehrt jedes tiefere Eingehen auf ihre naturwissenschaftlichen und ökonomischen Grundlagen. Für die von andern abweichende Behandlung des Stoffes in dieser Schrift erscheint mit Rücksicht auf seine Einführung in die Praxis die nachstehende Begründung erforderlich.

Vom naturwissenschaftlichen Standpunkt aus ist gegenüber einer abstrakt mathematischen Behandlung der Statik zunächst auf die Bedeutung des Bodens hinzuweisen. Sein Zustand ist für den Erfolg aller wirtschaftlichen Maßnahmen von großer Bedeutung. Namentlich muß die Forderung der Erhaltung eines richtigen Humus-

Eigentumlichkeiten desselben voraussetze; und daß die Forderung, die Waldungen nach den Prinzipien der Statik zu behandeln, den einfachsten volks- und forstwirtschaftlichen Grundwahrheiten widerspreche. Wie aus dem angedeuteten Inhalt hervorgeht, richtet sich die Kritik Borggreves namentlich gegen die einseitige mathematische Behandlung der Statik, wie sie von G. Heyer vertreten ist. Der Kern der Statik liegt aber nicht in der Art der Berechnung, sondern in ihrem okonomischen Prinzip, das ganz allgemein für alle Zweige der Kultur dahin gerichtet ist, daß der Boden, als der von Natur in beschranktester Ausdehnung gegebene Produktionsfaktor, so bewirtschaftet werden soll, daß er den hochsten Reinertrag gewahrt.

[2]) Über die Anwendung der mathematischen Methode in der Volkswirtschaft sagt Roscher, Grundlagen der Nat.-Ök., § 22, betreffend die Methoden der Nationalokonomie (es wird eine theologische, juristische, mathematische, idealistische und geschichtliche Methode unterschieden): „Der allgemeine Teil der Nationalokonomik hat unverkennbar manche Ähnlichkeit mit der Mathematik; er wimmelt, so wie diese, von Abstraktionen. Wie es in der Natur keine streng mathematischen Linien und Punkte, keine mathematischen Hebel, keinen Schwerpunkt, kein Himmelsgewolbe gibt, so gibt es auch keine Produktion, keine Grundrente in volliger Reinheit. Es ist hiernach kein Wunder, daß manche Schriftsteller die volkswirtschaftlichen Gesetze in algebraische Formeln einzukleiden versucht haben. In der Tat, wo Großen und Großenverhaltnisse vorkommen, da muß auch Rechnung moglich sein. Aber freilich der Vorteil der mathematischen Ausdrucksweise verschwindet immer mehr, je komplizierter die Tatsachen werden, auf die man sie anwendet. Das ist schon in der gewohnlichen Individualpsychologie bemerkbar, wievielmehr in jeder Schilderung des Volkslebens. Da mußten die algebraischen Formeln bald so verwickelt werden, daß sie das Weiterarbeiten fast unmoglich machten. Und nun gar in einer Wissenschaft, wie die Nationalokonomik, in der es gegenwärtig eben darauf ankommt, die Beobachtungen zu erweitern, zu vertiefen und vielseitiger zu kombinieren.“

gehaltes an alle waldbaulichen Ausführungen gestellt werden. Bei vielen Maßnahmen, welche Gegenstand der forstlichen Statik sind (Wahl der Holzart, Art der Bestandesbegründung, der Durchforstung und Lichtung, Art der Schlagführung, Umtriebszeit), wird der Humusgehalt des Bodens und in noch höherem Maße der tote oder lebende Bodenüberzug einer Veränderung unterworfen. Bei einer rein mathematischen Behandlung, die auf den Nachweis des Massen- und Wertzuwachses oder der Verzinsung des Produktionsfonds gerichtet ist, wird von den Veränderungen des Bodenzustandes abstrahiert. In der praktischen Wirtschaft müssen diese Veränderungen jedoch in den Kreis der Untersuchungen gezogen werden. Und da dieselben in bestimmten mathematischen Wertzahlen nicht nachweisbar sind, so bedürfen die Resultate der Statik unter Umständen entsprechender Modifikationen, die auf anderem als zahlenmäßigem Wege zum Ausdruck kommen müssen.

Ähnlich liegen die Verhältnisse auch bezüglich der Pflanzenphysiologie, deren Gesetze allen Massen- und Werterträgen zugrunde liegen. Auch hier ist eine mathematische Behandlung nicht wohl möglich. Allerdings bestehen zwischen der physiologischen Tätigkeit der Wachstumsorgane und ihren Erfolgen, die sich im Zuwachs darstellen, Beziehungen, die man mathematisch ausdrücken kann. Die Menge von Zuwachs, welche ein Baum oder Bestand erzeugt, ist von der Menge der Blätter, von der Kronenoberfläche, dem Wachsraum, der Stammzahl, der Höhe — lauter mathematischen Faktoren — abhängig. Indessen ein allgemeines zahlenmäßiges Abhängigkeitsverhältnis dieser Faktoren, wie es die Aufstellung einer Formel von allgemeiner Gültigkeit nötig macht, ist nicht nachweisbar. Eine mathematische Regel, die sich etwa nach der Kronenbildung oder dem Wachsraum aufstellen ließe, wird vielfach durchkreuzt, weil jede Erweiterung des Wachsraums nicht nur auf die Menge, sondern auch auf die Qualität der Blätter und Wurzeln von Einfluß ist, weil mit der Erweiterung des Wachsraums der einzelnen Stämme im höheren Alter Vegetationsorgane in Fortpflanzungsorgane umgebildet werden, weil bei starken Durchforstungen und Lichtungen Standortsgewächse entstehen, welche die nachhaltige Zuwachsleistung ungünstig beeinflussen, weil durch Einflüsse der organischen und anorganischen Natur Wachstumsstörungen eintreten usw.

Wie sich die naturwissenschaftlichen Grundlagen der Statik nicht in allgemeine Formeln bringen lassen, so stellen auch die ökonomischen Faktoren, deren die Statik bedarf, der Anwendung von solchen Hindernisse entgegen. Zwar herrscht in allen Verhältnissen des wirklichen Lebens mehr Regel und Gesetzmäßigkeit, als die Oberfläche der Einzelanschauungen vermuten läßt. Die Statistik hat dies für alle Gebiete nicht nur der Natur, sondern auch des menschlichen Lebens nachgewiesen. Allein eine strenge Abhängigkeit der Wertbildung von den Wirtschaftsmaßnahmen im Sinne einer mathematischen Formel besteht nicht, wenigstens nicht in einer für die menschliche Einsicht erkennbaren Weise. Manche Veränderungen im Wert des Holzes erfolgen anders, als es dem stetigen oder sprungweisen Gang der Zahlen, welchen man durch Kurven oder Gleichungen ausdrücken kann, entspricht. Sie werden herbeigeführt durch Verhältnisse, die nicht aus dem forstlichen Wirtschaftsprozeß hervorgehen, sondern die in bezug auf die Forstwirtschaft als äußere, zufällige angesehen werden müssen. So ist es insbesondere bezüglich der wichtigen Einflüsse, die durch den Fortschritt des allgemeinen nationalen, wirtschaftlichen und politischen Lebens herbeigeführt werden. Die Geschichte bestätigt dies in allen Wirtschaftszweigen. In der neueren Wirtschaftsgeschichte sind diese äußeren Verhältnisse gerade für die ökonomischen Fortschritte der Forstwirtschaft von Bedeutung gewesen. So haben z. B. Erfindungen auf dem Gebiete der Holzverwendung und seiner Ersatzstoffe, die Zunahme der bergbaulichen Betriebe, Verbesserungen der Transportmittel und andere Verhältnisse Änderungen des Wertes mancher Sortimente zur Folge gehabt, die sich nicht in bestimmte, zahlenmäßig anwendbare Regeln fassen lassen. So können Maßregeln der Zollpolitik[1]) bewirken, daß der Wert des Holzes in anderem Verhältnis steigt, als es etwa einer regelmäßigen Zunahme der Volksmenge und des Wohlstandes, die sonst für den Wert mancher Sortimente bestimmend ist, entspricht. Ebenso kann die Anlage von Eisenbahnen und Wasserstraßen, können Bestimmungen über die Tarife der Beförderung zur Folge haben, daß die Werte des Holzes im Walde sich in anderer Weise verändern, als es der Entfernung von dem Verbrauchsorte entsprechend sein würde.

Sind nun die einzelnen Faktoren des Ertrags einer streng mathematischen Behandlung im allgemeinen Sinne nicht fähig, so können auch die zusammengesetzten Faktoren, wie sie in den bekannten Formeln der Waldwertrechnung und forstlichen Statik enthalten sind, auf allgemeine reale Gültigkeit keinen Anspruch machen. Daraus ergibt sich, daß, wenn statische Formeln mit konkretem Inhalt ausgefüllt werden, dieser Inhalt nur einen beschränkten Geltungs-

---

[1]) Die während der Niederschrift des Vorstehenden bekannt gewordenen Handelsverträge mit Rußland, Österreich werden Anlaß geben, den Einfluß zollpolitischer Maßnahmen auf die Preise der wichtigsten Handelssortimente zu untersuchen. Zweifellos wird sich dadurch eine Bestätigung des oben Gesagten ergeben.

2*

bereich haben kann. Er ist beschränkt nach Ort und Zeit, nach den inneren (forsttechnischen) und äußeren (volkswirtschaftlichen) Verhältnissen, von denen die Wirtschaft abhängig ist.

Es bedarf nach dem Gesagten keiner weiteren Begründung, daß die wesentlichsten Fortschritte der forstlichen Statik, sofern sie, wie es ihr Ziel ist, auf den praktischen Betrieb angewandt werden sollen, nicht in mathematischer Richtung erfolgen können. Die mathematischen Grundlagen sind schon jetzt weiter ausgebildet und schärfer zum Ausdruck gekommen, als es für die Statik notwendig ist. Dies ist eine Folge ihrer Verbindung mit der Waldwertrechnung, die in Beziehung auf mathematische Schärfe und Genauigkeit weit größere Ansprüche macht als die Statik. Im Begriff der Statik, welche nach Seite 1 die Kunst des Abwägens bedeutet, ist nicht die Forderung ausgesprochen, daß diese Kunst in der Form von Rechnungsexempeln, Gleichungen, Kurven etc. ausgeübt werden müsse. Man kann die Wirkung vermehrter Produktionskosten oder die Erfolge verschiedener Wirtschaftsmaßregeln auch gegeneinander abwägen, ohne sie in der präzisen Form algebraischer Gleichungen darzustellen. Man muß deshalb die seither einseitig mathematisch ausgebildete Statik, um sie in die Praxis einzuführen, entsprechend ergänzen.

Den vorstehenden Ausführungen gemäß muß eine Ergänzung der mathematischen Methode der Statik zunächst in naturwissenschaftlicher Richtung erfolgen. Es gibt eine Menge für den Ertrag einflußreicher Faktoren, deren Wirkungen wohl in der Sprache der Naturwissenschaft, nicht aber in mathematischen Maßen und Formen zum Ausdruck gebracht werden können. Die Statik hat daher innerhalb der durch das Prinzip der Arbeitsteilung gebotenen Schranken zu den Naturwissenschaften, namentlich zur Bodenkunde und Pflanzenphysiologie, Beziehungen zu unterhalten und von den Fortschritten derselben Anwendung zu machen. Sodann bedarf die mathematische Methode der Ergänzung in ökonomischer und wirtschaftspolitischer Richtung. Im Gegensatz zu den Dingen von rein physischer Natur sind die ökonomischen Faktoren bis zu einem gewissen Grade vom Willen eines Eigentümers und eines Gesetzgebers abhängig; sie stehen dadurch in Beziehung zur nationalen Wirtschaftslehre und Wirtschaftspolitik. Bei der Anwendung der Statik in der Wissenschaft und Praxis ist neben der mathematischen Methode ferner ein geschichtlicher Standpunkt von Bedeutung. Die geschichtliche Auffassung hat für die Forstwirtschaft, die es mit weit auseinander liegenden Zeiträumen zu tun hat, besondere Bedeutung. Sie tritt in der Wirtschaftsführung als praktische Erfahrung hervor, der beim Betrieb stets Einfluß einzuräumen ist. Sodann kommt der geschichtliche Standpunkt in den Untersuchungen zur Geltung, welche das Wachstum der Stämme und Bestände im Wege der Stammanalysen nachweisen. In ihnen findet die seitherige Geschichte der Bestände ihren Ausdruck. Endlich ist, um die Wirtschaftsverfahren zu begründen, neben der mathematischen Behandlung die Methode der kritischen Vergleichung hervorzuheben, welche es sich zur Aufgabe stellt, die praktischen Maßnahmen verschiedener Wirtschaftsgebiete gegenüberzustellen, die Ursache der Verschiedenheiten zu untersuchen und die Vorzüge, welche einzelnen Ländern eigentümlich sind, innerhalb der gebotenen Schranken zu verallgemeinern.

Eine weitere Verschiedenheit zwischen der Waldwertrechnung und forstlichen Statik ergibt sich in bezug auf die Art und Weise der Betriebsführung. Die Lehren der Waldwertrechnung sind vom aussetzenden Betrieb ausgegangen; ihre wichtigsten Grundlagen sind Bodenerwartungs- und Bestandeskostenwerte, die unmittelbar von den Verhältnissen des Einzelbestandes und des aussetzenden Betriebs hergeleitet werden. Bei der forstlichen Statik muß dagegen in der Regel der jährliche Betrieb zugrunde gelegt werden. Die auf Holzzucht gerichtete Forstwirtschaft ist in erster Linie für den Betrieb im großen geeignet. Die große Wirtschaft kennt eigentlich nur den jährlichen Betrieb; einen aussetzenden Betrieb mit Anwendung auf die Verhältnisse ganzer Oberförstereien oder ganzer Länder gibt es nicht. Auch die Unterschiede zwischen dem jährlichen und aussetzenden Betrieb haben keine prinzipiellen Gegensätze zur Folge. Schon vor einem halben Jahrhundert wurde der Beweis geführt,[1] daß „die forstwirtschaftliche Bodenrente unverändert bleibt, ob man den aussetzenden oder jährlichen Betrieb zugrunde legt, ob man eine Fläche als für sich bestehend oder als Teil einer größeren der Rechnung unterstellt". In gewissem Sinne ist es richtig, daß das Ganze der Summe seiner Teile gleich ist. Wohl aber ergeben sich für beide Betriebsführungen gewisse Unterschiede in der Methode und Behandlung. Beim aussetzenden Betrieb hat man Kosten und Erträge zu prolongieren und zu diskontieren. Der jährliche Betrieb ist durch das Vorratskapital ausgezeichnet; ein Prolongieren und Diskontieren ist bei ihm nicht erforderlich.

Die vorstehend aufgeführten Unterschiede sind einflußreich genug, um zu begründen, daß die Statik für sich behandelt wird. Sprach sich schon G. Heyer,[2] der die forstliche Statik unmittelbar auf den Lehren der Waldwertrechnung aufbaute, für eine gesonderte

----

[1] Faustmann, Allgem. Forst- u. Jagdz. 1849, Dezemberheft.
[2] Handbuch der forstlichen Statik, Vorwort.

Behandlung beider Gebiete aus, so erscheint dies von einem Standpunkt, wie er vorstehend zu begründen versucht wurde, in noch weit höherem Maße erforderlich.

Was das System und den Inhalt der nachfolgenden Schrift betrifft, so hat sich der Verfasser unmittelbar an Hundeshagen[1]) angeschlossen.

---

[1]) Forstliche Gewerbslehre, 3. Aufl., § 580—604.

Grundlagen und Methoden der forstlichen Statik.

Abgesehen von Wäldern, die in erster Linie zur Verhinderung raschen Wasserabflusses und zu anderen Aufgaben des Schutzes, zur Erhöhung der landschaftlichen Schönheit oder zur Ausübung eines Vergnügens dienen sollen und hierdurch die Bestimmungsgründe für ihre Behandlung erhalten, ist der Zweck des Waldes allgemein auf die Erzeugung eines Ertrags gerichtet. Daher muß auch die Rücksicht auf den Ertrag für die Maßnahmen und Einrichtungen der Forstwirtschaft bestimmend sein.

Der Ertrag des Waldes besteht in seinen Nutzungen, die in Haupt- und Nebennutzungen eingeteilt werden. Die Nebennutzungen, insbesondere Streu, Weide und Mast, waren lange Zeit für die Anwohner des Waldes von großer Bedeutung. Manche sozialen und wirtschaftlichen Einrichtungen hatten ihren Bezug zur Voraussetzung. Im Laufe der Zeit sind sie aber mehr und mehr zurückgetreten. Die wichtigsten Fragen der Forstwirtschaft werden jetzt auf die Hauptnutzung, die beim Fortschritt der wirtschaftlichen Kultur immer größere Bedeutung gewinnt, beschränkt.

Der Hauptnutzungsertrag wird einerseits durch die Masse, andererseits durch den Wert des Holzes bestimmt. Dem Ertrag stehen die Produktionskosten gegenüber, die, entsprechend dem Verfahren in andern Wirtschaftszweigen, mit ihm verglichen werden, um den ökonomischen Erfolg der Wirtschaft darzustellen. Hiernach kann der vorliegende Gegenstand in folgende Teile zerlegt werden

1. die Erzeugung der Holzmasse durch den Zuwachs;
2. die Bildung der Werte des Holzes;
3. die Produktionskosten der Forstwirtschaft;
4. die Vergleichung des Ertrags mit den Produktionskosten.

Die Erzeugung der Holzmasse durch den Zuwachs.

Mit dem Zuwachs, durch den die Holzmasse gebildet wird, haben sich fast alle Zweige der Forstwissenschaft zu beschäftigen. Sein Zustandekommen wird durch die Gesetze der Pflanzenphysiologie bestimmt, auf die deshalb bei allen den Zuwachs betreffenden Fragen zurückzugehen ist. In unmittelbarem Abhängigkeitsverhältnis steht er zur Bodenkunde und Standortslehre, die für die Menge und Beschaffenheit der Holzproduktion die wichtigste Grundlage bilden. Zum Waldbau hat der Zuwachs vielseitige Beziehungen; die meisten waldbaulichen Maßnahmen sind auf die Beförderung der Zuwachsleistung gerichtet. Die Berechnung des Zuwachses ist Gegenstand der Holzmeßkunde. In der Ertragsregelung bildet der Zuwachs den allgemeinsten Bestimmungsgrund der Nutzung; er hat einer Reihe von Methoden als Maßstab und Grundlage gedient. Seiner ökonomischen Bedeutung nach aber gehört der Zuwachs der forstlichen Statik an.

I. Die Grundbedingungen der Zuwachsbildung.

Der Zuwachs wird bekanntlich durch den abwärts gerichteten Saftstrom angelegt. Die Wurzeln der Bäume nehmen im Frühjahr bei einer gewissen Temperatur (von etwa 6—8⁰ C) die Feuchtigkeit des Bodens und, in dieser gelöst, gewisse anorganische Stoffe auf, die zur Bildung des Holzes, der Rinde, der Blätter und Samen nötig sind. In den jüngeren Holzlagen steigt der Saft in die Höhe. Durch die Arbeit der Blätter, welche Feuchtigkeit ausdünsten und Kohlensäure aus der Luft aufnehmen, wird der Nahrungssaft konzentriert und umgebildet. Er steigt im Bildungsgewebe herab und legt auf diesem Wege neue Holz- und Rindenschichten an. Da das im Sommer gebildete Holz dichter, weniger porös, häufig auch dunkler gefärbt ist als das lockere Frühjahrsholz, so können die einzelnen Jahrringe bei den meisten Holzarten deutlich voneinander unterschieden werden.

Die Menge von Zuwachs, welche auf einer gegebenen Fläche erzeugt wird, ist abhängig von den Standortsverhältnissen, von der Fähigkeit des Bestandes, die von der Natur gegebenen Stoffe aufzunehmen und zu assimilieren, und vom Gehalt des Holzes an organischen und anorganischen Stoffen.

1. Der Einfluß des Standorts auf den Zuwachs.

Beide Faktoren des Standorts, Boden und Lage, sind auf den Zuwachs von Einfluß.

a) Das Verhalten des Bodens.

Die Quellen für die Bildung des Zuwachses sind Boden und Luft. Diese liefert den zur Bildung des Holzes erforderlichen Kohlenstoff, dem Boden werden die anorganischen Bestandteile entnommen. Da die der Luft entstammenden Stoffe durch Verbrennung und Verwesung stets in genügender Menge erzeugt und den Bäumen zugeführt werden, so sind es, außer dem Feuchtigkeitsgehalt, insbesondere die im Boden befindlichen löslichen Nährstoffe, welche den wichtigsten Bestimmungsgrund für die Art und Menge der Produktion nicht nur der Forstwirtschaft, sondern der Bodenkultur überhaupt bilden. Die wichtigsten dieser Mineralstoffe sind: Kalium, Kalcium, Magnesium, Schwefel, Phosphor, Chlor, Silicium, Mangan. Das Vorhandensein der Mineralstoffe ist eine notwendige Bedingung für die Holzerzeugung. Insbesondere kommen von den genannten Stoffen Kali, Kalk, Magnesia und Phosphorsäure bei der Beurteilung des Bodens in Betracht; sie können unter Umständen die wesentlichsten Bestimmungsgründe für die Leistungsfähigkeit des Bodens bilden.[1])

[1]) W Schutze untersuchte diluviale Sandboden I—V. Ertragsklasse und gelangte zu dem Resultat, daß für sie der Mineralstoffgehalt der zumeist bestimmende Faktor der Fruchtbarkeit sei Ramann, Bodenkunde, 2 Aufl., S 204 teilt die Resultate dieser Untersuchung mit und fügt hinzu, daß alle Veranderungen in den Sandboden durch Analyse verfolgt werden konnen und die Abhangigkeit des Ertrags vom Mineralstoffgehalt in zahlreichen anderen Fallen gleichfalls festgestellt sei Erheblich ungunstiger stellen sich die Verhaltnisse fur die schweren Bodenarten. „Über manche haben zahlreiche Arbeiten den Beweis geliefert, daß die Bodenanalyse Grenzwerte feststellen kann, innerhalb deren sich Beziehungen zwischen der Fruchtbarkeit der Böden und dem Mineralstoffgehalt ergeben. Es wurde auffallig sein, wenn dies nicht hervortrate; andererseits kann es aber auch nicht befremden, daß andere Faktoren vielfach großeren Einfluß gewinnen, als ein etwas Mehr oder Weniger an Nahrstoffen "

Borggreve, Holzzucht, 2 Aufl., S. 12 druckt den Kern der Beziehungen zwischen den Bedingungen der Ernahrung und den Zuwachsleistungen in dem Satze aus: „Die Große der Vegetationsleistung uberhaupt und der Holzerzeugung insbesondere wird bestimmt resp. begrenzt von den im Minimum befindlichen der zu ihrer Betatigung zusammenwirkenden Faktoren."

Untersuchungen des Bodens auf seinen Gehalt an den genannten Nährstoffen bieten wegen der Beschaffenheit der vom Walde eingenommenen Flächen besondere Schwierigkeiten. Die Verhältnisse der Landwirtschaft sind in dieser Beziehung einfacher. Der von den Wurzeln der Feldgewächse eingenommene Boden kann nach seinem Volumen und seiner Beschaffenheit genau untersucht und nach seiner Wirksamkeit bestimmt werden; er ist gleichmäßig bearbeitet, überall genügend gelockert. Eine Bodenprobe, die der chemischen Analyse unterworfen wird, kann für eine größere Fläche als Maßstab dienen. Der von den Waldbäumen eingenommene Boden ist dagegen wegen seiner Festigkeit, seines Gehalts an Steinen, seiner wechselnden Tiefgründigkeit und häufigen Durchwurzelung nach seinem Volumen und dem Maße seiner Leistungsfähigkeit nicht mit gleicher Bestimmtheit festzustellen. Nachweise über die im Boden gegebenen Vorräte an Nährstoffen und ihr Verhältnis zum Verbrauch der Gewächse sind deshalb in der Forstwirtschaft schwieriger. Es kommt hinzu, daß während der langen Zeit, die zur Entwicklung der Waldbäume nötig ist, durch die Verwitterung des Grundgesteins, durch die atmosphärischen Niederschläge und andere Einwirkungen der Natur und der Wirtschaft Veränderungen im Nährstoffgehalt des Bodens eintreten. Auch wird man, um den Vorrat an chemischen Nährstoffen nach seiner Bedeutung für den Zuwachs zu beurteilen, nicht unbeachtet lassen dürfen, daß der Gehalt des Holzes an einzelnen Mineralstoffen kein gleichbleibender ist. „Es unterliegt keinem Zweifel, daß eine reichlichere Zufuhr von Mineralstoffen die Produktion steigert, aber doch nur bis zu einem gewissen Grade; ist dieser erreicht, so lagern sich die Mineralstoffe im Pflanzenkörper ab, ohne für physiologische Zwecke Verwendung zu finden; die Pflanze treibt dann Luxuskonsum" (Ramann). Manche Stoffe können bis zu einem gewissen Grade einander vertreten.[1])

---

[1]) G. Heyer, Lehrbuch der Bodenkunde, 1856 teilte Aschen-Analysen von Fichten auf Granit und Kalk mit, aus denen sich ergibt, daß die Asche von auf Kalk erwachsenen Fichten reicher an kohlensaurem Kalk, dagegen ärmer an kohlensaurer Bittererde ist als die Asche der auf Granit erwachsenen Stamme. Die Erganzungsfähigkeit verschiedener chemischer Elemente liegt jedoch, sofern sie uberhaupt vorhanden ist, in beschränkten Grenzen.

Ramann (Bodenkunde, 1. Aufl., S. 313) bemerkt bezüglich des Kaliums, daß ein Ersatz desselben durch andere verwandte Elemente nicht eintrete. Dann wird allgemein bemerkt: „Eine Vertretbarkeit der einzelnen Pflanzennährstoffe in der Weise, daß der eine die Funktionen des anderen ubernehmen konnte, findet nicht statt. Wohl aber hat die Erfahrung gelehrt, daß die Pflanzen einen bestimmten Gehalt an Mineralstoffen haben müssen. Naturlich ist dieser fur die verschiedenen Pflanzenarten ein verschiedener; ist er aber einmal vorhanden, so kann unter Umstanden der Gehalt an einem einzelnen Stoff auf das fur die Pflanzenphysiologie unbedingt notwendige

Wenn nun aber auch der chemische Reichtum des Bodens festgestellt werden könnte, so würde daraus doch kein genügender Maßstab zur Beurteilung der Menge des Zuwachses, der auf einer gegebenen Fläche tatsächlich erfolgt, zu entnehmen sein. Häufig befinden sich die zur Ernährung dienenden Stoffe in einem solchen Zustand, daß sie von den Wurzeln nicht aufgenommen werden können. Ob die zur Ernährung der Bäume im Boden verfügbaren Stoffe wirklich für den Zuwachs verarbeitet werden, hängt stets von den physikalischen Eigenschaften des Bodens ab. Es gehören hierher insbesondere Tiefgründigkeit, Frische, Lockerheit und die Fähigkeit der Aufnahme und Zurückhaltung der Wärme und Feuchtigkeit. Die Tiefgründigkeit ist für Holzarten mit tiefgehenden Wurzeln eine Grundbedingung gedeihlichen Wachstums. Auch wenn sie für die naturgemäße Ausbildung der Wurzeln nicht nötig ist, wirkt sie doch in chemischer und physikalischer Hinsicht günstig. Auf tiefgründigem Boden ist cet. par. der für die Bäume nötige Wachsraum ein kleinerer, die Stammzahl bei gleicher Stärke eine größere als auf flachgründigem; demgemäß auch Zuwachs und Masse. — Ein gewisses Maß von Frische ist für die Unterhaltung der physiologischen Tätigkeit aller Gewächse notwendig. Wenn es fehlt, hört das Wachstum auf; wenn es merklich hinter dem wünschenswerten Maße zurückbleibt, wird der Zuwachs außerordentlich beeinträchtigt. Daher ist dieser unter übrigens gleichen Verhältnissen auch nach dem Terrain sehr verschieden. In den meisten deutschen Mittelgebirgen und Hügelländern zeichnen sich nördliche Expositionen, Mulden und andere frische Lagen durch einen höheren Zuwachs aus, obwohl sie weniger direktes Sonnenlicht erhalten, als Südhänge und Erhebungen. — Lockerheit erhöht stets den Zuwachs. Auf einem lockeren Boden können sich nicht nur die zur Aufnahme der Mineralstoffe dienenden Zaserwurzeln in viel reicherer Menge ausbilden, sondern es stehen auch andere Eigenschaften, die die Bodentätigkeit erhöhen, mit ihr in Verbindung. Insbesondere ist die Durchlüftung des Bodens, durch welche die Krümelstruktur befördert und den Pflanzen Sauerstoff zugeführt wird, hervorzuheben.

Von Einfluß auf die chemischen und physikalischen Eigenschaften des Bodens ist endlich stets der Humusgehalt. Er ist deshalb für die forstliche Praxis von besonderer Bedeutung, weil die Tätigkeit des Forstwirts auf den Humusgehalt mehr als auf

---

Maß herabgedruckt werden. Man hat so z. B. festgestellt, daß durch reichliche Magnesiazufuhr der Pflanzenkörper mit weniger Kalk auszukommen vermag, als ohne eine solche. In diesem Sinne ist eine relative Vertretbarkeit der Mineralstoffe vorhanden."

irgend eine andere Bodeneigenschaft einzuwirken vermag. Der bei regelmäßigem Luftzutritt durch Laub, Nadeln und andere organische Abfälle gebildete und mit dem **Mineralboden sich mischende Humus** verhält sich nach allen Richtungen für das Wachstum der Holzgewächse sehr günstig. Er enthält die Stoffe, die für die Holzbildung erforderlich sind. Durch die verwesenden Waldabfälle wird Kohlensäure entwickelt, die auf die Bodenbildung durch Zersetzung der Gesteine fördernd einwirkt. Auch die wichtigsten physikalischen Eigenschaften werden günstig beeinflußt, insbesondere die Lockerheit, die Fähigkeit der Wasseraufnahme und -zurückhaltung und die Temperatur, deren Extreme abgeschwächt werden. Wie anders sich der bei ungenügendem Zutritt der Zersetzungsfaktoren gebildete **Rohhumus** in den wesentlichsten Richtungen verhält, ist in den neueren Arbeiten auf dem Gebiete der Bodenkunde nachdrücklich betont worden.[1]

Einen allgemein anwendbaren Maßstab für die Bemessung der Güte des Bodens gibt es nicht.[2]

b) Das Verhalten der Lage.

Der Zuwachs, der nach den chemischen und physikalischen Eigenschaften des Bodens möglich ist, kommt nur zustande, wenn die klimatischen Bedingungen den Anforderungen der Holzarten entsprechen. Von der Lage ist die Wärme des Standorts abhängig, sowohl die durchschnittliche Jahrestemperatur, als auch ihre Verteilung auf die Jahreszeiten. Beides ist für alle Gewächse von großer, ausschlaggebender Bedeutung. Unterhalb ihres Wärme-

---

[1] Ramann, Bodenkunde, 2. Aufl., § 69: „Die Wirkung des Humus ist uberwiegend physikalisch; erst in zweiter Reihe kommt der Gehalt an Pflanzennahrstoffen und die Bildung von Kohlensäure bei der Verwesung in Frage. Feste Bodenarten werden durch Humusbeimischung gelockert, lose (Sandboden) durch sie weniger beweglich gemacht, in beiden Fallen wird die Krumelung gefordert. Diese Wirkung tritt aber nur dann hervor, wenn der Mineralboden mit den humosen Teilen gemischt ist, nicht wenn ihn eine geschlossene humose Schicht uberlagert. Mischung von Humus mit Mineralboden ist fur jeden Boden vorteilhaft. Auflagernder Humus ist nur wertvoll, wenn er gut gekrumelt und arm an freien Sauren ist. Dichte, geschlossen auf dem Mineralboden lagernde, fast immer an freien Sauren reiche humose Schichten sind uberwiegend schädlich fur den Boden.“

[2] Ramann (a. a. O. S. 212) gelangt zu dem abschließenden Urteil: „Einen brauchbaren Maßstab fur Bodenkraft (d. i. die Summe aller chemischen und physikalischen Eigenschaften des Bodens) und Fruchtbarkeit (d. i. die Beziehung zwischen Bodenkraft und Entwicklung der Pflanzen) gibt es nicht und kann es nicht geben, da die einzelnen Faktoren variabel sind, sich gegenseitig gunstig oder ungunstig beeinflussen und bald der eine bald der andere das Übergewicht erhalt. Man konnte ein ähnliches Gesetz des Minimums fur diese Begriffe ableiten, wie es fur die Pflanzenproduktion aufgestellt ist: der im Mindestmaß vorhandene chemische und physikalische Faktor bestimmt die Bodenkraft.“

minimums ist der Zuwachs einer Holzart auf dem chemisch besten Boden = 0. Auch die für den Ertrag der Forstwirtschaft wichtigen atmosphärischen Niederschläge und die durch sie bewirkten Schäden sind von der Wärme abhängig.

Die Wärme eines Ortes wird bestimmt durch die geographische Länge und Breite, die Erhebung uber den Meeresspiegel, den Charakter der betreffenden Gegend, die nachbarliche Umgebung (insbesondere die Nähe größerer Wasserflächen, den Schutz durch Gebirge etc.) und die Neigung nach der Himmelsgegend. In welchem Maße die Wärme auf den Zuwachs einwirkt, kann am deutlichsten bei einer Wanderung von den tieferen nach den höheren Schichten eines übrigens gleichmäßigen Bergabhangs erkannt werden. Je weiter man ansteigt, um so kürzer sind die Höhen der Bäume, um so geringer sind Masse und Zuwachs. Die gleiche Erscheinung tritt in größeren Abständen in horizontaler Richtung dem Beobachter entgegen.

Im allgemeinen besteht die Regel, daß die Holzarten, wie alle anderen Gewächse, in den mittleren Lagen ihrer natürlichen Verbreitungsgebiete nachhaltig am meisten Zuwachs erzeugen. Jede Holzart hat ihr bestimmtes Wuchsgebiet,[1]) das durch die genannten Faktoren der Lage bestimmt ist. Nach den nördlichen und vertikalen Grenzen nimmt die Massenerzeugung ab, weil die für die Holzbildung nötige Wärme fehlt und die Zeit des Wachstums zu kurz ist. Schließlich, bei Überschreitung des Wärmeminimums, sinkt der Zuwachs auf den Nullpunkt; die Holzart verschwindet. Aber auch eine zu milde Lage ist, trotzdem die Entwicklung beschleunigt und die zeitweilige Zuwachsleistung erhöht wird, für die nachhaltige Holzmassenerzeugung nicht günstig. In zu milden Lagen treten Konkurrenten der Holzarten auf, teils in anderen Holzpflanzen, teils in sonstigen Gewächsen bestehend, welche die verfügbaren Nährstoffe des Bodens für sich nutzen und den Holzgewächsen entziehen.

2. Der Einfluß der Bestandesverhältnisse auf den Zuwachs.

Im Standort liegt immer nur ein Bestimmungsgrund des Zuwachses; er bildet gewissermaßen den Maßstab fur den normalen Zuwachs, der auf einer Fläche erzeugt werden kann. Was da-

---

[1]) Dieses richtig zu beurteilen, ist deshalb fur manche Aufgaben des Waldbaues und der forstlichen Statik von grundlegender Bedeutung Vgl. Borggreve, Holzzucht, S. 48—67, nebst den zugehorigen Tafeln. In der neuesten Zeit haben die forstlichen Versuchsanstalten Untersuchungen uber die naturlichen und kunstlichen Verbreitungsgebiete einiger wichtigen Holzarten eingeleitet, s Dengler, Die Horizontalverbreitung der Kiefer, 1904.

gegen auf derselben wirklich wächst, ist außer vom Standort von der Beschaffenheit der vorhandenen Bestände abhängig. Die hierauf bezüglichen Bestimmungsgründe des Zuwachses sind auf Wurzel und Krone zurückzuführen.

Die Wurzel gibt dem Baume seinen Halt und vermittelt die Aufnahme des Wassers und der anorganischen Nährstoffe. Eine gleichmäßige, ihren Wachstumsgesetzen entsprechende Ausbildung der Wurzel in horizontaler und vertikaler Richtung ist vom Standpunkt der forstlichen Statik immer wünschenswert. Durch eine gleichmäßige Wurzelbildung wird nicht nur der Zuwachs gefördert, sondern auch die Widerstandsfähigkeit der Stämme gegen manche Naturschäden, welche den Ertrag vermindern, erhöht. Indessen die gleichmäßige Ausbildung der Wurzel wird durch die Beschaffenheit des Bodens oft verhindert. Mechanische Widerstände, die sich im Boden vorfinden, und Ungleichheiten in der chemischen Zusammensetzung der Bodenbestandteile haben auf die Wurzelbildung großen Einfluß. Von den Ergebnissen der neueren Arbeiten, die sich auf die Wurzel beziehen, ist der Nachweis des außerordentlichen Wahl- und Anpassungsvermögens, welches der Wurzel zukommt, von besonderem Interesse.[1]) Sie meidet ungünstige Bodenverhältnisse und sucht diejenige Bodenart auf, welche ihr am meisten zusagt.

Die Ausbildung der Wurzel ist wegen ihres Zusammenhangs mit der Beschaffenheit des Bodens für den Zuwachs von großem Einfluß. Die Maßnahmen der forstlichen Technik würden deshalb auch bestimmter zur Wurzel in Beziehung gesetzt werden, wenn diese sich dem Auge zu erkennen gäbe. Wegen der Unsichtbarkeit der Wurzel ist es natürlich, daß bei Durchforstungen und Lichtungen die nach Stärke und Beschaffenheit erkennbare Krone zur Richtschnur bei den Auszeichnungen genommen wird. Für die Entwicklung der Bestände bilden, abgesehen von Einwirkungen besonderer Art, die Unregelmäßigkeiten verursachen, die Höhe des Kronenansatzes und der Umfang der Krone die charakteristischen Merkmale. Stets bleibt jedoch die physiologische Tatsache von Einfluß, daß Wurzel und Krone bezüglich ihrer Richtung und Stärke im Verhältnis stehen. Beide Teile suchen sich in ihrer Entwicklung nach Form und Stärke ins Gleichgewicht zu setzen.[2])

---

[1]) Moeller, Über die Wurzelbildung der ein- und zweijährigen Kiefer im märkischen Sandboden. Zeitschr. f. F. u. J., 1902, Aprilheft und 1903, Mai- und Juniheft.

[2]) Preßler, Gesetz der Stammbildung, 1865, 2. Kapitel, stellte seinen Zuwachsregeln den Lehrsatz voran: „Das Wurzelvermögen ist dem Blattvermögen proportional; beide halten daher einander im Gleichgewicht und streben bei gehabten Störungen dasselbe wieder herzustellen." Borggreve,

Für die Aufgaben der forstlichen Statik ist es von Wichtigkeit, die Bedingungen zu kennen, unter welchen ein Zuwachsmaximum hervorgebracht wird. Ein solches zu erzeugen, ist Aufgabe der Wirtschaft. Der Zuwachs bildet allerdings nicht das Maß des Ertrags, den die forstliche Statik regeln soll; aber er ist ein sehr wichtiger Faktor desselben. Jedenfalls darf sich die Wirtschaft vom Maximum des Durchschnittszuwachses, der sich lange Zeit hindurch wenig ändert, nicht weit entfernen.

Wenn nun ein Maximum an Zuwachs gebildet werden soll, muß folgenden Bedingungen genügt werden:

1. **Der gegebene Bodenraum muß möglichst vollständig von den Baumwurzeln durchzogen und ausgenutzt werden.** Dies bedeutet, allgemein ausgedrückt, die Herstellung und Erhaltung einer vollständigen Bestockung. Indem man die genannte Forderung aufstellt, ergeben sich zugleich gewisse Folgerungen in bezug auf die Begründung und weitere Behandlung der Bestände, die in ganz allgemein gehaltener Fassung hier kurz hervorgehoben werden. (Näheres folgt in den betreffenden Abschnitten des angewandten Teils.) Die Bestandesbegründung soll, wenn ökonomische Ziele an erster Stelle stehen, eine vollständige, genügend dichte sein, so daß der Boden bald und voll von den Holzpflanzen eingenommen wird. Naturverjüngungen, Saaten und Pflanzungen in nicht zu weiten Verbänden können in genügender Weise dieser Forderung entsprechen. Bei einer weitständigen Begründung bilden und erhalten sich dagegen Standortsgewächse, die einen Teil der Bodennährstoffe der Holzbildung entziehen. Weiter ergibt sich aus jenem Satze, daß stärkere Lichtungen, wenn sie nicht mit Zwecken der Verjüngung verbunden sind, nicht vorgenommen werden sollen. Sie bewirken gleichfalls das Auftreten von Standortsgewächsen, das der aufgestellten Forderung zuwiderläuft. Bei lichtkronigen Holzarten treten ferner, auch ohne daß absichtlich Lichtungen eingelegt werden, von einem gewissen Alter ab stärkere Bodenüberzüge ein, die einen Teil der verfügbaren Bodennährstoffe der Bildung des Zuwachses entziehen. Daher ist es, wenn der ausgesprochenen Bedingung genügt werden soll, erforderlich, daß bei den sich licht

---

Forstabschatzung 1888, S 29 „Die letzteren (arbeitenden Organe) stehen an jedem Organismus, insbesondere Baum, nach uralter Anpassung in einem für die Erfullung ihres Zweckes unter den gegebenen Bedingungen moglichst gunstigem Verhaltnisse zueinander. Wird dasselbe gewaltsam gestort, so hat jeder Organismus in gewissem Grade, der Baum aber in besonders erheblichem Maße, die Fahigkeit und Tendenz, in reißend schneller geometrischer Vermehrung die fur den Gesamtzweck ungenugend gewordenen Organe bis auf das normale Verhaltnis wieder zu erganzen, falls jene Störung nicht ganz oder fast todlich wirken mußte "

stellenden Holzarten der sinkende Zuwachs ergänzt wird. Dies geschieht in der forstlichen Praxis durch den Unterbau im Stangenalter, der außer dieser Ergänzung auch die Erhaltung eines guten Bodenzustandes herbeiführen soll.

2. **Es muß eine möglichst große Menge von Vegetationsorganen der unmittelbaren Einwirkung der Sonne ausgesetzt sein.** Die Menge von Blattorganen, welche Zuwachs erzeugt, ist zunächst von der Holzart abhängig. Schatten ertragende Holzarten besitzen mehr Blätter an der Oberfläche und im Innern der Kronen, die an der Zuwachsbildung teilnehmen. Auch nach dem Standort ist die Menge der arbeitenden Blätter verschieden. Auf gutem Boden kommen bei gleicher Flächengröße nicht nur mehr, sondern auch kräftigere Wachstumsorgane zur Entwicklung. Was die Lage betrifft, so ist sowohl die Abdachung als insbesondere die Neigung nach der Himmelsgegend von Einfluß. Südseiten erhalten mehr Sonnenlicht als die der Sonne abgewandten Hänge. Sie würden daher auch mehr Zuwachs hervorbringen, wenn nicht häufig infolge des Mangels an der nötigen Bodenfrische entgegengesetzte Ursachen in stärkerem Maße wirksam wären. Auch die Stellung der Bestände hat auf die Menge der dem Lichte zugewandten Wachstumsorgane Einfluß. Eine stärkere Unterbrechung des Schlusses hat eine Verminderung der beleuchteten Oberfläche und damit, trotz der Steigerung des Zuwachses der Einzelstämme, eine Abnahme des Gesamtzuwachses auch aus diesem Grunde zur Folge. Dagegen kann, wie sich nach den einfachen geometrischen Formen der Kronen gutachtlich nachweisen läßt, bei verschiedenen Graden des Bestandesschlusses und bei schwachen Schlußunterbrechungen, die Menge der Blattorgane, welche Sonnenlicht erhält, annähernd gleich sein. Deshalb kann auch unter verschiedenen Durchforstungs- und Lichtungsgraden der gleiche Zuwachs erzeugt werden.[1]

Neben der Stellung der Bestände ist auch die Form der Krone auf die Blattsumme von Einfluß. Sie wird, abgesehen von unregelmäßiger Bildung durch Naturschäden, besonders durch den Höhenwuchs der Haupt- und Seitenachsen bestimmt, der in erster Linie vom Alter, dann aber auch von der Bestandesstellung abhängig ist. Je gestreckter die Triebe und je länger die Höhen der Kegel, welche die Krone der Stämme bilden, im Verhältnis zu ihrer Basis sind, um so größer ist die Oberfläche, welche direktes Sonnenlicht genießt. Hiernach ist es auch erklärlich, daß, wie alle Unter-

---

[1] M. Behringer, Über den Einfluß wirtschaftlicher Maßregeln auf Zuwachsverhältnisse usw., 1891.

suchungen bestätigen, die höchsten Zuwachsbeträge der Zeit des lebhaftesten Höhenwuchses folgen.[1] Ist dieser beendet, so muß neben anderen auch aus diesem Grunde der Massenzuwachs abnehmen, weil die Kegel, welche die Kronenoberfläche bilden, stumpfer werden und weniger Licht erhalten. Indessen auch nach dem Abschluß der Hauptachsen sind die Seitentriebe noch fähig zuzuwachsen. Sie verursachen eine Wölbung der Krone, die die Oberfläche vergrößert. Deshalb können kräftige Durchforstungen nach Beendigung des Höhenwuchses, welche eine Kronenwölbung herbeiführen, die sonst in diesem Alter eintretende Abnahme des Zuwachses verhindern oder aufhalten.

Von Einfluß auf den Zuwachs ist endlich auch die Blüten- und Fruchtbildung. Die Stoffe, welche hierzu verwendet werden, gehen für den Massenzuwachs verloren. Die Samenbildung tritt um so früher und stärker auf, je größerer Wachsraum den Stämmen in ihren verschiedenen Altersstufen zuteil geworden ist.

3. Der Einfluß des Holzgehalts.

Die Einheit, nach welcher der Zuwachs bemessen wird, ist der Raum, den das Holz einnimmt (Festmeter). In dem gleichen Volumen können aber sehr verschiedene Mengen von organischen und unorganischen Stoffen enthalten sein. Bestimmend für die erzeugbare Zuwachsmasse ist der substantielle Gehalt des Holzes. Dieser kann, entsprechend seinen Quellen, entweder auf die Stoffe, die dem Boden entnommen sind, oder aber auf das Gewicht des Holzes, welches hauptsächlich durch die organischen Stoffe gebildet wird, bezogen werden. Da die dem Boden entnommenen Mineralstoffe nicht verbrennen, sondern als kohlensaure Salze in der Asche zurückbleiben, so können sie durch die chemische Analyse dieser Asche genau bestimmt werden.

a) Der Gehalt des Holzes an Mineralstoffen.

Im allgemeinen enthält die jährliche Ernte einer geordneten, auf Holzzucht beschränkten Forstwirtschaft nur wenig Mineralstoffe. Durch die landwirtschaftlichen Ernten wird dem Boden weit mehr entzogen, namentlich an denjenigen Stoffen, welche bei den chemischen Beziehungen zwischen dem Boden und seinen Erzeugnissen besonders in Betracht kommen (Phosphor, Kali, Kalk). Auf das Verhältnis der Kulturarten hinsichtlich ihres Bedarfs und Entzugs an Mineralstoffen und die Folgerungen, die sich daraus für ihren Standort ergeben, wird spater (2. Teil, 1. Abschnitt) hingewiesen werden. Trotz

---

[1] Beispiele hierfur ergeben alle Ertragstafeln.

der Genügsamkeit der Waldbäume sind die Verschiedenheiten, die
sie in ihrem chemischen Gehalt zeigen, wegen der Beschaffenheit
vieler Böden von großem Einfluß auf die Wirtschaftsführung. Sie
müssen namentlich bei der Wahl der Holzart berücksichtigt werden,
sind aber auch in bezug auf den Zuwachs von grundlegender Bedeutung. Für die Wahl der Holzart gibt es kaum einen Bestimmungsgrund von allgemeinerer Geltung als den chemischen Gehalt des
Holzes. In einem Festmeter Kiefern-Stammholz sind 200 g Kali,
805 g Kalk, 82 g Phosphorsäure enthalten; in einem Festmeter
Buchen-Stammholz dagegen 794 g Kali, 1809 g Kalk, 223 g Phosphorsäure.[1]) Im allgemeinen ergibt sich auf Grund der Beziehungen
zwischen der chemischen Beschaffenheit des Bodens und dem chemischen Gehalt des Holzes die Regel, daß bei entsprechenden
klimatischen Bedingungen die chemisch reicheren Böden dem
Laubholz, die geringeren dem Nadelholz zufallen, wie es auch
dem natürlichen Auftreten der Holzgewächse entspricht. Betreffs
des Zuwachses können zwar keine zahlenmäßigen Beziehungen zum
chemischen Gehalt des Holzes nachgewiesen werden. Trotzdem ist
dieser ein einflußreicher Faktor der Massenerzeugung. Hier kommt
das Seite 27 hervorgehobene Gesetz des Minimums zur Geltung,
namentlich für die geringen Böden. Die Forstwirtschaft hat es
häufig mit Böden zu tun, die so beschaffen sind, daß lediglich
wegen Mangels an gewissen Mineralstoffen manche Holzarten überhaupt nicht wachsen oder nur sehr geringen Zuwachs erzeugen.

Sofern die Nutzungen ausschließlich auf Holz gerichtet sind,
wird dem Boden auch im Laufe langer Zeit und ohne daß ein
Wechsel der Holzart eintritt, nicht mehr entzogen, als ihm durch
die Zersetzung der organischen Abfälle, durch Verwitterung und
atmosphärische Niederschläge wiedergegeben wird. Dies wird durch
chemische Untersuchungen und gutachtliche Urteile bestätigt, entspricht aber auch den Erfahrungen, die in allen größeren Wirtschaftsgebieten gemacht sind. Nicht nur der Urwald, der Jahrtausende
Holz getragen hat, zeichnet sich oft durch einen besonders guten
Bodenzustand aus; auch der Boden der auf Holz genutzten Wirtschaftswälder erhält sich bei übrigens guter Behandlung in gleichbleibendem Zustand. Es ist sehr charakteristisch, daß beim regelmäßigen Hochwaldbetrieb diejenigen Altersstufen, welche den höchsten
Zuwachs erzeugen (jüngere und mittlere Stangenorte), sich auch in
bezug auf den Boden am besten verhalten. Wird dagegen die
Nutzung auf die Bodendecke ausgedehnt, so ist eine Verschlechterung
des Bodens unausbleiblich. Die Nadeln und Blätter sind reich an

---

[1]) Nach Ramann, Bodenkunde, 1. Aufl., S. 333.

anorganischen Stoffen. Nach Weber[1]) wird in der Buchenwirtschaft (unter mittleren Verhältnissen) durch Nutzung des jährlichen Laubabfalls 9,9 kg Kali, 81,9 kg Kalk, 10,5 kg Phosphorsäure, durch die Holzproduktion dagegen nur 7,4 kg Kali, 16 kg Kalk, 2,2—4,2 kg Phosphorsäure pro Jahr und Hektar entführt. Bei der Kiefer entzieht die Streunutzung 4,8 kg Kali, 18,9 kg Kalk, 3,7 kg Phosphorsäure, die Holznutzung 2,1 kg Kali, 7,2 kg Kalk, 1,1 kg Phosphorsäure. Es sind also gerade die wertvollsten Elemente, in erster Linie der Phosphor, welche durch die Streunutzung in weit stärkerem Maße entführt werden als durch die Holznutzung. Hierzu kommt noch die Verschlechterung der physikalischen Eigenschaften des Bodens. Das Resultat der auf die chemischen Beziehungen zwischen Boden und Holzgehalt gerichteten Untersuchungen geht dahin, daß die **Bodendecke nicht genutzt werden darf.** Abweichungen bilden Ausnahmen. Bei statischen Untersuchungen muß in der Regel unterstellt werden, daß die Nutzungen auf Holz beschränkt bleiben.

Ein ähnliches Verhältnis wie bei Phosphor und Kali besteht auch in bezug auf den Stickstoff, über dessen Herkunft und Aneignung durch die Gewächse in der Gegenwart vielfache Untersuchungen im Gange sind. Nach von Schroeder[2]) ist der Jahresbedarf an Stickstoff bei der Buche für den Holzzuwachs 10,3 kg; durch die Streunutzung wird 44,4 kg entführt. Bei der Fichte werden durch die Holznutzung nur 13,2, durch die Streunutzung 31,9 kg pro Hektar dem Boden entzogen. Hieraus ergibt sich, daß in der Forstwirtschaft, wenn die Streu genutzt wird, an den Boden hohe Ansprüche in bezug auf den Stickstoff gestellt werden. Andererseits lehren die vorstehenden und andere Zahlen, daß durch die Holzproduktion allein bei Belassung der Streu im Walde keine Verminderung und Erschöpfung des Stickstoffvorrats im Boden eintritt. „Die natürlichen Stickstoffquellen der Atmosphäre halten dem Bedarf der bloßen Holzerzeugung das Gleichgewicht" (Weber). Ein Ersatz auf künstlichem Wege ist daher auch bezüglich dieses wichtigen Stoffes in der großen Wirtschaft in der Regel (abgesehen von Kulturen, Kämpen, Weidenhegern) nicht erforderlich.

Bei der Beurteilung des Verhältnisses zwischen dem Gehalt des Bodens und dem Zuwachs muß ferner in Rücksicht gezogen werden, daß die einzelnen Bestandteile des Holzkörpers in bezug auf ihren chemischen Gehalt nicht gleich sind, sondern daß nach Alter und Baumteilen mehr oder weniger große Verschiedenheiten vorliegen. Das ausgereifte Holz enthält weniger Mineralstoffe als jüngeres Holz.

---

[1]) Die Aufgaben der Forstwirtschaft in Loreys Handbuch der Forstwirtschaft, 2. Aufl., 1. Band, I, S. 74.
[2]) Mitgeteilt von Weber, a. a. O., S. 76.

Für 50jährige Eichen wird z. B. das Prozent der Reinasche beim
Kernholz zu 0,22, beim Splintholz zu 0,50% der Trockensubstanz
angegeben. Die Rinde ist weit reicher an anorganischen Stoffen
als das Holz. Die Reinasche der Rinde beträgt bei der Eiche etwa
6—10, bei der Buche 3—5% des Trockengewichts.[1]) Je mehr an
Rinde und Splint im Holze enthalten ist, um so geringer ist dem-
nach die Festmetersumme, welche aus einem gegebenen Fonds von
Bodennährstoffen erzeugt werden kann. Hiernach ergeben sich
Unterschiede nach den Sortimenten, die das Holz der Bestände je nach
Alter und Erziehung in verschiedenem Verhältnis zusammensetzen.
Ramann[2]) gibt den Gehalt an Reinasche folgendermaßen an:

   Für ein Festmeter:
Kiefern-Scheitholz zu 1464 g (darunter 200 g Kali, 82 g Phosphor)
   „   -Knüppel   „   1714 g („   298 g   „   133 g   „
   „   -Reis   „   4423 g („   857 g   „   441 g   „
Im allgemeinen wird dem Boden durch die Holznutzung um so
weniger entzogen, in je stärkerem Verhältnis das ausgereifte Holz
am Gesamterzeugnis Anteil hat. Hierin liegt ein konservatives
Moment für die Führung der Wirtschaft, das jedoch oft durch gegenteilige Faktoren (Fruktifikation, Bekleidung des Bodens in alten
Beständen, namentlich von Lichtholzarten, mit Standortsgewächsen)
überwogen wird. Auf die aus der Beschaffenheit der Sortimente
hervorgehenden praktischen Folgerungen wird später (im Abschnitt
über die Umtriebszeit) eingegangen werden. Ganz allgemein ergibt
sich jedoch aus dem chemischen Gehalt der Sortimente in Verbindung mit den auf den Wert des Holzes bezüglichen Bestimmungsgründen die Folgerung, daß an Reisholz nicht mehr erzeugt
werden soll, als zur Bildung eines guten Schaftes nötig ist.

b) Das Trockengewicht.

Bestimmungen des mineralischen Holzgehalts durch Aschen-
analysen sind schwierig und zeitraubend. In den Einzelfällen der
Praxis, bei der Lösung von Aufgaben der Statik und Forsteinrichtung,
kann man sie nicht ausführen; auch läßt sich kein zahlenmäßiges
Verhältnis zwischen den Mineralstoffen eines gegebenen Bodens und
dem Zuwachs, den er hervorzubringen vermag, aufstellen. Ein
Maßstab, der leichter in der Form bestimmter Zahlen zur Anwendung gebracht werden kann, liegt im Trockengewicht des Holzes.
Die Verschiedenheiten desselben sind von der Dicke der Zellwan-

---

[1]) Weber, Untersuchungen uber die agronomische Statik des Waldbaues,
1877 u. a. a. O.
[2]) Bodenkunde, 1. Aufl., § 82.

dungen, der Weite und dem Inhalt der Zellen abhängig, während das Gewicht der Holzfaser selbst, entsprechend ihrer gleichmäßigen Zusammensetzung, ein für alle Holzarten gleiches ist.

Das Gewicht ist zunächst verschieden nach den Holzarten, die in sehr schwere, schwere, mittlere, leichte usw. unterschieden werden. Aber auch bei derselben Holzart bestehen nach den klimatischen Bedingungen, von denen das Verhältnis von Frühjahrs- und Sommerholz abhängig ist, nicht unbedeutende Unterschiede. Das Gewicht muß deshalb in der Regel nach Grenzwerten angegeben werden. Da das Gewicht die Substanzmenge ausdrückt und diese für die Leistung des Standorts maßgebend ist, so müssen bei Gleichheit der Wachstumsbedingungen für verschiedene Holzarten die von ihnen erzeugten Massen im umgekehrten Verhältnis zum Gewicht stehen. Weber[1]) stellte demgemäß den Satz auf: „Die verschiedenen bestandbildenden Holzarten liefern auf den für sie geeigneten Standorten unter sonst gleichen Verhältnissen durchschnittlich jährlich nahezu gleiche Gewichtsmengen Trockensubstanz; die große Verschiedenheit im Ertrag nach Kubikmetern der Masse auf gleichen Standorten zwischen den einzelnen Holzarten rührt hauptsächlich von dem Unterschiede der spezifischen Gewichte her." Zur Bestätigung dieses Satzes wurde, unter Zugrundelegung der vorliegenden Ertragstafeln, dargetan, daß für alle bestandbildenden Holzarten bei der bisher üblichen Bonitierung auf 1. Standortsklasse eine jährliche Trockensubstanz von 3000—4000 kg erzeugt werde, auf 2. Standortsklasse eine solche von 2500—3000, auf 3. von 2000—2500 kg usw. Tatsächlich wird jedoch die Unterstellung, daß die Wuchsbedingungen für verschiedene Holzarten gleich seien, in den meisten Fällen nicht zutreffen. Abänderungen werden einerseits durch die Standortsverhältnisse, namentlich durch den Faktor der Lage, hervorgerufen; Wärme, Frische, Tiefgründigkeit beeinflussen die Holzarten in verschiedener Weise. Ein Standort, der für die Eiche das Optimum an Wärme besitzt, bezeichnet nicht das Optimum für Buche, noch weniger für Fichte und Kiefer. Andererseits werden Abweichungen der Wuchsleistung von der ausgesprochenen Regel durch das Auftreten von Standortsgewächsen verursacht. Aus dem starken Bodenüberzug, der sich unter lichtbedürftigen Holzarten einzustellen pflegt, geht die allgemeine Regel hervor, daß diese den schattenertragenden Holzarten in der Zuwachserzeugung nachstehen.

4. Verschiedenheiten der Zuwachsmasse.

Alle Unterschiede in der Massenerzeugung regelmäßiger, von Naturschäden nicht betroffener Bestände finden in den angegebenen

---

[1]) In Loreys Handbuch, 2 Aufl, 1 Band, I, S. 77

Umständen ihre Erklärung. Zufolge derselben ergeben sich Verschiedenheiten:

a) Nach Holzarten.

Die Ursachen für stärkere Unterschiede des Zuwachses liegen erstens im Gehalt des Holzes an organischer und anorganischer Substanz; je geringer derselbe ist, um so größer ist cet. par. der Zuwachs. Zweitens kommt die Dichtigkeit der Belaubung und die damit verbundene Fähigkeit, die Quellen der Zuwachsbildung auszunutzen, in Betracht. Diejenigen Holzarten, welche geringes Gewicht mit dichtem Baumschlag verbinden (Fichte, Tanne), erzeugen den höchsten, diejenigen, bei welchen entgegengesetzte Verhältnisse vorliegen (Eiche), den geringsten Zuwachs.

b) Nach Betriebsarten.

Hier kommt in Betracht: das Verhalten der Betriebsart in bezug auf die Fähigkeit, den Boden zu decken und auszunutzen; sodann der durchschnittliche Gehalt des Holzes an Derbholz, Rinde und Reis; endlich die Häufigkeit und Stärke der Blüten- und Samenbildung. Der Niederwald verhält sich in bezug auf den Zuwachs am ungünstigsten. Er erzeugt fast ausschließlich Reisholz und Rinde, so daß im Durchschnittsfestmeter weit mehr anorganische Bestandteile enthalten sind, als bei allen anderen Betriebsarten. Auch der Mittelwald verhält sich in bezug auf den Zuwachs ungünstig. Fast die Hälfte der von ihm gebildeten Masse besteht in anspruchsvollem Reisholz. In der unvollständigen Bodendeckung und der häufigen Samenproduktion des Oberholzes liegen weitere Ursachen, welche den Durchschnittszuwachs herabdrücken. Der Plenterwald verhält sich günstiger. Wenn er aus wüchsigen mittleren Stammklassen besteht, so wird er der durchschnittlichen Leistung des schlagweisen Hochwaldes nicht nachstehen, manche Altersklassen sogar übertreffen. Infolge des Einflusses der älteren auf die jüngeren Stammklassen und weil es kaum möglich ist, die Stämme zur Zeit ihrer Hiebsreife und ohne Schädigung des stehenbleibenden Holzes zu nutzen, leistet er tatsächlich im Großbetrieb weniger als der regelmäßige Hochwald. Dieser ergibt nachhaltig den höchsten Zuwachs. Bei guter Begründung der Bestände wird der Boden früh gedeckt und dann dauernd zur Holzerzeugung ausgenutzt; im Durchschnittsfestmeter ist am meisten Derbholz, am wenigsten Reisholz enthalten; die Fruchtbildung wird durch den geschlossenen Stand hinausgeschoben und beschränkt.

c) Nach dem Alter.

In der Jugend entwickeln sich alle Holzarten sehr langsam; Luft und Boden werden nicht ausgenutzt; der Zuwachs ist gering.

Im hohen Alter läßt die Wuchskraft nach, die Bestände stellen sich licht und lassen stärkere Überzüge entstehen, es tritt häufig Samen- und Fruchtbildung ein. In den mittleren Altersstufen ist der Zuwachs am höchsten. (Näheres s. unter II.)

d) Nach der Bestandesstellung.

Wie bereits hervorgehoben wurde, verhalten sich die Extreme der Bestandesstellung ungünstig. Ein weiter Stand erzeugt weniger Holzmasse, weil bei einem solchen die Bodenkaft nicht vollständig für die Holzproduktion ausgenutzt wird. Es wird mehr Reisholz erzeugt, die Samenbildung erfolgt früher und stärker. Bei zu dichtem Stande kommt der normale Zuwachs nicht zustande, weil die Wachstumsorgane schwächlich ausgebildet sind. Die zwischen den Extremen liegenden Stellungen des geschlossenen und schwach gelichteten Standes verhalten sich am günstigsten. Weitere Anwendungen dieser Regel werden in den den Durchforstungs- und Lichtungsbetrieb betreffenden Abschnitten dieser Schrift gemacht werden.

II. Der laufende Zuwachs.

Unter dem laufenden Zuwachs wird der von Jahr zu Jahr oder von Periode zu Periode an einem Baum oder Bestand erfolgende Zuwachs verstanden. Er bedarf stets der näheren Ergänzung in bezug auf die Zeit oder das Alter, in welchem er gebildet ist. Bei allen Messungen, die an Bäumen oder Beständen vorgenommen werden, ist es zunächst stets der laufende Zuwachs, der als Ergebnis hervortritt. Er bildet daher den Ausgangspunkt und die Grundlage für alle weiteren Untersuchungen und Folgerungen, die an den Zuwachs geknüpft werden.

Die Eigentümlichkeit des laufenden Zuwachses, die in seiner Abhängigkeit vom Alter liegt, tritt insbesondere beim regelmäßigen, gleichalterigen Hochwaldbetrieb hervor. Für den Plenter- und Mittelwald lassen sich diese Beziehungen nicht ausdrücken, da hier ein den ganzen Bestand betreffendes, bestimmtes Alter überhaupt nicht nachgewiesen werden kann. Beim Niederwald können die Massenangaben in der Regel auf den Durchschnittszuwachs beschränkt werden; ein zahlenmäßiger Nachweis des Zuwachses in den einzelnen Jahren der Umtriebszeit ist bei ihm weder nötig noch ausführbar.

In seinem zeitlichen Verlauf zeigt der Zuwachs gewisse gleichmäßige Erscheinungen. Er beginnt, wie alles organische Wachstum mit kleinen Beträgen, erreicht ein Maximum und nimmt dann allmählich wieder ab. Je nach den äußeren Bedingungen kann aber dies allgemeine Verhalten des laufenden Zuwachses der Zeit und dem Grade nach mannigfache Abweichungen erleiden. Um den Zuwachs bestimmter zum Ausdruck zu bringen, muß man auf seine einzelnen Teile eingehen.

A. Der Höhenzuwachs.

Der Höhenzuwachs wird bei jüngeren Stämmen durch Messung der Triebe oder Quirle bestimmt; an älteren Bäumen durch Stammanalysen. Aus dem Unterschied der Jahrringzahlen an Stammscheiben in verschiedener Höhe ergibt sich das Alter, welches dem Höhenunterschied der Stammscheiben entspricht.

Der Höhenwuchs folgt bei jeder Holzart den ihr eigentümlichen Wachstumsgesetzen. Die Wirkungen physiologischer Gesetze sind aber, wie es bei allen organischen Bildungen der Fall ist, von den äußeren Bedingungen abhängig, unter welchen sie zur Betätigung kommen. Als Bestimmungsgründe für den Höhenwuchs kommen zunächst die Standortsverhältnisse in Betracht. Zur Standortsgüte steht die Höhe unter übrigens gleichen Verhältnissen annähernd[1]) in geradem Verhältnis. Beide Faktoren des Standorts, Boden und Lage, wirken auf den Höhenwuchs ein. Beim Boden kommen die chemischen und physikalischen Eigenschaften, insbesondere Tiefgründigkeit, Lockerheit und Frische zur Geltung. Der ungehemmt eindringenden Wurzel des tiefgründigen, lockeren Bodens entspricht ein gerader und kräftiger Höhentrieb. Wie sehr die Frische des Bodens auf das Höhenwachstum einwirkt, zeigen die Unterschiede der Bestände an den verschieden geneigten Hängen der Gebirgswaldungen (Nord- und Nordost- im Vergleich zu Süd- und Südwestseiten). Daher tragen auch alle Maßregeln, welche auf Lockerung und Frische des Bodens einwirken, sofern diese Eigenschaften nicht von Natur in genügendem Maße gegeben sind, zur Hebung des Höhenwuchses sichtlich bei. Mit der Lage ist stets eine gewisse Wärmesumme und Wärmeverteilung verbunden, durch welche die Dauer und Intensität der Vegetation bestimmt wird. Zu diesen beiden Wachstumsfaktoren steht die Länge der Triebe in einem Abhängigkeitsverhältnis. Wegen der unmittelbaren Beziehungen zwischen Standortsgüte und Höhenwuchs kann dieser als der

---

[1]) Genauere Untersuchungen lassen allerdings erkennen, daß auf verschiedenartigen Boden, die nach ihrer Massenleistung als gleich angesehen werden, in der Höhe doch Abweichungen bestehen. Der tiefgründige, humose Sandboden hat z. B. bei gleicher Massenerzeugung größere Längen als der Lehmboden, während auf diesem die Kreisfläche größer ist. (Oberförsterei Eberswalde, Verhalten der Kiefer in den Schutzbezirken Eberswalde und Schönholz.)

einfachste, in den meisten Fällen genügende Maßstab der Bonität angesehen werden.

Von Einfluß auf den Höhenwuchs sind in der Regel auch äußere Einwirkungen, sowohl solche, die von seiten der Natur, als auch solche, welche durch wirtschaftliche Maßnahmen herbeigeführt werden. Unter den ersteren sind namentlich Fröste hervorzuheben, welche die Höhentriebe in außerordentlichem Maße zurückhalten. Eine ähnliche Wirkung übt das Verbeißen von Wild und Weidevieh; ebenso das Auftreten mancher Insekten, welche die Triebe beschädigen. Unter den praktischen Maßnahmen, die auf den Höhenwuchs in der Jugend Einfluß üben, ist insbesondere das Belassen einer senkrechten Beschirmung zu nennen. Diese hält den Höhenwuchs zurück. Daher zeigen natürliche Verjüngungen, in welchen die Mutterbäume lange übergehalten sind, große Unterschiede des Jungwuchses, sowohl in ihren einzelnen Teilen, als auch beim Vergleiche mit solchen, die rechtzeitig geräumt sind. Andererseits kann die forstliche Technik durch Regelung der Krone, Wegnahme schädlicher Aste (Zwiesel) und die Einführung von Füll- und Treibholz in der Jugend fördernd auf den Höhenwuchs einwirken. Sofern äußere Hemmungen irgend welcher Art nicht mehr vorliegen, wird die Höhe auf einem gegebenen Standort durch den Wachsraum, welcher den einzelnen Stämmen zur Verfügung steht, bestimmt. Frei erwachsene Stämme haben einen anderen Höhenwuchs als solche eines geschlossenen Bestandes. Diese letzteren zeigen wieder Unterschiede nach dem Raume, den sie einnehmen. Die vorherrschenden Stämme sind höher als die herrschenden, und diese übertreffen die zurückgebliebenen und unterdrückten.[1])

Für manche waldbaulichen Aufgaben, insbesondere für die Begründung und Erziehung gemischter Bestände, hat das Verhältnis

---

[1]) Der Einfluß der größeren oder geringeren Bestandesdichte auf den Höhenwuchs geht am klarsten aus Ertragstafeln hervor, welche die Bestände nach ihrer mehr oder weniger dichten Stellung getrennt behandeln. Dies ist bei den Aufnahmen der badischen Versuchsanstalten für Tanne und Buche geschehen Schuberg (Aus deutschen Forsten, Mitteilungen über Wuchs und Ertrag der Waldbestände im Schluß und im Lichtstande) unterscheidet z. B bei der Buche stammarme (raumliche), mittlere und stammreiche (dichte) Bestände und gibt für die gleiche (III) Standortsklasse folgende Höhen:

Alter	40	60	80	100 Jahre
a) raumlich	13,5	19,1	23,1	26,2 m
b) mittel	11,6	16,7	20,3	23,1 ,,
c) dicht	9,7	14,3	17,5	19,9 ,,

Aus den vorstehend kurz angedeuteten Einflüssen der äußeren, auf dem Gebiete des Waldbaues und des Forstschutzes liegenden Verhältnisse ergibt sich, daß bei Anwendung der Ertragsfaktoren neben den Unterschieden des Standorts auch auf die besonderen Verhältnisse der Bestandes- und Wirtschaftsgeschichte Rücksicht genommen werden muß.

des Höhenwuchses verschiedener Holzarten größere Bedeutung, als
der Höhenwuchs an sich. Im relativen Höhenwuchs liegt eine Waffe
im Kampf ums Dasein, den die auf gleicher Fläche stockenden
Holzarten miteinander führen. Holzarten, die schneller wachsen als
andere, erhalten durch diese Fähigkeit einen Vorsprung, durch den
sie bei ihrer weiteren Entwicklung begünstigt werden. Daher muß
die Erziehung in gemischten Beständen auch so geleitet werden,
daß diejenige Holzart, welche das Ziel der Wirtschaft bilden soll,
in der Ausbildung ihres Höhenwuchses der ihr beigesellten Holzart
voransteht.

In Verbindung mit dem relativen Höhenwuchs kommt bei der
Entwicklung gemischter Bestände stets noch eine zweite Eigenschaft
zur Geltung, die auch bei statischen Erwägungen berücksichtigt
werden muß, nämlich das Verhalten der Holzarten gegen Licht
und Schatten. Die Fähigkeit, Schatten zu ertragen, ist gleichfalls eine Waffe im Kampfe ums Dasein. Beschirmung hält die
Entwicklung aller Holzarten zurück. Diese Zurückhaltung erfolgt
aber bei den verschiedenen Holzarten in verschiedenem Maße.
Manche Holzarten gehen durch Überschirmungsgrade zugrunde, bei
welchen andere sich wuchskräftig erhalten. Letztere bekommen hierdurch, unabhängig von ihrem Höhenwuchs, lediglich durch ihre
frühere Entstehung, einen Vorsprung. Der erste Vorsprung aber,
der einer Holzart zuteil wird, ist beim ungestörten Walten der
Natur für die ganze weitere Entwicklung von vorteilhaftem Einfluß.
„Was in dem vorzugsweise um die Nahrung und den Raum geführten Konkurrenzkampf unter den ziemlich gleich organisierten
Individuen derselben Art einmal durch irgend welchen rein zufälligen
äußeren Umstand zu einem, wenn auch noch so geringen Vorsprung
gelangt ist, behält — und steigert im Laufe der Zeit mehr und
mehr — sein Übergewicht, solange nicht neue zufällige Einwirkungen wieder eine Änderung bedingen.“ (Borggreve.) Diese allgemeine Regel findet auch in der Forstwirtschaft vielseitige Anwendung. Die Fähigkeit, Schatten zu ertragen, ist, wie die Geschichte
der Bestandesveränderungen lehrt, bei der natürlichen Entwicklung
die wirksamere Waffe im Daseinskampfe. Daher werden im Natur-
walde unter gleichen Bedingungen nicht diejenigen Holzarten begünstigt, welche am raschesten wachsen, sondern diejenigen, welche
am meisten Schatten zu ertragen imstande sind. Das Vordringen
der Tanne gegenüber Buche und Fichte, der Buche gegenüber der
Eiche im natürlichen Plenterwald ist eine Bestätigung dieser Regel.
Wie im Naturwald unter gleichen äußeren Wachstumsbedingungen
die Schatten ertragenden Holzarten an Ausdehnung gewinnen, so
findet dies in noch stärkerem Grade statt, wo behufs Einleitung

der Verjüngung eine gleichmäßige dunkle Schlagstellung vorgenommen wurde.[1]

B. Der Stärkezuwachs.[2]
1. Der Stärkezuwachs des einzelnen Stammes.

a) Ohne Rücksicht auf die Höhe, in welcher die Querschnitte gemessen werden.

Der Zuwachs der Kreisfläche stellt sich überall als ein Ring[3] dar, der das früher gebildete Holz umkleidet. Trotz mancher Abweichungen der Baumschäfte von der regelmäßigen Form nimmt

---

[1] Die naturliche Verbreitung der Holzarten findet uberall in ihrem Verhalten gegen Schatten einen ihrer wichtigsten Bestimmungsgrunde Fur die Ausbreitungsfahigkeit der Tanne sind die Mitteilungen von Dreßler („Die Weißtanne auf dem Vogesensandstein", Straßburg 1880) von besonderem Interesse. „Auf allen Örtlichkeiten, im hoheren Gebirge, in den frischesten, jungfraulichen Lagen, die noch nie durch einen Kahlhieb oder durch Streunutzung zu leiden hatten, auf den trockneren Stellen, kurz allenthalben ist die Tanne ohne Hilfe des Menschen der Herr der Buche geworden."

Fur das Zuruckgehen der Eiche gegenuber der Buche bilden die Altholzbestande des Spessarts (Forstamt Rothenbuch, Rohrbrunn u. a.) das interessanteste Objekt der deutschen Forstwirtschaft. Die Beobachtung der alten Bestande laßt klar erkennen, daß, wenn nicht ein wirtschaftlicher Einfluß in der entgegengesetzten Richtung erfolgt, die Mischbestande von Eiche und Buche in reine Buchen umgewandelt werden. Ähnlich geschieht es durch gleichmaßig dunkele Stellung der Verjungungsschlage.

Bei der Mischung von Kiefer und Fichte lassen sich entsprechende Beobachtungen in Norwegen, Rußland und anderen Landern, wo beide Holzarten in naturlicher Mischung vorkommen, in reicher Menge anstellen. In den plenterwaldartigen Mischbestanden dieser beiden Holzarten erhält sich die Fichte, wahrend die Kiefer wegen ihrer geringen Fahigkeit, unter Schirm zu wachsen, an Ausdehnung abnimmt oder ganz verschwindet.

[2] Untersuchungen uber den Starkezuwachs sind von Vertretern der Physiologie und von Forstwirten gemacht worden. Beim Vorstehenden ist, abgesehen von einzelnen besonders zitierten Aufsatzen, vorzugsweise auf folgende Schriften Bezug genommen: Preßler, Das Gesetz der Stammbildung, 1865. H Nordlinger, Der Holzring als Grundlage des Baumkorpers, 1872. R Hartig, Die Rentabilitat der Fichtennutz- und Buchenbrennholzwirtschaft, 1868; Das Holz der deutschen Nadelwaldbaume, 1885. Weber, Lehrbuch der Forsteinrichtung, 1891. Schwarz, Physiologische Untersuchungen uber Dickenwachstum und Holzqualitat von pinus silvestris, 1899. Martin, Folgerungen der Bodenreinertragstheorie fur die Erziehung usw. der wichtigsten deutschen Holzarten, 1894—1899 Ferner ist hinzuweisen auf die Veroffentlichungen der Vertreter des forstlichen Versuchswesens, insbesondere von Schuberg, Lorey, Schwappach, Grundner, welche in den Ertragstafeln und Artikeln der forstlichen Zeitschriften niedergelegt sind. Zu den Ertragstafeln ist zu bemerken, daß die Veranderungen der Durchmesser der Mittelstamme nicht nur durch die Anlegung des Starkezuwachses, sondern auch durch die Ausscheidung der schwachsten Stamme bei der Durchforstung verursacht werden.

[3] Untersuchungen chemisch physiologischer Art uber den Zuwachs werden in der Regel auf die Kreisflache bezogen, in welcher Menge und Substanz des Zuwachses an einem bestimmten Abschnitt des Stammes zum Ausdruck kommen. Fur Arbeiten, welche zu den Aufgaben der forstlichen Praxis in

man bei allen allgemeinen Betrachtungen den Querschnitt des Baumes als einen Kreis an, der aus regelmäßigen konzentrischen Schichten besteht. Ist der Durchmesser des Kreises $= d$ und die Breite des Jahrringes $= \dfrac{1}{n}$ cm, so ist der Umfang des Baumes $= d\pi$, die Kreisfläche $= \dfrac{d^2\pi}{4}$, der Kreisflächenzuwachs $= d\pi\dfrac{1}{n}$, das Zuwachsprozent $= \left(d\pi \cdot \dfrac{1}{n} : \dfrac{d^2\pi}{4}\right) 100 = \dfrac{400}{nd}$. Der Zuwachs des einzelnen Stammes ist hiernach von der Jahrringbreite und dem Durchmesser abhängig. Da auch die Kreisfläche das Produkt der früheren Jahrringbreiten ist, so sind alle den Zuwachs betreffenden Verhältnisse auf die Jahrringbreite zurückzuführen.

Die Anlegung der Jahrringe in den verschiedenen Altersstufen bildet nicht nur die Grundlage für die Messung des Zuwachses, sondern es sind auch wichtige Bestimmungsgründe für die Erziehung der Bestände und die ökonomischen Folgerungen der Wirtschaft daraus zu entnehmen. Das Verhältnis der Jahrringe in einem bestimmten Alter zu der Summe der früheren Jahrringe wird durch das Kreisflächenzuwachsprozent ausgedrückt, das stets einen wichtigen Bestimmungsgrund der Hiebsreife der Bestände bildet. Zugleich ist aber der Stärkezuwachs auch der beste Maßstab für die Zunahme des Wertes, der cet. par. bei den wichtigsten Sortimenten zu der Stärke in geradem Verhältnis steht. Die wichtigsten Bestimmungsgründe für die Umtriebszeit und die Verzinsung des Betriebskapitals, welche die forstliche Statik regeln soll, müssen deshalb auf die Jahrringe — einerseits auf ihre absolute Breite, andererseits auf ihr Verhältnis in den verschiedenen Altersstufen — zurückgeführt werden.

Die Bestimmungsgründe des Stärkezuwachses sind im allgemeinen dieselben wie die des Höhenzuwachses. Für eine bestimmte Holzart liegen sie, abgesehen von besonderen Störungen durch schädliche Einwirkungen, im Standort, Alter und Wachsraum. Indessen ergeben sich doch gewisse Unterschiede zwischen dem Stärke- und Höhenzuwachs, die für die Stammbildung von Einfluß sind. Der Höhenzuwachs erreicht früher sein Maximum; der Stärkezuwachs ist anhaltender. Die Höhe erreicht in einem bestimmten Alter beinahe ihren Abschluß; der Durchmesser nimmt fortgesetzt, solange

---

direkte Beziehung gesetzt werden, ist der Durchmesser ein genügender Maßstab. Er bildet zugleich einen Ausdruck für die Verwendbarkeit des Holzes. Nach dem Durchmesser findet die Messung und Sortierung der Hölzer statt. Als Maßstab für den Stärkezuwachs ist die einfache oder doppelte Jahrringbreite anzunehmen.

der Baum überhaupt wächst, zu. Daraus ergibt sich, daß das Verhältnis der Höhe zur Stärke, welches für manche Verwendungsarten der Hölzer von Wichtigkeit ist, mit dem Alter eine Abnahme zeigt. Sodann ist der Wachsraum auf das Verhältnis von Höhe und Stärke von Einfluß. Je mehr dieser eingeengt ist, um so größer, je freier der Wachsraum gewesen ist, um so kleiner ist die Höhe im Verhältnis zur Stärke. Hiernach sind die Formen der Stämme im Bestande andere als im freien Stande. In den Beständen ergeben sich wieder Unterschiede der Form nach den Stammklassen. Bei den stärksten Stämmen des Bestandes ist das Verhältnis der Durchmesser zur Höhe am größten. Daher ist auch die Abnahme des Durchmessers von unten nach oben am stärksten. Die am meisten zurückgebliebenen Stämme zeigen die entgegengesetzten Verhältnisse.

Der Stärkezuwachs ist ein bestimmter Maßstab für die Wuchskraft eines Baumes. Ob und wie diese Fähigkeit zum Ausdruck kommt, hängt aber nicht nur von den inneren Gesetzen des Baumwuchses ab, auf die die Wirtschaft keinen Einfluß hat, sondern auch von den äußeren Wachstumsbedingungen, deren Regelung eine der wichtigsten Aufgaben der forstlichen Technik ist. Je nachdem das Wachstum der Stämme durch diese zurückgehalten oder befördert wird, kann der Stärkezuwachs in den verschiedenen Altersstufen sehr verschieden sein. Eine bestimmte, zahlenmäßig zu beziffernde Regel kann deshalb für den Stärkezuwachs nicht aufgestellt werden.[1])

---

[1]) Es liegt nahe, die Frage zu erörtern, ob für die Anlegung des Zuwachses Gesetze bestehen, nach welchen die Menge desselben in bestimmten Zahlen angegeben werden kann. Versuche dieser Art sind in der forstlichen Literatur von Weber niedergelegt, welcher in seinem „Lehrbuch der Forsteinrichtung" § 25 u. a a O, nachzuweisen sucht, daß der Kreisflächenzuwachs an den herrschenden Stämmen regelmäßiger Hochwaldbestände innerhalb gewisser Zeiten gleichbleibe. „Nachdem der Stamm sich von den unteren Ästen gereinigt hat, einen Brusthöhendurchmesser von mindestens 15 cm besitzt und eine der Verminderung der Stammindividuen entsprechende Kronenausbildung erlangt hat, beginnt eine regelmäßig fortschreitende Vergrößerung der Stammgrundfläche, indem die Kreisflächen nach einer Multiplenreihe steigen, also als eine einfache Funktion $g = fx$ der Zeit x aufzufassen sind, welche seit dem Ende des Jugendstadiums verstrichen ist .. . Die Dauer dieser konstanten Flächenzunahme ist wesentlich von der Lichtwirkung abhängig ... Bei genügender Lichtwirkung auf die Krone der Bäume erhalten diese ihren Flächenzuwachs auf geraume Zeit hinaus konstant, während eine Bedrängung der Krone sich zuerst in einer Verminderung des Flächenzuwachses zu erkennen gibt. Schließlich wirkt aber das Alter bei raschwüchsigen Holzarten doch auf eine Verminderung des Flächenzuwachses ein, während ihn die ausdauernden, langsamwüchsigen Holzarten oft erstaunlich lange ungeschwächt beibehalten " — Unter gewissen (durch Holzart, Erziehung usw. bestimmten) Verhältnissen tritt, wie Weber an Beispielen darlegt, die gleichmäßige Zunahme der Kreisflächen ein Allgemein kann man die Regel als

Geht man aus vom regelmäßigen Hochwald, der für die Forstwirtschaft am meisten Bedeutung hat, so sind hier neben gewissen Besonderheiten der Holzarten, die in ihren physiologischen Eigentümlichkeiten, der Art der Erziehung und nachteiligen Einwirkungen der organischen und anorganischen Natur ihre Ursache haben, doch auch allgemein auftretende charakteristische Erscheinungen wahrzunehmen. Die erste Jugendentwicklung erfolgt, der Natur der einzelnen Holzarten entsprechend, im allgemeinen langsam und steht in besonderem Grade unter dem Einfluß der Wuchsbedingungen des Standorts und der Wirtschaft (Frost, Hitze, Unkrautkonkurrenz, Beschirmung). Nachdem jedoch das erste Jugendstadium zurückgelegt ist, findet bald eine kräftige Entwicklung statt. Das Dickungs- und junge Stangenalter sind meist die Perioden des kräftigsten Stärkezuwachses. Mit dem Eintritt in das höhere Stangenalter werden aber die Jahrringe immer schmäler; im Baumholzalter pflegen sie noch mehr zu sinken.

Die schmale Jahrringzone des Stangen- und Baumholzalters ist

---

maßgebend jedoch nicht anerkennen. Abgesehen von Einwirkungen der organischen und anorganischen Natur ist die Größe des Kreisflächenzuwachses von der wirtschaftlichen Behandlung der Bestände abhängig. Werden im frühen Alter starke, im späteren Alter schwache Durchforstungen geführt, so ist der zeitliche Verlauf des Flächenzuwachses ein anderer, als wenn die Durchforstung die entgegengesetzte Richtung einschlägt oder wenn nur mäßige Durchforstungsgrade eingehalten werden. Für Art und Grad der Durchforstung bestehen aber keine allgemeinen Regeln. Es können daher auch keine allgemeingültigen Gesetze über den Flächenzuwachs, der von der Durchforstung abhängig ist, Geltung haben.

Eine im Kreise der Forstwirte wenig bekannt gewordene Theorie über den Stärkezuwachs wurde von J. H. von Thünen im III. Bande seines „Isolierten Staates" unter der Aufschrift: „In welchem Verhältnis steht der Zuwachs des Baumes zu dem Raum, der ihm gegeben wird?" aufgestellt. Sie ist zwar nicht direkt anwendbar, bietet aber in Verbindung mit den ihr angefügten Erörterungen doch für manche statische Fragen so viel Interesse, daß sie hier zu erwähnen ist. v. Thünen unterstellt (entsprechend der üblichen Anschauung, die bei der Mästung des Viehs Geltung hat), daß bei einem sehr engen Stande der Stämme ein merkbarer Zuwachs überhaupt nicht stattfinde. Erst eine Erweiterung des Wachsraums über das zum Lebensunterhalt der Bäume erforderliche Minimum ergibt meß- und wägbaren Zuwachs. Dieser erscheint daher als eine Funktion nicht des Raumes, sondern des Überschusses an Raum über das Existenzminimum. Der Wachsraum wird als Quadrat des mittleren Abstandes zwischen zwei Stämmen ausgedrückt und dieser als Vielfaches des Durchmessers bemessen. Ist der Abstand der Bäume $= dy$, die Seite des das Existenzminimum bildenden Raumes $= md$, so ist der Stärkezuwachs eine Funktion von $y - m$. Ist z. B. $m = 8d$, so steht

für	$y = 12d$	$16d$	$20d$	$24d$
der Stärkezuwachs im Verhältnis von	4	8	12	16

Ein Nachweis für die Richtigkeit dieser Theorie kann nicht erbracht werden. Je nach der Beschaffenheit des Bodens, dem Alter, manchen physiologischen Einflüssen und besonderen Eigenschaften der Holzart kann der Zuwachs der Kreisfläche in stärkerem Maße erfolgen, als der Theorie entspricht; er kann aber auch gegen dieselbe zurückbleiben.

in der Geschichte der neueren Forstwirtschaft von großer Bedeutung gewesen und spielt noch immer bei den Fragen der Rentabilität eine wichtige Rolle.[1]) Sie bildet eine wesentliche Ursache der gegensätzlichen Anschauungen, die in bezug auf die ökonomischen Grundlagen der Forstwirtschaft und ihre Folgerungen bestehen. Von der einen Seite wird mit Recht betont, daß es eine unrichtige Wirtschaftsführung bekunde, Bestände wachsen zu lassen, deren Jahrringe, bei kaum 1 mm Stärke, ihren Kapitalwert zu weniger als 1% verzinsen. Auf der anderen Seite wird dagegen behauptet, daß gewisse Stärken und Qualitäten für die Befriedigung des Bedarfs der Volkswirtschaft erforderlich seien und daher unabhängig von der

---

[1]) Bezeichnend für den Einfluß, den die Abnahme des Starkezuwachses auf die Zeit der Hiebsreife ausübt, war die in G. Heyers „Handbuch der forstlichen Statik", S. 33, enthaltene Bemerkung „Berechnungen, welche ... angestellt wurden, haben ergeben, daß bei den meisten Holzarten für Zinsfuße mittlerer Größe $(3^0/_0)$ die finanzielle Umtriebszeit in das 60. bis 70. Jahr fällt." Dieser Satz ist vielfach, insbesondere auch von den Gegnern der Reinertragslehre, wiederholt worden, obwohl Preßler (Gesetz der Stammbildung, S. 5) bereits im Jahre 1865 darauf hingewiesen hatte, daß bei einem rationellen Durchforstungsbetrieb 70—80 jährige Fichtenbestande schon allein durch ihren Massenzuwachs eine hohere Verzinsung ihres Kapitalwerts ergeben.

In dem geringen Starkezuwachs der im Schluß erwachsenen Hochwaldbestande hatten ferner die Angriffe ihren Grund, die G. Wagener in mehrfachen literarischen Arbeiten, zuletzt in seiner Schrift „Die Waldrente und ihre nachhaltige Erhohung", 1899, gegen die bestehende Wirtschaftsführung richtete Vom 60 bis 70 Jahre an wurden — fuhrt Wagener aus — in den im Schluß gehaltenen Hochwaldbestanden verhaltnismaßig nur sehr geringe Wertleistungen hervorgebracht. Der Durchmesserzuwachs betrage alsdann in drei bis vier Jahrzehnten nur 4 bis 5 cm; unter solchen Umstanden sei die Starkholzzucht zu verwerfen Weit fruchtbarer konne das in den alten Bestanden enthaltene Kapital durch die hypothekarische Beleihung des Grundbesitzes verwertet werden. Waren nun auch die Unterstellungen und Folgerungen Wageners in mancher Beziehung ubertrieben, so lag doch zweifellos in seiner Kritik der bestehenden Verhaltnisse, die sich namentlich auf den Starkezuwachs erstreckte, ein berechtigter Kern, der noch weiterhin seine fruchtbaren Wirkungen haben wird.

Der Einfluß des geringen Starkezuwachses trat endlich sehr auffallend in den ersten Ergebnissen hervor, die von den Vertretern des forstlichen Versuchswesens veroffentlicht wurden In den Ertragstafeln von Baur (Die Fichte, in bezug auf Ertrag, Zuwachs und Form, 1877, — Die Rotbuche in bezug auf usw, 1881) waren für die zweite Standesklasse folgende Zuwachsprozente angegeben:

Alter . .	60	70	80	90	100	110 Jahre
Fichte .	1,6	1,4	0,9	0,8	0,7	0,5 $^0/_0$
Buche .	2,2	1,7	1,4	1,1	0,95	0,86 „

wahrend in jedem richtig durchforsteten Fichten- und Buchenbestande nachgewiesen werden kann, daß die wirklichen Zuwachsprozente mehr als doppelt so hoch sind.

Weitere Anwendungen dieses für die forstliche Statik wichtigen Gegenstandes werden im zweiten Teile dieser Schrift gemacht werden. Auch von den Vertretern der Versuchsanstalten sind entsprechende Erganzungen und Berichtigungen der fruheren Resultate erfolgt; weitere sind in Zukunft zu erwarten.

Höhe der Verzinsung des forstlichen Betriebskapitals erzeugt werden
müssen. Wenn man lediglich die vorliegenden Zustände der Forstwirtschaft vor Augen hat, scheint in der Tat oft ein Gegensatz
zwischen den verschiedenen Anforderungen, die an die Wirtschaft
gestellt werden, vorzuliegen. Indessen wie auf allen Gebieten, so
gilt auch hier, daß das Bestehende der Verbesserung fähig und bedürftig ist. Das Verhältnis der Jahrringbreiten in den verschiedenen
Altersstufen ist von den Bedingungen abhängig, unter denen die
Bestände erwachsen. Diese sind deshalb auf Grund des im Walde
vorliegenden Materials einer sorgfältigen Prüfung zu unterwerfen.
Abgesehen von Störungen besonderer Art durch Naturschäden, die
im Einzelfall manche Unregelmäßigkeiten im Gange des Stärkezuwachses hervorrufen, kommt dabei insbesondere der Wachsraum[1])
in Betracht, der den Stämmen in den verschiedenen Altersstufen,
von ihrer Entstehung bis zu ihrem Abtrieb, durch die Art der
Begründung, Durchforstung, Lichtung usw. gegeben wird. Der
Wachsraum kann in der Jugend zu weit und später zu eng sein;
es kann aber auch das umgekehrte oder ein anderes Verhältnis vorliegen. Was in dieser Beziehung erstrebenswert ist, hängt nicht
nur von den auf die Masse gerichteten Verhältnissen ab, sondern
steht zugleich mit der Bildung der Form des Stammes im Zusammenhang.

Daß der einzelne freistehende Baum mit der Zunahme des
Alters eine Abnahme der Jahrringbreite erleidet, wird durch die
Erfahrung und Untersuchung allgemein bestätigt. Der freistehende
Stamm legt, nachdem er die ersten Jugendjahre überschritten hat,

---

[1]) Im Gegensatz zu den Bestrebungen, den Kreisflächenzuwachs als eine
mathematische Funktion des Raumes erscheinen zu lassen, wird von den Vertretern der Naturwissenschaften darauf hingewiesen, daß auf die Menge und
Anlegung des Zuwachses stets Kräfte und Verhältnisse der organischen und
anorganischer Natur wirksam sind. Von Bedeutung ist zunächst die Witterung der einzelnen Jahre. Schwarz (a. a. O. S. 113), der den Einfluß der
Witterung auf den Zuwachs der Kiefer untersucht, gelangt auf Grund der
einzelnen Messungen zu dem allgemeinen Resultate, daß durch frühen Eintritt
hoherer Temperatur die Zeit des Wachstums verlangert und mit der Ausdehnung der Wachstumszeit eine Vergroßerung des Jahreszuwachses herbeigefuhrt wird. — Sodann sind die atmospharischen Niederschläge von Einfluß.
Eine reichliche Menge derselben ist namentlich auf trocknem und mäßig
frischem Boden von Bedeutung. Im Gegensatz zur Temperatur sind bezug-
lich der Niederschlagsmenge die Sommermonate von ausschlaggebender Bedeutung. — Die Aufgaben und Folgerungen der forstlichen Statik müssen aber
von den Verhaltnissen des Einzeljahres ziemlich unabhangig gehalten werden.
In der Regel sind mehrere aufeinander folgende Jahre den Berechnungen oder
gutachtlichen Urteilen zugrunde zu legen, wodurch der Einfluß von auffallen-
den Erscheinungen eines einzelnen Jahres eliminiert wird. — Endlich werden
auch durch Naturschäden jeder Art, insbesondere durch Insektenfraß, Wind,
Eis- und Schneeanhang etc., Abweichungen vom regelmaßigen Gang des
Starkezuwachses herbeigefuhrt.

längere Zeit hindurch breite Jahrringe an. Aber wenn sich der Ausdehnung der Wurzeln im Boden Hindernisse entgegenstellen, so bleibt die Zufuhr an Bodennährstoffen von Jahr zu Jahr ziemlich gleich. Da nun der Umfang des Baumschaftes fortgesetzt größer wird, so müssen die Jahrringe, auch bei völliger Gesundheit und Wuchskraft des Baumes, im späteren Alter abnehmen. Es kommt hinzu, daß bei freistehenden Stämmen von einer gewissen Periode an die Blüten- und Samenbildung häufig eintritt und die Zuwachsleistung vermindert.

Einen ähnlichen Verlauf wie frei erwachsene Bäume zeigen die Stämme in Beständen, die aus weitständigen Pflanzungen hervorgegangen — ferner alle Vorwüchse, die durch Vorbesamung oder durch Anflug schnellwachsender Holzarten in den Verjüngungen entstanden sind. Entsprechend ihrem unbeschränkten Wachsraum bilden Vorwüchse und weite Pflanzbestände zunächst, wie frei erwachsene Stämme, breite Ringe. Im Verlauf der Entwicklung wird jedoch der Stärkezuwachs durch die Konkurrenz der Wurzeln und Kronen der Nachbarstämme beeinträchtigt. Treten nun diese negativen Einflüsse hervor, nachdem die Stämme das Stadium der natürlichen Breitringigkeit zurückgelegt haben, wie es bei den Vorwüchsen der Fall ist, so müssen die Unterschiede zwischen den Jahrringen in der Jugend und im späteren Alter in noch stärkerem Grade als bei einem im Besitz der Kronenfreiheit verbleibenden Einzelstamm hervortreten. Es gibt kein Mittel, diese Ungleichheit im Stärkezuwachs von Vorwüchsen zu beseitigen. Eine Durchforstung kann niemals so kräftig wirken, um die anfängliche Breitringigkeit zu erhalten. Man müßte starke Lichtungen einlegen. Aber auch die Lichtung würde nicht nachhaltig wirken.

Ganz andere Verhältnisse liegen jedoch bei Beständen vor, die geschlossen erwachsen sind. Hier bleiben die Jahrringe zunächst schmaler, als sie nach der Wuchskraft des Baumes zu sein brauchten. Sie werden durch die gegenseitige Konkurrenz gleichstarker Stämme zurückgehalten. Deshalb bedarf es, wenn man den Stämmen solcher Bestände in spateren Jahren die durchschnittliche Breite der früheren Jahrringe erhalten will, eines viel schwächeren Eingriffs in die Bestandesmasse, als bei weitständig begründeten Beständen. Und da die Stammzahl hier eine große ist, so läßt sich ein entsprechender Eingriff im Wege der Durchforstung auch sehr wohl herbeiführen. Die Befähigung zur Anlegung breiter Jahrringe besitzen aber alle Holzarten im Stangenholzalter. Diese Fähigkeit wird auch durch ungünstige Entwicklungsbedingungen in der Jugend, insbesondere auch durch Beschirmung und dichten Stand in standortsgemäßen Lagen nicht aufgehoben. Das lehrt die Beobachtung an Stämmen

in vielen Bestandesformen der früheren Forstwirtschaft. Der Plenterwald bietet in dieser Beziehung das reichste Material. In den
urwüchsigen Plenterbeständen mancher süddeutschen und außerdeutschen Gebirgsforsten kann man Tannen beobachten, die im
zweiten Jahrhundert ihres Lebens weit stärkere Jahrringe angelegt
haben, als im ersten. Unter den Alteichen des Spessart,[1]) die unter
den Bedingungen des Plenterwaldes erwachsen sind, findet man oft
Stämme, die im vierten Jahrhundert ihres Lebens noch breitere
Jahrringe, als die in ihrer Jugend gebildeten erkennen lassen. Das
Oberholz des Mittelwaldes zeigt die Abhängigkeit des Stärkezuwachses
von den äußeren Wuchsbedingungen nach jedem Hiebe. Bei den unter-
ständigen Buchen der Kiefern-Altbestände tritt gewöhnlich der umgekehrte Stärkezuwachs auf, als in den regelmäßigen Buchenbeständen.
Sie zeigen infolge der Beschirmung durch die vorwüchsige Kiefer
die enge Jahrringschicht in der ersten, die breiten Jahrringe in der
zweiten Hälfte ihres Lebens, nachdem die Kronen der Kiefer in die
Höhe gerückt sind. Selbst die Kiefer, bei welcher der Rückgang
des Stärkezuwachses in der Regel am stärksten hervortritt, kann
unter Umständen im hohen Alter noch Jahrringe anlegen, die denen
der ersten Jugend nicht nachstehen.

In den Beständen des regelmäßigen Hochwaldes ist das Verhältnis der Jahrringe verschieden nach den Stammklassen. Auf das
Verhalten der Vorwüchse wurde bereits hingewiesen. Sie müssen
eben wegen ihrer Breitringigkeit, die mit technischen Nachteilen
verbunden ist, zeitig ausgehauen werden. Bei den im Bestande
verbleibenden Stämmen sind herrschende und zurückgebliebene zu
unterscheiden. Letztere besitzen, wenn sie unter entsprechende
Wuchsbedingungen gestellt werden, in besonderem Grade die Fähigkeit, sich zu erholen und die Jahrringe zu verbreitern. In vollen
Beständen können den zurückgebliebenen Stämmen aber diese Bedingungen wegen ihrer zurückgebliebenen Höhen meist nicht gegeben
werden. Auch kommt gegen ihre Begünstigung bei den Durchforstungen in Betracht, daß sie wegen der ungleichmäßigen, oft
einseitig ausgebildeten Kronen manchen Naturschäden in besonderem
Maße ausgesetzt sind. Ganz anders verhalten sich die herrschenden, aber durch die gegenseitige Konkurrenz im Wuchse zurück-
gehaltenen Stämme. Sie sind am besten befähigt, sich Veränderungen

---

[1]) Forstamt Rothenbuch, Oberforsterei Salmunster. Der Verfasser hat
in seinen „Folgerungen der Bodenreinertragstheorie", § 81, Stammanalysen
mitgeteilt, die den sehr gleichmäßigen Verlauf des Starkezuwachses der Eiche
wahrend mehrerer Jahrhunderte erkennen lassen. Vgl ferner R. Hartig, Untersuchungen uber den Wachstumsgang der Eichenbestande usw., Forstlich-natur-
wissenschaftl. Zeitschrift, 1894, S. 300

der Wuchsbedingungen anzupassen und breitere Jahrringe bei entsprechender Erweiterung ihres Wachsraumes anzulegen. Durch ihre gleichmäßige Bekronung sind sie zugleich widerstandsfähiger gegen Anhangsschäden.[1])

Aus den vorliegenden Darlegungen geht hervor, daß die Abnahme des Stärkezuwachses in dem Grade, wie sie sich bei den meisten im strengen Schluß gehaltenen Stangen- und Baumholzarten findet, durch physiologische Gesetze nicht bedingt ist. Die Art und Weise, wie die Gesetze der Pflanzenphysiologie im Holzzuwachs Gestalt gewinnen, ist immer von den Maßnahmen der Wirtschaftsführung abhängig. Diese werden mehr als durch die Rücksicht auf den Massenzuwachs durch Erwägungen bestimmt, welche einerseits die Werte des Holzes, andererseits den Zustand des Bodens betreffen. Mit diesen beiden Punkten mussen daher Bestrebungen, welche auf eine Beschleunigung oder Zurückhaltung des Stärkezuwachses gerichtet sind, in Zusammenhang gesetzt werden. Hinsichtlich der Wertbildung sind die wichtigsten Eigenschaften, auf welche man durch wirtschaftliche Maßnahmen einwirken kann, Astreinheit und eine gewisse Stärke des Durchmessers. Daß die wichtige Eigenschaft der Astreinheit an die Verhinderung der Bildung breiter Jahrringe in der Jugend ursächlich gebunden ist, darf als allgemeine Regel angesehen werden. Die weitere Forderung genügender Durchmesser ist an die Bedingung geknüpft, daß der Wachsraum erweitert wird, sobald die Forderung der Astreinheit erfüllt ist. Also Zurückhaltung der Jahrringe in der ersten, Beförderung in der zweiten Hälfte ihres Lebens soll die Regel sein. Was ferner die Wirkung auf den Boden betrifft, so erleidet es keinen Zweifel, daß durch dichte Begründung und Erhaltung vollen Schlusses der Boden schneller und vollständiger gedeckt wird, als unter entgegengesetzten Verhältnissen. Die weitere Forderung der Erzeugung eines genügenden Stammdurchmessers ist bei Schattenholzarten, wie Buchenvorbereitungsschläge, stark durchforstete Fichten- und Tannenorte zeigen, sehr wohl möglich, ohne daß irgend welche nachteilige Einwirkungen hervorgerufen werden. Bei den lichtkronigen Holzarten muß, wenn stärkere Durchforstungen Platz greifen, der Forderung des Bodenschutzes durch Unterbau genügt werden. Dieser ist aber in der Regel auch schon wegen der natürlichen Lichtstellung, auch wenn keine beabsichtigten Lichtungen vorgenommen werden, erforderlich.

Nach Vorstehendem fuhren alle Erwägungen, die auf Grund der physiologischen Gesetze des Baumwuchses, sowie mit Rücksicht auf die nachhaltige Wertbildung und den Boden getroffen werden,

---

[1]) Borggreve, Holzzucht, 2. Auflage, S. 290 f.

zu dem übereinstimmenden Resultat, daß die großen Unterschiede in den Jahrringbreiten der herrschenden Stämme nach Möglichkeit vermindert werden müssen. Das durch die Erziehung zu erstrebende Ideal geht dahin, daß die Bestände mit Anlegung gleicher Jahrringe erwachsen. Ideale können nie erreicht werden, wohl aber müssen sie der Wirtschaftsführung eine allgemeine Richtung erteilen. Anwendungen des ausgesprochenen Grundsatzes werden in den speziellen Teilen dieser Schrift gemacht werden. Hier sei nur im allgemeinen hervorgehoben, daß seine Folgerungen auf eine genügend dichte Bestandesbegründung gerichtet sind, wodurch die beste Grundlage für die Bildung einer guten Stammform gebildet wird; ferner auf die Pflege der Jungwüchse, welche breitringige Vorwüchse rechtzeitig entfernt; weiter auf mäßige Durchforstung in der ersten Hälfte des Lebens, bei der die Bedingungen der Astreinheit erhalten werden; endlich auf stärkere Durchforstungen und eventuell anschließend Lichtungen im späteren Alter, durch welche die nötige Stärke des Durchmessers herbeigeführt werden soll.

b) In verschiedenen Baumhöhen.

Zur Begründung der praktischen Maßnahmen, welche sich auf die Stärke des Durchmessers beziehen, ist endlich die Tatsache von Bedeutung, daß die Jahrringe in den einzelnen Teilen des Stammes nicht gleich sind, sondern daß je nach den Wuchsbedingungen mehr oder weniger große Verschiedenheiten auftreten. Diese Unterschiede sind von Einfluß auf die Form der Stämme. Die Anlage von breiten Ringen in den oberen Stammteilen bewirkt eine Zunahme der Vollholzigkeit, die neben der Astreinheit für die wichtigsten Verwendungsarten des Holzes von Bedeutung ist.

Im allgemeinen besteht die Regel, daß die Breite der Jahrringe (abgesehen vom unregelmäßigen Wurzelauflauf) von unten bis zur grünen Krone eine Zunahme zeigt. Innerhalb der Krone ist die Ringbreite eine ziemlich gleiche, so daß hier die Form des Baumes einem Kegel entspricht, wie sie demnach beim freien Stande am ganzen, bis unten beasteten Stamme erzeugt wird. Je höher die Krone angesetzt ist, um so entschiedener besteht die Tendenz des Breiterwerdens der Ringe nach oben, um so geringer sind die Unterschiede der Durchmesser zwischen den unteren und oberen Stammteilen. Der Ansatz der Krone, welcher hiernach auf die Stammform großen Einfluß ausübt, ist vom Wachsraum abhängig, den die Bäume während ihrer verschiedenen Lebensstufen haben genießen können. Auf den Wachsraum ist daher nicht nur die Stärke der Ringe, sondern auch ihr gegenseitiges Verhältnis in den verschiedenen Baumhöhen zurückzuführen. Jede Erweiterung des Wachsraums fördert den Wert eines Stammes durch die Zunahme der Stärke, benachteiligt aber die Vollholzigkeit. Eine der natürlichen Kronenform entsprechende Veränderung des Stärkezuwachses wird auch durch die Astung, welche den Kronenansatz in die Höhe treibt, hervorgerufen.

In den Beständen treten Unterschiede der bezeichneten Art nach den Stammklassen auf, für die der Ansatz und der Umfang der Krone wesentliche Unterscheidungsmerkmale bilden. Die herrschenden, den Schluß des Hauptbestandes bildenden Stämme, deren tätige Kronen etwa in zweidrittel bis dreiviertel der Baumhöhe angesetzt sind, zeigen eine mäßige Zunahme der Ringe von unten nach oben. An den stark eingeklemmten und unterdrückten Stämmen, bei denen die Kronen am schwachsten, am höchsten angesetzt und oft einseitig ausgebildet sind, tritt eine stärkere Zunahme nach oben auf. Vorwüchse, deren Kronen am tiefsten angesetzt und am umfangreichsten sind, zeigen das entgegengesetzte Verhalten.

Eine streng mathematische Formulierung für das Verhältnis des Stärkezuwachses in den verschiedenen Baumhöhen wurde von Preßler (Gesetz der Stammbildung) ausgesprochen und in den Lehrsatz (Nr. 4) eingekleidet: „Der Stärkeflächenzuwachs in irgend einem Stammpunkt ist nahezu proportional dem oberhalb befindlichen Blattvermögen; sonach in allen Punkten des astfreien Stammes überall nahe derselben; dagegen im beasteten Stamme nach oben abnehmend, im Verhältnis des oberhalb befindlichen Blattvermögens." In dieser bestimmten Fassung ist der ausgesprochene Satz nicht völlig zutreffend, was sowohl aus einfachen Messungen der Kreisflächen an Normalstämmen in Beständen, als insbesondere auch am Lichtungszuwachs nachgewiesen werden kann. Wenn der Schaftzuwachs an allen Stellen unterhalb der tätigen Krone gleich wäre, so müßten sich die Stämme im höheren Alter zu fast vollen Walzen ausbilden. — Umlichtete Stämme zeigen in den unteren Stammteilen stets einen höheren Schaftflächenzuwachs als in den oberen, wenn auch das oberhalb der betreffenden Stelle befindliche Blattvermögen ganz dasselbe ist. Regeln über das Verhältnis des Zuwachses in verschiedenen Baumhöhen können daher gleichfalls nicht in mathematischen Formeln, sondern nur in physiologischer Fassung aufgestellt werden, wie es auch von den meisten Autoren geschehen ist.[1]

---

[1] R Hartig, Zeitschrift für Forst- und Jagdwesen, 1871: „Die Wuchsform hängt ab von dem Verhältnis zwischen Krone und Schaft. Ist die Krone frei und voll entwickelt, so nimmt der Zuwachs nach unten zu. Ist die Krone in ihrer Entwicklung seitlich behindert, wie dies bei nicht unterdrückten Bäumen im Bestandesschluß der Fall ist, so ist der Zuwachs in allen Teilen des Schaftes ein gleicher Ist die Krone stark unterdrückt, so gelangt der Zuwachs nicht in voller Stärke oder gar nicht nach unten " — Th Nordlinger, Das Gesetz der Stammbildung, Forstwissenschaftliches Zentralblatt,

Auf die Ursachen, welche die Unterschiede der Jahrringe in den verschiedenen Baumhöhen bewirken, ist an dieser Stelle nicht näher einzugehen. Dies ist Aufgabe der Physiologie. Es kommen einerseits die Regeln der Ernährung, dann mechanisch-statische Gesetze in Betracht. Da die Zuwachsbildung, an den Blättern beginnend, in der Richtung von oben nach unten erfolgt, so enthält der von R. Hartig ausgesprochene Satz, „daß an zurückgebliebenen und unterdrückten Stämmen die geringe Menge produzierter Bildungsstoffe zum größten Teile (in extremen Fällen ganz) oben zur Ernährung des Kambiums verbraucht werde, so daß der Zuwachs nach unten an Menge und Qualität schnell abnimmt", schon eine Erklärung für die Abnahme der Ringbreite nach unten. Andererseits ist auf die statischen Beziehungen hinzuweisen, die zwischen den auf die Oberfläche des Baumes wirkenden, eine Biegung desselben verursachenden mechanischen Kräften und dem Widerstand, den die Form des Baumes diesen Kräften entgegensetzen muß, bestehen. Sie sind eine wichtige Grundbedingung für die Erhaltung der Wälder, die sonst überall ein Opfer der Stürme und der Anhangsschäden sein würden.[1]

1886, S 439 f.: „Der Flachenzuwachs sinkt im unteren Schaft bis zu dessen Mitte mehr oder weniger stark und zwar nicht bloß bei den herrschenden Baumklassen alterer Bestande, sondern schon bei Stangenholzern. Oberhalb der Mitte, im ungefahren Sammelpunkt der Tatigkeit der Aste, kommt eine besondere Anschwellung des aufgelagerten Holzmantels vor " — Borggreve, Die Forstabschatzung, 1888, S. 54, betrachtet als feststehend: „1. ein annaherndes Gleichbleiben der Ringflache von Brusthohe ab bis unter die grune Krone: als große Regel in gewohnlichen geschlossenen alteren Hochwaldbestanden; 2. eine geringe Zunahme der durchschnittlichen Ringflache um 0,1—0,3 der unteren von Brusthohe bis unter die grune Krone: in streng geschlossenen wuchsigen Stangen- und angehend haubaren Orten; 3 eine erhebliche Zunahme von unten nach oben (unten oft volliges oder einseitiges Aussetzen des Jahrrings): an ganzlich unterdruckten Stammen; 6. eine geringere oder großere Abnahme der durchschnittlichen Ringbreite, mithin eine stets erhebliche Abnahme der Ringflache, von unten nach oben: an freistehenden oder freier gestellten Stammen."

[1] Metzger, Der Wind als maßgebender Faktor fur das Wachstum der Baume. Mundener forstliche Hefte, 1893, S. 35—86 „Nun fuhrt die Entfaltung der Krone nach oben und nach der Seite gleichzeitig zu einer Vergroßerung der Flache, auf welche der Wind druckt und dadurch zu einer großeren Beanspruchung des Schaftes auf Biegung. Ebenso wird durch das Langenwachstum und die fortschreitende Verzweigung der Aste das Gewicht vermehrt, welches dieselben zu tragen haben, und zugleich der Hebelarm verlangert, an dem das Gewicht wirkt, so daß auch in den Asten die Biegungsspannungen wachsen. Soll nun die Widerstandsfahigkeit des Baumes und die Bruchsicherheit seiner Trager nicht vermindert werden, so muß der Baum den Schaft und die Aste in dem Maße verstärken, als es die vermehrte Beanspruchung erfordert Dies geschieht durch die Umlagerung mit entsprechend starken Jahresringen. Somit konkurriert bei der Verteilung der jahrlich erzeugten Baustoffe das Bestreben des Stammes auf moglichste Verwendung der Baustoffe zu neuen Trieben, Blattern und Knospen mit der von der Natur aufgezwungenen Notwendigkeit der Verstarkung der Trager. ... Der Wind

c) Der Einfluß von Lichtungen auf den Stärkezuwachs.

Daß der Rückgang des Stärkezuwachses vom Stangenalter nicht durch die allgemeinen Wachstumsgesetze begründet ist, ergibt sich am bestimmtesten durch das Auftreten des sog. Lichtungszuwachses. So wird der Zuwachs genannt, der nach einer Umlichtung der Krone eintritt.

Der Lichtungszuwachs ist eine allen Holzarten auf allen Standortsklassen in allen wirtschaftlich in Betracht kommenden Lebensaltern eigentümliche Erscheinung. Er beruht unmittelbar auf den Gesetzen des organischen Wachstums und bedarf nach seinem allgemeinen Auftreten keiner besonderen Erklärung. Diese ist vielmehr dadurch gegeben, daß bei der Umlichtung eines Baumes diesem die Quellen der Ernährung, Boden und Luft, reichlicher dargeboten werden. Vielmehr würde die entgegengesetzte Erscheinung der Erklärung bedürfen, daß kein Lichtungszuwachs eintritt, obwohl die Bedingungen dazu gegeben sind. Das Nichthervortreten von Lichtungszuwachs an Stämmen nach der Umlichtung kann darin begründet sein, daß dieselben bereits vorher einen genügend freien Stand gehabt haben, oder daß die Wirkung der Lichtung durch gleichzeitige negative Einflüsse (Naturschäden, Verschlechterung des Bodenzustandes) aufgehoben ist oder daß ohne die Lichtung ein Rückgang des Stärkezuwachses eingetreten sein würde.

Bereits in der früheren Entwicklung der Forstwirtschaft haben sich viele Bestandesformen ausgebildet, die zur Beurteilung des Lichtungszuwachses verwendet werden können. Hierher gehören die Hutepflanz- und Mittelwaldungen, die früher viel häufiger vertreten waren; ferner der Hochwaldkonservationshieb, der u. a. im Buchengebiet des Regierungsbezirks Kassel häufiger vorkommt; ferner der Seebachsche Betrieb, dessen günstiges Verhalten im Solling durch Kraft u. a. nachgewiesen ist. Auf den Plenterbetrieb wurde bereits unter a hingewiesen. Auch der Überhaltbetrieb enthält reiches Material für die Beurteilung des Lichtungszuwachses. In der neueren Wirtschaft wird von diesem insbesondere bei der natürlichen Verjüngung sowie beim Lichtungsbetrieb mit Unterbau Anwendung gemacht.

Aus den Beobachtungen und Messungen des Lichtungszuwachses

---

fordert von dem Schafte eines jeden ihm ausgesetzten Baumes einen der Beanspruchung angemessenen Grad von Biegungsfestigkeit. Diese Forderung erfüllt der Baum bei seiner Weiterentwicklung nur mit einem möglichst geringen Aufwand an Baustoffen. Die Innehaltung dieses ökonomischen Prinzips führt zur Anlage und Fortbildung der Schafte als Träger von gleichem Widerstand, und diese Art, den Schaft zu bauen, macht es erklärlich, daß die Verteilung des Zuwachses am Schafte konstante Verschiedenheiten zeigt, welche auf eine einheitliche Ursache hinweisen. Diese Ursache ist die Beanspruchung der Baumschafte durch den Wind."

in den bezeichneten Bestandesformen lassen sich unmittelbar gewisse
Folgerungen ableiten, die in allgemeiner Fassung etwa folgender-
maßen ausgesprochen werden können: Eine Vergleichung verschiedener Holzarten bestätigt die a priori zu stellende Annahme, daß
Schattenholzarten viel stärkeren Lichtungszuwachs anzulegen imstande sind, als lichtkronige. Schattenholzarten besitzen auch im
Innern der Krone mehr Knospen und Triebe, die infolge erhöhten
Lichtzutritts zu Zuwachs erzeugenden Organen sich ausbilden. Der
Unterschied zwischen Schluß- und Lichtstand ist bei ihnen weit
stärker als bei lichtkronigen, die meist schon vor der Einlegung
der Lichtung freieren Wachsraum gehabt haben. — In bezug auf
den Boden zeigt die vergleichende Beobachtung, daß der Lichtungszuwachs auf allen Böden eintritt. Absolut gemessen ist er größer
auf guten Böden. Aber relativ, im Verhältnis zu den früheren Jahrringen, ist dies nicht immer der Fall. Es kann sogar das entgegengesetzte Verhältnis eintreten, weil auf geringem Boden unter Umständen ein gedrängter Stand der Stämme den Zuwachs in stärkerem
Maße beeinträchtigt. Übrigens ergeben sich Unterschiede nicht sowohl nach der Güte des Bodens, als vielmehr durch die Veränderungen im Bodenzustande, die während des Lichtstandes eintreten. —
In bezug auf das Alter bestätigen alle Beobachtungen, daß der
Lichtungszuwachs zur Zeit der lebhaftesten natürlichen Wuchskraft
am stärksten ist. Praktische Folgerungen irgend welcher Art können
hieraus jedoch nicht gezogen werden, weil für diese die Qualität
des Zuwachses mehr in Betracht kommt als seine Masse. — Was den
Eintritt des Lichtungszuwachses betrifft, so bestätigen die meisten
Beobachtungen, daß derselbe der Freistellung unmittelbar folgt. Dieselbe Zahl von Knospen und Trieben entwickelt weit mehr Zuwachs
infolge der unmittelbaren Sonnenwirkung. Übrigens sind Eintritt,
Gang und Dauer des Lichtungszuwachses von manchen äußeren
Umständen abhängig. In der Regel erfolgt zunächst, mit der Vergrößerung und Verdichtung der Krone, ein gleichmäßiges Steigen desselben sowohl in der Stärke der Jahrringe, als auch, in noch höherem
Grade, seiner Fläche nach. Der Lichtungszuwachs erreicht nach
einiger Zeit ein Maximum und nimmt dann allmählich wieder ab.
Wann das Maximum eintritt und in welchem Grade die Abnahme
erfolgt, ist stets von den Wuchsbedingungen abhängig. Insbesondere
kommen hier Störungen durch Naturschäden, Veränderungen des
Bodenzustandes und die Konkurrenz des nachwachsenden Bestandes
in Betracht.— Endlich ergibt die Untersuchung des Lichtungszuwachses
in verschiedenen Baumhöhen eine Bestätigung der unter b ausgesprochenen Regel, daß die durch die Erweiterung des Wachsraums
eintretende Zuwachssteigerung in stärkerem Grade in den unteren

als in den oberen Teilen der Stämme erfolgt. Bei langer Wirkung des Lichtstandes muß daher die Stammform eine abfällige werden. Praktische Folgerungen aus dem Auftreten des Lichtungszuwachses können nur in Verbindung mit seinem Einfluß auf den Wert des Holzes gemacht werden.

2. Der Kreisflächenzuwachs in Beständen.

Im Bestande tritt als der zweite Bestimmungsgrund für den Kreisflächenzuwachs die Stammzahl hinzu, die für den Charakter der Bestände stets ein wesentliches Merkmal bildet. Das Produkt von Stammzahl und Stärkezuwachs des einzelnen Stammes ist der Kreisflächenzuwachs, das Produkt von Stammzahl und Kreisfläche die Stammgrundfläche des Bestandes, die einen in vieler Hinsicht wichtigen Maßstab für die Bestandesbehandlung bildet. Da die gleiche Stammgrundfläche sehr verschieden zusammengesetzt sein kann, so wird es, um die Bestände zu charakterisieren, stets erforderlich, auf ihre beiden Faktoren (Stammzahl und Kreisfläche des Einzelstamms) besonders einzugehen.

Die Stammzahl, die bei einem gewissen Alter vorliegt, ist zunächst von der Holzart abhängig. Holzarten mit dichter Stellung der Triebe, Knospen und Blätter bedürfen, um eine bestimmte Menge organischer Arbeit zu leisten, weniger Raum; ihre Bestände können daher auf einer gegebenen Fläche eine größere Stammzahl enthalten, als solche aus lichtbedürftigen Holzarten. Dies tritt bei allen Bestandesaufnahmen klar hervor. Nach den Ertragstafeln von Lorey ist z. B. die Stammzahl der Tanne auf II. Standortsklasse im 50. Jahre 3985, im 60. Jahre 2620, im 80. Jahre 1145. Bei der Fichte sind die entsprechenden Zahlen 2600, 1780 und 910; bei der Kiefer (II. Bonität, Schwappach) 1610, 1130 und 690. Der Grad der mit dem Alter erfolgenden Abnahme der Stammzahlen entspricht der Raschwüchsigkeit der Holzarten. Die betreffenden Angaben der Ertragstafeln stehen stets zu den Elementen des laufenden Zuwachses in einem gewissen Verhältnis. — Bei gleicher Holzart und gleicher Erziehung liegt der wichtigste Bestimmungsgrund der Stammzahlen in der Standortsgüte. Zur Standortsgüte steht die Stammzahl in umgekehrtem Verhältnis, weil die Entwicklung aller Gewächse auf gutem Boden und in milder Lage rascher erfolgt als auf schlechtem Boden und in rauher Lage. — Aber auch bei gleichen natürlichen Wachstumsbedingungen können die Stammzahlen der Bestände sehr verschieden sein. In den Stammzahlen findet die wirtschaftliche Behandlung der Bestände einen bestimmten Ausdruck. Zunächst kommt die Bestandesbegründung in Betracht. Gelungene Vollsaaten liefern die stammreichsten Bestände. Ihnen folgen natürliche Verjüngungen, dann Streifensaaten, Plätzesaaten, Büschelpflanzungen usw. Die geringsten Stammzahlen haben weitständige Einzelpflanzungen. Weiterhin ist die Führung der Durchforstungen von Einfluß auf die Stammzahl. Je nach dem Anfang, der Wiederholung, der Art und dem Grade der Durchforstungen bilden sich in den verschiedenen Altersstufen sehr verschiedene Stammzahlen aus. Schuberg[1]) ordnet deshalb die von der badischen Versuchsanstalt aufgenommenen Bestände in stammarme (a), mittlere (b) und stammreiche (c) und gab z. B. für die Buche im Alter von 70—80 Jahren folgende Zahlen:

	II Standortsklasse:			III. Standortsklasse:			IV. Standortsklasse:		
Schlußgrade	a	b	c	a	b	c	a	b	c
	600	950	1450	775	1175	2000	950	1500	2700

Für die wichtigsten Aufgaben der forstlichen Statik hat die richtige Beurteilung des Grades der Bestandesdichte große Bedeutung; der Verlauf des Massen- und Wertzuwachses ist nach derselben verschieden; ebenso die Umtriebszeit, welche von beiden Arten des Zuwachses abhängig ist. Ohne auf einzelne Fragen, die Gegenstand des angewandten Teils dieser Schrift sein werden, näher einzugehen, möge hier nur auf das Verfahren, welches bei der Bestimmung der Stammzahlen anzuwenden ist, hingewiesen werden. Zunächst kommt das Urteil des ausführenden Wirtschafters in Betracht. Im Einzelfall der Praxis findet dies Verfahren ausschließlich Anwendung. Für allgemeine Erörterungen kann es aber nicht zugrunde gelegt werden. Die Urteile verschiedener Wirtschaftsführer über die richtigen Grade der Bestandesdichte sind voneinander abweichend; bei der Auszeichnung derselben Bestände gelangen mehrere Wirtschafter in der Regel zu recht verschiedenen Stammzahlen. Sodann ist auf die Ertragstafeln der Versuchsanstalten hinzuweisen, die neben Masse, Kreisfläche und Zuwachs auch die Stammzahlen für die wichtigsten Holzarten angeben. Indessen die neuen Ertragstafeln enthalten auch nach dieser Richtung einen bestimmten Beleg dafür, daß der Begriff des normalen Bestandes kein allgemeiner und bleibender ist, daß vielmehr mit dem Wechsel wirtschaftlicher Verhältnisse und Anschauungen auch Veränderungen dieses Begriffs verbunden sind. Die Vergleichung der früheren und späteren Ertragstafeln läßt dies klar erkennen. Es werden z. B. für die Fichte auf II. Bonität folgende Stammzahlen angegeben:

Alter	40	60	80	100	120 Jahre
Nach den Ertragstafeln von					
Baur	4000	2080	1200	744	720
Nach den Ertragstafeln von					
Schwappach 1890 . .	3370	1620	980	715	610
Nach den Ertragstafeln von					
Schwappach 1902 . .	2560	1214	738	496	352

---

[1]) Aus Deutschen Forsten, II, Die Rotbuche, S. 124.

Ähnliches wird der Fortschritt des forstlichen Versuchswesens auch für andere Holzarten ergeben. Normale Bestände von allgemeinem, bleibendem Charakter gibt es nicht. Niemals aber kann das Wesen normaler Bestände hinlänglich begründet werden, ohne daß man dabei auf das Wirtschaftsprinzip zurückgeht. Vom Standpunkt der Waldreinertragslehre ergeben sich cet. par. von einem gewissen Alter ab stets stammreichere Bestände, als nach den Grundsätzen der Bodenreinertragslehre.

a) Normale Bestände.

Um für die Grade der Bestandesdichte eine bestimmte Norm aufzustellen, geht man am besten zunächst von normalen oder idealen Beständen aus, bei welchen von den Abweichungen und Besonderheiten, die allen, auch den regelmäßigsten wirtschaftlichen Beständen anhaften, gänzlich abstrahiert wird. Wie die Ertragsregelung zum Nachweis des Etats den Begriff des Normalwaldes mit regelmäßiger Altersabstufung aufgestellt und mit Vorteil benutzt hat, obwohl in Wirklichkeit solche Normalwaldungen nie bestanden haben und auch nicht hergestellt werden sollen, so kann es auch für die forstliche Statik von Wert sein, normale, durch gleiche Stämme gebildete Einzelbestände theoretisch zu konstruieren, obwohl alle organischen Bildungen der Natur den Charakter des individuell Abweichenden tragen. Es werden hier zunächst Bestände unterstellt, die nach allen Richtungen gleichmäßig beschaffen sind und die dem Boden, ohne ihn zu berauben oder zu bereichern, in allen Altersstufen jährlich eine gleiche Menge Bodennährstoffe entziehen. Die Stämme eines solchen Normalbestandes haben gleiche Durchmesser, gleichmäßigen Stärkezuwachs und gleichmäßigen Abstand. Nun ist die Frage zu beantworten: Wie soll hier die Behandlung erfolgen, wenn den Bedingungen der Erhaltung des Normalzustandes genügt werden soll?

Der wesentlichste Faktor, durch welchen unter diesen Umständen die Bestandesverhältnisse auf einem gegebenen Standort bestimmt werden, ist der Wachsraum. Von ihm allein hängen zunächst die Stammzahlen ab. Der Wachsraum, den eine Holzart gebraucht, ist abhängig von der Länge und Richtung der Seitentriebe, die der Baum, zufolge seiner physiologischen Veranlagung, ausbildet. Dieser natürliche, dem ungehemmten Wuchs entsprechende Wachsraum kann jedoch durch die Behandlung beschränkt werden. War der Wachsraum künstlich zurückgehalten, so kann er dagegen erweitert werden. Ob das eine oder andere geschehen soll, ist Sache der wirtschaftlichen Erwägung, die deshalb bei den betreffenden Maßnahmen der Forsttechnik der Kenntnis der physiologischen Veranlagung der einzelnen Holzarten zur Seite zu treten hat.

Um nun aber dem Grade der Bestandesdichte in einer der forstlichen Statik entsprechenden Weise Ausdruck zu geben, ist nicht der absolute, in Quadratmetern ausgedrückte Wachsraum zu bestimmen, der der Natur der Sache nach mit dem Alter des Baumes stets zunehmen muß, sondern es kommt dabei vielmehr auf den relativen Wachsraum an, wie man das Verhältnis des Raumes der Krone zur Grundfläche des Schaftes in Brusthöhe nennen kann. Bezeichnet man mit k^2 den absoluten, in Flächenmaß ausgedrückten Wachsraum, so ist $\dfrac{k^2}{d^2}$ der in einfachen Zahlen ausgedrückte Maßstab für den relativen Wachsraum. Das Verhältnis der Seiten dieser Quadrate $\dfrac{k}{d}$ kann als Abstandszahl (oder Wachsraumzahl) bezeichnet werden. Dieser Begriff war bekanntlich bereits von König[1]) in die Forstwirtschaft eingeführt. König bezeichnete sie, mit unwesentlicher Abweichung von vorstehender Erklärung, als die mittlere Entfernung zweier Stämme geteilt durch den mittleren Umfang des Schaftes. Es ist mit Recht darauf hingewiesen, daß die Abstandszahl zur Massenberechnung nicht nötig ist, da diese durch Kreisfläche und Formzahl genügend bewirkt werden kann. Als charakteristisches Merkmal für den Grad der Bestandesdichte haben Abstands- und Wachsraumzahlen aber jederzeit Bedeutung, da viele forstliche Fragen, insbesondere auf dem Gebiete der Durchforstung, im Grunde stets auf das Verhältnis zwischen Kronen- und Stammdurchmesser zurückgeführt werden müssen.[2])

Es ist eine Folge der allgemeinen Gesetze, welche das Baumleben bestimmen, daß, wenn der Schluß eines Bestandes unterbrochen ist, der Durchmesser der Krone rascher und stärker zunimmt, als der Durchmesser des Schaftes. Bei schwachen und mäßigen Durchforstungen nehmen die Kronen durch die Ausdehnung von seither eingeengten Zweigen alsbald den vollen, nach der Ausführung jener Hiebe ihnen dargebotenen Raum ein, während die Schaftdurchmesser nur sehr allmählich sich vergrößern. Lichtungen haben stets eine schnellere und stärkere Zunahme des Kronen- als des Schaftdurchmessers zur Folge. Aus der schnellen Anpassungsfähigkeit der Krone ergibt sich, daß die Wachsraum- und Abstandszahlen um so größer sind, je länger und stärker der Lichtstand in den einzelnen Perioden des Baumwachstums gewesen ist.[3])

---

[1]) Forstmathematik, 4. Ausg., § 365 flg.

[2]) In diesem Sinne ist die Abstandszahl aber auch von König begründet und angewandt worden, wie aus den §§ 367 („Abstand auf die Holzanlagen angewendet“), 368 („Abstand auf Durchforstungen angewendet“), 369 („Abstand auf die Schlagstellungen angewendet“) klar hervorgeht.

[3]) Kraft, Beiträge zur Lehre von den Durchforstungen, Schlagstellungen

Das Verhältnis zwischen Kronen- und Stammdurchmesser ist für verschiedene Holzarten und Bonitäten ein verschiedenes. Es ist unter übrigens gleichen Umständen kleiner bei Schatten ertragenden als bei lichtkronigen Holzarten, da bei jenen auch im Innern der Krone lebensfähige Vegetationsorgane enthalten sind, die, wenn auch weniger vollkommen als die äußeren, an der Zuwachsbildung teilnehmen. Das genannte Verhältnis ist kleiner auf gutem als auf geringem Boden, kleiner in milden als in rauhen Lagen, weil auf guten Böden und in milden Lagen die Kronen mehr Blätter enthalten und die Blätter leistungsfähiger sind. Für die forstliche Statik, bei welcher Massen und Wert zum Alter in Beziehung zu setzen sind, hat die Frage am meisten Bedeutung, ob unter übrigens gleichen Umständen das Verhältnis von Kronen- und Stammdurchmesser vom Alter beeinflußt wird.

Geht man, um die Beziehungen zwischen dem Alter und Wachsraum zu ermitteln, von den wirklichen Beständen (regelmäßigen Hochwaldbeständen) aus, so wird sich fast ausnahmslos ergeben, daß die auf den Mittelstamm zurückgeführten Abstandszahlen mit dem Alter kleiner werden.[2]) Allein aus der Tatsache, daß dies Verhältnis in den vorhandenen Beständen vorliegt, kann nicht gefolgert werden, daß es den physiologischen Gesetzen des Baumwuchses und den ökonomischen Forderungen der Wirtschaft entspricht. Eine Abnahme des relativen Wachsraums muß unter allen Umständen in

---

und Lichtungshieben, 1884, S. 11—15, untersuchte den Einfluß der Durchforstungen und Lichtungen auf das Verhältnis der Kronen- und Stammdurchmesser und fand „In einem 80jährigen Buchenstand, dessen Stammgrundfläche von 30 qm auf 10,15 qm, also auf $0,35^0/_0$, vermindert wird, kann sich nach Ablauf von 30 Jahren dieselbe wieder auf 23 qm heben, dem gleichaltrigen Vollbestande von 38 qm gegenüber also auf $\frac{23}{38} = 0,6$, während bis dahin bei jenem Lichtungsgrad erfahrungsmäßig wieder ein lockerer Beschirmungsgrad, also annähernd volle Beschirmung eintritt."

[2]) Für regelmäßige, stammreich erwachsene Buchenbestände der Oberforsterei Jesberg (mittlerer Bonität) wurden folgende Abstandszahlen gefunden:

Alter	. . .	43	64	80	105	115 Jahre
		20,7	17,1	16,7	16,1	15,7

Nach Kraft (a. a O. S 13) ergeben sich bei Zugrundelegung der Baurschen Ertragstafeln für Buchen III. Altersklasse die Abstandszahlen für das

Alter von	.	60	70	80	90	100	110	120 Jahren
		17,5	16,5	16,0	15,2	14,7	14,2	13,9

Nach Königs Waldmassentafeln (Hilfstafeln zur Forstmathematik) sind die vom Umfang auf den Durchmesser und vom Fuß- auf Metermaß reduzierten Abstandszahlen geschlossener Bestände folgende:

Bestandeshöhe	Eiche und Buche	Fichte und Tanne	Kiefer und Lärche
18 m	17,5—16,3	14,5—13,5	15,1—14
24 „	16,4—15,3	13,6—12,7	14,2—13,2
30 „	16,1—15,0	13,0—12,0	13,8—12,9

der Jugend erfolgen, wenn die Stämme im Dickungsalter in Schluß treten und zur Bildung astreiner Schäfte ihre unteren Äste abwerfen sollen. Andererseits tritt im hohen Alter eine Abnahme des Wachsraums ein, wenn die Kronen so beschaffen sind, daß eine Regelung ihres Wachsraums im Wege der Durchforstung nicht mehr erfolgen kann. Aber in der langen Zeit, die zwischen diesen Extremen liegt und die für die Frage der Erziehung am meisten Bedeutung hat, ist die Abnahme des relativen Wachsraums nicht begründet. Man wird vielmehr aus gleichen Gründen, wie sie unter 1a zur Förderung des Stärkezuwachses angegeben wurden, darauf hinweisen müssen, daß im jüngeren Alter der Wachsraum zurückgehalten, daß er dagegen später, zur Erhöhung der Durchmesser, erweitert werden muß. Unter diesen Umständen kann für normale Bestände die Regel aufgestellt werden, daß der **relative Wachsraum**, sobald der Schluß eingetreten ist, **gleichbleiben** soll.

Bei der Unterstellung des Gleichbleibens der Wachsraum- und Abstandszahlen erhalten alle auf die mathematischen Verhältnisse der Bestände gerichteten Nachweise eine größere Bestimmtheit. Bezeichnet man mit f die Flächeneinheit, mit s das Verhältnis $\dfrac{k}{d}$, so ist:

$$1.\ \text{die Stammzahl} = \frac{f}{k^2} = \frac{f}{s^2 d^2};$$

$$2.\ \text{die Kreisfläche} = \frac{f}{s^2 d^2} \cdot \frac{d^2 \pi}{4};$$

$$3.\ \text{der Kreisflächenzuwachs} = \frac{f}{s^2 d^2} \cdot d\pi \frac{1}{n}.$$

Hieraus ergibt sich, daß in normalen Beständen der bezeichneten Beschaffenheit die **Stammzahlen** im **quadratischen Verhältnis der Durchmesser** abnehmen, daß die **Kreisflächen der Bestände unverändert** bleiben und der **Kreisflächenzuwachs** im **umgekehrten Verhältnis zum Durchmesser** steht.

<h3 style="text-align:center">b) Reale Bestände.</h3>

Normale Bestände von der angegebenen gleichen Beschaffenheit gibt es nicht. Verschiedenheit der Entwicklung ist ein allgemeines Gesetz des organischen Lebens. In den wirklichen Beständen, mit denen es die Wirtschaft zu tun hat, ergeben sich infolge der ungleichen Ausbildung der einzelnen Stämme durch äußere Einwirkungen der organischen und anorganischen Natur und durch wirtschaftliche Eingriffe Unterschiede einerseits der verschiedenen Stämme untereinander, andererseits des ganzen Bestandes gegenüber den

Verhältnissen eines Normalbestandes. Eine Anwendung mathematischer Regeln im strengen Sinne ist deshalb in der Forstwirtschaft, ebenso wie in anderen Zweigen der Volkswirtschaft, überhaupt nicht möglich. Gleichwohl kann man gewisse Folgerungen aus jenen Formeln des Normalwaldes ableiten, die aber mehr dazu dienen, der Wirtschaft eine bestimmte Richtung hinsichtlich der Stammzahlen und des Kreisflächenzuwachses zu geben, als sie in bestimmte Zahlengrößen einzuzwängen. Die wichtigsten Folgerungen, die aus den drei genannten Formeln hervorgehen, können folgendermaßen gefaßt werden:

1. **Die Stammzahlen müssen, wenn ökonomische Wirtschaftsziele vorliegen, in der Jugend genügend hoch sein; später müssen sie in starkem Grade abnehmen.**[1] Die Abnahme kommt dem quadratischen Verhältnis der Durchmesser um so näher, je regelmäßiger die Bestände sind. — Die aufgestellte Regel geht aus der Forderung hervor, daß der Wachsraum in der Jugend zur Bildung astreiner Schäfte beschränkt, daß er dagegen später zur Bildung genügender Durchmesser erweitert werden muß.

2. **Die Kreisflächensumme, welche in den Beständen verbleibt, soll, sobald die Herstellung guter Stammformen bewirkt ist, keine wesentlichen Änderungen erleiden.** Diese Regel hat die unmittelbare Folge, daß aller Zuwachs an Kreisfläche, welcher sich nach Erreichung des angegebenen Verhältnisses ausbildet, bei den Durchforstungen genutzt wird. Auch diese Richtung findet in den genannten Ertragstafeln ihren Ausdruck.[2]

---

[1] Diese Regel findet auch in den neueren Ertragstafeln, welchen ein rationeller Durchforstungsbetrieb zugrunde liegt, deutlichen Ausdruck. Nach den Normalertragstafeln von Grundner (Untersuchungen im Buchenhochwald über Wachstumsgang und Massenertrag, 1904) ist für die Buche auf II. Standortsklasse

im Alter von	60	80	100	120 Jahren
der mittlere Durchmesser (d)	18,4	25,6	32,2	38,1 cm
d^2	338,6	655,4	1036,8	1451,6
Stammzahl	1163	676	445	332

Die Abnahme der Stammzahl vom 60. bis 120. Jahre erfolgt hiernach im Verhältnis von 1 zu 0,28. Die Quadrate der Durchmesser verhalten sich wie 1 zu 0,23. Ähnliches ergibt sich auch in bezug auf die Fichte. Nach Schwappach (Wachstum und Ertrag normaler Fichtenbestände in Preußen, 1902) ist auf II. Standortsklasse

im Alter von	60	80	100	120 Jahren
d	20,1	27,2	33,4	39,0
d^2	404,0	739,8	1115,6	1521,0
Stammzahl	1214	738	496	352

[2] Nach Grundner (a. a. O.) beträgt die Stammgrundfläche pro ha für normale Buchenbestände:

Alter	60	70	80	90	100	110	120	130 Jahre
Standortsklasse II	30,9	33,2	34,8	35,8	36,3	36,5	36,7	37,0 qm
„ III	29,8	32,4	34,2	35,2	35,7	35,9	36,0	36,2 „

3. Der Kreisflächenzuwachs der Bestände nimmt mit dem Stärkerwerden der Stämme fortgesetzt ab.[2]) Solange eine der Stärke entsprechende Höhenzunahme vorhanden ist, wird die Abnahme des Kreisflächenzuwachses durch die zunehmende Höhe der Zuwachsmäntel ergänzt, so daß trotz jener Abnahme des Flächenzuwachses ein der Bodenkraft entsprechender gleichbleibender Gesamtzuwachs erzeugt wird. Sofern jedoch der Höhenwachs abnimmt, sinkt nach dieser Unterstellung der Gesamtzuwachs.

C. Der Massenzuwachs.

1. Verlauf des Zuwachses in vollen Beständen.

Der Massenzuwachs ist das Produkt aus Höhen- und Stärkezuwachs. Er ist daher stets von diesen seinen beiden Faktoren abhängig. Unter allen Umständen und nach allen Beziehungen muß der Massenzuwachs auf die Grundbedingungen der Zuwachsbildung

---

Nach Schwappach (Normalertragstafeln, 1902) ist die Stammgrundfläche normaler Fichtenbestände:

Alter	50	60	70	80	90	100	110	120 Jahre
Standortsklasse II .	34,2	38,5	41,3	42,8	43,3	43,4	42,8	42,0 qm
„ III	30,3	34,4	37,3	38,5	38,8	38,4	37,4	36,3 „

Für die Kiefer (Schwappach, 1889) wurde die Stammgrundfläche angegeben:

Alter	40	60	80	100	120	140 Jahre
Standortsklasse II .	32,1	38,3	40,7	42,3	43,5	44,2 qm
„ III	28,6	33,2	35,6	37,2	38,0	— „

Zu diesen Zahlen ist jedoch zu bemerken, daß über die im Lichtungsbetrieb mit Unterbau bewirtschafteten Bestände Ertragstafeln noch nicht veröffentlicht sind. Die Untersuchung solcher Bestände wird eine Bestätigung der obigen Regeln ergeben.

[2]) Nach den Ertragstafeln von Grundner ist für die Buche II. Standortsklasse der Kreisflächenzuwachs

	40 bis 50	50 bis 60	60 bis 70	70 bis 80	80 bis 90	90 bis 100	100 bis 110	110 bis 120	120 bis 130	Jahre
für das Alter . . .										
am bleibenden Bestand	4,1	3,0	2,3	1,6	1,0	0,5	0,2	0,2	0,3	qm
„ ausgeschiedenen „	4,4	4,7	4,3	3,9	3,7	3,7	3,7	3,3	2,9	„
im ganzen	8,5	7,7	6,6	5,5	4,7	4,2	3,9	3,5	3,2	qm

Hiernach ist der Zuwachs an Grundfläche vom 40. bis 120. Jahre im Verhältnis von 1 zu 0,38 gesunken. Dies Verhältnis entspricht annähernd den Höhen, welche im Alter von 40 und 120 Jahren 13 und 32 m betragen.

Bei der Fichte ist die Abnahme des Kreisflächenzuwachses, entsprechend ihrer raschen Entwicklung, stärker als die Zunahme der Höhe. Nach Schwappach (Wachstum und Ertrag usw., 1902) ist für die

	40 bis 50	50 bis 60	60 bis 70	70 bis 80	80 bis 90	90 bis 100	100 bis 110	110 bis 120	Jahre
Altersstufen . . .									
der Grundflächenzuwachs am Hauptbestand . .	5,4	4,3	2,8	1,5	0,5	0,1	—0,6	—0,8	qm
am ausscheidenden Bestand	9,6	9,7	9,2	8,5	8,0	7,2	6,8	6,5	„
im ganzen	15,0	14,0	12,0	10,0	8,5	7,3	6,2	5,7	qm

zurückgeführt werden; er kann sich mit diesen unter keinen Umständen im Gegensatz befinden.

Im regelmäßigen Hochwald zeigt der Massenzuwachs folgenden Verlauf:

a) In der ersten Jugend ist das Wachstum aller Holzarten ein sehr geringes. Die Blätter und Wurzeln sind noch spärlich ausgebildet, sie können die für die Holzerzeugung nötigen Stoffe aus dem Boden und der Luft nur unvollständig aufnehmen. Auf dem Boden der Kultur- und Verjüngungsflächen entstehen durch die Bildung von Standortsgewächsen Konkurrenten, welche die Bodennährstoffe zunächst weit schneller sich anzueignen imstande sind, als junge Holzpflanzen. Die geringe Holzmasse, welche diese erzeugen, erfolgt in einer Form, die nicht ausgemessen werden kann. Auch ist die Schätzung des Alters sehr unsicher. Die Jungwüchse entstehen bei der natürlichen und künstlichen Bestandesbegründung in der Regel in mehreren Jahren. Unterschiede von einigen Jahren sind aber in diesem Stadium von weit größerem Einfluß als später. Der Massenzuwachs kann daher in diesem Lebensalter nur gutachtlich eingeschätzt werden. Von mancher Seite ist vorgeschlagen, daß man das erste Stadium ganz unberücksichtigt lassen soll.[1]

b) Ist nun aber die erste Entwicklungsstufe beendet und der Jungwuchs, wenn er natürlich entstanden war, vom Druck des Altholzes befreit, so erfolgt, wenn anders keine besonderen Gefahren eintreten und der Standort ein naturgemäßer ist, ziemlich bald ein starkes Steigen des Zuwachses. Die Wurzeln vermögen vom Dickungsalter ab den Boden besser auszunutzen; die Konkurrenz der Standortsgewächse wird von den Holzpflanzen erfolgreich überwunden; der Höhenwuchs ist ein lebhafter. Berechnungen des Zuwachses begegnen aber auch in diesem Alter wegen der unregelmäßigen Form der Stämme, der großen Stammzahl und der schnellen Stammausscheidung Schwierigkeiten.

c) Im jüngeren und mittleren Stangenholzalter pflegt der laufende Zuwachs am höchsten zu sein. Die Verhältnisse liegen hier nach jeder Richtung für die Zuwachsbildung am günstigsten. Die Wurzeln vermögen in diesem Alter den Boden in horizontaler und vertikaler Richtung vollständiger zu durchziehen. Der Längenwuchs hat seine lebhafteste Periode überschritten. Die Form der

---

[1] v. Thünen, Isolierter Staat, III. Teil, § 1, läßt bei der Berechnung den Zuwachs der ersten 5 Jahre („als zur Bildung des Holzkörpers erforderlich") außer Ansatz. — Lorey, Ertragstafeln für die Weißtanne, unterschied vom faktischen Alter eines Baumes (= der Zahl der von der Keimung bis zum Zeitpunkt der Untersuchung verflossenen Jahre) das wirtschaftliche Alter („diejenige Zeit, welche der Baum bei normaler Entwicklung gebraucht haben würde, um die Dimensionen herauszubilden, welche er wirklich erreicht hat").

Baumkrone ist daher eine gestreckte; die Oberfläche der Baumkronen ist größer als in den vorausgegangenen und den folgenden Perioden. Es findet ferner noch keine den Zuwachs merklich beeinflussende Blüten- und Samenbildung statt; Bodengewächse können sich wegen der dichten Stellung der Kronen bei den Schattenholzarten gar nicht, bei den lichtkronigen Holzarten noch nicht in stärkerem Maße einfinden.

d) Im höheren Stangenholzalter wird der Zuwachs fast aller Holzarten in den Ertragstafeln übereinstimmend als ein abnehmender bezeichnet. Die Ursachen seines Sinkens liegen darin, daß der Höhenwuchs in dieser Periode ziemlich stark abnimmt. Die Kronen erhalten daher eine stumpfere Form; ihre Oberfläche wird kleiner. Bei lichtkronigen Holzarten pflegt sich ein stärkerer Bodenüberzug zu bilden, der in Verbindung mit der natürlichen oder künstlichen Lichtstellung, welche in diesem Alter eintritt, zuwachsmindernd wirkt. Bei richtiger Behandlung der Bestände erfolgt indessen die Abnahme des Zuwachses nur sehr allmählich, insbesondere bei den Schattenholzarten, welche auch in diesem Alter dichter stehen, so daß ihre Zuwachsleistungen im Wege der Durchforstung besser gefördert werden können.

e) Im Baumholzalter pflegt der Zuwachs in noch stärkerem Maße zu sinken. Die genannten Ursachen der Abnahme sind jetzt in stärkerem Grade wirksam. Der Höhenwuchs wird geringer; die Oberfläche der stumpfer geformten Krone wird kleiner. Auch die jetzt häufiger eintretende Blüten- und Samenbildung trägt zu einer Verminderung des Zuwachses bei. Der Boden überzieht sich, insbesondere bei Lichtholzarten, in stärkerem Grade mit Standortsgewächsen.[1])

f) Bei den natürlichen Verjüngungen schließt sich an das geschlossene Baumholz die Periode der Verjüngung an. Die Lockerung und schwache Unterbrechung des Schlusses, wie sie in Vorbereitungs- und dunkeln Besamungsschlägen erfolgt, bestätigen die Regel, daß das Sinken des laufenden Zuwachses auch im Baumholzalter durch Kräftigung und Wölbung der Krone aufgehalten werden kann. Später tritt durch die stärkere Abnahme der Kronenoberfläche, die häufige Blüten- und Fruchtbildung, das Auftreten von Standortsgewächsen und weiterhin des jungen Bestandes ein zunehmendes Sinken des Zuwachses der Mutterbäume ein.

g) Die Dauer der einzelnen Stufen kann, wie die vorliegenden Bestandesverhältnisse zeigen, sehr verschieden sein. Es

---

[1]) Die hier aufgestellten Regeln über den Gang des laufenden Zuwachses finden in den Ertragstafeln ihre zahlenmäßige Bestätigung.

sind in dieser Beziehung zunächst die physiologischen Eigentümlichkeiten der Holzarten von Einfluß. Jede Holzart hat ihre besonderen Entwicklungsgesetze. Die rasch wachsenden pflegen früher in die höheren Wuchsstufen einzutreten und sie schneller zu durchlaufen, um so mehr, als die meisten schnellwüchsigen Holzarten auch freien Wachsraum nötig haben und sich ihn, wenn er ihnen nicht gegeben wird, erkämpfen.[1]) Sodann ist der Zuwachsgang nach den Standortsverhältnissen verschieden.[2]) Auf guten Bonitäten werden alle Wachstumsstufen schneller durchlaufen als auf geringen. Insbesondere kommen hier die klimatischen Bedingungen in Betracht. Mildes Klima beschleunigt die Entwicklung, rauhes Klima hält sie zurück. Ferner sind manche Natureinwirkungen von ungünstigem Einfluß. Durch Frost, Verbiß und andere Gefahren kann der Massenzuwachs in der Jugend lange zurückgehalten werden. Ebenso können spätere Beschädigungen mancher Art den natürlichen Eintritt in die Wachstumsstufen verzögern. Am meisten Bedeutung hat für den Gang des Massenzuwachses die wirtschaftliche Behandlung der Bestände. Abgesehen von der Einwirkung einer Beschirmung, die den Massenzuwachs zurückhält, kommt hier namentlich der Wachsraum in Betracht, der je nach Art der Bestandesbegründung und Durchforstung im gleichen Alter sehr verschieden sein kann. Je größer der Wachsraum ist, der den Beständen in den verschiedenen Altersstufen gegeben wird, um so schneller werden die Entwicklungsstufen durchlaufen; um so früher wird die Kulmination des Zuwachses erreicht; um so früher erfolgt auch seine Abnahme.

Aus der Menge der Faktoren, welche auf den Gang des laufenden Zuwachses wirksam sind, geht hervor, daß es nicht möglich ist, bestimmte Zahlen von allgemeiner Gültigkeit über denselben aufzustellen. Dagegen darf es als allgemeine, auch in der Praxis gültige

---

[1]) Bei der Kiefer (Schwappach) erreicht der laufende Zuwachs auf III. Standortsklasse das Maximum im Alter von 30 Jahren mit 8,8 fm; er sinkt bis zum 100. Jahre auf 3,8 fm, über 50 %. Bei der Fichte III. Standortsklasse (Schwappach 1902), kulminiert der laufende Zuwachs im 55. Jahre mit 15,8 fm und sinkt bis zum 100 Jahre auf 9,6 fm. Bei der Buche III. Standortsklasse (Grundner) tritt das Maximum des laufenden Zuwachses in der Zeit vom 50. bis 70. Jahre mit 9,7 fm ein; er ist bis zum 100. Jahre nur auf 8,0 fm gesunken.

[2]) Der laufende Zuwachs der Fichte kulminiert auf I. Standortsklasse im 50. Jahre, auf II. Standortsklasse im 55. Jahre; bei der Kiefer auf I. Standortsklasse mit 30, auf II. mit 35—40 Jahren. Bei der Buche erfolgt das Maximum des in den bleibenden Bestand übergehenden Zuwachses nach Baur auf I. Bonität im 40. bis 50., auf II. im 65. Jahre. Nach den neuesten Ertragstafeln (Grundner) kulminiert der Gesamtzuwachs auf allen 5 Standortsklassen gleichmäßig zwischen dem 55. und 65. Jahre. Hiernach ist der Einfluß der Standortsgüte, sofern er nicht durch klimatische Ursachen veranlaßt ist, geringer, als seither vielfach angenommen wurde.

Regel angesehen werden, daß durch eine gute, auf die Bildung astreiner Stämme gerichtete Erziehung die Unterschiede des laufenden Zuwachses vermindert werden. Entsprechend dem Gleichbleiben der Quellen der Zuwachsbildung und der gleichbleibenden Fähigkeit der Wurzeln und Blätter zu organischer Arbeit kann in regelmäßigen Beständen, sofern die Bodenkraft zur Holzzucht ausgenutzt wird, vom Dickungs- bis zum angehenden Baumholzalter eine annähernd gleiche Zuwachsmasse gebildet werden.[1])

Sofern man den laufenden Zuwachs zu den einzelnen Bestandteilen, die ihn zusammensetzen (Stammzahl, Kreisfläche und Höhe), in Beziehung setzt, ergibt sich, daß ein Gleichbleiben des laufenden Zuwachses in normalen Beständen im Sinne von B, 2a nur so lange erfolgt, als die Höhe zur Stärke in gleichbleibendem Verhältnis steht. Alsdann kann die Höhe (oder Richthöhe) als Vielfaches der Durchmesser und der Zuwachs der Bestände als Produkt von Stammzahl, Kreisflächenzuwachs und Höhe $= \dfrac{f}{s^2 d^2} \cdot d\pi\, \dfrac{1}{n} \cdot d h$ ausgedrückt werden.

Hier ist h eine Konstante und der Zuwachs ist vom Alter und Durchmesser unabhängig. Sobald aber der Höhenzuwachs geringer wird, sinkt beim Gleichbleiben der Jahrringe und Abstandszahlen der laufende Zuwachs in dem Maße, wie es der Abnahme des Höhenzuwachses entspricht. In den wirklichen Beständen wird die Abnahme des Zuwachses meist in stärkerem Grade erfolgen, da den erforderlichen Bedingungen auch in regelmäßigen Beständen nicht voll entsprochen werden kann. Insbesondere ist dies bei den lichtkronigen Holzarten der Fall, die zufolge der ihnen eigentümlichen Wachstumsgesetze die gleichbleibenden Nahrungsquellen nicht nachhaltig auszunutzen imstande sind.

2. Der Einfluß von Lichtungen auf den Massenzuwachs der Bestände.

a) Allgemeine Grundsätze.

Die Untersuchung, welchen Einfluß der größere oder geringere Wachsraum auf den Massenzuwachs ausübt, führt zur Beurteilung des Lichtungszuwachses, auf den, als Flächenzuwachs, bereits unter 1 c, S. 57 f., hingewiesen wurde. Da durch die Lichtung eine Vermehrung und Kräftigung der Wachstumsorgane der Einzelstämme bewirkt wird, so kann unter Umständen, wenn nicht gegenteilige negative Einflüsse in stärkerem Grade vorliegen, auch für den Be-

---

[1] Borggreve, Forstabsch., S. 31: „Der jährliche Holztrockengewichtszuwachs noch nicht fruktifizierender Bestände ist cet par. annähernd proportional der Gesamtgröße ihrer jeweiligen Blattoberfläche.“

stand eine Wuchssteigerung mit derselben verbunden sein. Gleichwohl sind alle diesbezüglichen Folgerungen mit Vorsicht aufzunehmen. Eine nachhaltige Vermehrung des Zuwachses gegenüber einem richtig gestellten vollen Bestande kann durch die Lichtung nicht erzielt werden. Damit ein Maximum an Zuwachs im Bestande erzeugt wird, muß, wie unter I 2, Satz 1 und 2 hervorgehoben wurde, der Boden in allen Teilen zur Holzerzeugung ausgenutzt und eine möglichst große Menge gut ausgebildeter Blätter der unmittelbaren Einwirkung des Sonnenlichtes ausgesetzt werden. Eine stärkere Umlichtung, wie sie der eigentliche Lichtungszuwachs voraussetzt, widerspricht, wenn nicht eine Ergänzung des Bestandes (durch Unterbau usw.) erfolgt, beiden Grundsätzen. Der Boden überzieht sich infolge der Umlichtung mit einer bleibenden Vegetation; und eine solche enthält schon durch ihr Dasein einen Widerspruch gegen die Forderung, daß die volle Bodenkraft auf die Holzerzeugung gerichtet werden soll. Auch kann die Menge der auf einer gegebenen Fläche tätigen Organe durch kräftige Umlichtungen nicht vermehrt werden. Die Vermehrung, welche durch die Kronenwölbung und Kronenverdichtung an den einzelnen Stämmen stattfindet, wird durch das Minus, welches sich durch die Unterbrechungen der Kronen bildet, aufgewogen oder übertroffen.

Faßt man den Vorrat der Bestände als wirtschaftliches Betriebskapital auf und den Zuwachs als Zins desselben, so ergibt sich gemäß der allgemeinen Wirtschaftslehre der Grundsatz, daß es in der Regel nicht Aufgabe der Wirtschaft ist, ein Maximum an Lichtungszuwachs zu erzeugen. Die Höhe der Zuwachsprozente, welche an umlichteten Stämmen eintritt, ist häufig ein Beweis, daß das auf der betreffenden Fläche in der Form von Holzvorrat stockende Betriebskapital zu klein ist. In Wirtschaftszweigen, in denen Produktionsfaktoren arbeiten, die einen beweglichen Charakter tragen, würde unter solchen Umständen der betreffenden Fläche vermehrtes Kapital zugeführt werden. In der Forstwirtschaft ist dies nicht möglich. Hier muß ein genügendes Vorratskapital durch richtige Führung der Schläge erhalten werden. Solange die Bestände im Schluß einen genügenden Massen- und Wertzuwachs leisten, liegt ökonomisch kein Grund vor, ihre Zuwachsprozente mit den Mitteln der Lichtung zu erhöhen. Erst wenn im Schlußstand die Mehrung der Masse zu den geforderten Zuwachsprozenten nicht erreicht wird, ist nach Analogie anderer Wirtschaftszweige Ursache vorhanden, der Abnahme der Zuwachsprozente durch Umlichtung der Kronen entgegenzutreten.

Vom ökonomischen Standpunkt ist ferner geltend zu machen, daß der Lichtungszuwachs an Masse den Forderungen untergeordnet

werden muß, die sich in bezug auf die Erzeugung hoher Werte
ergeben. In der Steigerung der Durchmesser, welche der Lichtungszuwachs bewirkt, ist nun immer ein wertsteigerndes Moment enthalten.
Ein zweites Erfordernis der Werterhöhung bezieht sich aber auf Form
und Astreinheit; und diese Eigenschaften werden durch den Lichtungszuwachs häufig nicht gefördert. Wenn Stämme frühzeitig umlichtet
werden, so erhalten sich die unteren Äste grün; es bilden sich ästige
Stämme; die Form des Schaftes wird eine abfälligere. Beide Eigenschaften stehen der Erzeugung der besten Sortimente entgegen. Der
Lichtungszuwachs muß deshalb so geleitet werden, daß er, sich an
einen astreinen Schaft anlegend, gleichzeitig Qualitätszuwachs ist.

b) Gefahren und Mißstände, die mit dem Lichtungszuwachs
verbunden sein können.

Wenn man den Lichtungszuwachs in einer den wirtschaftlichen
Zwecken am besten entsprechenden Weise regeln will, so muß man
sich stets daran erinnern, daß durch das Bestreben, ihn auszunutzen,
auch Gefahren und Mißstände mancher Art entstehen können. Solche
erstrecken sich:

1. Auf gewisse Wirkungen der anorganischen und organischen Natur. Abgesehen von Rindenbrand und Wasserreisern
sind es insbesondere Sturm, Schnee und Eisanhang, welche in einem
umlichteten Bestand zu vermehrtem Bruch und Wurf Anlaß geben
können. Diese Schäden sind um so mehr zu befürchten, je länger
die Stämme sind, je höher die Kronen angesetzt sind, je un-
gleichmäßiger die Form der Krone ist und je unmittelbarer der
Übergang vom Schlußstand in den Lichtstand herbeigeführt wird.
Beim Windbruch ist ferner der Zustand des Bodens von großem
Einfluß. Unter Umständen verliert lediglich aus Gründen dieser Art
der Lichtungszuwachs jede praktische Bedeutung.

2. Auf den Zustand des Bodens. Soll der Lichtungszuwachs
wirksam sein, so muß der Bestandesschluß wirklich unterbrochen
werden. Mit jeder stärkeren Unterbrechung ist aber in der Regel
das Erscheinen von Standortsgewächsen verbunden. Ein einmal
vorhandener Bodenüberzug hat die Tendenz, sich auszudehnen. Ein
stärkerer Überzug bedeutet aber in der Regel eine Verschlechterung
des Bodens. Wenn auch seine chemische Beschaffenheit unverändert
bleibt, so werden doch die physikalischen Eigenschaften ungünstig
beeinflußt. Unter allen Umständen verhält sich ein stark mit Unkräutern überzogener Boden in wirtschaftlicher Beziehung ungünstig.
Insbesondere werden die Verjüngungen und Kulturen erschwert.
Indem man für den Altbestand die Bedingungen des Lichtwuchses
hervorruft, liegt hiernach stets die Gefahr vor, daß dadurch ein

nachteiliger Einfluß auf den Bodenzustand herbeigeführt wird. In der Regel findet deshalb in Verbindung mit der Lichtung zugleich die Verjüngung oder ein Unterbau statt.

3. Auf die Entwicklung der Verjüngungen und Kulturen. So wohltuend die Beschirmung für den Jungwuchs mancher Holzarten in der ersten Jugend auch ist, so übt sie doch bei längerer Dauer einen ungünstigen Einfluß auf den nachwachsenden Bestand aus. Durch senkrechten Schirm wird die Wuchskraft, insbesondere der Höhenwuchs zurückgehalten; den eigenen Schirm verträgt keine Holzart für längere Zeit. Der Lichtungszuwachs darf deshalb, wenn der begründete Jungwuchs nicht nur zum Unterbau dienen, sondern zu wertvollen Nutzhölzern heranwachsen soll, nicht zu lange Zeit erhalten werden; ein Teil der Lichtwuchsstämme muß rechtzeitig entfernt werden. Durch das Fällen, Herausziehen und Bearbeiten des Holzes wird den Jungwüchsen aber ein nicht unbedeutender Schaden zugefügt, der wohl unter Zuhilfenahme zweckmäßiger Werkzeuge gemildert, aber nicht aufgehoben werden kann. Je weiter der Jungwuchs heranwächst, um so stärker sind die Folgen der Verzögerung des Aushiebs der Lichtwuchsstämme.

4. Auf das Verhältnis mehrerer, dauernd miteinander verbundenen Altersklasen. Sind die Lichtwuchsstämme nicht dazu bestimmt, vor dem nachwachsenden Bestand genutzt zu werden, sondern sollen sie dauernd in diesem verbleiben, so nimmt das Mißverhältnis zwischen den beiden Altersstufen um so mehr zu, je stärker sich die Kronen der Lichtwuchsstämme unter dem Einfluß der freien Stellung ausdehnen und je größeren Lichtgenuß andererseits der junge Bestand beansprucht. Alle Bestandesformen mit doppelten Altersstufen, die den Lichtungszuwachs dauernd auszunutzen bestrebt sind, lassen diese Mißstände erkennen. Sie haben deshalb sämtlich den Erwartungen, die von mancher Seite an sie gestellt wurden, nicht entsprochen. Am stärksten tritt das Mißverhältnis mehrerer Altersklassen in bezug auf die Hiebsreife hervor. Die Lichtwuchsstämme erreichen dieselbe stets früher als der jüngere geschlossen nachgezogene Bestand. Eine Verschiedenheit in der zeitlichen Abnutzung beider Generationen ist aber aus wirtschaftlichen Gründen nicht zulässig. Die Lichtwuchsstämme müssen daher oft als ein totes Kapital im Bestande fortgeschleppt werden.

c) Regeln für die Ausnutzung des Lichtungszuwachses.

Aus der Beachtung der gegenseitigen Wachstumsverhältnisse und der Befolgung der allgemeinen ökonomischen Grundsätze ergeben sich folgende Regeln für die Ausnutzung des Lichtungszuwachses:

1. Die Lichtstellung der Stämme, an denen der Lichtungszuwachs

erfolgen soll, darf weder zu früh noch zu spät erfolgen. Zu frühzeitige Umlichtungen haben die Folge, daß ästige, abfällige Schaftformen erzeugt werden. Die Lichtung darf andererseits aber auch nicht zu spät vorgenommen werden, weil bei den meisten Holzarten im höheren Alter die Fähigkeit des Lichtungszuwachses stark abnimmt.

2. Die Gewöhnung der Stämme an den umlichteten Stand muß allmählich erfolgen. Daher haben den Lichtungen in der Regel kräftige Durchforstungen voranzugehen. Aus gleichem Grunde sind zur Umlichtung vorzugsweise die herrschenden Stammklassen geeignet, welche am gleichmäßigsten bekront sind und sich den veränderten Wachstumsbedingungen am besten anzupassen vermögen. Je mehr die Gefahr des Schnee- und Windbruchs vorliegt, um so mehr muß die Unterbrechung des Schlusses und der Freistellung beschränkt werden.

3. Wenn mit der Lichtung nachteilige Einwirkungen für den Boden verbunden sind, wie es namentlich bei lichtkronigen Holzarten, sofern ein natürlicher Unterstand fehlt, der Fall ist, so muß zur Schonung des Bodens rechtzeitig ein Unterbau, der in der weiteren Ausnutzung des Lichtungszuwachses größere Freiheit gewährt, vorgenommen werden.

4. Wenn mit der Lichtung die Erziehung eines jungen Bestandes, der das spätere ökonomische Ziel der Wirtschaft bilden soll, bewirkt wird, so muß die Zeit und der Grad der Lichtung durch die Bedürfnisse des Jungwuchses bestimmt werden.

5. Eine dauernde Mischung von Lichtwuchsstämmen mit einem nachwachsenden Bestande ist in der Regel nicht anzustreben, weil die positive Wirkung des Lichtungszuwachses durch die nachteiligen Einwirkungen auf den jungen Bestand überwogen werden.

Werden die vorstehend aufgeführten Regeln gehörig berücksichtigt, so ergibt sich, daß die Anwendung des Lichtungszuwachses in der Praxis beschränkt ist, daß er namentlich niemals für sich allein den Bestimmungsgrund der wirtschaftlichen Maßnahmen bilden darf.

3. Die Verteilung des laufenden Zuwachses.

Wenn auch für die wichtigsten Fragen der Forsttechnik, Forstverwaltung und Forstpolitik der Gesamtzuwachs der Bestände den Bestimmungsgrund bildet, so ist es doch für viele Aufgaben des Waldbaues und der Ertragsregelung von Wichtigkeit, nachzuweisen, wie sich dieser Gesamtzuwachs weiter verteilt. In waldbaulicher Hinsicht kommt insbesondere seine Verteilung auf die verschiedenen Stammklassen in Betracht; bei der Ertragsregelung, Kontrolle und Geschäftsführung handelt es sich um die Verteilung des Gesamtzuwachses auf die Nutzungen.

a) Verteilung des Zuwachses auf die Stammklassen.

In jedem Bestande bilden sich durch Verschiedenheiten in der natürlichen Veranlagung der einzelnen Stämme und in ihrer äußeren Umgebung verschiedene Stammklassen aus. Manche Stämme haben durch die Zeit ihrer natürlichen oder künstlichen Entstehung einen Altersvorsprung (Vorwuchs in Naturverjüngungen, horstweiser Voranbau); andere werden durch den Boden oder die Lage begünstigt; manche erleiden durch tierische und andere Beschädigungen Störungen in ihrer Entwicklung. Jedes organische Wesen sucht aber die ihm einmal zuteil gewordene Begünstigung für seine weitere Entwicklung auszunutzen und zu verstärken. Die Ungleichheiten der Stämme werden daher, wenn sie nicht durch andere entgegengesetzte Einflüsse abgeschwächt oder aufgehoben werden, im Laufe der Zeit fortgesetzt größer. Zufolge der angegebenen Unterschiede in den Entwicklungsbedingungen sind in den Beständen vorherrschende Stämme zu unterscheiden, welche mit ihren Kronen die sie umgebenden Stämme überragen; sodann herrschende, welche die Mittelhöhe des Bestandes bilden; zurückbleibende, deren Kronen, häufig einseitig entwickelt, unter dem Niveau der Mittelhöhe liegen; und unterdrückte, welche von höheren Stämmen überwachsen sind. Da es bei den Maßnahmen der forstlichen Technik, insbesondere bei den Durchforstungen, häufig darauf ankommt, daß bestimmte Stammklassen begünstigt werden, so ist es von Wichtigkeit, über das Verhalten derselben in bezug auf den Zuwachs ein Urteil zu gewinnen. Hiermit wird zugleich eine Grundlage für die Beurteilung der Werte geschaffen, die nach den Stammklassen sehr verschieden sind.

Untersuchungen über das Verhalten der Stammklassen sind derart zu führen, daß man die Stämme nach ihrer Stärke in Gruppen, meist von gleichen Stammzahlen, ordnet und den Zuwachs an Mittelstämmen dieser Klassen berechnet. Die Untersuchung kann entweder auf den absoluten Zuwachs der betreffenden Stämme gerichtet werden, der dann für die Klassen in Prozenten des Gesamtzuwachses ausgedrückt wird; oder auf den relativen Zuwachs, der entweder zum Kronenraum oder zur Stärke oder zur Masse der Stämme in Beziehung gesetzt wird.

Was die absolute Leistung der Stammklassen betrifft, so ergeben alle in vollen Beständen gemachten Untersuchungen, daß der Zuwachs um so größer ist, je stärker die Stämme sind. Weitaus der größte Teil des Zuwachses wird von den herrschenden Stämmen

hervorgebracht, die mit kräftigen Wachstumsorganen versehen sind.[1]
Für die Zuwachsleistung eines Bestandes kommt aber nicht die
absolute Leistung einzelner Stammklassen, sondern der Zuwachs
im Verhältnis zu dem Raum, den die Stämme einnehmen, in
Betracht. Um nach dieser Richtung eine Grundlage zu gewinnen,
muß man den Wachsraum ermitteln, den die Stammklassen einnehmen. Dies kann in der Regel mit Hilfe gefällter Stämme geschehen, indem die Durchmesser der Kronen gemessen werden.
Wegen des Übergangs zwischen trocknen und grünen Ästen und
der nicht immer gleichbleibenden Richtung der Äste ist eine genaue
Messung der Krone jedoch oft nicht möglich. In der Regel wird
daher der Zuwachs zur Stärke der betreffenden Stammklassen in
Beziehung gesetzt, die zur Krone in einem, wenn auch nicht strengen,
so doch annähernden Verhältnis steht. Aus den meisten der nach
dieser Richtung vorgenommenen Untersuchungen geht hervor, daß
unter den Bedingungen, die im vollen Bestande vorliegen, die
herrschenden Stämme auch relativ, im Verhältnis zu ihrer Stärke,
am meisten leisten.[2] Bei ihnen sind die Vegetationsorgane am
kräftigsten entwickelt; sie nutzen den Wachsraum am besten aus
und können sich Veränderungen desselben am besten anpassen.

---

[1] Nach den Untersuchungen des Verfassers (Folgerungen der Bodenreinertragstheorie, § 106) in der Oberförsterei Merenberg entfiel im Durchschnitt
einer Reihe von verschiedenaltrigen, 40—90 jahrigen Fichtenbestanden auf das
starkste Drittel der Stämme $64^0/_0$, auf das mittlere Drittel $23^0/_0$, auf das
schwachste Drittel $13^0/_0$ des 10jährigen Kreisflächenzuwachses.

[2] Für die Oberförsterei Merenberg wurde gefunden, daß der Kreisflächenzuwachs der starksten, mittleren und schwachsten Stamme, wenn er nach dem
Verhaltnis des Kronenraums auf gleiche Flachen (1 ha) reduziert wird, sich
wie 13,8 zu 10,5 zu 8,1 verhält.

Speidel, Beitrage zu den Wachstumsgesetzen des Hochwaldes und zur
Zuwachslehre, 1893, fand auf Grund eingehender Zuwachsuntersuchungen, daß
auf die starkste Halfte regelmaßiger, durchforsteter Fichten $75,1—82,4^0/_0$ der
Bestandesmasse, $75,7—86,6^0/_0$ des Bestandeszuwachses, entfielen. Hiernach
haben die starken Stamme mehr Zuwachs geleistet, als dem Verhaltnis des
vorhandenen Massengehalts entspricht.

Grundner, Allgemeine Forst- und Jagdzeitung, 1888, ermittelte auf
Grund der von Rinicker („Der Zuwachsgang in Fichten- und Buchen-
bestanden unter dem Einfluß von Lichtungshieben", 1887) bewirkten Zuwachsuntersuchungen folgendes Verhältnis über die Beteiligung der Stärkeklassen
am Bestandeszuwachs:

		Stammklassen				
Holzart	Alter	I	II	III	IV	V
Fichte	41	3,5	3,1	2,5	1,6	1,0 $\rbrace$ $^0/_0$ des Kreisflächen-
,,	75	1,7	1,5	1,3	1,1	0,8 $\rbrace$ zuwachses.

Fur die Vergangenheit kann das Verhältnis der Zuwachsleistung der
Stammklassen nach den vorliegenden Kreisflachen und Massen beurteilt werden.
Nach den Aufnahmen der Braunschweigschen forstlichen Versuchsanstalt
(Grundner, Buche, S. 111—116) ergeben sich bei Bildung von 5 Stärke-
klassen mit gleichen Stammzahlen fur die Buche im Durchschnitt verschie-
dener Bonitäten (Bestandeshöhen) folgende Verhältniszahlen:

Ganz andere Verhältnisse liegen jedoch bei Lichtungen vor. Durch diese können unter Umständen die zurückgebliebenen Stämme wirkungsvoller begünstigt werden; sie leisten daher nach Umlichtungen in bezug auf den relativen Zuwachs in der Regel mehr als die vorherrschenden Stämme. Wenn zurückgebliebene Stämme ohne Nachteil für den Bodenzustand und ohne daß Gefahren besonderer Art (Wind, Anhang) zu befürchten sind, nach Beendigung des Haupthöhenwuchses umlichtet werden, so kann darin ein Mittel liegen, um den Zuwachs zu steigern und seine Verteilung in einer den Verhältnissen des Vollbestands entgegengesetzten Richtung zu leiten (Verjüngungsschläge, Schirmschläge).

Die wichtigsten Folgerungen, die aus dem Verhalten der Stammklassen gezogen werden können, erstrecken sich auf die Führung der Durchforstungen. Wenn die starken Stämme im Verhältnis zu dem Raum, den sie einnehmen, am meisten leisten, so ist es auch sehr wahrscheinlich, daß die Bestände am meisten leisten, wenn alle oder doch die meisten Stämme den Charakter von herrschenden Stämmen tragen. Dies Verhältnis tritt infolge von starken Durchforstungen ein. Die meisten Untersuchungen, die über die Zuwachsleistungen bei verschiedenen Durchforstungsgraden gemacht sind, bestätigen dies. Um jedoch den Einfluß der Durchforstungen auf den Gesamtzuwachs nicht zu überschätzen, ist zu bemerken, daß durch verschiedene Durchforstungsgrade der Boden oft ungleichmäßig beeinflußt wird. Bei starker Durchforstung findet eine stärkere Zersetzung des Humus statt. Die hieraus hervorgehende stärkere Zuwachsleistung kann aber nicht als die Folge der Bestandesstellung angesehen werden. Sodann ist auch die Beurteilung des Wachsraums nicht einwandfrei. Die stärkeren vorgewachsenen Stämme nutzen tatsächlich mehr Boden und Luftraum, als dem Durchmesser ihrer Kronen entsprechend ist. Ferner können die Bedingungen der starken Durchforstungen nicht wiederholt werden; ihre Wirkung ist keine nachhaltige. Die Gesamtleistungen der Bestände sind bei Anwendung mäßiger und starker Durchforstungsgrade nicht sehr verschieden.[1]) Als der wichtigste

	Stammklassen				
	I	II	III	IV	V
Durchmesser in $^0/_0$ des Grundflächenmittelstammes . . .	134	108	94	83	69
Grundflächenanteil der Klassen in $^0/_0$ der Bestandesgrundfläche	35,8	23,2	17,8	13,7	9,5
Baumholzmasse in $^0/_0$ der Bestandesbaumholzmasse . . .	38,2	23,4	17,3	12,7	8,4

[1]) Lorey sagt bezüglich der Fichte (Ertragstafeln, S. 108): „Die drei arbeitsplanmäßigen Durchforstungsgrade A, B und C weichen in ihren Wirkungen nicht sehr voneinander ab. Die Unterschiede sind im ganzen unbe-

Punkt zur Beurteilung des vorliegenden Gegenstandes ist endlich hervorzuheben, daß die wichtigsten Bestimmungsgründe für die Führung der Durchforstungen durch den Einfluß, den sie auf die Beschaffenheit des Holzes üben, nicht durch die Rücksicht auf die Steigerung der Masse gegeben werden. Bei allen Auszeichnungen von Durchforstungen geht das Streben dahin, daß die wertvollsten, entwicklungsfähigsten Glieder der Bestände begünstigt werden sollen. Deshalb hat die vorliegende Frage nicht eine solche Bedeutung, als sie ihr lediglich vom Standpunkt der Massenerzeugung zuzukommen scheint.

b) Verteilung des Zuwachses auf Haubarkeits- und Vornutzung.

Ziemlich allgemein ist es in der geordneten Forstwirtschaft üblich, daß die Erträge nach der Zeit ihres Eingangs als Haubarkeitserträge (A_u) und Vorerträge (D_a, $D_b \cdots$) gesondert werden. Zu den Haubarkeitserträgen gehören alle Nutzungen aus Endhieben, Aushiebe von Waldrechtern, stärkere stamm- und horstweise Durchhauungen des Hauptbestandes; zu den Vorerträgen Durchforstungen, welche den Nebenbestand betreffen und schwächere Aushiebe durch zufällige Ergebnisse. Dieser Nutzung entsprechend kann auch der Zuwachs in einen Bestandteil zerlegt werden, welcher im Bestande verbleibt, und einen Bestandteil, welcher im Wege der Durchforstung aus dem Bestande periodisch entfernt wird. Da das ganze Rechnungsverfahren der Waldwertrechnung und forstlichen Statik auf die Trennung von Haubarkeits- und Vornutzung gegründet wird, so ist es von Wichtigkeit, daß die Teilung der Erträge, wenn sie auch in einwandfreier Weise nicht durchzuführen ist,[2]) nach richtigen

---

deutend und lassen, was wesentlich ist, überdies keine scharf ausgeprägte Gesetzmäßigkeit erkennen, so daß im Hinblick auf unsere Fichten-Vergleichsflächen nicht einmal in ganz allgemeiner Weise ein entschiedener Vorzug des einen oder anderen Durchforstungsgrades behauptet werden kann." — Ebenso Schwappach (Ertragstafeln, S. 103): „Ein Nachweis, daß der Massenzuwachs der Flächeneinheit durch die Lichtung im Verhältnis zu einem im Schluß gehaltenen Bestand nachhaltig erhöht werde, ist nach dem vorliegenden Material nicht erbracht worden." — Behringer (Über den Einfluß wirtschaftlicher Maßregeln usw.): „Die Umwälzung, welche durch starke Durchforstungen im Bestandesleben herbeigeführt wird, ist voraussichtlich nur eine Umwälzung im Sinne der Verschiebung des Zuwachses nach Zeit und Objekt. Die Gesamtmassenerträge nach den bisherigen Erfahrungen, namentlich auf Boden mittlerer Güte, waren gleich, ob man nun sehr stark oder nach den gewöhnlichen Regeln durchforstete."

[2]) In Preußen sind durch die „Anweisung zur Anlegung und Führung des Kontrollbuchs" Vorschriften über die Trennung der Haubarkeits- und Vornutzungen (dort Hauptnutzung genannt) gegeben. Danach gehören zur Haubarkeitsnutzung: „diejenigen den Hauptbestand treffenden Holznutzungen, welche entweder die gänzliche Beseitigung des Bestandes oder eine solche Durchlichtung desselben bewirken, daß diese die Erneuerung oder Ergänzung

Grundsätzen bewirkt wird. Der Nutzung entspricht stets der Zuwachs. Daher ist eine gleiche Forderung auch in bezug auf den
Zuwachs zu stellen. Bei Untersuchungen über die Verteilung des
Zuwachses und Ertrags auf Haubarkeits- und Vornutzungen kann
nach folgenden Methoden verfahren werden.

1. Nach direkten Untersuchungen an Beständen. Man
teilt die Stämme bei der Aufnahme in solche des Hauptbestandes
und solche des Nebenbestandes und schätzt mit Hilfe von Untersuchungen an gefällten Stämmen den Zuwachs, der an beiden Teilen
im Laufe der bevorstehenden Periode zu erwarten ist.[1]) Diese Methode
ist jedoch in den meisten Fällen nicht durchführbar, weil der sogenannte Nebenbestand oft nicht klar erkennbar ist und vom
Hauptbestand nicht mit genügender Schärfe unterschieden werden
kann. Je nach der Ansicht der aufnehmenden Personen können
manche Stämme sowohl dem Haupt- als dem Nebenbestand zugezählt
werden. Auch finden zwischen beiden Bestandesteilen allmähliche
Übergänge statt, so daß im Laufe der Wirtschaftsperiode, nament-

des Bestandes oder eine ins Gewicht fallende Verminderung des bei der
Taxation vorausgesetzten Hauptnutzungsertrags zur Folge hat" (insbesondere
flächenweise Bestandesabtriebe; stammweise Verjüngungshiebe; Durchforstungen des Hauptbestandes in haubaren und nicht haubaren Orten, welche eine
Bestandesergänzung erfordern, oder die ausgesetzte Hauptnutzung um mehr
als $5^0/_0$ schmälern; Aushiebe von Waldrechtern; alle Holznutzungen in Bestanden der laufenden Wirtschaftsperiode; die Oberholznutzung im Mittelwalde;
die gesamte Holznutzung im Plenterwalde). Zu den Vornutzungen gehören
diejenigen Holznutzungen, „welche sich nur auf den Nebenbestand erstrecken
oder den Hauptbestand nur in solchem Maße treffen, daß sie weder eine Ergänzung desselben, noch eine mehr als $5^0/_0$ betragende Schmälerung der bei
der Taxation vorausgesetzten Hauptnutzung zur Folge haben." (Durchforstungen, welche den Nebenbestand betreffen, und Aushiebe jeder Art, welche
die obige Grenze von $5^0/_0$ nicht erreichen.) Nach diesen Vorschriften kann die
Trennung der Erträge in vielen Fällen mit Sicherheit bewirkt werden. Aber
in anderen Fällen ist dies nicht möglich. Durchforstungen werden jetzt unter
Umständen so geführt, daß sie nicht nur den Nebenbestand, sondern auch vorwüchsige Stämme treffen und daß der Endertrag, seiner Masse nach, um mehr
als $5^0/_0$ geschmälert wird. Solche Erträge gehören dann streng genommen
beiden Teilen des Ertrags an. In noch höherem Grade ergeben sich Übergänge zwischen beiden Teilen des Ertrags bei den Lichtungen, die sich ganz
allmählich an die Durchforstungen anschließen und von diesen nicht einmal
begrifflich, noch weniger praktisch scharf gesondert werden können. Auch bei
den Aushieben ergeben sich Zweifel über die Zugehörigkeit des Ertrags. Die
Schmälerung des Endertrags durch Naturschäden kann oft gar nicht gutachtlich beurteilt werden. Die meisten dieser Schäden (durch Insekten, Bruch,
Pilze) treten im Laufe einer 20jährigen Wirtschaftsperiode mehrmals ein.
Wiederholte Schneebruchs- usw. Beschädigungen, die den Endertrag im Einzelfall um $4^0/_0$ schmälern, können aber eine stärkere Gesamtwirkung üben, als
eine einmalige Schädigung von $10^0/_0$.

[1]) Nach der Instruktion für die Begrenzung, Vermessung und Betriebseinrichtung der österreichischen Staatsforste vom Jahre 1901 (Formular 3,
S. 109—111) sind bei den Bestandesbeschreibungen die Holzmassenaufnahmen
für Haupt- und Zwischenbestand gesondert zu bewirken.

lich für solche Bestände, welche erst am Schlusse derselben durchforstet werden, wesentliche Änderungen des ursprünglichen Verhältnisses eintreten.

2. Nach den Erfahrungen und statistischen Ergebnissen der Praxis. Diese können stets wertvolle Hilfsmittel für die Schätzung abgeben. Wenn die für eine bevorstehende Periode zu untersuchenden Bestände den früher behandelten gleich oder ähnlich sind, und wenn die Durchforstung in derselben Weise, wie es früher geschehen ist, bewirkt werden soll, so würde diese Methode der Ertragsschätzung der Vorerträge völlig genügen und jede andere überflüssig machen. Beides ist jedoch nicht der Fall. Die Bestände ändern sich durch die Wirkungen der Natur und durch wirtschaftliche Einflüsse. Früher konnten die Durchforstungen oft nur unvollkommen ausgeführt werden. Erst der bessere Aufschluß der Waldungen durch Abfuhrwege und der ausgedehntere Absatz von Grubenholz und Schleifholz hat für viele größere Waldgebiete die Möglichkeit eines gleichmäßigen Durchforstungsbetriebs herbeigeführt. Daß sich die Ansichten über Art, Grad und wirtschaftliche Bedeutung der Durchforstungen seit G. L. Hartig, der sie auf das unterdrückte Holz beschränkt und nur alle 20 Jahre ausgeführt haben wollte, außerordentlich verändert haben, ist allgemein bekannt. In der Gegenwart zeigt die forstliche Literatur und Praxis, daß sich der Durchforstungsbetrieb in steter Entwicklung befindet.

3. Nach Ertragstafeln. Die Normalertragstafeln der forstlichen Versuchsanstalten geben außer den Haubarkeitserträgen auch die Vornutzungserträge von Jahrfünft zu Jahrfünft an. Die Methode, diese Angaben direkt zu benutzen, ist die einfachste. Für regelmäßige Bestände, die im Sinne der vorliegenden Tafeln behandelt werden sollen, sind die Sätze derselben direkt anwendbar. Trotzdem sind auch gegen diese Methode Einwendungen zu erheben. Die Tafeln erstrecken sich auf Normalbestände, während es die Praxis häufig mit mehr oder weniger unregelmäßigen Beständen zu tun hat. Dann ist aber auch der Begriff des Normalen kein fester. Die Ansicht über den Wechsel dieses Begriffs ist die Ursache, daß die Tafeln Veränderungen unterliegen, was sehr klar aus dem Inhalt der neueren Mitteilungen des forstlichen Versuchswesens über die Fichte[1] hervorgeht.

4. Nach dem Gange des laufenden Zuwachses und der Theorie gleichbleibender Abstandszahlen. Es ist klar, daß die Masse, welche während einer gegebenen Zeit in einem Bestande

---

[1] Schwappach, Normalertragstafeln uber die Fichte in Norddeutschland von 1890 und 1902.

im Wege der Durchforstung genutzt werden soll, einerseits durch
den Zuwachs, der in dieser Periode erfolgt, andererseits durch das
Verhältnis der vorhandenen zu der zukünftigen Bestandesmasse
bestimmt wird. Um dies allgemein auszudrücken, kann man, die
bekannte Vorratsmethode für Hauptnutzungen nachahmend, für die
Vornutzungserträge eines Bestandes die Formel

$$e \text{ (Vorertrag)} = Z - (v_1 - v)$$

aufstellen, wenn Z den laufenden Zuwachs der vorliegenden Periode,
v_1 den Vorrat, welcher am Schlusse derselben vorhanden sein soll,
v den Vorrat, welcher zu Anfang derselben vorhanden ist, bezeichnet.
Um v_1 und v zu bestimmen, empfiehlt es sich, zunächst von normalen Verhältnissen auszugehen.

Werden gemäß den Ausführungen Seite 62 f. von einem bestimmten
Alter ab gleichbleibende Abstandszahlen (oder relative Wachsräume)
unterstellt, so bleibt auch die Kreisfläche, welche den einen Faktor
der Bestandesmasse bildet, unverändert. Die Massen nehmen alsdann nur in dem Verhältnis zu, als die Höhen oder Richthöhen
größer werden. Der Höhenwuchs der Bestände vom Stangenalter
ab liegt innerhalb zweier Grenzen. Das Maximum liegt vor, wenn
die Höhe im Verhältnis der Durchmesser zunimmt; das Minimum,
wenn gar kein Höhenwuchs vorhanden ist.

Kann die Höhe als eine Funktion der Stärke angesehen werden,
so läßt sie sich durch Multiplikation des Durchmessers mit einer Kon-
stanten ausdrücken; sie ist dann $= d \cdot h, \left(d + \dfrac{d}{a}\right) h$. Die Masse der
Stämme und Bestände wächst bei dieser Unterstellung im kubischen
Verhältnis des Durchmessers. Ist der Durchmesser im Jahre a, $a + 1$,
$a + 2 \ldots d$, $d + \dfrac{d}{a}$, $d + \dfrac{2\,d}{a} \ldots$, so ist der Inhalt der einzelnen
Stämme $d^3 \dfrac{\pi}{4} h$, $\left(d + \dfrac{d}{a}\right)^3 \dfrac{\pi}{4} h \ldots$ und:

I. Die Bestandesmasse zu Anfang des Jahres a

$$= \frac{f}{s^2 d^2}\, d^3 \frac{\pi}{4} h = \frac{f}{s^2} d \cdot \frac{\pi}{4} h$$

II. Die Bestandesmasse am Schlusse des Jahres a

$$= \frac{f}{s^2 d^2}\left(d + \frac{d}{a}\right)^3 \frac{\pi}{4} h = \frac{f}{s^2 d^2}\left(d^3 + 3\frac{d^3}{a} + 3\frac{d^3}{a^2} + \frac{d^3}{a^3}\right)\frac{\pi}{4} h$$

III. Der Zuwachs ($=$ II—I) beträgt daher:

$$\frac{f}{s^2 d^2}\left(3\frac{d^3}{a} + 3\frac{d^3}{a^2} + \frac{d^3}{a^3}\right)\frac{\pi}{4} h,$$

oder, unter Vernachlässigung der Quadrate von a,

$$\frac{f}{s^2 d^2} \cdot 3\frac{d^3}{a} \cdot \frac{\pi}{4} h = \frac{f}{s^2} 3\frac{d}{a} \cdot \frac{\pi}{4} h.$$

IV. Die Masse zu Anfang des Jahres $a+1$ ist

$$= \frac{f}{s^2\left(d+\dfrac{d}{a}\right)^2}\left(d+\frac{d}{a}\right)^3\frac{\pi}{4}h = \frac{f}{s^2}\left(d+\frac{d}{a}\right)\frac{\pi}{4}h$$

V. Mithin beträgt der in den bleibenden Bestand übergehende Zuwachs $(= \text{IV}-\text{I})$

$$\frac{f}{s^2}\left(d+\frac{d}{a}-d\right)\frac{\pi}{4}h = \frac{f}{s^2}\cdot\frac{d}{a}\cdot\frac{\pi}{4}h$$

VI. Der Rest des Zuwachses $(= \text{III}-\text{V})$

$$= \frac{f}{s^2}\left(3\frac{d}{a}-\frac{d}{a}\right)\frac{\pi}{4}h = \frac{f}{s^2}\cdot\frac{2d}{a}\cdot\frac{\pi}{4}h$$

muß also, sofern er überhaupt zur Nutzung kommt, mittels der Durchforstungen entnommen werden. Es entfällt daher unter der angegebenen Voraussetzung gleichbleibender Abstandszahlen zwei-drittel vom Gesamtzuwachs $(= \text{VI})$ auf die Vornutzung, eindrittel des Gesamtzuwachses $(= \text{V})$ geht in den bleiben-den Bestand über. Ebenso wird gefunden, daß, wenn kein Höhenwuchs vorhanden ist, in einem normalen Bestand von gleich-bleibenden Abstandszahlen die Masse des Jahres $a+1$, $a+2\ldots$ $a+x$ derjenigen des Jahres a gleichbleibt. Dies geschieht, wenn der ganze laufende Zuwachs im Wege der Durchforstung genutzt wird.

Wenn nun auch die vorstehende Theorie der Zuwachsverteilung eine unmittelbare Anwendung unter unregelmäßigen Bestandesver-hältnissen nicht gestattet, so bietet sie doch auch für die Praxis eine Grundlage, von der man bei der Regelung der Durchforstungs-erträge ausgehen kann. Bei dieser sind stets die Fragen zu stellen, die in der obigen Formel ausgesprochen sind: Wie groß ist der jetzige Vorrat? wie groß soll der zukünftige Vorrat sein? und wie hoch ist der laufende Zuwachs? Diese Fragen müssen bei der Auf-stellung der Wirtschaftspläne im Wege der Schätzung mit den Mitteln, welche die Statistik und praktische Erfahrung an die Hand geben, gelöst werden. Als die geeignetste Grundlage zur Kenn-zeichnung der Bestandesdichte ist dabei die Kreisfläche anzusehen, deren Höhe durch die Abstandszahl oder den relativen Wachsraum bestimmt wird.

Das vorstehende Verfahren läßt sich auf jede Art der Durch-forstung anwenden. Auch zufällige Ergebnisse, welche taxatorisch als Vornutzungen anzusehen sind, lassen sich ihm einfügen. Mögen die Vornutzungen nun den Nebenbestand betreffen, oder mögen Plenter-, Kopf- usw. Durchforstungen geführt werden, oder mag die Vornutzung vorzugsweise durch Aushiebe (infolge von Schäden der organischen und anorganischen Natur) erfolgen — die Kreisfläche bleibt immer der beste Maßstab, um die Bestände bezüglich ihrer Dichte zu charakterisieren; und der wirkliche Zuwachs ist die Grundlage, von der man bei der Einschätzung der Vorerträge ausgehen muß.

Eine allgemein anwendbare Methode zur Bestimmung der Vornutzungserträge gibt es nicht. Man kann jedoch aus jeder der genannten Methoden gewisse Bestandteile und Gedanken benutzen, um die Ansätze der Wirtschaftspläne in Beziehung auf die Durchforstungssätze und ihr Verhältnis zur Hauptnutzung zu begründen. Unter allen Umständen muß aber an die Forstwirtschaft die Forderung gestellt werden, daß die Vornutzungserträge, entsprechend ihrer großen Bedeutung, bei der Aufstellung der Wirtschaftspläne nachgewiesen werden. Gewiß bildet die Fläche den einfachsten und klarsten Rahmen und Maßstab für die Regelung des Durchforstungsbetriebs. Unter Umständen wird sie für die Wirtschaftsführung genügen. Aber unter vielen Verhältnissen, namentlich bei Ungleichmäßigkeit der Altersklassen und der Bestandesbeschaffenheit, ist dies nicht der Fall. Die Durchforstungen haben, nicht nur als Mittel der Bestandespflege, sondern auch als Bestandteile des Ertrags, in der neueren Zeit eine fortgesetzt zunehmende Bedeutung erhalten. Sie werden daher auch taxatorisch in Zukunft nicht so behandelt werden dürfen, wie es im 19. Jahrhundert unter der Herrschaft der Fachwerks- und Vorratsmethoden, die sich beide auf die Regelung des Haubarkeitsertrags beschränkten, der Fall gewesen ist. Die ökonomische Bedeutung der Vorerträge verlangt ihre Regelung und Kontrolle.[1]) Nur solche Hiebe, welche lediglich zum Zwecke

---

[1]) Bezüglich der Kontrolle des Ertrags, die für den Gang der Wirtschaft weit größere Bedeutung hat als alle formalen Bestimmungen der Ertragsregelung, wird in den einzelnen Ländern verschieden verfahren. Für die preußischen Staatsforsten ist seit etwa zwei Jahrzehnten die Bestimmung getroffen, daß die (wirksame) Kontrolle auf die Haubarkeitsnutzung beschränkt bleibt. Anlaß zu dieser Bestimmung gab das Bestreben, den Durchforstungsbetrieb zu fordern. Da die Erträge früher meist zu niedrig geschätzt waren, konnten die Durchforstungen oft nicht in dem planmäßigen Umfang und mit der wunschenswerten Grundlichkeit ausgefuhrt werden. Dieser Mißstand machte sich um so mehr geltend, als in der Praxis meist so verfahren wird, daß bei Beginn des Holzhauereibetriebs zunächst die Haubarkeitsschläge gefuhrt werden. Die Durchforstungen blieben dann, weil das Soll an Gesamtmasse nicht überschritten werden durfte, zuruck. Der hierin liegende Übelstand wurde durch die genannte Bestimmung beseitigt. Wenn nun auch die Befreiung der Vorerträge von der Kontrolle in bezug auf die Wuchsforderung der Bestande und die Hebung der Erträge gunstig gewirkt hat, so liegt doch kein Grund vor, dieses Verfahren dauernd aufrecht zu erhalten. Es war hauptsachlich in dem Umstand begründet, daß die Vorertrage mangelhaft eingeschatzt waren. Sofern man diesen Mangel vermeidet, fallt die Ursache der Nichtkontrolle fort. Im Wesen der Sache ist die Beschrankung der Kontrolle auf die Haubarkeitsertrage nicht begrundet. Für den Ertrag ist die Gesamtnutzung der ausschlaggebende Faktor.

der Bestandespflege vorgenommen werden (wie es etwa bis zum 40. Jahre der Fall ist), machen in dieser Beziehung eine Ausnahme.

III. Der Durchschnittszuwachs.

1. Unterscheidungen.

Wenn der Zuwachs durch wirkliche Untersuchungen an Bäumen oder Beständen ermittelt wird, so tritt als das unmittelbare Resultat solcher Untersuchungen stets der laufende Zuwachs hervor. Die Jahrringe und Höhentriebe, welche man zählt und mißt, sind ein Ausdruck des laufenden Zuwachses. Dieser bildet daher den Ausgang für alle auf den Zuwachs gerichteten Arbeiten. Der Durchschnittszuwachs kann erst aus dem laufenden durch Rechnung nachgewiesen werden. Trotzdem hat der Durchschnittszuwachs für die Wirtschaft eine größere und unmittelbarere Bedeutung als jener. Im großen nachhaltigen Betriebe kommt nie der laufende Zuwachs eines einzelnen Jahres oder einer bestimmten Periode, sondern stets die Summe des dem ganzen Umtriebsalter entsprechenden Zuwachses zur Nutzung. Der Durchschnittszuwachs ist daher der allgemeinste Maßstab für den Etat, den die Ertragsregelung festzusetzen hat. Auch bei den statischen Untersuchungen, die den nachhaltigen Betrieb betreffen, ist von der Auffassung auszugehen, daß der Wald ein Ganzes bildet, dessen Teile im gegenseitigen Zusammenhang stehen. Für die Rentabilität sind dann nicht die Leistungen einzelner Bestandesaltersstufen, sondern die durchschnittlichen Leistungen maßgebend, wie es auch der bekannten, den jährlichen Betrieb betreffenden Ertragsformel $\dfrac{A + D}{u}$ entsprechend ist.

Der Durchschnittszuwachs kann entweder in räumlichem oder zeitlichem Sinne aufgefaßt und dargestellt werden. Der auf die Fläche bezogene Durchschnittszuwachs bezeichnet den Durchschnitt vom Zuwachs der Bestände eines Reviers oder eines Wirtschaftsverbandes. Die für diesen Durchschnittszuwachs zugrunde zu legende Einheit ist 1 ha Holzbodenfläche. Zeitlich wird der Zuwachs auf ein bestimmtes Bestandesalter oder auf die Umtriebszeit bezogen. Unter normalen Verhältnissen — für einen Normalwald mit jährlicher Altersabstufung — sind beide Arten des Durch-

---

1 In den meisten anderen Staaten erstreckt sich die Kontrolle auf [die gesamten Derbholznutzungen. Ebenso ist dieser Standpunkt in der Literatur vielfach vertreten. Gegenuber der Haubarkeitsnutzung bedarf der Durchforstungsbetrieb aber unter allen Umstanden einer größeren Freiheit und Beweglichkeit. Deshalb müssen auch den verwaltenden Forstbeamten weitergehende Befugnisse (hinsichtlich der Etatsüberschreitung etc.) eingeräumt werden.

schnittszuwachses gleich. Unter den realen Verhältnissen, wo die Bestände vom normalen Altersklassenverhältnis mehr oder weniger abweichen, können sich Verschiedenheiten ergeben. Der Durchschnittszuwachs kann ferner auf den Hauptbestand beschränkt bleiben, oder auch den ausscheidenden Bestand und die früher erfolgten Ausscheidungen umfassen; er kann auf die gesamte Holzmasse oder, wie es in Ländern mit sehr extensiver Wirtschaft geschieht, auf das hauptsächlichste Sortiment (z. B. handelsfähiges Nutzholz) bezogen werden.

2. Der Haubarkeitsdurchschnittszuwachs.

Bei einer gegebenen Umtriebszeit ist der Haubarkeitsdurchschnittszuwachs einer bestimmten Standortsklasse lediglich von der am Schlusse der Umtriebszeit vorhandenen Masse abhängig. Werden die Massen der Bestände als Produkt von Haubarkeitsdurchschnittszuwachs und Alter ausgedrückt, so stehen sie in geradem Verhältnis zum Alter. Unter normalen Verhältnissen baut sich dann der Vorrat in der Form einer arithmetischen Reihe auf. Er ist

$$= \frac{m}{u} 1 + \frac{m}{u} 2 + \ldots + \frac{m}{u} u \ \text{oder}\ z + 2z + \ldots uz,$$

woraus die bekannte Formel für den normalen Vorrat $nv = \dfrac{uZ}{2}$ hervorgeht.

Hier ist die Summe des Durchschnittszuwachses der einzelnen Altersstufen gleich dem Holzgehalt der ältesten Altersstufe. Dieser stimmt aber auch mit der Summe des laufenden Zuwachses, durch die er entstanden ist, überein. Daher ist auch die Summe des laufenden Zuwachses der Summe des Durchschnittszuwachses gleich, so daß prinzipielle Gegensätze in bezug auf den laufenden und Durchschnittszuwachs als Grundlage des Etats nicht bestehen.

Die Umtriebszeit ist nun aber keine feste — sondern, auch auf gleichem Standort, eine nach den forsttechnischen Entwicklungsbedingungen, Wirtschaftsprinzipien und volkswirtschaftlichen Verhältnissen verschiedene Größe. Auch abgesehen von Naturschäden kann, je nach der Art der Entstehung und Behandlung der Bestände, ein verschiedener Durchschnittszuwachs vorliegen. Die wichtigsten Punkte, welche auf den Haubarkeitsdurchschnittszuwachs Einfluß üben, liegen unter normalen Verhältnissen in der Umtriebszeit und in der Führung der Durchforstungen und Lichtungen.

Im regelmäßigen Hochwald, auf den der vorliegende Gegenstand in der Regel zu beschränken ist, zeigt der Durchschnittszuwachs, trotz der physiologischen Abweichungen der einzelnen Holzarten, ein im wesentlichen übereinstimmendes Verhalten. Da

die Bestände zufolge der Beziehungen zwischen Kronen- und Schaftdurchmesser, sobald der Höhenzuwachs aufhört, ihre Massen nicht
im Verhältnis des Alters vermehren können, so muß auch der
Durchschnittszuwachs, welcher von Masse und Alter bestimmt wird,
abnehmen. Diese Abnahme tritt in allen Ertragstafeln hervor,[1])
insbesondere bei denjenigen Holzarten, welche sich frühzeitig licht
stellen und einen großen Wachsraum zu ihrer Entwicklung nötig
haben. Eine ähnliche Wirkung, wie sie unter Umständen durch
natürliche Verhältnisse erzeugt wird, bringen aber auch die künstlichen Eingriffe in die Bestandesverhältnisse hervor. Durch eine
jede Durchforstung wird die Masse des bleibenden Bestandes vermindert. Der Durchschnittszuwachs nimmt alsdann, unabhängig
von den wirklichen Leistungen des Bestandes, ab.[2]) In noch
höherem Grade ist dies bei der Lichtung der Fall. Hieraus geht
hervor, daß der Haubarkeitsdurchschnittszuwachs keinen
Maßstab der Produktionsfähigkeit des Bodens bilden
kann. Wenn er auch geeignet ist, um die Bestände unter Zugrundelegung einer bestimmten Bewirtschaftung zu kennzeichnen,
so darf ihm doch niemals eine so allgemeine Bedeutung als Maßstab der Bonitäten und der auf ihnen beruhenden weiteren Rechnungen und Folgerungen beigelegt werden, als es von manchen
Seiten, insbesondere von den Vertretern der Vorratsmethoden, geschehen ist. Bei diesen sind alle Verhältnisse der Ertragsregelung
ohne Bezugnahme auf die Vornutzung behandelt und in den Formeln
dargestellt.

---

[1]) Bei der Kiefer (Normalertragstafeln von Schwappach) kulminiert
der durchschnittliche jährliche Zuwachs des Hauptbestandes an Derb- und
Reisholz:

	auf I.	II.	III.	IV.	Standortsklasse
im Alter von	30—40	40—45	30—40	45—55 Jahren.	

Für die Buche tritt das Maximum des Durchschnittszuwachses am
bleibenden Bestande ein:

	auf I.	II.	III.	IV.	Standortsklasse
nach Baur im Alter von	82	88—95	104—118	110	Jahren
„ Grundner „ „	80	80—90	80—90	80—100	„

Bei der Fichte (Normalertragstafeln für Norddeutschland 1902) erfolgt
die Kulmination des Haubarkeitsdurchschnittszuwachses

	auf I.	II.	III.	IV.	Standortsklasse
im Alter von	55	65	65	70	Jahren.

[2]) Für die Fichte wird der Haubarkeitsdurchschnittszuwachs auf gleicher
Bonität (II. Norddeutschland) folgendermaßen angegeben:

	Alter:	40	60	80	100	120 Jahre
Ertragstafeln (Schwappach)	1890	9,2	9,8	9,5	9,0	8,4 fm
„	„ 1902	6,8	8,1	7,8	6,8	5,8 „

3. Der Durchschnittszuwachs an Gesamtmasse.

(Hauptbestand und ausscheidender Bestand.)

Wenn die am Schlusse der Umtriebszeit erfolgenden Haubarkeitsnutzungen auch den wesentlichsten Teil des Zuwachses bilden, so lehrt doch die Entwicklung der Forstwirtschaft sehr bestimmt, daß auch den Vorerträgen die ihnen gebührende Berücksichtigung zuteil werden muß. Sobald man auf die physiologischen und ökonomischen Bedingungen der Wirtschaft eingeht, ergibt sich der Einfluß der Durchforstungserträge mit Notwendigkeit. Das Gesetz der Stammzahlabnahme redet eine deutliche Sprache. Je mehr die wirtschaftlichen Verhältnisse fortschreiten, um so größer ist der Anteil, der von der gesamten Massenerzeugung auf die Vornutzungen entfällt. Gute vollständige Kulturen haben stets die Folge, daß die Durchforstungen früher erfolgen, regelmäßiger durchgeführt werden und mehr Masse ergeben, als unter entgegengesetzten Verhältnissen. Wenn auch der Zweck der Durchforstungen im jüngeren Alter ausschließlich und später in erster Linie auf die Pflege des bleibenden Bestandes gerichtet ist, so haben sie doch auch als Elemente des Ertrags große Bedeutung. Alle Verhältnisse, welche die Betriebsregelung zu ordnen und nachzuweisen hat, finden im Gesamtzuwachs und im Gesamtertrag ihren Ausdruck. Die Fähigkeit eines Standorts, einen bestimmten Ertrag hervorzubringen und die Fähigkeit einer Holzart, auf einem gegebenen Standort einen bestimmten Ertrag zu leisten, wird nur durch den Gesamtzuwachs nachgewiesen, nicht aber ausschließlich durch den Teil desselben, welcher in den bleibenden Bestand übergegangen ist und erst am Schluß der Umtriebszeit zur Nutzung kommt. Dasselbe gilt in bezug auf die Geschäftsführung und Verwertung. Alle ökonomischen Verhältnisse, die für den Betrieb von Einfluß sind, müssen auf den Gesamtzuwachs bezogen werden. Für den Eigentümer eines Waldes ist es gleichgültig, ob die Erträge der Wirtschaft als Haubarkeits- oder Vornutzungen bezeichnet und gebucht werden. Die Boden- und Waldreinerträge haben niemals ausschließlich in den Haubarkeitserträgen, sondern stets in der Summe der Haupt- und Vornutzungen ihren Bestimmungsgrund. Beide stehen koordiniert nebeneinander. Ebenso muß für alle staatswirtschaftlichen und politischen Aufgaben der Forstwirtschaft immer der gesamte Durchschnittszuwachs zum Nachweis gebracht werden. Zur Beurteilung der Verhältnisse von Produktion und Konsumtion, zur Begründung des Baues von Wegen, Eisenbahnen, Kanälen, des Abschlusses von Handelsverträgen mit anderen Staaten ist niemals ausschließlich der Haubarkeitsertrag, sondern stets der

Haubarkeits- und Vorertrag in Rücksicht zu ziehen. Der Gesamtertrag, dem der Gesamtdurchschnittszuwachs entspricht, ist überall Grundlage und Ziel des forstlichen Betriebs. Daher ist es auch erforderlich, daß (abgesehen von Hieben, welche lediglich die Bestandespflege bezwecken) die Kontrolle auf die gesamte Erzeugung ausgedehnt wird.

Werden die Vornutzungen bei der Bestimmung des Durchschnittszuwachses gehörig berücksichtigt, so ergibt sich, daß die Kulmination derselben sehr viel später erfolgt. Bei den meisten Holzarten wird sie um fast 30 Jahre hinausgeschoben.[1]

4. Das Verhältnis des Durchschnittszuwachses zum laufenden Zuwachs.

Der Gang des Durchschnittszuwachses wird durch den des laufenden Zuwachses bestimmt. Da im Durchschnittszuwachs stets die kleinen Beträge, mit denen der laufende Zuwachs beginnt, enthalten sind, so muß er zunächst stets kleiner sein als der laufende Zuwachs desselben Alters. Er steigt so lange, als er vom laufenden Zuwachs übertroffen wird, da der Bestandesmasse alsdann jährlich mehr als der seitherige Betrag hinzugefügt wird. Der Durchschnittszuwachs erreicht sein Maximum, wenn er mit dem laufenden zusammenfällt. In der Abnahme dieses letzteren ist auch die Ursache für eine sinkende Tendenz des Durchschnittszuwachses, die später eintritt, enthalten. Da nun aber schon der laufende Zuwachs, wie früher (S. 70) hervorgehoben wurde, bei einer guten Wirtschaftsführung, entsprechend dem gleichmäßigen Bodenzustand, der ungeschwächten Wurzelkraft und dem gleichbleibenden Blattvermögen der Bestände, im Stangen- und angehenden Baumholzalter ein gleichmäßiges Verhalten zeigt, so muß der Durchschnittszuwachs, bei dem alle Veränderungen immer allmählicher erfolgen, dieses Verhalten der Gleichmäßigkeit in noch stärkerem Grade zeigen. Tatsächlich enthalten alle Ertragstafeln, welche den Durchschnittszuwachs auf Grund richtiger Grundlagen ermittelt haben, klare Nachweise dieses Verhaltens.[2] Insbesondere tritt das Gleichbleiben

---

[1] Der Durchschnittszuwachs (Derb- und Reisholz) am Gesamtbestand erreicht nach den neuesten Mitteilungen der Vertreter der forstlichen Versuchsanstalten den Höchstbetrag:

	auf I.	II.	III.	IV. Standortsklasse
Holzart Kiefer im	60.	65.	70.	70. Jahre
„ Fichte „	95.	100.	100.	100. „
„ Buche „	110.	110.	120.	120. „

[2] Für die mittlere (III.) Bonität ist der Verlauf des vollständigen Durchschnittszuwachses (Haupt- und Vornutzung, Derb- und Reisholz) folgender:

Holzart	Alter:	50	60	70	80	90	100	110	120	130	140	Jahre
Buche (Grundner)		5,3	6,0	6,5	6,9	7,1	7,2	7,3	7,3	7,2	7,1	fm
Fichte (Schwappach)		8,2	9,2	9,9	10,1	10,2	10,2	10,1	9,9	.	.	„
Kiefer (Schwappach)		6,8	6,9	6,9	6,8	6,6	6,3	6,0	5,8	.	.	„

des Durchschnittszuwachses bei den Schatten ertragenden Holzarten hervor, die physiologisch so veranlagt sind, daß sie die Quellen des Zuwachses (Boden und Luftraum), die lange Zeit hindurch in gleicher Weise zur Verfügung stehen, vollständig ausnutzen. Bei den lichtkronigen Holzarten wird allerdings mit der Abnahme dieser Fähigkeit auch ein Sinken des laufenden und als dessen notwendige Folge auch ein Sinken des Durchschnittszuwachses hervorgerufen. Indessen bei ihnen kann einer starken Abnahme des Zuwachses im höheren Alter durch den Unterbau entgegengetreten werden. Neben seinen günstigen Einwirkungen auf die Zurückhaltung der Bodenüberzüge hat der Unterbau auch die weitere Folge, daß dem Zuwachs eine Ergänzung zuteil wird, die das durch den Standort nicht begründete Sinken der Zuwachsleistung vermindert oder aufhebt.

Die Beziehungen zwischen dem laufenden und durchschnittlichen Zuwachs sind auch zur Bestimmung der Hiebsreife der Bestände benutzt worden. Von dem Grundsatze ausgehend, daß der Durchschnittszuwachs sein Maximum erreicht, wenn er den laufenden Zuwachs schneidet, stellte Jäger[1]) die Gleichung auf: $\dfrac{500}{n\,d} = \dfrac{100}{a}$.

---

[1]) Die von Jager — Holzbestandsregelung und Ertragsermittelung der Hochwalder, 1854, § 28: Vergleichung des zeitigen Zuwachses mit dem Durchschnittszuwachs — gegebene originelle Begrundung der obigen Gleichung hat folgenden Wortlaut:

Der zeitige Zuwachs ubersteigt den gleichzeitigen Durchschnittszuwachs so lange, bis er sich mit dem letzteren kreuzt. Bis dahin steigt auch der Durchschnittszuwachs alljahrlich, denn es kommt jahrlich mehr als $\dfrac{m}{a}$ des vorigen Jahres zu dem Dividendus hinzu, wahrend der Divisor regelmäßig nur um 1 steigt. Von da an aber, wo der zeitige Zuwachs sich mit dem Durchschnittszuwachse gekreuzt hat, und ersterer jahrlich weniger als $\dfrac{m}{a}$ des vorigen Jahres betragt, muß der Durchschnittszuwachs von der steigenden Bewegung umkehren und allmahlich zurucksinken. Zur Zeit der Kreuzung, namlich der Gleichheit beider, ist daher der Durchschnittszuwachs am höchsten gestiegen, mithin die Massenerzeugung im Durchschnitt bis dahin am großesten gewesen. Fur diesen Zustand, sowie fur den vorhergegangenen und nachfolgenden, ergibt sich folgende Gleichung in Prozenten:

Der zeitige Zuwachs	ist größer	als der Durchschnittszuwachs
$\dfrac{400-600}{d\,n}$	gleich oder kleiner	$\dfrac{100}{a}$.

Die Große a kann zur Begrundung gänzlicher Sicherheit des Verfahrens um so viele Jahre vergroßert werden, als deren noch zur Bildung der Stammhohe vom Wurzelstock bis zur Querschnittflache in Brusthohe vorausgegangen sind, in den meisten Fallen aber wird dieser Zusatz unwesentlich sein.

Jene Formel nun ist vielleicht die wichtigste von denen, welche die Forstmathematik dem ausübenden Forstmanne fur die Bewirtschaftung der Forsten bisher an die Hand gegeben hat. Sie kann unbeschadet ihres hohen Wertes mit hinreichender Genauigkeit mittelst der Formel $a \gtrless \dfrac{dn}{5}$ ausgedruckt

Er erlangte dieselbe, indem er für den Zeitpunkt des Zusammenfallens der Zuwachskurven die Prozente des laufenden Zuwachses $= \dfrac{500}{nd}$ und des Durchschnittszuwachses $\left(\dfrac{m}{a} : m\right) 100 = \dfrac{100}{a}$ einander gleichstellte. Solange $5a$ größer ist als nd, erscheint hier der laufende Zuwachs größer als der durchschnittliche. Die Anwendung der Gleichung auf die Behandlung der Bestände führt, wie beliebig gewählte Beispiele klar erkennen lassen, zu sehr dichter Bestandeshaltung und zu hohen Umtriebszeiten. Selbst vom Standpunkt der größten Massenerzeugung werden die Bestände erst in einem weit späteren Alter hiebsreif, als der üblichen Umtriebszeit entspricht. — In der neueren Zeit wurde jene Formel in der Fassung $4a \gtreqless nd$ (ohne Rücksicht auf den Höhenwuchs) auf Grund neuer, vom Einzelstamm ausgehender Untersuchungen von Borggreve[2]) wieder zur Anwendung gebracht, um damit zu begründen, „daß der jährliche Flächenzuwachs noch so lange nicht unter dem durchschnittlichen gesunken sei, wie sich $\dfrac{nd}{4a}$ durch Plenterdurchforstungen.

---

werden, ist also so einfach wie irgend möglich und enthält folgende wichtige Regeln:

1. Der zeitige Zuwachs ist größer als der Durchschnittszuwachs oder die jährliche durchschnittliche Massenerzeugung steigt noch, wenn a großer ist als $\dfrac{dn}{5}$;

2. der zeitige Zuwachs ist dem höchsten Durchschnittszuwachse gleich, oder die größte durchschnittliche Massenerzeugung ist eingetreten, wenn a gleich $\dfrac{dn}{5}$, genauer gleich $\dfrac{dn}{4 + \dfrac{2a}{dn}}$, und

3. der zeitige Zuwachs ist kleiner geworden als der Durchschnittszuwachs, oder die jährliche Massenerzeugung bleibt wieder hinter dem Durchschnittszuwachse zurück, wenn a kleiner ist als $\dfrac{dn}{5}$.

Hieraus geht hervor, daß die Verhältnisse des Richtzuwachses, welche durch das Gleichverhältnis von $a = \dfrac{dn}{2}$ bemessen werden, und welche den am weitesten zulässigen Bestandesschluß bezeichnen, durch die engere Bestockung oder allmähliche Heranbildung des dichteren Bestandesschlusses mit Vorteil nur bis zu dem Gleichverhältnis $a = \dfrac{dn}{5}$ verändert werden und die in diesem Verhältnisse auf die Verdichtung der Bestandesstellung abzweckenden Maßregeln ihre Grenze nach dieser Seite hin finden.

Die beiderseitigen Grenzen des zulässigen Bestandesschlusses liegen hiernach einerseits für den weitesten Stand in $a = \dfrac{dn}{2}$ und andererseits für den engsten Stand in $a = \dfrac{dn}{5}$.

[2]) Die Forstabschatzung, 1888, S. 74 ff.

Dunkelschlagstellung etc. für einen die Fläche noch voll ausnutzenden Teil des Bestandes als echter Bruch herauswirtschaften lasse."

Gegen eine Anwendung der vorliegenden Formel spricht zunächst der Umstand, daß die Untersuchung der Kreuzung des laufenden und Durchschnittszuwachses kein bestimmtes Resultat liefert. Eine graphische Darstellung ergibt, daß beide Arten des Zuwachses lange Zeit in der ungefähren Richtung einer Parallellinie zur Abszissenachse nebeneinander verlaufen. Der laufende Zuwachs kann, nachdem sein Sinken eingetreten ist, durch Durchforstungen, Lichtungen gehoben werden, der durchschnittliche bleibt viele Jahre fast unverändert. Sodann muß die auch in den Ertragstafeln eingehaltene Regel beachtet werden, daß der Durchschnittszuwachs überhaupt nur in absoluten Festmeterzahlen, nicht aber in Prozenten auszudrücken ist. Es fehlen hierfür die erforderlichen Grundlagen. Auf welche Masse soll er bezogen werden? Dem Durchschnittszuwachs hat nicht, wie Jäger und Borggreve unterstellen und wie es beim laufenden Zuwachs der Fall ist, die am Schlusse des bezüglichen Bestandesalters vorhandene Masse zugrunde gelegen, vielmehr eine sich stetig verändernde Masse, als deren Durchschnitt das Mittel aus der Anfangsmasse 0 und der Endmasse m, also $\frac{m}{2}$ anzunehmen ist Will man den Durchschnittszuwachs in Prozenten ausdrücken, so müßte die Hälfte der Endmasse zugrunde gelegt werden. Alsdann ändern sich alle Zahlen, die von Jäger und Borggreve über das Verhältnis vom laufenden und Durchschnittszuwachs aufgestellt sind. Die Resultate der betreffenden Berechnungen stimmen alsdann auch mit den wirklichen Untersuchungen besser überein. Indessen bleiben auch nach dieser Berichtigung die übrigen Ausstellungen, die an das Verfahren gemacht werden, bestehen.

Aus den vorstehenden Gründen wird von der vorliegenden Formel von Jäger und Borggreve in den späteren Teilen dieser Schrift über die Ermittelung der Umtriebszeit keine Anwendung gemacht werden. Die Umtriebszeit muß, wie es von den Vertretern der Bodenreinertragslehre begründet ist, bei dem Gleichbleiben des durchschnittlichen Massenzuwachses auf die Massen- und Wertzunahmeprozente der Bestände und die Verzinsung des Holzvorratskapitals begründet werden.

Die Bildung der Werte des Holzes.

Das Streben, Holz von hohem Wert zu erzeugen, hat auf die Maßnahmen der Forstwirtschaft einen weit stärkeren Einfluß, als die Rücksicht auf die Masse. Bei verschiedenen Graden der Bestandesdichte und bei verschiedenen Umtriebszeiten kann, wie unter III. hervorgehoben wurde, die Holzmasse, welche pro Jahr und Hektar nachhaltig genutzt werden kann, annähernd gleich sein. Bezüglich der Werte bestehen dagegen große Unterschiede. Holz, das sich am Schafte einer 60 cm starken, astreinen Eiche anlegt, hat den 20 fachen Wert der gleichen Substanzmenge einer dünnen Stange. In gleichem Maße übertrifft das Kiefernstammholz das Reisig an Wert, obwohl dieses letztere an anorganischen Bestandteilen dem Boden mehr entzogen hat. Je weniger nun der Zuwachs an Masse genügt, um der Wirtschaft eine bestimmte Richtung zu geben, um so mehr hat man Veranlassung, bei den Bestimmungen über die Betriebsführung die den Wert betreffenden Faktoren zu würdigen. In der ausübenden Praxis ist dies längst anerkannt. Bei der Begründung der Bestände, bei der Bestandespflege und der Durchforstung wird überall auf die Erhöhung des Wertes durch Begünstigung wertvoller Stämme mehr Rücksicht genommen, als auf die Steigerung der Masse. Wenn die Erzeugung der Werte nun aber für die Wirtschaftsführung so große Bedeutung hat, so kann auch an die Vertretung der Wissenschaft und die Leitung der Wirtschaft die Forderung gestellt werden, daß die Werte bestimmter nachgewiesen werden, als es seither geschehen ist. Insbesondere wird diese Forderung an das Forsteinrichtungs- und Versuchswesen gestellt werden müssen, deren Arbeiten seither vorzugsweise (bei der Etatsbestimmung, der Massen- und Zuwachsermittelung) auf die Menge des Holzes gerichtet gewesen sind.

In der Forstwirtschaft kommen, ebenso wie in allen Wirtschaftszweigen, ständig zwei verschiedene Arten des Wertes zur Geltung, die man jederzeit getrennt halten muß. Die Brauchbarkeit der wirtschaftlichen Güter besteht entweder in ihrer unmittelbaren Verwendung zur Befriedigung eines Bedürfnisses, oder in ihrer Fähigkeit, als Gegengabe für ein anderes Gut zu dienen. Die erste Art des Wertes heißt Gebrauchswert, die andere Tauschwert. Der Gebrauchswert kann entweder ein Verbrauchswert sein, wenn der Gegenstand, auf den er sich bezieht, der Verzehrung unterliegt; oder ein Benutzungswert, bei allmählicher Abnutzung (z. B. Kleider, Möbel); oder ein Erzeugungswert, wenn ein Gut zur Hervorbringung anderer Güter verwendet wird (z. B. der Boden, der in der Regel nach seinem Erzeugungswert geschätzt wird). Beim Holz kommt für die Konsumenten vorzugsweise der Benutzungswert in Betracht. Aber der Waldeigentümer legt allen seinen Berechnungen über Ertrag, Einnahmen, Rentabilität etc. den Tauschwert zugrunde.

I. Gebrauchswert.

Der Gebrauchswert des Holzes ist Gegenstand der Forstbenutzung. Indessen haben alle ihn betreffenden Verhältnisse für die forstliche Statik allgemeine grundlegende Bedeutung, so daß sie hier wenigstens angedeutet werden müssen.

1. Die technischen Eigenschaften des Holzes.

Der Gebrauchswert des Holzes ist von seinen Dimensionen und technischen Eigenschaften abhängig. Diese letzteren beruhen auf den anatomischen Verhältnissen, auf der Struktur und Textur des Holzes. Zu den wichtigsten Eigenschaften, welche die Gebrauchsfähigkeit des Holzes bestimmen, gehören Härte und Festigkeit. Für alle Verwendungsarten, bei denen das Holz Stöße, Reibungen und Belastungen irgend welcher Art auszuhalten hat, sind Härte und Festigkeit von ausschlaggebender Bedeutung. Beide Eigenschaften stehen mit dem Gewicht in Zusammenhang. Eine weitere Eigenschaft von allgemeiner Bedeutung ist die Spaltbarkeit. Für viele Handwerker, insbesondere für Böttcher, bildet sie die notwendigste Bedingung der Brauchbarkeit. Auch Zähigkeit und Biegsamkeit spielen in der Technik der Holzverwendung eine wichtige Rolle. Sodann ist die Bearbeitungsfähigkeit, das Verhalten zu den Werkzeugen, mit denen das Holz geteilt, poliert, gefärbt etc. wird, von Bedeutung. Auch das Verhalten zum Wasser und zur Wärme muß beachtet werden. Insbesondere sind die Veränderungen des Volumens, welche das Holz durch Aufnahme und Abgabe von Wasser erleidet, wegen der darauf beruhenden Schäden von Wichtigkeit. Kaum eine andere Eigenschaft des Holzes aber ist von allgemeinerer Bedeutung als die Dauer, die für die Verwendung an Orten, welche der Luft und Feuchtigkeit ausgesetzt sind, den Wert vorzugsweise bestimmt.

Unter den Dimensionen kommen Stärke und Länge sowohl an sich als auch nach ihren gegenseitigen Verhältnissen in Betracht.

Bei der Würdigung der technischen Eigenschaften des Holzes vom Standpunkt der praktischen Forstwirtschaft hat man stets zu beachten, ob und wie auf dieselben eingewirkt werden kann. Es gibt gewisse Eigenschaften, die dem Holz einer bestimmten Holzart ganz allgemein, überall zukommen. Andere Eigenschaften werden durch die Lage, andere durch die Erziehung beeinflußt. Endlich gibt es auch Mittel, Substanz und Form des eingeschlagenen Holzes auf künstlichem Wege (durch Imprägnieren, Dämpfen etc.) zu verbessern. In der neueren Zeit gewinnen die Fortschritte auf diesem Gebiete wachsende Bedeutung. Durch die Fähigkeit zur Verbesserung auf künstlichem Wege kann auch die Wertschätzung des im Walde befindlichen rohen Holzes erhöht werden.

Untersuchungen über den Gebrauchswert des Holzes können entweder auf seine einzelnen technischen Eigenschaften oder auf seine Substanz, oder auf seine Form gerichtet werden. Die Untersuchung der technischen Eigenschaften ist Gegenstand von Spezialarbeiten, die nicht nur den Forstwirten, sondern in erster Linie den Vertretern der Technik, welche das Holz verarbeitet, obliegen. Hinsichtlich der Substanz kann das Gewicht als ein Maßstab der Beschaffenheit des Holzes angesehen werden. Das Gewicht ist sowohl wegen des Einflusses, den die Standortsverhältnisse darauf ausüben, als auch mit Rücksicht auf die Verwendung von vielseitiger Bedeutung. Es wird bisweilen ganz allgemein als ein Maßstab der Qualität angesehen.[1] Verschiedenheiten im Gewicht der Hölzer ergeben sich nicht durch die verschiedene Beschaffenheit der Holzfasern, deren spezifisches Gewicht, entsprechend der gleichmäßigen chemischen Zusammensetzung, bei allen Holzarten gleich ist, sondern durch Verschiedenheit in der Dicke der Wände und der Weite der Zellen. Diese enthalten um so mehr Luft, je größer sie sind. Das Gewicht wird entweder auf den lufttrocknen oder auf den völlig trocknen Zustand bezogen.

Bei derselben Holzart kann das spezifische Gewicht als ein ungefährer Maßstab für die Güte des Holzes angesehen werden. Namentlich stehen Dauer, Festigkeit und Brennkraft mit dem Gewicht in direktem Verhältnis. Bei verschiedenen Holzarten ergeben sich dagegen, abgesehen von der Brennkraft, die dem Gehalt an

---

[1] So z. B. bei den Untersuchungen von R. Hartig, Das Holz der deutschen Nadelwaldbäume, 1885, Kap. 5—10, und Forstl. naturwissenschaftl. Zeitschrift, Jahrg. 1893, betreffend die Eichenbestände des Spessarts.

Kohlenstoff und Wasserstoff annähernd entspricht, Unterschiede in den genannten Beziehungen; manche wertvolle Eigenschaften einer Holzart sind von ihrem Gewicht unabhängig. Die Biegungsfestigkeit der Fichte ist größer als die der Buche, obwohl sie weit leichter ist. An Dauer wird die Buche von der leichteren Kiefer und Lärche übertroffen. Für gewisse Verwendungszwecke muß die Schwere sogar als eine ungünstige Eigenschaft angesehen werden. Für die meisten baulichen Zwecke (Balken, Sparren) ist das leichte Holz bei gleicher Brauchbarkeit wertvoller. Wegen der größeren Transportkosten für schwere Hölzer ist die Wertschätzung des Holzes im Walde unter Umständen der Schwere entgegengesetzt. Als ein allgemeiner Maßstab für den Wert des Holzes kann das Gewicht daher nicht angesehen werden.

Neben der Substanz hat die Form auf den Gebrauchswert der Hölzer wesentlichen Einfluß. Für die ausübende forstliche Praxis hat sie in der Regel größere Bedeutung, als die Substanz. Auch kann sie weit leichter untersucht und nachgewiesen werden. Die Ordnung der Hölzer im Walde erfolgt vorzugsweise nach formalen, nicht nach substantiellen Merkmalen. Die Form des Holzes wird durch geraden Wuchs, durch Länge und Stärke in den verschiedenen Baumteilen und durch Astreinheit charakterisiert. Zu den meisten Nutzholzverwendungen sind bestimmte Maße erforderlich, während an Brennholz in dieser Beziehung gar keine Ansprüche gestellt werden. Der große Einfluß der Astreinheit tritt bei allen wertvollen Verwendungsarten (Böttcherholz, Schreinerholz) hervor. Eine möglichst allmähliche Abnahme der Stärke mit der Höhe ist für Holz, das in großen Längen gebraucht wird, von Wichtigkeit. Mit der Astreinheit und Vollholzigkeit steht stets Gleichmäßigkeit des inneren Baues in ursächlichem Zusammenhang, die die Bearbeitungsfähigkeit des Holzes erleichtert und manche technische Eigenschaften günstig beeinflußt.

Unterschiede der Form sind es auch in erster Linie, durch welche sich das Holz der verschiedenen Baumteile voneinander unterscheidet. Das Holz der Wurzel ist wegen seiner schlechten Form für jede Nutzholzverwendung untauglich. Auch das Holz der Krone liefert in der Regel nur geringwertiges Brennholz. Das Wirtschaftsziel ist lediglich auf den Schaft gerichtet, durch dessen Stärke, Astreinheit und Vollholzigkeit die wichtigsten Bestimmungsgründe für die technischen Maßnahmen gebildet werden. Das Wurzel- und Kronenholz tritt in dieser Beziehung ganz zurück; es soll nicht mehr davon erzeugt werden, als zur Erzeugung eines guten Schaftes erforderlich ist.

2. Bestimmungsgründe für den Gebrauchswert.

Die Ursachen, welche die technischen Eigenschaften der Holzarten bestimmen, sind einerseits auf den Standort, andererseits auf
die Bestandesverhältnisse zurückzuführen.

a) Standortsverhältnisse.

Boden und Lage sind von Einfluß auf die Beschaffenheit des
Holzes. Der Einfluß des Bodens macht sich zunächst in der
Schaftbildung geltend. Dem ungestörten Eindringen der Wurzel in
einen lockeren Boden steht auch ein gerader Schaft gegenüber.
Hemmnisse, die sich der Ausbildung der Wurzel entgegenstellen,
kommen dagegen auch in der Schaftform zum Ausdruck. Sodann
ist der Nahrungsreichtum, die Lockerheit und Frische des Bodens
von Einfluß auf die Stammbildung. In einem lockeren, nahrungs-
reichen Boden bilden sich auf gleicher Fläche weit mehr Wurzeln
aus. Die Stämme gebrauchen deshalb weniger Raum zur Ausbildung
gleicher Stammstärken, als unter entgegengesetzten Verhältnissen.
Demgemäß ist die Stammzahl auf nahrungsreichem Boden eine
dichtere. Die Triebe sind länger, die Astreinheit und Vollholzigkeit
größer. Gewisse Sortimente können sich überhaupt nur auf gutem
Boden ausbilden. Sofern die physikalischen Verhältnisse gleich sind,
kann der bessere Boden auch einen günstigen Einfluß auf die Substanz ausüben. Es liegt nahe, anzunehmen, daß sich infolge einer
guten Ernährung dickwandige Zellen ausbilden können. Auch manche
Schäden des Holzes, welche die Form beeinträchtigen, werden durch
den Boden beeinflußt. Flachgründige, nasse Böden können zu
Schnee- und Eisbruch Veranlassung geben, oder diese Schäden
verstärken.

Wenn hiernach auch der Boden unzweifelhaft auf die Beschaffenheit des Holzes von Einfluß ist, so betrifft derselbe doch mehr
einzelne Eigenschaften des Bodens und einzelne Eigenschaften des
Holzes. Allgemeine Beziehungen von praktischer Brauchbarkeit
zwischen der Güte des Bodens und der Qualität des Holzes lassen
sich nicht aufstellen. Dem in dieser Hinsicht von R. Hartig[1])
aufgestellten Satze, daß der bessere Boden auch das bessere Holz
erzeuge, wird man auf Grund der in reichem Maße vorliegenden
Erfahrungen eine Berechtigung kaum zugestehen dürfen. Jedenfalls
bleibt er ohne praktische Bedeutung. Der Einfluß des Bodens ist
kein allgemeiner, er wird oft durch andere Umstände zurückgedrängt. Zweifellos dürfte es sein, daß sich auf mittelmäßigem Boden

---

[1]) Das Holz der deutschen Nadelwaldbäume, Kap. VII: „Für die Kiefer
gilt der Satz, daß der bessere Boden auch das bessere Holz erzeugt."

bessere Holzqualitäten bilden können, als auf reichem. Die besten Eichen der deutschen Forstwirtschaft erwachsen auf dem lehmigen Sandboden des Spessart, die besten Kiefern auf dem sandigen Boden der Mark, während die reichen Böden der Eruptivgesteine oft ein weit schlechteres Holz erzeugen.

Bestimmteren Einfluß als der Boden übt die Lage auf die Beschaffenheit des Holzes aus. Von der Lage ist die Wärme abhängig, sowohl die Wärmesumme, welche durch die mittlere Jahrestemperatur ausgedrückt wird, als auch die Verteilung der Wärme auf die verschiedenen Jahreszeiten. Beide Faktoren sind von großem Einfluß auf die Bildung des Holzkörpers. Mehr als die Menge des Holzes wird seine Güte durch die Wärme beeinflußt. Von der Lage ist insbesondere das Verhältnis der Bestandteile der Jahrringe abhängig. Je längere Zeit die Holzbildung unter dem Einfluß intensiver Sommerwärme erfolgt, um so größer ist der dichtere Teil der Jahresringe; um so größer das Gewicht, mit dem stets wichtige technische Eigenschaften in Zusammenhang stehen. Von dem Verhältnis des dichten zum lockeren Teil der Jahrringe ist die Güte des Holzes im ganzen abhängig. Die Breite der Ringe an sich bildet in dieser Beziehung keinen brauchbaren Maßstab. Engringiges Holz ist nur dann besser als breitringiges, wenn der Anteil des Frühjahrsholzes im Verhältnis zum Sommerholz kleiner ist, wie es auch häufig der Fall ist. Sofern jedoch die Zunahme der Ringbreite die Folge vermehrten Lichtgenusses und mit verstärkter Astbildung nicht verbunden ist, hat sie keine Verschlechterung der Beschaffenheit des Holzes zur Folge.

Auf die Lage sind die meisten Unterschiede in der Qualität des Holzes zurückzuführen. Sie ergeben sich bei der Vergleichung verschiedener Expositionen und Höhenlagen in Gebirgsforsten; sie treten noch stärker bei der Vergleichung der Hölzer verschiedener Länder hervor. Südseiten haben in der Regel dichteres Holz als Nordseiten. Das Hochgebirge mit kurzem Frühjahr zeichnet sich durch Holz von besonderer Güte aus. In Gegenden mit langer kühler Vegetationszeit überwiegt dagegen der lockere Holzteil. Deshalb sind solche Lagen oft für Holzarten ungünstig, die an die Wärme große Ansprüche machen. In erster Linie gilt dies für die Eiche. Ebenso sind bei dieser Holzart manche Fehler auf ungenügende Wärme oder den ungünstigen Verlauf der Temperatur zurückzuführen. In früher Jugend machen Fröste ihren Einfluß geltend. Sie beeinträchtigen nicht nur den Höhenwuchs, die Geradheit und Astreinheit der Stämme, sondern sie lassen auch manche Fehler entstehen, welche das Holz materiell verschlechtern. Namentlich hat kühles und feuchtes Klima häufig ein unvollkommenes

Ausreifen der Jahresringe zur Folge, das zu einer Menge von Fehlern Veranlassung gibt. Mit der Lage stehen endlich auch die atmosphärischen Niederschläge in Zusammenhang, welche Gefahren herbeiführen, die die Qualität des Holzes vermindern.

Die Lage wird bestimmt durch die geographische Länge und Breite, durch die Erhebung über dem Meere, die Exposition und Abdachung. Durch den allgemeinen Charakter der Gegend, das Vorhandensein größerer Wasserflächen, den Schutz der Umgebung bilden sich mannigfache Veränderungen im Verlauf der Linien, welche die Orte gleicher Wärme miteinander verbinden. Im allgemeinen lehren die Beobachtungen, daß sich alle Holzarten in den mittleren Regionen ihres natürlichen Verbreitungsgebiets nicht nur in bezug auf den nachhaltigen Massenzuwachs, sondern auch in bezug auf die Güte des Holzes am besten verhalten. Schreitet man von dem mittleren Wuchsgebiet nach den nördlichen Grenzen, so wird die Wärmesumme zu gering, der Höhenwuchs nimmt ab; die Fähigkeit, geschlossene Bestände zu bilden, hört auf. Bestimmter und schneller tritt die gleiche Erscheinung bei einer Wanderung vom Fuß zum Gipfel der Gebirge dem Beobachter entgegen. Aber auch eine zu hohe Wärme ist für die Beschaffenheit des Holzes nicht günstig. In einem zu milden Klima erwacht die Vegetation frühzeitig. Dadurch entstehen breite Frühjahrsringe mit lockerem Gefüge. Und wenn auch eine anhaltende Sommerholzbildung folgt, so ist doch die Ungleichheit, welche unter solchen Umständen entsteht, stets von ungünstigem Einfluß auf das Holz im ganzen. Es kommt hinzu, daß in einem zu milden Klima gewisse Schäden der organischen Natur, welche die Beschaffenheit des Holzes verschlechtern, in verstärktem Maße auftreten.

b) Bestandesverhältnisse.

Auch die Bestandesbildung kann auf das Verhältnis des Frühjahrs- und Sommerholzes einen Einfluß ausüben. Durch eine gute Deckung des Bodens werden die Temperaturextreme vermindert; die Erwärmung des Bodens im Frühjahr wird verzögert; die Vegetation erwacht später; die Holzbildung wird mehr in die wärmere Jahreszeit hinausgeschoben; das Verhältnis von Sommer- und Frühjahrsholz wird in günstiger Richtung beeinflußt.[1] Entfernung eines bodenschützenden Unterstandes übt dagegen eine entgegengesetzte Wirkung aus. Weit allgemeiner ist jedoch der Einfluß, den die Bestandesbildung auf die formalen Eigenschaften des Holzes ausübt. Die Ausbildung der Krone. die Erhaltung oder Beseitigung der

---

[1] R. Hartig, Holz der Nadelwaldbäume, Kap. IX.

Aste, die Stärke und der Abfall des Schaftes sind von den in den Beständen vorliegenden Verhältnissen abhängig. Die Beziehungen von Krone und Schaft sind Folge des Raumes, der den einzelnen Stämmen im Bestande gegeben wird. Je größer der Wachsraum ist, um so größer ist der Durchmesser in einem bestimmten Alter; um so größer ist aber auch die Astmenge, um so tiefer sind die Kronen angesetzt, um so abfälliger ist die Stammbildung. Jede Erweiterung des Wachsraums enthält hiernach Ursachen zu positiven und negativen Folgen für den Gebrauchswert des Holzes. Es ist immer Aufgabe der Wirtschaft, ein Optimum herzustellen, bei welchem die Mängel nach Möglichkeit vermindert, die Vorzüge befördert werden.

3. Mittel, den Gebrauchswert des Holzes zu erhöhen.

Da die technischen Eigenschaften der Hölzer nach den Bedingungen, die ihnen durch die Bestandesbildung gegeben werden, sehr verschieden sind, so kann auch durch die Erziehung, welche diese Bedingung zu regeln hat, auf die Güte des Holzes eingewirkt werden. Dies kann geschehen: durch die Art der Bestandesbegründung, durch die Bestandespflege, Astung, Durchforstung, Lichtung, den Unterbau und die Höhe der Umtriebszeit.

Gleichmäßigkeit und Vollständigkeit der Kulturen ist stets von nachhaltigem Einfluß auf die Beschaffenheit des Holzes. Je unregelmäßiger die Jungwüchse begründet und je länger die Nachbesserungen hinausgeschoben werden, um so mehr ästige Vorwüchse bilden sich aus. Sodann ist die Weite der Verbände von Einfluß. In weitständig begründeten Kulturen wird der Boden schneller erwärmt; die Tätigkeit der Wurzeln beginnt früher, der Anteil des Frühjahrsholzes ist deshalb größer, als bei dicht begründeten, den Boden schnell deckenden Jungwüchsen. Ferner bleiben in weitständigen Pflanzungen die unteren Äste länger lebensfähig, sie verwachsen mit dem Holze. Die Stämme werden ästig, während bei einem dichten Jugendstand die für gute Qualität wichtige Eigenschaft der Astreinheit gefördert wird. Mit der Ästigkeit ist ferner stets eine stärkere Abholzigkeit verbunden, welche die Brauchbarkeit des Holzes zu baulichen Zwecken, die größere Länge beanspruchen, beeinträchtigt.

Die Bestandespflege ist in reinen und noch mehr in gemischten Beständen eine Grundbedingung für die Erzeugung guten Holzes. Die Erziehung muß, um gutes Holz zu erzeugen, der natürlichen Entwicklung der Jungwüchse häufig entgegentreten. Die Natur läßt in dem Konkurrenzkampfe, den nebeneinander stehende

Waldbäume miteinander führen, die schneller wachsenden oder durch einen Altersvorsprung ausgezeichneten Stämme als Sieger hervorgehen. Die Wirtschaft hat dagegen die Aufgabe, die besser veranlagten, wertvollen Bestandesglieder zur Entwicklung kommen zu lassen. Aus Samen entstandene Jungwüchse entwickeln sich langsam; sie werden von den schneller wachsenden Stockausschlägen, die edelen Laubhölzer werden von Weichhölzern, zurückgebliebene astreine Stämme von Vorwüchsen verdrängt, wenn der ausübende Forstwirt nicht der natürlichen Entwicklung entgegentritt. Bei den läuternden Hieben sollen Stämme mit ungünstigen Formen (Stockausschläge, Zwiesel usw.) und minderwertige Holzarten ausgemerzt werden. Ihre rechtzeitige Vornahme ist stets von Wichtigkeit. Aber auch im späteren Alter ist der Aushieb von Schwammbäumen, Krebsbäumen und anderen mit materiellen und formalen Schäden behafteten Stämmen stets fortzusetzen.

Ein weiteres Mittel, die Gebrauchsfähigkeit der Hölzer zu erhöhen, liegt in der Ästung. Beide Arten der Ästung können auf die Beschaffenheit des Holzes von günstigem Einfluß sein. Die Grünästung erhöht die Vollholzigkeit. Der freistehende Stamm legt Jahrringe von ziemlich gleicher Breite an; die Form ist daher die eines regelmäßigen Kegels. Wird ein Teil der Äste entfernt, so nimmt dagegen die Ringbreite nach oben zu; die Stammform nähert sich der Walze. Die Grünästung würde deshalb in größerem Umfang vorgenommen werden, wenn nicht mit der Abnahme der Äste die Gefahr verbunden wäre, daß durch die entstehenden Wunden Pilze eingeführt werden können, die zur Entstehung von Fäulnis Anlaß geben. Die Grünästung, namentlich die Beseitigung starker grüner Äste, muß wegen dieser Gefahr als eine Ausnahme angesehen werden, die mit der erforderlichen Vorsicht und Beschränkung nach Alter, Stärke usw. namentlich dann in Anwendung kommt, wenn das natürlichste Mittel der Erziehung astreiner Hölzer, das in der Erhaltung des Bestandesschlusses liegt, nicht angewandt werden kann.

Die Abnahme trockener Äste kann auf die Form der Stämme keinen Einfluß ausüben; sie ist in dieser Beziehung gleichgültig. Dagegen hat sie die günstige Wirkung, daß das Holz von den unregelmäßigen toten Astkörpern befreit wird. Die Holzbildung wird gleichmäßiger, die Stämme werden spaltiger und astreiner. Und da diesem Vorzug kein Nachteil gegenübersteht, so wird auch von der Trockenästung soweit Anwendung gemacht werden dürfen, als ihr die Rücksicht auf die Kosten nicht entgegensteht. Um jedoch die Wirkung der Ästung gehörig zur Geltung kommen zu lassen, muß sie frühzeitig beginnen und mehrfach wiederholt werden.

Ein weiteres Mittel, um auf die Qualität des Holzes vorteilhaft einzuwirken, ist die Durchforstung. Wie durch die Bestandesbegründung in der ersten Jugend, so sollen durch die Durchforstung in den weiteren Altersstufen die technischen Eigenschaften des Holzes befördert werden. Sofern nicht besondere Verhältnisse vorliegen, muß die Rücksicht auf die Erzeugung guter und astreiner Hölzer den Wachsraum bestimmen, den die Durchforstung regeln soll. Je nach der Holzart, dem Vorhandensein reiner oder gemischter Bestände, den vorliegenden Wirtschaftszielen, dem Einfluß von Naturschäden können die Durchforstungen einen sehr verschiedenen Charakter annehmen. Im allgemeinen dürften jedoch, wenn die ökonomischen Ziele im Vordergrunde stehen, folgende Gesichtspunkte maßgebend sein:

Werden die Bestände frühzeitig stark durchforstet, so erhalten sich die unteren Äste lebensfähig; sie bleiben grün und wachsen in den Holzkörper hinein; das natürliche Absterben der Äste erfolgt unvollkommen; es erwachsen ästige Stämme. Andererseits entspricht aber auch die Unterlassung oder eine sehr schwache Führung der ersten Durchforstungen nicht den Anforderungen, die hinsichtlich der Beschaffenheit des Holzes zu stellen sind. Es wird dadurch verhindert, daß die gut veranlagten Stämme durch Erweiterung ihrer Kronen und Beseitigung ihrer Konkurrenten im Wuchse gefördert werden. Bei mäßigen Durchforstungsgraden kommen beide Mißstände weniger zur Geltung. Ist aber die Grundlage einer guten Schaftform hergestellt, so muß auf die Zunahme der Durchmesser hingewirkt werden, da das Ziel jeder Wirtschaft stets auf die Hervorbringung genügend starker Sortimente in nicht zu langen Zeiträumen gerichtet werden muß. Die Rücksicht auf die Erzeugung von Holz mit wertvollen technischen Eigenschaften führt hiernach zu mäßig begonnenen und kräftiger fortgesetzten Durchforstungen. Die weitere Ausführung dieses allgemeinen Prinzips nach Maßgabe der verschiedenen Holzarten ist Gegenstand des angewandten Teils dieser Schrift.

Die Förderung des Stärkezuwachses im Wege der Durchforstung ist jedoch häufig nicht genügend. Wenn das Ziel der Wirtschaft auf die Erzeugung von Starkholz in nicht zu langen Umtriebszeiten gerichtet ist, so müssen stärkere Eingriffe in den Bestandesschluß erfolgen, als sie der Durchforstung eigentümlich sind. Der Beginn und der Grad der Lichtung ist je nach Holzart, Mischung und anderen waldbaulichen Verhältnissen verschieden. Soweit die Rücksicht auf den Gebrauchswert des Holzes bestimmend ist, sind folgende allgemeine Gesichtspunkte für die Ausführung maßgebend:

Ist in erster Linie Langholz (langes Bauholz) Ziel der Wirtschaft, wie es vielfach bei der Fichte der Fall ist, so genügt in der Regel eine Lockerung des Kronenschlusses, wie sie eine kräftige Durchforstung herbeiführt; eine stärkere Lichtung ist nicht notwendig. Es kommt alsdann mehr darauf an, daß die Vollholzigkeit erhalten wird, als auf die Zunahme des Durchmessers in den unteren Stammteilen, auf welche die Lichtung vorzugsweise einwirkt. Bei Holzarten, die auf natürlichem Wege verjüngt werden (Buche, Tanne), kann durch die mit der Verjüngung Hand in Hand gehenden Lichtungen ein genügender Einfluß auf den Stärkezuwachs erzielt werden. Für Holzarten, bei denen vorzugsweise starkes Schneide- und Spaltholz erzogen werden soll, wie es insbesondere bei der Eiche, aber auch bei der Kiefer der Fall ist, müssen dagegen rechtzeitig stärkere Lichtungen eintreten.

Mit der Lichtung mancher Holzarten (Eiche, Kiefer) wird, sofern kein natürlicher Unterstand vorhanden ist, in der Regel der Unterbau verbunden. Der Hauptzweck desselben liegt in der Deckung des Bodens und der Verhinderung des Entstehens eines Unkrautüberzugs, der wirtschaftlich stets Nachteile im Gefolge hat. Gleichzeitig sind aber mit dem Unterbau günstige Einflüsse auf die Beschaffenheit des Holzes verbunden. Durch den Abschluß des Bodens gegen Bestrahlung durch die Sonne werden die Extreme der Temperatur gemildert, die Erwärmung des Wurzelbodenraums wird im Frühjahr verzögert. Infolgedessen beginnt der Saftstrom später, die Zeit der Holzbildung wird mehr in die warme Jahreszeit verschoben; und dies bedeutet eine Zunahme der substantiellen Beschaffenheit des Holzes.

Das wichtigste Mittel, durch welches bei der Regelung der Wirtschaft eine Wirkung auf die Beschaffenheit des Holzes erzielt werden kann, liegt in der Festsetzung der Umtriebszeit. Für alle Holzarten, die auf einem ihnen naturgemäßen Standort stocken, gilt die Regel, daß der Wert des Stammholzes bis zu sehr hohem Alter fortgesetzt größer wird. Mit zunehmendem Alter werden alle technischen Eigenschaften verbessert; in erster Linie die Dimensionen, namentlich die Stärke. Auch wenn der untere Teil des Schaftes durch Stärkerwerden an Wert nicht mehr zunimmt, so doch noch der obere Teil und damit auch der Wert des ganzen Stammes. Ebenso ist es in bezug auf Astreinheit und Bearbeitungsfähigkeit. Wenn einmal die Äste abgestoßen sind, wird durch die weitere Umkleidung des astfreien Stammes gleichmäßig gefügtes astreines Holz erzeugt, das für alle Verwendungsarten höheren Wert hat, als das jüngere, von Ästen und Astrückständen durchsetzte Holz. Endlich liegt auch in der Zunahme des Kernholz- und Reifholzprozents eine Ursache für die Wertsteigerung. Das Holz besteht aus Kern und Splint. Der Splint ist unausgereiftes Holz. Er verhält sich in wesentlichen Richtungen namentlich in bezug auf Dauer, Festigkeit und andere technische Eigenschaften ungünstiger. Der Anteil des Splintes wird mit dem Alter immer geringer, das Kern- oder Reifholzprozent nimmt zu. Daher ist das Durchschnittsfest- meter gesunden Holzes cet. par. um so wertvoller, je älter es ist.

Ein Gleichbleiben oder eine Abnahme der Qualität des Holzes ist in der Regel im Vorhandensein von Fehlern begründet, die jedoch schon in sehr starkem Maße auftreten müssen, um die Wertsteigerung des durchschnittlichen Festmeters für Bestände ganz aufzuheben. Aus der Tatsache, daß der Gebrauchswert bis in die höchsten Altersstufen anhält, folgt, daß das Maximum des Gebrauchs- wertes keinen genügenden Bestimmungsgrund für die Maß- nahmen der Wirtschaft bilden kann. Der Wertsteigerung muß jederzeit die ihr entsprechende Steigerung der Produktions- kosten gegenubergestellt werden.

4. Die Bildung der Sortimente.

Die Verschiedenheit der Gebrauchswerte des Holzes soll in den Sortimenten, in welchen es dargestellt wird, zum Ausdruck kommen. Die Sortimente sind für viele Aufgaben der Forstwirtschaft von Bedeutung; sie mussen deshalb auf richtigen Grundlagen und mit Rücksicht auf die vorliegenden praktischen Ziele gebildet werden. Eine gute Sortierung des Holzes ist zunächst vom Standpunkt einer geordneten Geschäftsführung notwendig. Die Sortimente bilden die Einheit, nach welcher die Hölzer verrechnet werden. In allen Büchern erfolgt die Nachweisung des eingeschlagenen Holzes nach Sortimenten. Sind sie richtig gebildet, so ergibt die Ertragsstatistik richtige Resultate, im anderen Falle ist sie mit Mängeln behaftet. Die Sortimente bilden aber auch die Einheiten für den Verkauf. Die Bildung richtiger Sortimente liegt im gemeinsamen Interesse der Holzkäufer und Verkäufer. Häufig kann der Verkauf nur nach Maßgabe der Sortimente bewirkt werden. Nur wenn die Sortimente richtig gebildet sind, ergeben sich richtige Preise. Eine richtige Bildung der Sortimente ist aber auch für die praktische Anwendung und den Fortschritt der forstlichen Statik eine der wichtigsten Be- dingungen. Zum Nachweis des statischen Verhaltens verschiedener Holz- und Betriebsarten, verschiedener Durchforstungs- und Lichtungs- grade, verschiedener Umtriebszeiten ist die Bestimmung des Wertes und der Wertzunahme eine notwendige Grundlage. Die Einheit, auf welche man sich hierbei bezieht, ist entweder das Durchschnitts- festmeter der Bestände. welches sich aus verschiedenen Baumteilen und Sortimenten (Nutzholz, Derbbrennholz, Reisholz usw.) zusammen- setzt, oder man beschränkt sich dabei auf das wichtigste, ausschlaggebende Sortiment, welches überall das Holz des Schaftes ist und in der Form von Stämmen aufgearbeitet wird.

Der allgemeinste Grundsatz, der bei der Bildung der Sortimente zu befolgen ist, geht dahin, daß sie der Verwendungsfähigkeit des Holzes entsprechen sollen. Die Einhaltung dieses Grundsatzes ist ebenso vom wissenschaftlichen wie vom praktischen Standpunkt wünschenswert. In der tatsächlichen Verwendung kann dieser Grundsatz aber nicht immer Ausdruck finden. Man kann das Holz durch seine Bezeichnung als Schleifholz, Grubenholz, Bauholz, Böttcherholz usw. nicht genügend klassifizieren. Eine solche Teilung ist, wenigstens im allgemeinen Sinne, nicht durchführbar, weil die Verwendung desselben Holzes oft verschieden sein kann, weil die Grenzen verschiedener Verwendungsarten nicht feststehen, die Verwendungsart daher nicht immer nachgewiesen werden kann. Auch können sich infolge von Erfindungen neue Verwendungsarten ergeben. Der Wertmaßstab des Holzes kann nur auf die Fähigkeit zur Verwendung gegründet werden. Diese Fähigkeit beruht auf der Beschaffenheit und den Maßen des Holzes, wonach daher die Sortimente gebildet werden müssen.

Indem man den Grundsatz, daß die Sortimente der Verwendungsfähigkeit entsprechen sollen, zur Anwendung bringt, gelangt man zu bestimmten Folgerungen für die Bildung der Sortimentseinheiten. Die Verwendungsfähigkeit des Holzes ist verschieden:

1. Nach Holzarten. Alle Holzarten in besonderen Klassen zu behandeln, würde zu umständlich sein. In der Regel werden die Holzarten in Gruppen gebracht. Die erste Gruppe begreift ausschließlich die Eiche. Sie ist die wertvollste Holzart; keine andere kann ihr an die Seite gesetzt werden. Nach der Bildung der Werte und Umtriebszeit ist sie anders zu behandeln als alle übrigen Holzarten. In der zweiten Gruppe steht die Buche an erster Stelle. Ihr werden häufig die anderen harten Laubhölzer, trotz mancher Abweichung in ihrer Verwendungsfähigkeit, zu gemeinsamen Taxklassen angefügt. Die dritte Gruppe wird durch die weichen Laubhölzer gebildet. Sie besitzen trotz wesentlicher Verschiedenheiten übereinstimmende Eigenschaften. Die vierte Gruppe endlich begreift die Nadelhölzer. Meist wird es aber empfehlenswert sein, sie weiter derart zu ordnen, daß einerseits Fichte und Tanne, andererseits Kiefer und Lärche besondere Gruppen bilden.

2. Nach der Stärke. Nach den im Jahre 1875 von den Bevollmächtigten der Regierungen von Preußen, Bayern, Württemberg, Sachsen, Baden und Sachsen-Gotha gefaßten Beschlüssen[1]) wird alles Holz eingeteilt in:

---

[1]) Ganghofer, Das forstliche Versuchswesen, 1. Band, II.

a) **Derbholz.** Das ist die oberirdische Holzmasse über 7 cm Durchmesser (einschließlich der Rinde gemessen) mit Ausschluß des bei der Fällung am Stocke bleibenden Schaftholzes.

b) **Nichtderbholz.** Das ist die übrige Holzmasse, welche zerfällt in: Reisig, die oberirdische Holzmasse bis einschließlich 7 cm Durchmesser, und Stockholz, die unterirdische Holzmasse und der bei der Fällung daran bleibende Teil des Schaftes.

3. **Nach der Beschaffenheit und Gebrauchsfähigkeit des Holzes.** Hiernach zerfällt alles eingeschlagene Holz in die beiden großen Gruppen des **Nutz-** und **Brennholzes,** welche unter allen Umständen getrennt gehalten werden müssen. Alles Holz, welches zu Nutzholz geeignet ist, muß zu solchem ausgehalten werden, selbst dann, wenn es keine höheren Preise als das Brennholz ergibt. Durch das Aushalten von Nutzholz wird der Brennholzmarkt entlastet. Nutzholz ist immer noch der weiteren Bearbeitung fähig und hat dadurch indirekte volkswirtschaftliche Vorzüge.

Die weitere Teilung des Nutzholzes erfolgt nach den erwähnten Beschlüssen in folgender Weise; es werden unterschieden:

a) **Stämme.** Das sind diejenigen Langnutzhölzer, welche bei 1 m oberhalb des unteren Endes über 14 cm Durchmesser haben.

b) **Stangen.** Das sind solche entgipfelte oder unentgipfelte Langnutzhölzer, welche bei 1 m oberhalb des unteren Endes bis 14 cm Durchmesser haben. Die Stangen werden unterschieden als **Derbstangen** (von über 7—14 cm) und **Reisstangen** (bis 7 cm bei 1 m oberhalb des unteren Endes).

c) **Schichtnutzholz,** das in **Nutzscheitholz** von über 14 cm Durchmesser am oberen Ende, **Nutzknüppel** von 7—14 cm und **Nutzreisig** mit schwächerem Durchmesser geteilt wird.

Das **Brennholz** wird allgemein zerlegt in: **Scheit** gespalten oder Rundstücke von etwa 14 cm Durchmesser am oberen Ende — **Knüppel** über 7—14 cm Durchmesser — **Reisig** bis 7 cm Durchmesser — **Brennrinde** — **Stöcke.**

Weitaus am meisten Bedeutung hat die vorliegende Frage für die **Stämme.** Sie bilden das wichtigste Erzeugnis der Forstwirtschaft. Vielfach sind die Verhältnisse so, daß alle Nachweisungen der Wertzunahme und alle Rentabilitätsberechnungen auf die Stämme beschränkt bleiben können. Für die forstliche Statik ist es deshalb von Wichtigkeit, wie die Stämme eingeteilt werden. Zur Zeit geschieht dies in verschiedener Weise. Während bezüglich der allgemeinen Einteilung durch die erwähnten „Bestimmungen über Einführung gleicher Holzsortimente im Deutschen Reich" die Einheit hergestellt ist, sind die Bestimmungen über die Klassen des Stammholzes in den einzelnen Staaten des Deutschen Reiches noch sehr verschieden.[1]) Dies ist zweifellos ein Mangel, dessen Beseitigung anzustreben ist. Die Taxklassenbildung hat für die Forstwirtschaft ähnliche Bedeutung wie für das Gebiet der Volkswirtschaft Gewichte, Maße und Tauschwerkzeuge. Die Taxklassen bezeichnen den Maßstab, nach dem die Werte bemessen werden. Untersuchungen über den ökonomischen Erfolg technischer Maßnahmen sind nicht durchführbar, wenn nicht richtige Maßstäbe vorhanden sind. Die Analogie zu anderen Wirtschaftszweigen zeigt, daß es erwünscht ist, wenn die Maßstäbe einheitlich sind. Das Wirtschaftsgebiet, welches hier als Einheit angesehen werden muß, ist das Deutsche Reich.

Man gelangt nun zum besten Urteil über die Klassenbildung der Stämme, indem man den allgemeinen Grundsatz, daß die Sortimente der Verwendungsfähigkeit entsprechen sollen, auf diese anwendet. Die Bestimmungsgründe der Verwendungsfähigkeit der Stämme sind einerseits die Dimensionen, andererseits die technischen Eigenschaften. Unter den Dimensionen steht die Stärke an erster Stelle. Für alle Verwendungsarten des Holzes ist ein bestimmter Durchmesser die erste Bedingung der Tauglichkeit. Bei vielen Hölzern steigt der Wert gleichmäßig mit dem Durchmesser. Der Einfluß der Länge tritt bei den meisten Verwendungsarten der Stärke gegenüber zurück. Aber nicht bei allen; bei manchen Sortimenten, insbesondere beim langen Bauholz, ist die Länge von ausschlaggebender Bedeutung für die Verwendungsfähigkeit. Sodann kommen die materiellen und formalen Eigenschaften des Stammholzes in Betracht. Was die erstgenannten betrifft, so ist zunächst auf die Fehler hinzuweisen, mit denen die Stämme oft behaftet sind. Daß sie großen Einfluß auf die Gebrauchsfähigkeit ausüben, ist allgemein bekannt. Es ist deshalb Grundsatz, daß sie aufgedeckt und an Stämmen und in den Büchern nachgewiesen werden. Aber als Bestimmungsgrund der Sortimentseinheiten sind die Fehler nicht geeignet. Ihre Einschätzung erfolgt am besten derart, daß bei den mit Fehlern behafteten Stämmen ein in Prozenten auszudrückender Abzug vom Taxwert gemacht wird, oder daß sie in eine tiefere Klasse gesetzt werden, als sie der Stärke nach gehören. Die Bestimmungsgründe der Taxklassen müssen auf das gesunde Holz bezogen werden. Aber auch das gesunde Holz zeigt mannigfache Verschiedenheiten, wie die Versteigerungen, bei denen die Stämme einzeln verkauft werden, lehren. Zum Teil liegen diese Verschiedenheiten in Verhältnissen, die nicht offen und bestimmt genug hervor-

---

[1]) In welchem Maße dies der Fall ist, zeigt die vom „Holzmarkt" (Fachblatt für Holzhandel und Holzverwertung, Bunzlau) gefertigte „Zusammenstellung der Taxklassen der Handelshölzer in den großen deutschen Forstverwaltungen".

treten, um bei der Bildung der Taxklassen zugrunde gelegt werden zu können. Das spezifische Gewicht, das ja in gewisser Hinsicht die Substanz ausdrückt, gibt keinen brauchbaren Maßstab für die Bildung der Taxklassen ab. Der Praktiker ist auch nicht in der Lage, es zu ermitteln. Auch der innere Bau des Holzes bietet keine Anhaltspunkte dar. Die Breite der Jahrringe ist kein genügendes Merkmal. Je nach Bedingungen des Wachstums kann Holz mit breiten Ringen besser sein als engringiges, wenn auch in den meisten Fallen das umgekehrte Verhältnis obwaltet. Das äußerlich am meisten hervortretende, leicht erkennbare Merkmal für die Verwendung des Holzes liegt in der Astbildung. Der Ansatz und die Stärke der Äste ist nicht nur für die Entstehungsgeschichte der Bestände charakteristisch, sondern es ist darin auch ein sehr wichtiges Merkmal für die Güte des Holzes enthalten. Die Spaltbarkeit und Bearbeitungsfähigkeit, auf der seine Brauchbarkeit für viele Handwerker beruht, ist von dem Ansatz der Äste abhängig.

Die genannten Merkmale der Gebrauchsfähigkeit kommen bei den verschiedenen Stammhölzern nicht in gleicher Weise zur Geltung. Man kann dasselbe in folgende Klassen ordnen:

1. **Laubholzstämme und Nadelholz-Schneideholz.** Hier ist der Durchmesser der wichtigste Maßstab der Gebrauchsfähigkeit. Bei der geringfügigen Lange, welche diese Hölzer besitzen, ist es Regel, den Durchmesser in der Mitte der Stämme zu messen. Ferner ist die Astreinheit beim Laubholz und allem Schneideholz von Einfluß auf die Gebrauchsfähigkeit. Größere Unterschiede zwischen der Verwendungsfähigkeit ästiger und astreiner Stämme ergeben sich jedoch nur bei den stärkeren Stämmen. Hiernach sind die Klassen in erster Linie nach der Stärke der Stämme zu bilden, in der Regel mit dezimaler Abstufung. Für die stärkeren Sortimente ist eine weitere Unterteilung nach der Astreinheit erforderlich.[1]

---

[1] Den hier ausgesprochenen Regeln der Taxklassenbildung der Laubholzstamme entspricht die in Suddeutschland schon langer bestehende bzw. in der neueren Zeit eingefuhrte Klassifikation. In **Wurttemberg**, **Baden** und dem **Reichsland** sind fur die Eiche folgende Klassen gebildet:

I Klasse 60 cm und mehr Mittendurchmesser:
     a) ausgesuchte, gesunde, astfreie Stamme,
     b) gewohnliche Stamme.

II Klasse 50—59 cm ⎫
III   ,,   40—49 ,, ⎬ a und b wie oben.
IV.   ,,   25—39 ,,
V   ,, unter 25 ,,

Bei den ubrigen Holzarten ist die Zahl der Klassen beschrankter (I. 40 cm und mehr Mittendurchmesser usw.).

In **Bayern** erfolgt die Ordnung der Laubholzstamme gleichfalls nach dem Mitteldurchmesser. Die Klassen und Grenzen sind aber in den einzelnen Landesteilen sehr verschieden.

2. **Langes Nadelholz.** Hier spielen Länge und Abfall eine weit größere Rolle. Es handelt sich namentlich beim Bauholz in erster Linie darum, daß in einer bestimmten Höhe des Holzes noch eine gewisse Stärke vorhanden ist. Diesem Umstand trägt die in Süddeutschland allgemein übliche Klassenbildung des Nadelholzes Rechnung.[1]) Im einzelnen können die Maße vielleicht einer Modi-

---

Für die Domanialwaldungen des Großherzogtums Hessen ist im Oktober 1904 (vgl. Mitteilung des Deutschen Forstvereins vom 30. Dezember 1904, S. 97) eine neue Nutzholztaxe eingeführt, welche für alle Laubhölzer die Teilung der Stämme nach dem Mittendurchmesser — 60 cm und mehr, 50—59, 40—49, 30—39, unter 30 cm — verfügt und eine Teilung nach der Qualität des Stammholzes nur bei der Eiche eintreten läßt.

In Preußen sind vom Wirtschaftsjahr 1902 ab in mehreren Regierungsbezirken Durchmessertaxklassen für Eiche und Buche versuchsweise angewandt, die zur Folge haben werden, daß in Zukunft die Teilung der Laubholzstämme nach denselben Grundsätzen wie in den süddeutschen und hessischen Staatsforsten allgemein erfolgen wird. Durch Ministerialerlaß vom 28. Februar 1905 wird bestimmt:

1. Für Stämme und Abschnitte von Eiche und Buche sowie der übrigen Harthölzer sind folgende Klassen in Anwendung zu bringen:

A ausgesuchte, astfreie oder fast astfreie Stücke

I	II	III	IV	V
60 cm u. mehr	50—60	40—49	30—39	unter 30 cm Mittendurchmesser,

B gewöhnliche, nicht mit erheblichen Fehlern behaftete Stücke, Klassen wie bei A.

2. Für anderes (Weich-) Laubholz sind Stärkeklassen wie zu 1 unter Einreihung in die B-Klasse zu bilden. Es bleibt jedoch dem Ermessen der Königl. Regierung anheimgegeben, falls ein Bedürfnis hierzu vorliegen sollte, auch Güteklassen wie bei 1 in Vorschlag zu bringen.

Nadelholz, Schneidehölzer („glatte Abschnitte mit mindestens 25 cm Zopfdurchmesser") sind nach dem genannten Erlaß zu teilen in:

Sägeblöcke	I.	II.	III. Klasse
das Stück . .	über 2	1—2	bis 1 fm Inhalt.

[1]) In den meisten süddeutschen Forstverwaltungen (insbesondere Württemberg, Baden, Reichsland) bestehen für langes Nadelholz folgende Klassen:

	I	II	III	IV	V
Mindestlänge	18	18	16	8	— m
Geringster Zopfdurchmesser .	30	22	17	14	7 cm

In Bayern bestehen betreffs der Klassenbildung in den einzelnen Landesteilen große Verschiedenheiten (vgl. die Taxklassen des Bunzlauer Holzmarkts). Im Königreich Sachsen wird die Teilung der (über 10 m langen) Stämme nach dem Mittendurchmesser — bis 15 cm, 16—22 cm, 23—29 cm, 30—36 cm, über 36 cm — bewirkt. Auch in der neueren Nutzholztaxe des Großherzogtums Hessen werden Stammklassen entsprechend den Beschlüssen des Forstwirtschaftsrats nach dem Mittendurchmesser mit dezimaler Abstufung — I 50 cm und mehr, II 40—49 cm, III 30—39 cm, IV 20—29 cm, V unter 20 cm — (ohne Rinde) gebildet.

Die Festgehaltsklassen Preußens waren seither in einzelnen Regierungsbezirken nach der Abstufung über 3 fm, 2—3 fm, 1—2 fm, 0,5—1 fm, unter 0,5 fm; in anderen mit der Abstufung über 2 fm, 1,5—2 fm, 1—1,5 fm, 0,5—1 fm, unter 0,5 fm gebildet. Durch den Ministerialerlaß vom 28. Febr. 1905 sind für Bau- und Nutzholzstämme allgemein folgende Klassen vorgeschrieben:

I	II	III	IV
über 2	1—2	0,5—1	bis 0,5 fm.

Die Stämme aller Holzarten sind mit der Rinde zu messen.

fikation bedürftig erscheinen. Das in diesen Klassen ausgesprochene Prinzip, daß für den Wert des Langholzes nicht die Stärke an sich, sondern der Durchmesser in einer bestimmten Höhe den Ausschlag gibt, ist richtig. Das preußische Teilungssystem ist bekanntlich dadurch charakterisiert, daß die Stämme nach dem Festgehalt geordnet werden. So wenig dies System für Laubholzstämme und Schneideholz empfehlenswert ist, so hat es doch beim Nadelholz-Langholz in der seitherigen Praxis keine Mißstände zur Folge gehabt. Es hat den Vorzug der großen Einfachheit. Stammklassen, die nach dem Festgehalt gebildet sind, geben, wenn auch nicht mit der wünschenswerten Bestimmtheit, gleichfalls der Verwendungsfähigkeit Ausdruck. Wenn die Stämme in ganzen Längen liegen bleiben, so entspricht, im Gegensatz zum Schneideholz, jeder Festgehaltsklasse auch eine gewisse ungefähre Stärke. Es ist deshalb auch möglich, Festgehaltsklassen in Stärkeklassen umzuwandeln, wenn dies zu irgend welchem Zweck wünschenswert erscheint. Trotzdem wird man die Berechtigung zur allmählichen Anbahnung einer Änderung der Teilung auch für Langholz betonen müssen. Sie ist wünschenswert mit Rücksicht auf den gegenseitigen Zusammenhang verschiedener Länder oder Landesteile und kann auf dem vorliegenden Gebiet leichter durchgeführt werden, als es auf anderen Gebieten der Volkswirtschaft der Fall gewesen ist.[1])

II. Tauschwert.

1. Maßstab des Tauschwertes.

Um die Werte des Holzes als Tauschwert auszudrücken, muß ein Maßstab gegeben sein, in dem sie, wie Flächen durch Karten,

---

[1]) Der jetzige (Frühjahr 1905) Stand der vorliegenden Frage geht aus den Verhandlungen der 7. Tagung des Forstwirtschaftsrats zu Eisenach vom 10 bis 12 September 1904 hervor, in welcher folgende Sätze einstimmig angenommen wurden:

1. Das Stammholz ist ohne Rinde zu messen.
2. Die Holzarten sind im Tarif grundsätzlich zu trennen. Dies schließt indessen nicht aus, daß, je nach dem Bedürfnis der Wirtschaft, verschiedene Holzarten unter einer Tarifnummer zusammengefaßt werden.
3. Die Klassenteilung soll nicht nach dem Festgehalt, sondern nach den für den Gebrauchswert maßgebenden Dimensionen unter Heranziehung der Qualität erfolgen.
   a) Die Laubholzstämme sollen ohne Berücksichtigung der Länge nach dem Mittendurchmesser unter Ausscheidung von 2 Wertstufen in Klassen geteilt werden.
   b) Die Nadelholzblöcke sollen ohne Berücksichtigung der Länge nach dem Mittendurchmesser sortiert werden.
   c) Für das Nadellangholz soll die Sortierung nach dem Mittendurchmesser unter Berücksichtigung der Länge stattfinden.

(Siehe Mitteilungen des Deutschen Forstvereins, V. Jahrg., 1904, Nr. 5.)

Gebäude durch Grundrisse dargestellt werden. Die Wahl des richtigen
Maßstabs ist für alle Verhältnisse, welche einen zahlenmäßigen
Nachweis der Werte erfordern, von wesentlichem Einfluß. Das kann
am besten bei einer historischen und statistischen Behandlung des
Gegenstandes erkannt werden, auf die hier, wegen ihrer Bedeutung
für die forstliche Statik, wenigstens kurz hingedeutet werden mag.

Im Anfang der Volkswirtschaft wurden die verschiedenen Sachgüter unmittelbar gegeneinander ausgetauscht; es gab noch keinen
allgemein angenommenen Maßstab des Wertes. Der Fischer brachte
Fische, der Jäger Felle zum Austausch. Als sich später ein bestimmtes Umlaufsmittel bildete, war es natürlich, daß man dieses
zum Maßstab des Tausches wählte. In dem Umlaufsmittel wurde
der Wert aller Güter, die ausgetauscht werden, ausgedrückt. Solche
Umlaufsmittel hat es nun bei verschiedenen Völkern verschiedene
gegeben: Felle, Vieh, Nägel, Häute, Muscheln, Steine. Bei allen
wirtschaftlich entwickelten Völkern hat aber der natürliche Fortschritt dahin geführt, daß die edelen Metalle, Gold und Silber,
als Umlaufsmittel und Maßstab des Wertes benutzt wurden. Diese
Entwicklung ist so allgemein, daß sie in wesentlichen Eigenschaften
der Edelmetalle begründet sein muß.

Das wichtigste Erfordernis für einen Maßstab besteht
darin, daß er in seiner eigenen Größe nicht schwanken darf. Diese
Regel gilt für jeden mathematischen Maßstab, in welchem Größen
gemessen und dargestellt werden; sie gilt auch für die Maßstäbe
der Werte. Der Bedingung des Gleichbleibens entsprechen aber die
Edelmetalle innerhalb gewisser zeitlicher Grenzen besser, als alle
anderen Güter. Ihr Wert ist zwar auch kein durchaus fester und
gleichbleibender. Er gilt strenggenommen nur für eine bestimmte
Zeit und eine bestimmte Gegend. Er ist abhängig von den Kosten,
die aufgewendet werden müssen, um sie zu gewinnen und an den
Ort, wo sie gebraucht werden, zu befördern. Aber der Unterschied
in den Gewinnungs- und Transportkosten zu einer gegebenen Zeit
ist bei den Edelmetallen geringer als bei anderen Sachgütern. Sie
sind ferner durch ihre leichte Formbarkeit, Teilungsfähigkeit und
Dauer ausgezeichnet; sie besitzen die Fähigkeit, gewisse Luxus- und
Schönheitsbedürfnisse der Menschen am besten zu befriedigen. Deshalb sind sie, wie es für Umlaufsmittel und Preismaßstäbe nötig
ist, allgemein beliebt und werden beim Tausche nie zurückgewiesen.
Die Schwankungen im Wert des Geldes während kurzer Zeiträume
und zwischen verschiedenen Orten sind aus den angegebenen Gründen so gering, daß man sie vernachlässigen kann. Wenn die Preise
des Kiefernstammholzes an verschiedenen Orten zu 20 und 30 Mark
angegeben werden, so kann man wirklich unterstellen, daß das

Verhältnis der Werte in diesen Zahlen zum richtigen Ausdruck kommt. Ebenso ist es bezüglich des Wertes verschiedener Sortimente.

Anders liegen jedoch die Verhältnisse, wenn die Werte wirtschaftlicher Güter zu verschiedenen Zeiten oder während langer Zeiträume untersucht werden sollen. Für lange Zeiträume sind die Werte der Edelmetalle sehr verschieden. Im Laufe längerer Zeit haben die Gewinnungskosten, welche ihren Preis bestimmen, Veränderungen erlitten. Die Entdeckung Amerikas hat die Werte des Goldes um mehr als die Hälfte vermindert, eine ähnliche Verminderung hat in der neueren Zeit der Silberwert erlitten. Deshalb ist Metallgeld, wenn es sich um die Vergleichung der Werte in größeren Zeitabschnitten handelt, kein geeigneter Maßstab. Wenn der Preis für Kiefernstammholz im Jahre 1880 6 M., im Jahre 1900 20 M. betragen hat, so wird das wahre Verhältnis durch diese Zahlen nicht ausgedrückt; man muß den Maßstab nach Maßgabe des gesunkenen Geldwertes berichtigen.

Für ein Preismaß, das für lange Zeiträume oder fern voneinander liegende Zeitpunkte brauchbar sein soll, ist die wichtigste Bedingung, daß die Erzeugungskosten während langer Zeitabschnitte sich möglichst wenig ändern. Nun ändern sich diese aber am wenigsten bei denjenigen Gütern, welche das Hauptnahrungsmittel der zahlreichsten Volksklassen bilden, insbesondere beim Getreide. Das geringe Schwanken der Getreidepreise während langer Zeiträume ist darin begründet, daß jede eintretende Änderung in den Produktionskosten die Ursache einer Änderung nach der entgegengesetzten Richtung wird. Sinken die Preise der Lebensmittel dauernd, so erfolgt eine Zunahme der Bevölkerung. In dieser liegt ein Grund zu vermehrtem Bedarf an Getreide und darin die weitere Ursache einer Preiszunahme. Wegen seiner Unentbehrlichkeit und geringen Veränderlichkeit ist Getreide, wenn es sich um lange Zeiträume handelt, der beste Maßstab für den Tauschwert. Soll aber Getreide als ein solcher dienen, so darf man nicht die Werte einzelner Jahre, sondern man muß den Durchschnitt mehrerer aufeinanderfolgender Jahre zugrunde legen, weil die Produktion des einzelnen Jahres von der Witterung desselben zu sehr abhängig ist.

Als Maßstab für den Tauschwert der Güter ist in der nationalökonomischen Literatur ferner die Arbeit in Vorschlag gebracht. Da diese die ursprüngliche Quelle aller wirtschaftlichen Werte gebildet hat, so muß auch der Wert der Dinge am richtigsten durch die Menge von Arbeit, welche in ihnen enthalten ist, angegeben werden. Dabei kann entweder diejenige Arbeit zugrunde gelegt werden, welche auf die Erzeugung des betreffenden Gutes gerichtet ist, oder diejenige Arbeitsmenge, welche mit dem betreffenden Gute erkauft werden kann. Die erste Auffassung vertritt Ricardo,[1] die zweite A. Smith.[2] In beiden Fällen ist die Arbeit aber keine feste Größe. Die Opfer, welche in der Arbeit liegen, sind, bei der verschiedenen Veranlagung der Menschen, nicht gleich; die Wirkungen der Arbeit sind je nach den natürlichen Bedingungen, welche den Erfolg der Arbeit beeinflussen, verschieden. Unter allen Umständen aber haben die Arbeitslöhne für jede praktische Behandlung des vorliegenden Gegenstandes Bedeutung. Sie stehen zu den Lebensmittelpreisen in einem gewissen Verhältnis; ihre Angabe kann daher, wie diese, auch zu einer Erklärung der Veränderungen der Holzpreise beitragen.[3]

Bei der Vergleichung des ökonomischen Verhaltens verschiedener Holzarten, Kulturmethoden, Durchforstungs- und Lichtungsgrade, welche Aufgabe der forstlichen Statik ist, braucht man bisweilen auf die Zeit, für welche die Untersuchungen Geltung haben sollen, gar keine Rücksicht zu nehmen. Tatsächlich sind allerdings gerade in der Forstwirtschaft Wertveränderungen, die im Laufe der Zeit eintreten, von Bedeutung. Am bestimmtesten treten diese bei der Umtriebszeit hervor. Indessen die Veränderungen in den Werten, die hier zu berücksichtigen sind, kommen bei der Wahl des Zinsfußes zum Ausdruck. Die Vermutung, daß der Tauschwert des Holzes steigen werde, gibt Anlaß, daß man einen niedrigen Zinsfuß anwendet; die Vermutung, daß er sinken werde, würde die Wahl eines hohen Zinsfußes zur Folge haben. In beiden Fällen ist eine andere als ungefähre Schätzung für praktische Arbeiten nicht anwendbar. Mit Rücksicht hierauf darf es in der Regel für die Aufgaben der forstlichen Statik als genügend erachtet werden, die Werte des Holzes nach dem Maßstab des Metallgeldes auszudrücken.

---

[1] Grundgesetze der Volkswirtschaft und Besteuerung, Überschrift der ersten Abteilung: „Der Wert eines Gutes oder die Menge eines anderen Gutes, gegen welches man dasselbe vertauscht, richtet sich nach der verhältnismäßigen Menge Arbeit, welche zu seiner Hervorbringung erforderlich ist und nicht nach der größeren oder geringeren Vergütung, welche für diese Arbeit gegeben wurde."

[2] Quellen des Volkswohlstandes, 1. Buch, 5. Kap.: „Der Wert einer Ware ist für den Besitzer, der sie nicht selbst benutzen oder verzehren, sondern sie gegen andere Ware vertauschen will, gleich der Menge Arbeit, die sie ihn in den Stand setzt zu kaufen oder ihm zur Verfügung stellt. Daher ist Arbeit der wirkliche Maßstab für die Tauschwerte aller Waren."

[3] In den Nachweisungen der Holzpreise, welche sich auf lange Zeit erstrecken, werden deshalb auch die Marktpreise des Roggens und die Tagelohnsätze angegeben. Vgl. v. Hagen-Donner, Forstliche Verhältnisse Preußens, Tabelle 8b, 9a, 9b.

2. Das Verhältnis von Gebrauchs- und Tauschwert.

Da es die Forstwirtschaft, wie jede Wirtschaft, mit Gebrauchs-
und Tauschwert zu tun hat und die eine Wertart unter Umständen
durch die andere ersetzt oder ergänzt werden muß, so ist es von
Wichtigkeit, über das Verhältnis beider ein zutreffendes Urteil zu
erhalten. Von manchen Vertretern der Wirtschaftslehre ist die
Ansicht ausgesprochen, daß Gebrauchs- und Tauschwerte ganz verschiedene Begriffe seien, die wenig miteinander gemein hätten. Es
ist keine zufällige Erscheinung, daß diejenigen Nationalökonomen,
welche das gemeinwirtschaftliche Prinzip vertreten und den Gegensatz desselben zur privaten Wirtschaftsführung stark betonen, auf
die Unterschiede zwischen Gebrauchs- und Tauschwert mit Nachdruck hinweisen. Am entschiedensten ist dies von K. Marx geschehen, der in seiner bekannten Schrift („Das Kapital") das
Verhältnis zwischen Gebrauchs- und Tauschwert folgendermaßen
ausdrückt: „Daß die Substanz des Tauschwertes ein von der phy-
sich-handgreiflichen Existenz der Ware oder ihrem Dasein als
Gebrauchswert durchaus Verschiedenes und Unabhängiges, zeigt ihr
Austauschverhältnis auf den ersten Blick. Es ist charakterisiert
eben durch die Abstraktion vom Gebrauchswert." Helferich und
Schaeffle[1]) lassen in ihrer Kritik der Bodenreinertragslehre, um
die Mängel ihrer Grundlage zu erweisen, als wesentlichstes Argu-
ment die Ansicht durchblicken, daß die Bodenreinertragslehre auf
dem schwanken Grunde des Tauschwertes aufgebaut sei, während
die Wirtschaftspolitik die reichlichste Versorgung der Gesellschaft mit
Gebrauchswerten zur Aufgabe habe. Unter den neueren forstlichen
Schriftstellern hebt Borggreve[2]) in der Begründung seines forstlichen Glaubensbekenntnisses den Unterschied zwischen Gebrauchs-
und Tauschwert bestimmt hervor. „Die forstliche Produktion hat
die Aufgabe, das Areal, welches für eine intensivere und der Regel
nach einträglichere Wirtschaftsform nach verständigem Arbitrium
wenigstens bei der zeitlichen Lage der Verhältnisse dauernd nicht
geeignet ist, dauernd in der Erzeugung möglichst hoher forstlicher
Gebrauchswerte — also nicht Tauschwerte; sie entziehen sich beim
forstlichen Betriebe der Regel nach jeder verständigen Spekulation
— zu erhalten."

Zur Begründung der Unterschiede beider Wertarten ist her-
vorzuheben, daß der Preis der wirtschaftlichen Güter durch die
Kosten der Hervorbringung bestimmt wird, während diese auf den
Gebrauchswert ohne Einfluß sind. Aus der Verschiedenheit der

---

[1]) Vgl. die Einleitung. S. 10 f
[2]) Forstreinertragslehre, S 226.

Produktionsbedingungen ergibt sich, daß die Preise der Wirtschaftsgüter fortwährend Schwankungen unterworfen sind, während die
Gebrauchswerte der Natur der Sache nach ein gleichbleibendes Verhalten zeigen. Aus den Schwankungen in den Tauschwerten ergibt
sich die weitere Folge, daß die zeitweiligen Preise eines Gutes keine
Gewähr für seinen dauernden Wert darbieten.[1]) Es ist bekannt,
daß dieser Punkt bei der Ablösung von Berechtigungen eine nicht
unbedeutende Rolle gespielt hat. Die Berechtigten haben häufig
gegen die Ablösung geltend gemacht, daß die Berechtigung an Holz,
Streu usw. für sie die Quelle von Gebrauchswerten sei, daß ihnen
dagegen durch die Kapitalabfindungen nur Tauschwerte gegeben
würden, die ihnen, auch wenn sie an sich hoch bemessen wären,
einen Ersatz für die seitherigen Güter nicht gewähren könnten. Am
sichtlichsten tritt der Gegensatz zwischen Gebrauchs- und Tauschwert bei solchen Gütern hervor, die einen hohen Gebrauchswert
besitzen und für die Wirtschaft dadurch grundlegende Bedeutung
haben, denen aber Tauschwert überhaupt nicht zukommt. Manche
dieser Güter gestatten gar keine Besitznahme, wie Luft und Licht,
manche klimatischen Verhältnisse, Anlagen und Einrichtungen, die
einem Lande durch die Natur gegeben sind; andere, wie insbesondere das Wasser, sind in solcher Menge vorhanden, daß sie der
Wertschätzung überhaupt nicht unterworfen werden. Auch das Holz
hat zeitweise zu dieser Art von Wirtschaftsgütern gehört.

Trotz der hervorgehobenen Unterschiede besteht die allgemeine
Regel, daß Tausch- und Gebrauchswert keinen Gegensatz
zueinander bilden. Der Tauschwert hat im Gegenteil den Gebrauchswert zu seiner notwendigen Grundlage. Der Gebrauchswert
ist die einzige Ursache, daß im Verkehr Tauschwerte gezahlt werden.
Sobald der Gebrauchswert aufhört, schwindet auch der Tauschwert.
Beim Holz kommen die hervorgehobenen Gegensätze der beiden
Wertarten nur in geringem Maße zur Geltung. Von den Produktionskosten, auf deren Einfluß der wesentlichste Gegensatz der Wertarten
zurückgeführt wird, werden die Holzpreise weniger beeinflußt, als
es bei den meisten anderen wirtschaftlichen Gütern der Fall ist.

---

[1]) Bis zu einem gewissen Grade werden die Unterschiede zwischen
Tausch- und Gebrauchswert von allen Vertretern der Wirtschaftslehre anerkannt. Schon A. Smith macht darauf aufmerksam, daß das Wort Wert zwei
verschiedene Bedeutungen habe und bald die Nutzbarkeit eines besonderen
Gegenstandes, bald sein Vermögen, andere Güter eintauschen zu können, ausdrucke; er hebt die Gegensatze beider Arten des Wertes bestimmt hervor.
Ebenso leitet Ricardo das Hauptstück vom Wert mit der Bemerkung ein,
daß die Nutzbarkeit nicht den Maßstab des Tauschwertes bilde, obgleich sie
für ihn unbedingt erforderlich sei. — Die oben hervorgehobenen Unterschiede
zwischen beiden Wertarten sind Rau, Lehrbuch der politischen Ökonomie,
1. Band, 8 Aufl., §§ 64—66, entnommen.

„Der Tauschwert der wirtschaftlichen Güter pflegt auf einer Kombination des Gebrauchswertes mit den Kostenwerten zu beruhen" (Roscher). Beim Holze tritt aber der letztere wegen der langen Zeit, die zwischen der Begründung und Ernte liegt, und wegen der kostenlosen Entstehung der Urwälder zurück; er ist oft nicht nachweisbar. Um so bestimmter tritt der Gebrauchswert in den Vordergrund; er bildet überall Ursache und Maßstab der Preise. Daß dies wirklich der Fall ist, lehrt jede Holzversteigerung. Sobald das Holz eine Stärke erreicht, die es zu gewissen Verwendungsarten fähig macht, steigen auch die Preise. Ebenso macht sich jede technische Eigenschaft, die einer Holzart oder einem Sortiment eigentümlich ist, in den Preisen geltend; jede Erfindung, durch welche neue Gebrauchswerte hervorgerufen oder vorhandene Gebrauchswerte erhöht werden, hat alsbald auch auf den Tauschwert Einfluß. Manche Verhältnisse, insbesondere die Abnahme der Urwälder, regellose Abnutzung und mangelnder Anbau geben allerdings beim Holz mehr zu Schwankungen der Preise Veranlassung als bei anderen Bodenprodukten. Indessen die hierdurch veranlaßten Extreme werden in der Neuzeit durch die Einwirkung des Handels und die Anwendung von Ersatzstoffen gemildert. Als der wichtigste Bestimmungsgrund der Holzpreise muß überall der Gebrauchswert angesehen werden. Es liegt daher viel mehr Veranlassung vor, das Gemeinsame als das Gegensätzliche des Gebrauchs- und Tauschwertes hervorzuheben.

Wenn nach dem Gesagten Gebrauchs- und Tauschwert auch nicht im Gegensatz stehen, so empfiehlt es sich doch, beide Wertarten nicht nur begrifflich, sondern auch beim praktischen Gebrauch getrennt zu halten. Der Gebrauchswert hat unter allen Umständen eine tiefere und allgemeinere Bedeutung für die Wirtschaft. Ohne Gebrauchswert zu besitzen, kann eine Sache nicht Gegenstand der Wirtschaft sein. Vom Tauschwert kann dies nicht behauptet werden. Es haben lange Zeit Wirtschaftsbetriebe bestanden, bei denen der Tauschwert überhaupt keine Anwendung fand. In den kleinen bäuerlichen Wirtschaften spielt er oft noch immer eine untergeordnete Rolle; es wird hier das meiste für den eigenen Bedarf erzeugt. In der Forstwirtschaft ist der Tauschwert überhaupt erst später zur Anwendung gekommen. Die Nutzungen des Waldes erfolgten früher vorzugsweise im Wege der Berechtigung. Die Verwertung der Forstprodukte erfolgte durch Verteilung unter die Eigentümer und Berechtigten. Erst die neueste Zeit hat in dieser Beziehung gründliche Änderung eintreten lassen. Der Tauschwert spielt infolge der Ausbildung des Eigentums, der Ablösung der früheren Berechtigungen, der Ausbildung der Transportmittel und des Handels, der Zunahme des Nutzholzbedarfs jetzt auch in der Forstwirtschaft eine weit größere Rolle, als es früher je der Fall war.

Für manche Verhältnisse ist der Gebrauchswert noch immer von vorherrschender Bedeutung; und wo er genügt, verdient seine Anwendung den Vorzug. Zur Beurteilung des allgemeinen Waldzustandes ist ein Nachweis der Gebrauchswerte, wie er durch den Abschluß eines Betriebsplans und durch eine allgemeine Revierbeschreibung gegeben wird, die beste Grundlage. Holzart, Holzalter, Wuchs und Schluß der Bestände, die im Wirtschaftsplane dargestellt werden, enthalten die Kennzeichen von Gebrauchswerten. Für die forstliche Statik können diese Faktoren aber keine genügende Grundlage abgeben. Um bestimmte Untersuchungen über das ökonomische Verhalten verschiedener Holzarten anzustellen, ist der Nachweis der Gebrauchswerte nicht genügend. Der Gebrauchswert läßt sich nicht so bestimmt ausdrücken, wie es zu Untersuchungen der bezeichneten Art nötig ist. Das Bestreben, dem Wert bestimmten Ausdruck zu geben, führt zu seiner Umwandlung in Tauschwert. Die Einheit, deren Wert ausgedrückt werden soll, ist in der Regel das Durchschnittsfestmeter der Bestände, das aus verschiedenen Sortimenten zusammengesetzt ist.

Die Tauschwerte des Holzes zeigen im Einzelfalle große Schwankungen nach Zeit und Ort. Sie stellen sich, wenn man sie graphisch, durch Kurven, ausdrückt, in der Form von unregelmäßigen Linien dar. Daß aber die Holzpreise, wenn man sie zeitlich und räumlich nach Durchschnittsbeträgen ordnet, im großen viel mehr Ordnung und Gesetzmäßigkeit zeigen, als es die Oberfläche vermuten läßt, ist eine durch die Statistik erwiesene Tatsache, die auf allen Gebieten der Natur und des menschlichen Lebens Analogien findet.

3. Die Bestimmungsgründe des Tauschwertes.

a) Im allgemeinen.

Bei jedem Kauf und Verkauf liegen zwei Bestimmungsgründe der Preisbildung vor, die einerseits vom Käufer, andererseits vom Verkäufer ausgehen. Für den Käufer muß die gekaufte Sache mehr Wert besitzen, als das Geld, das er dafür ausgibt. Ohne eine solche Voraussetzung hätte der Kauf für ihn keinen Zweck. Dieser Wert bildet daher die oberste Grenze, bis zu welcher die Preise steigen können. Ebenso will aber auch der Verkäufer beim Austausch gewinnen. Einen Gewinn zu erzielen ist der einzige Zweck, zu dem er die Produktion ausführt. Dieser erfolgt aber nur dadurch, daß die Ware zu einem höheren Preise verkauft wird, als die Erzeugungs- oder Anschaffungskosten betragen. Letztere bezeichnen daher den geringsten Preis, zu dem ein Gut verkauft werden kann. Zwischen den genannten Grenzen müssen die Preise der Wirtschaftsgüter liegen.

Es hat nach Vorstehendem den Anschein, als werde der Preis der Güter durch zwei voneinander unabhängige Ursachen bestimmt. Allein bei einer näheren Untersuchung ergibt sich, daß zwischen den beiden Bestimmungsgründen doch gegenseitige Beziehungen bestehen. Die Käufer sind, bewußt oder unbewußt, genötigt, bei der Beurteilung des Wertes der zu kaufenden Güter auf die Erzeugungskosten Rücksicht zu nehmen und sie der Schätzung des Gebrauchswertes, die sie beim Kaufe vornehmen, zugrunde zu legen. Geschieht dies nicht, so ist ihre Nachfrage unwirksam. Als der allgemeinste Bestimmungsgrund der Preise müssen hiernach die Produktionskosten angesehen werden.[1]) So verschieden nun diese auch sind, so lassen sie sich doch auf gemeinsame Elemente zurückführen. Sie bestehen in der Summe der Arbeitslöhne, welche auf die Erzeugung verwendet sind; sodann in dem vollen Wert der verbrauchten Stoffe; in dem Zins und der Abnutzung der Werkzeuge und anderer zur Produktion verwandter fester Kapitalien; endlich in der Rente des Bodens.

Die Kosten der Erzeugung bezeichnen, wie sie auch berechnet werden mögen, den unteren Grenzwert des Preises. In der Regel muß derselbe höher sein; sonst würde alle Produktion, da sie für den Produzenten keinen Zweck hätte, aufhören. Im allgemeinen kann hiernach die Regel aufgestellt werden, daß die Preise gleich sind den Produktionskosten plus einem Gewinn, der den Produzenten zur Herstellung der betreffenden Güter veranlaßt. Ist dieser Gewinn ein den Verhältnissen entsprechender, so kann der Preis als ein normaler, mittlerer bezeichnet werden.[2]) In den Einzelfällen treten nun aber von diesem mittleren Preise mehr oder weniger starke Abweichungen[3]) hervor, die durch das Verhältnis von Angebot

---

[1]) „Güter von gleichen Reproduktionskosten haben regelmäßig gleichen Tauschwert" (Roscher, Grundlagen, § 107).

[2]) „Ist der Verkaufspreis einer Ware weder größer noch kleiner als nötig ist, um die Rente von dem Stücke Landes, den Lohn für die Arbeit und den Gewinn für das Kapital, welche zur Erzeugung, Bereitung und zum Transport der Ware an den Markt erfordert werden, in ihren natürlichen Beträgen zu decken, so wird die Ware zu dem Preis verkauft, welchen man ihren natürlichen nennen kann. ... Der natürliche Preis ist gewissermaßen der Mittelpunkt, nach welchem die Preise aller Waren beständig gravitieren. Mancherlei Zufälligkeiten können sie auf eine Zeitlang hoch über demselben halten und wiederum sie unter ihn herabdrucken — bei allen Hindernissen aber, die sie von diesem Punkt dauernder Ruhe abwenden, ist doch ihr Streben beständig wieder dahin gerichtet" (A. Smith, Volkswohlstand, 1. Buch, 7. Kap.).

[3]) „Die Regel, daß Güter von gleichen Produktionskosten auch gleichen Tauschwert haben, gilt natürlich nur insofern, als eine beliebige Übertragung der Produktionsfaktoren aus einem Zweige der Produktion in den andern

und Nachfrage veranlaßt werden. Die hiernach sich ergebenden Preise werden **Marktpreise** genannt und sind je nach Zeit und Ort Veränderungen ausgesetzt. Der Grad, in welchem diese wirklichen Preise von den normalen abweichen, ist je nach der Natur der betreffenden Wirtschaftsgüter verschieden. Es gibt Güter, die in beliebiger Menge erzeugt werden können. Hierher gehören die meisten Erzeugnisse des Gewerbfleißes. Bei ihnen suchen sich die Preise und Produktionskosten unmittelbar ins Gleichgewicht zu setzen. Im stärksten Gegensatz zu diesen Wirtschaftsgütern stehen solche, welche überhaupt nicht erzeugt werden können, wie z. B. seltene Tiere, Kunstgegenstände, Altertümer. Ihre Preise sind ausschließlich von der Nachfrage abhängig und können jede Höhe erreichen. In der Landwirtschaft ist die Möglichkeit, die Produktion zu erweitern, weit beschränkter als im Gewerbfleiß. Und innerhalb der durch die Größe der Bodenfläche gegebenen Schranken kann menschlicher Fleiß nur auf die durchschnittliche Menge der Erzeugnisse einwirken, während das Wachstum der einzelnen Jahre von den Witterungsverhältnissen abhängig ist. Daher müssen die Preise der landwirtschaftlichen Erzeugnisse von Jahr zu Jahr weit größere Unterschiede zeigen, als die der in beliebiger Menge herstellbaren Industrieprodukte. Endlich gibt es auch wirtschaftliche Güter, auf deren Erzeugung, da sie an besondere, in beschränktem Maße vorliegende Bedingungen geknüpft ist (wie z. B. Mineralien, Fische usw.), menschlicher Fleiß weit weniger einwirken kann, als beim Getreide. Hier müssen die Preise auch stärkeren Schwankungen unterliegen.

Im allgemeinen besteht hinsichtlich der wichtigsten Lebensbedürfnisse die Regel, daß, je höher die wirtschaftliche Kultur entwickelt ist, um so teuerer verhältnismäßig solche Güter werden, bei deren Hervorbringung der Boden und die mit ihm verbundenen Naturkräfte in besonderem Grade wirksam sind, um so billiger dagegen solche, bei denen Arbeit und Kapital die Hauptrolle spielen.[1]) Diese Regel findet auch Anwendung bei

---

möglich ist. Wo diese wahrhaft freie Konkurrenz nicht besteht, da hängt der Preis lediglich ab von der Größe des Ausgebots verglichen mit dem Bedürfnis und der Zahlungsfähigkeit der Käufer und kann daher bald hoch über die Produktionskosten emporsteigen (Monopolpreise), bald tief unter dieselben herabsinken (Schleuderpreise)" (Roscher a. a. O.).

[1]) Aus dem Preisverhältnis der verschiedenen Warenklassen untereinander lassen sich deshalb für die Kulturstufe, die ein Land erreicht hat, wichtige Schlüsse ziehen. „Ebenso erklärt es sich aus dem obigen Gesetze, warum jugendliche, wenig entwickelte Völker, wo natürlich die Rohproduktion überwiegt, ihre Gewerb- und Handelsbedürfnisse am liebsten gerade von den allerhöchst kultivierten fremden Völkern beziehen." Roscher, Grundlagen, § 130. — Ein näheres Eingehen auf dieses auch für die Forstwirtschaft wichtige Gesetz ist Aufgabe der Forstpolitik.

b) dem Hauptprodukt der Forstwirtschaft.

Die Produktionskosten des Holzes, welche den Preisen zugrunde liegen, sind Gegenstand des folgenden Abschnitts. Hier werden nur einige Bemerkungen im Anschluß an die allgemeinen Regeln der Preisbildung angefügt.

Vom Standpunkt der Theorie gilt auch für die Forstwirtschaft die allgemeine Regel, daß die Preise den Produktionskosten entsprechen und in diesen ihre unterste Grenze finden sollen. Indessen hat die Forstwirtschaft gewisse Eigentümlichkeiten, die es verhindern, daß jene Regeln unmittelbar, in strenger, zahlenmäßiger Fassung, auf sie übertragen werden können. Diese Besonderheiten haben einmal in dem Umstand ihren Grund, daß in der Forstwirtschaft die Naturkräfte in stärkerem Maße wirksam sind, als in den meisten anderen Wirtschaftszweigen; sodann in der langen Dauer, welche zwischen der Erzeugung und der Ernte des Holzes liegt. Diese bildet das am meisten charakteristische Merkmal für die Führung der Forstwirtschaft. In bezug auf die Holzpreise ergeben sich dadurch die nachfolgenden Eigentümlichkeiten:

Erstens lehrt ein Blick auf die geschichtliche Entwicklung der Forstwirtschaft, daß der Wald zunächst lediglich durch die Wirkung der Natur entstanden ist. Auf Naturgaben finden die Regeln der allgemeinen Wirtschaftslehre über den Preis keine Anwendung. Die Waldungen, welche Deutschland bedeckten, bildeten bei den Ansiedelungen oft ein Hindernis und mußten, damit die wichtigsten Aufgaben der Kultur erreicht werden konnten, möglichst vollständig beseitigt werden. Das Holz hatte unter solchen Verhältnissen keinen Wert. Wenn auch dieser primitive Zustand in Deutschland mehr und mehr geschwunden ist, so ragen doch noch immer Reste jenes früheren Verhältnisses in die wirtschaftlichen Zustände der Gegenwart hinein. Noch mehr ist dies in anderen Ländern der Fall. Amerika hat bis in die neueste Zeit den Wald lediglich als Naturprodukt, das nur auszubeuten, nicht zu erzeugen ist, angesehen; ebenso viele Waldbesitzer in Nord- und Südeuropa. In der neueren Zeit treten aber die Zustände des Naturwaldes mehr und mehr zurück. Überall tritt die ökonomische Bedeutung und der wirtschaftliche Charakter des Waldes in den Vordergrund.

Zweitens ergibt sich aus der langen Dauer, die das Holz zu seiner Reife gebraucht, daß manche von der Natur gebildeten Waldprodukte Seltenheitspreise erhalten[1] und lange behaupten können.

---

[1] Schon Ricardo hob diesen Einfluß der Seltenheit auf den Tauschwert bestimmt hervor, indem er (Grundgesetze der Volkswirtschaft, 1. Hauptstück) ausführte: „Die Güter leiten, wenn sie Nutzbarkeit besitzen, ihren Tauschwert von zwei Quellen ab, nämlich von ihrer Seltenheit und von der Menge von

Beim gesunden Eichenholz im Spessart,[2]) dem edelsten Produkt der deutschen Forstwirtschaft, und beim Fichtenholz des Böhmerwaldes, das zu musikalischen Instrumenten brauchbar ist, übertrifft der Preis um das Mehrfache denjenigen von ähnlichem Holz gleichen Alters, dem gewisse technische Eigenschaften, die jene Hölzer auszeichnen, nicht eigentümlich sind. Indessen Seltenheitspreise können, so wichtig sie für einzelne Wirtschaftsgebiete auch sind, der Wirtschaft im großen nicht zugrunde gelegt werden. Allgemeine Erörterungen forstlicher Fragen haben sich auf die Massenprodukte zu stützen; die mittleren Qualitäten sind die entscheidenden.

Drittens bestätigen alle Ergebnisse der Statistik, daß während der langen Dauer, die das Holz zu seiner Reife gebraucht, äußere wirtschaftliche Verhältnisse mancher Art eintreten, welche die Preise ganz unabhängig von den Produktionskosten beeinflussen. Die allgemeine Entwicklung der wirtschaftlichen Kultur, die Fortschritte der Technik, die Ausnutzung der Naturkräfte durch Maschinen, die Verbesserung der Transportmittel üben auf die Rentabilität der Forstwirtschaft großen Einfluß, der auch dann wirksam ist, wenn von seiten der Forstwirte und Waldeigentümer nichts geschieht, um sich jene Errungenschaften der Technik in besonderem Maße nutzbar zu machen. In der Art und Weise, wie sich diese äußeren Verhältnisse geltend machen, ergeben sich der Natur der Sache nach große Verschiedenheiten. Für menschliche Einsicht sind sie oft kaum erkennbar. Meist sind die Fortschritte, welche auf dem allgemeinen Gebiete der Volkswirtschaft und Technik gemacht werden, für die Forstwirtschaft günstig. In der neueren Zeit war die Zunahme des Bergbaues, die Erfindung der Zellulose, die Fortschritte

---

Arbeit, die erforderlich wird, um sie zu erlangen. Es gibt Güter, deren Tauschwert einzig und allein durch ihre Seltenheit bestimmt wird. Keinerlei Arbeit kann ihre Anzahl vergrößern und deshalb vermag ihr Tauschwert nicht durch gesteigertes Angebot verringert zu werden. Ihr Tauschwert ist von der ursprünglich zu ihrer Hervorbringung notwendigen Arbeit ganz und gar unabhangig und wechselt bloß mit dem Wechsel im Wohlstande und in der Neigung derjenigen, welche sie zu besitzen wünschen."

[2]) Der Nachweis der Preise des Spessarter Eichenholzes ist für die forstliche Statik und Politik von [illegible] Interesse und bietet für die obigen Ausführungen ein treffendes Be[illegible] Mitteilung des Forstamtes Rothenbuch waren die Durchschnittspreise p. fm Eichenstamme seit 1860 folgende:

	I. über 66	II. 60—65	III. 55—60	IV. 48—54	V. Klasse: 39—47 cm Mittendurchmesser
1860	37	31,50	26,50	24	19 Mark
1870	45,50	40,50	35	27,50	22,40 ,,
1880	50,10	54,10	51,30	29,85	25,50 ,,
1890	96,96	75,76	62,21	51,17	37,70 ,,
1900	109,83	90,80	66,32	48,85	37,94 ,,

Diese Zahlen zeigen einerseits die Abweichungen der einzelnen Jahre, lassen aber andererseits die Wertzunahme, die mit dem Fortschritt der Volkswirtschaft eintritt, für die verschiedenen Sortimente klar erkennen.

auf dem Gebiete der Veredelung des Holzes von Einfluß auf die Preise mancher Hölzer. Der Bergbau hat das schwächere Kiefernholz, die Herstellung der Zellulose hat das Fichten- und Aspenholz im Preise gehoben; jede Verbesserung auf dem Gebiete der Imprägnierung trägt dazu bei, Buchenholz wertvoller zu machen. Andererseits können nun aber auch durch Kulturfortschritte nachteilige Wirkungen auf die Preise des Holzes herbeigeführt werden. So hat die Steigerung der Kohlenförderung auf die Verwendung der Buche einen ungünstigen Einfluß ausgeübt. Ebenso sind durch die Konkurrenz des Eisens die Preise mancher Nutzhölzer hinter dem Stand, den sie ohne jene Konkurrenz erreicht haben würden, zurückgeblieben.

Als Folge der langen Dauer seiner Erzeugung ist endlich hervorzuheben, daß die Konjunkturen des Marktes beim Holze anders ausgenutzt werden können und müssen, als es bei den meisten anderen Gütern geschieht. Bei den Dingen, die schnell erzeugt werden, vermag sich die Produktion der Konsumtion anzupassen. „Die Konsumtion ist die Mutter der Produktion" (Pfeil). Es entstehen wohl Überproduktionen und Absatzkrisen, aber solche werden, wenn sie auch störend sind, doch früher oder später überwunden. Beim Holze liegen die Verhältnisse anders als bei den meisten Produkten des gewerblichen Lebens. Einerseits läßt sich dem zunehmenden Bedarf durch Vermehrung des Einschlags besser entsprechen, als es in anderen Zweigen der Bodenkultur möglich ist. Durchforstungen und Lichtungen können bei zunehmendem Verbrauch des schwachen Holzes regelmäßiger, häufig auch kräftiger geführt werden. Aber durch vermehrte Erzeugung dem zunehmenden Bedarf Rechnung zu tragen, ist in der Forstwirtschaft mit besonderen Schwierigkeiten verbunden. Eine Zunahme des Bedarfs und der Preise gibt zwar auch einen Ansporn zur Vermehrung des Anbaus. Allein diese Wirkungen erfolgen doch so allmählich, daß unmittelbare Beziehungen zwischen Konsumtion und Produktion nicht hergestellt werden können. Als die wesentlichste Folge entspringt hieraus die politische Forderung, daß die Regierungen Veranlassung nehmen, sich mit der ökonomischen Bedeutung des Waldes mehr zu beschäftigen, als es bei den meisten anderen Gütern erforderlich erscheint.

In den angeführten Umständen liegen die wesentlichsten Ursachen, welche der Regelmäßigkeit der Preise und ihrer Abhängigkeit von den Erzeugungskosten entgegenstehen. Zufolge derselben ergeben sich Abweichungen, die einerseits in zeitlicher, andererseits in örtlicher Richtung zu ordnen sind. Hinsichtlich der zeitlichen Entwicklung besteht die Regel, daß trotz mancher rückläufigen Bewegungen die Preise des Holzes eine zunehmende Tendenz besitzen. Bei den Waldprodukten sind Boden und Naturkräfte in besonderem Grade wirksam. Der Boden wird aber im Verlauf der Kultur im Verhältnis zu den Ansprüchen, die an ihn gestellt werden, seltener und teuerer. „Je höher die Volkswirtschaft entwickelt ist, um so teuerer pflegen verhältnismäßig alle solche Güter zu werden, bei deren Hervorbringung der Faktor der tauschwerten Natur überwiegt" (Roscher). Bei keinem Rohprobukt ist dies in höherem Maße der Fall, als beim Holze. Der Abnahme des der Holzzucht gewidmeten Bodens steht die Steigerung des Verbrauchs durch Zunahme der Bevölkerung, des Wohlstandes, mancher technischer Erfindungen gegenüber. Die Statistik bestätigt es, daß die Preise des Holzes in stärkerem Maße gestiegen sind, als der Abnahme des Geldwertes entspricht. Am bestimmtesten tritt die zunehmende Tendenz beim Nutzholz hervor, das in der neueren Forstwirtschaft bei allen Holzarten ausschlaggebend ist. Aber auch beim Brennholz, dessen Bedeutung mehr und mehr zurücktritt, ist vielfach eine Preissteigerung eingetreten; und wo dies nicht der Fall war, ist ein Sinken in weit schwächerem Maße erfolgt, als vielfach erwartet wurde. Nicht die Brennkraft ist für den Brennholzpreis maßgebend, sondern gewisse Eigenschaften des Holzes, die unabhängig von der Konkurrenz der Kohle sind. — In örtlicher Hinsicht zeigen die Holzpreise große Unterschiede, die in der Entlegenheit des Waldes und der Schwere des Holzes ihre Ursache haben. Die Entlegenheit des Waldes war die Ursache, daß lange Zeit hindurch eine regelmäßige Nutzung des Holzes überhaupt nicht stattfinden konnte. In der Nähe der Wasserstraßen fanden Übernutzungen, fern von den Wasserstraßen fanden oft gar keine Nutzungen statt. Namentlich konnten regelmäßige Durchforstungen nicht geführt werden. Die Schwere ist noch immer die wesentlichste Ursache, daß die Unterschiede zwischen den Preisen im Walde und an den Verbrauchsorten und zwischen den Preisen verschiedener Absatzlagen größer sind, als bei den meisten anderen Produkten der Bodenkultur, als insbesondere beim Hauptprodukt der Landwirtschaft. Aus diesen Unterschieden ergibt sich die große Bedeutung, die alle die Beförderung betreffenden Mittel für die Forstwirtschaft besitzen. Das Rücken des Holzes im Walde, die Herstellung guter Wege und anderer Beförderungsmittel, die ausgiebige Benutzung der Wasserstraßen und die Maßregeln der Zoll- und Beförderungspolitik tragen dazu bei, um die Transportkosten zu vermindern und die Waldpreise zu heben.

Trotzdem aus den vorstehend angegebenen Ursachen die Preise der Waldprodukte zeitlich und örtlich weit größere Unterschiede zeigen, als die der meisten anderen Wirtschaftsgüter, insbesondere des Hauptprodukts der Landwirtschaft, so gilt doch auch für sie das allgemeine ökonomische Gesetz, daß sie, wenn sie nach den Regeln der Statistik behandelt und dargestellt werden, weit mehr Ordnung und Regelmäßigkeit erkennen lassen, als man bei einer oberflächlichen Betrachtung der Einzelfälle vermutet.[1])

---

[1]) „Im ganzen werden die Preise mit dem Steigen der volkswirtschaftlichen Kultur immer regelmäßiger. Kulturfortschritte haben schon insofern das Bestreben, die Preiskämpfer einander zu nähern, als sie die Produktionskosten regelmäßig vermindern, die Zahlungsfähigkeit der Käufer steigern. Die allgemeinere Arbeitsteilung macht jeden einzelnen verkehrsbedürftiger und verkehrsgewohnter; es hört also der Tausch immer mehr auf, eine Sache des Zufalls zu sein. Die besseren Kommunikationsanstalten machen es in jeder Beziehung leichter, daß Ausgebot und Nachfrage einander begegnen Mit dem Fortschreiten der allgemeinen Bildung wird auch die Warenkenntnis allgemeiner.... So werden Betrugs- und Irrtumspreise immer seltener, wozu auch die genaueren Bestimmungen über Gewicht und Maß beitragen. Die wachsende Bevölkerung macht in jedem Verkehrszweige die Konkurrenz lebhafter ... Ganz besonders führt das Aufkommen eigener Kaufleute mehr Gleichmäßigkeit der Preise herbei usw." (Roscher, Grundlagen, § 115).

Die Anerkennung der Regel und gesetzmäßigen Entwicklung in wirtschaftlichen Dingen darf jedoch nicht zu der Annahme führen, man könne den zeitlichen Verlauf der Preise des Holzes auf mathematischem Wege, durch Kurven oder Gleichungen, darstellen, die insbesondere von G. Heyer vertreten wurde, welcher — Handbuch der forstlichen Statik, S. 45 — schreibt: „Um festzustellen, ob eine bestehende Umtriebszeit beizubehalten, oder ob und um welchen Betrag dieselbe zu ändern sei, mussen die künftigen Holzpreise ermittelt werden. Den einzig sicheren Anhaltspunkt hierzu bietet das Gesetz dar, nach welchem der Holzpreis in den vorhergehenden Jahren sich änderte. Man trägt zur Erforschung dieses Gesetzes die Preise, welche für ein bestimmtes Sortiment im Laufe der letztverflossenen a Jahre erzielt wurden, als die Ordinaten einer Kurve auf und verlängert dieselbe nach Maßgabe ihres bisherigen Verlaufes; oder man ermittelt, wenn es sich um größere Genauigkeit handelt, die Gleichung der Kurve und bestimmt hiernach den Holzpreis für einen späteren Zeitpunkt. Je größer die Zahl der Jahre ist, für welche Beobachtungen über die Holzpreise vorliegen, und je kleiner man den Zeitraum annimmt, für welchen die künftigen Preise ermittelt werden sollen, um so zuverlässiger wird das Resultat sich gestalten." Kaum ein anderer Punkt hat die Kritik gegen die Reinertragslehre in starkerem Grade herausgefordert, als die vorstehende Bemerkung über die Holzpreise Der kräftigste Ausdruck wurde ihr gegeben durch Borggreve, welcher — Forstwirtschaftslehre, S. 89 — schreibt: „Daß die Herren von der Statik den deutschen Forstleuten zumuten konnten, die wirklich frivol-abgeschmackte Behauptung, man könne aus den früheren Preisen eines Gutes, insbesondere des Holzes, die künftigen, und zwar auf viele Dezennien hin, mathematisch ‚ermitteln‘, für bare Münze zu nehmen, beweist eben nur, daß dieselben entweder von dem gesunden Menschenverstande und der allgemeinen Bildung ihres Publikums eine betrübend geringe Meinung hegen — oder daß sie selbst in ihrer einseitigen Verbissenheit über dem Rechnen das Denken total verlernt haben Die Herren werden nächstens auch aus der bisherigen Zunahme der deutschen Eisenbahngrundfläche ‚ermitteln‘, wann ganz Deutschland mit Eisenbahnen bedeckt ist und seine Kartoffeln zwischen Schienen und Schwellen zu erziehen hat; sie werden durch ‚Verlangerung hoherer Kurven nach Maßgabe ihres bisherigen Verlaufs‘ auch den Kurs der Magdeburg-Halberstadter Bahn- oder Berliner Tivoli-Bier-Aktien pro anno 1930 feststellen; sie werden — alles mit Hilfe hoherer Kurven, von denen freilich der gemeine Forstmann nichts versteht — berechnen, wann die nächste Erfindung gemacht wird, welche, ähnlich wie die Eisenbahnen seit 30 Jahren,

4. Ermittelung und Darstellung der Preise.

Eine gute Darstellung der Preise ist eine der wichtigsten Aufgaben der forstlichen Statistik. Aus den Preisen können bestimmte Folgerungen für manche technische Maßnahmen (Durchforstung, Lichtung) gezogen werden; auch für manche Aufgaben der Forstpolitik (Zollschutz, Beförderung) können sie Bedeutung gewinnen. Die Preise sind nach Sortimenten zu ordnen, zum Alter und Standort in Beziehung zu setzen und nach ihren zeitlichen und örtlichen Veränderungen zu untersuchen.

a) Nach Sortimenten.

Die Sortimente bilden die Einheit, auf welche alle Wertnachweise bezogen werden. Eine nach Sortimenten geordnete Preisberechnung wird in geregelten Forstverwaltungen jährlich nach den Abschlüssen der Versteigerungsprotokolle und anderen Verkaufsurkunden vorgenommen. Die nach den Durchschnittsergebnissen eines oder mehrerer Jahre festzustellenden Preise werden bei der Geschäftsführung angewandt; sie bilden die Taxen, die beim Verkaufe zugrunde gelegt werden. Für die forstliche Statik haben hauptsächlich diejenigen Sortimente, welche für die Betriebsführung ausschlaggebend sind, Bedeutung. Hierher gehört insbesondere das in Stämmen ausgehaltene Nutzholz, beim Nadelholz die langen Nutzholzstämme, beim Laubholz die astreinen Schneideabschnitte. Der Umtriebszeit kann häufig durch das Preisverhältnis der verschiedenen Sortimente eine gute Begründung gegeben werden. Um richtige Resultate auf dem vorliegenden Gebiete zu erhalten, ist es aber erforderlich, daß die Sortimente der Hölzer nach den unter 14 angegebenen Grundsätzen, entsprechend ihren Dimensionen und technischen Eigenschaften, gebildet sind. Wenn dies nicht geschieht, sondern Hölzer von verschiedenen Dimensionen und verschiedener Gebrauchsfähigkeit in die gleichen Taxklassen vereinigt werden, können die Ergebnisse der Preisstatistik weder für die geschäftlichen Zwecke, zu denen sie aufgestellt werden, noch zu Arbeiten forststatischer Natur benutzt werden.

b) Nach Alter und Standort.

Für die meisten Aufgaben der forstlichen Statik ist es von Wichtigkeit, daß die Tauschwerte zum Alter in Beziehung gesetzt

---

eine totale Änderung der bisherigen Verkehrsverhältnisse bedingen muß; sie werden auf Grund der bisherigen Bohrresultate die Entdeckung neuer Steinkohlenlager vorausbestimmen, ja vielleicht auch durch Auftragung der Kriege von 1864, 1866 und 1870 als Ordinaten eine reizende Kurve konstruieren, aus welcher ‚durch Verlängerung nach Maßgabe ihres bisherigen Verlaufs‘ bezüglich der künftigen Kriege Deutschlands nach Zeit und Größe der ‚einzig sichere Anhaltspunkt‘ gewonnen wird" usw. usw.

werden. Insbesondere ist dies nötig, um den Wertzuwachs zu berechnen, der sich beim Übergang von einer zur andern Altersstufe ergibt. Der Verlauf des Wertzuwachses ist stets einer der wichtigsten Bestimmungsgründe fur die Höhe der Umtriebszeit. Auch zur Begründung mancher Hiebe, durch welche der stehende Bestand in seinem Wert gefördert werden soll, muß auf den Wertzuwachs eingegangen werden. Die Einheit, welche der Berechnung des Wertzuwachses zugrunde gelegt wird, ist das Durchschnittsfestmeter des stehenden Bestandes. Dasselbe ist aus verschiedenen Sortimenten zusammengesetzt; es besteht aus dem Holz des Schaftes und der Krone, aus Derbholz und Reisholz. Häufig kann jedoch auch hier die Beschränkung der zahlenmäßigen Rechnung auf das wichtigste Sortiment, das in der Regel das als Stamm auszuhaltende Nutzholz des Schaftes ist, genügen.

Die Ermittelung des Wertzuwachses wird, da ein Einschlag ganzer Bestande meist nicht tunlich ist, an Modellstämmen vorgenommen, die zu diesem Zwecke für die verschiedenen Stammklassen der Bestände in gleicher oder ähnlicher Weise ausgewählt werden, wie dies auch zur Massenermittelung geschieht. Die Bildung verschiedener Stärkeklassen ist dabei in der Regel erforderlich, weil die Unterschiede derselben bezüglich ihrer Gebrauchsfähigkeit hervortreten müssen. Trotzdem sich die Werte der einzelnen Sortimente von einer zur andern Klasse sprungweise ändern, so trägt doch die Wertzunahme der Bestände einen stetigen Charakter, der in den allmählich sich verändernden Prozentsätzen der Stammklassen, welche das Durchschnittsfestmeter zusammensetzen, rechnungsmäßig Ausdruck findet.

Da Länge und Stärke der Stämme, die cet. par. den Gebrauchswert bestimmen, nach der Gute des Standorts verschieden sind, so müssen alle Nachweise des Wertes nach den Standortsklassen geordnet werden. Holz auf höheren Standortsklassen hat bei gleichem Alter größeren Wert als auf den geringeren; die Unterschiede zwischen zwei Altersstufen sind auf den besseren Böden größer als auf den schlechtern. Hölzer von besonders starken Dimensionen können überhaupt nur auf guten Bonitäten erzeugt werden.

Soll endlich auch der Einfluß der Wuchsbedingungen, insoweit sie die Bestandesbildung betreffen, auf den Wert des Holzes zum Ausdruck gebracht werden, so muß die Trennung der Bestände auch nach Maßgabe der verschiedenen Durchforstungs- und Lichtgrade erfolgen. Auf die Qualität hat stets der Wachsraum, den die Stämme während ihrer verschiedenen Altersstufen gehabt haben, Einfluß. Der weite Wachsraum beschleunigt die Ausbildung der Stärke der Stämme, erhält aber die Aste langer am Leben; der enge Wachsraum hat die entgegengesetzte Wirkung auf die Stammbildung. Holz der besten Beschaffenheit wird durch Erhaltung des Schlusses in der Jugend und spätere allmähliche Erweiterung des Wachsraums erzeugt. Eine Trennung der Wertnachweise nach Durchforstungs- und Lichtungsgraden ist insbesondere bei den Arbeiten des forstlichen Versuchswesens erforderlich, die auch für die forstliche Statik die Unterlagen abgeben. In den einzelnen Revieren liegen die Verhältnisse meist so, daß die Art der Erziehung eine gleichartige ist oder doch so wenig Unterschiede zeigt, daß eine Trennung in der vorliegenden Richtung nicht erforderlich wird.

c) Zeitliche Veränderungen der Holzpreise.

Zur Nachweisung der zeitlichen Veränderungen in dem Tauschwert des Holzes dient eine Preisstatistik, welche sich auf eine längere Vergangenheit erstreckt. Für die direkten Aufgaben der Betriebsregelung ist ein solcher Nachweis in der Regel nicht erforderlich, da zum Nachweis der Umtriebszeit und anderer Aufgaben der forstlichen Statik nur die Preise der nächstvorangegangenen Perioden zugrunde gelegt werden. Dagegen gewährt der Nachweis der Preisveränderungen doch allgemeines Interesse, sowohl in wissenschaftlicher als auch in praktischer Beziehung. Manche Maßnahmen der Forstverwaltung und Politik können durch den Nachweis der Zunahme des Holzwertes eine Begründung erhalten. Für die forstliche Statik kann die zeitliche Veränderung der Tauschwerte des Holzes zur Begründung des Zinsfußes verwendet werden.[1] Aus den Resultaten, die eine geschichtliche Betrachtung der Holzpreise erkennen läßt, ergibt sich, daß die Forstprodukte mit dem Fortschreiten der Kultur an Wert zugenommen haben.[2] Diese Zunahme ist jedoch keine stetige; sie ist auch für verschiedene Sortimente keine gleichmäßige; sie tritt am stärksten hervor bei den Sortimenten,

---

[1] Vgl. 3. Abschnitt, II.

[2] Die hier ausgesprochene Regel findet in den statistischen Nachweisungen aller Länder ihre Bestätigung. Nach den Mitteilungen der sächsischen Forsteinrichtungsanstalt (Thar Forstl Jahrbuch, 47. Band) hat für den Durchschnitt aller königlich sachsischen Staatsforsten betragen:

in der zehnjahrigen Periode von

	1817/26	1827/36	1837/46	1847/53	1854/63	1864/73	1874/83	1884/93
die Einnahme für 1 fm Derbholz	5,93	6,56	7,78	8,45	10.30	11,49	13,28	13,80 M.
der Reinertrag für 1 fm Derbholz	3,43	3,70	4,53	5,32	7,22	8,57	9,14	9,30 ,,
der Reinertrag auf 1 ha Holzboden	9,84	10,34	11,52	16,00	24,82	36,64	43,17	45,43 ,,

Für die preußischen Staatsforsten haben — vgl. v. Hagen-Donner, Forstliche Verhältnisse Preußens, Tabelle 9a — die Durchschnitte aus den Holztaxen sämtlicher königlicher Oberforstereien betragen für:

welche durch die Abnutzung der Urwaldungen seltener geworden sind und für die am wenigsten Ersatzmittel in anderen Stoffen vorliegen.[1]) Dies ist insbesondere bei den zu Schreiner- und Böttcherwaren geeigneten Hölzern der Fall.

d) Örtliche Verschiedenheiten der Holzpreise.

Fur die leitenden Behörden gewährt der statistische Nachweis der Preisunterschiede, welche sich in örtlicher Hinsicht ergeben, am meisten Interesse. Aus ihnen geht der große Einfluß hervor, den die Entfernung des Waldes von den Verbrauchsorten auf die Reinerträge ausübt. Da das Holz im Verhältnis zu seinem Wert ein hohes Gewicht besitzt und die Waldungen meist entlegene Standorte einnehmen, so müssen sich die Transportkosten bei ihnen in besonderem Grade geltend machen. Die Transportkosten sind negative Wertelemente. Eins der wichtigsten Mittel zur Hebung der Rentabilität der Forstwirtschaft besteht darin, daß diese negativen Faktoren des Ertrags nach Möglichkeit vermindert werden. Dies liegt im gleichen Interesse der Waldeigentümer und der Konsumenten, der Landesteile, die Überfluß und derjenigen, die Mangel an Holz haben.

Aus den großen Wertunterschieden, die nach den örtlichen Verhaltnissen der Waldungen bestehen, ergibt sich, daß der Nachweis der Holzpreise immer nur örtlich beschränkte Geltung hat und demgemäß für kleine Wirtschaftsgebiete hergestellt werden muß.[2])

	1 fm Eichen-Nutzholz in Stammen v. 0,5—1 fm	1 fm Nadelholz-Nutzholz in Stammen v. 0,1—1 fm	1 rm Buchen-Scheit	1 rm Nadelholz-Scheit
im Jahre 1837	10,40	6,68	2,70	1,74 M.
„ „ 1881	20,84	12,32	5,42	3,63 „
Zunahme	105	95	102	109 %
fur 1 Jahr	2,4	2,2	2,3	2,5 „

Der Reinertrag pro Hektar Gesamtflache hat betragen:

Jahr	1830	1835	1840	1845	1850	1855	1860	1865	1870	1875	1880	1885	1890
	4,38	3,23	4,31	4,18	4,62	5,24	5,79	10,10	7,86	12,51	9,24	10,36	13,65 M

Nahere Angaben uber Preisveranderungen folgen im angewandten Teil.

[1]) Vgl. die Preisnachweisung, S. 120

[2]) Die ortlichen Unterschiede in den Preisen von Holzern gleicher Beschaffenheit beruhen in erster Linie auf der Lage des Waldes zu den Großstadten und Industriegebieten. Da die schwacheren Sortimente im Verhaltnis zu ihrem Wert durch die Transportkosten im hoheren Maße belastet werden als starkere und bessere Holzer, so ist in entlegenen Waldungen das Verhaltnis der Preise schwacher Sortimente im Vergleich zu den starkeren ein ungunstigeres Dies tritt auch in den verschiedenen Taxen der preußischen Staatsforstreviere hervor. Diese betragen z. B. in den Oberforstereien

			fur Stamme				
			I.	II	III	IV.	V Kl.
Johannisburg,	Rgbz	Gumbinnen . .	16	15	13	9	7 M.
Czersk,	„	Marienwerder . .	16	14	12	8,5	6 „
Eberswalde,	„	Potsdam . . .	22	20	18	13	10 „
Konigstein,	„	Wiesbaden . .	22	20	19	18	16 „
Xanten,	„	Dusseldorf . .	18	16	15	13	11 „

5. Einfluß der Holzpreise auf die Wirtschaftsführung.

Es ist eine für alle Wirtschaftszweige gültige Regel, daß die Art der Betriebsführung von den Preisen der Haupterzeugnisse abhängig ist. Hierdurch wird jedem Wirtschaftszweig ein bestimmter Charakter aufgeprägt. Klarer, bestimmter und leichter nachweisbar als in der Forstwirtschaft tritt die Bedeutung der Preise bei dem Betrieb anderer Kulturarten hervor. In der Landwirtschaft werden die Betriebssysteme neben dem Reichtum des Bodens hauptsächlich durch die Preise der Produkte bestimmt. „Jedes höhere Ackerbausystem ist nur unter der Voraussetzung eines höheren Preises der Produkte möglich" (Roscher). Bei sehr niedrigen Preisen können keine Betriebsformen Platz greifen, welche größere Aufwendungen an Arbeit und Kapital zu ihrer Betätigung nötig haben. Hierdurch ergeben sich zeitliche und örtliche Verschiedenheiten im landwirtschaftlichen Betriebe. Die Dreifelderwirtschaft, bei welcher ein Teil des Bodens als ständige Weide benutzt wurde, war für eine dünne, wenig Kapital besitzende Bevölkerung, die keine größeren Aufwendungen an Dünger und Arbeit machen konnte, eine sehr geeignete Wirtschaftsform. Ihr gegenüber bezeichnet aber die Koppelwirtschaft, bei welcher die ganze Fläche dem Pflug übergeben wird, aber abwechselnd ein Teil des Feldes brachliegen bleibt, einen Fortschritt. Erst bei höheren Getreidepreisen und Zunahme der Kapitalkraft konnte sich die Fruchtwechselwirtschaft Bahn brechen, die viel mehr Anforderungen an Dünger und anderes Betriebskapital stellt, aber auch weit größere Erträge gewährt. Auf den höchsten Kulturstufen endlich ist die agronomische Kunst durch einen höheren Aufwand von Dünger und Arbeit imstande, gleiche oder ähnliche Gewächse auf derselben Fläche nacheinander zu erziehen. Aber auch hier sind entsprechende Preise eine Grundbedingung des einzuführenden Fortschritts.

Auch in der Forstwirtschaft gilt die Regel, daß die In-

Wenn sich auch je nach den Bestandesverhältnissen Unterschiede ergeben, so zeigen doch die Durchschnitte im allgemeinen ein Steigen in der Richtung von Ost nach West. Es haben z. B. betragen die Durchschnittspreise für das Festmeter der verwerteten Gesamtholzmasse im Etatsjahre 1892/93:

Regierungsbezirk	Bau- und Nutzholz	Brennholz	Gesamte Holzmasse
Danzig	7,76	3,18	4,65 M.
Posen	9,32	4,12	6,05 „
Hannover	10,97	3,88	6,44 „
Magdeburg	12,71	3,86	6,35 „
Munster	20,71	3,98	10,26 „

v. Hagen-Donner, Forstliche Verhältnisse Preußens, Tabelle 8 b. — Die Folgerungen, welche sich hieraus für die Wirtschaft, insbesondere die Umtriebszeit, ergeben, werden später (Teil II) erörtert werden.

tensität des Betriebs von den Preisen abhängig ist. Bei niedrigen Einnahmen dürfen keine hohen Ausgaben gemacht werden. Wenn in einem Revier mit 100 M. Rohertrag pro Hektar eine Gesamtausgabe von 40 M. den rationellen Betrieb kennzeichnet, so ist eine solche für ein Revier mit 50 M. Rohertrag zweifellos unrichtig. Diese Verschiedenheiten lassen deutlich erkennen, daß man über die Höhe der Betriebskosten keine allgemeinen Regeln aufstellen darf. Die tatsächlichen Unterschiede in der Organisation der Verwaltung, der Größe der Reviere und Schutzbezirke, die Verbände der Kulturen und der Ausbau der Wege müssen nach den örtlichen und zeitlichen Umständen geregelt werden.

Der Einfluß, welchen die Preise auf die Betriebsführung üben, kann in einer zweifachen Richtung zur Geltung kommen. Es ist einmal die Höhe der Preise im allgemeinen, sodann das Verhältnis der Preise verschiedener Sortimente, welche in Betracht gezogen werden müssen. Die absolute Höhe der Preise hat in erster Linie auf die Ausführung der Kulturen Einfluß. Die Kulturgelder, welche für Bestandesbegründung, Nachbesserung, Pflanzenerziehung, Wegebau ausgegeben werden, können zwar theoretisch zu den Erträgen, die sie in Zukunft liefern, in Beziehung gesetzt werden. In der Praxis werden sie dagegen allgemeiner und unmittelbarer zu den Erträgen, die gleichzeitig eingehen, in Vergleich gestellt. Je höher die Erträge sind, um so mehr ist jeder Waldbesitzer befähigt und geneigt, auch größere Aufwendungen für den Holzanbau zu machen. Ähnliches gilt von den Hieben der Bestandespflege. Berechnungen über den Erfolg, den sie in Zukunft haben, lassen sich meist nicht führen. Dagegen sind die Kosten ihrer Ausführung jederzeit von dem laufenden Ertrage abhängig. Ebenso ist dies bezüglich des Anfangs der Durchforstungen der Fall. Je höher die Preise der geringen Sortimente sind, um so früher kann die Durchforstung begonnen werden. Meist wird verlangt, daß durch ihre Erträge die Kosten gedeckt werden. Dies Verhältnis ist je nach den Absatzlagen ein sehr verschiedenes. Auch die regelmäßige Folge der Durchforstungen ist von den Preisen abhängig. Die Ungleichmäßigkeit der Durchforstungen, welche in den meisten großen Waldgebieten seither vorlag, ist wesentlich auf den ungenügenden Absatz des geringen Materials zurückzuführen.

Neben den Preisen des Holzes im allgemeinen ist auch das Verhältnis der Preise zwischen den Sortimenten verschiedener Stärke und verschiedener Qualität von Einfluß auf die Betriebsführung. Von diesem Verhältnis wird zunächst der Grad und die Art der Durchforstung beeinflußt. Je mehr der Wert des Holzes mit wachsendem Durchmesser zunimmt, um so entschiedener muß man auf eine

Erstarkung der Bestände hinwirken; je mehr das astreine Holz das ästige an Wert übertrifft, um so entschiedener hat man Veranlassung, auf die Entfernung der ästigen Stämme im Wege der Durchforstung Bedacht zu nehmen. In gleichem Maße kommt dieser Grundsatz beim Lichtungsbetrieb zur Geltung. Durch denselben soll stets der Stärkezuwachs beschleunigt werden. Nur zugunsten astreiner Hölzer dürfen Lichtungshiebe eingelegt werden. Ferner ist der Unterschied zwischen den Preisen der Sortimente einer der wesentlichsten Bestimmungsgründe der Umtriebszeit. Solange die Wertzunahme eine große ist, darf — oft ohne jede weitere Rechnung — angenommen werden, daß die Hiebsreife noch nicht eingetreten ist. Auch bei der Beurteilung der Betriebsarten und der Umwandlung von einer zur anderen Betriebsart muß auf die Preise Rücksicht genommen werden. Für die ökonomischen Leistungen der verschiedenen Betriebsarten ist das Verhältnis der Sortimente ein wesentliches Merkmal. Beim Niederwald besteht das Erzeugnis der Wirtschaft fast nur aus Reisholz. Beim Mittelwald nimmt dies fast die Hälfte des Einschlags ein und die Stämme sind abholziger und ästiger. Je geringer der Wert des Reisigs im Verhältnis zum Derbholz und je größer der Wertunterschied ästiger und astreiner Hölzer ist, um so mehr Ursache liegt vor, die genannten Betriebsarten in den Hochwald überzuführen.

Endlich muß den Holzpreisen häufig auch ein Einfluß bei der Aufstellung und Ausführung der jährlichen Hauungspläne eingeräumt werden. Die Regelung des Betriebs durch die periodische Aufstellung der Wirtschaftspläne erfolgt nur in allgemeinem Rahmen. Meist wird die Feststellung und Kontrolle der Nutzungen nur nach dem summarischen Festgehalt, welcher den Etat darstellt, ausgeführt. Innerhalb der durch den Etat gegebenen Schranken muß die Wirtschaft eine gewisse Freiheit erhalten. Ein strenger jährlicher Betrieb im Sinne von K. Heyer hat nirgends mehr Berechtigung.[1]) Es können insbesondere hinsichtlich der Holzarten und

---

[1]) Gemaß dem Beschluß des land- und forstwirtschaftlichen Kongresses zu Wien 1890, in dem gesagt ist: „Die Forderung einer strengen Nachhaltigkeit der Forstwirtschaft, im Sinne der Sicherung stetiger und gleichmäßiger Holzmassenerträge, kann nach den heutigen Verhältnissen des Holzbedarfs und Holzverkehrs nicht mehr als eine allgemeine Forderung aufrecht erhalten, sondern — insolange nicht die Gleichmäßigkeit des Einkommens in anderer Weise gewährleistet ist, nur an jenen Waldbesitz gestellt werden, welcher dem Staate oder den Gemeinden gehort, oder welchem der Charakter des Fideikommisses, der Stiftung oder besonderer Widmung oder der Nutznießung durch den jeweiligen Inhaber zukommt." Hierzu ist aber zu bemerken, daß auch der Großgrundbesitz, insbesondere der Staat eines größeren Landes, unter den Verhältnissen der neueren Zeit keinen Anlaß hat, eine strenge Nachhaltigkeit in den einzelnen Revieren aufrecht zu erhalten. Vielmehr geben die Verkehrserleichterungen der Neuzeit gerade dem staatlichen Großgrundbesitz Gelegenheit, die Ungleichheit der Bestandesverhältnisse in den einzelnen Landesteilen

bezüglich der Vornutzung und Hauptnutzung gegenseitige Ergänzungen sehr zweckmäßig sein. In erster Linie sind die großen Verwaltungen zu einer freieren Wirtschaft befugt. Sie können nicht nur Ergänzungen der bezeichneten Art innerhalb der einzelnen Holzarten vornehmen, sondern auch den Einschlag ganzer Reviere sich ergänzen lassen. Der mangelhafte Einschlag in Revieren mit wenig Altholz kann durch einen verstärkten Einschlag in Revieren mit reichen Altholzvorräten, in Preußen z. B. in vielen Oberförstereien der Ostprovinzen, ausgeglichen werden. Die Hindernisse, welche in dieser Beziehung früher durch die Schwere des Holzes vorlagen, sind in der neueren Zeit durch den Einfluß der Beförderungsmittel und das Eingreifen des Handels vermindert worden.

durch Mehr- und Mindereinschläge, also durch Abweichungen von der strengen Nachhaltigkeit im einzelnen, zu verringern

Die Produktionskosten der Forstwirtschaft.

Die Erzeugung der wirtschaftlichen Güter kommt durch das Zusammenwirken der sog. Produktionsfaktoren zustande. Gleichwie es in der Natur bei der Entstehung und Umbildung von physischen Körpern der Fall ist, so sind auch bei der ökonomischen Produktion einerseits Stoffe, anderseits Kräfte erforderlich. Die Stoffe müssen entwicklungsfähig sein und der Einwirkung der Kräfte ausgesetzt werden, wenn neue Werte erzeugt oder vorhandene verändert werden sollen. Die Kräfte, welche zur Produktion der Güter mitwirken, sind entweder Kräfte der Natur oder menschliche Kräfte. Diese werden als „Arbeit" bezeichnet. Ebenso sind die benutzten Stoffe entweder solche, die von Natur gegeben sind oder solche, die durch menschliche Tätigkeit erzeugt werden. Letztere werden „Kapital" genannt.

Die Entstehung neuer oder die Werterhöhung vorhandener Güter kann zwar auch unabhängig von einer planmäßigen wirtschaftlichen Tätigkeit erfolgen. Durch äußere Verhältnisse, die mit der Produktion selbst gar nicht unmittelbar in Zusammenhang stehen, durch die Zunahme der Bevölkerung, die Verbesserung der Beförderungsmittel, durch Entdeckungen und Fortschritte der Technik können neue Werte gebildet oder vorhandene Werte erhöht werden. Allein diese Art der Werterhöhung trägt vom Standpunkt der betreffenden Wirtschaft den Charakter des Zufälligen. Eine planmäßige wirtschaftliche Erzeugung findet in der Regel nur durch das Zusammenwirken der genannten Produktionsfaktoren: Naturkräfte, Arbeit, Kapital und Boden statt.

Die Naturkräfte, durch welche alles, was in der Welt besteht, zustande kommt, sind zum Teil in unbeschränkter und überall gleichmäßiger Menge vorhanden (z. B. die atmosphärische Luft). Solche Naturkräfte unterliegen, trotzdem sie eine Grundbedingung der Produktion bilden, nicht der ökonomischen Wertschätzung. Andere Naturkräfte sind an verschiedenen Orten nach Menge und

Wirksamkeit verschieden. Hierher gehören z. B. Licht und Wärme. Sie unterliegen der Schätzung, die jedoch, da sie an Grundstücke gebunden sind, in unmittelbarer Verbindung mit derjenigen des Bodens bewirkt wird. Als besonderes Element der Produktionskosten treten die Naturkräfte daher nicht auf.

Die Anteilnahme der Arbeit, des Kapitals und des Bodens an der Produktion, ausgedrückt durch das übliche Tauschmittel, bildet die **Produktionskosten der Sachgüter.** Die betreffenden Faktoren müssen ihrem vollständigen Werte nach in Rechnung gestellt oder der gutachtlichen Schätzung unterworfen werden. Es werden zwar unter Umständen volkswirtschaftliche Produktionskosten und privatwirtschaftliche Produktionskosten unterschieden und unter jenen nur solche verstanden, durch die das Volksvermögen eine Verminderung erleidet. Unter Umständen müssen, wie später näher begründet wird, diese begrifflichen Verschiedenheiten gewürdigt werden. Gegensätzliche Folgerungen von allgemeiner Bedeutung können jedoch aus dieser Verschiedenheit des Begriffs nicht abgeleitet werden. Auch vom volkswirtschaftlichen Standpunkt müssen stets alle in Arbeit, Kapital und Boden bestehenden Aufwendungen ihren vollen Beträgen nach als Kosten der Produktion angesehen werden. (Näheres s. im 4. Abschnitt.)

Auch in der Forstwirtschaft sind die genannten Faktoren wirksam. Es können zwar Waldungen entstehen, ohne daß Aufwendungen irgend welcher Art gemacht werden. Die Urwaldungen, welche einen großen Teil der Erde bedeckten, sind lediglich durch Naturkräfte entstanden. In vielen Ländern liegen Nachwirkungen dieses ursprünglichen Zustandes noch immer vor. Allein beim Fortschritt der wirtschaftlichen Entwicklung tritt der Charakter der Waldungen als Naturgabe zurück; die strenge Auffassung des Waldes als Erzeugnis der wirtschaftlichen Tätigkeit kommt mehr und mehr zur Geltung. Für die Aufgaben, welche der forstlichen Statik obliegen, müssen die zum Zwecke des Ertrags bewirtschafteten Wälder als durch die genannten wirtschaftlichen Produktionsfaktoren Arbeit, Kapital und Boden entstanden angesehen werden.

I. Arbeitslöhne.

1. Allgemeines.

Die Forstwirtschaft ist gegenüber den meisten anderen Wirtschaftszweigen dadurch ausgezeichnet, daß sie wenig Arbeit zur Herstellung ihres Hauptprodukts nötig hat. Vergleicht man sie mit der Landwirtschaft, so tritt in allen Teilen der Betriebsführung ein bedeutender Unterschied hervor. In der Landwirtschaft müssen fast alle Betriebsflächen alljährlich vollständig mit Pflug und Egge bearbeitet werden, während sich in der Forstwirtschaft die Bodenbearbeitung nur auf einen kleinen Teil der Fläche erstreckt. Eine Düngung, die in der Landwirtschaft regelmäßig ausgeführt werden muß, tritt im Großbetriebe der Forstwirtschaft zurück. Ein lebendes Inventar, dessen Pflege und Wartung menschliche Kräfte in Anspruch nimmt, fehlt in der Forstwirtschaft fast gänzlich. Auch die Ernte und Aufbewahrung der Produkte macht in der Landwirtschaft weit mehr Arbeit erforderlich. Nach den „Amtlichen Mitteilungen" von 1901 (Tab. 43b und 59) wurden in der preußischen Staatsforstwirtschaft im Etatsjahr 1899 auf einer Fläche von 2,8 Mill. Hektar 144678 Personen mit 10,4 Mill. Arbeitstagen beschäftigt.[1] Es entfallen daher pro Hektar nur etwa 4 Arbeitstage, während auf den landwirtschaftlichen Betrieb reichlich die zehnfache Anzahl zu rechnen ist. Noch weit größere Unterschiede ergeben sich, wenn man die Forstwirtschaft mit dem Gewerbefleiß in Vergleich stellt, durch dessen Entwicklung die Bevölkerung überall in außerordentlichem Maße zugenommen hat.

Die geringe Arbeitsgelegenheit, mit der die Erzeugung des Holzes verbunden ist, muß im allgemeinen als eine ungünstige Eigenschaft der Forstwirtschaft angesehen werden. Der Zweck der wirtschaftlichen Kultur ist dahin gerichtet, daß möglichst viele Menschen auf der Erde leben können, nicht der, daß möglichst viel Holz erzeugt wird. Bis zu einem gewissen Grade war daher das Streben, die Wälder auszuroden, welches die frühern Kulturstufen fast aller Länder auszeichnet, durchaus berechtigt. Die Gelegenheit zur Betätigung der Arbeit wurde dadurch erhöht. In diesem Bestreben sind jedoch die meisten Völker weiter gegangen, als es dem Interesse der Landeskultur und anderweiten menschlichen Zwecken entsprach. Daher machen sich in den meisten Kulturstaaten, sofern nachhaltige Interessen vertreten werden, Gegentendenzen geltend, die auf Einschränkung der Rodungen oder Wiederherstellung des Waldes gerichtet sind. Solche haben, fast ohne Einschränkung, für Flächen Geltung, welche als absolute Holzböden bezeichnet werden müssen. (Bezüglich des Bodens, welcher verschiedene Kulturarten möglich macht, vgl. II. Teil, 1. Abschnitt.)

Bei der Würdigung der in der Forstwirtschaft vollzogenen Arbeit darf ferner nicht unberücksichtigt bleiben, daß dieselbe größere Bedeutung besitzt, als den Zahlen der Nachweisungen über die Arbeitstage entspricht. Wegen der Jahreszeit, in der der größte

---

[1] Die dem Abgeordnetenhause vorgelegte Nachweisung für das Rechnungsjahr 1903 weist 158814 Arbeiter mit 10,8 Mill. Arbeitstagen nach.

Teil der forstlichen Arbeit ausgeführt wird, bildet sie eine Ergänzung zu anderen vorzugsweise im Sommer und Herbst ausgeführten Arbeiten der Landwirtschaft und mancher Gewerbe; sie übt daher in sozialer Hinsicht einen wohltätigen Einfluß. Indirekt wird die Forstwirtschaft ferner dadurch von Bedeutung, daß das Holz für viele Handwerke und Fabriken einen notwendigen Rohstoff bildet, an dem weitere dem menschlichen Lebensunterhalt dienende Arbeit vollzogen wird. Es ist wünschenswert und liegt im nationalen Interesse, daß am Holz eine möglichst große Menge von Arbeit betätigt werden kann. Je besser die Hölzer erzogen sind, um so größer und vielseitiger ist ihre Gebrauchsfähigkeit, um so mehr Arbeit kann am Holz zur Ausführung gebracht werden. Die Interessen der Waldbesitzer, Konsumenten und Arbeiter stimmen in dieser Hinsicht überein.

Im modernen Wirtschaftsleben hat kaum ein anderer Gegenstand größere Bedeutung erlangt, als die Höhe der Arbeitslöhne und die soziale Stellung der Arbeiter. Die Frage, wie die Erzeugnisse der nationalen Wirtschaft unter die Träger der Produktion: Arbeiter, Kapitalisten, Unternehmer und Grundbesitzer, verteilt werden, ist der Kernpunkt der sozialen Frage, welche in allen Kulturstaaten mit der Vermehrung und Konzentration der Arbeiter zunehmende Bedeutung erlangt hat. Sie ist auch eine der wichtigsten politischen Fragen. Bei allen Störungen der öffentlichen Ordnung in der neueren Geschichte, seit der französischen Revolution bis zur Gegenwart, spielt stets der Arbeitslohn eine wichtige Rolle. Auch auf die forstliche Betriebsführung haben die Arbeitsverhältnisse mehr und mehr Einfluß erhalten. In der neuern Zeit stehen infolge des erleichterten Verkehrs und der Öffentlichkeit der wirtschaftlichen Einrichtungen die Vertreter der Arbeit in den verschiedenen Erwerbszweigen in gegenseitiger Verbindung. Die Bodenkultur wird auch in dieser Beziehung von der Industrie beeinflußt. Die Entwicklung der sozialen Frage, die in den Industriegebieten ihren Ausgang und ihr Zentrum hat, ergreift auch die forstlichen Arbeiter. Unter Umständen muß die Forstwirtschaft selbst mit Arbeitseinstellungen rechnen. Unter diesen Umständen hat die Arbeiterfrage für alle größeren Forstverwaltungen große Bedeutung; in besonderem Grade für die Staatsforstwirtschaft, die nicht nur den eigenen Betrieb zu führen, sondern auch die Landeskultur zu fördern hat. Sie muß am Stand der Arbeiterfrage ein zweifaches Interesse nehmen; einmal ein direktes, weil sie eine große Anzahl von Arbeitern beschäftigt, deren materielle Lebensstellung durch die Anschauungen der Behörden, welche die Löhne festsetzen, bestimmt wird; sodann ein allgemeines, wissenschaftliches und praktisches, weil alle nationalökonomischen Fragen und Aufgaben auf allen Wirtschaftsgebieten, auch die der forstlichen Statik mit der Höhe des Arbeitslohnes im Zusammenhang stehen. Wegen der Bedeutung, welche hiernach die soziale Frage auch für die Staatsforstverwaltung besitzt, folgen hier einige allgemeine Bemerkungen über die Höhe der Arbeitslöhne, deren eingehende Behandlung im wesentlichen Gegenstand der Forstpolitik ist.

Als der natürliche Maßstab für die Höhe des Arbeitslohnes erscheint der Wert, der durch die Arbeit erzeugt wird. Wenn dieser Wert bekannt ist, wenn man ferner die Wertleistung der sonst zur Produktion verwandten Hilfsmittel richtig einschätzen kann, so muß auch der der Arbeit zustehende Lohn als eine bekannte Größe angesehen werden. Er läßt sich dann aus dem Gang und Erfolg der Wirtschaft ableiten. Allein trotz der natürlichen Beziehungen zwischen Arbeit und Arbeitsprodukt ist eine praktische Anwendung des obigen Satzes unter den Verhältnissen der Kulturländer selten ausführbar, weil die wirtschaftlichen Erzeugnisse das gemeinsame Produkt von Arbeit, Boden und Kapital sind. Die Wirkungen dieser verschiedenen Produktionsfaktoren kommen nicht gesondert zur Erscheinung, sondern sie stehen in gegenseitigem Zusammenhang. Eine den Produktionsfaktoren entsprechende Teilung des Arbeitsprodukts ist wegen dieses Zusammenhangs nicht durchführbar. Es hat zwar nicht an Versuchen gefehlt, den Anteil an den Erzeugnissen, welcher der Arbeit zukommt, aus dem Gang der Produktion herzuleiten und dadurch auch für den Arbeitslohn bestimmte Normen festzustellen.[1]) Allein praktisch brauchbare Erfolge haben diese Versuche trotz des auf sie gerichteten Scharfsinns nicht gehabt. Sie haben mehr theoretische, wissenschaftliche, als praktische Bedeutung.

Man wird unter diesen Umständen auch in Zukunft auf das Bestreben, den Arbeitslohn durch wissenschaftliche Untersuchungen oder auf gesetzlichem Wege zu bestimmen, verzichten müssen.

---

[1]) Solche Versuche enthalten u. a. die Theorien von: Ricardo (Grundgesetze der Volkswirtschaft, 1. Hauptstück) „Der Wert eines Gutes oder die Menge eines anderen Gutes, gegen welche man dasselbe vertauscht, richtet sich nach der verhältnismäßigen Menge von Arbeit, welche zu seiner Herstellung erforderlich ist." — Ad. Smith (Volkswohlstand, 1. Buch 8. Kap.): „Der Ertrag der Arbeit bildet ihre natürliche Belohnung oder den Arbeitslohn." — J. H. v. Thunen (Der isolierte Staat in bezug auf Landwirtschaft usw., 2. Teil 1. Abteilg.). Er stellte für den naturgemäßen Arbeitslohn die Formel $\sqrt{a\,p}$ auf, worin a die notwendigen Unterhaltsmittel der Arbeiter, p das Arbeitsprodukt bedeutet. — K. Marx (Das Kapital, 1. Buch). Der Kernpunkt seiner und aller sozialistischen Theorien und Bestrebungen geht dahin, daß die Mehrwerte, die in der nationalen Produktion eintreten, durch die Arbeit erzeugt werden. Daher erscheint es konsequent, daß diese Mehrwerte auch dem Arbeiter vollständig zugute kommen.

Gerade die Forstwirtschaft ist bei der Einfachheit ihrer Produktionsgrundlagen in besonderem Grade geeignet, um die Unmöglichkeit einer Feststellung der Arbeitslöhne aus dem wirtschaftlichen Produktionsprozeß nachzuweisen. Die wichtigsten werterzeugenden Faktoren der Forstwirtschaft sind Boden und Kapital. Der der Forstwirtschaft dienende Boden erhält seinen Wert unabhängig von der auf ihn gerichteten Arbeit. Der Bodenwert ist eine Folge aller Verhältnisse, welche die Erträge der Wirtschaft bestimmen. Zur Arbeit kann er nicht in direkte Beziehung gesetzt werden. Ähnlich verhält es sich bezüglich des Vorratskapitals. Die der Gegenwart überkommenen Wälder haben ihren Wert gewissermaßen auf passivem Wege, durch die Entwicklung der Kultur, die Zunahme der Bevölkerung und des Holzverbrauchs, durch die Verbesserung der Transportmittel und andere volkswirtschaftliche Verhältnisse erhalten. Die Arbeit hat auf sie keinen oder nur geringen Einfluß gehabt. Die auf regelmäßigem Wege durch künstliche Kultur erzeugten jüngeren Bestände (Schonungen, jüngere Stangenorte) können allerdings zu der für ihre Begründung aufgewendeten Arbeit in Beziehung gesetzt werden. Tatsächlich geschieht dies auch. Allein bei Erörterungen über das Verhältnis zwischen Wert und Arbeit wird in der Regel nicht der Wert der Bestände als bekannte Größe angenommen und von ihm aus auf den Arbeitslohn geschlossen; sondern man sieht umgekehrt die Arbeit (das C und V der Formel des Bestandeskostenwertes) als bekannte Größen an und schließt von ihnen auf den Wert.

Zu einem für die Praxis genügenden Resultate über die Höhe der Arbeitslöhne gelangt man dagegen, indem man die Regeln, welche im praktischen Leben für den Austausch, Kauf und Verkauf der Sachgüter Geltung haben, auch für das Austauschen der menschlichen Arbeitskraft zur Anwendung bringt. Im modernen Leben beruht der größte Teil der zur Ausführung kommenden Arbeit tatsächlich auf einem Austausch; sie wird für andere, die sie kaufen, geleistet. Entsprechend den Preisen der Sachgüter bestehen auch für den Tauschwert der Arbeit zwei Grenzen, zwischen denen sich die Preise der Arbeit bewegen: die obere liegt auf seiten des Käufers und besteht in dem Wert, den die Arbeit für den Arbeitgeber besitzt. Höher kann er nicht wohl gehen, sonst würde dieser die Arbeit nicht ausführen lassen. Die untere Grenze liegt auf seiten des Arbeiters und besteht in den Kosten, die dieser aufwenden muß, um seine Arbeitskraft herzustellen. Die Kosten der Hervorbringung der Arbeit sind die Unterhaltsmittel, welche aufgewendet werden müssen, um die Arbeiter arbeitsfähig zu erhalten. Soll die nationale Arbeitskraft in Zukunft nicht vermindert werden, so müssen die Arbeitslöhne so hoch sein, daß durch sie auch die erwerbsunfähigen Angehörigen der Arbeiter unterhalten werden. Aber auch die in diesem erweiterten Sinne verstandenen notwendigen Unterhaltsmittel können nur das Minimum des Lohnes bezeichnen. In der Regel müssen die Arbeitslöhne, entsprechend den Preisen der Güter, höher sein, als das in den Produktionskosten liegende Minimum; sonst würde ein Fortschritt der nationalen Entwicklung, welchen jedes Volk anstrebt, unmöglich sein.

Der vorstehend erläuterte Begriff der Produktionskosten der menschlichen Arbeit ist nun aber ein sehr unbestimmter; er hat keine allgemeine, sondern immer nur beschränkte Geltung. Er ist ein Ausdruck der Lebensführung eines bestimmten Volkes und einer bestimmten Klasse. Unterschiede in dem, was als notwendig zum Lebensunterhalt anzusehen ist, werden zunächst durch klimatische Verhältnisse hervorgerufen. In kälteren Gegenden ist der notwendige Aufwand für Kleidung, Feuerung, Ernährung weit größer als in gemäßigten und warmen; die Arbeitslöhne müssen daher cet. par. höher sein. Ferner kommt die volkswirtschaftliche Kulturstufe des betreffenden Volkes in Betracht. Von ihr sind die Sitten abhängig, welche bestimmen, was als notwendig zum Unterhalt angesehen wird. Die geistigen und materiellen Bedürfnisse sind je nach der Kulturstufe der verschiedenen Völker verschieden. Der englische, deutsche, russische, amerikanische, italienische, chinesische usw. Arbeiter machen verschiedene Ansprüche an Ernährung, Kleidung u. a., was im konkreten Inhalt jenes Begriffs notwendig hervortritt. Wie die Verhältnisse nun auch liegen mögen, unter allen Umständen gilt die Regel, daß in einem fortschreitenden Volke die geistigen und materiellen Bedürfnisse des größten Teils der menschlichen Gesellschaft zunehmen müssen. Steigerung des Arbeitslohns ist daher eine notwendige Bedingung für den Fortschritt; und die sozialen Bestrebungen, ihn herbeizuführen, sind innerhalb gewisser Grenzen durchaus berechtigt.

Der vorstehend ausgesprochene Satz, daß der Arbeitslohn den Unterhaltsmitteln gleich sei, bezieht sich auf den Durchschnittslohn der gewöhnlichen Handarbeiter. In den einzelnen Zweigen ergeben sich, auch zu gleicher Zeit und an gleichen Orten, mannigfache Unterschiede in der Höhe der Arbeitslöhne. Ihre Ursachen liegen zunächst in der Qualität der Arbeit und in den Anforderungen, welche an die Fähigkeit der Arbeiter gestellt werden. Arbeiten, zu welchen besondere persönliche Eigenschaften erforderlich sind, müssen notwendig höhere Löhne als die durchschnittlichen gewähren. Solche müssen ferner für Arbeiten bezahlt werden, welche eine lange und kostspielige Erlernung erfordern, wie es namentlich bei den Berufsarten, die auf wissenschaftlichen, künstlerischen, technischen Grundlagen beruhen, der Fall ist. Höhere Arbeitslöhne sind ferner für Arbeiten zu entrichten, die mit Gefahr und Unsicherheit verknüpft sind. Der sogenannte Unternehmergewinn steigt deshalb oft zu außerordentlich hohen Beträgen an. Gewisse Arbeiten werden höher bezahlt, weil sie mit Unannehmlichkeit verbunden sind, während für solche, welche an sich durch ihre Ausführung und ihren Erfolg Befriedigung gewähren (Kunst, Wissenschaft), das umgekehrte Verhältnis stattfindet. Endlich kommt in Betracht, daß manche Arbeiten nicht das ganze Jahr ausgeführt werden können, sondern zu gewissen Jahreszeiten unterbrochen werden. Abgesehen von diesen in der Art der Arbeit und der Fähigkeit der Arbeiter liegenden Ursachen ergeben sich Unterschiede in der Höhe des Arbeitslohns durch das Verhältnis von Angebot und Nachfrage, welches für den Arbeitslohn Unterschiede bewirkt, die, entsprechend den Marktpreisen der wirtschaftlichen Güter, einen zeitlichen oder örtlichen Charakter tragen.

Da die notwendigen Unterhaltsmittel den Bestimmungsgrund der Arbeitslöhne bilden, so müssen auch alle Verhältnisse, welche auf die Unterhaltsmittel einwirken, zugleich auch auf den Arbeitslohn von Einfluß sein. Insbesondere kommen die Preise der notwendigen Lebensmittel in Betracht. Eine dauernde Erdung der Getreidepreise hat nach den Regeln der Preisbil-Preise ein Steigen der Arbeitslöhne zur Folge. Daher kann auch nicht behauptet werden, daß Zölle, welche auf die Einfuhr von auswärtigem Getreide gelegt werden, den konsumierenden Arbeitern zur Last fallen. Sodann sind volkswirtschaftliche Verhältnisse zu berücksichtigen, welche die Menge der Arbeit und ihr Verhältnis zu anderen, mit ihr verbundenen Produktionsfaktoren beeinflussen. In dieser Beziehung hat das Verhältnis des Kapitals am meisten Bedeutung. Der wirtschaftliche Fortschritt eines Volkes ist stets mit einer Zunahme des Kapitals verbunden; und die Frage, welchen Einfluß diese Zunahme auf die Verhältnisse der Arbeiter ausübt, ist für die Entwicklung der sozialen Verhältnisse von großer Bedeutung. Dieser Einfluß ist in der Regel ein zweifacher, einerseits ein positiver, andererseits ein negativer. Da jedes Kapital nur mit Hilfe von Arbeit wirksam sein kann, so muß die Zunahme des Kapitals die Nachfrage nach Arbeit verstärken und den Arbeitslohn erhöhen. Tatsächlich zeigen dies alle Länder, sobald vermehrtes Kapital (durch Anlage von Fabriken, Meliorationen, Bauten usw.) eingeführt wird. Andererseits bewirken manche Kapitalien (Maschinen, Werkzeuge), die Arbeit ersetzen, eine Verminde-

rung der Nachfrage nach Arbeit und ein Sinken des Arbeitslohns.
Im allgemeinen besteht jedoch, trotz des letzteren Einflusses, die
Regel, daß die Arbeitslöhne so lange eine steigende Tendenz behaupten, als das Kapital in stärkerem Maße zunimmt, als der
Nachfrage nach Kapital und dem Wachstum der Bevölkerung entsprechend ist. Je mehr Kapital zur Produktion angeboten wird,
um so geringer ist der Preis für seine Benutzung; um so größer
der Anteil, der auf die Arbeit entfällt. An der Zunahme des Kapitals haben daher auch die Arbeiter großes Interesse.

Die im Verlaufe der Kulturentwicklung eintretenden Veränderungen der Arbeitslöhne haben stets wichtige Folgen. Ein dauerndes Steigen derselben kann, abgesehen davon, daß einzelne Arbeiter
in die Klasse von Grundbesitzern, Unternehmern, Handwerkern
eintreten, entweder eine Vermehrung der Volkszahl, oder eine Steigerung der Bedürfnisse oder eine gleichzeitige Zunahme der Volkszahl und der Bedürfnisse bewirken. Eine Abnahme des Arbeitslohns hat die entgegengesetzten Folgen. Für den Fortschritt der
wirtschaftlichen Kultur und die geistige und materielle Entwicklung
der Völker ist eine allmähliche Zunahme der Bedürfnisse bei gleich-
zeitigem allmählichem Wachsen der Volkszahl am meisten wünschenswert.

Auch in der Forstwirtschaft müssen, ebenso wie in allen
Wirtschaftszweigen, die ausgesprochenen Regeln über Arbeit und
Kapital Anwendung finden. Die in der Forstwirtschaft anzuwendenden Lohnsätze haben ihren Bestimmungsgrund in den allgemeinen Verhältnissen der betreffenden Zeit und Gegend. Sie müssen
in Übereinstimmung mit diesen derart festgestellt werden, daß die
Arbeiter keinen Anlaß haben, die forstliche Arbeit mit anderer
Arbeit zu vertauschen. Neben dem Geldlohn sind hier noch die
mancherlei Vergünstigungen von Einfluß, die der Forstverwaltung
zu Gebote stehen (Überweisung von Land, Streu, Gräserei usw.).
Hinsichtlich des Verhältnisses der Arbeiter zu dem Waldeigentümer
tritt gegenüber der Industrie weit mehr als der Gegensatz die Ge-
meinsamkeit der Interessen hervor. Da in der Forstwirtschaft die
Arbeit nicht oder doch nur sehr unvollkommen durch Kapital ersetzt werden kann, so tritt bei ihr der oben hervorgehobene Gegensatz des Kapitals zurück, was sich bei allen einzelnen Zweigen der
forstlichen Arbeit ersehen läßt. Die Verhältnisse der Arbeiter
werden deshalb durch eine höhere Rentabilität der Wirtschaft gefördert. Eine bessere Verwertung der Forstprodukte ergibt Gelegenheit zu vermehrter Arbeit und zu besserer Bezahlung.

2. Die einzelnen Zweige der forstlichen Arbeit.

a) Holzhauerlöhne.

Sie machen in der Regel den größten Teil der in der Forstwirtschaft vollzogenen Arbeit aus und haben auch in sozialer Hinsicht am meisten Bedeutung. Die Holzhauerlöhne stehen zur Masse des Einschlags in einem gewissen Verhältnis. Es lassen sich in dieser Beziehung für einzelne Reviere Verhältniszahlen aufstellen, die auf ein Festmeter Gesamtholzmasse bezogen werden. Unter gleichartigen Bestandesverhältnissen in nahe gelegenen Wirtschaftsgebieten sind sie wenig voneinander verschieden. Zum Wert des Holzes stehen die Hauerlöhne dagegen nicht in einem Abhängigkeitsverhältnis. Vielmehr beanspruchen die wertvollsten Sortimente (Stammholz) die geringsten, die geringwertigsten (Stock- und Reisholz) die höchsten Werbungskosten. Die Art der Verlohnung der Holzfällungsarbeiten ist fast allgemein die des Akkords. Für jedes Revier besteht ein bestimmter Hauerlohntarif, der alljährlich oder periodisch, zugleich mit den Preisen der Sortimente, aufgestellt wird.

Was die Höhe der Holzhauerlöhne betrifft, so sollen sie mit den Arbeitslöhnen anderer Arbeitszweige derselben Zeit und Gegend in richtigem Verhältnis stehen, so daß die Arbeiter keinen Anlaß haben, die forstliche Arbeit mit anderer Beschäftigung zu vertauschen. Eine Begründung der Arbeitslöhne läßt sich aus dem Gange der forstlichen Produktion nicht ableiten. Daher können auch die in dieser aufgestellten Theorien (vgl. Note 1, S. 136) keine Anwendung finden.

Die allgemeine Regel der Zunahme der Arbeit verlangt, daß die Forstverwaltungen bei der Veranschlagung der für die Aufarbeitung des Holzes zu verausgabenden Kosten im Laufe der Zeit eine allmählich steigende Tendenz befolgen müssen. Jeder Kulturfortschritt eines Volkes ist an die Bedingung geknüpft, daß die Lebenshaltung seiner zahlreichsten Glieder eine bessere wird; die materiellen und geistigen Bedürfnisse der Arbeiter müssen sich heben. Auch bewirkt die gründlichere Ausführung der Fällungsarbeiten, insbesondere das vollständige Ausrücken des Stammholzes und die Aufarbeitung mancher geringen Sortimente, die früher oft als unverwertbar in den Schlägen liegen bleiben mußten, daß beim Fortschreiten der Kultur höhere Ausgaben erforderlich werden. Eine Bestatigung dieser Regel ergibt die Statistik aller Länder mit geregeltem forstlichen Betrieb.[1]

---

[1] In den preußischen Staatsforsten (vgl. v. Hagen-Donner, Forstliche Verhaltnisse Preußens, Tabelle 46b) betrugen:

In örtlicher Hinsicht ergeben sich Unterschiede der Werbungskosten je nach dem Stand der allgemeinen Arbeiterverhältnisse. Meist liegen die Verhältnisse so, daß in der Nähe der Großstädte und Industriegebiete höhere, in entlegenen Waldungen niedrigere Löhne gezahlt werden.[1]) Die Hauerlöhne stehen daher auch zu den Preisen des Holzes in einem gewissen Verhältnis. — Die Verrechnung der Holzhauerlöhne erfolgt allgemein so, daß sie unmittelbar von den Erträgen in Abzug gebracht werden. Bei den rechnungsmäßigen Vergleichungen und Abänderungen der forstlichen Statik treten sie daher gar nicht besonders hervor.

b) Kulturkosten.

Unter diesen sind in der Regel außer den Ausgaben für Neukultur, Nachbesserung, Pflanzenerziehung und Pflanzenankauf auch die Kosten für die Herstellung und Unterhaltung der Abfuhrwege enthalten. Die auf den Holzanbau bezüglichen Kulturkosten stehen in einem gewissen Verhältnis zur Umtriebszeit. Je kürzer diese ist,

in den Jahren	1870	1875	1880	1885	1890	1895	1900	
auf einer Flache von .	2,37	2,36	2,39	2,40	2,43	2,47	2,52	Mill. ha
die Nutzungen an Holz	6,65	7,47	8,00	8,50	9,43	9,03	9,61	Mill. fm
die Werbungskosten .	5,61	7,18	7,60	8,27	9,06	8,97	10,01	Mill. M.

Für die sachsischen Staatsforsten (vgl. Entwicklung der Staatsforstwirtschaft im Konigreich Sachsen, Tab. 6) betrugen die Aufbereitungskosten:

im Durchschnitt der Jahre . .	1817 bis 1826	1827 bis 1836	1837 bis 1846	1847 bis 1853	1854 bis 1863	1864 bis 1878	1874 bis 1883	1884 bis 1893	1894 bis 1903	
im ganzen . .	0,46	0,47	0,47	0,57	0,70	1,01	1,55	1,61	1,94	Mill. M.
für 1 fm . . .	0,75	0,75	0,81	0,85	0,93	1,11	1,47	1,51	1,80	M.

Fur die Staatsforsten Württembergs (Forststatistische Mitteilungen für das Jahr 1901) betrugen:

in den Jahren	1860	1870	1880	1890	1900	
auf einer Flache von . .	185 381	188 178	191 569	193 772	195 352	ha
der Derbholzeinschlag . .	0,81	0,76	0,82	0,87	0,94	Mill. fm
die Holzwerbungskosten .	1,15	1,20	1,69	1,52	1,80	,, M.

[1]) Einen ungefahren Maßstab fur die Arbeiterverhaltnisse und ihre zeitlichen und örtlichen Verschiedenheiten ergibt sich aus den statistischen Nachweisen über die durchschnittlichen Tagelohne. Nach v. Hagen-Donner, Tabelle 9b, ist der Tagelohn in der Periode von 1800/1809 bis 1875/79 gestiegen in den Regierungsbezirken Konigsberg von 0,47 bis 1,12 M., Frankfurt von 0,57 bis 1,19 M., Posen von 0,40 bis 0,98 M., Magdeburg von 0,66 bis 1,55 M., Munster von 0,70 bis 1,60 M., Köln von 0,50 bis 1,77 M. Fur das Jahr 1891/92 lagen die durchschnittlichen Taglohnsätze für Männer — v. Hagen-Donner, Tabelle 31 — in folgenden Grenzen: Regierungsbezirk Konigsberg 0,80 bis 1,50 M., Frankfurt 0,90 bis 1,50 M., Posen 1,00 bis 1,30 M., Magdeburg 1,50 bis 2,00 M., Arnsberg 1,90 bis 2,15 M., Koln 1,90 bis 2,10 M. Es betragen z. B. gegenwartig die Werbungskosten:

		Sortiment	
Oberförsterei		Nadelholzstämme pro fm	Buchenscheit pro rm
Konigstein, Rgbz. Wiesbaden .		1,20 M.	1,25 M.
Xanten, ,, Dusseldorf .		0,90 ,,	1,00 ,,
Eberswalde, ,, Potsdam . .		0,70 ,,	0,80 ,,
Czersk, ,, Marienwerder		0,40 ,,	0,55 ,,

um so größer sind die jährlichen Schlagflächen, zu denen auch die Nachbesserungs- und Pflanzenerziehungskosten im Verhältnis stehen.

Die Kulturarbeiten werden zum Teil im Tagelohn, zum Teil im Akkord ausgeführt. Bezüglich ihrer zeitlichen Veränderungen gilt die gleiche Regel wie bei den Hauerlöhnen. Auch die Kulturkosten müssen im Laufe der Zeit zunehmen;[1]) und zwar einmal infolge der Zunahme der Arbeitslöhne, sodann durch die Forderung der besseren und regelmäßigeren Ausführung der Bestandesbegründung und Bestandespflege. Infolge des Wachstums der Bevölkerung und der Entwicklung der Industrie sind in wirtschaftlich fortgeschrittenen, dichtbevölkerten Ländern manche Sortimente, insbesondere die schwächeren Nutzhölzer, welche bei den Durchforstungen eingehen, in weit stärkerem Grade ein volkswirtschaftliches Bedürfnis, als es auf primitiven Stufen der volkswirtschaftlichen Kultur und in dünn bevölkerten, mit mangelhaften Transportmitteln versehenen Ländern der Fall ist. Je besser die geringen Nutzhölzer aber verwendet werden können, um so enger müssen die Pflanzverbände sein. Die Regeln der Bestandesbegründung haben jederzeit den Charakter des Örtlichen. Die verschiedenen Methoden der Begründung sind bedingt durch Holzart und sonstige Verhältnisse. Im allgemeinen nimmt aber die natürliche Verjüngung im Laufe der Zeit ab, die Pflanzung in engen Verbänden nimmt zu.

Die Verrechnung der Kulturkosten zeigt gewisse Unterschiede je nach der Betriebsführung. Beim jährlichen Betrieb gelangen die Kulturkosten alljährlich in annähernd gleicher Weise zur Verausgabung. Sie werden daher ihrem einfachen Betrage nach, ohne daß ein Prolongieren erforderlich wird, von den Erträgen, die gleichzeitig mit ihnen erfolgen, abgezogen. Beim aussetzenden Betrieb werden sie nur zu Anfang der Umtriebszeit verausgabt, während die Erträge zu Ende, die Vorerträge im Laufe der Umtriebszeit ein-

---

[1]) Die Kulturkosten betrugen für die preußischen Staatsforsten:

in den Jahren	1870	1875	1880	1885	1890	1895	1900	
	2,37	3,36	3,60	4,80	4,92	5,53	7,32	Mill. M.

In Sachsen betrugen die Ausgaben auf 1 ha Gesamtfläche:

im Durchschnitt der Jahre . .	1817 bis 1826	1827 bis 1836	1837 bis 1846	1847 bis 1853	1854 bis 1863	1864 bis 1873	1874 bis 1883	1884 bis 1893	1894 bis 1903	
für Kulturen . .	0,70	0,62	0,83	0,95	1,10	0,85	1,15	1,24	1,62	Mill. M.
Entwässerungen	0,11	0,25	0,18	0,17	0,21	0,17	0,17	0,16	0,42	„ „
Wegebau . . .	0,24	0,56	0,45	0,51	0,68	1,10	2,47	2,64	3,81	„ „
im ganzen . .	1,05	1,43	1,46	1,63	1,99	2,15	3,79	4,04	5,85	Mill. M.

Für die württembergischen Staatsforsten (a. a. O., Tabelle IX) wurden verausgabt:

in den Jahren	1860	1870	1880	1890	1900	
für Kulturen . . .	0,22	0,45	0,36	0.34	0,38	Mill. M.
„ Wegebau	0,22	0.36	0,56	0,66	0,67	„ „

gehen. Erträge und Kulturkosten müssen daher beim aussetzenden
Betrieb und bei allen Berechnungen, die den Einzelbestand betreffen,
auf einen gemeinsamen Zeitpunkt zurückgeführt werden. Für die
im großen betriebene Forstwirtschaft, die bei allgemeinen Erörterungen zu unterstellen ist, besteht jedoch nur der jährliche Betrieb.
Das diesen betreffende Verfahren ist auch beim Nachweis der Reinerträge in der Praxis allgemein eingeführt.

c) Verwaltungskosten.

Sie bestehen in den Besoldungen und Dienstaufwandsentschädi-
gungen der Beamten für die Ausführung und Leitung des Betriebs,
für die Beschützung der Forsten, die Gelderhebung u. a. Alle Teile
dieser Kosten nehmen, auch bei gehöriger Wahrung des Grundsatzes
der Sparsamkeit, im allgemeinen beim Fortschreiten der forsttechnischen und volkswirtschaftlichen Verhältnisse zu. Infolge des
vollständigern Kulturbetriebs, der erhöhten Ansprüche beim Auszeichnen der Durchforstungen und Läuterungen, des zunehmenden
Aushaltens von Nutzhölzern, müssen die Bezirke der Schutz- und
Verwaltungsbeamten im Laufe der Zeit kleiner werden; oder es
müssen, bei gleichbleibenden Bezirken, mehr Hilfskräfte für die Betriebsführung angestellt werden. Tatsächlich lehrt jede Vergleichung
der betreffenden Verhältnisse verschiedener Zeiten und Länder, daß
dies auch überall der Fall gewesen ist.[1])

Was die Verrechnung betrifft, so sind die Verwaltungs- und
Schutzkosten beim jährlichen Betrieb, der bei allen Erörterungen
allgemeiner Natur, insbesondere auch für die Staatsforstwirtschaft,
zu unterstellen ist, ihrem einfachen Betrage nach von den Erträgen
in Abzug zu bringen, so daß ein Diskontieren und Prolongieren
auch hier nicht erforderlich wird. Beim aussetzenden Betrieb sind
die Verwaltungskosten dagegen mit den Erträgen auf einen gemeinsamen Zeitpunkt zurückzuführen. Sie werden zu diesem Zweck

---

[1]) Für die preußischen Staatsforsten — v. Hagen-Donner, Tabelle 46b — haben die Besoldungen und andere personliche Ausgaben für
Oberforstmeister, Forstrate, Oberförster, Rendanten, Forster und Waldwärter
betragen:

1870	1875	1880	1885	1890	1895	1900
6,6	8,1	8,1	8,2	10,1	10,8	13,1 Mill. M.

Die Dienstaufwands- und Mietsentschädigungen betrugen:

1870	1875	1880	1885	1890	1895	1900
0,9	1,5	1,8	1,9	2,1	2,1	2,3 Mill. M.

Für die sachsischen Staatsforsten entfallen pro Hektar der Gesamtfläche

im Durchschnitt der Jahre	1854/63	1864/73	1874/83	1884/93	1894/1903
an Besoldungen	3,41	4,05	4,87	5,30	6,70 M.
an anderen personl. usw. Ausgaben	1,55	1,48	2,92	4,04	5,25 „

mit der Unterstellung, daß sie jährlich in gleicher Höhe verausgabt werden, als ein (fingiertes) Kapital ausgedrückt.

d) Sonstige Kosten.

Hierunter sind in erster Linie die auf dem Wald und seinen Erträgen, wie auf jedem Vermögen und Einkommen, lastenden Steuern hervorzuheben, auf deren Höhe bei dem jetzigen, noch nicht abgeschlossenen Stande der Sache[1]) hier nicht weiter eingegangen werden soll. Wie die Steuern auch festgesetzt und verausgabt werden mögen, es ergibt sich immer, daß sie beim Fortschreiten der wirtschaftlichen Verhältnisse, mit dem Steigen der Werte und des Einkommens aus dem Walde, größer werden.

Die übrigen Kosten bestehen im Aufwand für die Herstellung und Unterhaltung von Gebäuden für Beamte und Arbeiter, in der Beihilfe zur Unterhaltung von Straßen, Wasserbauten, Jagd- und Nebenbetriebsanstalten, Unterstützungen an Arbeiter und Hinterbliebene u. a. Alle diese Kosten haben für die forstliche Statik nur geringe Bedeutung und bleiben daher meist unberücksichtigt.

Als die gemeinsame Tendenz aller Teile der forstlichen Arbeiten ergibt sich, daß sie im Laufe des Fortschreitens der forsttechnischen und volkswirtschaftlichen Entwicklung zunehmen[2]) und zwar nicht etwa in dem Maße, wie die Werte der Tauschwerkzeuge (Geld) abnehmen (was in viel schwächerem Grade geschieht, als zufolge des eigenen Interesses der meisten Menschen in der Regel angenommen wird), sondern in einem stärkeren Verhältnis. Dies entspricht dem allgemeinen Grundsatz der zunehmenden Intensität der Wirtschaftsführung (vgl. 4. Abschnitt, II). Seine Grenze findet diese innerhalb gewisser Schranken berechtigte Richtung aber in der Forderung, daß die Zunahme der Kosten nicht größer, sondern kleiner sein soll, als die gleichzeitige Steigerung der Roherträge, so daß die Reinerträge im Laufe der Zeit nicht kleiner, sondern größer werden. — Trotz vieler Schwankungen in einzelnen Jahren und Perioden tritt diese Entwicklung auch in allen geordneten Forstverwaltungen tatsächlich hervor.[3])

---

[1]) Vgl. die Verhandlungen des Deutschen Forstvereins zu Eisenach 1904.

[2]) Dies tritt bei den Abschlüssen der Gesamtausgaben deutlich hervor. Für die preußischen Staatsforsten haben die dauernden Ausgaben betragen:

in den Jahren	1870	1875	1880	1885	1890	1895	1900
	20,7	28,0	29,2	32,5	35,2	37,9	43,9 Mill. M.

Die jährliche Ausgabe der sächsischen Staatsforstverwaltung hat betragen:

im Durchschnitt d. Jahre	1854/63	1864/73	1874/83	1884/93	1894/1903
	1,77	2.25	3,56	3,98	5,07 Mill. M.

Für die württembergischen Staatsforsten sind die Ausgaben gestiegen von 3,07 Mill. M. im Jahre 1860 auf 5,10 Mill. M. im Jahre 1900.

[3]) Für die preußischen Staatsforsten haben die Reinerträge (nach Abzug aller, auch der einmaligen Ausgaben) betragen:

Martin, Forstl. Statik 10

II. Kapital als Bestandteil der Produktionskosten.

Größere Bedeutung als die Arbeit hat das Kapital als Produktionsfaktor in der Forstwirtschaft. Die Entwicklung der volkswirtschaftlichen Verhältnisse auf den höheren Kulturstufen wird überhaupt in starkem Grade vom Kapital beherrscht. Trotz aller Versuche, die auf Grund sozialer und ethischer Erwägungen gemacht werden, um der Macht des Kapitals entgegenzutreten, wird sein Einfluß doch jederzeit herrschend bleiben. Die zunehmende Bedeutung des Kapitals ist mit dem Fortschritt der materiellen Kultur notwendig verbunden. Auch in der Forstwirtschaft tritt die Bedeutung des Kapitals mehr und mehr hervor und fordert erhöhte Berücksichtigung. Die Größe des forstlichen Betriebskapitals und die Ansprüche, die an seine Leistungen zu machen sind, müssen bei der Betriebsregelung festgestellt werden.

An Kapital, das von außen dem Betrieb zugeführt wird, ist die Forstwirtschaft arm. Die Landwirtschaft bedarf in dieser Beziehung einer weit größeren Kapitalmenge durch die Werkzeuge und Maschinen, welche zur Bestellung und Ernte gebraucht werden, durch die erforderlichen Arbeitstiere, die Vorräte an Futter- und Dungstoffen, die Gebäude, welche für Arbeiter, Tiere und Erntevorräte hergestellt und unterhalten werden müssen. Aber bei aller Geringfügigkeit des absoluten Betrags besteht, entsprechend dem Arbeitsaufwand, doch die allgemeine Regel, daß das von außen in die Forstwirtschaft eingeführte Kapital mit dem Fortschritt der Kultur zunehmen muß. Werkzeuge zur Kultur und zur Gewinnung der Forstprodukte, Anlagen zur Beförderung des Holzes, Wohnräume für Beamte und Arbeiter, sind auf den höheren wirtschaftlichen Kulturstufen in weit stärkerem Maße vorhanden, als auf den niederen.

Weitaus das wichtigste Kapital der Forstwirtschaft ist der stehende Holzvorrat (v). Unter diesem wird die Summe der Bestände verstanden, welche zur Führung eines nachhaltigen Betriebs vorhanden sein müssen. Die Auffassung des Vorrats als Produktionsfaktor ist für die Forstwirtschaft von großem Einfluß und bedarf deshalb der eingehenden Begründung.

---

in den Jahren 1870 1875 1880 1885 1890 1895 1900
                         20,7 29,4 22,6 25.0 34,3 27,1 49,9 Mill. M.
Dies ist vom Rohertrag 47,5 49,4 42,0 41,5 48,7 41,2 52,4 %
    Für die sächsischen Staatsforsten hat der Reinertrag betragen:
im Durchschnitt der Jahre 1854/63 1864/73 1874/83 1884/93 1894/1903
                          3,70   5,69   7,00   7,58   8,27 Mill. M.

1. Begriff und Bedeutung des Vorrats.

Die wichtigste hierher gehörige Frage, die für alle statischen Aufgaben von Bedeutung ist und vor ihrer Behandlung erörtert werden muß, geht dahin, ob der stehende Vorrat wirklich als Betriebskapital aufgefaßt und behandelt werden kann und muß. Von der Auffassung des Vorrats hängt es ab, ob seine Verzinsung verlangt und bei der Regelung der Wirtschaft berücksichtigt werden muß. Von jedem Kapital wird verlangt, daß es sich verzinst. Zins ist ein notwendiges Attribut des Kapitals, ohne welches dieses weder erzeugt noch erhalten werden würde. Ist dagegen der Vorrat kein Kapital, so kann auch keine Verzinsung gefordert werden, da der Zins überall auf das Kapital beschränkt ist.

In der allgemeinen Wirtschaftslehre gibt es kaum einen anderen Begriff, der so mannigfachen Definitionen unterworfen ist, als das wirtschaftliche Kapital. Hermann nennt Kapital „jede dauernde Grundlage einer Nutzung, die Tauschwert hat". Nach Rau wird Kapital gebildet von „denjenigen Vermögensteilen, welche dazu dienen, die im Volksvermögen enthaltene Gütermenge zu befördern". Roscher versteht unter Kapital „jedes Produkt, welches zu fernerer Produktion aufbewahrt wird". Für die sozialistische Richtung der neueren Zeit, deren Prinzipien und Folgerungen am gründlichsten von K. Marx[1]) bearbeitet und dargestellt sind, ist nichts so charakteristisch, als die Auffassung des Kapitals, von dem sie bestimmte Definitionen zu geben vermeidet. Das wesentliche Merkmal des extremen Sozialismus ist die Negation des Kapitals als Güterquelle. Damit wird auch zugleich die Negation des Kapitalzinses im allgemeinen und, indem man allgemeine Sätze auf die einzelnen Wirtschaftszweige überträgt, auch für die Forstwirtschaft ausgesprochen.

Unterwirft man an der Hand der vorstehenden Definitionen die wirtschaftliche Natur der stehenden Holzbestände der Kritik, so wird eingeräumt werden müssen, daß diese nicht notwendig und allgemein als Kapital bezeichnet werden dürfen. Waldungen waren vor dem Kapital vorhanden, noch bevor eine Wirtschaft mit den Begriffen Arbeitslohn, Kapital und Grundrente existierte. Zu ihrer ursprünglichen Erzeugung haben die wirtschaftlichen Produktionsfaktoren nicht mitgewirkt; sie wurden lediglich durch die Wirkungen der Natur hervorgebracht. Und wie die Waldbestände nach ihrer Entstehung den Charakter des Kapitals nicht an sich tragen, so fehlte dieser früher auch in bezug auf den Zweckbegriff, der in

---

[1]) Das Kapital, Kritik der politischen Ökonomie. Vgl. die im 4. Abschnitt beigefugten Zitate.

den obigen Definitionen des Kapitals enthalten ist. Auf den frühesten
Stufen der wirtschaftlichen Kultur ist der Wald kein Produkt, das
planmäßig erzeugt und benutzt wird; er mußte im Gegenteil,
damit die wichtigsten Aufgaben der nationalen Produktion erreicht
werden konnten, möglichst gründlich beseitigt werden. Auf die
Naturwaldungen ist daher der Kapitalbegriff ganz unanwendbar.
Ebenso sind die gegebenen Erklärungen auf Wälder, die in erster
Linie den Zweck der Erhöhung landschaftlicher Schönheit erfüllen,
die klimatische und sonstige schützende Wirkungen ausüben oder
dem Vergnügen dienen sollen, nicht zutreffend. Hier muß daher
auch die Forderung der Verzinsung zurücktreten.

Wird jedoch die gestellte Frage lediglich auf die wirtschaftlich
behandelten Forsten von Kulturländern bezogen, deren allgemeinster
Zweck auf die Erzeugung eines Ertrags gerichtet ist, so muß sie
bejaht werden. Was nach den angegebenen Definitionen für den
Kapitalbegriff erfordert wird, ist auf den Vorrat der in geordnetem
Betrieb stehenden Forstwirtschaft zutreffend. Der Vorrat ist die
Grundlage von Nutzungen, die Tauschwert haben; er ist ein Produkt, das zu fernerer Produktion aufbewahrt wird; er dient dazu,
die im Volksvermögen enthaltene Gütermenge zu befördern. Und
da die forstliche Statik sich nur mit den ökonomisch zu behandelnden Waldungen der Kulturländer zu beschäftigen hat, so kann auch
für statische Untersuchungen unterstellt werden, daß der Vorrat als
Kapital aufzufassen ist. Demgemäß müssen auch die Zinsen des
Vorrats als Elemente der Produktionskosten behandelt werden.

Die zum Betriebe der Wirtschaft verwandten Kapitalien werden
bekanntlich in umlaufende und stehende eingeteilt. Erstere sind
solche, welche materiell, mit ihrer Masse und ihrem Wert, in das zu
erzeugende Produkt eingehen und einen wesentlichen Bestandteil
desselben bilden, wie es z. B. beim Saatgetreide der Landwirtschaft,
beim Schlachtvieh des Fleischers, dem Mehl des Bäckers, dem Holz
des Tischlers und Böttchers der Fall ist. Bei den stehenden Kapitalien (Werkzeugen, Maschinen, Gebäuden usw.) werden nur die
Fähigkeiten und Eigenschaften zur Gütererzeugung benutzt; sie
bleiben, wenn sie nicht einer Abnutzung unterliegen, materiell unverändert. Das umlaufende Kapital bildet nach dieser Erklärung
seinem ganzen Betrage nach ein Element der Produktionskosten;
vom stehenden Kapital geht dagegen nur der Preis für die Benutzung und Abnutzung in das Produkt über. Der Vorrat der
Forstwirtschaft unterliegt zwar innerhalb langer Zeiträume dem Umlauf; das hiebsreife Holz wird abgetrieben und in anderes Kapital
umgewandelt. Allein bei einem geregelten Nachhaltbetrieb, der im
großen ausschließlich Bedeutung hat und auf den allgemeine Er-

örterungen beschränkt bleiben, tritt dieser Umlauf nur für einen sehr kleinen Teil des Vorrats ein. Der durch den Einschlag des hiebsreifen Holzes entstehende Ausfall wird durch den Zuwachs an den anderen Beständen ergänzt. Seinem Gesamtbetrage nach bildet der Vorrat eine bleibende Größe; er ist, wie Gebäude und Maschinen, stehendes Kapital. Daher bilden, wie bei diesen Kapitalien, die Zinsen des Vorrats Elemente der Produktionskosten und müssen bei Rentabilitätsvergleichungen als solche in Rechnung gestellt werden.[1])

2. Besondere Eigentümlichkeiten des Vorrats.

Wenn nun auch der Vorrat als Kapital anerkannt wird, so hat man doch nicht außer acht zu lassen, daß er gewisse Eigentümlichkeiten besitzt, die es verhindern, daß Regeln, die sonst für das Kapital Geltung haben, ohne weiteres auf ihn übertragen werden können. Die wichtigsten Besonderheiten des Vorrats als Betriebskapital sind folgende:

a) Das Verbundensein mit dem Boden.

Sobald der Vorrat vom Boden getrennt wird, geht der ihm eigentümliche Charakter als forstliches Betriebskapital verloren; er wird in umlaufendes Kapital umgewandelt und scheidet aus der Forstwirtschaft aus. Die Verbindung mit dem Boden verleiht dem Vorrat eine eigentümliche Schwerfälligkeit, durch die seine Verwendung auf den ausschließlichen Zweck der Holzerzeugung be-

---

[1]) In diesem Sinne wird er auch von den Nationalökonomen, die sich mit der Forstwirtschaft beschäftigt haben, aufgefaßt. So namentlich von Helferich in Schoenbergs Handbuch der politischen Ökonomie, 2. Aufl., II. Band, S. 265, und im Sendschreiben an Judeich, Forstliche Blätter 1872 („Beim kontinuierlichen Betrieb hat der Vorrat allerdings den Charakter eines fixen Kapitals"). Von anderen wird der Vorrat als umlaufendes Kapital aufgefaßt; insbesondere von G. Heyer, Waldertragsregelung, 3. Aufl., S. 13 („Der Vorrat wird alljährlich um den Massenbetrag der abzutreibenden ältesten Stufe vermindert, jedoch bei Jahresfrist durch den neuen Zuwachs aller Glieder der Reihe wieder auf den vorigen Stand erhöht uud bildet so das umlaufende Betriebskapital der Waldwirtschaft"). Ebenso Endres, Lehrbuch der Waldrente und Forststatik, S. 11 („Wirtschaftlich ist der Holzvorrat stets umlaufendes Kapital. — Der Unterschied zwischen dem Holzvorrat und anderen umlaufenden Kapitalien liegt nur darin, daß der Holzvorrat eines Bestandes immer erst nach Ablauf größerer Produktionszeiträume nutzbar wird. Er ist längere Zeit in der Wirtschaft ‚gebunden', als die umlaufenden Kapitalien anderer Gewerbe und kann daher, im Gegensatz zu diesen, als langsam umlaufendes Kapital bezeichnet werden"). Dieselbe Ansicht vertritt auch Judeich, „Das Waldkapital", Thar Forstl. Jahrbuch, 29. Band, S. 19. — Man darf jedoch der vorliegenden verschiedenen Auffassung der Begriffe keine zu große Bedeutung beimessen. Wesentliche Gegensätze betreffs der Würdigung und Verrechnung des Vorrats als Element der Produktionskosten gehen nicht daraus hervor.

schränkt bleibt. Er kann, ohne seinen eigentümlichen Charakter
zu verlieren, zu Spekulationen irgendwelcher Art nicht verwendet
werden. Insbesondere ist er auch .als Grundlage für Anleihen, wodurch der Boden zur Beschaffung von beweglichem Kapital benutzt
werden kann, nur in beschränktem Maße geeignet.[1]) Hieraus ergibt sich, daß nur solche Eigentümer zum nachhaltigen Betrieb der
Forstwirtschaft geeignet sind, die über ein großes Vermögen verfügen und am Zustand der Forstwirtschaft dauerndes Interesse
haben. Personen, die ihr Kapital zu realisieren genötigt sind,
können ihren Betrieb nicht nach den Regeln einer guten Forstwirtschaft einrichten. Sie müssen das Vorratskapital, auch wenn
es hohe Erträge bringt, einschlagen, weil sie es für andere Zwecke
nötig haben. In diesem seinem eigenartigen Charakter liegt ein
Gegensatz der Wirtschaftsführung gegen manche Arten des Waldeigentums,[2]) nicht aber zur Forderung der Kapitalverzinsung, die
allgemeine Gültigkeit zu beanspruchen hat.

b) Die lange Dauer der Erzeugung.

Sie zeichnet die Forstwirtschaft vor allen anderen Wirtschaftszweigen aus. Die Hiebsreife des Holzes erfolgt erst am Schlusse
einer langen Umtriebszeit. Infolge dieses Umstandes haben Veränderungen des Vorrats lange dauernde Folgen. Die Ergänzung
eines zu geringen Vorrats kann nur im Laufe längerer Zeit bewirkt
werden. Ein Raubbau am Vorratskapital ist daher mit sehr ungünstigen Wirkungen verknüpft. Die Berücksichtigung dieses Verhältnisses ist in Verbindung mit der Schwierigkeit der richtigen
Berechnung des Vorrats und der Möglichkeit des Eintretens von
Naturschäden die Ursache, weshalb vielfach, in erster Linie von der
Staatsforstverwaltung, ein konservativerer Standpunkt eingehalten
wird, als es sonst erforderlich erscheinen würde. Andererseits hat
jedoch auch die Erhaltung eines zu hohen Vorrats, abgesehen von
der geringen Kapitalverzinsung, Mißstände anderer Art zur Folge.
Die Bedeutung des Vorrats verlangt, daß er nach Masse und Wert
möglichst eingehend untersucht und nachgewiesen wird. Irgendwelche Folgerungen gegen die allgemeine Regel, daß der Vorrat
Betriebskapital ist und der Forderung der Verzinsung unterliegt,
können auch aus dieser Eigentümlichkeit nicht abgeleitet werden.

---

[1]) Vgl. den Bericht über die 3. Hauptversammlung des Deutschen Forstvereins zu Leipzig, S. 156 flg. („Über die Grundsätze für die Beleihung der
Waldungen".)
[2]) Vgl. 4. Abschnitt, I. 1a.

3. Bestimmungsgründe für die Höhe des Vorratskapitals.

Das Vorratskapital ist unter allen Umständen ein wichtiges Merkmal für den Stand der forstlichen Verhältnisse. Die Begründung seiner Höhe und seines Wertes ist daher in jeder geordneten Wirtschaft erforderlich; sie bildet eine der wichtigsten Aufgaben der forstlichen Statik. Es ist einerseits unrichtig, zu hohe, ungenügend sich verzinsende Kapitalien zum Betriebe zu unterhalten; andererseits kann aber eine zu starke Verminderung des Vorratskapitals einer der größten wirtschaftlichen Fehler sein.

Der Vorrat, welcher als der den vorliegenden Verhältnissen entsprechende anzusehen ist, wird normaler Vorrat (nv) genannt. Er ist nicht nur durch eine bestimmte Höhe, sondern auch durch eine bestimmte Zusammensetzung gekennzeichnet (regelmäßige jährliche oder periodische Altersstufenfolge). Der wirkliche Vorrat (wv) weicht vom normalen nach beiden Richtungen in stärkerem oder schwächerem Grade ab. Ihn dem normalen Vorrat möglichst anzunähern, ist eine wichtige Aufgabe der Forsteinrichtung. Ihr wird Rechnung getragen durch die Festsetzung des Etats, die so zu treffen ist, daß die Annäherung im Laufe einer bestimmten Zeit herbeigeführt wird.

Die Ursachen, von welchen die Massen und Werte des Vorrats abhängen, sind einerseits auf forsttechnische, andererseits auf ökonomische Verhältnisse zurückzuführen.

a) Forsttechnische Bestimmungsgründe.

Zunächst sind die Standortsverhältnisse als solche hervorzuheben. Je besser sie sind, um so größer sind die Massen, welche pro Hektar erzeugt und erhalten werden; um so höher die Werte des Durchschnittsfestmeters bei einem bestimmten Alter der Bestände. Das Produkt aus Masse und Wert, welches den Vorrat bildet, muß daher in noch stärkerem Verhältnis verschieden sein, als es seinen einzelnen Faktoren entspricht. Hieraus ergibt sich, daß einer richtigen Bestimmung des normalen Vorrats eine gute Bonitierung des Standorts vorangehen muß, was auch, im Gegensatz zu manchen theoretischen Erörterungen, welche bei der Begründung der Vorratsmethoden eine Rolle gespielt haben, bei den neueren Forsteinrichtungsverfahren[1] bestimmt vorgeschrieben wird. — Sodann sind die Bestandesverhältnisse von Einfluß. Die Vollständigkeit der Bestockung, die Beschaffenheit der Bestände, das

---

[1] Insbesondere ist in dieser Beziehung auf die neue „Anleitung für die Forsteinrichtungsarbeiten in den Domanial- und Kommunalwaldungen des Großherzogtums Hessen" hinzuweisen, welche eine eingehende Vorschrift über die Ermittelung des Vorrats enthält

Vorhandensein von Schäden jeder Art kommt besonders in Betracht. Je besser die Bestände begründet und behandelt sind, um so höher ist zwar nicht immer die Masse, aber stets der Wert, welcher im Laufe einer bestimmten Zeit erzeugt wird und in den Beständen vorhanden ist. — Von großem Einfluß auf die Höhe des Vorrats ist ferner die Umtriebszeit. Da die alten Bestände stets den wesentlichsten Teil des Vorrats bilden, so nimmt dieser auf der durchschnittlichen Flächeneinheit bei wachsender Umtriebszeit zu und zwar in stärkerem Verhältnis, als der Zahl der Jahre entsprechend ist. — Sehr verschieden ist das Verhalten der Betriebsarten in bezug auf das Vorratskapital. Der Niederwald ist die extensivste Form der Forstwirtschaft; er ist vielfach nur aus dem Bestreben, das Waldkapital zu nutzen und der Kosten der Wiederbewaldung enthoben zu sein, hervorgegangen. Aber auch der Mittelwald und die ihm verwandten Betriebsformen tragen einen extensiven Charakter. Masse und Wert des Vorrats sind gering. Der Mittelwald kann sich in seiner eigentümlichen Verfassung, die durch das Nebeneinander von Ober- und Unterholz gekennzeichnet ist, nur erhalten, wenn den Ausschlägen des Unterholzes genügend Licht zuteil wird. In seinen Mängeln in bezug auf den Vorrat liegt der Grund, weshalb der Mittelwald den Forderungen der Zukunft an den meisten Orten nicht mehr genügt. Durch das höchste Vorratskapital sind der regelmäßige Hochwald und der Plenterwald ausgezeichnet. — Endlich muß auf die Verschiedenheit der Wirtschaftsführung hingewiesen werden. Der aus einer regelmäßigen Reihe von Beständen verschiedenen Alters gebildete Vorrat ist das charakteristische Merkmal für den jährlichen Betrieb, während es der aussetzende nur mit einzelnen Beständen zu tun hat, die zeitlich in ihren Massen und Werten sehr verschieden sind.

b) Ökonomische Bestimmungsgründe für die Höhe des Vorrats.

Als solche sind in erster Linie die Wirtschaftsprinzipien (des größten Wertdurchschnittszuwachses, Waldreinertrags, Bodenreinertrags) hervorzuheben, welche für die Betriebsführung bestimmend sein sollen; sie werden durch ökonomische Momente charakterisiert. Die Folgen der Wirtschaftsprinzipien finden aber immer in den unter a hervorgehobenen Bestandes- und Betriebsverhältnissen ihren Ausdruck. Ihr Einfluß auf die Höhe des Holzvorratskapitals fällt daher auch mit dem, was dort bemerkt wurde, in sachlicher Hinsicht zusammen. Die Waldreinertragslehre hat bei konsequenter Durchführung eine dichtere Haltung der Bestände und höhere Umtriebszeiten zur Folge als die Bodenreinertragslehre. Daher führt sie cet. par. zu höheren Vorräten. Die Bodenreinertragslehre hat dagegen mit der Forderung der Kapitalverzinsung stets die Tendenz, von einem gewissen Zeitpunkt ab kräftigere Durchforstungs- und Lichtungshiebe zu führen und schlechtwüchsige Bestände früher zum Einschlag zu bringen. Hierdurch wird cet. par. eine Verminderung des Vorrats bewirkt.

Zweitens ist die allgemeine volkswirtschaftliche Kulturstufe von Einfluß auf die Gestaltung des Vorratskapitals. Es ist eine für alle Wirtschaftszweige gültige Regel, daß sie mit Zunahme der volkswirtschaftlichen Kultur intensiver, mit Aufwendung einer größeren Menge von Arbeit und Kapital, betrieben werden müssen. Diese Regel gilt auch für die Forstwirtschaft. Die wesentlichste Ursache der Intensitätszunahme liegt im Teurerwerden des Bodens und den höheren Ansprüchen, die an seine Leistung gestellt werden. Hiernach muß auch der Vorrat im Laufe des Kulturfortschritts zunehmen. Daß dies im letzten Jahrhundert der Fall gewesen ist, geht aus der Geschichte der Forstwirtschaft bestimmt hervor,[1]) wenn auch das Vorhandensein von Urwaldresten einen gegenteiligen Einfluß erkennen läßt.

In der Forderung zunehmender Intensität liegt nach vorstehender Erläuterung eine gegensätzliche Tendenz zu derjenigen, welche aus der Auffassung des Vorrats und der Forderung seiner Verzinsung hervorgeht. Bei der Aufstellung der Wirtschaftsregeln für den Durchforstungsbetrieb, Lichtungsbetrieb, die Umtriebszeit usw. müssen stets diese beiden Richtungen berücksichtigt werden. Sie verhindern die Befolgung von Extremen, zu welchen jedes einseitig ausgeführte Prinzip Veranlassung geben kann.[2])

4. Berechnung des Vorrats.

Um die im Kapitalaufwand enthaltenen Produktionskosten nachzuweisen, müssen die Zinsen desselben zahlenmäßig dargestellt werden. Hierzu ist zunächst erforderlich, daß das Kapital selbst auf einen bestimmten Ausdruck gebracht wird.

Einwandsfreie Berechnungen des Vorrats, die den mathematischen und ökonomischen Anforderungen genügen und zugleich einen wünschenswerten Grad von Genauigkeit besitzen, gibt es nicht. Gewisse Ausstellungen lassen sich — sowohl gegen die Art

---

[1]) Für die sachsischen Staatsforsten (Entwicklung der Staatsforstwirtschaft, Tab. 4 und 6), deren Ergebnisse den besten Beweis für die Richtigkeit des oben Bemerkten enthalten, betrug

im Durchschnitt der Jahre	1854/63	1864/73	1874/83	1884/93	1894/1903	
der Holzvorrat	162	177	189	187	189	fm
das Waldkapital	1156	1417	1682	1859	2206	M

[2]) Vgl. 4 Abschnitt, II.

der Berechnung als auch gegen die Genauigkeit der Resultate — unter allen Verhältnissen geltend machen. Der Natur der Sache nach muß sich die Berechnung des Vorrats einerseits auf die Masse, andererseits auf den Wert erstrecken.

a) Die Masse des Vorrats.

Die Ansprüche, welche betreffs der Aufnahme des Vorrats gestellt werden, sind bekanntlich von dem Zweck abhängig, welchem dieselbe dienen soll. In der Literatur und Praxis sind folgende Verfahren vertreten worden:

1. **Ermittelung der Vorratsmasse nach dem Haubarkeitsdurchschnittszuwachs.** Von den ersten Vertretern der mathematischen Methoden der Ertragsregelung wurde die Regel aufgestellt, daß der Vorrat der Bestände und Reviere nach dem Haubarkeitsdurchschnittszuwachs berechnet werde.[1] Diese Methode besitzt den Vorzug großer Einfachheit. Bei gleicher Bonität steht die Masse der Bestände im direkten Verhältnis zum Alter; sie ist für jede Altersstufe $= \dfrac{m}{u}\, a$. Für den normalen Vorrat besteht die bekannte, leicht anwendbare Formel $nv = \dfrac{uZ}{2}$. Daß dies einfache Verfahren der Vorratsberechnung unrichtig sei, läßt sich, wenigstens allgemein, nicht bestimmt behaupten. Wenn es sich bei der Aufnahme des Vorrats darum handelt, die Bedeutung nachzuweisen, die ihm in Beziehung auf die Erfüllung des Etats an Haubarkeitserträgen zukommt, so ist das Verfahren richtig. Unter dem Einfluß der Fachwerks- und Vorratsmethoden, welche trotz ihrer grundsätzlichen Verschiedenheiten im wesentlichen diesen Standpunkt vertreten, hat die vorliegende Methode allgemeinere Anwendung gefunden, als es dem wirklichen Sachverhalt entspricht. Von K. und G. Heyer[2] wird sie ohne Einschränkung vertreten. Sie stellen als Regel auf: „Man findet die Größe des normalen Vorrats, indem

---

[1] Als Urheber dieses Verfahrens wird der (unbekannte) Verfasser des von der Hofkammer in Wien 1788 erlassenen Dekretes angesehen, welches vorschreibt, wie der Wert eines „forstmäßig behandelten" (mit normaler Altersstufenfolge und normalem Zuwachs versehenen) und eines nicht forstmäßig behandelten (über die Kräfte abgeholzten oder zuviel geschonten) Waldes berechnet werden sollte. Von der Waldwertberechnung ist das Verfahren bald auf die Ertragsregelung übertragen, wie aus den Mitteilungen von K. André (in den „Ökonomischen Neuigkeiten", 1811) und von E. André („Versuch einer zeitgemäßen Forstorganisation", 1823) hervorgeht. Näheres über die Geschichte der österr. Kameraltaxe enthalten die Schriften über Forsteinrichtung (vgl. insbesondere Judeich, 6. Aufl. v. Neumeister, § 121 und 127.

[2] Die Waldertragsregelung, 3. Aufl., § 34, Veranschlagung des normalen Vorrats, und § 36, Veranschlagung des wirklichen Vorrats.

man das Alter einer jeden Stufe mit dem normalen Haubarkeitsdurchschnittszuwachs multipliziert und die Produkte addiert." Zur
Begründung wird bemerkt: „In bezug auf die Etatserfüllung ist
diejenige Holzmasse, welche die Bestände vor der Haubarkeit besitzen, irrelevant. Es kommt vielmehr zu dem vorgedachten Zweck
einesteils die Holzmasse, welche jede Bestandesaltersstufe im Haubarkeitsalter liefern wird, andernteils das Verhältnis des gegenwärtigen
Alters zu dem Haubarkeitsalter der betreffenden Stufe in Betracht."
Allein die hier vertretene Anschauung ist, sofern sie mit dem Anspruch der Allgemeingültigkeit auftritt, nicht richtig. Dem jetzigen
Stande des forstlichen Betriebs entspricht sie durchaus nicht.[1]) Die
neuere Forstwirtschaft ist in bezug auf die Regelung der Erträge
gerade dadurch charakterisiert, daß den vor Eintritt der Haubarkeit erfolgenden Hieben (Durchforstungen, Lichtungen, Aushieben)
im Gegensatz zu Heyers Ansicht eine weit größere Bedeutung bei-
zumessen ist, als es früher der Fall war. In Übereinstimmung mit
den hieraus hervorgehenden waldbaulichen Aufgaben ist die neuere
Entwicklung der Betriebsregelung gerade dahin gerichtet, daß die
Verhältnisse der Gegenwart und nächsten Zukunft eingehender behandelt werden, während die der späteren Zukunft zurücktreten.
Das preußische Forsteinrichtungswesen im ganzen 19. Jahrhundert,
von G. L. Hartig bis zur Gegenwart, läßt diese Richtung erkennen.
Die vorliegende Art der Vorratsberechnung ist schon deshalb nicht
ausführbar, weil man die Enderträge in der Regel nicht mit Sicherheit kennt und ihnen daher nur mit einer gewissen Beschränkung,
unter bestimmten Bedingungen und Voraussetzungen, Ausdruck geben
kann. Niemand ist z. B. imstande, mit Sicherheit zu sagen, ob
regelmäßige Fichtenbestände 2. Bonität so gehalten werden, daß sie
800 fm, oder so, daß sie 600 fm am Schluß der 100jährigen Umtriebszeit ergeben werden. Daher ist der Haubarkeitsdurchschnittszuwachs keine allgemein bestimmbare Größe; er bringt auch die
Produktionsfähigkeit des Standorts nicht zum richtigen Ausdruck.[2])

2. Nach dem wirklichen Holzmassengehalt. Wenn dem
Vorrat nach seinem realen, tatsächlich vorliegenden Zustand Ausdruck gegeben werden soll, so ist die Masse der Bestände, wie sie
zur Zeit der Aufnahme vorliegen, einzuschätzen oder zu berechnen.
Auf das hierbei anzuwendende Verfahren (Kluppierung, Höhen-

---

[1]) Sie wird deshalb auch von den meisten Vertretern der Forsteinrichtung
als fehlerhaft bezeichnet. So insbesondere von Judeich, Forsteinrichtung,
6. ergänzte Auflage von Neumeister, § 127; Stoetzer, Forsteinrichtung,
§ 100; Riebel, Waldwertrechnung. S. 104.

[2]) Der Haubarkeitsdurchschnittszuwachs der Fichte, II Standortsklasse,
für $u = 100$ ist nach den Normalertragstafeln Schwappachs vom Jahre 1890
$= 9{,}0$ fm, vom Jahre 1902 $= 6{,}8$ fm.

messung usw.) und den Grad der Genauigkeit, der verlangt werden kann, ist hier nicht einzugehen. Man hat zu beachten, daß beides nach dem Zweck, zu welchem die Aufnahme erfolgt, sehr verschieden sein kann und muß. Holzmassenaufnahmen zum Zweck der Zuwachsberechnung und anderer spezieller statischer Aufgaben müssen so genau gemacht werden, als es nach dem Stande der Holzmeßkunde möglich ist. Auch bei Verkäufen von Beständen wird in der Regel ein tunlichst genaues Verfahren einzuhalten sein. Für die Aufnahme der Bestände zur Bestimmung des Etats an Haubarkeitsnutzungen kann je nach den vorliegenden Verhältnissen die vollständige Aufnahme der Bestände, die Anlegung von Probeflächen, die Benutzung von Erfahrungssätzen und die Schätzung nach dem Augenmaß angezeigt sein. Um aber den Vorrat eines ganzen Waldes darzustellen, ist ein genauer Nachweis der Massen der einzelnen Bestände weder erforderlich noch ausführbar. Die Aufnahme erfolgt hier gewöhnlich unter Zuhilfenahme der Mittel, welche Erfahrung und Statistik darbieten, auf dem Wege der Einschätzung. Dabei sind gleichartige Bestände in der Regel zusammenzufassen.[1]

---

[1] Von der Schatzung auf gutachtlichem Wege mit Hilfe der Statistik ist auf dem ganzen Gebiete der Forsteinrichtung moglichst ausgedehnte Anwendung zu machen. Mit dem Fortschritt des Forstwesens nimmt die Anwendung und der Wert der Schatzung nicht ab, sondern zu. Von vielseitigem Interesse sind die Erfahrungen, welche auf diesem Gebiete von der sächsischen Forsteinrichtungsanstalt gemacht und bekannt gegeben sind. Die Massenvorräte werden in Sachsen schon seit 1844 nachgewiesen (vgl. Entwicklung der Staatsforstwirtschaft, Tab. 4). Das bei der Aufnahme jetzt eingehaltene Verfahren besteht darin, daß die Massen der 1—40jährigen Bestände nach den Abschlussen der Bonitäts- und Altersklassentabelle unter Zugrundelegung von Ertragstafeln berechnet werden, während der Vorrat der uber 40jährigen Holzer durch Schatzung nach dem Augenmaße ermittelt wird. Das Verfahren hat sich in einer langen Praxis bewährt. Die Fehler der Schätzung sind, wie aus der Kontrolle der Endhiebe hervorgeht, gering. Oberforstmeister Schulze teilt (Allgem. Forst- und Jagdz., Juli 1901) mit, daß die durchgeschlagenen Bestände im Durchschnitt des ganzen Landes 5,5% mehr Masse ergeben haben, als die Schatzung unterstellt hatte. Diese Differenz war jedoch bis zu einem gewissen Grade beabsichtigt, da die Taxatoren gewöhnt sind, eine gewisse Vorsicht walten zu lassen. Sonst wurden die Unterschiede, die in einzelnen Revieren zwischen 6% Minus bis 13% Plus liegen, noch geringer sein. Wenn man nun auch die Verhältnisse Sachsens, das durch einfache Bestandesverhältnisse ausgezeichnet ist, nicht verallgemeinern darf, so kann doch aus jenen Resultaten entnommen werden, daß von der Schätzung umfassender Gebrauch zu machen ist, wenn geregelte Bestandesverhaltnisse vorliegen und wenn die Ergebnisse der Statistik, welche von den forstlichen Versuchsanstalten und von der Verwaltung gemacht sind und fortgesetzt gemacht werden, zur gehorigen Anwendung kommen.

Auch in anderen Landern, welche den Nachweis des Vorrats zur Ertragsregelung verlangen, hat die Schätzung gegenüber der Aufnahme mit der Kluppe an Bedeutung gewonnen. In der „Dienstanweisung uber Forsteinrichtung in den Domänen- und Korperschaftswaldungen des Großherzogtums Baden" wird (§ 6) angeordnet, daß die Bestimmung des Vorrats mit Ausnahme der in Verjüngung liegenden sowie der im nachsten Jahrzehnt zum Angriff

3. Nach dem Altersklassenverhältnis. Bei den meisten
in der Praxis zur Anwendung gelangten Verfahren der Ertragsregelung wird dem Nachweis des Vorrats keine der genannten Methoden zugrunde gelegt. Die Bedeutung, welche dem Vorrat in
der Literatur beigelegt wird, kommt in der Praxis des Fachwerks,
welches seither in den meisten Staaten Geltung gehabt hat, der
Altersklassentabelle zu. Eine nach Holzarten geordnete, abgeschlossene Altersklassentabelle gibt dem Vorrat des Waldes klaren
Ausdruck. Gewisse Verhältnisse können daraus besser ersehen werden,
als aus Zahlen, die den Vorrat in einer Festmeter- oder Wertsumme
nachweisen. Indessen für die Aufgaben der forstlichen Statik sind
die Altersklassennachweise der Betriebspläne nicht genügend. Um
bestimmte Untersuchungen über den Wertzuwachs usw. anzustellen
und das Vermögen des Waldeigentümers nachzuweisen, muß dem
Vorrat bestimmter Ausdruck gegeben werden, als es in den Alters-
klassentabellen der Wirtschaftspläne geschieht. Unter allen Umständen kann jedoch eine nach Holzarten geordnete Altersklassentabelle zur Grundlage der Vorratsberechnung benutzt werden. Auf
Grund einer guten Bonitierung lassen sich die normalen Vorräte
unmittelbar nach den Abschlüssen der Altersklassen herleiten. Der
wirkliche Vorrat bedarf dann noch der Berichtigung nach Maßgabe
der Unvollkommenheit der vorliegenden Bestände.

b) Berechnung des Werts des Vorrats.

Noch weniger als es bezüglich der Masse zulässig ist, lassen
sich für die Berechnung der Werte allgemeine Regeln aufstellen.
Richtige Methoden zum Nachweis des Wertes gibt es nicht.
Gegen jede Art der Wertberechnung lassen sich Einwände erheben,
die das grundlegende Prinzip, die befolgte Methode und die Ausführung betreffen.

bestimmten Abteilungen (welche teilweise zu kluppen sind) durch Schatzung,
gestutzt auf Ertragstafeln oder die selbst gemachten Erfahrungen, zu geschehen
habe Die Berechnung des normalen Vorrats erfolgt nach der Formel $nZ \times \frac{u}{2}$.

Die neuesten Bestimmungen uber Vorratsaufnahmen sind in der ,,An-
leitung für Forsteinrichtungsarbeiten in den Dommial- und Kommunalwaldungen des Großherzogtums Hessen" enthalten. Zur Holzmassenermittelung
wird bemerkt: ,,Von einer besonderen Aufnahme der Holzgehalte der innerhalb der nachsten 10 Jahre zur Hauptnutzung vorgesehenen Bestande mittels
Messung der Stammdurchmesser samtlicher Stamme ist in der Regel abzusehen
und es werden der Berechnung des Hiebssatzes die Angaben der Ertragstafeln
oder die durch Schatzung ermittelten Betrage zugrunde gelegt." Nur unregel-
maßige Bestande sollen durch Messung der Durchmesser aufgenommen werden.
Der normale Vorrat der ubrigen Altersklassen wird nach den Ertragstafeln
eingeschatzt; der wirkliche Vorrat durch Multiplikation des normalen mit
einem bei der Bestandesaufnahme eingeschatzten Ertragsfaktor.

Auch in bezug auf die Art des Wertes ist der Zweck, welchem
sein Nachweis dienen soll, bestimmend. Für die seitherige Behandlung des Gegenstandes in der forstlichen Literatur war der Umstand
maßgebend, daß es die Verwaltungen, wenn sie Bestimmungen über
Wertermittelungen erließen, in der Regel mit Veräußerungen zu tun
hatten.[1]) Hierdurch erhalten die betreffenden Instruktionen ihren
Inhalt. Wenn die Wertberechnungen zum Zwecke des Ankaufs
oder Verkaufs vorgenommen werden, so ist die Forderung zu stellen,
daß sie nicht zu hoch bezw. zu niedrig bemessen werden; oft soll
ein Höchst- oder Mindestbetrag nachgewiesen werden. Man ist
ferner genötigt, alle Bestandteile der Rechnung auf einen bestimmten
Ausdruck zu bringen, so daß man sie rechnerisch genau behandeln
kann, trotzdem man weiß, daß sich die Faktoren, welche die Werte
bestimmen, in stetem Flusse befinden und daß es mathematisch
feste Wertfaktoren in der Forstwirtschaft, ebenso wie in allen anderen
Wirtschaftschaftszweigen, nicht gibt. Wenn es sich nun aber nicht
um Eigentumsveränderungen, sondern um die bleibende forstliche
Betriebsführung handelt, so liegen die Verhältnisse nach beiden
Richtungen anders. Es brauchen dann weder Maxima oder Minima
berechnet, noch braucht ein zahlenmäßiger Nachweis aller einzelnen
Faktoren vorgenommen zu werden. Manche kleinere Posten, die
bei verschiedener Wirtschaftsführung gleich sind, bleiben ganz unberücksichtigt. Die Aufnahme der Werte muß bei den Aufgaben
der Forsteinrichtung und forstlichen Statik mehr im Wege der
Schätzung als durch exakte Berechnung erfolgen. — Als Wertart
können Kosten-, Erwartungs- und Verbrauchwerte in Betracht kommen.

Kostenwerte werden bekanntlich derart hergeleitet, daß die
zur Bestandesbildung wirksam gewesenen Faktoren (Bodenwerte,
Kultur- und Verwaltungskosten) auf die Gegenwart prolongiert werden.
Hiervon kommen die etwa eingegangenen Erträge, bezogen auf den
gleichen Zeitpunkt, in Abzug. Die allgemeine Formel für den
Bestandeskostenwert lautet:

$$HK_m = c \cdot 1{,}0p^m + (B + V)(1{,}0p^m - 1) - (D_a \cdot 1{,}0p^{m-a} + \ldots).[2])$$

Vom theoretischen Standpunkt sind Kostenwerte, entsprechend
dem allgemeinsten Bestimmungsgrund der Tauschwerte, den die

---

[1]) Dies gilt namentlich auch von der preußischen „Anleitung zur Waldwertberechnung", 1866 und 1888, welche im § 1 die Fälle, welche in der
preußischen Staatsforstverwaltung zur Berechnung von Waldwerten am häufig-
sten Anlaß geben, bestimmt hervorhebt (Ankauf, Verkauf, Expropriation,
Austausch, Schadenersatzberechnungen, Abfindung von Berechtigungen, Grund-
steuerveranlagung).

[2]) Bei dieser und den **später** aufgeführten Formeln sind die Bezeichnungen
von Endres (Waldwertrechnung usw.) eingehalten.

Produktionskosten bilden, als die richtigsten anzusehen, wie sie denn auch von denjenigen, welche diesen Standpunkt in der Forstwirtschaft vertreten, als die allein richtigen empfohlen werden. Wenn die Bestandteile, welche die Formel enthält, mit Inhalt ausgefüllt werden können, so läßt sich auch vom praktischen Standpunkt gegen die Durchführung der Kostenwerte nichts einwenden. Es gibt keine andere Methode, welche vom Standpunkt des Produzenten für den Nachweis des Wertes in gleichem Maße zutreffend ist. Allein dieser Bedingung kann in der Forstwirtschaft wegen ihrer unter 2 hervorgehobenen Eigentümlichkeit oft nicht genügt werden. In der großen Wirtschaft, die man bei allgemeinen Erörterungen zugrunde legen muß, ergeben sich hinsichtlich der Elemente der Rechnung Bedenken, die mit mathematischen Mitteln nicht beseitigt werden können. Sie gehen aus der Geschichte des Waldeigentums und dem langen Zeitraum, der zwischen Begründung und Ernte liegt, hervor. Der Boden, der in der obigen Formel als ein fester, zahlenmäßig nachweisbarer Faktor erscheint, hat so viel charakteristische Besonderheiten wirtschaftlicher, politischer und sozialer Natur, daß seine Verbindung mit anderen Faktoren der Produktion nicht unbedenklich erscheint. Die meisten Vertreter der Wirtschaftslehre werden die Anwendung der vorstehenden Formel auf den Großbetrieb (staatlichen, kommunalen Grundbesitz) ablehnen. Geht man auf die Bestimmungsgründe des Bodenwertes näher ein, so ergibt sich für jedes Revier eine große Zahl von Bodenwerten. Mit jedem Wechsel der Entfernung des Waldes von Straßen, Bahnen, Verbrauchsorten ergeben sich Änderungen. Wenn man ihn auch für zeitlich und räumlich gegebene Schranken in bestimmte Zahlen faßt, so muß man sich doch stets dieses seines eigentümlichen Charakters bewußt bleiben. Näheres siehe im folgenden Abschnitt. — Auch bezüglich der übrigen Elemente, die in der Formel des Kostenwerts enthalten sind, ist man außerstande, der Forderung einer mathematisch präzisen Behandlung zu genügen. Die Kosten für Verwaltung usw. lassen sich ihrem wirklichen Betrage nach für längere Zeit nicht nachweisen. Sie sind nicht gleichbleibend, sondern dem steten Wechsel unterworfen.[1] Der Natur der Sache nach sind Kostenwerte am besten anwendbar für jüngere Bestände, die unter regelmäßigen Verhältnissen entstanden sind. Hier können die statistischen Grundlagen, wenigstens nach ihrem Durchschnittssatz, einigermaßen sicher nachgewiesen werden. Für diese werden in

---

[1] Für das kgl. sächsische Revier Marbach wurde V berechnet· Für das Jahrzehnt 1866—75 zu 250 M., 1876—88 zu 453 M., 1889—98 zu 663 M. (nach gütiger Mitteilung des Herrn Forstassessors Pause).

der Regel Mittelwerte zugrunde gelegt, die dann in der Regel für
eine Summe von Beständen anzuwenden sind.

2. Erwartungswerte. Sie werden dadurch ermittelt, daß
die Erträge an Haubarkeits- und Vornutzungen auf die Gegenwart
diskontiert werden. Von den Erträgen kommen die aufzuwendenden
Kosten, bezogen auf den gleichen Zeitpunkt, in Abzug. Die allgemeine Formel des Bestandeserwartungswertes ist demnach:

$$HE_m = \frac{A_u + D_n 1,0p^{u-n} + \ldots - (B + V)(1,0p^{u-m} - 1)}{1,0p^{u-m}}.$$

Die Anwendung nach dem Erwartungswert ist, entsprechend
den oberen Grenzen für die Bestimmung der Preise, vom Standpunkt
desjenigen, der den Wald in Zukunft nutzt (Waldeigentümer, Käufer),
das richtigste Verfahren der Wertnachweisung. Auf jüngere Bestände sind aber die Erwartungswerte aus entsprechenden Gründen,
wie Kostenwerte für ältere, nicht anwendbar, weil die Elemente,
welche zur Ausfüllung der obigen Formel notwendig sind, für junge
und mittlere Bestände ebensowenig bestimmt und richtig dargestellt
werden können, als dies bei den Kostenwerten für ältere Bestände
der Fall ist. Die Masse der Enderträge ist nach der Behandlung
der Bestände verschieden. In welchem Maß dies der Fall sein
kann, geht aus der neueren Literatur und Statistik klar hervor.
Dasselbe ist bei den Durchforstungen der Fall. Je nach der Begründung, den Wirtschaftsprinzipien und äußeren volkswirtschaftlichen Verhältnissen können sie auch bei gleichen Standortsverhältnissen verschieden geführt werden. Noch weniger ist man imstande,
den Preisen, welche in Zukunft zu erwarten sind, bestimmten Ausdruck zu geben. Daß sie sich stetig ändern, wie G. Heyer annimmt, ist nicht zutreffend, auch wenn in ihrem durchschnittlichen
Verlauf viel mehr Regel und Ordnung hervortritt, als man anzunehmen geneigt ist. Endlich bedarf man für die Ermittelung des
Ertragswertes einen bestimmten Zinsfuß, mit dem die Diskontierung bewirkt wird. Die Gründe, welche nachstehend in bezug
auf den Zinsfuß geltend gemacht werden, verlangen, daß seine
Anwendung tunlichst beschränkt wird. (Näheres siehe unter 5.)

3. Verbrauchswerte. Sie werden dergestalt ermittelt, daß
man die Werte des Durchschnittsfestmeters der Bestände (geordnet
nach Holzart, Altersstufe und Bonität) nach Maßgabe der Sorti-
mentsprozente auf Grund der Preise eines bestimmten Reviers —
vgl. 2. Abschnitt — nachweist. Daß auch der Verbrauchswert
Mängel besitzt, liegt klar am Tage. Jüngere Bestände besitzen
gar keinen Verbrauchswert, dagegen haben sie einen nicht unbe-
deutenden wirtschaftlichen Wert. Bei Beständen von mittlerem
Alter besteht jederzeit ein Unterschied zwischen dem Verbrauchs-

wert und dem wirtschaftlichen Wert, der die Ursache ist, daß sie
nicht eingeschlagen, sondern auf dem Stocke erhalten werden.
Trotz dieser offenbaren Mängel hat der Nachweis des Verbrauchswertes für die Forstwirtschaft am meisten Bedeutung. Er beruht
auf realer Grundlage und ist von dem Rechnungsverfahren und
den theoretischen Unterstellungen, welche alle anderen Wertarten
nötig machen, unabhängig. Von den Vertretern der exakten Richtung des Forstwesens ist auf die Mängel des Verbrauchswertes hingewiesen. G. Heyer[1]) hebt bestimmt hervor, daß der Vorrat nach
dem Erwartungs- und Kostenwert, unter Zugrundelegung des Maxi-
mums des Bodenerwartungswertes, berechnet werden müsse. Die
Veranschlagung nach dem Verbrauchswert sei unrichtig, weil die
Größe des für eine Wirtschaft erforderlichen Betriebskapitals nur
nach dem Erzeugungsaufwand bemessen werden dürfe. Indessen
dieser Forderung kann sich die Praxis nicht fügen. Sie ist gebunden durch den eigentümlichen Charakter des Vorrats, auf den
bereits früher hingewiesen wurde. Für die meisten hierher gehörigen Aufgaben der forstlichen Praxis besteht gar nicht die Möglichkeit, andere Methoden anzuwenden, als den Verbrauchswert. Es
bleibt dabei zu beachten, daß für alte Bestände, die den weitaus
wichtigsten Bestandteil des Vorrats bilden, die Differenzen zwischen
Verbrauchs- und Erwartungswert so geringfügig sind, daß sie praktisch wenig in die Wagschale fallen. Es kommt endlich in Betracht, daß der Verbrauchswert ermittelt werden muß, um dem
Wertzuwachs der Bestände, der den wichtigsten Bestimmungsgrund
der Umtriebszeit bildet, Ausdruck zu geben. Für den Nachweis
des Wertzuwachses kann eine andere Ermittelung als die nach dem
Verbrauchswert gar nicht in Frage kommen, da jede andere Methode lediglich rechnerische Funktionen darstellt, aus denen eine
reale Wertzunahme nicht hervorgeht.

Aus Vorstehendem ergibt sich, daß eine einheitliche Methode
der Berechnung des Vorratswertes, obwohl sie an sich erwünscht
wäre, nicht durchführbar ist. Es werden in der Regel mehrere
Wertarten in Anwendung gebracht werden.[2]) Vielfach werden die

---

[1]) Waldertragsregelung, 3. Aufl., § 34.

[2]) Erklärungen über die verschiedenen Wertarten und ihr gegenseitiges
Verhältnis sind in der gründlichen Bearbeitung der neueren Schriften über
Waldwertrechnung enthalten, welche hinsichtlich der mathematischen Behand-
lung des Stoffes höhere Ansprüche stellt als die Statik (vgl. insbesondere
G. Heyer, Anleitung zur Waldwertrechnung, 4. Aufl. von Wimmenauer 1892,
S. 80 f.; Stoetzer, Waldwertrechnung, 3. Aufl. 1903, § 41; Endres, Wald-
wertrechnung, 4. Abschnitt, 2. Kap.). Ihrem mathematischen Ausdruck nach
gestalten sich die Beziehungen zwischen Bestandeserwartungs-, Kosten- und
Verbrauchswert einfach. Es gelten die Sätze: „Der Bestandeskostenwert ist
gleich dem Bestandeserwartungswert, wenn man als Bodenwert den Boden-

Werte im Wege der Interpolation zwischen gegebenen Anfangs- und
Endwerten einzufügen sein. Dabei wird, wie es in allen Wirtschaftszweigen der Fall ist, häufig von der Schätzung Anwendung gemacht werden müssen.[1])

ertragswert der gemeinsamen Umtriebszeit unterstellt." (Endres.) Beide sind
bei Unterstellung des Bodenerwartungswertes im Zeitpunkt u gleich dem Verbrauchswert; vor demselben sind sie größer; nach demselben auch der Kostenwert. Ein naheres Eingehen auf die Grundlagen fuhrt jedoch dahin, mehr
die okonomische Verschiedenheit der Kosten- und Erwartungswerte als ihre
mathematische Übereinstimmung zu betonen.

Bei der praktischen Behandlung des vorliegenden Gegenstandes tritt
das Bestreben hervor, die Verbrauchswerte moglichst zur Geltung kommen
zu lassen. In Preußen ist fur die Vorratsberechnung bei An- und Verkaufen die Anleitung zur Waldwertberechnung (1888) bestimmend, welche
§ 13—16 in bezug auf die Wertermittelung der Holzbestande folgendes vorschreibt: „Bei okonomisch haubaren, d. h. bei solchen Bestanden, bei denen
aus einem Hinausschieben des Einschlags ein hoherer Erlos durch Zunahme
an Quantitat oder Qualitat nicht zu gewartigen ist, wird die Holzmasse nach
ihrem jetzigen Geldwert moglichst speziell ermittelt und dieser Wert nach
Abzug der aufzuwendenden Nebenkosten einfach in Rechnung gestellt, wenn
nicht . . . . Bei verwertbaren, d. h. solchen Bestanden, welche zwar nach
den obwaltenden Absatz- und sonstigen Verhaltnissen sofort versilbert werden
konnen, fur welche aber bei einem Hinausschieben des Abtriebs . . . . eine
gesteigerte Geldeinnahme zu erwarten steht, ist zu untersuchen, ob der gegenwartige Verkaufswert hoher ist als derjenige Kapitalwert, welcher sich bei
Diskontierung der spateren Erträge mit $3^0/_0$ Zinseszins auf den Jetztstand
ergibt. Trifft die erstere Alternative zu, so ist der gegenwartige Verkaufs-
nettowert . . . anzunehmen . . . Ist der Holzbestand noch nicht verwertbar, so ist der Zeitpunkt der erstmoglichen Verwertung festzustellen, der bei-
spielsweise bei Kiefern unter Umstanden auch schon mit dem 25 bis 30. Jahre
eintreten kann, und der Jetztwert des Abtriebsertrags inkl. Zwischennutzung
in diesem Alter mit $3^0/_0$ Zinseszins zu ermitteln." Hiernach soll vom wirklichen Verbrauchswert moglichst weitgehende Anwendung gemacht werden.
Geschieht dies schon bei Verkauf und Tausch, so muß es, wenn keine Eigentumswechsel vorkommen, in noch höherem Maße geschehen.

Zu Zwecken der Ertragsregelung und forstlichen Statik sind die Werte
der Vorrate in der Praxis zuerst durch die sachsische Forsteinrichtungsanstalt nachgewiesen worden. Nach den bezuglichen Bestimmungen
sind die 1 bis 40 jahrigen Bestände nach der Formel fur den Kostenwert zu
berechnen. Es werden zunachst „Boden-Nettowerte" gutachtlich festgestellt
und zwar unter Anlehnung an eine Berechnung des Erwartungswertes, dessen
Hohe aber unter Rucksicht auf Standorts-Absatzverhaltnisse usw. modifiziert
wird. Der auf solchem Wege geschatzte Bodenwert wird fur die betreffenden
Reviere als eine gleichbleibende, den mittleren Verhaltnissen derselben entsprechende Große angesehen. Dem Boden wird das sog. „Kostenkapital"
zugesetzt, das durch Kapitalisierung der jährlichen Ausgabe fur Verwaltung,
Schutz, Wegebau gefunden wird. Auch die Kulturkosten werden nach den
Durchschnittsergebnissen der periodischen Abschlusse der Rechnungen zugesetzt. Sie beziehen sich auf 1 ha Neukultur nebst den Kosten fur Kultur-
pflege. Ebenso werden die Erträge, welche in Abzug zu bringen sind, den
Wirtschaftsberechnungen entnommen. Die uber 40 jahrigen Bestande werden
nach dem Produkt aus Masse und Durchschnittswert pro Masseneinheit berechnet. Da diese den weitaus großten und wichtigsten Teil des Vorrats
bilden, so ist auch in Sachsen Schatzung nach dem Verbrauchswert die vor-
wiegende Art der Wertmittelung.

[1]) Zu bestimmen, wie weit bei der Ermittelung des Vorratswertes Schatzung und Rechnung zur Anwendung zu bringen sind, ist Aufgabe der prak-

So verschiedenartig die Verhältnisse, welche den Wert bestimmen, nun auch liegen mögen — unter allen Umständen wird es nötig, daß den Vorratswerten bei der Betriebsregelung die gebührende Berucksichtigung zuteil wird. Als unbegrundet ist aber der gegen jede der angegebenen Wertarten geltend zu machende Einwand zu bezeichnen, daß, wenn man den Vorrat eines großen Waldes mit einem Male einschlagen und verkaufen würde, man nicht die Preise erhielte, mit denen der Vorrat berechnet ist.[1] Die jederzeitige Realisierung der Kapitalien ist keine Bedingung

---

tischen Instruktionen uber den vorliegenden Gegenstand. Soweit aber Rechnung Platz greift, ist zu fordern, daß man zu den Grundsatzen der Waldwertrechnung nicht in Gegensatz treten darf, wie es von v Baur geschehen ist, welcher (Handbuch der Waldwertrechnung S. 252 f.) fur die Ermittelung des Vorrats folgende Anleitung gab. „Der Wert des Normalvorrats reprasentiert daher eine endliche Jahresrente, welche zum erstenmal nach einem Jahre eingeht und nach $\frac{u}{2}$ Jahren aufhort und deren Summe man nach der Formel $S_v = \dfrac{r\,(1,\mathrm{op}^{\,n} - 1)}{0,\mathrm{op}\;1,\mathrm{op}^{\,n}}$ findet. In dieser Formel ist $r = A\,u + D\,a + D\,b \ldots + D\,q - (c + u\,v)$ und $n = \dfrac{u}{2}$.“ Es wird hier offenbar nur die altere Halfte der normalen Schlagreihe in Rechnung gestellt.

[1] Dieser Punkt wurde gegen die Anwendung der Bodenreinertragslehre geltend gemacht, insbesondere von. Bose, Beitrage zur Waldberechnung 1863, S. 181 u. a. a. Stellen; Baur, Waldwertberechnung 1886, S 235 („Ware es aber auch moglich, den Normalvorrat zu berechnen, so konnte dieser Wert doch nicht maßgebend sein, weil der Normalvorrat auf einmal nicht ohne Verlust absetzbar ist.“ — Am originellsten von Borggreve, der (Forstreinertragslehre, S. 101 f.) die Frage folgendermaßen einleitet: „Ich frage nun in meiner Unwissenheit: Wie ermittelt man denn aber den Wert des normalen oder anormalen Vorrats? . . . Oder halten die Herren uns Forstleute fur so dumm, daß wir den Wert des normalen Vorrats ohne weiteres als das Produkt aus seiner Masse und den zeitigen Durchschnittsholzpreisen ansetzen?? Nun ja, der liebe Herrgott hat allerlei Kostganger.“ Nun wird zum Vergleich auf einen Oberforster Brill hingewiesen, der in einem Bericht an den Landwirtschaftsminister den Geldwert ostfrie ischer Torfmoore durch Multiplikationen der vorhandenen Torfmasse mit dem irgendwo bezahlten Preis auf 1920 Taler pro Morgen berechnet und zum Schluß bemerkt: „So gibt es nur einen Weg, fur den Kapitalwert großerer Waldkomplexe, z B. der meisten preußischen Staatsoberforstereien, eine allenfalls rechnungsmaßig verwendbare Zahl zu erhalten — das ist der plotzliche und vollstandig offentlich meistbietende Verkauf derselben bei ganzlich freier Konkurrenz.“

Helforich (Zeitschrift fur die ges Staatswissenschaft, 1867, „Die Waldernte“) sprach sich uber die Anwendung der Verbrauchswerte folgendermaßen aus: „Ich erwahne hier einen Einwand gegen das Verfahren, den Vorrat in Geld zu berechnen und dafur die gleichen Preise anzusetzen wie fur die verkauflichen Ertrage Man sagt, dies sei deshalb nicht richtig, weil, wenn man den Vorrat durch Niederschlagen des Waldes und durch den Verkauf des Holzes zu Gelde machen wollte, man plotzlich das Ausgebot von Holz so steigern wurde, daß der wirkliche Erlos weit kleiner ausfallen wurde Der Einwand ist richtig und doch ist jenes Verfahren zulassig Denn es ist klar, daß es ein anderes Mittel als das angewendete zur Schatzung der Holzgeldvorrate gar nicht gibt “ (?)

für die Höhe ihrer Einschätzung. Derselbe Einwand läßt sich gegen die Einschätzung zahlreicher anderer Bestandteile des Volksvermögens machen. Wenn alle Grundstücke, Häuser, Fabriken, Viehbestände gleichzeitig zum Verkaufe gestellt würden, so würden gleichfalls die entsprechenden Werte nicht erzielt werden. Trotzdem werden sie gemäß der Schätzung nach dem vollen Preise berechnet. Das Holzvorratskapital erfüllt seinen wirtschaftlichen Zweck dadurch, daß es, auf dem Stocke befindlich, Zuwachs erzeugt. In der Regel hat es hierdurch einen höheren Wert als denjenigen, welchen es beim Abtrieb ergeben würde.

5. Der Zinsfuß für das Holzvorratskapital.

Wenn der Holzvorrat als stehendes Betriebskapital aufgefaßt wird, so muß der Zins desselben bei statischen Untersuchungen als ein Element der Produktionskosten angesehen und in Rechnung gesetzt werden. Je nach der Höhe des Zinsfußes ist die Anteilnahme des Vorrats am Produktionsfonds sehr verschieden. Der Zinsfuß ist daher für die Bodenreinertragslehre, welche den Vorrat als Betriebskapital auffaßt, von großer Bedeutung; er hat auf die praktischen Folgerungen derselben mehr Einfluß als alle Formeln, welche über die Berechnung des Vorrats und andere statische Verhältnisse aufgestellt sind. Wegen dieses Einflusses und der gegensätzlichen Anschauungen, die in der Literatur über ihn hervorgetreten sind, folgt hier eine allgemeine Begründung des Zinsfußes, die den in den späteren Teilen dieser Schrift zu machenden Anwendungen zugrunde gelegt wird. Die wesentlichsten Punkte, die dabei zu erörtern sind, betreffen die Höhe des Zinsfußes, seine Verschiedenheit unter abweichenden Bestandes- und Betriebsverhältnissen und die Art seiner Anwendung.

a) Die Höhe des Zinsfußes.

Als der einfachste und nächstliegendste Maßstab für den Zins oder den Preis für die Kapitalnutzung muß, entsprechend dem natürlichen Arbeitslohn, die Werterzeugung oder Werterhöhung angesehen werden, die durch die Wirkung eines Kapitals hervorgebracht wird. Indessen dieser Satz, so einfach er theoretisch auch erscheint, läßt sich praktisch nicht verwerten. Aus dem Erfolg der Wirtschaft kann die Wirkung des forstlichen Kapitals, ebenso wie es in anderen Wirtschaftszweigen der Fall ist, nicht nachgewiesen werden, weil die Werte durch die gemeinsame Wirkung der verschiedenen miteinander eng verbundenen Produktionsfaktoren erzeugt werden. In vielen Fällen, insbesondere bei Anwendung von Kostenwerten, wird umgekehrt vom Kapital und Zins auf den

Wert geschlossen. Wegen der Unmöglichkeit, den Zinsfuß aus dem Produktionsprozeß selbst abzuleiten, ist es üblich, daß bei den auf die Anteilnahme des Kapitals bezüglichen Rechnungen der mittlere landesübliche Zinsfuß zugrunde gelegt wird. Für diesen gilt die Regel, daß er ein gleichmäßiges Verhalten zeigt. Schon A. Smith[1]) hebt diese Eigenschaft des Kapitalzinses anderen Einkommenszweigen gegenüber hervor, indem er sagt, daß nur die dem Betriebe anhaftende Unsicherheit und die mit den Geschäften verbundene Unannehmlichkeit, Abweichungen des Kapitalgewinns bewirkten. Versteht man aber, wie die meisten Nationalökonomen, unter dem landesüblichen Zinsfuß die mittlere Zinshöhe sicher und mühelos verliehener Kapitalien, so hat der Faktor der Sicherheit auf den Zinsfuß keinen Einfluß. Die mit der Benutzung oder Verleihung des Kapitals verbundene Unannehmlichkeit aber kann als Arbeit angesehen und muß dann in anderer Weise in Rechnung gezogen werden. Scheidet man auch dieses Moment aus den Bestimmungsgründen für den Zinsfuß aus, so ist keine Ursache mehr vorhanden, welche zu Unterschieden des Kapitalzinses Veranlassung gäbe. Der landesübliche Zinsfuß einer gewissen Zeit muß daher als feststehend angesehen werden, wie es von den Vertretern der Wirtschaftslehre und des praktischen Lebens auch tatsächlich geschieht.[2])

Trotzdem nun innerhalb gewisser Grenzen die Regel gilt, daß sich die Verhältnisse der einzelnen Wirtschaftszweige den allgemeinen Regeln der Wirtschaftslehre unterordnen müssen, wird man doch der Forstwirtschaft auf dem vorliegenden Gebiet eine Ausnahmestellung einräumen müssen, die dahin geht, daß der forstliche, für die Leistung des Vorrats zu fordernde Zinsfuß niedriger als der mittlere landesübliche sein muß. Mit Rücksicht auf die gegensätzlichen Anschauungen der neueren Literatur und wegen des Einflusses, den der Zinsfuß auf die Resultate statischer Untersuchungen besitzt, werden nachstehend die wesentlichsten Ursachen, die eine Abweichung begründen, hervorgehoben. Es sind folgende:

Erstens die lange, ununterbrochene Dauer der Wirksamkeit des forstlichen Betriebskapitals. Wenn ein Bestand im Wege

---

[1]) Quellen des Volkswohlstandes, 1. Buch, 10. Kap.
[2]) Die meisten Nationalökonomen stimmen in dieser Beziehung überein und sprechen die bezüglichen Sätze allgemein aus. So sagt z. B. Roscher (Grundlagen . .): „Innerhalb desselben volkswirtschaftlichen Gebiets trachten die verschiedenartigen Kapitalverwendungen regelmäßig nach einem gleichen Zinsfuß." Helferich, Sendschreiben an Judeich „An sich erscheint es schwer verständlich, wie über ein rein faktisches Verhältnis wie der Zinsfuß eine Verschiedenheit der Ansicht bestehen kann."

der Kultur oder der natürlichen Verjüngung entstanden ist, legt
er Jahr für Jahr Zuwachs an, ohne daß der Eigentümer oder
Wirtschaftsführer etwas anderes zu tun nötig hat, als gewisse, verhältnismäßig einfache Arbeiten der Bestandespflege vornehmen zu
lassen. In anderen Wirtschaftszweigen kommt eine so lange dauernde, ununterbrochene Kapitalwirkung kaum vor. Die meisten
Kapitalien des gewerblichen Lebens haben einen weit weniger stetigen Charakter. Sie rentieren zunächst meist höher, als dem
landesüblichen Zinsfuß entspricht. Aber es treten im Laufe der
Zeit Umstände ein, welche ihre Leistung vermindern oder aufheben.
Wäre es anders, so müßten sich die Kapitalien aller Länder in
einem viel stärkeren Verhältnis vermehrt haben, als es tatsächlich
der Fall gewesen ist. Die in der langdauernden Entwicklung der
Bestände liegende Eigentümlichkeit der Forstwirtschaft hat zu der
Ansicht Veranlassung gegeben, daß man bei der Betriebsregelung die
Rentenrechnung überhaupt nicht anwenden solle. Richtiger, dem
stetigen Gange des Massen- und Wertzuwachses und der durch sie
herbeigeführten Wertanhäufung besser entsprechend ist es jedoch,
den Berechnungen einen niedrigen Zinsfuß zugrunde zu legen.

Zweitens liegt in der Sicherheit des Ertrags ein Grund für
die Annahme eines niedrigen Zinsfußes. Wird, wie es im praktischen Leben meist geschieht, der Zinsfuß im weiteren Sinne gefaßt, so hat die Sicherheit, mit welcher auf die Erträge in Zukunft
gerechnet werden kann, auf die Höhe desselben wesentlichen Einfluß. Nun wird in dieser Hinsicht mit Recht auf die Gefahren
hingewiesen, welchen die Waldungen ausgesetzt sind. Als geringfügig können sie nicht angesehen werden. Frost und Hitze, Un-
krautwuchs, Brände, Pilze, Stürme, Schnee und Eisanhang rufen
nachteilige Einwirkungen für die Bestände in allen Altersstufen
hervor. Indessen so störend diese Schäden für die Wirtschaftsführung auch sind, so darf man sie hinsichtlich ihres Einflusses
auf den Ertrag doch nicht nach den Wirkungen und Eindrücken
bemessen, die sie im Einzelfall, nachdem sie eingetreten sind, hervorrufen. Man muß sie vielmehr nach der Bedeutung beurteilen,
die ihnen vom Standpunkt der nationalen Wirtschaft beigelegt
werden muß. Und hier stellen sich die Verhältnisse weit günstiger
dar, als unter dem Eindruck des Einzelfalls. Um die Gefahren in
der vorliegenden Richtung richtig zu beurteilen, wird man sie am
besten in solche einteilen, welche Kulturen und Jungwüchse, wie
Frost, Hitze, und in solche, welche ältere Bestände betreffen. Die
ersteren erfordern eine Wiederholung der ausgeführten Kulturen.
Sie haben, sofern es sich um standortsgemäße Holzarten handelt,
weder auf den Bestand des Vorratskapitals noch auf die Höhe der

Nutzungen wesentlichen Einfluß. Ihre hauptsächlichste Folge ist, daß die Kulturkosten erhöht werden.

Wichtiger in bezug auf das Verhältnis von Erträgen und Produktionskosten sind die störenden Einwirkungen, welche erwachsene Bestände betreffen. Durch Schnee, Wind und Insekten werden ganze Wirtschaftspläne umgestoßen und die Grundlagen der statischen Untersuchungen über den Haufen geworfen. Allein vom Standpunkt der nationalen Wirtschaft haben auch diese Schäden geringeren Einfluß auf die Rentabilität der Forstwirtschaft, als man nach den Einzelerscheinungen anzunehmen geneigt ist. Es ist zu beachten, daß bei guter Wirtschaftsführung und Anwendung standortsgemäßer Holzarten Naturschäden der bezeichneten Art verhältnismäßig selten sind[1]) und daß vielen Schäden durch die Mittel des Waldbaus, des Forstschutzes und der Forsteinrichtung vorgebeugt werden kann. Selbst Bränden kann man im Zeitalter der Eisenbahnen besser entgegentreten als zur Zeit der Weide, wo das Anstecken der Wälder oft eine Lieblingsbeschäftigung der Hirten bildete.[2]) Eine große Verwaltung ist in der Lage, Störungen der Abnutzung, die durch Bruch, Insektenfraß usw. eintreten, durch die Einsparung in anderen Revieren auszugleichen. Und auch bei denjenigen Schäden, gegen welche Vorbeugungsmaßregeln am schwierigsten in Anwendung gebracht werden können, liegen die Verhältnisse jetzt weit günstiger als in früherer Zeit. Es findet namentlich bei den großen, gesunde Bestände treffenden Insektenschäden (Spinner, Spanner) keine Zerstörung von Werten, sondern nur eine schnellere Umwandlung des im Walde aufgespeicherten Kapitals in Kapital anderer Wirtschaftszweige statt. Ein Vergleich der großen Insektenschäden der neuesten Zeit mit denjenigen in der Mitte des 19. Jahrhunderts (Nonne in Ostpreußen) ist in dieser Beziehung sehr lehrreich. Damals blieben große Massen Holzes unbenutzt im Walde liegen. Das Nonnen- und Spannerholz des letzten Jahrzehnts ist dagegen zu fast vollen Preisen verkauft worden. Ebenso die großen Einschläge an Tannenholz im Elsaß, die infolge von Stürmen verursacht wurden. Trotz gewisser Nachteile, die der Kulturfortschritt für den Wald ebenso wie für andere Wirtschaftsgebiete mit sich bringt, ist man in der Forstwirtschaft doch zu einer optimistischen Auffassung der wirtschaftlichen Entwicklung berechtigt. Jeder Waldeigentümer, der seine Waldungen pfleglich

---

[1]) Vgl. Riebel, Waldwertrechnung usw., S. 18.
[2]) Bezüglich der Menge und des Einflusses der Waldbrände siehe Endres, Waldwertrechnung, S. 34 Kienitz, Maßregeln zur Verhütung von Waldbränden (als Manuskript gedruckt für die Ausstellung der preußischen Staatsforstverwaltung in St. Louis, 1904).

behandelt, standortsgemäße Holzarten auswählt und gute Kulturen ausführt, darf seine Wirtschaft als eine sehr sichere ansehen.

Drittens muß zur Begründung eines niedrigen Zinsfußes darauf hingewiesen werden, daß die Erträge der Forstwirtschaft beim Fortschreiten der volkswirtschaftlichen Kultur zu steigen pflegen. Diese Regel gilt sowohl bezüglich der Masse, als auch bezüglich des Wertes der Erträge. Bei der Menge der Einflüsse, die hier nach entgegengesetzter Richtung wirksam sein können, ist jedoch die Bildung eines richtigen Urteils nicht immer leicht; und die allgemeinen Sätze, die man hier aufstellt, erleiden Ausnahmen.

In bezug auf die Menge der Holzerzeugung wird nun allerdings darauf hingewiesen, daß die ursprüngliche Bodenkraft im Laufe der Kultur abnimmt. Cottas[1]) Ausspruch über den Einfluß der menschlichen Gesellschaft auf den Zustand und Ertrag des Waldes ist bekannt. Er enthält zweifellos richtige Grundgedanken, die in der forstlichen Kulturgeschichte aller Länder eine Bestätigung finden. Trotzdem gilt die Regel, daß die Menge der Erzeugnisse zunimmt, für das ganze Gebiet der Bodenkultur. Die Landwirtschaft befindet sich in dieser Beziehung in einem weiter fortgeschrittenen Zustand. Sie hat die ursprüngliche Bodenkraft früher ausgenutzt. Und doch werden jetzt weit höhere Ernten gemacht als früher. Die Landwirte bringen höhere Erträge zustande, indem sie den Boden gründlicher bearbeiten und verbessern. Ein Blick auf die Verhältnisse verschiedener Länder bietet in dieser Hinsicht großes Interesse.[2]) Auch in der Forstwirtschaft, welche an die Nährstoffe des Bodens geringere Ansprüche stellt, muß, wenn auch stets nur innerhalb gewisser Grenzen, die Forderung gestellt werden, daß sie steigende Massenerträge erzeugt. Die fortschreitende Kultur macht dies notwendig. Abweichend von der Landwirtschaft sind aber die Mittel, die die Forstwirtschaft anzuwenden hat, um den vermehrten Bedürfnissen der Bevölkerung an Forstprodukten, insbesondere an Nutzholz, zu dienen. Sie lagen und liegen zunächst in der Aufhebung der Servituten und der Einschränkung der Neben-

---

[1]) Waldbau, Vorrede, 1816: „Die Wälder bilden sich da am besten, wo es keine Menschen und folglich auch keine Forstwirtschaft gibt."

[2]) Die Geschichte jedes fortschreitenden Landes gibt hierfür Beispiele. „In Großbritannien wurde zu Anfang des 19. Jahrhunderts, wo die Dreifelderwirtschaft noch große Strecken Landes beherrschte, Korn für ungefähr 11 Millionen Einwohner erzeugt, im letzten Drittel des 19. Jahrhunderts für 17 Millionen" (Roscher). Die gesamte Kornproduktion Großbritanniens wird für das Jahr 1800 auf 30 Millionen, für 1848 auf 60 Millionen Quarters geschätzt. Ebenso sind die hohen Getreideernten, durch welche sich Belgien vor allen anderen Ländern auszeichnet, hauptsächlich auf den wirtschaftlichen Vorsprung in bezug auf die Bearbeitung des Bodens, nicht auf die natürliche Fruchtbarkeit, zurückzuführen.

nutzungen, welche beide die Ertragsfähigkeit des Waldes früher in starkem Maße beeinträchtigt haben. Dann in der Wahl der Holzart und in der Ausführung der Kulturen. Viele Böden, die durch Streunutzung und andere Verhältnisse ihre Fähigkeit, Laubholz zu tragen, verloren haben, sind durch zweckmäßige Kulturen genügsamer Holzarten in den Stand gesetzt, das Mehrfache des früheren Zuwachses zu leisten.[1] Ein weiteres Mittel der Ertragssteigerung liegt in der Ausführung der Durchforstungen. Eine gute Durchforstung fördert nicht nur die Masse des Zuwachses durch Kräftigung der Wachstumsorgane, sondern der erzeugte Zuwachs kommt durch die Möglichkeit der Durchforstung erst zur Nutzung. Den vorstehenden theoretischen Erörterungen entsprechen auch die wirklichen Ergebnisse der neueren Statistik;[2] und in Zukunft werden sich weitere Belege ihrer Richtigkeit ergeben.

Eine ähnliche Richtung wie bezüglich der Masse zeigt die Forstwirtschaft auch in bezug auf die Werte, die sie erzeugt. Hin-

---

[1] Auf manchen Sandsteinböden des Regierungsbezirks Kassel ist z. B. durch den Anbau der Kiefer an Stelle der früheren Buchen-Mittelwaldungen der Zuwachs auf das Zwei- bis Dreifache gestiegen. Ebenso im Regierungsbezirk Wiesbaden durch den Anbau der Fichte an Stelle früherer Niederwaldungen.

[2] In den preußischen Staatsforsten (v. Hagen-Donner, Forstliche Verhältnisse Preußens, Tabelle 43b) hat die Abnutzung an Gesamtholzmasse betragen·

im Jahre . . . 1870 1875 1880 1885 1890 1895 1900
            6,7   7,5   8,0   8,5   9,4   9,0   9,6 Mill. fm.

Trotz der hiernach stattgehabten Erhöhung der Abnutzung haben die Altersklassen von mehr als 80 Jahren zugenommen (v. Hagen-Donner, Tabelle 25b).

Für die sächsischen Staatsforsten (Die Entwicklung der Staatsforstwirtschaft, Tabelle 5) betrug

im Durchschnitt der Jahre	der Derbholzetat auf 1 ha	die Abnutzung an Derbholz	die Abnutzung an Gesamtholzmasse
1817—26	2,78	2,87	4,28
1827—36	2,56	2,79	4,35
1837—46	2,51	2,55	4,00
1847—53	2,82	3,01	4,56
1854—63	3,30	3,44	5,01
1864—73	3,88	4,28	5,85
1874—83	4,68	4,72	6,48
1884—93	4,85	4,88	6,43
1894—1903	4,97	5,03	6,39

Trotz der gestiegenen Abnutzung sind die Holzvorräte in der zweiten Hälfte des 19. Jahrhunderts von 2,2 auf 3,1 Millionen fm oder pro Hektar von 152 auf 189 fm gestiegen (Tabelle 4 a. a. O.).

In den württembergischen Staatsforsten betrug der Derbholzanfall pro Hektar:

in den Jahren . . . 1860 1870 1880 1890 1900
               4,38   4,05   4,28   4,47   4,83 fm.

In der badischen Domänenverwaltung ist die Nutzung der Gesamtholzmasse pro Hektar während des Jahrzehntes 1893—1902 von 5,17 auf 7,93 fm gleichmäßig gestiegen.

sichtlich der Gebrauchswerte können allerdings Einflüsse gegensätzlicher Natur geltend gemacht werden. Es ist bekannt, daß die
besten Hölzer, wie sie in Zukunft nie wieder erzeugt werden, im
alten Plenterwalde erwachsen sind. Indessen die guten Sortimente,
durch die sich dieser auszeichnet, waren doch weit seltener vertreten, als man es sich bei einer gewissen Vorliebe für Urwaldungen
und beim Hinblick auf überkommene Urwaldreste (auf entlegenen
Standorten mit gutem Boden) gern ausmalt. Im ganzen verhält
sich der regelmäßige Hochwald in bezug auf die Bildung astreiner
Schäfte am günstigsten. Als unbestritten aber muß die Regel gelten,
daß die Preise der Hölzer cet. par. im Laufe des Kulturfortschritts
in stärkerem Maße zunehmen, als dem Sinken der Umlaufsmittel
entspricht. Von den Vertretern der Wirtschaftslehre wird dies allgemein anerkannt. Schon A. Smith führt aus, „daß mit Ausnahme
von Getreide und anderen lediglich durch menschlichen Fleiß er-
zogenen Gewächsen die Rohprodukte von selbst teurer werden, sowie die Gesellschaft in Wohlstand und Kultur fortschreitet.“ Die
neueren Nationalökonomen stimmen hiermit überein. „Je höher die
Volkswirtschaft entwickelt ist, um so teurer pflegen verhältnismäßig
alle solche Güter zu werden, bei deren Hervorbringung der Faktor
der tauschwerten Natur überwiegt“ (Roscher). Dies ist bei keinem
Rohprodukt in höherem Maße der Fall als beim Holz. Durch die
Abnahme der Wälder einerseits, die Zunahme der Bevölkerung, des
Wohlstandes und der technischen Bedürfnisse andererseits, steigen
die Werte der meisten Forstprodukte am Verbrauchsort. Und da
gleichzeitig die Beförderungskosten abnehmen, so müssen die Waldpreise in noch höherem Maße zunehmen. Auch diese Entwicklung
der Preise geht aus den Nachweisen der Statistik hervor.[1] Die

---

[1] In der Zeit von 1868—1900 hat für die preußischen Staatsforsten
zugenommen:

    die nutzbare Fläche . . . im Verhältnis von 100 zu 108,5
    der Holzeinschlag an Derbholz „   „   „ 100 „ 159
    der Rohertrag für Holz . . „   „   „ 100 „ 235
                    (v. Hagen-Donner, Tabelle 54b).

1 fm ist im Durchschnitt der sämtlichen preußischen Staatsforsten
verwertet:

1850	1860	1870	1880	1890	1900
zu 4,39	4,94	5,81	5,99	6,87	9,45 M.

Für die sächsischen Staatsforsten (Entwicklung der Staatsforstverwaltung, Tabelle 6) betrug die Einnahme für 1 fm Derbholz:

in den Jahren

1817/26	1827/36	1837/46	1847/53	1854/63	1864/73	1874/83	1884/93	1894/1903
5,93	6,56	7,78	8,45	10,30	11,49	13,28	13,80	15,71

In den württembergischen Staatsforsten wurde 1 fm Derbholz verwertet:

in den Jahren . . .	1860	1870	1880	1890	1900
	11,54	10,58	11,24	12,24	15,47 M.

Verhältnisse, welche in dieser Beziehung seither bestanden haben, können nicht als fertig abgeschlossen angesehen werden. Es ist vielmehr wahrscheinlich, daß die Preise der Forstwirtschaft in Zukunft weiter steigen werden, wenn auch zeitweise gegensätzliche Erscheinungen auftreten.

Viertens muß zur Begründung eines niedrigen Zinsfußes die Tatsache hervorgehoben werden, daß der landesübliche Zinsfuß im Laufe der fortschreitenden Kultur im allgemeinen eine sinkende Tendenz besitzt. Die Abnahme des Zinsfußes ist einerseits eine Folge der größeren Sicherheit, die den Verhältnissen der höheren gegenüber den niederen und mittleren Kulturstufen eigentümlich ist. Andererseits beruht sie auf dem Umstand, daß die Zunahme des Kapitals rascher erfolgt als das Wachstum der Arbeitskräfte. Mit dem Arbeitslohn steht der Kapitalzins stets im notwendigen inneren Zusammenhang. Der größte Teil des nationalen Einkommens löst sich in Arbeitslohn und Kapitalzins auf. Ein steigender Arbeitslohn ist die Grundbedingung aller zunehmenden Kultur. Der wahre Fortschritt eines ganzen Volkes ist nicht denkbar, ohne daß die materiellen Existenzbedingungen seiner zahlreichsten Glieder besser werden. Wenn nun der Arbeitslohn steigt, so muß der Kapitalzins niedriger werden. Trotz mancher Gegenströmungen erfährt auch diese Regel eine Bestätigung durch die Geschichte.[1]) Da nun bei den statischen Vergleichungen, insbesondere bei der Bestimmung der Umtriebszeit, nicht nur die Gegenwart, sondern auch die Zukunft zu beachten

---

[1]) Einen eingehenden Nachweis über die geschichtliche Entwicklung des Zinsfußes gibt Roscher, Grundlagen der Nationalökonomie, § 184, Geschichte des Zinsfußes: „Bei sehr rohen Völkern pflegt die Kapitalverleihung so selten vorzukommen, daß man nicht darauf verfällt, sich eine regelmäßige Vergütung dafür auszubedingen. Geht man alsdann zum eigentlichen Zins über, so muß der Zinsfuß natürlich hoch stehen. Hier ist die Assekuranzprämie sehr groß, die Möglichkeit und Neigung zum Kapitalisieren äußerst gering." Die zahlreichen mitgeteilten Beispiele weisen nach, daß der Zinsfuß in den meisten europäischen Ländern während des 12. bis 14. Jahrhunderts 10—20 % betragen hat. „Mit dem Steigen der Kultur pflegt der Zinsfuß zu sinken." Für die Mitte des 17. Jahrhunderts wird der Zinsfuß für Frankreich zu 7, Schottland 12, Spanien 10—12, die Türkei und Rußland zu 20 % angeben. Am frühesten zeigt sich die Erniedrigung in den Großstaaten und bei den wirtschaftlich am weitesten entwickelten Nationen — „Es gibt übrigens manche Hindernisse, die auch in blühenden Volkswirtschaften das Sinken des Zinsfußes eine Zeitlang rückgängig machen oder wenigstens verzögern können." Hierher gehört namentlich jede Ausdehnung der fruchtbaren Ländereien. Eine zweite Klasse besteht in Verminderung des Kapitalangebots. Jeder Krieg z. B. veranlaßt eine solche Kapitalzerstörung und erschwert zugleich die Wiedererzeugung des Kapitals, meist in solchem Grade, daß der Zinsfuß beträchtlich zu steigen pflegt. Etwas Ähnliches gilt von anderen großen Unglücksfällen und Verschwendungen. Hieraus ist es sehr erklärlich. daß die allgemeine Regel der Abnahme des Zinsfußes in den einzelnen Perioden zeitweise Schwankungen und abweichende Bewegungen zeigt. Aber für die Forstwirtschaft kommt die allgemeine Regel in Betracht.

ist, so liegt schon hierin eine Ursache zur Ermäßigung des Zinsfußes.

Die vorstehend angedeuteten Verhältnisse führen übereinstimmend zu dem Resultat, daß bei statischen Untersuchungen für das Vorratskapital ein **niedriger Zinsfuß** zugrunde zu legen ist.[1]) Der

---

[1]) Hiermit stimmen auch die meisten Vertreter der Forstwirtschaft in der Literatur und Praxis überein. Von zahlreichen Autoren möge hier besonders hingewiesen werden auf Stötzer, Waldwertrechnung, § 21: „Erwägen wir, daß bei Anlage von Kapitalien im Waldbesitz auf eine Reihe von Annehmlichkeiten zu rechnen ist, so führt uns dies alles zu der Schlußfolgerung, daß der forstliche Zinsfuß um einen gewissen Betrag tiefer stehen kann als der landesübliche Zinsfuß sicherer Kapitalsanlagen." — Endres, Lehrbuch der Waldwertrechnung, S. 33: „Wie in jeder Bodenwirtschaft, so muß auch in der Forstwirtschaft ein niedrigerer als der landesübliche Zinsfuß unterstellt bzw. hingenommen werden. Die Begründung hierfür liegt in folgenden der Eigenart der Forstwirtschaft entspringenden Momenten: Sicherheit des Waldbesitzes, Sinken des Zinsfußes mit steigender Kultur, Länge des Verzinsungszeitraums, Steigen der Holzpreise." — Danckelmann, Zeitschrift f. F. u. J., Juniheft 1867: „Darüber, daß unter den heutigen Verhältnissen ein Waldzinsfuß von $2^1/_2$—$3^0/_0$ reichlich hoch bemessen ist, besteht in forstlichen Kreisen kein Zweifel."

Ein gegensätzlicher Standpunkt wurde insbesondere vertreten von Helferich, welcher in dem an Judeich gerichteten Sendschreiben (Forstliche Blätter 1872) bemerkt: „Unsere Ansichten gehen auseinander, indem ich sage, daß ein Waldeigentümer, wenn er privatwirtschaftlich richtig wirtschaften wolle, in Deutschland 5, in Österreich $6^0/_0$ rechnen müsse", und von Borggreve (Forstreinertragslehre, S. 46—83), der die Hinfälligkeit der von den Vertretern der Statik für forstliche Finanzrechnung empfohlenen Zinsfüße nachzuweisen sucht und das Endurteil seiner Ausführung in den Worten ausspricht: „Was aber den durchschnittlich bei forststatischen Berechnungen anzuwendenden Zinsfuß betrifft, so wird eine Rekapitulation der Resultate aus den vorstehenden Erörterungen ergeben, daß weder die Sicherheit, Verpfändungsfähigkeit und Realisierbarkeit des Kapitals, noch die Regelmäßigkeit, Bequemlichkeit und Steigerungsfähigkeit der Renten irgendwie dazu angetan ist, denjenigen, der einfach mit dem Motto des Fähnrichs Jago (Fülle deinen Beutel mit Gold) wirtschaftet, bei Kapitalanlagen im Walde mit einem geringeren Zinsfuß zufrieden sein zu lassen, als wenigstens $6^0/_0$.

In der Praxis ist der Zinsfuß seither vorzugsweise nur zu Zwecken der Waldwertrechnung (Ablösung von Servituten, Kauf, Verkauf usw.) zur Anwendung gekommen, nicht für den eigenen Wirtschaftsbetrieb. Anwendungen in der großen Praxis sind zunächst von der sächsischen Staatsforstwirtschaft (Entwicklung der Staatsforstwirtschaft, Tabelle 6) gemacht, für welche die Verzinsung des Waldkapitals nachgewiesen wird. Sie hat betragen

in den Jahren:

1854—63	1864—73	1874—83	1884—93	1894—1903
2,15	2,59	2,57	2,44	2,22 $^0/_0$.

Der Zinsfuß der sächsischen Forstwirtschaft ist also etwa $2^1/_2\,^0/_0$, was, wie aus der stetigen Zunahme des Vorrats (Tabelle 4) zu ersehen ist, von der sächsischen Staatsforstverwaltung als genügend erachtet wird. — Ähnliche Folgerungen (wenn auch nicht in gleicher Bestimmtheit) lassen sich aus den Ergebnissen der österreichischen Staatsforstwirtschaft, Jahrbuch der Staatsforstverwaltung 1897, Seite 126—137, und den Vorschriften der Instruktion für die Begrenzung, Vermessung und Betriebseinrichtung der österreichischen Staats- und Fondsforsten, 3. Aufl., 1901, herleiten. Letztere schreibt im § 41 vor, daß, wenn keine zwingenden Gegengründe vorliegen, für die Festsetzung des Haubarkeitsalters das Streben maßgebend sein soll, „die entsprechende

forstliche Zinsfuß ergibt sich, wie der Zinsfuß in anderen Wirtschaftszweigen dadurch, daß zu dem landesüblichen Zinsfuß ein ergänzender Bestandteil hinzugefügt wird. Dieser ist aber in der Forstwirtschaft negativ. Wie der Zinsfuß bei solchen Kapitalanlagen, die nicht sicher erscheinen, durch Zufügung einer Sicherheitsprämie erhöht wird, so tritt in der Forstwirtschaft mit Rücksicht darauf, daß die Erträge in Zukunft wahrscheinlich steigen, zum landesüblichen Zinsfuße eine negative Prämie hinzu. Im Gegensatz zu manchen Vertretern der Nationalökonomie und Forstwirtschaft ist daher die Annahme eines niedrigen Zinsfußes durchaus begründet.

b) Unterschiede des forstlichen Zinsfußes.

Wichtiger und einflußreicher als eine allgemein gehaltene Begründung des forstlichen Zinsfußes ist für die Folgerungen der Statik die Forderung, daß derselbe je nach vorliegenden wirtschaftlichen Verhältnissen verschieden sein könne und müsse. Man kann diesen Satz aber nicht aufstellen, ohne zu den Vertretern der Volks- und Forstwirtschaft in Gegensatz zu treten. Gilt die Gleichheit des Zinsfußes schon als ein allgemeiner Lehrsatz der Nationalökonomie, so ist man noch weniger geneigt, für denselben Wirtschaftszweig verschiedene Zinsfüße zuzulassen. Wenn man den Zinsfuß in strengem Sinne und losgelöst von den besonderen Verhältnissen der Wirtschaft betrachtet, muß seine Gleichheit auch hier als Regel gelten. Tatsächlich liegen jedoch die Verhältnisse der Forstwirtschaft so eigenartig, daß es unzulässig ist, Sätze, die sonst fast allgemein Geltung haben, direkt auf sie anzuwenden. Die wesentlichsten Ursachen, welche zu Abweichungen des Zinsfußes Veranlassung geben können, sind folgende:

Zuerst die wirtschaftliche Natur des Holzvorrats. Wenn dieser auch als ein durch die wirtschaftlichen Produktionsfaktoren erzeugtes Betriebsmaterial anzusehen ist, so darf man doch nicht verkennen, daß er, wie unter 2 hervorgehoben wurde, besondere Eigentümlichkeiten hat, daß er namentlich die Eigenschaft der Gebundenheit besitzt. Von den Vertretern der allgemeinen Wirtschaftslehre, die sich eingehender mit Fragen der forstlichen Ökonomie beschäftigt haben, hat diese Eigenschaft nie die ihr gebührende Beachtung gefunden.[1]) Sie ist aber von großer Bedeutung. Veränderungen des Vorrats erfolgen bei einem gut geführten Großbetrieb (auf den man sich bei Fragen allgemeiner Natur beschränken darf) nur sehr allmählich. In einer geordneten Wirtschaft sind beim

---

Verzinsung der im Walde geborgenen Anlage- und Betriebskapitalien im Forstreinertrage zu erzielen."

[1]) Helferich, Sendschreiben an Judeich, Forstl. Blätter 1872.

Gange der Abnutzung dıe Regeln des Waldbaues, der Forsteinrichtung, des Forstschutzes und des Absatzes zu beachten, welche meist übereinstimmend dahin führen, daß die Anhäufung großer Schläge zu vermeiden ist. Diese Gebundenheit des Vorrats kann keinen Anlaß geben, um die Forderung der Verzinsung im Prinzip auszuschließen. Wohl aber enthält sie die Berechtigung zu Abweichungen der Zeit und des Grades hinsichtlich der Verzinsungsforderungen. Die Vertreter der Volkswirtschaftslehre weisen zwar darauf hin, daß auch in anderen Zweigen eine Gebundenheit des Kapitals vorkomme und dieser Eigenschaft bei der Schätzung Rechnung getragen werde; der Zinsfuß werde nicht dadurch beeinflußt. Beim umlaufenden Kapital[1]) gleiche sich der Gewinn aus durch Übertragen des Kapitals von solchen Anlagen, welche weniger Gewinn bringen in solche, welche mehr Gewinn versprechen; beim fixen Kapital durch die neue Schätzung desselben nach Maßgabe des damit erzielbaren Gewinnes unter Anwendung des laufenden Zinsfußes als Kapitalisierungsfaktor. Diesem Grundsatze gemäß werden tatsächlich die Werte von Gebäuden, Fabriken und Maschinen, wenn sich Änderungen ihrer Rente infolge der Gebundenheit an gewisse Verhältnisse ergeben, neu eingeschätzt. In der Forstwirtschaft ist dies aber seither nicht geschehen. Auch in Zukunft wird es nicht empfehlenswert und möglich sein. Gegen eine nach Maßgabe des zeitweisen Reinertrags zu bewirkende Schätzung spricht der Umstand, daß die Nutzungen der Forstwirtschaft nicht nur durch den Zuwachs gebildet werden. Dieser ist zwar Maßstab und Grundlage der Nutzung; er wird aber in der Regel um einen Teil des Vorrats vermehrt oder um einen solchen vermindert. Bei gleichem Vorratskapital können daher, je nach seiner Zusammensetzung, die Nutzungen verschieden sein; es können andererseits bei gleichen Nutzungen sehr verschiedene Kapital-

---

[1]) Helferıch, Sendschreiben an Judeıch, Forstlıche Blatter 1872, sprach sich uber den Zıns des forstlıchen Kapıtals folgendermaßen aus: „Der Zıns, welchen der Holzzuchter fur dıeses Kapıtal (das Kultur- und Verwaltungskostenkapıtal) zu verlangen hat, ıst keın unbestımmter, sondern durch den landesublıchen Gewınnsatz umlaufender Kapıtalıen gegeben, welcher zwar mıt dem Zınsfuß nıcht ıdentisch ıst, sich dıesem aber unmittelbar anschlıeßt und aus ıhm erkennbar wırd. Auf dıesen Gewınnsatz — keınen großeren und keınen kleıneren — hat das betreffende Kapıtal Anspruch, weıl es unbedingt vermehrbar ıst und somıt unter der Eınwırkung der Konkurrenz anderer umlaufender Kapıtalıen steht und weil es jeden Augenblıck durch den moglıchen Abhıeb und Verkauf des Holzes ın umlaufendes Kapıtal verwandelt werden kann, also ın andere Kapıtalformen ubertragbar ıst. — Ganz ahnlıch verhält es sıch mıt dem zweıten Kapıtal, dem Vorrat   . Weil auch dıeses Kapıtal unbedıngt vermehrbar ıst, da man ımmer neue Walder anlegen oder den Vorrat an Holz durch den Zuwachs vergroßern kann, und weıl es ebenso ubertragbar ıst, da man jeden Augenblıck das Holz schlagen und verkaufen kann, so hat dasselbe gleichfalls nur den Anspruch auf den landesublıchen mıttleren Zıns. Anders verhalt es sıch mıt dem Boden".

werte vorliegen Die Schätzung des Vorrats muß nach Möglichkeit auf die realen Werte der Bestände, nicht auf den zeitweisen Etat gegründet werden.

Zweitens ist zur Begründung von Abweichungen des Zinsfußes zu bemerken, daß die Ursachen, aus welchen der forstliche Zinsfuß niedrig sein soll, unter verschiedenen wirtschaftlichen Verhältnissen in verschiedenem Grade wirksam sind. Die Stetigkeit der Kapitalwirkung wird durch Schäden der Natur, durch andere Betriebsstörungen und durch die kritischen Perioden der Verjüngung vermindert oder aufgehoben. Ebenso ist die Sicherheit der Erträge nach den vorkommenden Schäden sehr verschieden. Die Annahme, daß die Werte des Holzes in Zukunft steigen werden, kann je nach den obwaltenden Verhältnissen in höherem oder geringerem Maße zutreffen.[1]) Wenn sich ein Urteil hieruber auch nicht in bestimmten Zahlen abgeben läßt, so treten die Ursachen doch so bestimmt auf, daß man sie in gutachtlicher Weise berücksichtigen kann und muß.

Indem man die vorstehenden Grundsätze bei der Wahl des Zinsfußes gehörig würdigt, ergeben sich zunächst Verschiedenheiten desselben nach Holzarten. Fur Holzarten, die von Schäden der organischen und anorganischen Natur wenig zu leiden haben, sind niedrigere Zinsfüße anzuwenden, als fur solche, welche in stärkerem Maße von ihnen betroffen werden. In der Unterstellung verschiedener Zinsfüße für verschiedene Holzarten liegt ein Mittel, um die Resultate der forstlichen Statik für manche Holzarten, insbesondere für Laubhölzer, günstiger zu gestalten, als es sonst möglich ist. Vom Standpunkt der Waldreinertragslehre — bei Zugrundelegung der Formel $\dfrac{A}{u}$ oder $\dfrac{A+D}{u}$ — wird eine Rechnung nach den vorliegenden Ertragstafeln fast immer, auch auf ausgesprochenem Laubholzboden, zugunsten des Nadelholzes fuhren. Vom Standpunkt der Bodenreinertragslehre — bei Anwendung der Formel

$$\frac{A_u}{1{,}0p^u-1} \quad \text{oder} \quad \frac{A_u+D_a\,1{,}0p^{u-a}}{1{,}0p^u-1}+\ldots$$

— wird sich für bessere Böden und milde Lagen ergeben, daß das Laubholz höhere Bodenwerte und Bodenrenten zur Folge hat.

Hinsichtlich der Umtriebszeit führt die ausgesprochene Regel zu der Folgerung, daß für hohe Umtriebszeiten ein niedrigerer Zinsfuß als für kurze zugrunde gelegt werden muß. Alle Gründe, die für niedrige forstliche Zinsfüße geltend gemacht werden, kommen bei hohen Umtrieben in stärkerem Maße zur Geltung. Die Möglichkeit, hohe Umtriebszeiten einzuhalten, setzt voraus, daß die

---

[1]) Vgl die Seite 120 mitgeteilten Preisveranderungen der verschiedenen Stammklassen der Eiche

Bestände bis zu hohem Alter von stärkeren Beschädigungen verschont bleiben. Starke Schäden, die die mittleren Altersstufen betreffen, wie z. B. Bruch der Kiefer in Gebirgsrevieren, die Rotfäule der Fichte auf gewissen Bodenarten, nötigen zu frühem Abtrieb, machen daher ein Einhalten einer hohen Umtriebszeit unmöglich. Ebenso ist die Stetigkeit der Kapitalwirkung größer bei hohen Umtriebszeiten. Die kritische Zeit ist in dieser Beziehung die Zeit des Abtriebs. Endlich kann man zur Begründung der vorstehenden Regel nicht unberücksichtigt lassen, daß, obwohl die Technik in der Verwendung schwacher Sortimente fortgesetzt Fortschritte macht, es doch wahrscheinlich ist, daß die Preise der starken Sortimente in Zukunft in stärkerem Verhältnis steigen werden, als die der schwachen und schlechten. Die Ursache einer dahingehenden Vermutung liegt in der Abnahme der Urwälder, welche diese Sortimente seither vielfach kostenlos geliefert haben. In Zukunft müssen alle Starkhölzer mit den Kosten der langen Erzeugung belastet angesehen werden.[1])

Drittens ergeben sich Unterschiede der Verzinsung in bezug auf die einzelnen Teile des Vorratskapitals. In einem geordneten wirtschaftlichen Verbande setzt sich der Vorrat aus verschiedenen jähr-

---

[1]) Die meisten Vertreter der Waldwertrechnung haben sich gegen die Zulässigkeit eines nach Holzart, Umtriebszeit usw. verschiedenen Zinsfußes ausgesprochen. So insbesondere Stotzer a. a. O. S. 46: „Eine fallende Bemessung des Zinsfußes, mit Zunahme der Länge der Umtriebszeiträume, erscheint mindestens unnötig, wenn von Anfang an und prinzipiell ein mäßiger Zinsfuß der Rechnung zugrunde gelegt wird. Den Zinsfuß je nach dem Charakter der Holz- und Betriebsart zu modifizieren, derart, daß man zwischen sicheren und unsicheren Wirtschaftsformen unterscheidet, erscheint willkürlich."

In der neuesten Zeit wurde der elastische Charakter des Zinsfußes ausgesprochen und begründet von Riebel, Waldwertrechnung und Schätzung von Liegenschaften, S. 17: „Der forstliche Zinsfuß ist der Ausdruck für die Rentabilität der in der Forstwirtschaft tätigen Kapitalien. Er kann daher keine bestimmt gegebene Größe bilden, sondern eine variable, welche von der Betriebsart, Holzart und den sonstigen Wirtschaftsverhältnissen abhängt."

Von der preußischen Staatsforstverwaltung wird die Anwendung verschiedener Zinsfuße schon in der Anleitung zur Waldwertberechnung prinzipiell anerkannt und begründet. „Jeder Verwalter eines größeren Vermögens wird sich der Erfahrung nicht entziehen können, daß auf längere Zeiträume hin von einem Kapitalstock ein ununterbrochener Zinseszinsgenuß zu dem landesüblichen Zinsfuß nicht zu erlangen ist. Eintretende Verluste, nicht selten auch Mangel eines sofortigen sicheren Anlageplatzes, werden das stetige Anwachsen des Kapitals nach dem Maßstabe einer Zinseszinsrechnung bei Festsetzung des üblichen Zinsfußes behindern. Soll daher die Zulässigkeit resp. die Rentabilität eines Geschäfts auf längere Zeit hin unter der Annahme eines Zinseszinsgenusses bemessen werden, so muß ein hinter dem üblichen Zinsfuß zurückbleibender der Rechnung zugrunde gelegt werden. Je länger ein Zeitraum ist, für welchen ein Kapital ohne Unterbrechung und ohne daß die mit der Veranlagung des Kapitals und den Zinsen verbundene Mühe, Kosten, Zeitverluste und zeitweise Zinsenausfälle eintreten, mit Zins auf Zins werbend, sicher angelegt wird, um so geringer kann der Zinsfuß sein."

lich oder periodisch geordneten Altersstufen (Schonung, Dickung, jüngeres Stangenholz, mittleres Stangenholz, Baumholz, Verjüngungsschläge usw.) zusammen. Vom Standpunkt der Bodenreinertragslehre wird verlangt, daß der ganze, die Summe der verschiedenen Altersstufen umfassende Vorrat zu einem gewissen Prozent sich verzinsen soll. Nach den natürlichen Wachstumsgesetzen ist aber der Massen- und Wertzuwachs im Verhältnis zu dem ihm zugrunde liegenden Kapital bei den einzelnen Altersstufen sehr verschieden. Da die jüngeren und mittleren Bestande einen weit höheren Massen- und Wertzuwachs besitzen, als dem für den Vorrat im ganzen geforderten Verzinsungsprozent entspricht, so wird nichts dagegen zu erinnern sein, daß die alten Bestände mit ihren Massen- und Wertzuwachsprozenten hinter dem Verzinsungsprozent, das für das Vorratskapital im ganzen Geltung haben soll, zurückbleiben dürfen. Diese Annahme wird allerdings hinfällig, wenn die Werte der Bestände als Kosten- oder Erwartungswerte in Rechnung gestellt werden. Alsdann ist der Wert und die Wertzunahme der Bestände von den Rechnungsfaktoren (Anfangswert, Endwert, Zinsfuß) abhängig. Auf die Berechnung des Vorrats wurde bereits unter 4b hingewiesen. Obwohl die Anwendung von Kostenwerten theoretisch am korrektesten ist, wird sie in der praktischen Wirtschaft in absehbarer Zeit doch nur in beschränktem Maße zur Anwendung kommen. Für den wichtigsten Teil des Vorrats sind, wie a. a. O. hervorgehoben wurde, in der forstlichen Statik Verbrauchswerte zugrunde zu legen; und deshalb muß die vorstehende Begründung als richtig angesehen werden.

c) Die Anwendung des Zinsfußes.

Trotz der Bedeutung, die nach Vorstehendem in der Forstwirtschaft dem Zinsfuß beizulegen ist, kann man hinsichtlich seiner Anwendung die Regel aufstellen, daß dieselbe nach Möglichkeit einzuschränken ist. Die mathematische Behandlung forstlicher Aufgaben ist, wie in der Einleitung S. 15 f. hervorgehoben wurde, weit beschränkter, als in der einschlägigen Literatur meist angenommen wird. Man kann es beim Rückblick auf die zur forstlichen Statik gemachten Einwürfe nicht genug betonen, daß die forstwirtschaftlichen Aufgaben nicht als eine Summe von Exempeln dargestellt werden können, die nach gegebenen Formeln in bestimmten Zahlen auszurechnen sind. Im großen Betriebe sind immer unwägbare Faktoren forsttechnischer und ökonomischer Natur von Einfluß. Die gutachtliche Schätzung steht deshalb meist im Vordergrunde der Erwägungen. Geht man auf die betreffenden Formeln näher ein, so ergibt sich, daß in jeder Gleichung meist mehrere Unbekannte enthalten sind, zu denen auch der Zinsfuß gehört. Trotz dieser Beschränkung der mathematischen Methode ist es von großer praktischer Bedeutung, daß bei der Betriebsregelung den ökonomischen Faktoren bestimmter Ausdruck gegeben werden muß, als es seither geschehen ist. Wie diese Verhältnisse nun auch liegen mögen, es bleibt hervorzuheben, daß die forstliche Statik durch Einwürfe, welche die Art und die Genauigkeitsgrade der Rechnung betreffen, ihrem Kern und Wesen nach nicht berührt wird. Die Reinertragslehre wird in erster Linie durch ein Prinzip bestimmt, nicht aber durch die mathematische Methode seiner Anwendung.

Weiterhin lehrt die Beschäftigung mit dem vorliegenden Gegenstand, daß der Waldeigentümer eine bestimmte Verzinsung seines im Walde angelegten Betriebskapitals nicht verlangen kann. Der Zinsfuß ist (entsprechend anderen Wirtschaftsfaktoren: Arbeitslohn, Preise der Produkte usw., welche den allgemeinen Gesetzen der Tauschwerte unterliegen) die Folge einer Summe forstwirtschaftlicher und volkswirtschaftlicher Verhältnisse, die nicht nach dem Belieben des einzelnen Waldeigentümers geregelt werden können. In welchem Verhältnis der Zinsfuß nach Holzart, Betriebsart, Umtriebszeit verschieden sein soll, läßt sich weder vom Waldeigentümer oder einer Behörde verfügen, noch aus der Wirtschaft selbst ableiten. Ähnliches ist jedoch auch in anderen Wirtschaftszweigen, die zu einem Vergleich herangezogen werden können, der Fall. Die Rentabilität von Eisenbahnen, Kanälen, Kolonien läßt sich fast niemals zahlenmäßig, sondern meist nur in gutachtlicher Form nachweisen. Trotzdem ist überall die Forderung der Verzinsung der Betriebskapitalien eine stillschweigende Voraussetzung aller wirtschaftlichen Unternehmungen und Verhältnisse.

In der Praxis wird die Aufgabe der forstlichen Statik meist dahin zu richten sein, daß nachgewiesen wird, wie sich zur Zeit der Betriebseinrichtung die einzelnen Bestände und die Reviere oder Revierteile in bezug auf die Verzinsung des Vorrats verhalten, und wie die Rentabilität der Wirtschaft durch die Maßnahmen der forstlichen Technik gefördert werden kann. Aber wenn auch von einem solchen Nachweis nur in beschränktem Maße Anwendung gemacht wird, so liegt doch in der Forderung der Verzinsung zweifellos ein großer Fortschritt gegenüber der seitherigen, von der Waldreinertragslehre beherrschten Praxis, bei der auf Höhe und Verzinsung des forstlichen Betriebskapitals keine Rücksicht genommen wurde. Die praktische Behandlung des vorliegenden Gegenstandes kann vielleicht am besten in der Forderung zum Ausdruck kommen, daß für die über 40—50 Jahre alten Bestände die Massen- und Wertzuwachsprozente nachgewiesen werden. Hieraus ergeben sich die Grundlagen, die für die Anwendungen der forstlichen Statik nötig sind, in genügender Weise.

Die wesentlichsten Mittel aber, um die Verzinsung des Vorrats günstig zu beeinflussen, liegen zunächst in der Abnutzung derjenigen Bestände, welche ihren Kapitalwert ungenügend verzinsen. Solche Bestände tragen immer dazu bei, auch das Vorratskapital im ganzen ungünstig zu beeinflussen. Sodann kommen die Durchforstungen und Lichtungen in Betracht. Gut geführte Durchforstungen haben stets die Folge, daß der Zuwachs gehoben, das Bestandeskapital durch Ausscheidung der schlechtesten Bestandesglieder vermindert, die Verzinsung daher in doppelter Richtung verbessert wird.

III. Der Boden als Bestandteil der Produktionskosten.

Der Boden ist die wichtigste Grundlage jeder auf die Gewinnung von Rohstoffen gerichteten Wirtschaft. Er enthält die wichtigsten Bestimmungsgründe sowohl für die Kulturart (Acker, Wiese, Garten, Weinberg, Weide, Wald), als auch für die Betriebsführung innerhalb der einzelnen Kulturarten

Die forstliche Bodenrente zeigt zwar wegen der langen Dauer der Erzeugung des Holzes gewisse Besonderheiten, ist aber doch den allgemeinen Regeln, welche die Grundrente betreffen, unterworfen, weshalb zunächst auf diese kurz hingewiesen wird.

1. Bodenwert und Bodenrente im allgemeinen.

Nach seinem Ursprung muß der Boden als Naturgabe aufgefaßt werden; lediglich durch die Wirkung der Naturkraft ist er hervorgebracht. Andererseits kann er aber auch dem Kapitalbegriff untergeordnet werden. Die für das Kapital angegebenen Definitionen (vgl. S. 147) sind auf den Boden anwendbar. Wegen seiner wirtschaftlichen Besonderheiten und wegen der Bedeutung, die er in politischer und sozialer Hinsicht besitzt, empfiehlt es sich, wie es auch von den meisten Vertretern der Wirtschaftslehre geschieht, ihn als besonderen Faktor der Produktion aufzufassen.

Der Boden ist bei seiner ökonomischen Wirkung stets mit anderen Elementen der Gütererzeugung verbunden. Überall ist dies bezüglich der Naturkräfte der Fall. Sofern diese auf dem Erdkörper gleichmäßig vertreten sind (wie Luft, Schwerkraft, Diffusion der Gase u. a.), bleiben sie bei der Schätzung des Bodens unberücksichtigt. Sind sie aber auf verschiedenen Standorten in verschiedenem Grade wirksam, wie die Wärme, das Licht verschiedener Berghänge, so wird ihr Einfluß zugleich mit dem Boden der Schätzung unterworfen und bei der Bestimmung des Bodenwertes mit berücksichtigt.

Sodann ist der ursprüngliche, durch Verwitterung der Gesteine entstandene Boden mit Rückständen der Gewächse, die ihn bekleidet haben, verbunden, so daß der Begriff der Rente als Preis für die ursprünglichen, unzerstörbaren Kräfte des Bodens, wie sie Ricardo auffaßt, tatsächlich fast nirgends vertreten ist. Auf den höheren Kulturstufen ist der Boden stets mit den Wirkungen früherer Arbeit und mit Kapital verbunden; er ist gelockert und gedüngt, mit Gewächsen, Gebäuden, Umfriedigungen, Ent- und Bewässerungsanlagen versehen. Die meisten Meliorationsanlagen gehen mit dem Boden in ökonomischer, vielfach auch in chemisch-physikalischer Beziehung eine unlösliche Verbindung ein, so daß der Anteil, welchen der Boden an den Erzeugnissen hat, an diesen selbst nicht mit Bestimmtheit nachgewiesen werden kann.[1])

---

[1]) Die innige Verbindung des Bodens mit den obengenannten Ertragsfaktoren ist der Grund, weshalb seine Wirkung (ebenso wie Arbeitslohn und Kapitalzins) aus dem Produktionsprozeß selbst nicht abgeleitet werden kann. Die Geschichte der Nationalökonomie, von A. Smith bis zur Gegenwart, läßt diese Schwierigkeit erkennen. Auch die Unterschiede in den Prinzipien der Forstwirtschaft sind auf dieselbe zurückzuführen.

Ad. Smith (Volkswohlstand, 11. Kapitel) leitet seine umfangreichen Untersuchungen über die Grundrente mit den Worten ein· „Rente als der Preis für die Benutzung des Bodens betrachtet, ist natürlich der höchste, welchen der Pächter für das Land seinem augenblicklichen Werte nach bezahlen kann. Bei Festsetzung der Pachtbedingungen bestrebt sich der Grundeigentümer, dem Pächter keinen größeren Anteil am Ertrag zu lassen, als zur Erhaltung des Kapitals ausreicht, mittels dessen er die Saaten beschafft, den Arbeitslohn bezahlt, das Vieh und die landwirtschaftlichen Geräte kauft und unterhält und ihm den landesüblichen Kapitalgewinn aus der Bodenbenutzung abwirft. Was über diesen Betrag hinausgeht, das will der Grundbesitzer als Bodenrente an sich nehmen." Aus diesen Definitionen und aus den Beispielen, die mitgeteilt werden, geht hervor, daß A. Smith die gesamten Einkünfte des Grundbesitzers unter dem Begriff der Landrente versteht. Hierin sind aber auch die Zinsen der Gebäude, Meliorationen, Anpflanzungen, Umfriedigungen enthalten. Daher macht v. Thunen die auf den Wald- und Bodenreinertrag der Forstwirtschaft sinngemäße Anwendung findende Bemerkung: „Zwischen der Größe des auf diese Weise in einem Gute angelegten Kapitals und der Rente vom Boden selbst ist aber kein bestimmtes Verhältnis vorhanden; es kann vielmehr nach Verschiedenheit des Preises der Produkte, der physischen Beschaffenheit des Bodens usw. zwischen beiden jedes Verhältnis stattfinden. In A. Smiths Landrente (Gutsrente) liegt also in keiner Weise ein Maßstab für die eigentliche Land- oder Bodenrente. Indem man den Preis der Ware in die drei Bestandteile Arbeitslohn, Kapitalgewinn und Landrente zerlegt, während die Landrente selbst wieder ein unbestimmtes Maß von Kapitalgewinn enthält, verschwindet alle Klarheit und Bestimmtheit der Begriffe."

Ricardo, Grundgesetze der Volkswirtschaft, 2. Hauptstück, definiert: „Rente ist derjenige Teil des Erzeugnisses der Erde, welcher dem Grundherrn für die Benutzung der ursprünglichen und unzerstörbaren Kräfte des Bodens bezahlt wird." In einem Kulturland läßt sich aber nicht nachweisen, was ursprüngliches und unzerstörbares Naturprodukt ist und was dem Boden durch die Kultur gegeben oder entzogen ist.

v. Thunen, Isolierter Staat, S. 14: „Was nach Abzug der Zinsen vom Werte der Gebäude, des Holzbestandes, der Einzäunungen und überhaupt aller Wertgegenstände, die vom Boden getrennt werden können, von den Guts-

Die wichtigsten ökonomischen Eigenschaften des Bodens, die ihn vom Kapital unterscheiden, sind seine Unbeweglichkeit und Unvermehrbarkeit. Beide Eigenschaften sind von Einfluß auf seine ökonomische Wertschätzung. Die Unbeweglichkeit ist auch bei den mit dem Boden verbundenen Kapitalien (Häusern, Waldbestanden) niemals in solchem Maße vorhanden als beim Boden selbst. Durch die Unbeweglichkeit gewährt der Besitz des Bodens ein hohes Maß von Sicherheit, das ihn zur Verpfändung in besonderem Grade geeignet macht. Auch die Unvermehrbarkeit hat wirtschaftlich große Bedeutung. Alle anderen Bestandteile der Produktionsgrundlagen unterliegen im Laufe der Zeit stärkeren Veränderungen. Die Arbeitskräfte wachsen mit der Zunahme der Bevölkerung und der Verbesserung der Hilfsmittel, welche den Arbeitern zu Gebote stehen. In noch höherem Grade nimmt das Kapital beim Fortschritt der Volkswirtschaft zu. Der Boden bleibt dagegen (abgesehen von An- und Abschwemmungen an Meeren und Flüssen) in seiner Ausdehnung unverändert. Durch seine Unvermehrbarkeit hat er einen natürlichen Monopolpreis. Da die Ansprüche an den Boden beim Wachstum der Bevölkerung größer werden, so nimmt sein Wert im Laufe der Kultur in der Regel zu.

Das Einkommen, welches die Benutzung des Bodens seinem Eigentümer gewährt, wird als Grundrente bezeichnet. Dieselbe kann entweder durch eigene Bewirtschaftung oder durch Verpachtung erfolgen. Die Grundrente ist gleich dem Reinertrag des Bodens, der sich ergibt, indem alle Aufwendungen von Kapital und Arbeit, die außer dem Boden zum Zwecke der Produktion gemacht sind, vom Ertrage in Abzug gebracht werden. Bei der eigenen Bewirtschaftung eines Landgutes ist die Bodenrente mit Arbeitslohn, Kapitalzins und Unternehmergewinn verbunden, bei der Verpachtung entfällt in der Regel ein Teil des Pachtzinses auf Kapitalnutzung. In beiden Fällen tritt die Grundrente aus dem Erfolg der Wirtschaft nicht rein hervor.

Daß die Bodenrente einen besonderen Einkommenszweig bildet, geht mit Bestimmtheit aus dem Umstande hervor, daß verschiedene Grundstücke, die mit gleichem Aufwand von Arbeit und Kapital bewirtschaftet werden, verschiedene Erträge liefern. Diese Unterschiede können, da andere Ursachen nicht vorliegen, nur auf die

einkünften noch übrigbleibt und somit dem Boden an sich angehört, ist Landrente." Sie wird als die beste, kaum noch verbesserungsbedürftige Erklärung des Begriffs anzusehen sein.

Roscher nennt Grundrente „denjenigen Teil vom regelmäßigen Reinertrag eines Grundstücks, welcher nach Abzug aller darin steckenden Arbeitslöhne und Kapitalzinsen übrigbleibt." Dies ist jedoch nicht nur ein Teil, sondern der ganze Reinertrag des Grundstucks

Grundrente zurückgeführt werden. Sie erfolgen einerseits durch die verschiedenen Grade der Fruchtbarkeit des Bodens, andererseits durch die verschiedene Entfernung der Grundstücke von dem Sitz des Betriebes und den Verbrauchsorten. Auf Grund dieser Erscheinung stellte Ricardo[1]) die Regel auf, daß die Unterschiede im Ertrag den Nachweis für das Vorhandensein der Rente und den Maßstab ihres Wertes bilden müssen.

Wie viele andere Dinge der Volkswirtschaft, so stehen auch Bodenrente und Preise der Bodenerzeugnisse gegenseitig im Verhältnis von Ursache und Folge.[2]) Einerseits muß die Boden-

---

[1]) Ricardo (Grundgesetze, 2. Hauptstück) erlautert die nach ihm benannte Theorie der Grundrente folgendermaßen: „Bei der ersten Ansiedelung auf einem Landstrich, auf welchem sich ein Überfluß an reichem und fruchtbarem Boden findet, wenn nur ein kleiner Teil zum Bau der Lebensmittel fur die Bevölkerung erforderlich ist, wird es keine Rente geben. Denn niemand wird etwas fur die Benutzung von Boden bezahlen, wenn er im Überfluß vorhanden ist. Es wird bloß aus dem Grunde eine Rente entrichtet, weil der Boden nicht in unendlicher Menge und allgemein gleicher Beschaffenheit vorhanden ist und bei zunehmender Bevolkerung Boden von geringerer Beschaffenheit oder weniger vorteilhafter Lage zum Anbau genommen wird. Sobald infolge des Fortschreitens der Gesellschaft Boden von Fruchtbarkeit zweiten Grades zum Anbau genommen wird, so beginnt die Rente unmittelbar auf jenem erster Gute und der Betrag dieser Rente richtet sich nach dem Unterschied der Beschaffenheit dieser zweierlei Bodenarten. Sobald Boden dritter Klasse angebaut wird, so beginnt die Rente der zweiten Klasse, zugleich wird die Rente vom Boden erster Klasse steigen. Der fruchtbarste und günstigst gelegene Boden wird zuerst angebaut und der Tauschwert seines Ertrags wird auf dieselbe Weise wie der Tauschwert aller anderen Güter bestimmt durch die Gesamtmenge verschiedenartiger Arbeit, welche notwendig ist, um denselben hervor- und auf den Markt zu bringen."

[2]) Kausale Wechselbeziehungen bestehen auf den meisten Gebieten der Volkswirtschaft, sowohl in bezug auf die Objekte derselben, als auch in bezug auf die Personen, die den Betrieb leiten und führen. Jede Stadt ist abhängig von den Verhältnissen des sie umgebenden platten Landes; ebenso wird dieses von den Stadten beeinflußt. Wie sehr die Landwirtschaft durch die Industrie gefördert ist, hat niemand wirkungsvoller gezeigt als Friedrich List, dessen „System der politischen Ökonomie" von dem Gedanken der Wechselwirkung beider Haupterwerbszweige getragen wird („Die landwirtschaftliche Produktion ist um so großer, je inniger eine nach allen Zweigen ausgebildete Fabrikkraft mit der Landwirtschaft vereinigt ist. . . . Die Produktivkraft des Landwirts und des Arbeiters im Ackerbau wird immer mehr oder weniger groß sein, je nachdem der Tausch der landwirtschaftlichen Produkte gegen Fabrikate mehr oder weniger leicht vonstatten geht. . . . Die hochste Teilung der Geschäfte und die hochste Konfoderation der produktiven Kräfte bei der materiellen Produktion ist die de· Agrikultur und Manufaktur, beide bedingen sich wechselseitig"). Die Überzeugung von der Wechselwirkung zwischen Landwirtschaft und Industrie hat die wichtigsten Maßnahmen der Wirtschaftspolitik, von der Gründung des Deutschen Zollvereins bis zum Abschluß der Handelsverträge (1905) durchdrungen. Die Verkennung des wechselseitigen Einflusses der verschiedenen Wirtschaftszweige hat dagegen in der Literatur und im praktischen Leben zu vielen Irrtumern, Mißverständnissen und Gegensätzen Veranlassung gegeben. Sie treten namentlich auch in der Beurteilung des Verhältnisses zwischen Bodenrente und Preis hervor.

A. Smith fuhrt die Bodenrente als Bestimmungsgrund der Preise auf,

rente als eine Ursache der Preise angesehen werden. Da die
Bodenrente einen Bestandteil der Produktionskosten, welche die
untere Grenze der Preise bezeichnen, bildet, so muß sie in diesem
Sinne aufgefaßt werden, wenn die Produktionskosten vollständig
nachgewiesen werden sollen. — Andererseits trägt die Bodenrente
den Charakter der Folge. Der auf den Boden entfallende Anteil am
Ertrage ergibt sich, wenn alle übrigen Bestandteile der Produktionskosten vom Gesamtertrage abgezogen werden. Hiernach sind Bodenwert und Bodenrente von allen Verhältnissen abhängig, welche auf
den Ertrag von Einfluß sind. Insbesondere ist dies in bezug auf
die Preise der Fall, die deshalb als die wesentlichste Ursache des
Steigens und Sinkens der Bodenrente angesehen werden.[1]

Da an den Ertrag des Bodens beim Fortschritt der volkswirtschaftlichen Kultur zunehmend größere Ansprüche gestellt werden,
so muß der Boden, damit die Produktion erhöht wird, in steigendem

---

wenn er — vgl. die Note S. 117 — sagt, daß der natürliche Preis des Getreides
vorliege, wenn das gewöhnliche Maß von Arbeitslohn, Kapitalgewinn und
Bodenrente, welches in den Kosten der Getreideerzeugung enthalten sei, dadurch gedeckt werde. Andererseits erscheint die Bodenrente als eine Folge
der Preise, wenn gesagt wird, daß sie durch den Betrag bestimmt werde,
welcher von dem Verkaufspreis der Produkte nach Abzug des Arbeitslohnes,
des Kapitalgewinns und der sonst auf die Hervorbringung derselben verwendeten
Kosten übrigbleibt. „Also wird" — sagt v. Thunen, Isolierter Staat —
„bei der Bestimmung des natürlichen Preises des Getreides die Bodenrente
als eine bekannte Größe betrachtet, bei der Bestimmung der Landrente wird
dagegen der natürliche Preis des Getreides als bekannt angenommen. Dies
ist ein Zirkelschluß, der beim oberflächlichen Lesen wohl einschläfern und
beruhigen kann, durch den aber nichts aufgeklärt wird." v. Thunen unter-
nahm es deshalb, für die einzelnen Produktionsfaktoren bestimmte Formeln
aufzustellen, durch welche sie voneinander unabhängig erscheinen sollten.
Allein in dem erstrebten Maße ist dies nicht gelungen. Die Wechselbeziehungen,
die als Zirkelschluß hingestellt werden, liegen, im Gegensatz zu Erscheinungen,
die rein physische Grundlagen haben, in der Natur der wirtschaftlichen Verhältnisse und können nicht beseitigt werden.

[1] So insbesondere von A. Smith, Volkswohlstand, 1. Buch, 11. Kapitel:
„Es geht hieraus hervor, daß die Rente bei der Bildung der Preise in einer
anderen Weise in Betracht kommt, als Lohne und Kapitalgewinn. Hohe oder
niedrige Lohne und Gewinne sind die Ursachen hoher oder niedriger Preise,
hohe oder niedrige Rente ist deren Wirkung. Der Preis einer Ware ist hoch
oder niedrig, weil hohe oder niedrige Lohne und Gewinn zu zahlen sind, um
sie auf den Markt bringen zu können. Aber ob eine hohe, eine niedrige oder
gar keine Rente bezahlt wird, hängt davon ab, ob der Preis hoch oder niedrig,
ob er viel, wenig oder gar nicht höher ist als erforderlich, um jene Lohne
und Gewinne zu gewähren."

Hiermit übereinstimmend sagt Ricardo, Grundgesetze, II: „Das Steigen
der Rente ist immer die Folge des zunehmenden Wohlstandes in einem Lande.
Waren die hohen Getreidepreise die Wirkung und nicht die Ursache der Rente,
so würden sie darunter leiden, je nachdem die letztere hoch oder niedrig stände;
die Rente wäre ein Bestandteil des Getreidepreises. Allein dasjenige Getreide,
welches durch die größte Arbeitsmenge erzeugt wurde, ist der Bestimmer der
Getreidepreise, und die Rente ist auch nicht im mindesten ein Bestandteil
der letzteren und kann es auch nicht sein."

Maße mit Arbeit und Kapital befruchtet werden. Von dem Gesamterzeugnis des Bodens entfällt daher beim Fortschreiten der wirtschaftlichen Entwicklung eines Volkes ein fortgesetzt größer werdender Teil auf die Wirksamkeit der beiden anderen Produktionsfaktoren. Die absolute Höhe der Bodenwerte und Bodenrenten nimmt dagegen mit dem Wachstum der volkswirtschaftlichen Kultur zu.

Die Höhe der Grundrente und ihr Verhältnis zu den anderen Einkommenszweigen ist sowohl für die Geschichte der wirtschaftlichen Entwicklung eines Volkes als auch für das gleichzeitige Verhältnis verschiedener Länder von Bedeutung.[1] Beides bildet ein wesentliches Merkmal für die wirtschaftliche Kulturstufe der Völker, das von vielseitigem, wissenschaftlichem und praktischem Interesse ist.[2]

---

[1] Friedr. List, Nationales System, 20. Kap.: „Die Manufakturkraft und das Agrikulturinteresse", weist (1841) an dem Beispiel von England und Polen nach, welch großen Einfluß die Entwicklung der Industrie auf die Bodenrente ausübt. „Jede individuelle und soziale Vervollkommnung, jede Vermehrung der produktiven Kraft in der Nation überhaupt, am meisten aber die Manufakturkraft steigert die Quantität der Rente, während sie quotativ dadurch vermindert wird. In einer wenig gebildeten und wenig bevölkerten Agrikulturnation, z. B. in Polen, beträgt die Rentenquote die Hälfte oder den dritten Teil des Bruttoertrags; in einer gebildeten, bevölkerten und reichen Nation, z. B. in England, beträgt sie nur den vierten oder fünften Teil. Gleichwohl ist die Quantität dieser geringeren Quote ungleich bedeutender, als die Quantität jener größeren Quote, besonders in Geld und noch mehr in Manufakturwaren, weil der fünfte Teil von 25 Bushel des durchschnittlichen Weizenertrags in England 5 Bushel — der dritte Teil aber von 9 Bushel des durchschnittlichen Weizenertrags von Polen nur 3 Bushel beträgt; weil ferner jene 5 Bushel in England im Durchschnitt 25—30 Schilling, diese 3 Bushel im inneren Polen aber höchstens 8—9 Schilling wert sind; weil endlich die Manufakturwaren in England wenigstens noch einmal so wohlfeil sind als in Polen, folglich der englische Grundeigentümer für seine 30 Schilling Geldrente 10 Ellen Tuch kaufen kann, der polnische aber für seine 10 Schilling Geldrente nur 2 Ellen, woraus hervorgeht, daß der englische Grundbesitzer bei dem fünften Teil des Bruttoertrags als Rentier sich dreimal besser und als Manufakturwarenkonsument fünfmal besser steht als der polnische bei dem dritten Teil des Bruttoertrags."

[2] Roscher, Grundlagen der National-Ökonomie, § 155, gibt folgende historische Entwicklung: „Bei armen und niedrig kultivierten Völkern, zumal wo die Bevölkerung noch dünn ist, pflegt die Grundrente niedrig zu stehen. In Turkestan wird das Land nach dem damit verbundenen Bewässerungskapital geschätzt. Zu Anfang des 19. Jahrhunderts bezahlte man im Innern von Buenos Aires die Güter nach der Größe des Viehstandes, so daß es wenigstens aussah, als würde das Land umsonst mit in Kauf gegeben."

„Die steigende Kultur pflegt auf dreifachem Wege zur Erhöhung der Rente beizutragen. Das Wachsen der Bevölkerung veranlaßt den Ackerbau entweder zu größerer Intensität oder zu größerer Ausdehnung auch über die minder fruchtbaren und schlechter gelegenen Grundstücke. Kommt zu der Volksvermehrung noch eine Kapitalvermehrung, so geschieht dasselbe in noch höherem Grade. Konzentriert sich endlich die Bevölkerung mehr und mehr in den großen Städten, so muß auch dies zur Vermehrung der Rente beitragen." Trotz vielfacher Schwankungen in einzelnen Jahren und Perioden läßt die Grundrente die steigende Entwicklung überall erkennen. Für England wird a. a. O hervorgehoben, daß der Geldbetrag der Grundrente während der

Wegen der beschränkten Ausdehnung des Bodens und der Schwierigkeit seines Ersatzes durch andere Produktionsfaktoren muß das Ziel der Betriebsführung dahin gerichtet sein, daß der Boden möglichst vorteilhaft ausgenutzt wird. Diese Tendenz führt zu der Forderung, daß in allen Wirtschaftszweigen eine möglichst hohe Bodenrente oder ein möglichst hoher Reinertrag des Bodens hervorgebracht werden soll. Die Bedingungen, unter denen dies geschieht, festzustellen, ist deshalb für jede Art der Bodenkultur von Wichtigkeit. Das Prinzip der höchsten Bodenrente ist jedoch gerade in der neuesten Zeit vielfach bekämpft worden; einerseits von den Vertretern des Sozialismus, die in Reden[1]) und Schriften die Interessen der Grundbesitzer zu denen des Volkes in möglichst scharfen Gegensatz zu stellen gesucht haben — andererseits von manchen Vertretern der Bodenkultur selbst, insbesondere der Forstwirtschaft (vgl. Einleitung, S. 6), mit Rucksicht auf praktische Folgerungen, zu denen die Wirtschaft des größten Reinertrags führen solle. In letzterer Beziehung wird auf die angewandten Teile dieser Schrift verwiesen. Was jedoch das Prinzip der steigenden Grundrente, des höchsten Bodenreinertrags zu den Interessen des Volks betrifft, so muß darauf hingewiesen werden, daß die verschiedenen Klassen und Erwerbsstände weit mehr gemeinsame Interessen haben, als man nach manchen auf der Oberfläche liegenden Erscheinungen anzunehmen geneigt ist. Da das Steigen der Grundrente eine Folge der Zunahme des Wohlstandes und der Volksvermehrung ist, so kann das Streben, den Bodenreinertrag zu erhöhen, auch dem Interesse des Volkes nicht entgegenstehen, sondern es muß demselben entsprechen, was auch von den durch Parteiinteresse nicht beeinflußten Vertretern der Nationalökonomie anerkannt und ausgesprochen ist.[2])

Zeit von 1380—1480 bis zum Ende des 19. Jahrhunderts in Landbaugegenden wie 1 zu 80—100 gestiegen sei, wahrend die Weizenpreise die 12fache, der Arbeitslohn die 10fache Hohe erreicht hatten. Fur den Anfang des 17. Jahrhunderts wird die gesamte Rente von Grundstucken, Hausern und Minen in England auf 6 Mill. Pfd. Sterl. geschatzt, um 1698 auf 14 Mill., um 1714 auf 15 Mill., um 1726 auf 20 Mill, 1838 auf $29^1/_2$ Mill. Pfd. Sterl. In Schottland wurde die Grundrente 1770 auf 1 Mill., 1795 auf 2 Mill, 1842 auf 5,5 Mill. Pfd. Sterl. geschatzt.

„Ist die Volkswirtschaft im Sinken begriffen, etwa durch Krieg, so kann der nachteilige Einfluß hiervon auf die Grundrente durch ein verhaltnismaßig noch starkeres Sinken des Arbeitslohnes oder Kapitalgewinns aufgehalten werden, aber schwerlich uber einen gewissen Punkt hinaus. In der Regel beginnt das Sinken der Rente auf den minder fruchtbaren und schlechter gelegenen Grundstucken."

[1]) In der neuesten Zeit namentlich im Deutschen Reichstage bei den Verhandlungen uber den Abschluß der Handelsvertrage.

[2]) A. Smith, Volkswohlstand, 1. Buch, 11. Kapitel „Ich schließe dieses sehr lange Kapitel mit der Bemerkung, daß ein jeder Fortschritt in dem

2. Bodenrenten und Bodenwerte in der Forstwirtschaft.

Die allgemeinen Regeln über die Bodenrente und Bodenwerte müssen auch in der Forstwirtschaft Anwendung finden. Auch hier gilt der Grundsatz, daß eine möglichst hohe Bodenrente erzielt werden soll. Indessen trägt doch die Forstwirtschaft gerade in der vorliegenden Richtung gewisse Besonderheiten, die es verhindern, Sätze, die in der Landwirtschaft allgemeine Geltung haben, unmittelbar auf sie zu übertragen. Die Nichtbeachtung ihrer ökonomischen Besonderheiten hat oft genug zu Mißverständnissen und unrichtigen Folgerungen Anlaß gegeben. Betreffs der forstlichen Bodenrente sind folgende Punkte von Bedeutung: Erstens die Ursache ihrer Entstehung und ihrer Verschiedenheiten; dann das Verhältnis der Rente des Waldbodens zu anderen Kulturarten; ferner die Art ihrer Berechnung; endlich ihr Verhältnis zu den Holzpreisen.

a) Ursache der Entstehung der forstlichen Bodenrente und ihrer Unterschiede.

Wie in der Landwirtschaft, so ergibt sich auch in der Forstwirtschaft eine Rente des Bodens (des festesten und schwerfälligsten Faktors der Produktion) durch den Überschuß des Ertrags über die auf ihn gerichteten Aufwendungen an Arbeit und Kapital. Wenn

Zustande der menschlichen Gesellschaft dahin wirkt, entweder unmittelbar oder mittelbar die wirkliche Bodenrente zu erhohen, und das wirkliche Vermogen des Grundbesitzers, seine Fähigkeit zum Ankauf der Arbeit oder des Arbeitsertrages anderer, zu vergrößern." ... „Eine jede Vermehrung des wirklichen Wohlstandes der Gesellschaft, eine jede Vermehrung der in ihr verwendeten nützlichen Arbeit fuhrt unmittelbar zu einer Erhöhung der wirklichen Bodenrente. Ein gewisser Teil dieser Arbeit richtet sich natürlich auf das Land. Es wird eine großere Anzahl Menschen und Vieh auf die Kultur verwendet, die Ertragnisse steigen mit der Vermehrung des darin angelegten Kapitales, und die Rente steigt mit dem Ertrage. Das Gegenteil, die Vernachlässigung der Kultur, das Sinken des wirklichen Preises der rohen Bodenerzeugnisse, das Steigen im wirklichen Preise der Manufakte als Folge des Verfalles der Fabrikindustrie, die Abnahme im wirklichen Vermögen der Gesellschaft, das alles fuhrt zur Herabdrückung der Bodenrente, zur Verminderung des wirklichen Reichtums des Grundeigentümers, zur Verringerung seiner Fahigkeit, Arbeit, oder den Ertrag der Arbeit anderer, zu kaufen.

In einem jeden Lande zerfällt, wie schon bemerkt, der ganze jährliche Ertrag des Bodens und der Arbeit, oder, was dem gleich ist, der gesamte Preis dieses Jahresertrages, auf natürlichem Wege in drei Teile: Bodenrente, Arbeitslohn und Kapitalgewinn; woraus die Einnahmen dreier verschiedener Volksklassen entstehen, namlich derjenigen, welche von Rente, derjenigen, welche von Lohn und derjenigen, welche von Gewinn leben. Dieses sind die drei großen, ursprünglichen und bildenden Elemente jeder zivilisierten Gesellschaft, aus deren Einnahmen die einer jeden anderen Klasse schließlich abzuleiten ist.

Das Interesse der ersten dieser drei großen Klassen steht, wie sich aus dem soeben Gesagten ergibt, im engen und unzertrennlichen Zusammenhange mit dem allgemeinen der ganzen Gesellschaft.

ein solcher Überschuß nicht vorhanden ist, so besteht keine Bodenrente. Die Erträge werden alsdann durch Arbeitslöhne und Kapitalzinsen vollständig absorbiert. Dieser Zustand war auf den früheren Kulturstufen allgemein. Solange der Wald im Überfluß vorhanden war, konnte es ebensowenig eine Rente des Waldes oder seiner Teile geben, als eine solche für andere Dinge, welche die Natur im Überfluß erzeugt und deren Gebrauch jedermann freisteht, existiert. Der Wald war im Gegenteil ein Hindernis des Eintretens einer Bodenrente; er mußte vernichtet werden, damit eine Kultur, die mit einer Rente des Bodens verknüpft war (Weide oder Acker), zustande kam. Im Laufe der Zeit entsteht aber, wie in anderen Kulturarten, so auch in der Forstwirtschaft mit Notwendigkeit eine Bodenrente. Vielen Böden kann eine solche auf andere Weise als durch Holzanbau nicht abgerungen werden. Die Entstehung der Bodenrente erfolgt vielfach ohne besondere wirtschaftliche Tätigkeit seitens der Waldeigentümer, lediglich infolge äußerer Umstände, durch die Zunahme der Bevölkerung, die Verbesserung der Transportmittel und der Technik. Bei Anwendung mancher Rechnungsformeln erscheint die Rente unter Umständen in Frage gestellt; man kann bekanntlich sogar negative Bodenwerte ausrechnen. Daß aber in Waldungen, die einem geordneten Betriebe unterliegen, eine Bodenrente wirklich vorhanden ist und mit Notwendigkeit eintritt, geht aus der Verschiedenheit der Erträge, welche auf verschiedenen Böden erzielt werden, mit Bestimmtheit hervor. Gemäß der Theorie von Ricardo tritt eine Waldbodenrente nach Maßgabe und im Verhältnis zum Unterschied der Erträge ein. Wenn auch die erste Benutzung des Waldbodens anders erfolgt als nach der Theorie von Ricardo, nach welcher zuerst der fruchtbarste Boden, dann Boden zweiter, dann dritter Klasse in Angriff genommen wird, so ist der Kern der Theorie doch auch für den Waldboden anwendbar. Die wichtigsten Ursachen für die Höhe der Rente liegen, entsprechend der genannten Theorie:

1. In der verschiedenen Ertragsfähigkeit des Bodens. Man denke sich zwei forstlich benutzte Grundstücke, die in gleicher Weise behandelt wurden. Beide sind mit derselben Holzart im gleichen Verband bepflanzt worden. Unter übrigens gleichen Wachstumsbedingungen liefert das eine nach Ablauf einer Reihe von Jahren einen Ertrag von 300 fm im Wert von 12 M., im ganzen 3600 M., das andere 250 fm im Werte von 10 M., im ganzen 2500 M. Die Differenz von 3600 — 2500 = 1100 M. kann, da sonstige Ursachen nicht vorhanden sind, nur auf den Boden zurückgeführt werden. Entsprechend dem Unterschied im Ertrag hat der bessere Boden einen höheren Wert und gewährt eine höhere Rente.

2. Durch die verschiedene Lage des Waldes zu den

Verbrauchsorten. Diese hat infolge der Schwere des Holzes und der Entlegenheit vieler Waldungen auf die Rentabilität der Forstwirtschaft großen Einfluß. Der Verkehrswert des Holzes wird überall durch die Verhältnisse am Verbrauchsort bestimmt. Die Waldpreise ergeben sich, indem von den Preisen des Verbrauchsortes die Transportkosten abgezogen werden. Man denke sich zwei in jeder Beziehung gleiche Grundstücke. Bei gleichen Wachstumsbedingungen werden gleiche Erträge — z. B. 5 fm Durchschnittszuwachs pro Jahr und Hektar — erzeugt. Die eine der beiden Flächen liegt 5, die andere 15 km von dem Bahnhof, dem das verkaufte Holz zugeführt wird. Der Wert des nach seiner Beschaffenheit gleichen Holzes beträgt auf dem einen Grundstück 12 M., auf dem anderen 10 M.; der Wert der jährlichen Produktion ist im ersten Fall 60, im anderen 50 M. pro Hektar. Da andere Ursachen nicht vorliegen, so müssen die Unterschiede der Erträge in der Lage der Grundstücke ihre Ursache haben. Entsprechend den verschiedenen Erträgen ergeben sich auch hier verschiedene Bodenwerte und Bodenrenten.

Die angegebenen Unterschiede und Einflüsse sind überall von praktischer Bedeutung. Sie sind die allgemeinsten und wichtigsten Bestimmungsgründe für die Grundrente, deren Realität durch die Ertragsunterschiede erwiesen wird und deren Größe ihren wichtigsten Bestimmungsgrund in denselben findet. Die Grundrente tritt im Laufe der Kultur mit Notwendigkeit ein, unabhängig von Eigentums- und sonstigen Verhältnissen. Sie kann daher weder praktisch durch Maßnahmen der Politik oder durch soziale Revolutionen, noch theoretisch durch Rechnungsexempel irgendwelcher Art negiert werden.

Was die Höhe der Unterschiede der Bodenrenten bzw. der Bodenwerte betrifft, so gilt die Regel, daß sie größer sind, als den Ursachen, die sie hervorrufen, entspricht, mögen diese Ursachen nun in der Ertragsfähigkeit des Bodens (der Erzeugung größerer Massen oder Gebrauchswerte) oder in der Gunst der Absatzlage (höhere Holzpreise) liegen. Da nur ein Teil der Erzeugungskosten (die Zinsen des Vorrats) mit den Erträgen in geradem Verhältnis zu- und abnehmen, während andere Teile (Verwaltungs- und Kulturkosten) von den Erträgen gar nicht oder nur in geringem Maße beeinflußt werden, so muß dies Verhältnis mit Notwendigkeit und allgemein eintreten. Tatsächlich wird es auch überall in der Literatur[1]) und Praxis bestätigt.

---

[1]) Die Ertragstafeln von Schwappach für die Kiefer geben z. B. für $u = 80$ folgende Zahlen:

b) Die Abhängigkeit der Rente des Waldbodens von derjenigen anderer Kulturarten.

Schon A. Smith[1]) hat bei der Begründung der Bodenrente auf das Verhältnis der verschiedenen Kulturarten hingewiesen und hervorgehoben, daß die Rente von denjenigen Böden, welche zur Erzielung menschlicher Nahrung dienen, die Rente von den meisten übrigen Böden bestimme. Kein einziges Produkt könne auf die Dauer weniger Bodenrente gewähren, weil, wenn dieser Fall einträte, das betreffende Land alsbald anders benutzt werden würde. „In Europa ist Korn das hauptsächlichste Bodenerzeugnis, das zur menschlichen Nahrung dient, weshalb in Europa die Rente von Getreideboden, einzelne Fälle ausgenommen, die von allem anderen angebauten Boden bestimmt ... Menschliche Nahrung scheint das einzige Bodenerzeugnis zu sein, welches immer und notwendig einige Rente für den Grundeigentümer gibt. Bei allen anderen Erzeugnissen hängt es von den Umständen ab, ob es geschieht oder nicht." Aus vorstehenden Sätzen ergeben sich wichtige Folgerungen für die Agrarpolitik, insbesondere hinsichtlich der Frage, welchen Einfluß Getreidezölle auf diejenigen Wirtschaften besitzen, welche kein Getreide verkaufen.

Auch für den der Holzzucht gewidmeten Boden wurde von A. Smith die Abhängigkeit der Rente von der des Getreidebodens aufrechterhalten. „Auf den früheren Stufen der wirtschaftlichen Kultur gibt es keine Grundrente. In dem Maße wie der Landbau fortschreitet, werden die Wälder teils ausgerodet, teils vergehen sie infolge des wachsenden Viehstandes. Zahlreiche Herden, denen man durch die Wälder zu streifen gestattet, vernichten zwar die alten Bäume nicht, verhindern aber das Wachstum der jungen, so daß in 100 oder 200 Jahren der ganze Forst zugrunde geht. Alsdann steigert der Mangel an Holz dessen Preis. Es fängt an, eine gute Rente zu gewähren und der Grundeigentümer findet zuweilen, daß er seine besten Landstrecken kaum besser als durch das Bestandensein mit unfruchtbarem Bauholz verwerten kann. In dieser Lage scheinen sich jetzt verschiedene Gegenden Großbritanniens zu befinden, wo sich aus der Forstkultur ein ebenso großer Gewinn ziehen läßt, wie vom Acker oder Weideland. Einen größeren Vorteil als die Rente, welche diese letzteren bringen, kann der Grundeigen-

	I.	II.	III.	IV.	V. Standortsklasse
Bodenwert	608	416	230	97 bis 47 Mark
Jährlicher Wertdurchschnittszuwachs . .	88	68	49	37	22 ,,
Jährlicher Massendurchschnittszuwachs . .	9,6	8,3	6,8	5,1	3,2 Festmeter.

[1]) Volkswohlstand, 1 Buch, 11. Kapitel.

tümer, wenigstens für längere Dauer, nicht beziehen; in einem stark angebauten Binnenlande wird dieselbe aber auch nicht viel geringer sein."

Auch von A. Smiths Nachfolgern (Ricardo, v. Thünen u. a.) ist der Zusammenhang und das Abhängigkeitsverhältnis der Bodenrenten bei verschiedenen Kulturarten betont worden. Im Prinzip ist nichts gegen die Theorie von A. Smith zu erinnern. Wie unter 1. hervorgehoben wurde, ist auch in der vorliegenden Schrift der Grundsatz vertreten, daß die Grundrente den Bestimmungsgrund für die Kulturart bilden müsse.

Indem man nun aber die Forstwirtschaft zu anderen Kulturarten in Beziehung setzt, dürfen diejenigen Besonderheiten nicht unbeachtet bleiben, welche durch den Standort, den der Wald einnimmt, hervorgerufen werden. Dies ist von A. Smith und anderen Nationalökonomen, welche diesen Gegenstand behandelt haben, nicht oder nicht in genügendem Maße geschehen. Es werden Flächen unterstellt, die verschiedener Kulturart fähig sind. Die meisten und in nationalökonomischer Beziehung wichtigsten Waldungen nehmen aber Böden ein, die eine andere Benutzung als zur Holzzucht nicht zulassen. Bestimmend für den Standort des Waldes sind zunächst die chemischen und physikalischen Eigenschaften des Bodens und der Lage. Wegen der geringen Ansprüche, die die Waldbäume an den Mineralgehalt des Bodens und an die Wärme stellen, fallen die in chemischer Hinsicht reicheren Böden in milden Lagen in der Regel der Landwirtschaft zu. Sodann ist die Oberflächengestaltung von Einfluß auf die Abgrenzung der Kulturarten. Flächen, welche wegen starker Abdachung, starker Durchwurzelung oder anderer ungünstiger Verhältnisse mit landwirtschaftlichen Werkzeugen nicht bearbeitet werden können, sind meist absolute Waldböden. Endlich ist die Lage zu den Wohnstätten von Einfluß. Grundstücke, die von ihnen weit entfernt sind, können nicht als Äcker bewirtschaftet werden. Dem Walde fallen hiernach vorzugsweise die Flächen zu, welche in chemisch-physikalischer und ökonomischer Beziehung am ungünstigsten ausgestattet und der landwirtschaftlichen Kultur nicht oder nur im beschränkten Maße fähig sind. Sofern die Waldflächen nach der einen oder anderen Richtung so beschaffen sind, daß sie zu anderen Kulturarten nicht benutzt werden können, lassen sich auch die von A. Smith aufgestellten Beziehungen nicht aufrechterhalten. Diese beschränken sich daher hauptsächlich auf solche Flächen, welche ohne Schwierigkeit sowohl als Wald wie als Acker benutzt werden können. Aber auch hier stellen sich der Anwendung jenes Grundsatzes Schwierigkeiten entgegen, weniger im Prinzip, als bezüglich der Methode; und zwar einmal deshalb, weil für Getreide

und Holz kein gemeinsamer Wertmaßstab besteht, so daß Verhältniszahlen zwischen beiden von dauerndem Wert nicht aufgestellt
werden können. Sodann kommt die lange Zeit, welche zum Reifen
des Holzes erforderlich ist, in mehrfacher Richtung in Betracht.
(Näheres s. II. Teil, 1. Abschn.)

c) Die Berechnung der Bodenwerte und Bodenrenten.

Wenn die Bodenrente als ein Bestandteil der Produktionskosten
in Rechnung gestellt wird, muß ihr Wert auf einen bestimmten
zahlenmäßigen Ausdruck gebracht werden. Da sich die Werte des
Bodens einerseits durch die Art der Wirtschaftsführung, andererseits
durch äußere volkswirtschaftliche Verhältnisse fortwährend ändern,
so können die Resultate aller auf den Boden gerichteten Berechnungen nur mit zeitlicher und räumlicher Beschränkung Geltung
haben.

Was die Art des Wertes betrifft, so kommen zunächst Kostenwerte in Betracht. Sie ergeben sich nach dem Ankaufspreis des
Bodens, den Aufwendungen, die für seine Verbesserung gemacht
sind, und den etwaigen Zinsen, die zwischen Ankauf und Benutzung
des Bodens erwachsen sind. Im forstlichen Betrieb kann dieser
Kostenwert nur selten Anwendung finden, weil der Waldboden im
Großbetrieb fast nie Gegenstand des Verkaufes ist. Meist gelangen
nur solche Flächen zur Veräußerung, welche an die landwirtschaftlich benutzten Flächen grenzen, nicht die Gesamtflächen größerer
Waldgebiete.

Zweitens können der Schätzung des Bodens Erwartungs- oder
Ertragswerte (Endres) zugrunde gelegt werden. Diese werden
bekanntlich derart ermittelt, daß man alle Einnahmen, die vom
Boden zu erwarten sind, auf die Gegenwart diskontiert und von
der Summe der Erträge die zugehörigen Produktionskosten abzieht.
Die allgemeinste Formel des Bodenerwartungswertes ist bei Unterstellung der Verhältnisse eines normalen aussetzenden Betriebs, bei
welchem alle u Jahre Einnahmen A_u, $D_a \ldots$ eingehen, folgende:

$$B_u = \frac{A_u + D_a \cdot 1{,}op^{u-a} + \cdots D_q \cdot 1{,}op^{u-q} - c \cdot 1{,}op^u}{1{,}op^u - 1} - V.$$

Der Bodenerwartungswert bezeichnet die korrekteste Art der
Berechnung des Bodenwertes. Er gründet sich auf den wahren
wirtschaftlichen Wert des Bodens, der stets ein Erzeugungswert ist
und durch die Produkte, welche in Zukunft erwartet werden, bestimmt wird. Sofern der Bodenwert in bestimmter Größe angegeben
werden soll, muß der Erwartungs- oder Ertragswert rechnungsmäßig nachgewiesen werden. In der Anwendung auf den bleiben-

den forstlichen Großbetrieb ist jedoch der S. 182 f. hervorgehobene
Charakter der Bodenrente, daß sie Folge der Wirtschaft ist, von
praktischem Einfluß. Die Bestandteile der obigen Formel sind keine
festen Größen; sie unterliegen vielmehr mannigfachen Veränderungen.
Die Abtriebs- und Durchforstungserträge A, D sind von der zukünftigen Behandlung der Bestände abhängig, die sich für lange
Zeit nicht vorausbestimmen läßt. Auf die Holzpreise hat die Entwicklung der volkswirtschaftlichen und technischen Verhältnisse
großen Einfluß. Die Verwaltungs- und Kulturkosten ändern sich.
Auch der Zinsfuß bleibt sich im Laufe längerer Zeit nicht gleich.
Entsprechend den Schwankungen der einzelnen Faktoren muß auch
das Resultat der Rechnung, der Bodenwert selbst, einen dehnbaren
Charakter tragen.

Drittens kommen Rentierungswerte in Betracht. Im großen
Betriebe können die Werte der Forstwirtschaft, wie es auch auf
anderen Gebieten der Fall ist, unter Umständen (namentlich unter
regelmäßigen Verhältnissen, wenn die Nutzung nur den Zuwachs
betrifft und keine Veränderungen des Vorrats eintreten sollen) am
richtigsten nach den Einnahmen, die sie gewähren, berechnet werden.
Die Erträge des Waldes sind die Folgen der verschiedenen Produktionsfaktoren, die sich durch einen verschiedenen Grad von Beweglichkeit voneinander unterscheiden. Für alle Wirtschaftszweige gilt
aber die Regel, daß die auf die festen Bestandteile der Produktionsgrundlagen entfallenden Ertragsanteile bestimmt werden, indem
die weniger festen von dem Gesamtertrag in Abzug gebracht
werden. Helferich[1]) unterstellte dies Verhältnis einem Gesetz der
allgemeinen Wirtschaftslehre, dem er mit den Worten Ausdruck gibt:
„. . . . Sind in einem Geschäft verschiedene, teils umlaufende, teils
fixe Kapitalien in Anwendung, so erhält das jeweils fixeste beim
Steigen des Ertrags über den Durchschnittssatz den ganzen Mehr-
gewinn, wie es andernfalls den ganzen Verlust zu tragen hat, der
sich beim Sinken des Ertrags ergibt." Der festeste Bestandteil des
forstlichen Produktionsfonds ist der Boden. Sein Wert und seine
Rente ergeben sich demgemäß nach Abzug der Arbeitslöhne (Ver-
waltungs- usw. und Kulturkosten) und der Kapitalzinsen (Rente des
Vorratswerts) vom Gesamtertrag. Bezeichnet man mit A die jährlichen erntekostenfreien Abtriebserträge, mit D die Summe der
jährlichen Vorerträge aus Durchforstungen und zufälligen Ergebnissen, mit N das (normale) Holzvorratskapital, mit c und v die
jährlichen Ausgaben für Kultur, Verwaltung, Schutz, so ist die
jährliche Rente für die Flächeneinheit

---

[1]) Sendschreiben an Judeich, Forstliche Blätter 1872.

$$= \frac{A + D - N \cdot 0{,}op - (c + v)}{u} \, .$$

Der Wert des Bodens ergibt sich durch Division dieses Ausdrucks durch $0{,}op$.

In der Ausführung der Rechnung ergeben sich[1]) Schwierigkeiten in bezug auf die Festsetzung des Zinsfußes und die Bestimmung des Vorrats. Als ein Vorzug der Formel ist hervorzuheben, daß bei ihrer Anwendung der Standpunkt der Gegenwart eingehalten wird und ein Diskontieren und Prolongieren nicht erforderlich ist.

Bodenrente, Bodenwert und Zinsfuß stehen in wechselseitigem Verhältnis. Wenn zwei dieser drei Größen gegeben sind, ist auch die dritte bekannt. Der Zinsfuß, der für den Wert des Bodens in Ansatz gebracht wird, muß, entsprechend den allgemeinen Bestimmungsgründen des Zinsfußes, niedrig sein. Die unter II. 5 angegebenen Gründe für die Abweichung des forstlichen vom landesüblichen Zinsfuß liegen beim Boden in noch höherem Maße als beim Vorratskapital vor.

d) Bodenwerte und Bodenrenten als Folge der Wirtschaft.

Für die Aufgaben der Waldwertberechnung (Kauf, Verkauf, Tausch, Ablösung von Grundgerechtigkeiten, Besteuerung usw.) müssen die Bodenwerte stets in der Form von bestimmten zahlenmäßigen Größen nachgewiesen werden. Auch für die forstliche Statik wird dies zufolge der allgemeinen Definition unter Umständen erforderlich, weil zu den Produktionskosten, mit denen der Ertrag verglichen werden soll, auch der Boden gehört. G. Heyer[2]) führte deshalb in den Sätzen, die er über die Verzinsung des forstlichen Produktionsfonds aufstellte, stets bestimmte Bodenwerte ein. Ebenso Preßler[3]) und andere Autoren, welche die Hiebsreife des einzelnen Bestandes durch Weiserprozente zu ermitteln suchen. Auch in der Praxis der Forsteinrichtung[4]) wird meist entsprechend verfahren.

---

[1]) Anwendungen derselben sind gemacht in des Verfassers „Folgerungen der Bodenreinertragstheorie", sowie von Schwappach, Fichte 1902, S. 110.

[2]) Handbuch der forstlichen Statik, 1. Abschn., 2. Kap., 2. Titel, II Satz 1 bis 4: („Erscheint der Bodenwert im Produktionskapital als Maximum des Erwartungswertes, so ist . . .").

[3]) In dem Grundkapital (vgl. den 4. Abschnitt, II) ist der Boden eine feste Größe.

[4]) Bei der Einrichtung der sächsischen Staatsforsten. In Sachsen werden zum Nachweis der Bestandeskostenwerte Bodennettowerte festgestellt, und zwar unter Anlehnung an eine Berechnung des Erwartungswertes, dessen Höhe unter Rücksichtnahme auf Standortsverhältnisse, Lage und Absatz gutachtlich modifiziert wird. Der so berechnete Bodenwert wird für das betreffende Revier oder Revierteil als konstante Größe angesehen, was auch zu den angegebenen und anderen bei der Forsteinrichtung zu erledigenden Aufgaben erforderlich ist. Vgl. die Noten zum ersten Abschnitt A I des zweiten Teils.

Martin, Forstl. Statik   13

Vom Standpunkt des bleibenden Großbetriebs, von welchem bei allgemeinen ökonomischen Erörterungen auszugehen ist, liegen die Verhältnisse aber vielfach so, daß es nicht erforderlich, häufig sogar nicht möglich ist, die Bodenwerte in bestimmten Zahlen nachzuweisen. Der Boden hat so viel Besonderheiten von wirtschaftlicher, politischer, sozialer Bedeutung, daß seine mathematische Bezifferung sowie die zahlenmäßige Verbindung mit anderen Teilen des Produktivkapitals (Kulturkosten, Verwaltungskosten), oft nicht zutreffend erscheint und nach Möglichkeit vermieden werden muß. Sofern aber eine mathematische Behandlung des Bodenwertes erfolgt, ist als seine wesentlichste Eigentümlichkeit zu beachten, daß er einen variabeln Charakter trägt; die Bodenwerte haben nur unter bestimmten Voraussetzungen und mit örtlicher und zeitlicher Beschränkung Geltung. Aus dem gewöhnlichen Leben ist dies hinlänglich bekannt. Am auffallendsten tritt die Veränderung des Bodenwerts in den Großstädten hervor. Durch die Zunahme der Bevölkerung, des Wohlstandes, der Industrie, des Handels, der Kommunikationsmittel haben die Bodenwerte an bewohnten Orten bekanntlich sehr große Veränderungen erfahren. In der Forstwirtschaft verhält es sich, wenn auch nicht dem Grade, so doch dem Wesen der Sache nach, ganz ähnlich. Auch hier sind die Bodenwerte eine Folge aller Verhältnisse, welche auf die Wirtschaft von Einfluß sind. Sie sind Folge der Betriebsführung, Folge der Fortschritte der Technik, Folge mancher Erfindungen in der Verwendung des Holzes, Folge der Zunahme der Bevölkerung und des Wohlstandes, Folge der Verkehrsmittel, Folge der politischen Maßnahmen auf dem Gebiete des Handels und der Beförderungsmittel. Alle Wirkungen dieser mannigfachen Verhältnisse kommen in den Elementen der Formel des Bodenertragswertes zum Ausdruck. Auch diese haben deshalb einen variabeln Charakter. Die Haubarkeitserträge sind von der Betriebsführung abhängig. Man kann (ganz abgesehen von Störungen durch Naturschäden) Fichtenbestände so behandeln, daß sie auf gleichem Boden und in einem bestimmten Alter, z. B. auf II. Standortsklasse im 100jährigen Alter 800 fm, oder auch so, daß sie 600 fm ergeben. Ebenso Buche, Eiche, Kiefer und gemischte Bestände. Zu bestimmen, ob das eine oder andere geschehen soll, ist eine Aufgabe der Statik, die man nicht als gelöst betrachten darf, wie es geschieht, wenn von vornherein ein bestimmter Wert in den Produktionsfonds eingesetzt wird. In gleichem oder höherem Grade gilt dies bezüglich der Durchforstungen. Die neuere Durchforstungspraxis ist eine wesentlich andere, als diejenige, nach welcher die früheren Ertragstafeln aufgestellt sind. Wie sehr dies den Bodenwert beeinflußt, ist in der neueren Literatur[1])

---

[1]) Schwappach, Fichte, 1902, gibt die Bodenerwartungswerte bei einem Zinsfuß von 3 % folgendermaßen an:

nachgewiesen. Noch weniger ist man imstande, den Preisen der
Erträge in Zahlen von allgemeiner, bleibender Geltung Ausdruck
zu geben. Sie ändern sich unter dem Einfluß einer Menge volkswirtschaftlicher Verhältnisse. Daß diese Änderungen auf mathematischem Wege durch Kurven und Gleichungen nachweisbar seien,
wie G. Heyer unterstellt, ist nicht immer zutreffend, auch wenn
im durchschnittlichen Verlauf der Preise viel mehr Regelmäßigkeit
vorliegt, als man nach dem Verlauf einzelner Jahre annimmt. Aber
man braucht nur an den Einfluß von Maßnahmen der Zoll- und
Beförderungspolitik zu erinnern. Auch bezüglich der negativen
Posten des Bodenwertes sind ähnliche Ausstellungen zu machen.
Die Kosten für Verwaltung, Schutz usw. bleiben in ihren wirklichen
Beträgen für lange Zeit nicht gleich, wie es dem Kapital V der
Formel entsprechend ist. Die Kulturkosten sind eine Folge der
Bestandesgeschichte, der Technik und der Arbeitslöhne; sie pflegen
(vgl. S. 143) gleichfalls zu steigen. Welch großen Einfluß der Zinsfuß,
mit welchem die Erträge diskontiert werden, auf den Bodenwert
besitzt, ist aus der Waldwertberechnung hinlänglich bekannt. Die
genannten Verhältnisse wirken zusammen dahin, daß der Bodenwert, wenn es sich nicht um Veräußerung handelt, als eine variable
Größe aufgefaßt werden muß. Der Bodenwert ist die Folge der
Wirtschaft,[1] das zu suchende X, die große Unbekannte der forstlichen Produktion. Die Bedingungen festzustellen, unter denen er
sein Maximum erreicht, ist die wesentlichste Aufgabe der forstlichen
Statik. Dies braucht jedoch nicht immer in der Form von bestimmten Zahlen zu geschehen; es genügt in der Regel, daß nachgewiesen wird, ob die wirtschaftlichen Maßnahmen, deren
ökonomisches Verhalten untersucht werden soll, ein Sinken
oder Steigen des Bodenwertes zur Folge haben.

Durch die Auffassung der Bodenrenten und Bodenwerte als
Folge der Wirtschaft wird man zugleich zur Hervorhebung der
technischen Aufgaben hingeleitet, welche der Statik obliegen. Sie
gehen aus den unter 4 genannten Formeln hervor und betreffen

			$u =$ 70	80	100	120
Standortsklasse I	{	maßige Durchforstung	1776	1719	1231	1012
	{	starke „	1863	1770	1403	1384
„ III	{	maßige „	632	623	436	326
	{	starke „	706	709	568	546

[1] So sagt auch Helferich, Sendschreiben an Judeich. „Die Differenz
zwischen uns besteht darin, daß ich den Wert des Bodens und folgeweise
auch seine Rente zunächst als unbekannt annehme und sage Beide müssen
sich erst aus der Wirtschaft entwickeln." In seiner Antwort — Tharandter
Forstl. Jahrbuch, 22. Band, S. 159 — bemerkt jedoch Judeich: „Vollständig
einverstanden bin ich mit Ihrer Ansicht, die Bodenrente, und damit naturlich
auch der Bodenwert, musse sich erst aus der Wirtschaft ergeben "

die Mittel, welche zu ergreifen sind, um die forstliche Bodenrente
zu erhöhen. Abgesehen von volkswirtschaftlichen Verhältnissen, auf
welche der Waldeigentümer als solcher direkt keinen Einfluß hat,
liegen sie in der Förderung des Massen- und Wertzuwachses durch
Anbau, Bestandespflege und Durchforstung, in der Nutzung von
solchen Beständen, welche ihren Kapitalwert ungenügend verzinsen,
und in der Ersparung an solchen Ausgaben, welche nicht mit einer
entsprechenden Steigerung des Ertrags verknüpft sind. (Näheres
siehe im zweiten Teil.)

Erscheint die Bodenrente dem Gesagten gemäß einerseits als
Folge der Wirtschaft, so bedeutet es keinen logischen Widerspruch
oder Zirkelschluß, daß sie auf der anderen Seite als Bestimmungsgrund der Holzpreise angesehen wird. Die allgemeinen Beziehungen,
die zwischen Produktionskosten und Preisen bestehen, haben, zunächst theoretisch, auch für die Forstwirtschaft Geltung. Im Prinzip
ist der Waldbesitzer, wie jeder andere Grundeigentümer, berechtigt,
die Forderung zu stellen, daß die Preise des Holzes den Produktionskosten, zu welchen auch die Rente für die Benutzung des Bodens
gehört, mindestens gleichstehen. Die Anwendung der Bodenrente
als Element der Produktionskosten verlangt ihre zeitlich und örtlich
beschränkte zahlenmäßige Feststellung, wie solche auch für den
Nachweis des Kostenwertes der Bestände nötig ist. Nach dem
Vorstehenden kann auch die Forstwirtschaft zu einem Belege dafür
dienen, daß viele wirtschaftliche Verhältnisse sich wechselseitig bedingen und weder einseitig als Ursache noch einseitig als Folge
angesehen werden dürfen.

Der Reinertrag der Forstwirtschaft.

Um die Rentabilität der Forstwirtschaft nachzuweisen und ihre technischen Maßnahmen ökonomisch zu begründen, müssen die Erträge und Produktionskosten gegeneinander abgewogen werden, was, wie einleitend hervorgehoben wurde, die wichtigste Aufgabe der forstlichen Statik bildet. Aus dem Verhältnis zwischen Produktionskosten zum Rohertrag ergibt sich der Reinertrag der Wirtschaft. Je nach dem Wirtschaftssubjekt und Wirtschaftsobjekt, auf welches der Reinertrag bezogen wird, kann dieser einer verschiedenen Auffassung fähig sein. Der Begriff Reinertrag erfordert daher eine eingehende Begründung.

Die Vergleichung zwischen Ertrag und Produktionskosten kann entweder so geschehen, daß die letzteren von den auf dieselbe Zeit zurückgeführten Erträgen abgezogen werden; oder so, daß der jährliche Ertrag zu dem Produktionsfonds, welcher ihm zugrunde liegt, in ein der Kapitalverzinsung entsprechendes Verhältnis gesetzt wird.

Je nach dem Begriff des Reinertrags und nach der angewandten Methode ergeben sich verschiedene Folgerungen, die man vor dem Eingehen auf einzelne Aufgaben der Statik nach ihrem allgemeinen Verhalten würdigen muß.

Nach Vorstehendem kann der vorliegende Gegenstand in die Abschnitte: 1. Begriffe, 2. Methoden, 3. Folgerungen zerlegt werden.

I. Begriffe.

1. Unterscheidungen des Reinertrags nach dem Wirtschaftssubjekt.

a) Volkswirtschaftlicher und privatwirtschaftlicher Reinertrag.

Da der Reinertrag durch Abzug der Produktionskosten vom Reinertrag gebildet wird und die Produktionskosten verschieden aufgefaßt werden können, so müssen sich hierdurch auch verschiedene Arten des Reinertrags ergeben. Man unterscheidet nach dem Wirtschaftssubjekt den volkswirtschaftlichen Reinertrag und den privatwirtschaftlichen Reinertrag. Ihre gesonderte Betrachtung ist nach mancher Richtung, insbesondere auch in sozialer und wirtschaftspolitischer Beziehung von Bedeutung. Unter den volkswirtschaftlichen Produktionskosten im strengen Sinne werden nur solche Aufwendungen verstanden, durch welche dem Volksvermögen Bestandteile entzogen werden, durch welche dieses daher eine Verminderung erleidet. Hierher gehören hauptsächlich folgende Posten: Zunächst die Werte an Geld und anderen Gegenständen, welche im Wege des Handels zum Eintausch gegen vom Ausland zu beziehende Waren ausgeführt werden. Sodann die genußlos verbrauchten Stoffe, welche mit ihrer Substanz in das erzeugte Produkt übergehen und, wenn dies geschehen ist, in ihrem seitherigen Bestand nicht mehr vorhanden sind (wie z. B. das Rohmaterial der Handwerker). Endlich bildet die Abnutzung der stehenden Produktiv- und Gebrauchskapitalien einen Bestandteil der volkswirtschaftlichen Produktionskosten. Durch die Wertabnahme von Häusern, Maschinen, Werkzeugen, welche mit dem Gebrauch verbunden ist, wird das Volksvermögen wirklich vermindert. Dagegen trifft dies nicht zu bezüglich der im dritten Abschnitt unter I. bis III. als Produktionskosten aufgeführten Grundrenten, Kapitalzinsen und Arbeitslöhne.[1])

---

[1]) „Ein steuerpflichtiger Privatunternehmer, der Grundstücke, Arbeiter und Kapitalien zum Behufe der Produktion gemietet hat, muß . . . alle seine Auslagen für Zins, Lohn, Rente und Steuer Produktionskosten nennen . . . Für ein ganzes Volk indessen oder gar die Menschheit im allgemeinen dürfen wir nicht übersehen, daß jene drei großen Einkommenszweige nebst den Steuern nicht Quellen sind, aus welchen Einkommen fließt, sondern Abflüsse, durch welche das Gesamteinkommen unter die einzelnen verteilt wird. So läßt sich denn z. B. der Arbeitslohn, von welchem die große Mehrzahl des Volkes lebt, unmöglich als bloßes Mittel zum Zwecke einer wirtschaftlichen Produktion betrachten. Den Boden hat das Volk als ganzes offenbar unentgeltlich . . . Im volkswirtschaftlichen Sinne gehören zu den Produktionskosten bloß die für die Produktion erforderlichen Kapitalverwendungen, welche das verwandte Kapital aus dem Volksvermögen zunächst verschwinden lassen . . . Der Wert des umlaufenden Kapitals, welches bei der Verarbeitung völlig aufgebraucht ist, muß im Preise natürlich ganz erstattet werden; der des stehenden nur insoweit, als dasselbe abgenutzt werden . . .“
„Das rohe Volkseinkommen besteht: a) aus den im Lande neu gewonnenen Rohstoffen; b) den Einfuhren aus der Fremde . . .; c) der Wertvermehrung, welche Gewerbfleiß und Handel . . . den beiden ersten Klassen hinzufügen; d) den Dienstleistungen im engern Sinne und Nutzungen von Gebrauchskapitalien . . . Hiervon müssen sodann, um das reine Volkseinkommen zu finden, abgezogen werden: a) die sämtlichen zum Behufe der Produktion genußlos verbrauchten Stoffe; b) die Ausfuhren, womit die Einfuhren bezahlt werden; c) die Abnutzung der stehenden Produktiv- und Gebrauchskapitalien.“ (Roscher, Grundlagen der Nat.-Ök., §§ 106 und 146.)

Wendet man die angegebenen Begriffe auf die Erträge der Forstwirtschaft an, so müssen deren Erzeugnisse, Haupt- und Nebennutzungen jeder Art, ihrem ganzen Betrage nach als volkswirtschaftlicher Reinertrag angesehen werden. Nur die wenigen für die Erzeugung von Beständen verbrauchten Pflanzen und Sämereien sind in dem angegebenen volkswirtschaftlichen Sinne Produktionskosten; sie verschwinden als besondere, für sich bestehende Teile des Nationalvermögens, sobald sie in die Bestände eingegangen sind und als Teil des Vorratskapitals in Rechnung gestellt werden. Bei den großen Faktoren der forstlichen Produktion ist dies aber nicht der Fall. Den Boden besitzt ein Volk unentgeltlich; er ist vom volkswirtschaftlichen Standpunkt nicht Gegenstand des Verkehrs; eine Grundrente wird volkswirtschaftlich nicht verausgabt. Ebenso ist die Nutzung des Vorratskapitals keine volkswirtschaftliche Ausgabe. Unter normalen wirtschaftlichen Verhältnissen bleibt der Vorrat seinem Betrage nach unverändert. Was an hiebsreifem Holz aus der Wirtschaft alljährlich ausscheidet, wird durch den Zuwachs der übrigen Altersstufen ersetzt. Nur Verminderungen des Vorratskapitals sind, entsprechend der Wertabnahme anderer fixer Kapitalien (Häuser, Maschinen usw.), als ein Element der volkswirtschaftlichen Produktionskosten aufzufassen. Als solche können auch die Arbeitslöhne nicht angesehen werden. Durch die Auszahlung von Gehalten und Löhnen an Beamte und Arbeiter wird nur eine Veränderung in der Verteilung des Volksvermögens, nicht aber in seinem Bestande herbeigeführt. Ganz anders liegen diese Verhältnisse für den Standpunkt des Privatwirts. Der einzelne Waldbesitzer muß beim Nachweis seines Vermögens und Reinertrags alle in Arbeit, Kapital und Boden enthaltenen Ausgaben in Rechnung stellen; sein Vermögen wird durch ihre Verausgabung vermindert. Der private Waldeigentümer hat den Boden oft käuflich erworben; häufig ist er belastet. Auch wenn dies nicht der Fall ist, wird er stets mit der Möglichkeit des Verkaufs, oft auch mit einer Verschuldung zu rechnen haben. Wie die Verhältnisse in dieser Beziehung auch liegen mögen, jeder Privatwirt faßt die Rente des Bodens als Bestandteil der Produktionskosten auf. Ebenso ist es mit dem Vorratskapital; ebenso mit dem Arbeitslohn. Die Ausgaben der Gehalte an die Beamten und der Löhne an die Arbeiter, die das Volksvermögen unberührt lassen, vermindern das Vermögen des privaten Waldeigentümers. Hier erscheinen sie als Produktionskosten, dort nicht.

Die begrifflichen Verschiedenheiten von volks- und privatwirtschaftlichem Reinertrag liegen, wenn man die angegebenen Definitionen als richtig gelten läßt, klar vor Augen. Für die Forstwirtschaft kommt es aber darauf an, ob mit den Verschiedenheiten der Begriffe eine verschiedene Würdigung der Produktionsfaktoren verbunden ist. Diese Frage hat weitgehende allgemeine Bedeutung. Die Auffassung der Grundrenten und Kapitalzinsen als Einnahmequellen und Produktionsfaktoren steht bei den wichtigsten sozialen Fragen im Vordergrund des allgemeinen Interesses. Sie gibt den wirtschaftlichen Parteien ihre bestimmte Richtung und bildet einen wesentlichen Inhalt ihres Programms. Tatsächlich ist die Produktion der meisten Güter, durch Landwirte, Handwerker, Kaufleute, Fabrikanten usw., seither nach privatwirtschaftlichen Grundsätzen erfolgt. Arbeit, Kapital und Boden sind dabei als Bestandteile der Kosten in Rechnung gestellt. Die Vertreter des modernen Sozialismus greifen aber die bestehenden Verhältnisse gerade nach dieser Richtung an. Die Quintessenz des Sozialismus beruht auf der Ansicht, daß die bestehende privatwirtschaftliche Produktion, die mit der Forderung von Zins und Grundrente verbunden ist, dem volkswirtschaftlichen Interesse entgegensteht. Die sozialistischen Parteien treten zwar häufig nur als die Vertreter von Bestrebungen auf, welche das materielle Wohl der Arbeiter befördern sollen. Allein ihre Führer haben, in der Erkenntnis, daß sich erfolgreiche praktische Bestrebungen auf wissenschaftliche Grundlagen stützen müssen, der von ihnen vertretenen Wirtschaftslehre solche zu geben versucht. Am bestimmtesten ist dies von K. Marx geschehen, der in seinem „Kapital" eine besondere Theorie der Gütererzeugung entwickelt und ihre praktischen Folgen bestimmt ausgesprochen hat.

Diese Theorie von Marx,[1]) welche die Lehre des Sozialismus am bestimmtesten vertritt, ist folgende: Zur Hervorbringung wirtschaftlicher Güter ist konstantes und variabeles Kapital erforderlich. Das konstante Kapital besteht aus den Hilfsstoffen (Sämereien, Rohstoffen usw.), die mit ihrer Substanz in das Wirtschaftsprodukt eingehen, sowie aus dem Verschleiß der Werkzeuge, welche zu seiner Herstellung gebraucht werden. Das variable Kapital besteht aus der Arbeitskraft, welche bei der Produktion tätig gewesen ist. Das konstante Kapital geht mit demselben Wert, mit dem es in die Produktion eingeführt wurde, in das Arbeitsprodukt über. Das variable Kapital erscheint dagegen nicht nur mit seinem ursprünglichen Wert in den Produkten, sondern es erzeugt neben diesem noch einen Mehrwert. Alle Mehrwerte sind durch die Arbeit hervorgebracht. Daher erscheint es auch als eine konsequente Folgerung, daß sie ausschließlich den Arbeitern zugute kommen. Kapi-

---

[1]) Das Kapital, Kritik der politischen Ökonomie, 1. Buch, 3. Kapitel

talisten und Grundbesitzer, welche einen großen Teil des volkswirtschaftlichen Ertrags als Zins und Grundrente sich aneignen, erscheinen als Ausbeuter der Arbeiter.[1]) Die fortschreitende Entwicklung des wirtschaftlichen Lebens muß dahin gehen, daß dies ungerechte Verhältnis geändert wird. Dies kann nur durch eine soziale Revolution[2]) geschehen, die durch die Konkurrenz der Träger des Kapitals vorbereitet wird.

Wenn nun auch die vorstehende Auffassung über die Wirkungen der Produktionsfaktoren, die aus einem extremen, auf Umsturz des Bestehenden gerichteten Parteistandpunkt hervorgegangen ist, in der Forstwirtschaft, die wenig Arbeiter beschäftigt, verhältnismäßig zurücktritt, so sind doch die Kernpunkte des Sozialismus auch auf diese übertragen worden. Als sich nach dem Bekanntwerden von Preßlers rationellem Waldwirt einzelne Nationalökonomen mit den Prinzipien der Forstwirtschaft beschäftigten und Stellung zu ihnen nahmen, wurden auch die Gegensätze zwischen gemeinwirtschaftlichem und privatwirtschaftlichem Prinzip bei der Betriebsführung alsbald hervorgehoben. Helferich[3]) erklärte nach

---

[1]) „Der Profit des Kapitalisten kommt daher, daß er etwas zu verkaufen hat, das er nicht bezahlt hat" . . . „Das Kapital hat so und so viel unbezahlte Arbeit eingesaugt" (Marx).

[2]) Diese (ein Bild der Entwicklung des sozialistischen Zukunftsstaates) wird auch von Marx mit Bestimmtheit vorgezeichnet, damit aber zugleich auch nachgewiesen, daß eine Versöhnung des sozialistischen Prinzips mit den bestehenden Verhältnissen der Volkswirtschaft praktisch ebensowenig möglich ist, als dies — solange die Negation der Berechtigung des Kapitalzinses den Kern des Sozialismus bildet — theoretisch denkbar erscheint. „Das selbst erarbeitete, sozusagen auf Verwachsung des isolierten unabhängigen Arbeitsindividuums mit seinen Arbeitsbedingungen beruhende Privateigentum wird verdrängt durch das kapitalistische Privateigentum, welches auf Exploitation fremder, aber formell freier Arbeit beruht. Sobald dieser Umwandlungsprozeß nach Tiefe und Umfang die alte Gesellschaft hinreichend zersetzt hat . . . gewinnt die weitere Vergesellschaftung der Arbeit und weitere Verwandlung der Erde und anderer Produktionsmittel in gesellschaftlich ausgebeutete, also gemeinschaftliche Produktionsmittel, daher die weitere Expropriation der Privateigentümer, eine neue Form. Was jetzt zu exproprieren ist, ist nicht länger der selbstwirtschaftende Arbeiter, sondern der viele Arbeiter exploitierende Kapitalist. Diese Expropriation vollzieht sich durch das Spiel der immanenten Gesetze der kapitalistischen Produktion selbst, durch die Konzentration der Kapitalien. Je ein Kapitalist schlägt viele tot . . . Mit der beständig abnehmenden Zahl der Kapitalmagnaten . . . wächst die Masse des Elends, des Druckes, der Knechtung, der Degradation, der Ausbeutung, aber auch die Empörung der stets anschwellenden und durch den Mechanismus des kapitalistischen Produktionsprozesses selbst geschulten, vereinten und organisierten Arbeiterklasse. Das Kapitalmonopol wird zur Fessel der Produktionsweise, die mit und unter ihm aufgeblüht ist. Die Konzentration der Produktionsmittel und die Vergesellschaftung der Arbeit erreichen einen Punkt, wo sie unverträglich werden mit ihrer kapitalistischen Hülle. Sie wird gesprengt. Die Stunde des kapitalistischen Privateigentums schlagt. Die Expropriateurs werden expropriiert."

[3]) Zeitschr. für die gesamte Staatswissensch., 1867: Die Waldrente. Zeitschr. für die ges Staatswissensch., 1879.

dem Auftreten Preßlers, welcher Vorrat und Grundkapital als Produktionskosten bezeichnet und ihre Verzinsung verlangt hatte, die Erstrebung des höchsten Reinertrags spreche nur das Interesse des einzelnen Wirtschafters oder Eigentümers aus. Daß damit auch dem Interesse der Gesamtwirtschaft entsprochen werde, sei eine Behauptung, die des Beweises bedürfe. Die herrschende Richtung habe sich zwar vielfach dieselbe Anschauung angeeignet. Tatsächlich ständen aber manche Beschränkungen, die darauf abzielen, den Reinertrag bestimmter Wirtschaften künstlich zu erhöhen oder zu vermindern, dazu im Gegensatz (Bau mancher Bahnen, Unterstützung des Landbaus, Schutzzölle, Schutzwald). Preßler habe nur bewiesen, daß die von ihm empfohlene Theorie privatökonomisch richtig sei. Ihre volkswirtschaftliche Richtigkeit sei dagegen nicht bewiesen. Ebenso schrieb Schaeffle bei der Kritik der Forstreinertragslehre von Borggreve, es liege hier ein Fall vor, der beweise, daß die privatwirtschaftliche, kapitalistische Betriebsweise mit höheren volkswirtschaftlichen Gesichtspunkten in schneidenden Gegensatz geraten könne. Die Sache der konservativen Forstwirtschaft sei geradezu verloren, wenn sie nicht offen und geradeheraus sage, daß es über der privatwirtschaftlichen Spekulation einen volkswirtschaftlich höheren Gesichtspunkt gebe, daß die erstere vor dem Interesse der reichlichen Versorgung mit gebrauchswerten Hölzern unbedingt zurücktreten müsse. Den Anschauungen der genannten Nationalökonomen entsprechend stellte Borggreve[1]) bei der Begründung der Umtriebszeit der privatwirtschaftlichen Betriebsführung eine gemeinwirtschaftliche gegenüber. Für die letztere liegt der am meisten charakteristische Bestimmungsgrund in der Nichtbeachtung desjenigen Teils der Produktionskosten, die im Kapital liegen. „Das gemeinwirtschaftliche Prinzip braucht den in der Regel unbestimmbaren Geldwert des Waldkapitals nicht zu kennen. Es verlangt einfach, daß die Waldfläche durch ihre Erzeugnisse ihrem Eigentümer so einträglich und damit zugleich dem bez. Gemeinwesen und weiter der gesamten menschlichen Gesellschaft so nützlich als möglich wird; und sucht dieses dadurch zu erreichen, daß unter Erhaltung oder Ansammlung des hierfür nötigen Holzkapitals durchschnittlich und nachhaltig jährlich die in dem höchsten Nettoertrag ihren Maßstab findende größte Menge möglichst nutzbarer Erzeugnisse von der Fläche geliefert, gewissermaßen produziert, neu geschaffen wird."

Nun kann man mit gutem Grunde verlangen, daß bei der Leitung der wirtschaftlichen Verhältnisse durch den Staat der volks-

---

[1]) Forstabschatzung, S. 67

wirtschaftliche Standpunkt, der durch die Rücksicht auf die Gesamtheit der Nation bestimmt ist, vertreten wird. Gerade in der Forstwirtschaft ist die Rücksicht auf die Gesamtheit und die Zukunft nach der physikalischen und ökonomischen Richtung hin von Bedeutung. Wenn sich Gegensätze[1]) zwischen privat- und volks-

[1]) Daß solche unter Umstanden vorliegen, ist am originellsten von Fr. List (Nationales System, 14. Kap.) ausgefuhrt „Wie? Die Weisheit der Privatokonomie sei auch Weisheit in der Nationalokonomie? Liegt es in der Natur des Individuums, auf die Bedurfnisse kunftiger Jahrhunderte Bedacht zu nehmen, wie dies in der Natur der Nation und des Staates liegt? Man betrachte nur die erste Anlage einer amerikanischen Stadt' Jedes Individuum, sich selbst uberlassen, wurde nur fur seine eigenen Bedurfnisse oder hochstens fur die seiner nachsten Nachkommen sorgen; alle Individuen, zu einer Gesellschaft vereinigt, sorgen fur die Bequemlichkeit und die Bedurfnisse der entferntesten Generationen, sie unterwerfen die lebende Generation zu diesem Behuf Entbehrungen und Aufopferungen, die kein Vernunftiger von den Individuen erwarten konnte. Kann ferner das Individuum in Fuhrung seiner Privatokonomie Bedacht nehmen auf die Verteidigung des Landes, auf die offentliche Sicherheit, auf alle die tausend Zwecke, die es nur mit Hilfe der gesamten Gesellschaft zu erreichen vermag? Fordert nicht die Nation, daß die Individuen ihre Freiheit diesen Zwecken gemaß beschranken? Fordert sie nicht sogar, daß sie ihr einen Teil ihres Erwerbs, einen Teil ihrer geistigen und korperlichen Arbeit, ja ihr Leben selbst zum Opfer bringen? Erst muß man, wie Cooper, alle Begriffe von Staat und Nation ausrotten, bevor sich dieser Satz durchfuhren laßt.

Nein' in der Nationalokonomie kann Weisheit sein, was in der Privatokonomie Torheit ware, und umgekehrt, aus dem ganz einfachen Grunde, weil ein Schneider keine Nation und eine Nation kein Schneider ist, weil eine Familie etwas ganz anderes ist als ein Verein von Millionen Familien, ein Haus etwas ganz anderes als ein großes Nationalterritorium.

In tausend Fallen sieht die Staatsgewalt sich genotigt, die Privatindustrie zu beschranken. Sie verbietet dem Armateur, Sklaven an der Westkuste von Afrika an Bord zu nehmen und sie nach Amerika zu fuhren. Sie gibt Vorschriften fur die Erbauung von Dampfschiffen und fur die Ordnung der Schiffahrt zur See, damit Passagiere und Matrosen nicht der Habsucht und Willkur der Kapitane geopfert werden.

Aus gleichen Grunden ist die Staatsgewalt nicht allein berechtigt, sondern verpflichtet, einen an sich unschadlichen Verkehr zum Besten der Nation zu beschranken und zu regulieren. Sie gibt durch Prohibitionen und Schutzzolle den Individuen keine Vorschrift, auf welche Art sie ihre produktiven Krafte und Kapitale zu verwenden haben, wie die Schule sophistischer Weise behauptet, sie sagt nicht diesem: du sollst dein Geld auf den Bau eines Schiffes oder auf die Anlegung einer Manufaktur verwenden; jenem: du sollst ein Seekapitan oder Zivilingenieur werden, sie uberlaßt es dem Urteil jedes Individuums, wie und wo es seine Kapitale anlegen oder zu welchem Beruf es sich bestimmen will Sie sagt nur. es liegt in dem Vorteil unserer Nation, daß wir diese oder jene Manufakturwaren selbst fabrizieren; da wir aber bei freier Konkurrenz des Auslandes nie zum Besitz dieses Vorteils gelangen konnten, so haben wir dieselbe insoweit beschrankt, als wir es fur notig erachten, um denjenigen unter uns, die ihre Kapitale auf diesen neuen Industriezweig verwenden, und denjenigen, welche ihre korperlichen und geistigen Krafte derselben widmen, die erforderlichen Garantien zu geben, daß sie ihre Kapitale nicht verlieren und ihren Lebensberuf nicht verfehlen, und um die Fremden anzureizen, mit ihren produktiven Kraften zu uns uberzutreten. Auf diese Weise beschrankt sie die Privatindustrie keineswegs; im Gegenteil. sie verschafft den personlichen, den Natur- und Kapitalkraften der

wirtschaftlichen Prinzipien und deren Folgerungen ergeben, so ist eine Gesetzgebung wünschenswert, die dem höheren volkswirtschaftlichen Prinzip tunlichst Geltung verschafft. Dieser Grundsatz muß namentlich bei manchen wichtigen forstpolitischen Maßnahmen eingehalten werden. Hier tritt, auch wenn es sich um ökonomische Zwecke handelt, das Prinzip der Kapitalverzinsung ganz zurück. Es gibt wichtige Aufgaben, bei deren Behandlung sich die Staatsregierungen zur Begründung dessen, was geschehen soll, lediglich mit dem Rohertrag — nicht mit den Produktionskosten und nicht mit dem Reinertrag — zu beschäftigen brauchen. So ist es z. B. bei den Aufgaben, welche sich auf die Beförderung der Forstprodukte und die Beziehungen zu anderen Staaten (Handelsverträge) erstrecken. Ferner treten in allen Ländern Verhältnisse ein, wo offenbare Gegensätze zwischen dem Interesse der Waldbesitzer und dem der Gesamtheit oder einzelner Teile eines Volkes vorliegen. Hierher gehört das wichtige Gebiet der Schutzwaldpolitik. In dieser Beziehung ist es für den wirklichen Stand der Sache charakteristisch, daß in Preußen mit dem Erlaß des Schutzwaldgesetzes von 1875 die Politik des laisser faire, welche fast das ganze 19. Jahrhundert beherrscht hat, verlassen und eine positive Richtung eingeschlagen ist. Diese wird, entsprechend der neuesten Schutzgesetze zur Verhinderung von Hochwasserschäden, entsprechend der Gesetzgebung der süddeutschen Staaten, entsprechend dem Vorgehen der Regierung auf andern Wirtschaftsgebieten[1]) weitere Maßnahmen zur Folge haben, die einen positiven Charakter tragen.

Je entschiedener nun aber die Bedeutung eines volkswirtschaftlichen Standpunktes in der Wirtschaftslehre und einer positiven Richtung der Wirtschaftspolitik anerkannt wird, um so bestimmter hat man Anlaß, auf die unrichtigen Folgerungen hinzuweisen, die das Schlagwort des Sozialismus oder des gemeinwirtschaftlichen Prinzips in der Forstwirtschaft, ebenso wie im allgemeinen Wirtschaftsleben, zur Folge gehabt hat. Gegensätze allgemeiner Natur in bezug auf die Würdigung der Produktionskosten lassen sich aus den angeführten begrifflichen Verschiedenheiten des privatökonomischen und volkswirtschaftlichen Prinzips nicht ableiten. Wenn man sich in der Wirtschaftsleitung auf den volkswirtschaftlichen Standpunkt stellt, wie es in erster Linie die Vertreter der Regierungen tun müssen, so darf das leitende Prinzip, nach dem die Wirtschaft ge-

---

Nation ein größeres und weiteres Feld der Tätigkeit. Damit tut sie nicht etwas, was die Individuen besser wüßten und tun könnten als sie selbst; im Gegenteil: sie tut etwas, was die Individuen, selbst wenn sie es wüßten, nicht für sich selbst zu tun vermochten.

¹) Wie z. B. bei dem gegenwärtig (März 1905) dem preußischen Abgeordnetenhause vorliegenden Berggesetz.

führt wird, niemals einem einzelnen Wirtschaftszweig entlehnt und auf ihn beschränkt werden. Vielmehr geht alsdann Ziel und Aufgabe der Nationalökonomie dahin, daß ein möglichst hoher Reinertrag der gesamten nationalen Wirtschaft hervorgebracht wird. Kein einzelner Wirtschaftszweig hat Anspruch auf eine Regelung der Verhältnisse, die dahin gerichtet ist, daß für ihn ein Maximum an Reinertrag zustande kommt. Alle Zweige der nationalen Produktion: Industrie, Handel, Handwerke, Land- und Forstwirtschaft müssen sich mit Rücksicht auf den gesamten Nationalertrag Beschränkungen gefallen lassen. Vom volkswirtschaftlichen Standpunkt hat dieser Auffassung gemäß das allgemeine, im einzelnen oft Mißklänge und Reibungen verursachende, im großen aber wohltätige Gesetz der Konkurrenz Geltung, das verlangt, daß die Faktoren der Gütererzeugnng (Arbeit, Kapital und Boden), derjenigen Wirtschaft zugeführt werden, in der sie am meisten zu leisten vermögen.

Die Nichtberücksichtigung eines Teils der Produktionskosten unter dem Schlagwort des Sozialismus oder des gemeinwirtschaftlichen Prinzips würde in der Tat zu den seltsamsten Resultaten führen, die im konkreten Fall von niemand anerkannt werden. Wenn zu einer Kultur oder Holzfällung, die von 100 Arbeitern ausgeführt werden kann, 200 verwendet werden, so wird der volkswirtschaftliche Reinertrag der Forstwirtschaft nicht vermindert. Die Werterzeugung ist in beiden Fällen dieselbe. Ebenso wenn man zur Verwaltung einer Oberförsterei die doppelte Zahl von Beamten anstellt. Der Reinertrag der Wirtschaft eines ganzen Volkes wird aber durch die Verwendung einer doppelten Zahl von Beamten oder Arbeitern vermindert. Denn die Hälfte der Arbeiter hätte, unbeschadet der Werterzeugung in der Forstwirtschaft, auf eine zweite Produktion gerichtet werden und hier an der Erzeugung anderer Werte mitwirken können. Wegen dieses indirekten Einflusses hat man bei der Regelung der Arbeiten im volkswirtschaftlichen Interesse dieselbe Sparsamkeit walten zu lassen, als es einer jeden anerkannt guten Privatwirtschaft entspricht. Ebenso ist es in bezug auf das Kapital. Wenn ein Revier bei Zugrundelegung eines Betriebskapitals von 300 fm jährlich pro Hektar 6 fm im Wert von 10 Mark hervorbringt, während bei einem Betriebskapital von 250 fm die gleichen Erträge erzeugt werden, so ist der volkswirtschaftliche Reinertrag in beiden Fällen derselbe. Der Gesamtertrag der Volkswirtschaft ist aber in beiden Fällen nicht gleich. Denn die Differenz von 50 fm, die im zweiten Fall in der Forstwirtschaft frei wird, kann auf eine andere Produktion gerichtet werden und in dieser zu einer Mehrung des volkswirtschaftlichen Reinertrags beitragen. Auch auf den Boden sind entsprechende Grundsätze anwendbar. Der größte Teil des Bodens ist allerdings durch seine Beschaffenheit absoluter Waldboden. Sofern er aber einer verschiedenen Benutzungsweise fähig ist, kommt auch bei ihm das Gesetz der Konkurrenz zur Geltung. Das diesem zugrunde liegende Prinzip führt dahin, daß diejenige Benutzungsweise gewählt wird, welche den höchsten Bodenreinertrag zur Folge hat. Unter allen Umständen aber gilt auch vom Standpunkt der Volkswirtschaft die schon von G. L. Hartig und Cotta aufgestellte Regel, daß zur forstlichen Produktion nicht mehr Boden verwendet wird als nötig ist. Auch hinsichtlich des Bodens sind hiernach vom Standpunkt der Volkswirtschaft die gleichen Erwägungen maßgebend, die den privatökonomischen Regeln entsprechen.

Nach dem Vorstehenden geht die wichtigste Folgerung, zu der die Untersuchung des Reinertragsbegriffs nach dem Wirtschaftssubjekt führt, dahin, daß sowohl vom volkswirtschaftlichen als auch vom privatwirtschaftlichen Standpunkt sämtliche Produktionsfaktoren, Boden, Kapital und Arbeit, ihrem vollen Werte nach in Rechnung gestellt oder der gutachtlichen Beurteilung unterzogen werden müssen. Ein Gegensatz der Folgerungen des volkswirtschaftlichen und privatwirtschaftlichen Prinzips von allgemeiner bleibender Bedeutung kann auf Grund der Untersuchung der Produktionsfaktoren und des Reinertrags nicht aufgestellt werden. Die Verschiedenheiten in dieser Richtung müssen, sofern sie wirklich vorhanden sind, eine andere Begründung erhalten.

b) Verschiedenheit der Wirtschaft nach den Eigentumsverhältnissen.

Die Annahme eines Gegensatzes zwischen privatwirtschaftlichen und privatökonomischen Prinzipien in der Forstwirtschaft ist hauptsächlich durch die Wahrnehmungen veranlaßt, zu welchen der tatsächliche Zustand der Waldungen in den meisten Ländern Anlaß gibt. Wenn man größere Waldgebiete, die verschiedenen Besitzern gehören, bereist, so kann man die großen Unterschiede nicht verkennen, die, je nachdem sie sich im Eigentum des Staates oder von Gemeinden oder in Privatbesitz befinden, vorhanden sind. Die schönen, durch reiche Altholzvorräte ausgezeichneten Staatswaldungen im Spessart, Thüringer Wald, Harz und anderen deutschen Gebirgen sind oft von dürftigen Privatwaldungen umgeben, obwohl diese auf einem ursprünglich gleichen Standort stocken. Ebenso sind den trefflichen Kiefern der märkischen Staatsforsten oft bäuerliche Kusselbestände vorgelagert. Am stärksten ist der Unterschied zwischen Staats- und Privatforsten in Frankreich ausgebildet. Neben den Eichenhochwaldungen, die sich durch ihre hohen Massen und Werte auszeichnen, finden sich auf gleichem Standort Eichenwaldungen von Privatbesitzern, die im extensiven Niederwaldbetrieb behandelt werden.

Die Ursachen der Verschiedenheiten im Waldzustand nach den Eigentumsverhältnissen liegen vielfach in schlechter Wirtschaft. Rückgang des Bodens durch Entnahme der Streudecke, fehlende oder ungenügende Kultur, mangelnde Pflege und Schutz, regellose Hiebe geben den Waldungen oft ein charakteristisches Gepräge. Sie enthalten einen deutlichen Beweis, daß viele Eigentümer zur Wirtschaftsführung ungeeignet sind. Aber auch bei Unterstellung gleich guter Wirtschaftsführung, die man machen muß, wenn man nicht tatsächliche Zustände beschreiben, sondern prinzipielle Fragen erörtern will, ergeben sich große Unterschiede nach den Eigentumsverhältnissen. Sie gehen meist dahin, daß die staatlichen Waldungen konservativer bewirtschaftet werden als die Gemeindeforsten; und diese wieder konservativer als die Privatforsten.

Zur Begrundung der genannten Unterschiede muß zunächst auf die Geschichte des Waldes hingewiesen werden. Kein anderer Wirtschaftszweig ist so lange von der vorausgegangenen Geschichte abhängig als die Forstwirtschaft. Ein näheres Eingehen auf die geschichtliche Entwicklung der forstlichen Verhältnisse erklärt eine Menge von Verschiedenheiten im Zustand der Wälder, auch in bezug auf die Eigentumsverhaltnisse.

Sodann ist der Umstand von Einfluß, daß zu einer nachhaltigen Forstwirtschaft nur solche Eigentumer geeignet sind, die über ein großes Vermögen verfügen und am Zustand des Waldes nachhaltiges Interesse nehmen. Die Forstwirtschaft ist vorzugsweise für den Großbetrieb geeignet. Sie erfordert ein bedeutendes Betriebskapital, das zu anderer Benutzung als zur Holzerzeugung nicht geeignet ist. Auch als Grundlage zu Anleihen ist es zurzeit nur in beschränktem Maße verwendbar. Die Einhaltung hoher Umtriebszeiten ist wegen dieser Verhältnisse für kleine Grundeigentümer mit geringem oder maßigem Vermögen ausgeschlossen. Der kleinbäuerliche Wirt ist oft genötigt, seine Bestände vorzeitig zu nutzen, nicht weil er sie für hiebsreif hält, sondern weil er bewegliches Vermögen haben muß. Anders ist dies beim reichen Großgrundbesitzer, anders beim Staate. Die Eigenschaften, welche in bezug auf den Charakter des Waldeigentums erfüllt werden müssen, finden sich am vollständigsten in der Person des Staates vereinigt.

Auch die Verschiedenheit der Lage, insbesondere der Entfernung der Waldungen von den Stätten des Verbrauchs, hat auf die Unterschiede der Waldzustände nach den Eigentumsverhältnissen Einfluß. Die Teilung der Waldungen, die sich in gemeinsamem Eigentum befanden, ist meist so erfolgt, daß die Gemeinden und Privaten die in der Nähe der Ortschaften befindlichen Teile erhielten, während dem Staat die entlegensten Waldgebiete zugefallen sind. Waldungen, die von den Orten des Verbrauchs weit abgelegen sind, enthalten in der Regel mehr Altholz, als die den Ortschaften näheren, wo frühzeitiger viel stärkere Nutzungen stattgefunden haben. Auch bei rationeller Betriebsführung ergibt ein rechnerisch oder gutachtlich geführter Rentabilitätsnachweis, daß die den Konsumtionsorten nahen Waldungen mit niedrigen, die entfernten mit höheren Umtriebszeiten bewirtschaftet werden müssen, weil für schwächere Sortimente die Transportkosten stärker in die Wagschale fallen.

Die wichtigste Ursache der Verschiedenheit im Zustand der Wälder nach den Eigentumsverhältnissen liegt endlich in den polizeilichen Funktionen, die dem Staate obliegen. Diese betreffen einmal die Zwecke, die der Schutzwald erfüllen soll (Zurückhaltung des Wassers, Verhinderung von Erdrutschen, Abhaltung rauher Winde usw.). Sodann sind sie ökonomischer Natur und erstrecken sich auf die nachhaltige Befriedigung des Volkes an Waldprodukten. Die ökonomische Politik verlangt, daß die Waldungen nicht nur im Interesse der Gegenwart, sondern auch mit Rücksicht auf die Zukunft behandelt werden. Die Berücksichtigung der Gesamtheit und der Zukunft tritt bei keinem anderen Wirtschaftszweig so sehr hervor, als in der Forstwirtschaft, die durch die lange Dauer der Entwicklung ihrer Erzeugnisse ausgezeichnet ist und bei welcher dem zunehmenden Bedarf des Volkes nicht, wie bei den meisten Sachgütern geschieht, auf privatem Wege, durch Regelung nach Angebot und Nachfrage, entsprochen wird. Näher auf die polizeilichen Aufgaben des Staates einzugehen, ist Sache der Forstpolitik. Bis zu einem gewissen Grade hat der Staat seinen Einfluß für die Gesamtheit der Waldungen geltend zu machen. Es liegt aber in der Natur der Sache, daß er dies am bestimmtesten in seinen eigenen Waldungen zu tun vermag. Nach den Staatswaldungen ist er gemäß den gesetzlichen Bestimmungen der Kulturstaaten in der Lage, auch auf den Zustand der Gemeindewaldungen einen Einfluß auszuüben; am wenigsten ist er in den Privatwaldungen dazu befugt. Auch aus diesen Unterschieden in dem Grade der politischen Einwirkung gehen Verschiedenheiten der Waldungen nach dem Charakter der Eigentümer hervor.

Die vorstehend hervorgehobenen Verhältnisse erklären es hinlänglich, daß die Waldungen des Staates sich häufig in anderem Zustande befinden, als die der Privaten, auch wenn diese gut bewirtschaftet werden. Auch in Zukunft werden diese Unterschiede erhalten bleiben, ganz abgesehen davon, daß viele Privatforsten tatsächlich schlechter bewirtschaftet werden. Ein allgemeiner Gegensatz in Beziehung auf die Würdigung der Produktionsfaktoren kann hieraus aber nicht abgeleitet werden. Insbesondere ergibt sich aus den politischen Aufgaben, die dem Staate obliegen, nichts, was im Prinzip gegen die Forderung der Verzinsung des Vorratskapitals und die Erzielung des höchsten Bodenreinertrags gerichtet werden dürfte. Die Schutzwaldungen lassen sich zu ökonomischen Theorien überhaupt nicht in Beziehung setzen; und in bezug auf das ökonomische Verhalten ist man zu der Vermutung berechtigt, daß diejenigen Sortimente, die das dringendste Bedürfnis der Zukunft bilden, auch im Verhältnis zu ihren Produktionskosten am besten bezahlt werden. Daher bestehen zwischen den Interessen der Gesamtheit des Volkes und der Waldeigentümer im Grunde viel weniger bleibende Gegensätze, als oft angenommen wird.

Auch für die Forstwirtschaft gilt die Regel: „Je größer, freier und gebildeter ein Volk ist, um so regelmäßiger spricht die Vermutung dafür, daß die privatwirtschaftliche Produktivität auch eine volkswirtschaftliche und die volkswirtschaftliche Produktivität auch eine weltwirtschaftliche ist" (Roscher). Mit Rücksicht hierauf wird es erklärlich, wenn die Gegensätze, die gegen die Reinertragslehre ausgesprochen sind, gelegentlich gemildert bzw. ganz aufgehoben werden. So beschließt Helferich den Abschnitt über die Beschränkung der Theorie Preßlers mit den Worten: „Der Gegensatz des privat- und volkswirtschaftlichen Interesses bei der Holzerzeugung ist übrigens nur ein temporärer. Die Versöhnung zwischen beiden wird in der Hauptsache erzielt werden, wenn die Preise des Holzes zu denjenigen der Ackerbauerzeugnisse und der verschiedenen Holzsortimente untereinander sich günstiger gestalten und ganz besonders, wenn der Zinsfuß von seiner jetzigen (1871) Höhe herabsinkt. Jedes Prozent weniger stellt die Waldbodenrente in ein günstigeres Verhältnis zur landwirtschaftlichen Bodenrente."

Wie nach vielen Richtungen, so hat auch auf dem vorliegenden Gebiet die Landwirtschaft zur Forstwirtschaft viele gemeinsame Beziehungen. Auch die Landwirtschaft gestaltet sich oft nach den Eigentumsverhältnissen sehr verschieden. Ein reicher Großgrundbesitzer wendet weit mehr Meliorationskapital, mehr Maschinen für die Bestellung und Ernte auf, als ein armer Tagelöhner, der vorzugsweise seine Arbeit wirksam sein läßt. Aber dem allgemeinsten Prinzip der Erzielung des größten Bodenreinertrags sind alle landwirtschaftlichen Betriebe, sofern sie auf den Ertrag bewirtschaftet werden, trotz der Abweichungen in der technischen Ausführung, unterworfen.

2. Unterscheidung des Reinertrags nach dem Objekt.

Der Ertrag, den eine Wirtschaft im ganzen ergibt, entspricht den Produktionsfaktoren, die in ihr wirksam gewesen sind. Jedem Teile des Ertrags liegt die Wirkung einer bestimmten Menge von Arbeit, Kapital und Boden zugrunde. Der Reinertrag, der auf die einzelnen Produktionsfaktoren entfällt, ergibt sich, wenn die auf die übrigen Faktoren entfallenden Erträge vom Gesamtertrag in Abzug gebracht werden. Eine Sonderung der Bestandteile des Ertrags nach den Elementen, denen sie entstammen, ist jedoch in realer Weise oft schwer durchführbar. Die Produktionsfaktoren hängen eng miteinander zusammen. In der Landwirtschaft ist der Boden mit Gebäuden und Meliorationen, in der Forstwirtschaft ist er mit dem Vorratskapital verbunden; er bildet mit diesen ein einheitliches Ganzes. Im Prinzip muß aber jederzeit die Trennung zwischen Boden und Vorrat, die sich nach wesentlichen ökonomischen Richtungen verschieden verhalten, erfolgen. Gemäß der oben ausgesprochenen Regel hat die Teilung des Reinertrags so zu erfolgen, daß zunächst die beweglichsten Teile des Produktionsfonds, die in der aufgewandten Arbeit und dem eingeführten umlaufenden Kapital bestehen, und dann die festeren Teile desselben in Abzug gebracht werden. Der endliche Rückstand des Ertrags entfällt auf den festesten Bestandteil des Produktionsfonds, den Boden.

Die vorstehend ausgesprochene Regel kommt, wenn sie auch nicht mit der wünschenswerten Schärfe nachweisbar ist, in allen Zweigen der Bodenkultur zur Anwendung.[1) In der Landwirtschaft ist die Trennung des Ertrags nach den Quellen, denen er entstammt, allgemein üblich. Will man die Rente ermitteln, welche ein Landgut im ganzen, mit allem Zubehör an Inventar usw., seinem Eigentümer gewährt, so sind nur die verausgabten Löhne und das umlaufende Kapital zu berücksichtigen. Will man den Ertrag aus dem Boden nach seinem vorhandenen Zustand nachweisen, so sind die Zinsen von Gebäuden, Maschinen, Arbeitstieren in Abzug zu bringen. Will man die reine Bodenrente im Sinne von Ricardo ermitteln, so müssen alle Aufwendungen an früherer Arbeit und die Zinsen des Meliorationskapitals in Rechnung gestellt werden.

Ganz ähnlich liegen die Verhältnisse auch in der Forstwirtschaft, wo außer dem volkswirtschaftlichen Reinertrag, auf den

---

[1) Die Folgen ihrer Nichtbeachtung in der Landwirtschaft zeigt von Thünen, Isol. Staat, § 5 bereits hingewiesen wurde, Waldreinertrag, Bodenreinertrag und Unternehmergewinn zu unterscheiden sind.

a) Waldreinertrag.

Um den Waldreinertrag zu finden, sind nur solche Aufwendungen vom Ertrag abzuziehen, welche von außen in den Wald eingeführt werden. Dies sind, abgesehen von den geringfügigen Kapitalien (Samen, Pflanzen usw.), die Arbeitslöhne für· Verwaltung, Schutz, Kultur, sowie die Abgaben. Auf diese Weise wird der Waldreinertrag in jeder geordneten Verwaltung nachgewiesen.[1]) Da der Wald nach vielen Richtungen hin als ein zusammenhängendes, einheitliches Ganzes angesehen werden muß, so hat auch der Reinertrag des Waldes stets wirtschaftliche Bedeutung, zumal manche politischen und wirtschaftlichen Verhältnisse zum Waldreinertrag bzw. dem volkswirtschaftlichen Reinertrag in Beziehung gesetzt werden müssen. Aus den realen Ergebnissen der Wirtschaft läßt sich unmittelbar ein anderer Ertrag uberhaupt nicht darstellen. Als bestimmendes Prinzip der Wirtschaft darf die Waldreinertragslehre aber nicht angesehen werden. Sie steht mit dem unter 1 a ausgesprochenen Grundsatz, daß die Produktionsfaktoren der verschiedenen Zweige der Volkswirtschaft miteinander in Konkurrenz stehen und dieser Konkurrenz durch ihre Massen- und Werterzeugung entsprechen müssen, im Widerspruch. Der wesentlichste Mangel der Waldreinertragstheorie besteht darin, daß auf die Höhe und Verzinsung des wichtigsten forstlichen Betriebskapitals keine Rücksicht genommen wird. Man braucht den Geldwert des Waldkapitals nicht zu kennen, sagt der entschiedenste literarische Vertreter der Waldreinertragslehre. Diese entspricht dem Grundsatz des physiokratischen Systems, zu dem sie auch Borggreve[2]) in Beziehung bringt. Der leitende Gedanke dieses Systems

---

[1]) Fur Preußen vgl. v Hagen-Donner, Forstl. Verh. und Amtliche Mitteilungen, Tabelle 43b, 46b. Fur Sachsen s Entwicklung der Staatsforstwirtschaft, Tabelle 6 u 8.

[2]) Forstreinertragslehre, S 228: „Es (Borggreves positives forstliches Glaubensbekenntnis) ist so reaktionar wie moglich, greift namlich auf das, freilich von den neuesten naturwissenschaftlichen Errungenschaften auf das vollstandigste bestatigte physiokratische System zuruck " Hiermit steht es in Übereinstimmung, wenn an anderer Stelle — Forstabschatzung, S. 67 — die Annahme der Unproduktivitat des der Forstwirtschaft entzogenen Kapitals den betreffenden Ausfuhrungen ohne weiteres zugrunde gelegt wird: „Wenn und da mithin das privatwirtschaftliche Prinzip dem Waldeigentumer in der Summe des Ertrags vom gebliebenen Walde stets absolut weniger liefert, als das gemeinwirtschaftliche und das Manko nur durch die Zinsen der herausgezogenen Kapitalien ausgleicht (oder auch uberbietet), Zinsen aber keine neu erzeugten Werte darstellen, um welche die Gesamtheit bereichert wird, vielmehr nur die Übertragung bereits vorhandener Werte von einem Mitglied der Gesamtheit auf das andere: so kann im modernen Staat das privatwirtschaftliche Prinzip auch grundsatzlich fur die Wald- (und uberhaupt Boden-)wirtschaft als ein be-

ist, daß die einzige Quelle der Gütererzeugung in der Natur liegt.
Die Bodenkultur ist allein produktiv; alle anderen Wirtschaftszweige
und Produktionsfaktoren werden als steril bezeichnet.[1]) Das Kapital,
in welches die hiebsreifen Hölzer umgewandelt werden, kann nach
der physiokratischen Lehre zur Schaffung neuer Werte nichts beitragen. Nach der Entwicklung der Industrie und des Handels im
19. Jahrhundert kann jedoch die physiokratische Theorie, auch wenn
Land- und Forstwirtschaft ihrer großen nationalen Bedeutung entsprechend gewürdigt werden, nie wieder Geltung erlangen. — Die
Waldreinertragslehre verhält sich ferner inkonsequent in bezug auf
die beiden Produktionsfaktoren Arbeit und Kapital. Wenn eine
Theorie die in der Nutzung an Kapital liegenden Produktionskosten
nicht glaubt berücksichtigen zu sollen, so ist sie hierzu bezüglich
der Arbeitslöhne in gleichem Grade berechtigt. Der Arbeit, von
der der größte Teil des Volkes lebt, kommt in mancher Beziehung
eine höhere Bedeutung zu, als dem Kapital. Eine konsequente Auffassung der in dem Waldreinertrag liegenden Grundgedanken führt
zu demjenigen (unter 1. hervorgehobenen) Reinertrag, der in dem
Wertdurchschnittszuwachs zum Ausdruck kommt und als volks- oder
staatswirtschaftlicher Reinertrag (Hundeshagen) bezeichnet wird.

b) Bodenreinertrag.

Das charakteristische Merkmal für die Wirtschaft des größten
Bodenreinertrags besteht darin, daß im Gegensatz zur Waldreinertragslehre der beim Betriebe zu unterhaltende Vorrat als Betriebskapital aufgefaßt wird. Von jedem Kapital wird verlangt, daß es
sich verzinst. Mit dieser Forderung muß auch das Betriebskapital
der Forstwirtschaft belastet werden. Die hierauf gerichtete Auffassung des Vorrats ist das Merkmal für die Bodenreinertragslehre.
Diesem Prinzip gegenüber müssen die verschiedenen Methoden der
Darstellung des Reinertrags und die wirklichen oder vermeintlichen
Folgerungen untergeordnet werden. — Die Bestimmung des auf den
Boden fallenden Reinertrags kann entweder so geschehen, daß man

---

rechtigtes eigentlich gar nicht gelten, sofern die Gesamtheit stets darunter
leidet, wenn Teile der gegebenen und nicht vergrößerungsfähigen Fläche des
Landes nicht so viel Nettowerte produzieren, wie sie nachweislich produzieren
können, lediglich damit der Eigentümer derselben davon einen, wenn auch
völlig gesetzlichen, so doch immer vonseiten irgend welcher anderer — die
den Zins an ihn zahlen — erlangten Vermögensvorteil hat."

[1]) Quesnay, Maximes générales, III: „Que le souverain et la nation ne
perdent jamais de vue, que la terre est l'unique source des richesses et que
c'est l'agriculture, qui les multiplie... La nation est réduite à trois classes
de citoyens: 1. la classe productive..., qui fait renaître par la culture du
territoire les richesses annuelles de la nation; 2. la classe des propriétaires;
3. la classe stérile... est formée de tous les autres... et dont les dépenses
sont payées par la classe productive."

von einem Boden ausgeht, der noch nicht mit Holz bestanden ist, oder so, daß man die Zinsen des Vorrats vom Reinertrage des Waldes in Abzug bringt (vgl. II).

Obwohl sich der Bodenreinertrag oft gar nicht in bestimmten Zahlen nachweisen läßt und die Resultate, zu welchen die Bodenreinertragslehre führt, wegen des unbestimmbaren Zinsfußes niemals als feste Werte angesehen werden können, so bleibt doch das auf den höchsten reinen Ertrag des Bodens zielende Prinzip für alle okonomisch zu behandelnden Waldungen richtig und muß unabhängig von den Eigentumsverhältnissen zur Anwendung gebracht werden. Es findet seine Begründung in dem Umstande, daß der Boden nur in beschränktem Maße gegeben, daß insbesondere auch der forstliche Boden einer Vermehrung nicht fähig ist. Eine Konkurrenz desselben mit anderen Wirtschaftszweigen liegt meist nicht vor. Sofern sie aber vorhanden ist, führt das gleiche Prinzip, welches die Umwandlung eines ungenügend sich verzinsenden Vorratskapitals in nichtforstliches Kapital verlangt, dahin, daß der Boden derjenigen Kulturart zugeführt wird. die den höchsten Bodenreinertrag erwarten läßt.

c) Unternehmergewinn.

Faßt man auch die Bodenrente als einen Teil der Produktionskosten auf, so muß sie, nach den im III. Abschnitt niedergelegten Grundsätzen, wie die übrigen Produktionskosten behandelt und mit diesen vom Rohertrag abgezogen werden. Der wirtschaftliche Überschuß des Gesamtertrags über alle Produktionskosten wird als Untergewinn (Wirtschaftserfolg — Endres) bezeichnet. Bei der Auffassung der Wirtschaft in exaktem, mathematischem Sinne, bei welcher alle Faktoren auf einen bestimmten, zahlenmäßigen Ausdruck gebracht und rechnerisch zueinander in Beziehung gesetzt werden, erscheint diese Auffassung als die korrekteste, wie sie denn auch von denen, welche diese Richtung vertreten, an die Spitze gestellt wird.[1]) Gleichwohl verhält sich der Boden als Teil des Produktionsfonds theoretisch und praktisch anders als der Vorrat. Die Erhaltung des Bodens in einem in chemisch-physikalischer Hinsicht guten Zustand ist eine Norm für die Wirtschaft, die bei Festsetzung und Ausführung aller technischen Maßnahmen mitbestimmend sein soll. Seiner Ausdehnung nach aber muß der Boden zum weitaus größten Teil als gegebene Größe angesehen werden, über die bei der Forsteinrichtung keine Untersuchungen nötig werden — ganz

[1]) G. Heyer, Handbuch der forstl. Statik, S. 11: „Man zieht sämtliche Produktionskosten von den Rauherträgen ab und findet in der Differenz den Unternehmergewinn."

im Gegensatz zum Vorratskapital, dessen Bestimmung eine der
wichtigsten Aufgaben der Ertragsregelung (Umtriebszeit, Grade der
Durchforstung) bildet. Auch ist der Boden des großen Forstbetriebs
gänzlich ungeeignet zur Spekulation, mit der der Begriff des Unternehmergewinns verbunden wird. Gerade in der nachhaltigen Forstwirtschaft tritt beim Boden der bleibende Charakter hervor; Eigentumswechsel sind Ausnahmen. Endlich wird der Boden nach der
Theorie von Ricardo und v. Thünen, wie unter III. hervorgehoben
wurde, als eine Folge der Wirtschaft angesehen, was für die hierher gehörigen Fragen von Bedeutung ist. Alle wesentlichen theoretischen und praktischen Erörterungen, die den Reinertrag betreffen,
lassen sich auf das allgemeinste Prinzip der Bodenkultur, daß ein
möglichst hoher Bodenreinertrag erzeugt werden soll, zurückführen;
ein Unternehmergewinn braucht in die Forstwirtschaft
nicht eingeführt zu werden.

II. Methoden.

Die Methoden der forstlichen Rentabilitätsrechnung sind in der
die forstliche Statik betreffenden Literatur gründlich und eingehend
behandelt. G. Heyer widmete ihnen eine besondere, durch klare,
logische Darstellung ausgezeichnete Schrift. Auch durch die darauf
bezüglichen Arbeiten von Faustmann, Kraft, Judeich, Lehr,
v. Seckendorf u. a. ist in erster Linie das Methodische der Statik
sowohl in allgemeiner Richtung als auch in bezug auf einzelne
Gegenstände weiter ausgebildet. Charakteristisch für die meisten
literarischen Vertreter der forstlichen Statik war die Auffassung und
das Bestreben, daß alle den Ertrag betreffenden Verhältnisse in bestimmte Formeln gebracht wurden, die nach den Methoden der
Algebra, wie eine Gleichung, gelöst werden sollten. An eine Formel
wird, sofern sie praktischen Zwecken dienen soll, die Forderung
gestellt, daß die Werte der einzelnen Faktoren, mit Ausnahme desjenigen, den man sucht, bekannt sind.

Gegenüber der umfangreichen Behandlung und Darstellung, die
sich auf die Methode bezieht, bleibt zunächst zu bemerken, daß die
weitaus wichtigsten Fragen der forstlichen Statik nicht die Methode
der Behandlung, sondern die Wirtschaftsprinzipien und die wirtschaftlichen Folgerungen betreffen. Die prinzipielle Frage, ob der
Vorrat als Betriebskapital aufzufassen ist, ob und wie er sich verzinsen soll, ist weit wichtiger, als alle Formeln über die Art der
Rechnung. In der einseitig mathematischen Behandlung des vorliegenden Gegenstandes lag der Grund, daß die meisten Staatsforstverwaltungen sich gegen die Statik, trotzdem sie die wichtigsten

Fragen des forstlichen Betriebs (Durchforstung, Lichtung, Umtriebszeit usw.) zum Gegenstand hat, ablehnend verhielten. Die Behörden, welche die Statik in die Praxis einführen sollten, waren außerstande, den Formeln entsprechenden Inhalt zu geben. Auch die Fortschritte des Versuchswesens, dessen auf dem Gebiete des Ertrags liegende Resultate nach Heyers klarer Disposition den zweiten Teil der forstlichen Statik bilden sollten, haben in dieser Beziehung wesentliche Änderungen nicht gebracht und werden es auch in Zukunft nicht tun. Der gegenwärtige Stand des Versuchswesens läßt dies klar erkennen. Der Gegensatz der leitenden Beamten gegen die Bodenreinertragslehre betraf nicht sowohl das dieser zugrunde liegende Prinzip, als vielmehr, neben den wirklichen oder vermeintlichen Folgerungen, die mathematische Behandlung des Gegenstandes. Ähnliches trat auch in der Literatur und bei anderen Kundgebungen (in Vereinsversammlungen usw.) hervor. Statt vieler anderer literarischer Erscheinungen, die in dieser Hinsicht in der neueren Zeit zutage getreten sind, mag hier nur auf die originellste, die Forstreinertragslehre von Borggreve, hingewiesen werden. Ihr wesentlichster Inhalt richtet sich (vgl. Einleitung S. 16) vorzugsweise gegen die mathematische Behandlung der Elemente der Reinertragslehre. Und ein Gegensatz nach dieser Richtung war auch wohl begründet; denn wirtschaftliche Gegenstände können nicht auf einseitig mathematischem Wege behandelt werden. Nicht nur eine sondern alle Größen, mit welchen es die Statik zu tun hat, sind unbekannt. Sie ändern sich und zwar anders, als mit den Mitteln der niederen oder der höheren Mathematik nachgewiesen werden kann. So hohen Wert man auch auf präzise Fassung des Ertrags und der Produktionskosten legen mag, so kann doch die einseitig mathematische Methode, wie sie insbesondere von G. Heyer vertreten wurde, für den theoretischen und praktischen Forstchritt auf dem Gebiete der Statik nicht zur Anwendung kommen. Übrigens ist die mathematische Behandlung des Stoffes, die Aufstellung der bekannten Rechnungsformeln, die einfachste Seite der forstlichen Statik. Diese Seite ist, wie eingangs (Seite 20) bemerkt wurde, durch den Zusammenhang mit der Waldwertrechnung bereits weiter ausgebildet, als es für die forstliche Betriebslehre und ihre Anwendung nötig ist. Nach dieser Richtung ist daher der Stoff in Zukunft nicht zu erweitern, sondern zu beschränken.

Bei der Behandlung der forstlichen Statik kann man entweder vom einzelnen Bestand ausgehen, oder man kann den aussetzenden Betrieb oder einen jährlichen Betrieb zugrunde legen. Was das Verfahren der Rechnung betrifft, so kann dasselbe entweder dahin gerichtet sein, daß man von den Erträgen die auf den gleichen

Zeitpunkt reduzierten Produktionskosten in Abzug bringt, oder daß man das Verhältnis feststellt, in welchem der Ertrag zu den Produktionskosten steht.

1. Die Hiebsreife des Einzelbestandes.

a) Nach dem Weiserprozent.

Um den Nachweis der Hiebsreife der Bestände hat sich Preßler durch die Aufstellung und Begründung des Weiserprozents bleibendes Verdienst erworben. Zur Würdigung der Entwicklung dieses Gegenstandes in der forstlichen Literatur muß allerdings bemerkt werden, daß die wesentlichsten grundlegenden Bestimmungsgründe für die Hiebsreife bereits von König in seiner Forstmathematik niedergelegt sind. König wollte die Hiebsreife nach dem Wertzuwachsprozent ermittelt wissen. Das „reine Wertzunahmeprozent vom Holzbestand" ermittelte er dadurch, daß von der ganzen realen Wertzunahme der Bestände die „Waldnutzungskosten" und die Bodenrente (soweit sie nicht von den jährlich erfolgenden Nebennutzungen gedeckt wird) in Abzug gebracht wurden. Ebenso wird die Waldbodenrente ermittelt, indem von der gesamten Wertzunahme der Bestände die Zinsen des Bestandeswertes und die Waldnutzungskosten abgezogen werden.[1]

---

[1] Königs Bedeutung für die Bodenreinertragslehre ist unter dem Einfluß seiner Nachfolger (namentlich Preßler und G. Heyer) sehr zurückgetreten, weil dem Gegenstand in seinem umfangreichen Buche „Die Forstmathematik" nur ein versteckter, bescheidener Platz zuteil geworden ist. Es muß jedoch in der Geschichte der forstlichen Statik hervorgehoben werden, daß ihre Kernpunkte von König bestimmt ausgesprochen worden sind. Die für Königs Stellung am meisten charakteristischen Punkte sind in den §§ 418 bis 420 der Forstmathematik (4. Ausgabe von Grebe, 1854) niedergelegt.

§ 418: Ermittelung des bodenrentenfreien Wertzunahmeprozents vom Holzbestande. Der Ertrag eines bestandenen Waldortes umfaßt die Rente zweier ganz verschiedener Kapitalwerte, nämlich die des Bodenwertes und des Bestandeswertes. Die Bodenrente wird zwar meistens durch die jährlich erfolgende Nebennutzung zum kleineren Teil gedeckt; soweit dies jedoch nicht der Fall ist, muß sie vom Holzbestande mit übertragen werden; und trüge der Wald gar keine Nebennutzung, so mußte sich sein Bodenwert ganz allein durch den Holzbestand mit verzinsen. In diesem Fall ist also nur das, was die Bodenrente von der rohen Wertzunahme des Bestandes übrig läßt, als eigentlicher Abwurf des Bestandeswertes anzusehen. Will man also wissen, ob die Wertzunahme eines Waldbestandes an sich, d. h. nach Abzug der Rente, welche dem reinen Bodenwert angehört, noch einträglich genug ist: so muß die Bodenrente von der ganzen Wertzunahme der Waldung abgezogen werden.

§ 419: Ermittelung des ganz reinen Wertzunahmeprozents vom Holzbestande. Um das reine Wertzunahmeprozent eines Holzbestandes zu bestimmen, muß man außer der Bodenrente auch alle Waldnutzungskosten, welche an ständigen Einrichtungen im Durchschnitt jährlich aufgehen, von der Bestandeswertzunahme abrechnen.

§ 420: Ermittelung der rohen und reinen Wertzunahmeprozente sowie der Bodenrente von Waldgrundstücken. Die Frage nach dem rohen und reinen

Das Weiserprozent drückt das Verhältnis aus, in welchem die Wertmehrung eines Bestandes zu dem ihm zugrunde liegenden Produktionsfonds steht. Derselbe besteht nach Preßler[1]) aus dem

Wertszunahmeprozent von einem einzelnen Waldgrundstuck ist leicht zu erledigen, wenn der Wert von Boden und Bestand und die gesamte Wertszunahme nebst den Waldnutzungskosten in gleichen Werteinheiten gegeben sind.

1 Rohe Wertszunahme vom Boden und Bestand zusammen. In dem vorigen Beispiel war der Wert vom Boden und Bestande oder das Waldkapital 20 Taler $+$ 200 Taler und davon die jährliche rohe Wertszunahme 8 Taler. Diese berechnet sich also vom Ganzen zu $3,636\,^0/_0$ Dieses gesamte Wertszunahmeprozent vom Boden und Bestande eines Waldgrundstuckes stellt sich um so mehr unter das rohe Wertszunahmeprozent des bloßen Bestandes, je größer der Bodenwert gegen den Bestandeswert ist. Hat dagegen ein Waldboden gar keinen anderen Nutzungswert, so durfte das rohe Wertszunahmeprozent des Bestandes auch zugleich fur das ganze Waldgrundstuck uberhaupt gelten.

2 Reine Wertszunahme vom Boden und Bestand zusammen Diese ergibt sich, wenn man von der rohen Bestandeswertszunahme ohne weiteres die Waldnutzungskosten abzieht und den Rest als Kapitalabwurf des gesamten Boden- und Bestandeswertes anrechnet

3. Um die Waldbodenrente zu berechnen und die Eintraglichkeit der Holzzucht zu beurteilen, hatte man nur von der Bestandeswertszunahme die erforderlichen Kapitalzinsen des Bestandeswertes nebst den Waldnutzungskosten abzuziehen. Der Unterschied ist die reine forstliche Bodenrente

[1]) Preßler stellte zum Nachweis der Hiebsreife der Bestande das Weiserprozent auf, dessen Grundzuge in seinem ,,Rationeller Waldwirt'' und mehreren Artikeln forstlicher Zeitschriften (besonders Allgemeine Forst- und Jagdzeitung 1860) dargelegt wurden Dasselbe lautet.

$$w = (a + b + c)\,\frac{H}{H + G}\,.$$

Hierin bedeutet· a das Massenzuwachsprozent, b das Qualitatszuwachsprozent, c das Teuerungszuwachsprozent, H den Bestandeswert, G das sogenannte Grundkapital, ,,welches den physischen wie finanziellen, kurz, den materiellen und wirklichen Grund darstellt, auf und in welchem alle Holzwirtschaft fußt und wurzelt, und ohne welche dieselbe nicht moglich ist.'' Zur Erlauterung wird hinzugefugt: ,,Dies von den Wirtschaftskosten bedingte und also kostenmaßige Grundkapital konnen wir in zwei Gruppen, jede mit zwei Gliedern, zerfallen; nämlich in das Boden- und Steuerkapital ($B + S$) und in das Kultur- und Verwaltungskapital ($C + V$). Das steuerfreie Bodenkapital oder der Bodenwert B beweist sich entweder nach An- und Verkaufen und demgemaßen Schatzungen, oder nach dem Nutzeffekt eines finanzwirtschaftlich rationell regulierten Betriebs. Das Steuerkapital anlangend, so ist dasselbe die . kapitalisierte Steuerrente Das Kulturkapital C begreift . . selbstverstandlich nicht bloß den Aufwand fur die Kultur im engeren Sinne, sondern im weitesten Sinne das Kapital, das zur Bestandesgrundung und deren periodischer Wiederkehr uberhaupt benotigt ist Also . . jene Summe, welche man zum unaufgeforsteten Waldgrund noch hinzudenken muß, um sowohl dessen erste Aufforstung, als auch deren nach u Jahren erfolgende periodische Wiederkehr zu bestreiten, das fur den Umtrieb u berechnete Kapital, dessen u jahriger Zinseszins einerlei ist mit dem u jahrigen Nachwert der wirklichen Kulturkosten . . Es kommt finanziell auf eins heraus, ob man sich vorstellt, die Bestande absorbierten ihre Kulturkosten, oder nur die Zinsen eines zu diesem Behute fur jede aufzuforstende Flacheneinheit angelegt zu denkenden Kulturkostenkapitals Das Verwaltungskapital V ist ebenfalls im weitesten Sinne zu nehmen und umfaßt demgemaß alle anderen bisher nicht genannten Wirtschaftskosten kapitalisiert, mit Ausnahme der Hauerlohne

Werte des Bestandes selbst und aus dem sogenannten „Grundkapital". Dieses wird aus dem Boden, dem Kapital der Verwaltungskosten und dem Kulturkostenkapital zusammengesetzt. Die
Kulturkosten[1]) sind jedoch in dem Bestandeswert, wenn dieser als
Kostenwert berechnet wird, bereits enthalten. Sofern es sich nur
um einen Einzelbestand handelt, hat man sich um andere Kultur-

----

Das Verhältnis des Bestandeswertes H zum Grundkapital G nennt
Preßler den „relativen Holzwert". Wird H als Vielfaches von $G = rG$
ausgedruckt, so ist

$$w = (a + b + c)\,\frac{rG}{rG + G} = (a + b + c)\,\frac{r}{r+1}\,.$$

Das Verhältnis $\dfrac{r}{r+1}$ nennt Preßler den „Reduktionsbruch". Derselbe ist abhängig vom Alter und Wert des Holzes; er steigt daher mit dem
zunehmenden Alter der Bestände. Preßler empfiehlt (a. a. O. S. 191), den
relativen Holzwert $\dfrac{H}{G}$ von vornherein möglichst groß zu machen, d. h. auf
das tunlich kleinste Grundkapital G das tunlichst wertvollste Holzkapital H
zu fundieren und sodann mit Aufwand aller wirtschaftlichen Kunst dahin zu
wirken, daß das erste wie das zweite Prozent (a und b) sich immer auf mog-
lichster Hohe halten.

[1]) Betreffs der Kulturkosten kann bei Herleitung des Weiserprozents verschieden verfahren werden. Berechnet man, wie es theoretisch am richtigsten
ist, den Bestand als Kostenwert, so sind in diesem die auf seine Begrundung
gerichteten Kulturkosten bereits enthalten. Das auf diese Unterstellung ge-
grundete Weiserprozent wird (vgl G. Heyer, Handbuch der forstlichen Statik,
S. 36) ausgedruckt durch die Formel

$$w = \frac{(A_{m+1} - A_m)\,100}{HK_m + B + V}\,,$$

worin HK_m den Bestandeskostenwert des Jahres m bezeichnet. Wird an Stelle
des Kostenwertes der Verbrauchswert gesetzt, so geht die Formel in

$$w = \frac{(A_{m+1} - A_m)\,100}{A_m + B + V}$$

uber. „Das Prozent (bemerkt G. Heyer a. a. O.), welches diese Formel liefert,
weicht zwar von der richtigen um so mehr ab, je großer der Unterschied
zwischen dem mit mB_u zu berechnenden Bestandeskostenwert und dem Bestandesverbrauchswert ist; allein dieser Fehler fallt auch wieder um so kleiner
aus, je mehr das Bestandesalter m dem Haubarkeitsalter u sich nähert, weil
mit dieser Annaherung der Unterschied zwischen dem Bestandeskostenwert
und dem Bestandesverbrauchswert abnimmt. Auf die Bestimmung der Hiebsreife eines Baumes oder Bestandes ubt jedoch der oben erwahnte Fehler keinen
Einfluß aus." Werden aber, entsprechend der Praxis aller großeren Verwaltungen die Kulturkosten auf die Glieder des Waldes nach dem Verhaltnis
ihrer Flachengroße zur Gesamtfläche ubertragen, so haben die einzelnen Bestande durch ihren Wertzuwachs auch das hierauf zu bemessende Kulturkostenkapital zu verzinsen. In diesem Sinne sind die Kulturkosten von
Preßler (Allgemeine Forst- und Jagdzeitung 1860. S. 44) aufgefaßt und behandelt worden: „Man kann einer jeden Baumgruppe, einem jeden Forste,
das anteilige Wirtschaftsgrundkapital an- und aufrechnen... Fur den eigentlichen Waldbau haben wir vorgeschlagen und vorgezogen, dasselbe immer auf
die Flacheneinheit des Waldgrundes zu repartieren und dasselbe stets in dieser
anschaulichen Einheit aufzufassen. Es befordert diese Auffassung ungemein
sowohl die Einfachheit als die Klarheit." Praktisch ist die Behandlung der
Kulturkosten auf die Resultate der Rechnung von geringem Einfluß.

kosten, als die in diesen Bestand eingegangenen, nicht zu kümmern. Bezeichnen A_m, A_{m+1} die Werte des Bestandes im Jahre m, $m+1$, $B+V$ das Boden- und Verwaltungskapital, so ist das Weiserprozent

$$w = \frac{(A_{m+1} - A_m)\,100}{A_m + B + V}\,.$$

Das Verwaltungskapital ist eine fingierte Größe; es entspricht den tatsächlichen Verhältnissen besser, daß man, wie es in der Praxis geschieht, die jährlichen Verwaltungskosten ihrem wirklich verausgabten Betrage nach von den Erträgen in Abzug bringt. Alsdann erhält das Weiserprozent den Ausdruck

$$w = \frac{(A_{m+1} - A_m - v)\,100}{A_m + B}\,.$$

Hier tritt klar hervor, daß sich der nach Abzug der Verwaltungs- usw. Kosten ergebende Reinertrag auf die beiden Grundlagen der forstlichen Produktion, Bestand und Boden, verteilt.[1])

b) Nach Massen- und Wertzuwachsprozenten.

Gegen die Zusammenfassung des Bodens, der Kultur- und der Verwaltungskosten zum Grundkapital werden vom Standpunkt der allgemeinen Wirtschaftslehre berechtigte Bedenken geltend gemacht. Der Boden hat (wie Seite 194 hervorgehoben wurde) so wesentliche wirtschaftliche Eigentümlichkeiten, daß seine Zusammenfassung mit anderen Elementen der Produktion, die eine ganz andere wirtschaftliche Bedeutung haben, tunlichst vermieden werden muß. Will man den Boden überhaupt mathematisch ausdrücken, so muß daran erinnert werden, daß er den Charakter einer variabeln Größe besitzt. Sofern es sich nicht um Veräußerungen, für die er auf bestimmten Ausdruck gebracht werden muß, handelt, ist seine zahlenmäßige Bezifferung daher tunlichst zu beschränken. Für die Zwecke der Ertragsregelung, insbesondere zur Begründung der Umtriebszeit,

---

1) Die Formeln der Weiserprozente sind nach Preßler von anderen Vertretern der Reinertragslehre mannigfach verandert und berichtigt worden Abgesehen von verschiedenen Buchstabenbezeichnungen und rechnerischen Umsetzungen, ergeben sich Verschiedenheiten der Formel durch die Auffassung des Holzvorrats, je nachdem derselbe als Kosten-, Erwartungs- oder Verbrauchswert berechnet wird In dieser Beziehung vgl das unter 4 b 3 Abschnitt Bemerkte. Ausfuhrlich ist der Gegenstand in den neueren Schriften der forstlichen Statik behandelt (vgl insbesondere G. Heyer, Handbuch der forstlichen Statik, S. 33—44, sowie dessen Anleitung zur Waldwertberechnung usw., 4. Aufl, herausgegeben von Wimmenauer, S. 189—207; Endres, Lehrbuch usw., S 192—220; Stotzer, Waldwertrechnung, S 181—191) Fur die Zwecke der vorliegenden Schrift wird es voraussichtlich nicht erforderlich werden, auf andere als die obigen einfachen Formeln einzugehen

wird es in vielen Fällen genügen, wenn die Wertzunahme ausschließlich zum Bestandeswerte, als dem größten Teile des Produktionsfonds, in Beziehung gesetzt wird. Es kommt dabei in Betracht, daß in den höheren Altersstufen, für welche die Weiserprozente berechnet werden, der Bodenwert gegenüber dem Bestandeswert sehr zurücktritt, so daß die Differenz zwischen Weiserprozent einerseits, dem Massen- und Wertzuwachsprozent andererseits, gering ist. Nach den im Königreich Sachsen (Revier Hermsdorf und Döhlen) für die Fichte auf 3. Standortsklasse angestellten Untersuchungen war das Verhältnis zwischen Weiserprozent und Massen- plus Wertzuwachsprozent folgendes:[1])

Alter	Massenzuwachsprozent (a)	Wertzuwachsprozent (b)	$a + b$	Weiserprozent
50—60 Jahre	4,3	1,3	5,6	4,4
60—70 ,,	3,1	1,0	4,1	3,6
70—80 ,,	2,5	0,8	3,4	2,9
80—90 ,,	2,0	0,6	2,6	2,4
90—100 ,,	1,7	0,5	2,2	2,1
100—110 ,,	1,5	0,5	2,0	1,7

Der von Preßler als ein dritter Bestandteil des Weiserprozents eingeführte Teuerungszuwachs kommt in der forstlichen Rentabilitätsrechnung dadurch zur Geltung, daß in der Vermutung zukünftiger höherer Preise eine der Ursachen enthalten ist, die einen niedrigen forstlichen Zinsfuß oder ein niedriges Weiserprozent empfehlen. Eine solche allgemein gehaltene Begründung ist besser, als der Versuch eines genauen zahlenmäßigen Nachweises der Wertveränderungen, wie es zur Herleitung eines bestimmten Teuerungszuwachsprozentes nötig ist. — Die Ermittelung der Massen- und Wertzunahmeprozente erscheint hiernach als eine der wichtigsten Aufgaben, die der Betriebsregelung für den Nachweis der Rentabilität der Wirtschaft gestellt ist. Sie wird sich in der Regel auf die älteren Bestände, etwa diejenigen, welche das Alter der halben Umtriebszeit überschritten haben, beschränken.

---

[1]) Endres, Waldwertrechnung usw., S. 206, teilt mit, daß durch eine königlich sächsische Verordnung vom Jahre 1876 folgende Reduktionsbrüche empfohlen sind:

für u . .	50—60	60—70	70—80	80—90	90—100	100—110	110—120
	0,773	0,829	0,867	0,901	0,926	0,944	0,958

Auch hiernach sind die Differenzen zwischen Massen- und Wertzuwachs gegen das Weiserprozent, denen der Reduktionsbruch Ausdruck gibt, so geringfügig, daß sie, zumal unter den Verhältnissen großer Reviere, praktisch nicht in die Wagschale fallen.

2. Der Reinertrag des aussetzenden Betriebes.

a) Die Bestimmung des Unternehmergewinns.

Beim aussetzenden Betrieb wird das für Rechnungsformeln einfachste Verhältnis unterstellt, daß nur alle u Jahre ein Haubarkeitsertrag erfolgt und in den Jahren $a, b \ldots$ Durchforstungen vorgenommen werden. Die Massen und Werte der zukünftigen Erträge werden als gleichbleibende angesehen.

Der Unternehmergewinn (Wirtschaftserfolg, Endres) wird dadurch hergeleitet, daß die Produktionskosten von den Rauherträgen abgezogen werden. Beide müssen deshalb auf den gleichen Zeitpunkt reduziert werden. Die Erträge ergeben sich durch Diskontierung der Haubarkeitserträge (A) und Vornutzungen ($D_a, D_b \ldots$). Als Produktionskosten sind in Rechnung zu stellen: der Boden (B), das Verwaltungskapital (V), das Kulturkostenkapital (C_u), als dessen Zinsen die alle u Jahre zu verausgabenden Kulturkosten (c) angesehen werden. Wird die Rechnung auf das Jahr 0 bezogen, so ist:

$$\text{Der Wert der Erträge} = \frac{A_u + D_a\,1{,}0p^{u-a} + \cdots}{1{,}0p^u - 1}$$

$$\text{Der Wert der Produktionskosten} = V + C_u + B$$

$$\text{Der Unternehmergewinn} = \frac{A_u + D_a\,1{,}0p^{u-a} + \cdots}{1{,}0p^u - 1} - (V + C_u + B).$$

Da $\dfrac{A_u + D_a\,1{,}0p^{u-a}}{1{,}0p^u - 1} + \cdots - (V + C_u) = B_u$ (Bodenerwartungswert), so ist der einfachste Ausdruck für den Unternehmergewinn $B_u - B =$ Differenz zwischen Bodenertragswert und dem Bodenverkaufswert.

Hieraus lassen sich weitere Sätze und Folgerungen anreihen,[1] die übereinstimmend dahin gerichtet sind, daß ein möglichst hoher Bodenerwartungswert durch die Wirtschaft herbeigeführt werden soll.

In den vorstehenden Formeln sollen nur die allgemeinen mathematischen Beziehungen zwischen Ertrag und Produktionskosten dargestellt werden. Hinsichtlich ihrer Anwendung für die Praxis bleibt zu bemerken, daß die Erträge sich im Laufe der Zeit ändern, und zwar nicht immer in einer mathematisch nachweisbaren Weise. Die Begründung der Veränderung der Größen $A, D \ldots$ durch einen richtig geführten Durchforstungs- und Lichtungsbetrieb bildet eine Aufgabe der Forsteinrichtung, die wichtiger ist, als die Rechnungsoperation, welche von der Unterstellung des Gleichbleibens dieser variabeln Größe ausgeht.

---

[1] G. Heyer, Handbuch der forstl. Statik, S. 20 f.

b) Die Verzinsung des Produktionsfonds.

Die in einem bestimmten Alter erfolgende, dem laufenden Zuwachs entsprechende laufende Verzinsung des Produktionsfonds wird von G. Heyer[1]) folgendermaßen erläutert: „Dividiert man die Größe, um welche der Wert eines Bestandes im Laufe irgend eines Jahres zunimmt, durch die Summe, zu welcher der Produktionsfonds bis zum Anfang desselben Jahres aufgewachsen ist, so stellt der Quotient die laufend jährliche Verzinsung des Produktionsfonds vor. Bedeuten A_m, A_{m+1} die Verbrauchswerte eines Bestandes in den Jahren m, $m+1$, so ist $A_{m+1} - A_m$ die vom Jahre m bis zum Jahre $m+1$ erfolgende Wertsmehrung desselben. Um den Betrag des Produktionsaufwandes zu Anfang des Jahres m zu ermitteln, prolongiert man den im Jahre 0 vorhandenen Produktionsfonds $B + V + c$ und zieht von diesem Nachwert die gleichfalls auf das Jahr m prolongierten Werte der mittlerweile eingegangenen Vornutzungserträge D_a, D_b ab. Man erhält so den entlasteten Produktionsaufwand." Derselbe ist

$$= (B + V + c)\,1{,}0p^m - (D_a\,1{,}0p^{m-a} + \ldots).$$

Das Verzinsungsprozent ist daher

$$p = \frac{(A_{m+1} - A_m)\,100}{(B + V + c)\,1{,}0p^m - (D_a\,1{,}0p^{m-a} + \ldots)}.$$

Da $(B + V + c)\,1{,}0p^m - (D_a \cdot 1{,}0p^{m-a} + \ldots) = HK_m + B + V$, so ist

$$p = \frac{(A_{m+1} - A_m)\,100}{HK_m + B + V},$$

oder, wenn an Stelle von HK_m (Kostenwert), A_m (Verbrauchswert) gesetzt wird,

$$= \frac{(A_{m+1} - A_m)\,100}{A_m + B + V}$$

gleich dem unter 1a aufgeführten Weiserprozent.

Neben dieser laufenden jährlichen Verzinsung hat G. Heyer (bezugnehmend auf den Zuwachs) auch die „durchschnittliche jährliche Verzinsung" in die Literatur eingeführt. „Will man die gleichmäßige jährliche Verzinsung (des Produktionsaufwandes) wissen, so verwandelt man die innerhalb einer Umtriebszeit erfolgenden Rauherträge in eine jährliche Rente und dividiert dieselbe durch das Kapital der Produktionskosten." Sachlich stimmt die Methode mit dem unter a behandelten Gegenstand zusammen und braucht daher auch nicht als besonderes Verfahren aufgefaßt zu werden.

---

[1]) Handbuch der forstl. Statik, S. 16.

3. Der Reinertrag des jährlichen Betriebs.

Für die Wirtschaft im großen hat der aussetzende Betrieb keine Bedeutung; sie wird uberall im jährlichen Betrieb geführt. Allerdings hat der sog. strengste jährliche Betrieb seine Bedeutung verloren. Es können sich die Erträge verschiedener Holzarten, es können sich Haubarkeits- und Vornutzungen unter Umständen auch die Erträge verschiedener Reviere gegenseitig ergänzen. Aber im Rahmen der hiernach bestehenden wirtschaftlichen Freiheit ist die Ordnung des forstlichen Ertrags auf den jährlichen Betrieb gegründet. Alle ökonomischen, sozialen, politischen Verhältnisse der Waldeigentümer, Konsumenten und Waldarbeiter und alle nationalen Einrichtungen und Aufgaben haben den jährlichen Betrieb zur Voraussetzung. In der Regel, namentlich bei Fragen von allgemeiner Bedeutung, hat daher auch die forstliche Statik in erster Linie auf diesen einzugehen.

Auch beim jährlichen Betrieb kann das statische Verhalten entweder nach der Differenz der Erträge und Produktionskosten (Unternehmergewinn) oder nach der Verzinsung des Produktionsaufwandes bemessen werden. Die Erträge erfolgen bei Unterstellung normaler Verhältnisse alljährlich in gleicher Größe; sie bestehen aus den Haubarkeitsnutzungen (A) und der Summe der Vornutzungen (D). Die Produktionskosten bestehen in den jährlichen Kulturkosten (c) und Verwaltungskosten (v) nebst der Rente von Boden und Vorrat (N). Der Überschuß der Erträge über die Kosten ist daher

$$= A + D - (B + N + V)\,0{,}op - c\ ^1)$$

oder, wenn die Verwaltungskosten ihrem jährlichen Betrage nach von den jährlichen Erträgen abgezogen werden,

$$= A + D - (B + N)\,0{,}op - (c + v).$$

Bezieht man hierin alle Buchstaben auf die Flächeneinheit, so sind B, N und v mit u zu multiplizieren. Die Formel kommt dann auf den Ausdruck

$$A + D - (uB + uN)\,0{,}op - (uv + c).$$

Das Verhältnis des jährlichen Ertrags zu dem Produktionsfonds ist bei Einhaltung der angegebenen Bezeichnungen, wenn das Kultur-

kostenkapital $= \dfrac{c}{0{,}op}$ gesetzt wird,

$$= \frac{A + D}{B + N + V + \dfrac{c}{0{,}op}}$$

$^1)$ V (Verwaltungskostenkapital) $= \dfrac{v}{0{,}op}$.

oder, wenn die jährlichen Verwaltungs- und Kulturkosten, wie es in der Praxis allgemein üblich ist, von den Erträgen abgezogen werden,

$$= \frac{A + D - (c + v)}{B + N}.$$

Um das Verhältnis als Prozente auszudrücken, sind die vorstehenden Formeln mit 100 zu multiplizieren.

Die vorstehende einfache Formel muß für den nachhaltigen Großbetrieb als die wichtigste der Statik angesehen werden; das Verhältnis des reinen Ertrags einer Wirtschaftseinheit zu dem ihm zugrunde liegenden Produktionsfonds bringt die Rentabilität der Wirtschaft am richtigsten zum Ausdruck. Die nachhaltige Wirtschaft hat es stets mit einer Summe von Beständen zu tun, die in gegenseitigem Zusammenhang stehen und eine wirtschaftliche Einheit bilden. Diese Auffassung ist der Boden- und Waldreinertragslehre in gleicher Weise eigentümlich. Wie der laufende Zuwachs für die Höhe der Materialabnutzung nicht bestimmend ist, so darf auch bezüglich der Verzinsung nicht ein einzelner Bestand, es muß vielmehr das ganze Betriebskapital, welches zu unterhalten ist, als ausschlaggebend angesehen werden. In der Praxis ist dieser Standpunkt auch von derjenigen Staatsforstverwaltung, welche den ökonomischen Erfolg der Wirtschaft am eingehendsten behandelt und zur öffentlichen Kenntnis gebracht hat, eingehalten worden.

Für den Nachweis der Hiebsreife der Bestände bleibt unter allen Umständen die Frage von Bedeutung, in welchem Verhältnis das Verzinsungsprozent des ganzen Waldkapitals zu dem Weiserprozent steht, welches für die ältesten Bestände gefordert wird. Auch hierfür ist die Herleitung der Bestandeswerte von ausschlaggebender Bedeutung. Sofern die Werte der Bestände als Kostenwert aufgefaßt werden, nehmen alle Glieder des Vorrats nach einem bestimmten Zinsfuß gleichmäßig an Wert zu und werden demgemäß verrechnet. Sinkt die wirkliche Wertzunahme unter diesen Zinsfuß, so erscheinen sie als hiebsreif; weiter wachsend würden sie die Verzinsung unter das geforderte Wirtschaftsprozent herabdrücken. Indessen die Anwendung der Kostenwerte zur Vorratsberechnung erscheint, obwohl sie theoretisch und unter normalen Verhältnissen die korrekteste ist und den Regeln über die Bildung der Tauschwerte am besten entspricht, für die Praxis in absehbarer Zeit weder richtig noch ausführbar. Bereits S. 159 wurde hervorgehoben, daß die älteren Bestände, welche den wichtigsten Teil des Vorratskapitals bilden, nach dem Kostenwert nicht berechnet werden können. Auch Erwartungswerte sind zur Bestimmung der Hiebsreife der Bestände nicht brauchbar. Die maßgebenden Bestimmungen der

Forstverwaltung gehen übereinstimmend dahin, daß bei der Berechnung des Vorrats vom Verbrauchswert möglichst weitgehende Anwendung gemacht werden soll. Geschieht dies, so ergibt sich, daß die mittleren und jüngeren Altersstufen einen höheren Massen- und Wertzuwachs besitzen, als es dem für die Wirtschaft im ganzen geforderten Wirtschaftszinsfuß entspricht. Es steht daher zu der Forderung der Verzinsung nicht im Gegensatz, wenn das Wertzunahmeprozent der ältesten Bestandesglieder geringer ist als der Zinsfuß, welchem der Vorrat im ganzen entsprechen soll.

Die Beurteilung oder der Nachweis. in welchem Maße die Weiserprozente der ältesten Bestände von der Verzinsung des Vorrats abweichen dürfen, ist Aufgabe des die Umtriebszeit behandelnden Teils dieser Schrift. Hier möge nur darauf hingewiesen werden, daß in der betonten Auffassung des Waldes als eines zusammenhängenden Ganzen immer ein konservatives Element liegt, auf dessen Bedeutung hingewiesen zu haben ein besonderes Verdienst desjenigen Vertreters der Bodenreinertragslehre ist, der, im Gegensatz zu Preßler und G. Heyer, in der Praxis am meisten Einfluß ausgeübt hat.[1])

III. Folgerungen.

1. Die Bodenrente als bestimmendes Prinzip der Bodenkultur.

Die Folgerungen, welche sich aus den den Reinertrag betreffenden Prinzipien und Methoden für die Wirtschaft ergeben, sind Gegenstand des zweiten Teils der vorliegenden Schrift. Hier folgen nur einige Bemerkungen, welche dazu beitragen sollen, die Ziele,

---

[1]) Kraft, Zur Waldwertberechnung und forstlichen Statik. Krit. Blatter, 49. Band, 2. Heft, gibt — Tafel I, S 66 — zur Begrundung jenes Verhaltnisses fur einen Fichtenwald II. Standortsklasse unter Außerachtlassung der Vornutzungen folgende Zahlen:

	60	70	80	90	100 Jahre
Alter	60	70	80	90	100 Jahre
Massenzuwachsprozent des Hauptbestandes	2,3	1,4	1,1	0,8	0,6
„ der normalen Schlagreihe	4,0	3,4	2,9	2,4	2,1
Verzinsungsprozent des Hauptbestandes .	3,8	2,4	2,0	1,4	1,1
„ des Wertes der normalen Schlagreihe	6,0	4,9	3,9	3,3	2,8

Den gleichen Standpunkt hat jedoch bereits König vertreten. Seine Forstmathematik gibt in den Tafeln, welche die Überschrift fuhren: „Gegensatze des Massen- und Wertszuwachses normaler Holzbestande" und „Gegensatze des Massen- und Wertsertrags normaler Wirtschaftswalder" sehr charakteristische Beispiele Fur einen Buchenhochwald mit 0,8 Ertragsgute wird angegeben:

fur $u =$	60	80	100	120	140 Jahre
die Wertzunahme des einzelnen Bestandes	5,50	3,67	2,45	1,24	0,72 %
das Wertnutzungsprozent im Wirtschaftswald (Verzinsung des Vorrats)	6,15	4,59	3,64	2,83	2,22 „

welche den wirtschaftlichen Maßnahmen zugrunde gelegt werden, nach ihrem ökonomischen Verhalten im allgemeinen zu kennzeichnen. Hierbei ist es angezeigt, von dem Gesamtgebiet der Bodenkultur auszugehen. Die verschiedenen Zweige derselben haben im Grunde weit mehr Gemeinsames, als man nach manchen Gegensätzen ihrer Vertreter anzunehmen geneigt ist. Nicht nur sind die chemisch physikalischen Bedingungen für die Erzeugung der Rohstoffe dieselben; auch die ökonomischen Ziele können auf das gleiche Grundprinzip, daß nämlich die höchste Bodenrente erzielt werden soll, zurückgeführt werden. Mit Rücksicht auf die bis in die neueste Zeit hervortretenden Gegensätze gegen die Bodenreinertragslehre möge hier eine allgemeine Begründung derselben folgen, welche die spätere Begründung in Einzelfällen überflüssig macht.

a) Gutsrente und Bodenrente in der Landwirtschaft.

Die Frage, ob der höchste Reinertrag des Bodens durch die Führung der Wirtschaft erstrebt werden soll, ist für die Landwirtschaft von ähnlicher Bedeutung wie für die Forstwirtschaft. Wie hier die Waldrente von der Bodenrente, so wird in der Landwirtschaft die Gutsrente (von Thünen) von der Bodenrente unterschieden. Die Rente, die ein Landgut im ganzen mit allem seinem Zubehör gewährt, ist cet. par. um so größer, je mehr Arbeit und Kapital auf die Kultur des Bodens aufgewendet ist. Bis zu welchem Grade dies geschehen soll, ist für die Wirtschaft stets von Wichtigkeit. Ein Beispiel mag dies näher erläutern.

Ein Landwirt hat ein Gut angekauft, das seither extensiv, mit wenig Kapital und Arbeit, bewirtschaftet ist und daher nur geringe Erträge gewährt. Der Besitzer will es nun verbessern und die Erträge erhöhen. Er wendet, belehrt durch die Erfahrung und Beobachtung, die Mittel an, die in Ländern von höheren wirtschaftlichen Kulturstufen zur Steigerung der Erträge üblich sind. Er läßt sein Land drainieren, er verwendet künstlichen Dünger, er beschafft bessere Werkzeuge und Maschinen für die Bestellung und Ernte, er bezieht wertvolle Arbeitstiere. Nachdem die Wirtschaft in dieser Weise umgestaltet ist, untersucht er die ökonomischen Erfolge seiner Tätigkeit und findet, daß die Rente des Gutes durch die Melioration und Verbesserung des Inventars in außerordentlichem Maße gestiegen ist. Durch solche Resultate ermutigt, setzt er die Verbesserungen fort; er wendet alljährlich einen Beitrag von 10000 M. für Meliorationen auf. Nach Ablauf einer Reihe von Jahren stellt er die Erhöhung der Erträge und die Produktionskosten zahlenmäßig gegenüber und findet folgendes: Im ersten Jahre hat die Gutsrente um 800 M., im zweiten um 600 M., im dritten

um 400 M , im vierten um 300 M., im fünften um 200 M. zugenommen. Die Gutsrente steigt durch die erhöhten Aufwendungen
von Jahr zu Jahr, aber in abnehmendem Maße.

Das Kapital, welches zu den Meliorationen aufgewendet wurde,
ist nun aber geliehen und muß in gleichbleibender Höhe verzinst
werden. Auch wenn es nicht geliehen ist, wird es mit der Forderung belastet, daß es sich zum landesüblichen Zinsfuß verzinsen
muß. Aus den obigen Zahlen (die nicht willkürlich erfunden, sondern dem wirklichen Leben entnommen sind) geht, indem man
diese Forderungen stellt, hervor, daß das Gesamteinkommen des
Besitzers nur erhöht wird, wenn die Steigerung der Gutsrente
mindestens so hoch ist, als der Leistung des Kapitals bei anderweiter Verwendung entspricht. Bei Unterstellung eines Zinsfußes
von 4% wird bei Zugrundelegung obiger Zahlen durch die Aufwendungen im ersten und zweiten Jahre mit der Gutsrente auch
das Gesamteinkommen erhöht; durch die Aufwendung im dritten
Jahre bleibt sich dasselbe gleich; durch die Aufwendung im vierten
und fünften Jahre findet dagegen eine Verminderung des Gesamt-
einkommens statt. Und da dieses für die Betriebsführung bestimmend sein muß, so ergibt sich, daß die Melioration, trotzdem sie
den Rohertrag und die Gutsrente gesteigert hat, unwirtschaftlich
gewesen ist.

Die landwirtschaftliche Bodenrente ergibt sich dadurch, daß
von der Rente des Gutes die Zinsen des in den Gebäuden, Maschinen, Arbeitstieren usw. steckenden Kapitals in Abzug gebracht
werden; sie wird bestimmt durch den Überschuß des Ertrags über
die sämtlichen übrigen Produktionskosten. Wird nun mit dem in
das Gut eingeführten Kapital durch die Wirtschaft ein höherer
Ertrag erzielt, als der Leistung bei anderer Verwendung entspricht,
so kommt der auf diese Weise erzielte Mehrertrag (sofern er nicht
vorübergehender Natur ist und als Unternehmergewinn aufgefaßt
wird) in der erhöhten Bodenrente zum Ausdruck. Alle anderen
Teile des Ertrags können sich den übrigens gültigen mittleren Sätzen
(landesüblicher Zinsfuß, ortsüblicher Tagelohn) schneller anpassen
und werden mit diesen Mittelzahlen in Rechnung gestellt. Die
Bodenrente wird dagegen, entsprechend dem Gesamteinkommen,
durch den Mehrertrag gesteigert.

Aus den vorstehenden und ähnlichen Beispielen, die dem wirklichen Leben entnommen werden, geht hervor, daß das Ziel des
landwirtschaftlichen Betriebs auf ein Maximum der Gutsrente nicht
gerichtet werden darf, daß eine Steigerung der Gutsrente unter
Umständen mit dem Interesse des Grundeigentümers im Gegensatz
steht. Die Erzielung einer möglichst hohen Bodenrente

befindet sich dagegen mit seinem Gesamtinteresse in Übereinstimmung und muß daher, trotzdem sie nicht immer in präziser Fassung nachgewiesen werden kann, als das leitende Prinzip der Betriebsführung angesehen werden.

b) Wald- und Bodenrente in der Forstwirtschaft.

Ähnlich wie in der Landwirtschaft liegen die Verhältnisse, durch welche die Rentabilität bestimmt und nachgewiesen wird, auch in der Forstwirtschaft. Das Kapital, welches hier eine so bedeutende Rolle spielt, trägt zwar einen anderen, mehr passiven Charakter. Seine besonderen Eigenschaften wurden bereits früher hervorgehoben. Sie haben auf die Verhältnisse des Waldeigentums, der Waldwirtschaft und Politik großen Einfluß. Trotz der sich hieraus ergebenden Unterschiede in der Beurteilung und Behandlung mancher Fragen verhält sich aber die Forstwirtschaft in bezug auf den Kern, auf den es hier ankommt, der Landwirtschaft entsprechend. Auch in der Forstwirtschaft besteht die Regel, daß die Waldrente, wie die Gutsrente, um so größer ist, je höheren Wert das Waldkapital besitzt. Die Waldrente wächst, da der Durchschnittszuwachs lange Zeit ziemlich gleich bleibt,[1]) der Wert des durchschnittlichen Festmeters aber mit wachsendem Alter fortgesetzt zunimmt,[2]) mit der Umtriebszeit.[3]) Ein Maximum an Waldrente, das in gesunden Beständen erst in sehr hohem Alter oder gar nicht erreicht wird, kann aber, wie die Gutsrente in der Landwirtschaft, als Ziel der Forstwirtschaft nicht angesehen werden. Auch hier möge ein einfaches Beispiel den Sachverhalt bestimmter zum Ausdruck bringen.

Ein Grundbesitzer hat ein 100 ha großes, mit reichem Altholzvorrat versehenes Fichtenrevier, das zu einem regelmäßigen Betrieb

---

[1]) Vgl. die Bemerkungen und Noten zu III, 3 im ersten Abschnitt, sowie die neuern Ertragstafeln für Buche, Fichte, Tanne.

[2]) Vgl. zweiten Abschnitt I, 1 und 3.

[3]) Nach den Ertragstafeln von Schwappach betragt der durchschnittliche jährliche Wertszuwachs der Gesamtmasse bei der Kiefer

	für u = 80	100	120	140 Jahre
auf I. Standortsklasse	97	110	122	135 Mark
„ II. „	75	84	97	108 „
„ III. „	54	62	71	— „

bei der Fichte (1890):

	für u = 60	80	100	120 Jahre
auf I. Standortsklasse	195	222	246	266 Mark
„ II. „	129	158	177	196 „
„ III. „	72	102	120	138 „

Vgl. ferner des Verfassers „Folgerungen der Bodenreinertragstheorie“ betreffs der Kulmination des Waldreinertrags bei der Buche (§ 17, 26, 34), Kiefer (§ 75, 76), Eiche (§ 98), Fichte (§ 119).

mit 100jähriger Umtriebszeit eingerichtet ist. Alljährlich wird der älteste Schlag = 1 ha abgetrieben. Die übrigen Altersstufen werden durchforstet. Die jährliche Nutzung beträgt p. ha 6 fm im Wert von 16 M. pro fm = 96 M. Der Vorrat des Reviers ist auf 300 fm p. ha, für das Revier auf 30000 fm im Wert von 10 M., im ganzen auf 300000 M. geschätzt. Trotz der hohen Einnahme, die der Wald gewährt, ist der Waldbesitzer doch mit seinen ökonomischen Leistungen nicht zufrieden. Er findet, daß das älteste Holz sich nur noch zu 1%, das gesamte Vorratskapital nur zu 2% verzinst. Diese Verzinsung genügt dem Besitzer aber nicht. Er erkennt leicht, daß das hohe Betriebskapital die Ursache der mangelhaften Verzinsung ist. Er geht zu einer Verkürzung der Umtriebszeit über. Nach einer Reihe von Jahren wird der Vorrat p. ha von 300 fm im Wert von 10 M. auf 250 fm mit einem Durchschnittswert von 9 M. vermindert. Die Masse des Einschlags ist durch die Verkürzung der Umtriebszeit nicht verändert; sie beträgt p. ha 6 fm. Aber der Wert ist von 16 M. auf 14 M. gesunken. Daher ist die Waldrente $6 \times 14 = 84$ M. p. ha; sie ist im ganzen von 9600 auf 8400 M. zurückgegangen. Das Kapital, das durch den Einschlag des Vorrats frei geworden ist (5000 fm à 15 M. = 75000 M.), ist aber nicht tot. Es ist mit 4% verzinslich angelegt. Wird nun das Gesamteinkommen berechnet, so beträgt dasselbe infolge der Veränderung der Betriebsführung 8400 + 3000 M. = 11400 M.; es hat daher um 1800 M. genommen. Mit dem Gesamteinkommen ist aber zugleich die Bodenrente gestiegen. Diese wird dadurch ermittelt, daß von der Waldrente der Zins des Vorratskapitals in Abzug gebracht wird. Die Bodenrente beträgt, bei 3% Zins des Vorrats, im ersten Fall 9600—9000 = 600, im zweiten Fall dagegen 8400—6750 = 1650 M.

Mit der vorliegenden Wirtschaft mag diejenige eines anderen Waldeigentümers verglichen werden, dessen gleich großer Wald im 50jährigen Umtrieb behandelt ist. Die Rente desselben ist niedrig. Sie beträgt bei einer gleichen jährlichen Abnutzung von 6 fm p. ha und einem Durchschnittswert von 8 M. pro Festmeter nur 4800 M. Der Vorrat p. ha ist auf 200 fm im Wert von 6 M. pro Festmeter, im ganzen auf 120000 M. geschätzt. Der Waldbesitzer erkennt mit den einfachsten Mitteln der Zuwachskunde und Statistik, daß das 50jährige Holz, wenn es richtig durchforstet wird, noch einen bedeutenden Massenzuwachs von 4—5% und eine hohe Wertzunahme, von 2—3% besitzt. Es wächst im Alter von 50—80 Jahren gerade in diejenigen Stärken hinein, die im Handel am meisten begehrt werden. Er schlägt daher den entgegengesetzten Weg ein, wie der erstgenannte Waldeigentümer: er führt im Laufe der Zeit den höheren Umtrieb ein. Nach einer Reihe von Jahren hat sich die Waldrente an Haubarkeitsnutzung von 4800 auf 8400 M. erhöht. Mit dieser Erhöhung der Waldrente ist aber auch das Gesamteinkommen des Eigentümers erhöht. Die Nachwerte der ausgefallenen Hauptnutzung würden selbst dann durch den Mehrwert des Waldes aufgewogen werden, wenn in der Zeit des Übergangs vom niederen zum höheren Umtrieb gar keine Nutzungen stattgefunden hätten. Da aber während der Zwischenzeit kräftige Durchforstungen ausgeführt sind, so ist das Gesamteinkommen in weit geringerem Maße vermindert worden. Der Wert des Holzvorrats hat sich fast verdoppelt; er ist von 120000 M. auf 225000 M. gestiegen. Wird die Bodenrente nach obigem Verfahren berechnet, so beträgt sie: für die 50 jährige Umtriebszeit 4800 — 120000 . 0,03 = 1200 M.; für die 80 jährige Umtriebszeit 8400 — 225000 . 0,03 = 1650 M. Durch die Überführung in die 80 jährige Umtriebszeit ist nicht nur die Waldrente, sondern auch das Gesamteinkommen und die Bodenrente größer geworden. — Ähnliche Beispiele lassen sich bei allen Holzarten, die in der Zeit der starken Zunahme des Holzwertes kräftig durchforstet werden, erbringen. Auch in der Forstwirtschaft besteht die Regel, daß das Gesamtinteresse des Grundeigentümers mit dem Stande der Bodenrente zusammenfällt. Und wenn sich Gegensätze in dieser Beziehung ergeben, so müssen diese in der Methode der Rechnung oder in dem angewandten Zinsfuß eine Erklärung finden; sie können aber nicht das eigentliche Prinzip der Bodenkultur umstoßen.

Überträgt man die Ergebnisse, zu denen der einzelne Waldeigentümer durch richtige Rechnung geführt wird, auf ein ganzes Land, so wird man zwar in mancher Richtung zeitliche und örtliche Unterschiede in der Art, wie die Rechnungen geführt werden, gelten lassen müssen. Aber im Grunde gilt auch für die Volkswirtschaft der Satz, daß die höchste Waldrente für die Betriebsführung nicht ausschlaggebend sein kann, daß die Wirtschaft der höchsten Bodenrente dagegen mit dem volkswirtschaftlichen Interesse zusammenfällt.

2. Die Zunahme der Intensität der Bodenkultur.

a) In der Landwirtschaft.

Wenn nun auch das Maximum der Gutsrente das leitende Prinzip für die Einrichtung und Führung des landwirtschaftlichen Betriebs nicht bilden darf, so besteht doch in allen Zweigen des Landbaus die Regel, daß die Wirtschaft im Laufe der Zeit, beim

Fortschreiten der wirtschaftlichen Kultur intensiver geführt werden muß. Der Aufwand an Arbeit und Kapital wird um so größer, je mehr die Bevölkerung an Zahl und Wohlstand fortschreitet. Dies lehrt die Kulturgeschichte aller Länder. Auf den niederen Kulturstufen herrschen landwirtschaftliche Betriebssysteme vor, in denen der alsdann im Überfluß vorhandene Boden vorzugsweise wirksam ist. Bei der sehr dünnen Bevölkerung fehlt es an Arbeitskräften; noch mehr an Hilfsmitteln der Arbeit (Werkzeugen, Maschinen) und Meliorationsstoffen. Steigt die Zahl der Menschen, die vom Ertrag des Bodens unterhalten werden sollen, so muß dieser gründlicher bearbeitet und verbessert werden. Und da dies beim Mangel an Arbeitskräften und Düngemitteln nur auf Teilen der Fläche möglich ist, so bilden sich Betriebssysteme aus, die dadurch charakterisiert sind, daß nicht die ganze Fläche, sondern nur Teile derselben angebaut werden, während andere als Brache und Weide liegen bleiben (Dreifelderwirtschaft, Koppelwirtschaft usw.). Erst auf den höheren Kulturstufen wird es durch die Fortschritte der Landwirtschaft möglich, die ganze Kulturfläche als Acker zu benutzen. Dies geschieht zunächst in einer bestimmten Folge, derart, daß die wichtigsten Gewächse (Getreide, Hackfrüchte usw.) entsprechend ihren verschiedenen Ansprüchen an den Boden, nacheinander angebaut werden (Fruchtwechselwirtschaft). Auf den höchsten Stufen der wirtschaftlichen Kultur endlich weiß sich die agronomische Kunst infolge der technischen und naturwissenschaftlichen Fortschritte auch von dieser Fessel freizumachen. Es werden nun die gleichen oder ähnliche, dem Standort und Absatz am besten entsprechenden Gewächse auf derselben Fläche nacheinander erzogen (Gartenbau, Handelsgewächse in der Nähe der Großstädte).

Wie die verschiedenen Betriebssysteme in jedem Lande nacheinander auftreten, so bestehen sie bei verschiedenen physischen und ökonomischen Bedingungen auch zu gleicher Zeit nebeneinander. Belgien und Rußland, West- und Ostdeutschland, die Umgebung der Großstädte und entlegene Waldgemarkungen geben hierfür eine Menge von Beispielen. Das intensivere System ist nicht immer als das bessere aufzufassen. Über den zweckmäßigsten Grad der Aufwendungen von Arbeit und Kapital auf den Boden entscheidet der allgemeine wirtschaftliche Zustand eines Volkes und die natürliche Beschaffenheit des Bodens und der Lage. Es ist ein Fehler, in Länder, für die nach ihrer Entwicklungsstufe eine extensive Wirtschaft angezeigt ist, die Einrichtungen von Ländern mit intensiver Kultur unmittelbar zu übertragen. Allein beim ungestörten naturgemäßen Fortschritt der wirtschaftlichen Kultur nimmt die Intensität des Betriebs überall doch stetig zu. Es liegt im Interesse der Landwirte, beim Fortschreiten der Volkswirtschaft an den teurer werdenden Grundstücken mehr und mehr zu sparen und verstärkte Kapital- und Arbeitsaufwendungen als Ersatz zu benutzen.

b) In der Forstwirtschaft.

Auch für die Forstwirtschaft hat die Regel, daß der Betrieb beim Fortschreiten der volkswirtschaftlichen Kultur an Intensität zunehmen soll, Gültigkeit. Alle Zweige der Arbeit (Fällung, Kultur, Schutz, Verwaltung usw.) zeigen im Laufe des Kulturfortschritts eine Zunahme. Dasselbe findet statt in bezug auf das Kapital, welches von außen in die Wirtschaft eingeführt wird (Wegebau und Eisenbahnanlagen, Fällungs- und Kulturwerkzeuge, Gebäude für Beamte und Arbeiter usw.). Das wichtigste Kapital der Forstwirtschaft ist aber das im Walde selbst liegende Vorratskapital. Und auch hier muß die gleiche Regel zur Geltung kommen. Die Ursache einer Vermehrung des Vorratskapitals ist die gleiche wie die der Zunahme des Inventars und der Meliorationen in der Landwirtschaft. Der Boden wird teurer; am Boden muß gespart werden. Trotz mancher Bestrebungen seitens des Staates, mancher Gemeinden und Großgrundbesitzer auf Ausdehnung der forstlichen Kultur nimmt doch die gesamte Waldfläche in den Kulturländern durch Rodung und Überführung in andere Kulturarten ab. Mehr noch als in Deutschland geschieht dies in vielen außerdeutschen Ländern.[1]) Auf der anderen Seite nimmt der Verbrauch an Wald-

---

[1]) Ein genauer Nachweis der Abnahme der Wälder und der Veränderungen in bezug auf die Produktion und Konsumtion von Holz stößt der Natur der Sache nach auf große Schwierigkeiten. Die Statistik ist mangelhaft, und viele Dinge, die dabei zu berücksichtigen sind, lassen sich in bestimmten Zahlen überhaupt nicht darstellen. Von großem Interesse auf diesem Gebiete war der in weiten Kreisen bekannt gewordene Vortrag des französischen Forstinspektors Mélard über die „Unzulänglichkeit der Nutzholzproduktion auf der Erde," der auf dem internationalen Kongreß für Forstwirtschaft gelegentlich der Weltausstellung in Paris 1900 gehalten wurde. Mélard führte aus:

In den südeuropäischen alten Kulturländern (Spanien, Italien und Griechenland) sei mit den früheren Waldschätzen so gründlich aufgeräumt, daß die jetzige Produktion zur Deckung des geringen Holzbedarfs dieser Länder nicht ausreiche. In den mitteleuropäischen Staaten (Deutschland, Schweiz, Niederlande, Belgien, England und Frankreich), welche sich durch eine gute forstliche Wirtschaft auszeichneten, sei in der Neuzeit durch die Entwicklung der Industrie Holzmangel entstanden. England allein weise ein Defizit von 12 Mill. Festmeter auf; dann folge Deutschland mit 7,3 Mill., Frankreich mit 2,3 Mill., Belgien mit 1,5 Mill. Festmeter. Der waldreiche Norden und Osten (Österreich-Ungarn, Rußland, Schweden und Norwegen) weise dagegen einen Überschuß der Produktion, etwa 23 Mill. Festmeter auf, der aber nicht genüge, um das europäische Gleichgewicht herzustellen. Die

produkten durch das Wachstum der Bevölkerung, des Wohlstandes, durch technische Erfindungen usw. fortgesetzt zu. Den erhöhten Anforderungen, welche an den Wald gestellt werden, muß daher mit einer geringeren Fläche genügt werden. Dies kann nun auch in der Forstwirtschaft durch die Wirkung vermehrter Arbeit und vermehrten Kapitals, durch größere Intensität des Betriebs, geschehen. Es kommt dabei noch in Betracht, daß der Preis für die Kapitalnutzung, der Zinsfuß, im Laufe des Kulturfortschritts niedriger wird. Tatsächlich lehrt denn auch die Geschichte, daß die Erhöhung des forstlichen Betriebskapitals wirklich stattgefunden

Gesamtbilanz zwischen Produktion und Konsumtion ergebe vielmehr für Europa ein Defizit von $2^1/_2$ Mill Festmeter, welches vorzugsweise England zur Last falle und zur Zeit durch amerikanisches Holz gedeckt werde. Amerika sei jedoch außerstande, diese Funktion dauernd zu übernehmen. In Nordamerika übertreffe schon jetzt der eigene Bedarf die normale Produktion (die sich indessen nur sehr schwer und ungenügend einschätzen läßt). Auch Süd- und Zentralamerika litten an Holzmangel. Mexikos Wälder seien für den eigenen Konsum nicht ausreichend; Brasilien sei zwar reich an Waldfläche und an seltenen Holzarten, aber arm an Handelsware in großen Massen. Der westliche Teil Südamerikas befinde sich in einem Zustand, der nicht ausreiche, um die Bedürfnisse der betreffenden Staaten an Holz zu befriedigen. Afrika sei im wesentlichen ein Holz konsumierender Erdteil. Nur in wenigen frischen Zonen Zentralafrikas finden sich Wälder vor, die sehr gute Qualitäten lieferten, aber die Massenerzeugung sei gering. Auch Asien verfüge nur über verhältnismäßig beschränkte Vorräte. Indiens Reichtum sei durch frühere Mißwirtschaft dezimiert, und käme nur England zugute. China besitze wenig Wald, habe aber beim Mangel an Holz verbrauchender Industrie auch nur geringes Bedürfnis an Nutzholz. Japan könne trotz seiner rationellen Waldkultur den eigenen Bedarf nicht decken, sei vielmehr genötigt, von Jahr zu Jahr mehr Holz einzuführen. Sibirien enthalte zwar in den mittleren Landesteilen noch sehr große Waldstrecken, allein die Zugutemachung dieser Vorräte durch den Waldverkehr sei bei dem Mangel geeigneter Transportmittel mindestens fraglich. In Australien endlich seien die Zustände der Waldungen infolge der mangelhaften Gesetzgebung, der meteorologischen Verhältnisse und der ausgedehnten Schafzucht großenteils als ungünstige zu bezeichnen.

Aus den angegebenen Verhältnissen zieht Mélard das Resultat, daß die gesamte Produktion der Wälder an Nutzholz ungenügend sei, um dem zunehmenden Bedarf der wachsenden Bevölkerung zu genügen. In kurzer Zeit werde sich der Mangel mehr und mehr fühlbar machen. — So begründet nun die Ausführungen Mélards in vieler Hinsicht auch sein mögen, so geben sie doch zu einer pessimistischen Auffassung keinen Anlaß — weder in volkswirtschaftlicher noch in forstwirtschaftlicher Beziehung. In volkswirtschaftlicher Beziehung braucht man nur an die mancherlei Ersatzstoffe des Holzes zu denken. Die Forstwirtschaft ist, wie ihre Geschichte lehrt, mehr durch die Vermutung, daß Holzmangel eintreten werde, als durch die Annahme der Unerschöpflichkeit der von der Natur gegebenen Wälder gefordert worden. Wie im 18. Jahrhundert die Furcht vor Brennholzmangel, so kann im 20 Jahrhundert die Furcht vor Nutzholzmangel den Antrieb zu einer besseren, intensiveren Wirtschaft bilden. Jedenfalls darf man die angegebenen Verhältnisse zur Begründung einer positiven Richtung der ökonomischen Politik und zur Begründung der Aufforstung von Ödländereien, zur Erhaltung aller Wälder, welche ihr Kapital genügend zu verzinsen imstande sind, und zur Wahl eines niedrigen Zinsfußes verwenden.

hat. Von den früheren Waldzuständen macht man sich häufig irrige Vorstellungen. Allerdings steht das Vorhandensein der Ur-waldungen zu dieser ökonomischen Entwicklung im Gegensatz. Die aus alten Urwaldungen entstandenen Altholzvorräte sind in um so reicherem Maße vorhanden, je weniger die Kultur eines Landes fortgeschritten ist. Die alten, lediglich durch die Wirkung der Natur erzeugten Waldungen können zu den Regeln der Wirtschafts-lehre nicht in Beziehung gesetzt werden. Sofern es sich aber um Waldungen handelt, die planmäßig bewirtschaftet werden, wie es bei der Ausführung statischer Aufgaben geschehen muß, hat die Regel zunehmender Intensität allgemein Geltung. Sie erhält in der Forstgeschichte[1]) eine vielseitige Bestätigung.

Wie aus dem Vorausgegangenen hervorgeht, so unterliegt die Bodenkultur überall zwei verschiedenen ökonomischen Tendenzen. Die eine geht dahin, daß das Kapital, welches auf dem Stocke er-halten wird, nicht zu hoch anwachsen darf. Es wird an dieses Kapital die gleiche Anforderung gestellt, wie an alle Kapitalien, daß es sich in einer den Verhältnissen entsprechenden Höhe ver-zinsen muß. Andererseits lehrt die Geschichte, daß alle Wirt-schaften im Laufe der volkswirtschaftlichen Kultur reicher an Kapital werden müssen. Diese beiden Richtungen stehen trotz ihrer gegenteiligen Wirkungen nicht im Widerspruch. Sie bekunden vielmehr einen ähnlichen Dualismus, als er auf anderen Gebieten in der Welt besteht. Wie die Himmelskörper durch entgegen-gesetzte Kräfte in ihrer Bahn erhalten und wie in der Politik alle Neuerungen durch den Einfluß entgegengesetzter Richtungen zustande gebracht werden, so muß auch in der Forstwirtschaft durch den Einfluß verschiedener Richtungen das ökonomische Gleich-gewicht gegeben und erhalten werden.

---

[1]) Die meisten Forstordnungen des 16. bis 18. Jahrhunderts; Schriften der alten Jäger, insbesondere J. G. Beckmann, Gegründete Versuche und Erfahrungen von der Holzsaat 1758; Bernhardt, Geschichte des Wald-eigentums, 2. Band, § 13.

Zweiter Teil.

Anwendungen.

Wahl zwischen landwirtschaftlicher und forstwirtschaftlicher Benutzung des Bodens.

Die richtige Bestimmung und Abgrenzung der Kulturarten ist eine der wichtigsten Aufgaben der Bodenkultur; sie ist die Grundlage für einen guten Zustand der Land- und Forstwirtschaft. Insbesondere ist eine gute Einrichtung der Forstwirtschaft nicht möglich, ohne daß die Abgrenzung der Kulturart vorangegangen ist. Den Begriffen der normalen Altersklassen und Hiebsflächen, welche jeder Ertragsregelung zur Grundlage dienen, kann nur dann ein richtiger Inhalt gegeben werden, wenn die Fläche des Holzbodens und Nichtholzbodens richtig bestimmt ist. Allerdings liegen in der großen Wirtschaft die Verhältnisse meist so, daß die Kulturart durch die physische Beschaffenheit der Länder, die vorausgegangene Geschichte und den vorliegenden Zustand der Bodenkultur als feststehend angesehen werden kann. Im Gebirge ist der Standort des Waldes durch Höhenlage und Abdachung ziemlich bestimmt vorgeschrieben; in der Ebene sind es die den bewohnten Orten am fernsten liegenden Flächen, welche vom Walde eingenommen werden. Allein an manchen Orten — insbesondere in den beiderseitigen Grenzgebieten — ist das bestehende Verhältnis der Kulturarten nicht so beschaffen, daß es als ein bleibendes angesehen werden könnte. Wie überall, so bedarf auch hier das durch Natur und Geschichte Gewordene der Berichtigung und Ergänzung durch menschliche Einsicht und Tätigkeit. Der Wald war, wo die Bedingungen zu seiner Entstehung vorlagen, zunächst im Übermaß vorhanden; er mußte, damit die nächsten wirtschaftlichen Aufgaben erreicht wurden, zurückgedrängt werden. In dem Bestreben, ihn zugunsten des Acker-, Wiesen- und Weidelandes zu vermindern, sind aber die meisten Völker zu weit gegangen. Vielfach ist der Wald auch da beseitigt worden, wo seine Erhaltung im physischen und ökonomischen Interesse der betreffenden Staaten gelegen hätte. Die meisten Kulturländer sehen sich deshalb in der neueren Zeit vor die Aufgabe gestellt, den Wald an Orten, wo er früher vernichtet ist, wiederherzustellen. Namentlich ist dies da der Fall, wo andere Kulturarten nicht möglich sind. Der Entstehung oder Überhandnahme von nicht benutzten Flächen, insbesondere von Ödland, muß in kultivierten Ländern vorgebeugt werden.

Eine richtige Bestimmung der Kulturarten erscheint nach Vorstehendem als eine wichtige Aufgabe der Bodenkultur. Zur praktischen Ausführung kommt dieselbe namentlich bei der Zusammenlegung der Gemarkungen; sodann bei der Regulierung der Grenzen verschiedener Grundeigentümer, welche mit dem Austausch, An- und Verkauf von Grundstücken verbunden ist. Auch bei der Wegenetzlegung und wirtschaftlichen Einteilung kommt die Abgrenzung des Waldes von Wiesen und Ackerland durch Randwege zur Ausführung. Endlich gibt auch die Bedeutung, welche der Wald als Schutz gegen atmosphärische Gefahren bietet, Veranlassung, seiner richtigen Abgrenzung das Augenmerk zuzuwenden.

A. Die Ausscheidung des Schutzwaldes.

1. Erklärungen.

Den ersten und für manche Gegenden wichtigsten Bestimmungsgrund für die Abgrenzung des Waldes von Äckern, Wiesen und Weiden bilden die Zwecke, welche derselbe im Interesse der Sicherheit der Länder erfüllen soll. Unter den Aufgaben, welche in dieser Beziehung in Betracht kommen, steht die Zurückhaltung des Wassers an erster Stelle. Infolge der langsamen Erwärmung des mit Laub und Nadeln bedeckten Bodens und der Aufsaugung der Waldbodendecke wird der Abfluß des Wassers zur Zeit der Schneeschmelze und nach Regengüssen verlangsamt. Die Hochwassergefahr kann dadurch auf weite Strecken, im ganzen, unterhalb des betreffenden Waldes gelegenen Talgebiet, vermindert werden. Die Geschichte der neuesten Zeit bietet in dieser Beziehung lehrreiche Beispiele. Soll aber der Wald diese Aufgabe erfüllen, so ist die wichtigste Bedingung, daß er gut bewirtschaftet, daß insbesondere der Waldboden in gutem Zustand erhalten wird. Was am meisten zur Zurückhaltung des Wassers beiträgt, ist der aus toten und lebenden Gewächsen bestehende Bodenüberzug und der aus ihm sich bildende Humus.

Die Bedeutung des Schutzwaldes ist in der neueren Zeit in vielen Ländern durch Naturschäden so bestimmt hervorgetreten, daß sie von keiner Seite mehr bezweifelt wird. Am sichtlichsten treten die Folgen der Beseitigung des schützenden Waldes im Hochgebirge hervor. Wo hier die Gefahr vorliegt, daß durch die Entwaldung fruchtbare Täler, die unter steilen Hängen liegen, mit abrutschendem Gerölle überschüttet werden oder daß sich Talspalten und Wasserrisse bilden, die verheerende Wirkungen üben, da ist die Walderhaltung eine notwendige Grundlage für den Bestand der Landeskultur. Aber auch in den deutschen Mittelgebirgen (Harz, Thüringen, Riesengebirge u. a.), wo Bergrutsche und Wasserrisse seltener eintreten, hat der Wald auf die Aufnahme und Zurückhaltung der atmosphärischen Niederschläge, auf die Erhaltung der Quellen und die Regelung der Wasserläufe großen Einfluß, so daß Entholzungen, welche eine Beschleunigung des Wasserabflusses zur Folge haben, für die unterhalb gelegenen Stromgebiete sehr gefährlich werden können. Und auch in der Ebene, wo akute Schäden durch den Wasserabfluß nicht zu befürchten sind, darf die schützende Wirkung, die der Wald durch Abhaltung rauher Winde und Verhinderung der Entstehung von Flugsand ausübt, nicht unterschätzt werden. Er ist weit größer, als zu Anfang des 19. Jahrhunderts, als in Norddeutschland die völlige Freiheit der Privatforstwirtschaft gesetzlichen Ausdruck erhielt, angenommen wurde.

Die Festsetzung der Waldflachen, welche als Schutzwald angesehen und als solche ausgeschieden werden sollen, unterliegt nun aber besonderen Schwierigkeiten, die sich durch Erklärungen, welche Gesetzen oder amtlichen Erlassen beigegeben werden, nicht genügend beseitigen lassen. Es ist sehr schwer, dem Begriff des Schutzwaldes praktische Gestalt zu geben. Eine örtliche Festlegung ist wohl bezüglich solcher Schutzwaldungen möglich, welche eine ganz bestimmte, örtlich genau nachweisbare Schutzaufgabe erfüllen sollen, wie z. B. den Schutz eines Wiesentals gegen die Überschüttung von Geschiebe oder das Abrutschen des Bodens an einem steilen Hang. Unter solchen Verhältnissen ist die Abgrenzung des schützenden Waldes leicht ausführbar. Tatsächlich wird sie auch hier auf Grund der bestehenden Gesetzgebung in manchen Staaten ausgeführt. Aber neben solchen Schutzwaldungen im strengen Sinne gibt es noch andere, an Umfang weit ausgedehntere Waldungen, die zweifellos auch einen Schutz auf die physischen Verhältnisse ihrer näheren und weiteren Umgebung ausüben, ohne daß dies aber so bestimmt, wie bei den Waldungen jener ersten Klasse, nachgewiesen werden kann. Die meisten Waldungen, welche die Kämme und Abhänge der deutschen Gebirge bedecken, gehören in diese Klasse des Schutzwaldes im weiteren Sinne. Sie haben Einfluß auf die Aufnahme, Zurückhaltung und Verteilung des Wassers und können deshalb die unterhalb von ihnen belegenen Stromgebiete gegen rasche Zunahme des Wassers und die Schäden, die daraus hervorgehen, wirksam schützen. Eine scharfe Abgrenzung dieser ausgedehnten Schutzwaldungen ist jedoch nicht möglich. Niemand ist imstande, sie für größere Gebiete in richtiger Weise zu bewirken. Auch ist die staatliche Erwerbung dieser Waldflächen, die der Bewirtschaftung des Schutzwaldes vorausgehen müßte, in absehbarer Zeit nicht möglich.

2. Gesetzliche Maßnahmen.

Die Schwierigkeit oder Unmöglichkeit, den Schutzwald abzugrenzen und staatsseitig zu erwerben, führt zu der Forderung, daß der Staat als Vertreter der Wohlfahrtspolizei auf die Gesamtheit der Waldungen einen Einfluß geltend zu machen in der Lage ist. Die völlige Freiheit der Privatwirtschaft entspricht unter Umständen weder dem Interesse der Gesamtheit noch dem der Zukunft, die bei der Wirtschaftspolitik berücksichtigt werden muß; weder den physischen noch den ökonomischen Forderungen, die an den Wald gestellt werden. Die Freiheit der Wirtschaftsführung bedarf bis zu einem gewissen Grade der Beschränkung. Wenn auch das Maß von Freiheit, welches beim Fortschritt eines Volkes, ebenso wie bei der Entwicklung des einzelnen Menschen, im allgemeinen zunehmen muß, so darf doch eine völlige, unbeschränkte Freiheit auf wirtschaftlichem Gebiet nicht als zulässig angesehen und erstrebt werden, ebensowenig wie solches auf irgend einem anderen Gebiet des menschlichen Lebens richtig ist. Die völlige Freiheit der wirtschaftlichen Tätigkeit würde einen Grad des Gemeinsinns voraussetzen, wie er wohl bei einzelnen Personen, nicht aber bei der Mehrzahl der Glieder eines Volkes vorhanden ist. Wie die Träger anderer Wirtschaftszweige, so müssen sich auch die Waldeigentümer gewissen Beschränkungen unterordnen, die aber im wesentlichen so gehalten werden können, daß sie bei guter Wirtschaftsführung nicht lästig empfunden werden.

In der Gesetzgebung der meisten deutschen und außerdeutschen Länder ist der ausgesprochenen Anschauung tatsächlich Ausdruck gegeben. Die Forstpolizeigesetze der süddeutschen Staaten[1])

---

[1]) In Baden ist nach dem Gesetze von 1854 nicht nur die Waldausstockung ohne Erlaubnis der zuständigen Behorde, sondern auch die Gefährdung eines Waldes durch ordnungswidrige Bewirtschaftung untersagt. Zu Kahlhieben ist die Genehmigung der Forstbehorde einzuholen. — In Württemberg ist durch das Fortpolizeigesetz von 1879 die Wiederaufforstung von Kahlschlagen angeordnet. Bei Unterlassung derselben durch den Waldeigentumer soll die Kultur durch die zuständige Forstbehörde erfolgen. — Auch in Bayern ist (nach dem Forstgesetz von 1852) zu allen Waldrodungen die Einwilligung der Forstpolizeibehörde erforderlich. In den zum Schutze gegen Naturereignisse dienenden Waldungen ist der kahle Abtrieb verboten. Die

(Baden, Württemberg, Bayern) und der meisten anderen Kulturländer[1]) (Österreich, Frankreich, Schweiz usw.) sind von der Anschauung getragen, daß eine Beschränkung der Freiheit bei der Bewirtschaftung der Waldungen im Interesse der Allgemeinheit und der Zukunft notwendig sei. Sie wollen die Wälder schützen einmal mit Rücksicht auf die Gefahren, welche ihre Vernichtung für angrenzende Grundstücke oder andere Gebiete haben kann; sodann auch im Interesse der eigenen Eigentümer, ihrer Rechtsnachfolger und der Gesamtheit, um sie nach Boden und Holzbestand in einem guten Zustand für die Zukunft zu erhalten. In Preußen hat dagegen seit Erlaß des Landeskulturedikts (1811) fast das ganze 19. Jahrhundert hindurch das Prinzip der völligen Freiheit der Privatforstwirtschaft bestanden. Die Beschränkungen in der Benutzung des Bodens und die Aufsichtsrechte des Staates, die früher bestanden hatten, sind, soweit es sich nicht um Rechte Dritter handelte, durch das genannte Edikt aufgehoben worden.

Nun muß man zur Begründung dieser großen Unterschiede, die im 19. Jahrhundert auf dem Gebiet des Waldschutzes bestanden haben, nicht verkennen, daß, im Gegensatz zu den Verhältnissen Süddeutschlands, die Wälder Preußens zum größten Teil ebenes Terrain einnehmen, daß hier deshalb manche Naturschäden weniger heftig auftreten, daß auch die Beförderung von Holz und seinen Ersatzstoffen weniger schwierig war als in Gebirgsländern. Es lagen daher — und liegen noch immer — physische und ökonomische Gründe vor, die für Norddeutschland eine freiere Wirtschaftspolitik als für die süddeutschen und die südeuropäischen Länder rechtfertigen. Allein diese Verhältnisse enthalten nur die Gründe zu Abweichungen des Grades. Eine Verschiedenheit im Prinzip, daß die Interessen der Gesamtheit und der Zukunft bei der Polizeigesetzgebung gewahrt werden müssen, läßt sich aus den genannten Verhältnissen nicht ableiten.[2]) Die Geschichte hat viel-

---

der Holzzucht dienenden Grundstücke sollen nicht durch unregelmäßige Durchlocherung von Jungholzern, übermäßige Streunutzung u. a. in ihrem Fortbestand gefährdet werden.

[1]) Das österreichische Forstgesetz von 1852 sagt in den §§ 2—5: Ohne Bewilligung der zuständigen Aufsichtsbehörde darf kein Waldgrund der Holzzucht entzogen und zu anderen Zwecken verwendet werden. Frisch abgetriebene Waldteile sind binnen einer bestimmten Frist aufzuforsten. Kein Wald darf verwüstet, d. i. so behandelt werden, daß die fernere Holzzucht dadurch gefährdet oder unmöglich gemacht wird. — In der Schweiz ist die neuere Schutzwaldpolitik durch ein starkeres Eingreifen der Bundesregierung in positiver Richtung charakterisiert. Ebenso haben auch andere Staaten (Italien, Ungarn, Rußland) in der Forstpolizeigesetzgebung eine positive Richtung eingeschlagen.

[2]) Dies wird auch von der preußischen Staatsforstverwaltung bestimmt anerkannt: „Der Wald hat Bedeutung nicht für die Gegenwart und nicht

Martin, Forstl Statik 16

mehr zur Genüge gelehrt, daß auch in den ebenen Provinzen
Preußens die unbeschränkte Freiheit der Bodenbenutzung nachteilige Folgen gehabt hat.[1]

Tatsächlich ist nun auch die Forstpolizeigesetzgebung Preußens
infolge der Erfahrungen, die im 19. Jahrhundert auf dem Gebiete
der Bodenkultur gemacht sind, in der neueren Zeit zu einer posi-
tiveren Richtung übergegangen. Eine prinzipielle Abkehr der Politik
der unbeschränkten Freiheit erfolgte durch den Erlaß des Gesetzes,
betreffend Schutzwaldungen und Waldgenossenschaften von
1875. Um den Nachteilen, welche aus der rücksichtslosen Behandlung vieler Privatwaldungen entsprungen sind, zu begegnen, sollte
dies Gesetz durch Anordnungen über die Art der Benutzung die
Möglichkeit gewähren, den Eigentümer gefahrbringender Grundstücke soweit einzuschränken, als erforderlich ist, um Schäden für
angrenzende Grundstücke und Nachteile, die durch rücksichtslose
Entwaldung für das Gemeinwohl entstehen, abzuwehren.[2]

---

für den Eigentümer allein, er hat Bedeutung auch für die Zukunft und für
die Gesamtheit der Bevölkerung. Das ist eine Wahrheit, die sich nicht bestreiten läßt, die aber täglich von der Gleichgültigkeit und vom Eigennutz
mißachtet wird. Gegen beide einzuschreiten, wenn sie gemeingefährlich werden — und das sind sie leider bereits in hohem Maße geworden —, ist Pflicht
der Gesetzgebung. Nicht die Verminderung der Holzerzeugung, nicht die Er-
schwerung der Befriedigung des Holzbedürfnisses, nicht die Steigerung der
Holzpreise, nicht die Furcht vor Holzmangel können den Staat berechtigen,
in die Freiheit des Privatwaldbesitzes und der Privatwaldwirtschaft einzu-
greifen. Wohl aber verpflichten ihn dazu die Nachteile, welche aus der Vernichtung der Wälder in gewissen Lagen für die Wohlfahrt und Existenz einzelner Gegenden oder Orte und ihrer Bewohner erwachsen." (v. Hagen-
Donner, Forstliche Verhältnisse Preußens.)

[1] A. a. O., S. 79: Wie ganze Länder, die im Altertum im Wohlstand
blühten, durch Vernichtung der Wälder der Verarmung und Verkümmerung
anheimgefallen sind, so sind gleichen Schaden in Preußen weite Landstriche
wie einzelne Gemeinden erlegen. Durch Entwaldung der Nehrungen im 17.
und 18. Jahrhundert sind die Seeküsten allen Winden und Stürmen preisgegeben, der Dünensand hat weithin fruchtbare Fluren bedeckt; Dörfer, deren
ackerbauende Bevölkerung im Wohlstand lebte, sind verschwunden. Auf dem
leichten Sandboden der Ebene sind in bald größerem, bald kleinerem Umfang
Sandberge und Hügel flüchtig geworden, wo sonst Waldbestände den Sand
deckten. An die Stelle der Laubholzwaldungen traten im nördlichen Hannover die Heideflächen usw."

[2] § 2 des preußischen Schutzwaldgesetzes bestimmt: „In Fällen, in
denen: a) durch die Beschaffenheit von Sandländereien benachbarte Grundstücke, öffentliche Anlagen, natürliche oder künstliche Wasserläufe der Gefahr
der Versandung —, b) durch Abschwemmen des Bodens oder durch die Bildung von Wasserstürzen in hohen Freilagen, auf Bergrücken, Bergkuppen
und an Berghängen, die unterhalb gelegenen nutzbaren Grundstücke, Straßen
oder Gebäude der Gefahr einer Überschüttung oder der Überflutung usw. —,
c) durch die Zerstörung eines Waldbestandes an den Ufern von Kanälen oder
natürlichen Wasserläufen Ufergrundstücke der Gefahr des Abbruchs usw. —,
d) durch die Zerstörung eines Waldbestandes Flüsse der Gefahr einer Verminderung ihres Wasserstandes —, e) durch die Zerstörung eines Wald-

Der unmittelbare Einfluß dieses preußischen Schutzwaldgesetzes ist, im Gegensatz zu anderen Staaten, welche Schutzwaldgesetze nach gleichen oder ähnlichen Grundsätzen erlassen haben,[1]) sehr gering gewesen. Das Verfahren zur Begründung von Schutzwaldungen ist im ganzen Staate nur für ca. 500 ha durchgeführt, während z. B. in Ungarn fast eine halbe Million Hektar als Schutzwald ausgeschieden sind. Die wesentlichsten Ursachen der geringen Erfolge des preußischen Schutzwaldgesetzes liegen in der Schwierigkeit des Aufbringens der Kosten. Wie aus der Fassung des Gesetzes hervorgeht, handelt es sich in Preußen vorzugsweise um Flächen, die erst durch die Aufforstung zu Schutzwaldungen gemacht werden sollen. Hier tritt die Kostenfrage bestimmter in den Vordergrund, als in Waldungen, bei denen, wie in vielen Gebirgsforsten, nur die Regelung oder Einschränkung der Fällungen Gegenstand des gesetzlichen Einschreitens ist. Da der Antragsteller in erster Linie zur Aufbringung der Kosten verpflichtet ist, — die Besitzer der gefährdeten Grundstücke haben nur Beiträge nach Verhältnis und bis zur Werthöhe des abzuwendenden Schadens zu leisten, ebenso auch die Eigentümer der gefahrbringenden Flächen nach Verhältnis und bis zur Höhe des Mehrwertes, welchen ihre

bestandes in den Freilagen und in der Seenahe benachbarte Feldfluren und Ortschaften den nachteiligen Einwirkungen der Winde in erheblichem Grade ausgesetzt sind — kann behufs Abwendung dieser Gefahren sowohl die Art der Benutzung der gefahrbringenden Grundstücke, als auch die Ausführung von Waldkulturen und Schutzanlagen auf Antrag angeordnet werden, wenn der abzuwendende Schaden den aus der Einschränkung für den Eigentümer entstehenden Nachteil beträchtlich überwiegt. — Hiernach handelt es sich bei Anwendung des Gesetzes nur um Wälder, welche unter 1 als Schutzwaldungen im strengen Sinne bezeichnet werden

[1]) Zu einem Vergleiche ist namentlich das ziemlich gleichzeitig (1879) erlassene ungarische Waldschutzgesetz geeignet In Ungarn sind nach der vom Ministerium erlassenen Instruktion zu den Schutzwaldungen zu rechnen· 1. die an der Vegetationsgrenze belegenen Flächen, deren forstliche Bewirtschaftung und Pflege für die Aufrechterhaltung und Nutzbarmachung der unter ihnen sich ausbreitenden Forste oder anderer Kulturgattungen notwendig ist —, 2. die an der oberen Grenze der Waldvegetation gelegenen Forste, welche wegen der rauhen Lage des betreffenden Waldkomplexes innerhalb eines wenigstens 400 m breiten Gürtels unter allen Umständen in der nachsichtigsten Weise bewirtschaftet werden müssen —, 3. solche auf steilen Berghängen stockenden Wälder, durch deren Entfernung mittels Kahlschlags Steingerölle, Erd- und Bergrutsche oder Wasserrisse entstehen können —, 4. Wälder, durch deren plötzlichen Abtrieb die Produktionsfähigkeit der angrenzenden Ortschaften, Wälder oder anderer Kulturarten gefährdet werden kann. — Die Schutzwälder werden durch das Ackerbau-, Industrie- und Handelsministerium auf Grund der notwendigen Vorarbeiten und nach Anhörung des Eigentümers und des Verwaltungsausschusses . . detailliert bezeichnet, deren Ausdehnung den Lokalverhältnissen entsprechend festgesetzt ... Den Bewirtschaftungsmodus setzt der Ackerbau-, Industrie- und Handelsminister fest auf Grund des von den Eigentümern vorgelegten Vorschlags und nach Anhörung des Forstinspektors und des Verwaltungsausschusses.

16*

Grundstücke durch die herzustellenden Anlagen erlangen —, so ergibt sich eine große Zurückhaltung in der Stellung von Anträgen auf Einleitung des Verfahrens, zu der die gefährdeten Interessenten, die betreffenden kommunalen Verbände und die Landespolizeibehörden berechtigt sind. Es kommt weiter hinzu, daß die Berechnungen über Schaden, Werthöhe, Mehrwert, die von Gesetz gefordert werden, in den meisten Fällen unausführbar sind. Den Wert, den ein Schutzwald durch Abhaltung oder Verhinderung von Hochwassergefahren besitzt, kann man nicht in Zahlen ausdrücken. Der vom Gesetz erforderte Nachweis, daß der abzuwendende Schaden den aus der Einschränkung für den Eigentümer entstehenden Nachteil beträchtlich überwiegt, läßt sich sehr häufig nicht in der geforderten Weise erbringen.

Obwohl der unmittelbare Erfolg des preußischen Schutzwaldgesetzes sehr gering gewesen ist, hat dieses Gesetz doch schon seither große Bedeutung gehabt; es wird mittelbar auch in Zukunft weitere Folgen haben und jederzeit einen Markstein in der Geschichte der preußischen Waldschutzpolitik bilden. Es ist durch dies Gesetz bestimmt ausgesprochen, daß die preußische Staatsforstverwaltung der auf A. Smith zurückgehenden Lehre, daß der Staat sich um die private Wirtschaftsführung nicht kümmern soll, grundsätzlich entgegengetreten ist. Wie es in fast allen Wirtschaftszweigen verlangt wird, so müssen sich auch die Träger des Waldeigentums gewissen Beschränkungen der Freiheit unterwerfen. Man braucht nur den Blick zu richten auf die Schäden durch Bergrutsche und Wasserrisse, welche Entwaldungen von Hochgebirgsländern verursacht haben, auf die Hochwasserschäden, welche in neuerer Zeit in vielen deutschen Gebirgsländern erwachsen sind, auf die Entstehung und Zunahme der Ödländereien durch Sandwehen an der Meeresküste und im Binnenlande, um die Überzeugung zu gewinnen, daß eine Beschränkung der Privaten betreffs der Behandlung ihrer Wälder ebenso gerechtfertigt ist, als die Beschränkungen, welchen sich die Träger vieler anderer Betriebe (Bergbau, Fabriken) in bezug auf die Sicherheit, Gesundheit der Arbeiter und andere Verhältnisse zu unterwerfen haben. Nachdem jedoch seit 1811 in Preußen die völlige Freiheit der Privatforstwirtschaft fast ein ganzes Jahrhundert bestanden hat, ist die dadurch erwachsene Anschauung nicht mit einem Mal zu verändern. Nur allmählich sind Veränderungen herbeizuführen. Auf der Vereinigung der seitherigen geschichtlichen Entwicklung mit der Forderung der Rücksicht auf das Gemeinwohl beruht der gegenwärtige Stand der preußischen Forstpolizeigesetzgebung. Sie wird dadurch charakterisiert, daß die Beschränkung der Eigentümer in der Behandlung ihrer Wälder als Ausnahme angesehen wird, deren Berechtigung für den Einzelfall nachgewiesen werden soll. Indem sich aber solche Ausnahmen durch das Eintreten von Naturereignissen nach und nach auf viele Waldgebiete (z. B. die Flußgebiete der Hauptströme Oder, Elbe, Rhein, Weser) ausdehnen, wird die Anschauung sowohl der einzelnen als auch des ganzen Volkes im Laufe der Zeit eine positivere Richtung einschlagen als die seitherige. Die jetzige Entwicklung der preußischen Schutzwaldpolitik ist hiernach derjenigen sehr ähnlich, welche einige Jahrzehnte früher in Frankreich eingetreten ist, das in gesetzlicher und technischer Beziehung auf dem Gebiete des Schutzwaldes am meisten Erfolg aufzuweisen hat und dessen gesetzliche und technische Maßnahmen vielen anderen Ländern zum Vorbilde dienen können.[1]

3. Forsttechnische Maßnahmen.

Aus den Ursachen und der Natur der Schäden, welchen der Schutzwald vorbeugen soll, ergibt sich, daß die Maßnahmen, welche auf seine Anlage und Erhaltung gerichtet werden, ihren Bestimmungsgrund in erster Linie durch die Ansprüche, welche an den Boden gestellt werden, erhalten müssen. Die Regeln über die Begründung und Schlagführung in den Beständen, welche als Schutzwald dienen sollen, müssen stets nach der Wirkung, die sie auf den Boden ausüben, beurteilt werden. Die Eigenschaften des Bodens, welche für die Zwecke des Schutzwaldes hauptsächlich in Betracht kommen, sind seine Erwärmungsfähigkeit, die Fähigkeit der Aufnahme und Zurückhaltung des Wassers, sowie der Grad der Bindigkeit bzw. Lockerheit und Beweglichkeit. Von Einfluß auf die Leistung eines

---

[1] Nachdem die verheerenden Überschwemmungen des Jahres 1856 die Notwendigkeit des staatlichen Eingreifens dargetan hatten, schlug die Schutzwaldpolitik Frankreichs mit Entschiedenheit eine positive Richtung ein. Es wurden mehrere Gesetze (über die Wiederbewaldung der Gebirge 1860, über die Erneuerung der Gebirgsweiden 1864, über die Wiederherstellung und Erhaltung der Gebirgsböden 1882) erlassen, welche die Wiederholung ähnlicher Schäden verhüten sollten. Auf Grund dieser Gesetze wird in Fällen, wo das öffentliche Interesse die Ausführung von Schutzmaßregeln zur Abhaltung von Gefahren erheischt, durch ein besonderes Dekret oder Spezialgesetz verfugt, daß die als notwendig erkannten Arbeiten auf dem betreffenden Gebiete innerhalb einer gewissen Frist vorgenommen werden sollen. Es wird dann zunächst der örtliche Umkreis (périmètre) bestimmt, der das Gebiet, welches von den als erforderlich erkannten Maßnahmen betroffen wird, festlegt. Innerhalb dieses Gebietes können Einsprüche gegen die Ausführung der Schutzarbeiten, welcher Art sie auch sein mögen, nicht erhoben werden. Gehören die betreffenden Flächen ganz oder zum Teil Privaten, so können dieselben die erforderlichen Arbeiten selbst ausführen. Wollen sie dies nicht, so erfolgt die Expropriation der Fläche und die Ausführung geschieht durch den Staat. Die ursprünglichen Eigentümer können später das Eigentum gegen Zahlung der Kosten wieder zurückerlangen.

Schutzwaldes ist unter allen Verhältnissen die Art und Stärke des Bodenüberzugs.

Da die stärksten Hochwasserschäden im Frühjahr durch das schnelle Schmelzen des Schnees verursacht werden, so müssen in Waldungen, welche solchen Schäden entgegentreten sollen, alle Umstände, welche eine rasche Erwärmung des Bodens zur Folge haben, auf seine schützende Eigenschaft ungünstig einwirken. Umgekehrt sind die Maßnahmen und Verhältnisse, welche die Erwärmung des Bodens im Frühjahr zurückhalten, für die Leistungen der wichtigsten Funktionen des Schutzwaldes förderlich. Zu den Mitteln, welche hier in Betracht kommen, gehört in erster Linie die Erhaltung der natürlichen, aus Laub und Nadeln gebildeten Waldbodendecke. Als schlechter Wärmeleiter bewirkt sie, daß eine Veränderung der Bodentemperatur langsam erfolgt. In gleichem Sinne wirkt die Bestockung eines Waldbestandes; das Vorhandensein von Bodenschutzholz, welches die unmittelbare Einwirkung der Sonne auf den Boden abhält, verzögert seine Erwärmung. Schatten ertragende, dichtkronige Holzarten sind deshalb für den Schutzwald besser geeignet als lichtkronige; solche, die im Frühjahr mit Nadeln versehen sind (Tanne, Fichte) besser als unbelaubte.

Die Fähigkeit, das abfließende Wasser aufzunehmen und zu halten, ist für die Bedeutung des Schutzwaldes eine sehr wichtige Eigenschaft. Sie ist, abgesehen von der Zusammensetzung des Bodens, von der größeren oder geringeren Lockerheit und der Art des Überzugs abhängig. In bezug auf die Lockerheit und Bindigkeit lautet die allgemeinste Regel, daß die Extreme der Bodenzustände vermieden werden sollen. Beide verhalten sich ungünstig. Das Optimum, welches man herzustellen sucht, liegt hier, wie auf vielen anderen Gebieten der Forstwirtschaft, auf einer mittleren Linie. Ein zu lockerer Boden verhält sich für den Schutzwald ungünstig; er vermag den bewegenden Naturkräften zu wenig Widerstand entgegenzusetzen. In der Ebene entstehen durch den Einfluß des Windes Sandwehen, welche jede Kultur unmöglich machen. Im Gebirge werden durch die Schwerkraft und die lösende Eigenschaft des Wassers Bergrutsche und Wasserrisse hervorgerufen. Auch die Aufnahme und Zurückhaltung des Wassers wird durch zu starke Lockerung beeinträchtigt. Andererseits verhalten sich aber auch zu dichte, feste Böden in bezug auf die Funktionen, welche der Schutzwald leisten soll, ungünstig. Sie nehmen die Feuchtigkeit wegen Mangels an Zwischenräumen nicht auf, sondern lassen sie abfließen, so daß die Zurückhaltung des Wassers nicht erfolgt, auch wenn der Boden an sich zu einer Aufnahme desselben fähig wäre.

Aus den genannten Eigenschaften, welche die Güte des Bodens

in der vorliegenden Richtung bestimmen, ergeben sich die Mittel, welche zu ergreifen sind, um den Schutzwald herzustellen und zu erhalten. Diese Mittel haben einmal einen negativen Charakter und sind dahin gerichtet, alle Maßnahmen zu verhindern, durch welche ein Zunehmen der Beweglichkeit oder der Verhärtung des Bodens herbeigefuhrt wird. Dem ersteren Zwecke dient das Verbot des kahlen Abtriebs, der Stockrodung, der Beseitigung jeder Art von Bodenüberzügen, durch deren Bewurzelung dem Boden Halt gegeben wird. Der Entstehung und Zunahme einer Verhärtung des Bodens, welche die Zwecke des Schutzwaldes unmöglich macht, kann nicht besser entgegengetreten werden, als dadurch, daß ihm die natürliche Lockerung, welche durch die Zersetzung der organischen Abfälle erfolgt, ungeschmälert erhalten bleibt. Der aus der Verwesung des Laubes, der Nadeln usw. gebildete, mit dem Boden sich mischende Humus verhält sich nach allen Richtungen, welche für den Schutzwald in Betracht kommen, günstig. Die Extreme der Temperatur werden gemildert, die Fähigkeit der Aufnahme und Zurückhaltung des Wassers wird befördert, ein harter Boden wird lockerer, ein flüchtiger wird gebunden. Das Verbot der Streunutzung ist daher der allgemeinste Grundsatz in Waldungen, die als Schutzwald dienen sollen. Auch andere Nebennutzungen sind im Schutzwald möglichst auszuschließen. Insbesondere ist dies bei der Waldweide erforderlich. Durch den Tritt des Weideviehs wird der Boden platzweise gelockert und für den Angriff des Wassers empfänglich gemacht. In noch stärkerem Grade erfolgt eine solche Wirkung durch die Anlage von Riesen, die um so nachteiliger wirken, als sie hauptsächlich in den Terrainfalten und Mulden, welche das Wasser aufsucht, angelegt werden.

Während die auf Streu und Weidenutzung gerichteten Maßnahmen zur Erhaltung des Schutzwaldes den Charakter einer Beschränkung oder eines Verbotes tragen, gibt es auch positive Mittel, welche die Forstverwaltung anwenden kann, um den Gefahren, welche eine zu große Beweglichkeit des Bodens herbeiführt, vorzubeugen. In erster Linie sind diese auf die Bildung oder Wiederherstellung eines den Boden durchwurzelnden Pflanzenwuchses gerichtet, dessen Vorhandensein das Beweglichwerden des Bodens am wirksamsten verhindert. Wie die Befestigung der Meeresdünen, so kann auch unter manchen Verhaltnissen die Bindung von Sandschellen und nackten Böschungen durch die Ansaat von Grassamen bewirkt werden, wenn auch selten mit nachhaltigem und genügendem Erfolge. Sodann kommt die Bedeckung mit Rasen- usw. Plaggen in Betracht. Auch dies Mittel kommt in der Ebene wie im Gebirge in Anwendung. Im großen ist es allerdings selten durchführbar und der Erfolg ist beschränkter, als vielfach angenommen wurde. Eine Befestigung kann ferner bei entsprechenden Bodenverhältnissen durch die Anlage von Flechtzäunen und Faschinen bewirkt werden, welche durch das Austreiben von Schößlingen den Boden durchwurzeln. Das allgemeinste und nachhaltig wirksamste Mittel, um den Boden zu binden, liegt aber in der Herstellung eines Waldbestandes, für den die Vorbedingungen vielfach erst durch Anlage der vorgenannten Mittel geschaffen werden müssen. Zur Abwehr der großen Schäden der Hochgebirgsforsten (Erdrutsche, Wasserrisse) ist die Verbauung der Wildbäche durch Quermauern das einzige Mittel. Sie ist zuerst und im großen Umfang in den französischen Pyrenäen und Alpen und nach den dort vorliegenden großen Beispielen auch in anderen Staaten mit Erfolg angewandt worden.[1]

Die wichtigste Aufgabe, die in den deutschen Gebirgsforsten an die Tätigkeit des Wirtschafters in der vorliegenden Richtung gestellt wird, betrifft die Verminderung der Hochwasserschäden. Das an erster Stelle stehende Mittel, um diesen Zweck zu erreichen, liegt in der Sammlung und Zurückhaltung des Wassers im Walde. Sich selbst überlassen, sucht dieses die nächsten Mulden und Bäche möglichst direkt zu erreichen. Je unmittelbarer und schneller dies geschieht, um so größer sind die Schäden, die für weite Flußgebiete herbeigeführt werden können. Da die Ansammlungen des Wassers in den obersten Teilen der Gebirge ihren Ausgang nehmen, so gilt als Regel, daß die betreffenden Maßnahmen in den höhern Lagen beginnen und nach unten fortgesetzt werden. Die Wassersammlungsvorrichtungen bestehen in erster Linie aus Grabenanlagen.[2] In

---

[1] Alle auf die Herstellung des Schutzwaldes und die Befestigung des Bodens gerichteten Arbeiten der französischen Forstverwaltung sind in der für das vorliegende Gebiet bedeutendsten Schrift. Demontzey, Extinction des torrents en France par le reboisement, Paris 1894, veröffentlicht worden. Ferner wurden für die Weltausstellung in Paris 1900 einige kleinere Schriften verfaßt, die in Verbindung mit den ausgestellten Objekten die wichtigsten Verfahren der Forstverwaltung Frankreichs zur Anschauung brachten.

[2] O Kaiser, Beiträge zur Pflege der Bodenwirtschaft mit besonderer Rücksicht auf die Wasserstandsfrage, 1883, S. 41. „Es ist anzuordnen, daß in die alten, verlassenen, meistens steil ansteigenden Holzabfuhrwege (vielfach Hohlwege) — in die große Zahl von alten, tief eingeschnittenen Fahrgeleisen im offenen Walde, in Schlägen, auf Viehtriften usw. — in die im gebirgigen Niederwald so häufig vorkommenden abkömmlichen Schleifwege (Riesen) — in die nur zeitweise wasserführenden Gräben, Einschnitte, Mulden — kurzum in alle Bodenausformungen, welche bei Regen und Schneeabgang die Wassermengen zeitweise aufnehmen und — bedingt durch ihre Fallrichtung — nach dem Tale führen, Wasseransammlungs-Vorrichtungen, Fang- und Sammelgräben, Dämme eingelegt werden, welche das Wasser festhalten und zum Einsickern in das Erdreich veranlassen sollen. Als Wasseransammlungs-Vorrichtungen genügen vielfach einfache Gräben oder mit einer

allen Terrainfalten, wo die Zuflüsse des Wassers beginnen, läßt sich durch die Herstellung von kleinen Gräben viel erreichen. Diese Gräben werden horizontal angelegt, wenn sie das Wasser zurückhalten — mit schwachem Gefäll, wenn sie das Wasser nach anderen Stellen hinleiten sollen.

In ähnlicher Weise läßt sich beim Ausbau der Waldwege auf die Zurückhaltung des Wassers einwirken. Die Wege im Gebirge haben einen Graben an ihrer oberen Seite. Das sich in ihnen sammelnde Wasser muß, um abziehen zu können, an geeigneten Stellen durch den Weg hindurch geführt werden. Die Durchlässe, welche diese Aufgabe erfüllen sollen, sind, wenn es sich um die Verhinderung des schnellen Abflusses handelt, so zu legen, daß sie das Wasser nicht in die Mulden gelangen lassen, sondern so, daß man es unmittelbar oder mittels Fortführung in Gräben nach den Stellen leitet, wo es zur Befeuchtung trockener Rücken und Hänge von Nutzen sein kann.

In größerem Maßstab läßt sich endlich durch die Anlage von Teichen zur Ansammlung des Wassers im Walde beitragen. Bei den erforderlichen Terrainverhältnissen (nicht zu enge und nicht zu weite Talsohle — nicht zu schroffe und nicht zu flache Wände) läßt sich auch hier mit geringen Mitteln viel erreichen. In den Teichen kann das Wasser zur Zeit der stärksten Schneeschmelze und nach starken Regengüssen gesammelt werden, um später, zur Zeit des Wassermangels, abgeleitet zu werden. Zur Anlage von Teichen gibt häufig die Verbindung der Randwege, welche zu beiden Seiten des Wasserlaufs angelegt werden müssen, Veranlassung. Sie lassen sich noch mit anderen Zwecken der Bodenkultur (Fischzucht, Bewässerungsanlagen) verbinden.

B. Flächen, für deren Bewirtschaftung der Ertrag den Bestimmungsgrund bildet.

Trotz der Bedeutung, welche die Erhaltung des Waldes wegen des Schutzes, den er gewährt, an vielen Orten besitzt, steht für die Behandlung der meisten Grundstücke doch die ökonomische Leistung an erster Stelle; sie ist für die Betriebsführung meist ausschlaggebend. Für ökonomisch zu behandelnde Betriebsflächen gilt der Grundsatz, daß durch die Wirtschaft ein möglichst hoher Reinertrag erzielt werden soll. Die allgemeine Begründung dieses die Bodenkultur beherrschenden Satzes ist im 1. Teil 4. Abschnitt enthalten. Die

---

Grabenanlage verbundene Damme von beliebiger, der örtlichen Beschaffenheit angepaßter Länge und Breite."

Erzielung eines möglichst hohen Bodenreinertrags ist sowohl für die
Kulturart als auch für die Betriebsführung innerhalb der einzelnen
Kulturarten das bestimmende Moment. Vor der Abgrenzung verschiedener Kulturarten ist daher zu untersuchen, wie sich der Reinertrag des Bodens bei land- und forstwirtschaftlicher Benutzung
verhält. Hierbei kann entweder eine Berechnung nach den Erträgen und Produktionskosten stattfinden, oder es kann eine gutachtliche Einschätzung auf Grund der Beobachtungen und Erfahrungen, wie sie sich aus dem praktischen Betriebe ergeben haben,
vorgenommen werden. Beide Methoden haben für Wissenschaft und
Wirtschaft Bedeutung.

I. Die Bestimmung der Kulturart auf Grund von Berechnungen.

1. Landwirtschaftlich benutzte Flächen.

Der Berechnung des Ertrags muß immer eine möglichst sorg-
fältige Bonitierung des Bodens vorausgehen. Bestimmend für die
Güte des Bodens sind alle Faktoren, welche auf die Art und Menge
der Gewächse, die erzogen werden, von Einfluß sind. In erster
Linie gehört hierher der chemische Gehalt des Bodens, wie er
sich in der Beschaffenheit und Mächtigkeit der Ackerkrume darstellt.
Diese besteht in der Regel aus einem Gemenge Ton, Lehm und
Sand, dem einzelne andere mineralische Stoffe beigemengt sind.
Neben dem eigentlichen mineralischen Boden spielen die ihm bei-
gemischten in Zersetzung begriffenen organischen Stoffe eine wichtige
Rolle. Sie enthalten die wichtigsten Nährstoffe der Kulturpflanzen.
Je nach dem Gehalt an Humus ist die Leistung eines übrigens
gleichen Bodens sehr verschieden. Von Einfiuß sind neben dem
chemischen Gehalt auch die physikalischen Eigenschaften des
Bodens; insbesondere seine Lockerheit, die Fähigkeit, Feuchtigkeit
aufzunehmen, zu halten oder durchzulassen; ebenso die Fähigkeit
der Wärmeaufnahme und Wärmehaltung. Für die Bearbeitung des
Bodens, die auf den Ackergrundstücken mit Zugtieren, Maschinen usw.
erfolgt, ist ferner der Grad der Neigung und das Vorhandensein
von Steinen von Wichtigkeit. Endlich sind auch die klimatischen
Verhältnisse, von welchen die Menge und Verteilung der Wärme
und die atmosphärischen Niederschläge abhängen, eine wichtige
Bedingung des Pflanzenwuchses. Die horizontale und vertikale Lage,
die Exposition, der Schutz der Umgebung, die Nähe des Meeres u. a.
sind von Einfluß. Die Wirkungen dieser klimatischen Faktoren sind
mit denjenigen, welche aus den Eigenschaften des Bodens hervor-

gehen, so unmittelbar verbunden, daß sie für sich, voneinander getrennt, nicht nachgewiesen werden können.

In der landwirtschaftlichen Praxis werden die Böden meist nach den Hauptgetreidearten klassifiziert.[1]) Man unterscheidet die schwereren, reichen Böden, welche Weizen und Gerste tragen, von den leichteren, welche nur für Hafer und Roggen geeignet sind. „Die Unterscheidung der Böden in Weizen-, Gerste-, Hafer- und Roggenböden ist sehr alt. Sie hat auch ihre gute Begründung in dem Umstand, daß das Getreide immer die wichtigste Gruppe von Kulturgewächsen darstellt. Weizen und Gerste verlangen einen reicheren Boden als Roggen und Hafer. Der Weizen wiederum beansprucht und verträgt einen schwereren Boden als die Gerste, welche einen milden Boden liebt. Der Hafer kommt noch auf magerem und dabei nassem Boden fort, während für die mageren, zugleich aber trockenen und sandigen Bodenarten der Roggen sich besser eignet." (v. d. Goltz.)

Die Güte des Bodens findet einen zahlenmäßigen Ausdruck in dem Ertrag, welchen die betreffende Fläche zu leisten vermag. Aus der Menge der Faktoren, welche auf das Wachstum der Kulturpflanzen Einfluß ausüben, geht hervor, daß die Bonitäten des Ackerlandes außerordentlich verschiedenartig sind. Auch bei gleichen Bodenverhältnissen bewirken geringe Unterschiede in der durchschnittlichen Temperatur, daß die Erträge ungleich ausfallen. Andererseits kann sich auch bei abweichenden Eigenschaften des Bodens, indem sich gewisse Verschiedenheiten ausgleichen, annähernde Gleichheit des Ertrags ergeben. Bei allen Schätzungen muß die Bedeutung der örtlichen Verhältnisse gebuhrend berücksichtigt werden. Die auf die Ertragsstatistik gerichteten Zahlen haben meist nur beschränkte Bedeutung.

Die Angaben, welche zum Nachweis der Leistung des Bodens und der Rentabilität der Wirtschaft gemacht werden, erstrecken sich entweder auf den in Stoffen oder Geldwerten nachzuweisenden Rohertrag oder auf den nur in Geld zum Ausdruck kommenden Reinertrag.

a) Die Ermittelung des Rohertrags.

Die Kraft des Bodens findet ihren einfachsten und klarsten Ausdruck in der Menge und Beschaffenheit der hervorgebrachten Erzeugnisse. Diese müssen daher, um die Kulturart ökonomisch zu begründen, möglichst genau nachgewiesen werden. Als die Fruchtarten, auf welche die Bonitierung des Ackerlandes bezogen

---

[1]) Vgl hierzu v. d Goltz, Landwirtschaftliche Taxationslehre, 1882. Die obigen auf die landwirtschaftliche Technik und die landwirtschaftlichen Ertrage bezuglichen Angaben sind großtenteils dieser Schrift entnommen

wird, kommen bei allgemeinen Untersuchungen vorzugsweise die Getreidearten in Betracht; für Wiesen und Weiden die Menge und Beschaffenheit des Heus.

Der Anwendung der Resultate von Untersuchungen über die Erträge des nach Bonitäten geordneten Ackerlandes stellen sich — auch abgesehen von den Folgerungen, die aus dem örtlichen Charakter der Wirtschaft hervorgehen und abgesehen von den Witterungsverhältnissen — dadurch Schwierigkeiten entgegen, daß dieselben stets von der vorausgegangenen Fruchtfolge und dem Düngungszustand der Grundstücke abhängig sind. Das Ergebnis einer einzelnen Untersuchung kennzeichnet daher nicht die Leistung des Bodens an sich, sondern sie gibt nur an, wie er sich bei einem bestimmten Düngungszustand unter dem Einfluß einer bestimmten Wirtschaftsführung verhält. Wegen dieses Einflusses und wegen des gegenseitigen Zusammenhanges, in welchem die einzelnen Grundstücke eines gemeinsamen Wirtschaftsverbandes miteinander stehen, ist es bei der Abschätzung von größeren Gütern Regel, daß die Ertragsschätzung nicht auf die einzelnen Flächen, sondern auf ein Landgut im ganzen bezogen wird. Man wendet die „Gesamttaxe" im Gegensatz zur „Einzeltaxe" an.[1]) Für die Vergleiche verschiedener Kulturarten, die sich in den meisten Fällen nur auf bestimmte abzuzweigende Grundstücke beziehen, ist jedoch häufig von der Einzeltaxe Anwendung zu machen. Dabei müssen nach allen Richtungen mittlere Zustände zugrunde gelegt werden.

Für die Zahl der Bonitätsstufen können keine bestimmten Regeln aufgestellt werden. Pabst stellt in seiner Taxationslehre

---

[1]) In der Landwirtschaft werden — vgl. v. d Goltz, S. 323—338 — folgende Arten der Taxation unterschieden:

a) Die temporäre oder Wertstaxe und die Sicherheits- oder Kredittaxe Letztere, welche den Hypothekenglaubigern genügende Sicherheit bieten soll, ist stets niedriger als der zeitige Tauschwert der Grundstucke.

b) Die Einzel- oder Grundstückstaxe und die Gesamt- oder Gutstaxe. Bei der Einzeltaxe wird jedes Grundstuck für sich behandelt, bei der Gutstaxe werden die zu einem Landgut gehorigen Grundstucke als ein einheitliches Ganzes angesehen. Diese Unterscheidung hat auch in der Forstwirtschaft, insbesondere bei der Methode der Rentabilitatsrechnung für den aussetzenden und jahrlichen Betrieb, Analogien. „In den meisten Fällen, in welchen landwirtschaftliche Taxationen zur Anwendung kommen, handelt es sich nicht bloß um ein einzelnes oder einige wenige einzelne Grundstucke, sondern um eine großere Anzahl von Grundstucken, welche zu einem gemeinsamen wirtschaftlichen Betrieb gehoren, also um ein Landgut. Auch bei diesem ist die Methode der Einzeltaxe an und für sich durchführbar. Denn das Landgut besteht aus lauter einzelnen Grundstücken, und wenn man den Wert oder Ertrag der einzelnen Grundstucke richtig ermittelt hat, so müßte durch Summierung der verschiedenen Werte scheinbar der Wert des ganzen Gutes sich herausstellen. Indessen hat die Einzeltaxe große Mangel und ist deshalb für Werttaxen bei Landgutern durchaus unzweck-

eine allgemeine Klassifikation der Bodenarten auf, bei der 16 Stufen unterschieden werden. Er gibt für jede Klasse die Roherträge der hauptsächlichsten, für den betreffenden Boden geeigneten Kulturgewächse. Für die je vierten Stufen berechnen sich (auf 1 ha reduziert und abgerundet) folgende Erträge:

Klasse	Nähere Bezeichnung des Bodens	Durchschnittserträge pro Hektar	
		Roggen	Hafer
		Scheffel	Scheffel
1	Sehr guter Niederungsboden	60—70	80—100
4	Weizenboden zweiter Klasse	40—50	55— 70
8	Gerstenboden dritter Klasse	30—40	30— 45
12	Roggenboden erster Klasse	20—25	25— 30
16	Roggenboden dritter Klasse	12—14	—

Meist wird jedoch eine geringere Zahl von Bonitätsstufen als genügend erachtet werden. „Mit höchstens 10 Klassen wird man für ein einzelnes Gut oder einen anderen, räumlich nicht sehr ausgedehnten Bezirk stets auskommen; in vielen Fällen werden 5 oder 6 Klassen genügen. Es ist durchaus nicht ungerechtfertigt, wenn die Anweisung zum preußischen Grundsteuergesetz[1]) innerhalb jedes

maßig Die zu einem Gute gehörenden einzelnen Grundstücke werden nicht abgesondert voneinander bewirtschaftet, sondern mit Rücksicht auf den ganzen Wirtschaftsorganismus Bei der Fruchtfolge wird der Große des Gesamtareals und der Beschaffenheit seiner einzelnen Teile Rechnung getragen; es kommt das Verhältnis des Ackerareals zu den ständigen Futterflächen und ebenso die Entfernung der einzelnen Grundstücke vom Wirtschaftshof in Betracht. Bei der Einzeltaxe können alle diese Verhältnisse überhaupt nicht in Betracht gezogen werden, oder man muß sich dieselben künstlich und in einer Weise konstruieren, welche der Wirklichkeit häufig gar nicht entsprechen. Keinem Zweifel kann es unterliegen, daß es für die Aufnahme der Wertstaxe eines Landgutes das einzig Richtige ist, den Rohertrag wie die Wirtschaftskosten des Gutsbetriebs in ihrer Gesamtheit zu veranschlagen. Die einzelnen Teile eines Landgutes stehen in innerem Zusammenhang zueinander; sie werden nach einem einheitlichen System bewirtschaftet, bei welchem ein Glied das andere voraussetzt und zu ergänzen bestimmt ist."

c) Die Grundtaxe und die Ertragstaxe. Die letztere geht vom Reinertrag des Bodens aus und berechnet nach diesem den Bodenwert Die Grundtaxe sucht den Kapitalwert des Bodens direkt, mit Umgehung der Reinertragsermittelung, ausfindig zu machen.

[1]) Nach § 6 der „Anweisung für das Verfahren bei Ermittelung des Reinertrags der Liegenschaften behufs anderweiter Regelung der Grundsteuer" vom 21. Mai 1861 wurde behufs Abschätzung der Grundstücke für jeden landrätlichen Kreis oder für jede innerhalb eines solchen zu bildende besondere Abteilung ein Klassifikationstarif aufgestellt, welcher die verschiedenen im Kreise vorkommenden Kulturarten (Ackerland, Garten, Wiesen, Weiden, Holzungen, Wasserstücke, Ödland) und deren Bonitätsklasse übersichtlich nachweist. „Die Zahl der für jede Kulturart innerhalb desselben Kreises zu bildenden Bonitätsklassen ist von den wesentlichen Verschiedenheiten in den Boden- und Ertragsverhältnissen abhängig, darf jedoch niemals mehr als 8 betragen "

Klassifikationsdistrikts nicht mehr Reinertragsklassen als 8 zuläßt; damit kann den vorhandenen Verschiedenheiten in fast allen Fällen genügend Rechnung getragen werden." (v. d. Goltz.)

Bei den Wiesen ist die Bonitierung wegen des Gleichbleibens der Kulturgewächse und der geringern Veränderungen durch die Bearbeitung und Düngung einfacher als beim Ackerland. Die Bonität der Wiesen wird hauptsächlich durch die Zusammensetzung des Bodens, die Feuchtigkeit und die Lage bestimmt. Stets ist für den Ertrag der Wiesen die Möglichkeit der Bewässerung von Bedeutung.

Die Sätze, welche für den Ertrag der Wiesen angegeben werden, liegen zwischen 150 Zentner pro Hektar auf den selten vorkommenden vorzüglichen Niederungswiesen, die bewässert und gedüngt werden, bis 16 Zentner pro Hektar auf den geringsten hochgelegenen einschürigen Waldwiesen. V. d. Goltz[1]) gibt aus der eigenen Praxis folgende Ertragszahlen, die mit Rücksicht auf die Vergleichung mit forstlichen Erträgen nicht ohne Interesse sind:

Klasse	Bodenbeschaffenheit	Ertrag pro Hektar Zentner	Qualität des Heus
1	Milder, humusreicher Lehmboden . . .	100	sehr gut
2	Sandiger, humusreicher Lehmboden . .	80	gut, aber dem zu 1 nachstehend
3	Teils milder, teils sandiger Lehmboden mit wesentlich geringerem Humusgehalt wie bei Klasse 1	50—60	gut
4	Lehmiger Sandboden mit nur mäßigem Humusgehalt	35—40	mittelgut
5	Sandiger Humusboden mit überwiegendem Humusgehalt	40—50	schlecht

Bei den in der Forstwirtschaft hauptsächlich in Betracht kommenden Waldwiesen sinken die Erträge, unter dem Einfluß der Waldbeschattung und weil sie oft nicht genügend gebessert werden, noch weiter herunter.

Auch bei den Weiden sind die Erträge, die cet. par. denjenigen der Wiesen nachstehen, von der Zusammensetzung und Frische des Bodens und der Lage abhängig. Sie liegen in sehr weiten Grenzen. Für die vorzüglichsten Niederungsweiden werden Erträge bis zu 130 Zentner pro Hektar angegeben; für die geringsten Schafweiden 6—12 Zentner. Viele Waldweiden, insbesondere diejenigen, für welche eine Aufforstung in Frage kommt, sind so

---

[1]) A a. O., S. 374, Klassifikationssystem für die Wiesen usw.

beschaffen, daß sie überhaupt kein Heu mehr produzieren, so daß nicht einmal jene geringen Sätze auf sie angewandt werden können.

Die Beurteilung verschiedener Böden erfolgt, sofern der Rohertrag bestimmend sein soll, nach Maßgabe der durchschnittlichen Ertragszahlen. Für manche Verhältnisse ist die Bonitierung nach dem Rohertrage vollständig ausreichend. Die Beziehungen zwischen dem Gehalt des Bodens und dem Entzug durch die Ernte und die Erfolge der Düngung werden am besten in den Durchschnittserträgen zur Darstellung gebracht. Ebenso erhalten manche politischen Aufgaben durch den Rohertrag eine genügende Grundlage. Die praktischen Maßnahmen der Landwirtschaft können jedoch mit dem Nachweis des Rohertrags nicht genügend begründet werden. Bestimmend für die Wirtschaftsführung ist vielmehr überall und jederzeit der Reinertrag.

b) Die Ermittelung des Reinertrags.

Die Ermittelung des Bodenreinertrags erfolgt dadurch, daß vom Rohertrag alle Produktionskosten mit Ausnahme der im Boden selbst liegenden abgezogen werden. Um sie zahlenmäßig darzustellen, ist erforderlich, daß die Erträge nicht, wie es für den Nachweis des Rohertrags genügt, als Stoffe, sondern als Tauschwerte ausgedrückt werden. Als Maßstab für den Tauschwert ist unter den Verhältnissen der modernen Wirtschaft in der Regel Geld als genügend zu erachten, während es früher, bei der vorherrschenden Naturalwirtschaft, üblich war, die Erträge und Kosten ganz oder zum Teil auf Roggen zu reduzieren. Bei dem vorliegenden Gegenstand sind hiernach folgende Punkte zu erörtern:

1. Die Preise der landwirtschaftlichen Erzeugnisse. Diese zeigen, wenn sie nach dem Durchschnitt einer Reihe aufeinander folgender Jahre ermittelt werden, innerhalb langer Zeiträume, im Vergleich zu den Preisen der meisten anderen Güter, eine große Gleichmäßigkeit. Namentlich gilt dies für das wichtigste landwirtschaftliche Erzeugnis, das Getreide. Für dieses besteht, wie für alle Wirtschaftsgüter, die Regel, daß die Preise in den Produktionskosten ihre bestimmte Grundlage haben und daß sie diesen mindestens gleichkommen müssen. Preise, die dauernd erheblich über den Produktionskosten stehen, würden eine Zunahme der Getreideproduktion zur Folge haben, die wieder nach der entgegengesetzten Richtung auf die Preise wirken würde. Bei Preisen, die unter den Erzeugungskosten bleiben, ist der Betrieb der Landwirtschaft auf die Dauer unmöglich. In der neueren Zeit erleidet diese Beziehung zwischen den Preisen und Produktionskosten durch die Einfuhr auswärtigen Getreides mannigfache Ablenkungen. Aber im Grunde

müssen sie aufrechterhalten bleiben, wenn die wichtigste Grundlage der Volkswirtschaft lebensfähig bleiben soll.[1])

Stroh, Heu und andere Futterstoffe zeigen nach den Witterungsverhältnissen der Einzeljahre größere Preisschwankungen als Getreide. Ebenso bewirken die im Verhältnis zum Werte höheren Transportkosten, daß sich stärkere örtliche Verschiedenheiten im Preise bilden.

Als Durchschnittspreise pro Zentner für die wichtigsten landwirtschaftlichen Produkte sind in dem folgenden Beispiel[2]) nachstehende unterstellt worden: Weizen 9,70 M., Roggen 7,11 M., Gerste 6,25 M., Hafer 5,90 M., Weizenstroh 1,04 M., Roggenstroh 1,07 M., Gerstenstroh 1,31 M., Haferstroh 1,34 M. Dabei sind die Transportkosten = 0,3 M. pro Zentner in Abzug gebracht.

2. **Produktionskosten.** Zu diesen gehören die Aufwendungen an menschlicher und tierischer Arbeit und an umlaufendem Kapital, welche für die Wirtschaft gemacht werden; sodann die Verzinsung und Abnutzung der Maschinen, Arbeitstiere, Gebäude, bleibender Meliorationsanlagen, überhaupt aller Grundlagen und Hilfsmittel der Produktion, welche die Natur des festen Betriebskapitals tragen.

Die Höhe, Zusammensetzung und Berechnung der Produktionskosten gestalten sich nach den einzelnen Kulturarten sehr verschieden. Für Vergleichungen mit der Forstwirtschaft kommen vorzugsweise Äcker, Wiesen und Weiden in Betracht.

I. Äcker.

Der Betrieb des Ackerlandes erfordert (abgesehen von Gärten und Weinbergen) den meisten Arbeits- und Kapitalaufwand. Die

---

[1]) In den einzelnen Jahren und Perioden zeigen die Getreidepreise allerdings sehr beträchtliche Unterschiede. J. Kuhn gibt (Landwirtschaftlicher Kalender von Mentzel und von Lengerke, 1896, S. 69) die durchschnittlichen Preise pro Tonne in Preußen (alte Provinzen) folgendermaßen an

1851—1860	fur Roggen	165,4 Mark,	fur Weizen	211,4 Mark
1861—1870 ,,	,	154 6 ,,	,,	,,	204,0 ,,
1871—1875 ,,	,,	179,2 ,,	,,	,,	235,2 ,,
1876—1880 ,,	,,	166,4 .,	,,	.,	211,2 ,,
1881—1885 ,,	,,	160,0 ,,	,,	,,	189,6 ,,

In den letzten zwei Jahrzehnten hatten die Getreidepreise, wenn auch mit erheblichen Schwankungen, im allgemeinen eine fallende Tendenz, während die Produktionskosten, soweit sie in menschlicher Arbeitskraft bestehen, erheblich gestiegen sind. Die Ursache des Sinkens der Preise liegt in der wachsenden Konkurrenz des Auslandes, welche durch den erleichterten und billiger gewordenen Transport eingetreten ist. Auf der Überzeugung, daß die Preise des Getreides den Kosten der Erzeugung entsprechen mussen, beruht die vom Deutschen Reiche eingeschlagene, in den Handelsvertragen zum Ausdruck gebrachte Schutzzollpolitik (Rede des Reichskanzlers Furst von Bülow im Deutschen Reichstag am 1. Februar 1905.)

[2]) v. d. Goltz a a. O., S. 493—499 (Beispiel fur die Abschätzung eines Ackergrundstucks).

Mengen der erforderlichen Arbeit werden entweder nach Maßgabe des Bedarfs einer bestimmten Produktion nachgewiesen oder nach dem auf die Flächeneinheit entfallenden Durchschnitt aus dem Bedarf einer größeren Fläche oder einer zusammengesetzten Wirtschaft ermittelt. Es ist zu unterscheiden nach Männer- und Frauentagen, nach Sommer- und Winterarbeit. Die Arbeitsmenge ist nach der Art des Betriebs verschieden. V. d. Goltz gibt z. B. für eine Wirtschaft von 250 ha Ackerland, die im Roggenklima (Sommerperiode 20. April bis 20. Oktober) belegen ist und in 10 Schlägen bewirtschaftet wird, die durch Tagelöhner zu verrichtende Arbeit zu 6318 Arbeitstagen (2345 Männer-, 3973 Frauentagen) an. Bei einer Zahl von 150 Sommerarbeitstagen ergibt sich hieraus für ein Landgut von 100 ha ein Bedarf von 16,8 ständigen Tagelöhnern. Solchen Sätzen kommt jedoch keine Allgemeingültigkeit zu. Überall treten örtliche Abweichungen hervor. Auch bezüglich der Höhe der Arbeitslöhne unterliegen die Verhältnisse der Wirtschaft zeitlich und örtlich dem Wechsel. Zeitlich lassen die Tagelöhne mit der Zunahme der Bevölkerung und des Wohlstandes ein fortgesetztes Steigen erkennen, was zwar im Interesse der allgemeinen Kulturentwicklung nötig, für die Rentabilität der Landwirtschaft aber ungünstig ist. Örtlich ergeben sich Abweichungen durch den Einfluß der Großstädte und Industrie. Je mehr Arbeiter diese der Landwirtschaft entzieht, um so höhere Löhne müssen aufgewendet werden, um sie zu halten.

Neben den Ausgaben für menschliche Arbeitskräfte müssen die Kosten der tierischen Arbeitskräfte veranschlagt werden. Die Menge derselben kann gleichfalls sehr verschieden sein. A. a. O. wird angegeben, daß für ein Landgut von 250 ha Ackerland und 80 ha Wiesen 36 Pferde erforderlich seien. Die Kosten des Pferdearbeitstages sind auf Grund der Futter- und Abnutzungskosten unter Abzug des Düngerwertes zu berechnen. Für die Domäne Waldau in Ostpreußen berechnet v. d. Goltz[1] auf Grund genauer Buchführung für die Jahre 1863/67 den Arbeitstag für ein Pferd zu 1,43 M., für einen Ochsen zu 0,89 M. Unter den Verhältnissen der meisten anderen Provinzen sind die Kosten erheblich höher. Pabst[2] legt seiner Reinertragsberechnung einen Pferdearbeitstag = 2 M. zugrunde. In der Gegenwart dürfte er für viele Gegenden Deutschlands noch etwas höher anzunehmen sein.

Zu den weiteren Ausgaben der Produktion gehören die Kosten für Saatgut und Düngung. Die Menge des Saatgutes ergibt sich

---

[1] Landwirtschaftl Taxationslehre, S 113
[2] Landwirtschaftl Taxationslehre, S 75.

gemäß der eingehaltenen Fruchtfolge nach den Lehren der landwirtschaftlichen Technik, der Wert nach der örtlichen Preisstatistik. Der Preis des Düngers, dessen Wert nach dem chemischen Gehalt zu veranschlagen ist, kann zum Roggenwert in ein bestimmtes Verhältnis gesetzt werden.

Hinsichtlich der in der Nutzung des festen Kapitals bestehenden Teile des Produktionsaufwandes liegen noch größere Unterschiede als bei den auf Arbeit beruhenden Wirtschaftskosten vor. Die zur Bestellung und Ernte nötigen Werkzeuge und Maschinen haben im allgemeinen durch die Erfindungen und Verbesserungen der modernen Technik an Umfang und Bedeutung sehr zugenommen. Bei mangelndem Kapital der Eigentümer kann jedoch von ihnen häufig nicht der sonst zulässige Gebrauch gemacht werden. — Sehr verschieden gestaltet sich auch der Anteil der Nutztiere an den Erträgen und den Produktionskosten der Landwirtschaft. Einerseits kann ihre Menge infolge der Anwendung künstlichen Düngers in der Neuzeit mehr beschränkt werden, als es früher möglich war, andrerseits liegt jedoch in der Viehzucht bei gutem Absatz von Milch für viele Wirtschaften eines der besten Mittel zur Hebung der Rentabilität.

Endlich sind noch die übrigen Aufwendungen, die als „allgemeine Wirtschaftskosten" zusammengefaßt werden, in Rechnung zu stellen. Es gehören hierher die Aufwendungen für Verwaltung, Versicherungsbeiträge gegen Schäden usw., Ausgaben für die Unterhaltung und Abnutzung von Gebäuden, Maschinen und sonstigen fixen Kapitalien. In der Regel werden diese allgemeinen Unkosten aus dem Gesamtbetrag der Wirtschaft auf die einzelnen Flächen nach Maßgabe ihrer Größe und Güte repartiert. Unter Umständen empfiehlt es sich jedoch, sie zum Rohertrag in Beziehung zu setzen und in Prozenten desselben auszudrücken.

Es ergibt sich aus den angegebenen Bemerkungen, daß die Zusammensetzung der Kosten, die für die Erzeugung desselben Produkts aufzuwenden sind, je nach den obwaltenden Verhältnissen sehr verschieden sein kann. Allgemeine Sätze lassen sich nicht aufstellen. Bei Rentabilitätsberechnungen ist stets von den besonderen Verhältnissen auszugehen; ihre Resultate haben nur beschränkte Gültigkeit. Abgesehen von manchen technischen Bestimmungsgründen kommen hier auch solche ökonomischer Natur in Betracht. Das Verhältnis der verschiedenen Teile des Produktionsaufwandes ist auch bei gleichartigen Bodenverhältnissen und für dasselbe Erzeugnis einerseits von der Größe der Besitzeseinheit, dem Wohlstand und der sozialen Stellung der Eigentümer, andererseits dem Grad der Intensität, mit welcher die Wirtschaft geführt wird, abhängig.

In kleinen Besitzungen werden viele Maßnahmen überwiegend durch Handarbeit ausgeführt, für die im Großbetrieb Maschinen zu Hilfe genommen werden. Die Intensität der Wirtschaft hängt vom Wert des Bodens ab. Je teurer der Boden ist, um so größer muß cet. par. die Aufwendung von anderen Produktionsmitteln (Kapital und Arbeit) sein. Je geringer der Zinsfuß ist und je höher die Arbeitslöhne stehen, um so mehr Veranlassung liegt vor, die menschliche Arbeit durch Maschinen zu ersetzen.

Die Schwierigkeit der Festsetzung der Produktionskosten, die vorstehend bei allen einzelnen Bestandteilen hervorgehoben ist, hat Veranlassung gegeben, nicht nur die allgemeinen Wirtschaftskosten, wie es oben angedeutet wurde, sondern sämtliche Betriebsausgaben in ein Verhältnis zum Rohertrag zu setzen und in Prozenten desselben auszudrücken. Für schnell abzugebende Gutachten, bei denen ein genauer Nachweis der Kosten im einzelnen nicht verlangt wird, ist dies Verfahren zu empfehlen. Entsprechende Verhältniszahlen sind in der bezüglichen Literatur enthalten. Nach Block kann angenommen werden, daß auf Boden I. Klasse die Wirtschaftskosten mindestens 50—60 % vom Rohertrag betragen. Mit der Abnahme der Fruchtbarkeit nimmt das Verhältnis zu; auf den geringsten Boden können die Produktionskosten dem Rohertrag fast gleichkommen. Die schlesische Landschaft bestimmt in ihren Abschätzungsgrundsätzen, daß bei Abschätzung des Ackerlandes, welches in 5 Klassen eingeteilt ist, für die Wirtschaftskosten bei der

1. Klasse 55—65 %
2.   „   57—67 %
3.   „   60—70 %
4.   „   65—75 %
5.   „   72—82 %

von dem bonitierten Körnerertrag in Abzug gebracht werden sollen.

Da der Verfasser nicht imstande ist, eigene Zahlen für den Nachweis landwirtschaftlicher Reinerträge zu bringen, so folgt hier ein der landwirtschaftlichen Literatur entlehntes Beispiel. Es bezieht sich auf die Domäne Waldau in Ostpreußen. Zu seiner Kennzeichnung wird Folgendes bemerkt:[1] „Das abzuschätzende Stück Ackerland hat eine Größe von 5,30 ha. Dasselbe besitzt sandigen Lehmboden mit einer Ackerkrume von 25 cm Mächtigkeit und einen gleichartig durchlassenden Untergrund. Der Boden (der zweiten von 4 Klassen angehörig) ist geeignet für den Anbau von Roggen, Gerste, Runkelrüben, Kartoffeln, Rotklee; er trägt aber auch noch guten Weizen. Die Durchschnittserträge lassen sich veranschlagen pro Hektar

---

[1] v. d. Goltz, a. a. O., S 493.

auf 36 Scheffel = 29 Ztr. Weizen, 48 Scheffel = 34 Ztr. Roggen, 52 Scheffel = 31 Ztr. Gerste, 60 Scheffel = 28 Ztr. Hafer, 240 Ztr. Kartoffeln und 100 Ztr. Kleeheu. Die Erträge an Stroh belaufen sich auf 60 Ztr. Weizen-, 80 Ztr. Roggen-, 50 Ztr. Hafer- und 45 Ztr. Gerstenstroh. — Das Grundstück liegt 20 km vom nächsten Marktort entfernt. Die Kosten eines Pferdearbeitstages belaufen sich auf 2,20 M., der Arbeitslohn im Sommer für den Mann 1,30, für die Frau 0,70 M.“ Der Ertragsberechnung liegt folgende Fruchtfolge zugrunde: Brache, Roggen (gedüngt), Kartoffeln, Gerste, Klee, Weizen (gedüngt), Hafer. Die Transportkosten zum Marktort und die Preise wurden bereits (S. 256) angegeben.

Das Resultat der Ergebnisse aller 7 Schläge berechnet sich bei Unterstellung der Schlaggröße von 1 ha folgendermaßen:

34 Ztr.	Roggen	à 7,10 M.	241,47	M.
31 „	Gerste	à 6,25 „	193,75	„
29 „	Weizen	à 9,70 „	281,30	„
28 „	Hafer	à 5,90 „	165,20	„
80 „	Roggenstroh	à 1,07 „	85,60	„
45 „	Gerstenstroh	à 1,31 „	68,95	„
60 „	Weizenstroh	à 1,04 „	62,40	„
50 „	Haferstroh	à 1,34 „	67,00	„
100 „	Kleeheu	à 2,50 „	250,00	„
240 „	Kartoffeln	à 1,40 „	336,00	„

Ertrag im ganzen: 1751,67 M.

Hiervon kommen die Wirtschaftskosten in Abzug. Diese werden wie folgt veranschlagt:

Tierische Ackerkräfte	215,60	M.
Menschliche „	107,60	„
Saatgut	171,52	„
Drescherlöhne	58,78	„
Dünger	430,00	„
Allgemeine Unkosten	437,91	„

Kosten im ganzen: 1421,41 M.
Hiernach beträgt der Rohertrag 1751,67 „
Der Aufwand 1421,41 „
Folglich der Reinertrag: 330,26 M.

Der Reinertrag erstreckt sich auf 7 ha; er beträgt also pro Hektar 47,18 M.

Pabst[1]) gibt beim Nachweis der Roh- und Reinerträge auf

---

1) A. a. O. S 62—72

4 charakteristischen Böden für ein österreichisches Joch (= 0,576 ha) folgende Zahlen:

Boden	Roh-ertrag Gulden	Auf-wendung Gulden	Prozent des Aufwands v. Rohertrag	Rein-ertrag Gulden	Prozent des Reinertrags v. Rohertrag
Weizenboden II b	82,17	63,16	77	19,01	23
Gerstenboden II a	72,37	58,27	80	14,10	20
Haferboden I . .	36,08	30,25	84	5,83	16
Roggenboden . .	21,16	18,78	89	2,38	11

V. Thünen[1]) ermittelt die Landrente für einen Standort, der eine mittlere Entfernung von 210 Ruten vom Gutshof hat, auf einem Boden von

10 Körner Ertragsfähigkeit zu 81,8 Talern,
 9   ,,   ,,   ,, 65,5 ,,
 8   ,,   ,,   ,, 48,5 ,,
 7   ,,   ,,   ,, 15,3 ,,
 6   ,,   ,,   ,, 15,3 ,,

Die letzteren Zahlen haben mehr praktische Bedeutung wegen des Verhältnisses der Bodenklassen zueinander und des Rohertrags zum Reinertrag, als wegen der absoluten Beträge, denen, wie den Reinerträgen der Forstwirtschaft, nach ihrer zahlenmäßigen Bestimmtheit keine allgemeine Gültigkeit zukommt. Als Resultat ergibt sich in dieser Richtung, daß die Reinerträge bei Abnahme der Güte des Bodens in weit stärkerem Verhältnis sinken, als die Roherträge. Da die Produktionskosten nur zum Teil dem Rohertrag entsprechen, während ein Teil der Produktionskosten (Bestellung) mit der Fläche in ziemlich geradem Verhältnis steht, so muß dies Verhältnis allgemein eintreten. Die geringen Bonitäten haben deshalb einen sehr geringen Bodenreinertrag. Das Sinken desselben würde oft in noch stärkerem Verhältnis hervortreten, wenn die Ungunst der Lage einzelner Grundstücke in der Statistik treffend zum Ausdruck gebracht würde. Dies ist aber nicht immer der Fall. Manche Kosten werden in den Wirtschaftsbüchern gleichmäßig repartiert, während sie für die ungünstig gelegenen, namentlich die vom Gutshof entfernter gelegenen Grundstücke höher sind als dem Durchschnitt entspricht. Bei einer genauen Berücksichtigung dieses Umstandes wird kein Zweifel bestehen, daß in den meisten Feldgemarkungen Grundstücke benutzt werden, welche überhaupt keinen landwirtschaftlichen Reinertrag gewähren.

---

[1]) Der isolierte Staat in Beziehung auf Landwirtschaft usw , 3 Teil, § 24.

II. Wiesen.

Wie bei den Erzeugnissen des Ackerlandes muß auch bei den
Wiesen der Reinertrag aus dem Wert des Produkts und den aufzuwendenden Kosten hergeleitet werden. Nach beiden Richtungen
gestaltet sich die Rechnung wegen der Gleichmäßigkeit des Ernte-
objekts, der größeren Einfachheit der Betriebsführung, des geringern
Aufwandes für Arbeit und Düngung weit einfacher als beim Acker-
lande. Die Berechnung des Geldwertes des Heues erfolgt in der
Regel, weil dasselbe zum größten Teile in der eigenen Wirtschaft
verbraucht und nicht in den Verkehr gebracht wird, nach seinem
Gebrauchswert. Dieser erhält seinen wichtigsten Bestimmungsgrund
durch den chemischen Gehalt an Nährstoffen, der auch den richtigsten Maßstab enthält, um das Wertverhältnis des Heues zu
anderen Wirtschaftserzeugnissen zu bemessen. Nach den Untersuchungen von J. Kühn sind in einem Zentner mittelguten Wiesenheues 5,4 Pfund Proteïnstoffe, 1 Pfund verdauliches Fett, 41 Pfund
stickstofffreie verdauliche Extraktstoffe enthalten.[1] Der Wert des
Proteïns wird zu 21,6, der des Fettes zu 14,4, der stickstofffreien
Extraktstoffe auf 3,6 Pfennig pro Pfund angegeben. Hieraus wird
der Wert mittleren Heues zu 2,78 Mark berechnet. Zugleich läßt
sich aus solchen Zahlen das ungefähre Verhältnis feststellen, in dem
der Wert des Heues zu dem des Roggens steht, dessen Nährgehalt
pro Zentner etwa 9,7 Pfund Proteïn, 1,6 Pfund Fett, 63,20 verdauliche stickstofffreie Extraktstoffe beträgt. Da Roggen den allgemeinsten Maßstab für den Gebrauchswert der landwirtschaftlichen
Erzeugnisse bildet, so ergibt sich zugleich, daß mit den Veränderungen des Roggenwertes auch die Werte anderer Futterstoffe sich
verändern. Bei Anlehnung an die obigen Verhältniszahlen wird
bei einem

Wert des Zentners Roggen von 6,5 7 7,5 8   8,5 9   M.
der Wert des Zentners Wiesenheues zu 2,27 . 2,62 2,80 2,97 3,15 „
angegeben. Diese Zahlen können zugleich zu einem Belege dienen
für die hohe Bedeutung, welche die Getreidepreise für die Landwirtschaft besitzen — und zwar auch für solche Wirtschaften, die
nicht selbst Getreide verkaufen.

Was nun die Qualität des Heues betrifft, so liegen hier größere
Unterschiede vor, als bei dem Haupterzeugnis des Ackerlandes.
Nach dieser Richtung sind richtige Berechnungen der Grundrente
der Wiesen schwieriger. Die meisten landwirtschaftlichen Schriftsteller bilden beim Heu 3 Qualitätsklassen. So unterscheidet z. B.

---

[1] v. d. Goltz, a. a. O., S. 27 f., Bestimmung des Geldwertes der markt-
losen Futtermittel.

Thaer gutes, fettes, kräftiges, — mittleres, süßes — und schlechtes, binsiges, saures Heu. Das Wertverhältnis dieser 3 Gattungen ist wie 6 zu 4 zu 3. Ähnliche Unterscheidungen bildet Koppe mit den Verhältniszahlen 10 : 7 : 5 und Pabst mit den Zahlen 14 : 10 : 7.[1])

In der Landwirtschaft wird das Heu zu den nicht marktgängigen Gütern gerechnet, was auch in den meisten Fällen der wirklichen Praxis entspricht. In der neueren Zeit ist jedoch durch die Verbesserung der Verkehrsmittel die Beförderung des Heues auf weite Strecken leichter und billiger geworden. Es werden ferner auch mehr Ersatzstoffe für Heu, namentlich für die Fütterung des Rindviehs verwendet, so daß jetzt auch dem Tauschwert des Heus mehr Bedeutung zukommt. Derselbe muß wegen der in Einzelfällen hervortretenden starken Schwankungen nach dem Durchschnitt einer (nicht zu kurzen) Reihe von Jahren berechnet werden. Geschieht dies, so ergibt sich auch hier die allgemeine Regel, daß die durchschnittlichen Tauschwerte trotz ihrer starken örtlichen und zeitlichen Schwankungen von den Gebrauchswerten, in denen sie ihre Wurzel haben, viel weniger abweichen, als man dies nach den Einzelfällen des praktischen Lebens vermutet.

Die Kosten für die Erzeugung des Heues bestehen in dem Aufwand für die Instandhaltung der Wiesen, für die auf die Ernte gerichtete Arbeit und in den allgemeinen Unkosten. Die Instandsetzung erstreckt sich auf das Eggen der Wiesen, die Beseitigung von Maulwurfshügeln und sonstigen Unebenheiten, im Reinigen der Gräben, der Aufbringung des Düngers usw. Die Art der Düngung und Bewässerung ist nach den örtlichen Verhältnissen sehr verschieden. Wiesen, welchen eine natürliche Bewässerung mit gutem Wasser zuteil wird, können die Düngung und künstliche Bewässerung fast entbehren; bei anderen erscheint sie ebenso notwendig als bei den Ackergrundstücken. Der Aufwand für das Mähen steht zur Fläche in annähernd geradem Verhältnis; es sind pro Hektar 2—3 Tagelöhne erforderlich. Die Kosten für das Trocknen, Aufladen usw. entsprechen nahezu der Masse des Heues; man rechnet auf 5—8 Zentner einen Frauen-Arbeitstag. Alle diese Arbeiten, sowie die Kosten des Anfahrens sind nach der Güte des Bodens, der Witterung zur Zeit der Ernte und der Entfernung der Wiesen von den Gutshöfen sehr verschieden. — Die allgemeinen Unkosten, zu denen der Aufwand für Verwaltung, die Abnutzung der Gebäude, Versicherungsbeiträge usw. gehören, sind weit geringer als beim Ackerland. Sie stehen, wie bei diesem, in einem gewissen Verhältnis zum Rohertrag und werden zu 10—15 % desselben angegeben.

---

[1]) v. d. Goltz, a. a. O., S. 501.

Unter Umständen kann es sich auch bei den Wiesen empfehlen, sämtliche Wirtschaftskosten in ein bestimmtes Verhältnis zum Rohertrag zu setzen. Dasselbe ist nach der Güte der Wiesen und ihrer Entfernung von den Gutshöfen sehr verschieden. Für die besten Wiesen, welche sich in der Nähe der letztern befinden, werden die sämtlichen Kosten zu 20—25 % des Rohertrags angegeben. Je ungünstiger die Standortsverhältnisse sind, je größer die Entfernung vom Wirtschaftssitz, je höher die Arbeitslöhne stehen, um so größer werden die Anteile der Wirtschaftskosten, um so geringer die verbleibenden Reinerträge. Diese liegen daher in ziemlich weiten Grenzen, etwa zwischen 15 und 90 % des Rohertrags. Nach den Abschätzungsgrundsätzen der schlesischen Landschaft soll für sämtliche Arbeits- und Ausnutzungskosten, welche für Gespanne und Handarbeit, Unterhaltung des Inventars und der Gebäude usw. aufgewendet werden müssen, für Wiesengrundstücke ein Abzug gemacht werden: bei Klasse I von 30—45 % des bonitierten Heuertrags, bei Klasse II von 35—50 %, bei Klasse III von 40—55 %, bei Klasse IV von 45—60 %, bei Klasse V von 50—65 %. Außer diesen Sätzen wird noch ein Abzug von 15—20 % für außerordentliche Gefahren gemacht. Es würden daher die gesamten Unkosten im günstigsten Fall 45, im ungünstigsten 85 % des Rohertrags betragen.

Nach vorstehenden Angaben lassen sich für den Roh- und Reinertrag guter, mittlerer und geringer Wiesen folgende Verhältniszahlen aufstellen:

Bezeichnung der Wiesen	Rohertrag		Wirtschaftskosten		Reinertrag	
	Masse Zentner	Wert Mark	in Prozenten d. Rohertrags	Mark	in Prozenten d. Rohertrags	Mark
Gute	100	200	50	100	50	100
Mittlere . . .	70	140	60	84	40	56
Geringe . . .	40	80	70	56	30	24

Hiernach müssen im allgemeinen auch die Reinerträge der Wiesen bei Abnahme der Bodengüte in stärkerem Verhältnis sich verändern als die Roherträge, weil ein Teil der Kosten nicht zur Menge und dem Wert des Ertrags, sondern zur Flächengröße und der Entfernung vom Gutshof im Verhältnis steht. Pabst[1]) gibt folgendes, in mehrfacher Hinsicht charakteristisches Beispiel für die Roherträge, Wirtschaftskosten und Reinerträge von Wiesen ver-

---

[1]) A a. O , S. 82 f.

schiedener Gütegrade und verschiedener Bewirtschaftung. Die Zahlen beziehen sich auf ein österreichisches Joch (= 0,576 ha).

1. Bewässerungswiesen in guter Lage:

Ertrag 72 Ztr. Normalheu à 1,8 M. . . . . . 127,60 M.

Wirtschaftskosten (Unterhaltung und Pflege der Bewässerungsanlage, Anteil an den allgemeinen Wirtschaftskosten) . . . . . . 60,00 „ = 47 %

Reinertrag 67,60 M. = 53 % des Rohertrags.

2. Höhenwiese mit gutem Boden, welche alle 2 Jahre gedüngt wird:

Ertrag 50 Ztr. Normalheu à 1,8 M. }
„   5 „ Heuwert-Weide à 1,0 „ } · · 95 M.

Wirtschaftskosten (Düngung, Ernte, allgemeine Unkosten) . . . . 58,70 „

Reinertrag 36,30 M. = 38 % des Rohertrags.

3. Mittelmäßige Feldwiese, weder bewässert noch gedüngt:

Ertrag 27 Ztr. Normalheu à 1,8 M. }
„   3 „ Heuwert-Weide à 1,0 „ } · · 51,60 M.

Wirtschaftskosten (Ernte, allgemeine Unkosten) 23,00 „

Reinertrag 28,60 M. = 55 % des Rohertrags.

4. Geringe Torfwiese:

Ertrag 14 Ztr. Normalheu }
Rohrnutzung   } . . . . 27,20 M.

Wirtschaftskosten (Ernte und allgemeine Unkosten) . . . . 14,00 „

Reinertrag 13,20 M. = 48 % des Rohertrags.

Aus diesen Zahlen ist ersichtlich, daß zwar im allgemeinen der Anteil des Reinertrags an Gesamtertrag mit der Bonität abnimmt, daß dies Verhältnis aber auch von der Art der Behandlung, insbesondere von der Düngung, abhängig ist. Die Düngung steigert stets den Rohertrag, während das Verhältnis des Reinertrags zum Rohertrag kleiner wird. Ob der Reinertrag seinem absoluten Betrage nach größer wird, ist in jedem Fall besonders zu untersuchen.

Geht man auf die Verhältnisse, mit welchen es die Forstwirtschaft zu tun hat, näher ein, so treten hier oft noch stärkere Unterschiede im Reinertrag hervor, namentlich nach den unteren Bonitätsstufen. Die meisten Wiesen, welche von der Forstverwaltung bewirtschaftet werden, liegen in Tälern und sind seitlich vom Walde beschattet. Je nach der Breite des Tals, der Stärke der Beschattung, der Beschaffenheit des Bodens, der Höhenlage und der Entfernung von den Ortschaften zeigen diese Wiesen in ihren Erträgen große Unterschiede.

Um einen Überblick über die Erträge der von der Forstverwaltung bewirtschafteten Wiesen zu gewinnen, hat der Verfasser die preußischen Oberförstereien, in denen größere Wiesenbetriebe geführt werden, um Mitteilungen über die Erträge und Produktionskosten derselben ersucht und solche in dankenswerter Weise erhalten. Die Resultate der Roh- und Reinerträge, die im einzelnen hier nicht mitgeteilt werden können, liegen in sehr weiten Grenzen. Von 200—300 M. pro Hektar, die für die besten in der Rhein-Niederung gelegenen Wiesen der Oberförsterei Rheinwarden fast ohne Meliorationsaufwand und in einigen Revieren Pommerns (Oberförsterei Klaushagen) erzielt werden, sinkt der Ertrag auf 5—10 M. pro Hektar in den höheren, nicht meliorierten, vom Walde beschatteten Wiesen der Gebirgsreviere des Buntsandsteingebiets und den nassen Wiesen in einigen Revieren Ostpreußens, deren Entwässerung sich besondere Schwierigkeiten entgegenstellen. Die Durchschnittserträge der natürlichen, nicht meliorierten Wiesen liegen zwischen 20 und 40 M. pro Hektar.

In der Neuzeit werden in den größeren forstfiskalischen und anderen Betrieben in der Regel Meliorationen von den Waldeigentümern vorgenommen. Sie bestehen hauptsächlich in der Herstellung und Unterhaltung der Be- und Entwässerungsanlagen, in der Düngung mit Thomasmehl, Kainit und dem Aufbringen von Sand; letzteres insbesondere auf den in der norddeutschen Ebene am meisten vertretenen Moorwiesen. Der finanzielle Erfolg dieser Verbesserungen ist je nach den Verhältnissen des Bodens und der Lage ein äußerst verschiedener. In einzelnen Fällen ist er zweifelhaft, in anderen ist ein negativer Erfolg zu verzeichnen. In den weitaus zahlreichsten Fällen lassen aber die Ergebnisse für alle Wirtschaftsgebiete klar erkennen, daß bei entsprechenden Standortsverhältnissen der Reinertrag der Wiesen durch zweckmäßige Melioration in außerordentlichem Grade gehoben wird. So stieg z. B.[1]) der Ertrag von Wiesen in der Oberförsterei Nemonien (Regierungsbezirk Königsberg) infolge systematischer Entwässerung durch den Seckenburger Entwässerungsverband auf einer Fläche von 12 ha bis 2350 M.; im Mittel betrug er 1675, pro Hektar ca. 140 M. In der Oberförsterei Hartigswalde (Regierungsbezirk Königsberg) betrug die Einnahme auf einer Fläche von 7 ha 1080—1640, im Mittel 1360 M., pro Hektar

---

[1]) Nach Mitteilung der Herren Revierverwalter der angegebenen Oberforstereien.

190 M., denen 50—60 M. Unterhaltungskosten gegenüberstehen. In der Oberförsterei Czerk (Regierungsbezirk Marienwerder) wurden für 47 ha 5256 bis 7519 im Mittel 6388 M. (pro ha 140 M.) erzielt, bei 50 M. Unterhaltungskosten. In der Oberförsterei Chotzenmühl (Regierungsbezirk Marienwerder) ergaben die gebesserten Wiesen bei 45 M. Betriebskosten 100 M. pro Hektar, die nicht gebesserten nur 15 M.; in der Oberförsterei Selgenau (Regierungsbezirk Bromberg) die meliorierten Wiesen 60—80 M. (bei 40 M. Betriebskosten), die ungebesserten nur 6—9 M. In der Oberförsterei Koppelsberg (Regierungsbezirk Köslin) betrug die Einnahme von 65 ha nicht gebesserter Naturwiesen 971 M., pro Hektar 15 M., von den meliorierten Rieselwiesen, auf 93 ha 10126 M., pro Hektar 110 M., bei 28 M. Unterhaltungskosten. Ähnliches ergibt sich in zahlreichen anderen Fällen.

Am klarsten kann der Erfolg der Melioration bei denjenigen Flächen nachgewiesen werden, welche vorher keinen oder keinen bemerkenswerten Ertrag ergeben haben. Dies ist in der norddeutschen Ebene insbesondere bei den durch die Umwandlung von Brüchern und Mooren neu hergestellten Wiesen der Fall. Über den Ertrag derselben werden alljährlich Übersichten für den ganzen Umfang der Monarchie aufgestellt. Für das Jahr 1904 liegen folgende Zahlen über den Erfolg der Erträge und Betriebskosten vor,[1] die nach der Art der Ausführung für besandete und nicht besandete Flächen gesondert nachgewiesen werden.

Regierungsbezirk	Fläche	Kosten d ersten Anlage pro Hektar	Betriebskosten pro Hektar	Einnahme pro Hektar		Verzinsung des Anlagekapitals durch die Nettoerträge
				Brutto	nach Abzug der Betriebskosten	
	ha	Mark	Mark	Mark	Mark	Prozent
I. Besandete Flächen.						
Königsberg . . .	91,8	410,32	40,35	78,53	38,18	9.31
Gumbinnen . . .	277,2	391,44	44,53	57,90	13,37	3,42
Danzig	60,5	608,14	58,40	123,48	65,08	10,70
Marienwerder . .	25,5	536,98	42,82	110,51	67,69	12,61
Potsdam	86,7	819,31	56,64	89,16	32,52	3,97
Frankfurt . .	112,3	778,07	60,38	147,22	86,85	11,16
Köslin	26,3	270,49	51,35	95,23	81,91	30,28
Stralsund	11,6	449,42	5,41	48,10	42,69	9,50
Posen	58,3	830,50	25,68	114,02	88,34	10,64
Bromberg .	0,3	299,20	24,87	36,67	11,80	3,94
Oppeln	2,0	290,51	64,48	72,50	8,01	2,75
Merseburg . . .	173,8	350,63	13,93	67,00	53,07	15,14

[1] Nach Mitteilung des Herrn Landforstmeisters von Bornstedt.

| Regierungsbezirk | Flache | Kosten d. ersten Anlage pro Hektar | Betriebskosten pro Hektar | Einnahme pro Hektar | | Verzinsung des Anlagekapitals durch die Nettoerträge |
| | | | | Brutto | nach Abzug der Betriebskosten | |
	ha	Mark	Mark	Mark	Mark	Prozent
II. Unbesandete Flächen.						
Konigsberg . . .	645,3	205,13	39,46	88,02	48,56	23,67
Gumbinnen . . .	1456,8	250,84	44,94	64,82	19,87	7,92
Danzig	91,8	387,09	53,42	130,28	76,85	19,82
Marienwerder . .	597,6	261,05	37,83	92,64	54,81	21,00
Potsdam	170,7	185,03	42,93	95,55	52,62	28.44
Frankfurt . . .	181,3	272,41	41,01	71,19	30,18	11,09
Koslin	42,3	247,08	46,70	92,30	45,59	18,45
Stralsund	120,9	295,67	27,80	66,17	38,37	12,98
Posen	333,0	205,65	36,43	88,11	51,68	25,17
Bromberg . . .	173,3	258,08	48,88	86,69	37,81	14,65
Breslau	188,5	191,36	32,16	63,61	31,44	16,43
Liegnitz[1]) . . .	1,2	1192,90	79,08	34,00	— 45,08	—
Oppeln	262,7	276,78	55,43	84,14	28,71	10,37
Merseburg . . .	231,2	227,72	11,93	62,17	50,24	22,06
Luneburg	179,8	195,86	34,76	75,35	37,85	19,33

Aus den großen Unterschieden, die hiernach in den Erträgen und in der Verzinsung des Produktionsfonds vorliegen, ergibt sich, daß Untersuchungen über die Rentabilität der Anlage von Wiesen in jedem Einzelfall besonders vorzunehmen sind. Im allgemeinen tritt aber der gute Erfolg der Melioration aus jenem Nachweis bestimmt hervor.

Von den Erträgen der Wiesenkultur anderer Forstverwaltungen, die in neuester Zeit bekannt geworden sind, gewährt diejenige des Großherzogtums Hessen besonderes Interesse. Die Bewirtschaftung der Domanialwiesen steht in Hessen seit geraumer Zeit unter der Verwaltung der Oberförstereien, so daß der Erfolg der Wirtschaft nach den Ergebnissen einer längeren Reihe von Jahren nachgewiesen werden kann. Nach der vom Ministerium der Finanzen[2]) veröffentlichten Übersicht der Erlöse aus den unter Selbstverwaltung der Oberförstereien stehenden Wiesen war der Durchschnittsertrag im Mittel der Jahre 1899 und 1900 folgender:

Prov. Starkenburg auf einer Fläche = 2761 ha = 103 M. pro Hektar.
  „   Oberhessen   „   „   „   = 1262 „ = 72 „   „   „
  „   Rheinhessen   „   „   „   = 132 „ = 132 „   „   „
Im ganzen 4155 ha = 94 M. pro Hektar.

---

¹) Im Regierungsbezirk Liegnitz liegen erstjahrige Anlagen vor, die den Erfolg der Meliorationen noch nicht hervortreten lassen.

²) Mitteilungen der Forst- und Kameralverwaltung des Großherzogtums Hessen, bearbeitet im Großherzogl. Ministerium der Finanzen, Darmstadt, 1904, S. 61.

Die Kosten der Melioration und Verwaltung haben

betragen . . . . 30 M. pro Hektar.

Hiernach ergibt sich ein Reinertrag . . . . . 64 „ „   „

Auch hier bestehen je nach der Lage und den Standortsverhältnissen in den einzelnen Revieren große Verschiedenheiten. Der Brutto-Geldertrag steigt von 20 M. in der Oberförsterei Grebenhain bis zu 216 M. in den Oberförstereien Schiffenberg und Hirschhorn, also im Verhältnis von 1 zu 11. In noch stärkerem Grade müssen die Reinerträge voneinander verschieden sein, da die Produktionskosten, welche von den Bruttoerträgen zur Ermittelung des Reinertrags angezogen werden, bei verschiedenen Bonitäten nicht wesentlich verschieden sind.

Auch in bezug auf die zeitlichen Veränderungen der Erträge ist die Nachweisung der hessischen Forstverwaltung von Interesse. Die a. a. O. hergestellten Kurven stellen die Roh- und Reinerträge für die Zeit von 1886 bis 1900 dar. Im Durchschnitt des ganzen Landes haben pro Hektar Wiesenfläche betragen:

in den Jahren	1886	1888	1890	1892	1894	1896	1898	1900
die Bruttoerlose	98	106	86	98	103	99	88	105 M.
die Nettoerlöse	89	93	74	80	80	76	65	75 „

Verschiedenheiten sind zunächst durch die Witterungsverhältnisse der einzelnen Jahre herbeigeführt. Trockne Jahre zeichnen sich in der Regel durch hohe Erträge aus. Im allgemeinen haben die Reinerträge in der neueren Zeit eine sinkende Tendenz. „Der Rückgang der Reinerträge aus den Wiesen — wird erläuternd bemerkt — beruht in der Hauptsache auf der verminderten Konkurrenz infolge der sich mehr und mehr Bahn brechenden rationellen Behandlung (insbesondere Dungung) des eigenen Graslandes, verbunden mit intensiverem Futterbau, wodurch die Leute der Notwendigkeit, Futter kaufen zu müssen, enthoben werden." Auch in vielen anderen Wirtschaftsgebieten wird dies, sobald die Wiesenkultur weiter ausgedehnt wird, der Fall sein. Da dieser abnehmenden Kurve der Wiesenerträge zunehmende Kurven der wesentlichsten Faktoren der Holzzucht gegenüberstehen, so muß notwendig die erste Erscheinung auch auf die Wahl der Kulturarten wesentlichen Einfluß ausüben.

III. Weiden.

Die Weide spielt in der Kulturgeschichte fast aller Nationen eine wichtige Rolle. Die meisten Völker haben Entwicklungsstufen durchgemacht, auf denen die Weidewirtschaft den wesentlichsten Erwerbszweig bildete. Sie erforderte geringen Aufwand von Arbeit und Kapital; sie entsprach dem wenig ausgebildeten Handel und

Verkehr der früheren Kulturstufen; die Erträge kamen vorzugsweise in der eigenen Wirtschaft zur Nutzung. Mit der Forstwirtschaft hat die Weide jederzeit vielseitige unmittelbare Beziehungen gehabt. Meist waren sie gegensätzlicher Natur. Die Wälder beeinträchtigen die Menge und Güte der Weide um so mehr, je besser sie bestanden sind. Solange in früheren Zeiten die Wälder im Überfluß vorhanden waren, wurden sie auf Grund durchaus richtiger Erwägung zugunsten der Weide beseitigt. Häufig geschah dies durch Brennen. Das Streben, durch Abbrennen den Wald zu vernichten oder seinen Schluß zu unterbrechen, ist in den Waldgebieten, die der Behütung unterlegen haben, eine oft wahrzunehmende Erscheinung. Später, als dem Ertrag an Nutz- und Brennholz mehr Wert beigelegt wurde, suchte man auf derselben Fläche Holzzucht und Weide gemeinsam zu betreiben. In Deutschland ist dies Jahrhunderte hindurch der Fall gewesen.[1]) Eine längere Erfahrung hat jedoch gelehrt, daß eine rationelle Verbindung dieser beiden Kulturarten auf derselben Fläche dauernd nicht möglich ist. Die Weide hat nur Wert, wenn die Bestände nicht geschlossen sind. Eine gute Forstwirtschaft erfordert aber den Schluß, noch ehe die Jungwüchse dem Maule des Viehes entwachsen sind. Daher trat die Notwendigkeit ein, die Verbindung von Holzzucht und Weidenutzung auf derselben Fläche aufzuheben. Nach der im 19. Jahrhundert bewirkten Ablösung der früheren Berechtigungen sind viele Weideflächen zur Aufforstung gelangt; andere sind als Weide erhalten. In welcher Ausdehnung nun die Weide, welche für die Viehzucht von Bedeutung ist, bestehen bleiben, in welchem Maße andererseits die Umwandlung in Wald bewirkt werden soll, hängt vom Reinertrag des Bodens ab, den man deshalb möglichst bestimmt nachzuweisen suchen muß.

Die Abschätzung der Weide erfolgt in ähnlicher Weise wie bei den Wiesen. Der Wert des Heues ist nach Maßgabe seines Gehaltes an Nährstoffen zu bemessen. Ein Marktpreis kommt hier noch weniger als bei den Wiesen zur Anwendung. Die Kosten betreffen nur die Instandhaltung der Weide und die allgemeinen Unkosten. Zur Instandhaltung der Weide gehört das Einebnen der Fläche, die Beseitigung von Steinen und Unkräutern, von Baum- und Strauchwuchs, eventuell auch die Düngung und Bewässerung. In den meisten Fällen wird aber eine Düngung nicht vorgenommen. Die allgemeinen Unkosten werden in der Regel nach ihrem Verhältnis zum Rohertrag bemessen; sie werden zu

---

[1]) Die meisten Forstordnungen des 16. und 17. Jahrhunderts geben hiervon Zeugnis.

10—15% desselben veranschlagt. Unter Umständen lassen sich alle Wirtschaftskosten in Prozenten des Rohertrags angeben.

Der Reinertrag der Weideflächen kann je nach dem vorliegenden Boden, nach Klima, Lage und Entfernung von den Wirtschaftsgehöften sehr verschieden sein. Zunächst möge hier zum zahlenmäßigen Nachweis ein der landwirtschaftlichen Literatur entnommenes Beispiel folgen. Pabst[1]) teilt für Weide verschiedener Güte folgende Ertragszahlen mit:

1. Sehr gute Kuhweiden pro Joch (= 0,576 ha):
Ertrag 45 Zentner Heuwert à 1,06 M. . . . . 47,70 M.
Aufwand (für Gräben, Wälle, Tränkungsanstalten usw.) 16,60 „

Reinertrag 31,10 M.
= 63% des Rohertrags.

2. Mittelgute Kuhweiden:
Ertrag 34 Zentner Heuwert à 1,06 M. . . . . 36,04 M
Aufwand (wie oben) . . . . 13,30 „

Reinertrag 22,74 M.
= 64% des Rohertrags.

3. Mittelgute Schafweiden:
Ertrag 26 Zentner Heuwert à 1,00 M. . . . . 26,00 M.
Aufwand (wie oben) . . . . 9,50 „

Reinertrag 16,50 M.
= 63% des Rohertrags.

4. Geringste Rindviehweiden:
Ertrag 18 Zentner Heuwert à 0,88 M. . . . . 15,84 M.
Aufwand (wie oben) . . . . 5,80 „

Reinertrag 10,04 M.
= 64% des Rohertrags.

5. Geringe Schafweiden:
Ertrag 6 Zentner Heuwert à 0,80 M. . . . . 4,80 M.
Aufwand (Abgaben, Wirtschaftsführung) . . . . 1,20 „

Reinertrag 3,60 M.
= 75% des Rohertrags.

Hieraus ist zu entnehmen, daß bei den Weiden die Wirtschaftskosten zum Rohertrag in einem ziemlich gleichbleibenden Verhältnis stehen. Bei den geringen Weiden kommen viele Ausgaben ganz in Wegfall. Es entfallen ferner diejenigen Kosten, welche, wie insbesondere der Umbruch, zur Fläche im Verhältnis stehen und die daher die geringen Flächen verhältnismäßig stärker belasten. Am meisten Bedeutung hat die Weide, soweit sie zur Forst-

---

[1]) Landwirtschaftliche Taxationslehre, 2. Aufl., S 85—90

wirtschaft in Beziehung steht, in Gebirgsländern, welche wegen der Beschaffenheit des Bodens und der Lage für die Produktion von Getreide nicht geeignet sind. Hier ist oft die Viehzucht der wichtigste Erwerbszweig der Bevölkerung, weshalb alle Flächen, welche fähig sind, Gras zu produzieren, in solchem Zustand erhalten werden müssen. In erster Linie liegen Verhältnisse dieser Art im Hochgebirge vor, wo die Weide oft den größten und wichtigsten Anteil des Kulturgeländes ausmacht. Aber auch für manche mittleren Gebirgsländer ist die Erhaltung der Weide ein nationalökonomisches Bedürfnis.

Eine Berechnung des Reinertrages auf Grund der erzeugten Futterstoffe stößt bei der Waldweide auf besondere Schwierigkeiten. Die Nutzung erfolgt meist durch die gemeinsame Ausübung einer größeren Anzahl von kleinen Wirten. Der Ertrag ist weder nach der Menge des gewachsenen Grases noch nach der Gewichtszunahme der Tiere, denen oft auch noch andere Ernährungsquellen zu Gebote stehen, nachzuweisen. Am besten sind die Reinerträge aus den Pachtpreisen zu erkennen. Nachstehende, aus charakteristischen Wirtschaftsgebieten entnommene Zahlen[1]) sind zur Vergleichung der Bodenreinerträge der Weide mit denjenigen anderer Kulturarten geeignet.

1. Wirtschaftsgebiet Reinhardswald, Oberförsterei Gahrenberg. Die Oberförsterei Gährenberg war, wie die meisten Waldungen des vormaligen Kurfürstentums Hessen, früher mit Hutegerechtsamen belastet. Nach Ablösung derselben wurden die meisten Flächen bald aufgeforstet; nur einzelne Flächen wurden mit Rücksicht auf die umliegenden Ortschaften als Hute verpachtet. Es zeigte sich jedoch bald, daß die Erhaltung der Hute kein volkswirtschaftliches Bedürfnis war. Dies geht aus den Pachterträgen hervor. In der letzten Zeit wurde für die Hute nur 1 Mark pro Hektar bezahlt. Die Aufforstung ist daher jetzt für das ganze frühere Weideland durchgeführt.

2. Wirtschaftsgebiet Habichtswald, Oberförsterei Kirchditmold und Ehlen. Auch hier sind die früheren Huteberechtigungen abgelöst worden. Die Aufforstung ist mit Rücksicht auf die Gemeinden allmählich bewirkt. In der Oberförsterei Kirchditmold bestehen zur Zeit noch 260 ha Weide. Die Pachtpreise sind für den größten Teil der Fläche (176 ha) 4—6 M., im Mittel 5 M., auf einem kleinen Teil (81 ha) 6—18 M., im Mittel 14 M. In der Oberförsterei Ehlen waren nach der Ablösung 495 ha Hute

---

[1]) Sie wurden dem Verfasser durch die Herren Revierverwalter (Forstmeister Sellheim in Hann.-Munden, Titze in Kirchditmold, Keßler in Ehlen, Oberforster Leyendecker in Hilders) mitgeteilt.

im Eigentum des Forstfiskus. Zunächst wurde mit Rücksicht auf die anwohnenden Gemeinden, auf deren Gesuch an die Zentralbehörde, die Hute erhalten. Sie wurde an diese zu Preisen von zunächst 6, später 4 M. verpachtet. Bald gingen jedoch die betreffenden Ortschaften mehr und mehr zur Stallfütterung über. Die Hute wurde entbehrlich. Deshalb ist in den letzten 10 Jahren die Hälfte der genannten Fläche aufgeforstet. Der Rest wird bald folgen. Nur ein kleiner Teil ist von der Aufforstung ausgeschlossen und wird durch Verpachtung des Grases nutzbar gemacht werden.

3. Wirtschaftsgebiet Rhön, Oberförsterei Hilders. In der Hohen Rhön macht sich das Bedürfnis zur Erhaltung der Weide viel entschiedener geltend, weil der Körnerbau dort nicht möglich ist und die Bedingungen einer rationellen Viehzucht erhalten bleiben müssen. Auch die Staatsforstverwaltung hat dieser Forderung Rechnung getragen und die Hute in ziemlich großem Umfang bestehen lassen. Die Erträge sind jedoch sehr gering. In der Oberförsterei Hilders ist die größte ausschließlich als Hute genutzte Fläche zum Pachtpreis von 1 M. verpachtet. Für andere Flächen wurden bei öffentlichen Verpachtungen höhere Preise (von 5 bis 11 M.) erzielt. Diese werden aber, worin die Ursache der hohen Preise liegt, teilweis zunächst auf Gras genutzt; erst nach der Nutzung des Grases erfolgt im Hochsommer die Behütung.

4. Wirtschaftsgebiet Vogelsberg, Großherzogtum Hessen. Auch in den höheren Teilen des Vogelsberges muß die Weide aus volkswirtschaftlichen Gründen erhalten bleiben. Die Bevölkerung ist arm, Viehzucht bildet den Haupterwerb, Getreidebau ist wenig ergiebig. Nähere Auskunft über die Verhältnisse des Vogelsberges und die Aufgaben der Wirtschaftspflege gibt die neuerdings veröffentliche Denkschrift[1]) der zur Ausarbeitung eines Kulturplans gebildeten Kommission. Nach dieser nehmen (für das Jahr 1898) die Viehweiden 12% der Gesamtfläche ein; der Wald 26%, Ackerland 26%, Wiesen 33%. Die Jahresgelderträge der wichtigsten Kulturarten betrugen nach dem Durchschnitt der letzten 10 Jahre pro Hektar:

	Ackerland	Wiese	Viehweide	Wald
in der oberen Zone	29,45	27,96	3,67	34,86
„ „ mittleren „	32,02	32,92	2,84	48,36
„ „ unteren „	23,88	35,81	2,38	41,22
Im ganzen	27,09	31,78	3,09	43,15

---

[1]) Generalkulturplan für den oberen Vogelsberg. — Denkschrift der zur Ausarbeitung dieses Plans vom Großherzogl. Ministerium des Innern gebildeten Kommission, Darmstadt 1904

Die mittleren Pachtpreise pro Hektar betrugen im Durchschnitt der letzten 10 Jahre: für Ackerland 38,3, für Wiesen 56,4, für Viehweide 12,3 M.

Aus diesen wenigen Zahlen, die mit gewissen Abweichungen auch auf andere Wirtschaftsgebiete zutreffen, geht hervor, daß die Erträge der Waldweide sehr gering sind. Die Böden der Oberförsterei Ehlen und Kirchditmold, welche bei der Weidenutzung nur 4—6 M. Pachterträge ergeben, sind kräftige Basaltböden, die mindestens 10 fm Fichtenholz im Wert von 10—20 M. zu produzieren imstande sind. Auf Buntsandsteinboden, auf dem kein Gras, sondern nur Heidelbeerkraut usw. wächst, stehen die Pachterträge noch weit niedriger. Eine Bodenrente ist unter solchen Verhältnissen nicht vorhanden; die geringen Erträge von 1 M. pro Hektar werden durch die Verwaltungs- und Schutzkosten vollständig aufgewogen. Aus dem Zurückstehen der Bodenrente gegenüber allen anderen Kulturarten folgt, daß die Hute in Kulturländern möglichst einzuschränken ist.

Die Ursachen des geringen Ertrags der Huten liegen einmal in der weiten Entfernung von den Ortschaften, wo das Weidevieh übernachtet; andererseits in der Beschaffenheit des Bodens. Insbesondere kommen hier die Verhältnisse in bezug auf Feuchtigkeit, chemische Beschaffenheit, Unebenheit, Steingehalt in Betracht. Aus den Nachteilen, welche mit der Entfernung verbunden sind, ergibt sich, daß die von den Betriebsstätten entfernt gelegenen Flächen der Aufforstung unterzogen werden. Volkswirtschaftlichen Nutzen können nur solche Weideflächen gewähren, die in der Nähe der Gutshöfe, Ortschaften usw. liegen. Bei weiten Gängen ist die Haltung guten, reiche Erträge gebenden Viehs nicht möglich. Den Mängeln in bezug auf die Beschaffenheit des Bodens muß, soweit es die verfügbaren Mittel gestatten, entgegengetreten werden. Der wichtigste Grundsatz der Weidewirtschaft geht dahin, daß die bleibenden Weiden, wie es bei einem rationellen Betriebe aller anderen Kulturarten erforderlich ist, der Verbesserung unterworfen werden. Der größte Fehler des Weidebetriebs ist die Ausdehnung der Flächen auf Kosten der Güte. Die Mittel der Verbesserung betreffen die Entfernung der auf den Flächen vorhandenen Steine, das Einebnen, die Düngung (mit Thomasmehl, Kainit usw.), die Einsaat von Klee und Grassamen, die Herstellung von Be- und Entwässerungsanlagen und von Umfriedigungen. Tatsächlich ist mit solchen Arbeiten in der neueren Zeit auch in den meisten Gegenden, wo die Weide bleibende Bedeutung hat, vorgegangen.

2. Forstwirtschaftlich benutzte Flächen.

a) Rohertrag.

Der Rohertrag der Forstwirtschaft wird (abgesehen von Nebennutzungen, Jagd usw.) durch den jährlichen Zuwachs gebildet.
Er kommt einerseits durch die Menge der erzeugten Holzmasse zustande, andererseits durch die Zunahme des Wertes der bereits
vorhandenen Masse infolge des Stärkerwerdens der Stämme. Demgemäß ist der Ertrag stets als das Produkt von 2 getrennt zu
haltenden Faktoren, Masse und Wert, aufzufassen. Nach seinem
zeitlichen Eingang zerfällt der Rohertrag in die am Schluß der
Umtriebszeit eingehenden Enderträge und in die Summe der Vornutzungen, die im Laufe der Umtriebszeit erfolgen. Der einfachste
Ausdruck des auf der Flächeneinheit erfolgenden Rohertrags ist
hiernach $\dfrac{A+D}{u}$, worin A den Endertrag, D die Summe der Vorerträge, u die Zahl der Flächen- oder Zeiteinheiten, welche erforderlich ist, um die Erträge hervorzubringen, bezeichnen. Für allgemeine (bodenkundliche, waldbauliche, nationalökonomische) Erörterungen empfiehlt es sich häufig, den Rohertrag, entsprechend
anderen Kulturarten, als das einfache Produkt vom jährlichen Gesamtzuwachs mit dem Wert des durchschnittlichen Festmeters (der
nach Statistik, Erfahrung usw. zu schätzen ist) auszudrücken.

Der Rohertrag der Forstwirtschaft ist in der Regel der höchste
unter den im großen möglichen Kulturarten.[1]) Wenn Wiesen,
Äcker, Weiden der Umwandlung in Wald unterworfen würden, so
würden sich meist höhere Durchschnittserträge pro Jahr und Hektar
ergeben. Selbst auf den besten Wiesen, welche Erträge von 200
bis 300 M. Rohertrag gewähren, wird dies der Fall sein. Mit Fichten
bepflanzt würden solche Flächen mindestens 15 Festmeter Holzmasse im Wert von 15—20 M. zu erzeugen imstande sein. Daß
dies Verhältnis in den Nachweisen der Statistik nicht hervortritt,

---

[1]) Ein treffendes Beispiel über das Verhältnis der Rohertrage verschiedener Kulturarten enthält die Denkschrift, betreffend den Generalkulturplan
für den oberen Vogelsberg, Darmstadt 1904. Nach den Seite 273 genannten
Zahlen war das Verhältnis des Ertrags von Grundbesitz der Gemeinden pro
ha bei den nachstehenden Kulturarten:

	Acker	Wiesen	Weide	Wald
in der oberen Zone = (668—518 m) . .	1,0	0,95	0,12	1,18 m
,, ,, mittleren Zone = (511—450 m) .	1,0	1,03	0,09	1,51 ,,
,, ,, unteren Zone = (414—491 m) .	1,0	1,50	0,13	1,72 ,,
im Durchschnitt .	1,0	1,17	0,11	1,60 ,,

Der Wald gewährt hiernach in allen Zonen den höchsten Rohertrag,
obwohl er die ungünstigsten Flächen einnimmt. Die Erträge beruhen auf
Wirtschaftsplänen, bei denen das Prinzip der Nachhaltigkeit streng gewahrt wird.

liegt daran, daß die Waldungen meist weit ungünstigere Standorte einnehmen, so daß in der großen Praxis vergleichsfähige Beispiele nicht vorliegen.

Der Rohertrag der Forstwirtschaft hat, wie der der Landwirtschaft, in vieler Hinsicht große Bedeutung; er muß dieser entsprechend stets gewürdigt werden. Manche nationalökonomischen und politischen Maßregeln können ausschließlich im Rohertrag ihre Begründung erhalten. Für die Feststellung und die Abgrenzung der Kulturarten ist aber der Rohertrag nicht genügend. Bestimmend für die Kulturart ist, wie im 1. Teil 4. Abschn. begründet wurde, der auf den Boden entfallende

b) Reinertrag.

Entsprechend der Berechnung bei landwirtschaftlicher Benutzung muß auch der Reinertrag des forstlich benutzten Bodens derart hergeleitet werden, daß vom Rohertrag sämtliche Produktionskosten in Abzug gebracht werden. Hierbei geht man entweder von einer einzelnen, für sich zu behandelnden, holzleeren Fläche aus und ermittelt, indem man sämtliche Erträge und Kosten auf einen gemeinsamen Zeitpunkt zurückführt, den Bodenerwartungs- oder Ertragswert. Oder man legt einen aus u Flächeneinheiten bestehenden regelmäßig bewirtschafteten Betriebsverband zugrunde, von dessen jährlichen Erträgen die jährlichen Kosten abgezogen werden. Weil die Ertrags- und Produktionsfaktoren der steten Veränderung unterliegen, so ist es in beiden Fällen meist nicht möglich, die Elemente des Ertrags mit Genauigkeit und Vollständigkeit nachzuweisen. Man ist vielmehr, wie es auch auf andern wirtschaftlichen Gebieten der Fall ist, oft zu gutachtlichen Ansätzen genötigt. Geringfügige Teile des Ertrags und der Kosten können hierbei, sofern es sich nicht um Eigentumswechsel handelt, vernachlässigt werden. Die Ergebnisse der Rechnung haben keine allgemeine und bleibende, sondern stets nur zeitliche und örtliche, auf gewisse Voraussetzungen beschränkte Gültigkeit.

Die Holzarten, welche für eine Vergleichung zwischen land- und forstwirtschaftlicher Benutzung am meisten Bedeutung haben, sind Fichte und Kiefer. Die Fichte kommt namentlich in Gebirgsgegenden in Betracht, wo sie für die Aufforstung der Täler, die als Wiesen nicht rentieren, und von Flächen, die der Behütung unterlegen haben, mit Vorteil angebaut werden kann. Von besonderer Bedeutung ist die Frage ihrer zukünftigen Behandlung für solche Böden, welche seither gar nicht benutzt, sondern als ertragsloses Ödland liegen geblieben sind.

I. Regelmäßige Fichtenbestände.

Um die Bodenreinerträge der Fichte zu ermitteln, müssen zunächst die Massenleistungen der Bestände auf einer gegebenen Standortsklasse nachgewiesen werden; sodann die Verteilung der Massen auf die Haubarkeits- und Vorerträge. Ferner sind die Zeiten des Eingangs der letzteren und die Werte der Haubarkeits- und Durchforstungserträge in den verschiedenen Altersstufen zu bestimmen.

Die Massen, welche auf einer gegebenen Fläche genutzt werden können, haben ihren Bestimmungsgrund im Zuwachs, der für den Gesamtertrag der Forstwirtschaft den allgemeinsten Maßstab bilden muß. In der Praxis ist man zwar oft genötigt, von den dem Zuwachs entsprechenden Ertragszahlen gewisse Abzüge zu machen; aber als Regel, von der man ausgeht, ist doch zu unterstellen, daß der volle Zuwachs erzeugt und genutzt werden soll.

Das Verhältnis zwischen dem Teile des Ertrags, welcher auf die Endhiebe entfällt, und demjenigen, welcher im Wege der Durchforstung genutzt wird, ist je nach der Behandlung der Bestände ein sehr verschiedenes.[1]) Man kann die Durchforstungen in allen Altersstufen schwach führen und die Bestände bis zum Abtrieb massen- und stammreich halten; man kann sie aber auch so bewirtschaften, daß durch die Vornutzung ein größerer Teil der Masse oder des Gesamtzuwachses entfernt wird. Dies kann aber wiederum in sehr verschiedener Weise geschehen. Man kann im jüngeren Alter stark durchforsten und im höheren Alter schwach; oder in umgekehrter Weise, oder auch so, daß im mittleren Alter die stärksten Durchforstungen geführt werden. Allgemeine Regeln hierüber können nicht aufgestellt werden. Physiologische und ökonomische Ursachen können Anlaß geben, auch in regelmäßigen, gepflegten, von Naturschäden nicht betroffenen Beständen verschieden zu verfahren. Daher können auch die vorhandenen Ertragstafeln, oder solche, welche in Zukunft aufgestellt werden, nicht als Normalertragstafeln in allgemeinem, bleibendem Sinne gelten. Sie werden meistens nur unter gewissen Voraussetzungen, bei Zugrundelegung einer bestimmten Erziehung, als Vorbild dienen können.

Die neuesten, von den preußischen Versuchsanstalten veröffentlichten Ertragstafeln der Fichte in Nord- und Mitteldeutschland geben folgende Ertragszahlen (auf zehn Festmeter abgerundet), welche der nachfolgenden Reinertragsberechnung zugrunde gelegt werden.

---

[1]) Vgl. die Ertragstafeln von v. Baur 1877, Schwappach 1890 u. 1902.

Haubarkeitserträge (verbleibender Bestand) p. ha, Derb- und Reisholz.

Alter	40	50	60	70	80 Jahre
Standortsklasse					
I	360	500	600	680	750 fm
II	270	390	490	570	620 ,,
III	190	290	380	450	500 ,,
IV	140	220	290	340	380 ,,

Durchforstungserträge (ausscheidender Bestand) p. ha, Derb- und Reisholz.

Alter	30	40	50	60	70	80 Jahre
Standortsklasse						
I	40	60	80	100	120	130 fm
II	20	50	60	70	80	90 ,,
III	20	40	50	60	70	70 ,,
IV	—	30	40	50	60	60 ,,

Was die Werte des Fichtenholzes in den verschiedenen Altersstufen betrifft, so erscheint für eine allgemeine Untersuchung die Unterstellung am meisten zutreffend, daß dieselben stetig, dem Alter entsprechend verlaufen.[1]) Diese Regel hat zwar durchaus keine absolute allgemeine Gültigkeit; sie erleidet in Einzelfällen viele Ausnahmen. Unter Umständen kommt es sogar vor, daß die schwächeren Sortimente jüngerer oder zurückgebliebener Stämme höheren Wert besitzen als die stärkeren der vorwüchsigen, älteren, daß der Wertzuwachs also zeitweise einen negativen Verlauf zeigt.[2]) Dies kann unter Umständen beim Übergang der Nutzstangen (auch des Schleifholzes, Grubenholzes) in die schwächeren Bauholzklassen

---

[1]) Den besten praktischen Nachweis für das bis zu einer bestimmten Starke erfolgende stetige Ansteigen der Werte des Fichtenholzes enthalt die Statistik des Königreichs Sachsen. Nach Pursche (,,Versteigerungserlöse der hauptsachlichsten Nadelholzsortimente in den koniglich sachsischen Staatsforsten''. — Tharander Forstliches Jahrbuch 1901) waren die Durchschnittspreise pro fm Fichtenstämme mit einem Mittendurchmesser

	bis 15 cm	16—22 cm	23—29 cm	30—36 cm	über 36 cm
im Durchschnitt der Jahre 1880/89	9,42	12,30	16,60	19,20	18,92 M.
1890/99	10,66	14,87	19,26	21,76	21,57 ,,

[2]) Nach der sachsischen Statistik betrugen die Durchschnittspreise fur die (1 m oberhalb des Abhiebs zu messenden) Derbstangen:

	8—9 cm	10—12 cm	13—15 cm
im Durchschnitt der Jahre 1880/89	8,42	10,85	13,47 M. pro fm
,, ,, ,, ,, 1890/99	8,70	11,66	14,39 ,, ,, ,,

Die meist bei den Durchforstungen gewonnenen, durch geringen Abfall ausgezeichneten Derbstangen haben hiernach einen hoheren Wert als die geringen Stamme, obwohl sie schwächer sind. In noch stärkerem Grade tritt dies Verhaltnis bei den Reisstangen hervor.

der Fall sein. Viele Bestände lassen ferner erkennen, daß die Wertzunahme mit der im Alter abnehmenden Wuchskraft erheblich nach-
läßt. Indessen dieses Nachlassen ist meist (sofern nicht Schäden besonderer Art vorliegen) die Folge von Mängeln der bestehenden
Wirtschaft, denen vorgebeugt oder entgegengetreten werden muß.
Gerade hierauf ist die Aufgabe eines guten Läuterungs- und Durchforstungsbetriebs gerichtet. Der Durchschnittswert des bleibenden
Bestandes wird, ohne den Einfluß des Stärkezuwachses am Einzelstamm, schon dadurch erhöht, daß bei den Durchforstungen die
geringwertigsten Glieder entfernt werden. Sodann soll der leitende
Grundsatz beim Durchforstungsbetrieb tunlichst dahin gerichtet
werden, daß der erweiterte Wachsraum hauptsächlich wirksam wird,
nachdem eine gute Schaftform hergestellt ist. Werden diese Bedingungen herbeigeführt, so ist auch die Wertzunahme des bleibenden Bestandes eine stetige, nicht zurückgehende. Ein Nachlassen
des Wertzuwachses darf nicht als Regel angesehen werden; es läßt
sich ökonomisch nicht rechtfertigen. Sollte es sich herausstellen,
daß demselben mit waldbaulichen Mitteln (Durchforstung, Lichtung)
nicht entgegengetreten werden kann, so ergibt sich daraus, daß die
Umtriebszeit, deren Hinausschieben in der Stetigkeit des Wertzuwachses ihre Begründung findet, verkürzt werden muß.

Hinsichtlich des Verhältnisses der Bonitäten gilt die allgemeine
Regel, daß die besseren Standorte bei gleichem Alter mit dem
stärkeren Massenzuwachs auch höheren Wert besitzen. Demgemäß
müssen auch die Unterschiede im Werte zwischen je zwei Altersstufen auf den besseren Bonitäten größer sein als auf den geringeren. Bezüglich der Durchforstungserträge ergibt sich, daß sie
in der Regel geringwertiger sind als der gleichaltrige Hauptbestand.
Demgemäß sind die Differenzen zwischen gleichen Altersstufen bei
den Durchforstungserträgen kleiner als für den bleibenden Bestand.

Wie die Erträge auch hergeleitet werden mögen, stets werden
kleine Ungenauigkeiten in den zahlenmäßigen Grundlagen verbleiben.
Daher empfiehlt es sich auch nicht, den betreffenden Rechnungen
sehr detaillierte Wertnachweise zugrunde zu legen. Vom Standpunkt
der großen Praxis, wie ihn insbesondere die Staatsforstverwaltungen
einzuhalten haben, handelt es sich, sofern nicht Veräußerungen in
Frage kommen, darum, daß das ökonomische Verhalten der Holzarten
bestimmter Wirtschaftsgebiete in großen Zügen nachgewiesen wird.
Hierfür ist aber eine pedantische Behandlung, die zu viel Zahlen-
material anhäuft, nicht geeignet. Meist empfiehlt es sich, daß man
die Werte einzelner charakteristischer Altersstufen ermittelt und
die zwischenliegenden, soweit es erforderlich erscheint, interpoliert.

Nach den vorausgegangenen Bemerkungen stellen sich die Elemente, welche den Bodenwert bestimmen, für die verschiedenen Standortsklassen der Fichte folgendermaßen dar:

Alter	Hauptbestand			Durchforstungserträge der einzelnen Altersstufen			Summa der Durchforstungserträge	
	Masse	Wert pro fm	Wert im ganzen	Masse	Wert pro fm	Wert im ganzen	Masse	Wert
	fm	Mark	Mark	fm	Mark	Mark	fm	Mark
I. Standortsklasse.								
10	—	—	—	—	—	—	—	—
20	120	2	240	—	—	—	—	—
30	230	5	1150	40	3,5	140	40	140
40	360	8	2880	60	6	360	100	500
50	500	11	5500	80	8,5	680	180	1180
60	600	14	8400	100	11	1100	280	2280
70	680	17	11560	120	13,5	1620	400	3900
80	750	20	15000	130	16	2080	530	5980
II. Standortsklasse.								
10	—	—	—	—	—	—	—	—
20	80	2	160	—	—	—	—	—
30	160	4,5	720	20	4	80	20	80
40	270	7	1890	50	6	300	70	380
50	390	9,5	3705	60	8	480	130	860
60	490	12	5880	70	10	700	200	1560
70	570	14,5	8265	80	12	960	280	2520
80	620	17	10540	90	14	1260	370	3780
III. Standortsklasse.								
10	—	—	—	—	—	—	—	—
20	40	2	80	—	2	—	—	—
30	100	4	400	20	3,5	70	20	70
40	190	6	1140	40	5	200	60	270
50	290	8	2320	50	6,5	325	110	595
60	380	10	3800	60	8	480	170	1075
70	450	12	5400	70	9,5	665	240	1740
80	500	14	7000	70	11	770	310	2510
IV. Standortsklasse.								
10	—	—	—	—	—	—	—	—
20	30	2	60	—	—	—	—	—
30	70	3,5	245	—	—	—	—	—
40	140	5	700	30	4	120	30	120
50	220	6,5	1430	40	5	200	70	320
60	290	8	2320	50	6	300	120	620
70	340	9,5	3230	60	7	420	180	1040
80	380	11	4180	60	8	480	240	1520

Nach den vorstehenden Massen und Wertfaktoren gestaltet sich die Rentabilität der Wirtschaft, wenn die Kulturkosten zu 200 M.

p. ha angesetzt werden, bei Annahme eines Zinsfußes von 3%
folgendermaßen:

1. Nach Bodenerwartungswerten. Bei Zugrundelegung der die
Verwaltungs- usw. Kosten unberücksichtigt lassenden Formel

$$\frac{A_u + D_a \, 1, op^{u-a} + Db \cdot 1\, op^{u-b} + \cdots - c \cdot 1, op^u}{1, op^u - 1}$$

ergeben sich folgende Zahlen (Bodenbruttowerte):

	Umtriebszeit 60	70	80	Jahre
I. Standortsklasse	2163	2328	2362	M.
II. „	1314	1572	1578	„
III. „	932	1011	1021	„
IV. „	503	548	558	„

Um die reinen Bodenwerte darzustellen, ist von diesen Zahlen
noch das Kapital der Verwaltungskosten (V) abzuziehen. Wird
dies für die verschiedenen Bodenklassen gleichmäßig zu 200 M. eingesetzt, so betragen die Bodenwerte für: I. Standortsklasse 1963
bis 2162 M., II. Standortsklasse 1114—1378 M., III. Klasse 732
bis 821 M., IV. Klasse 303—358 M. Für die 70- und 80jährige
Umtriebszeit ergibt sich das Maximum der Bodenwerte.[1]

---

[1] Dem Stande der Behandlung der vorliegenden Materie in der
Praxis gibt die vom kgl. sächsischen Finanzministerium unter dem 22. November 1904 erlassene „Anweisung zur Anfertigung von Wertsermittelungen
bei Erwerbung und Veräußerung von Grundstücken durch die Staatsforstverwaltung" zeitgemäßen Ausdruck. Es werden hier Vorschriften über die
Herleitung der Bodenbruttowerte (Bodenwert ohne Abzug der Verwal-
tungs- usw. Kosten) erteilt, und die Zahlen, welche innerhalb der vorkommenden Grenzwerte resultieren, niedergelegt. Dabei werden folgende Erläuterungen gegeben:
1. Der allgemein unterstellte Zinsfuß ist $= 3\,^0/_0$.
2. Die Berechnung des Bodenbruttowertes erfolgt nach der Methode
der Erwartungswerte. Für die dem Umtrieb und der Bonität entsprechende
Bestandesmasse ist der erntekostenfreie Wert für 1 ha festzustellen. Diesem
Betrage ist der Nachwert der während der Umtriebszeit eingehenden Zwischennutzungen hinzuzufügen. Von dem Gesamtgeldbetrag ist der Nachwert der
Kulturkosten in Abzug zu bringen und der Rest durch den der Umtriebszeit
entsprechenden Nachwertfaktor zu dividieren.
3. Die Einstellung der Abtriebsmassen erfolgt nach Maßgabe der
beigefügten Bonitierungstafel, welche für die Fichte folgende Abtriebserträge
angibt·

	u = 60	70	80	90	100	Jahre
Bonität I	563	692	818	935	1043	fm
„ II	440	539	635	724	806	„
„ III	317	386	452	513	569	„
„ IV	195	232	268	301	331	„
„ V	83	97	110	122	133	„

4. Die Holzpreise sollen nicht zu hoch eingestellt werden. Sie sind
aus längeren, etwa 10jährigen Zeiträumen nach den in den Lagerbüchern
niedergelegten Ergebnissen der seitherigen Wirtschaft zu ermitteln.

2. Nach dem Reinertrag eines einem regelmäßigen Betriebsverbande angehörigen Bestandes. Um die auf den Boden ent-

5. Die Zwischennutzungen sind in Prozenten des erntekostenfreien Geldwerts der Abtriebsmasse nach folgenden Sätzen einzustellen:

	u = 60	70	80	90	100 Jahre
I. u. II. Bonität	30	35	43	50	57 $^0/_0$
III. „		36	46	55	63	70 $^0/_0$
IV. u. V. „		40	53	65	75	85$^0/_0$.

6. Die Kulturkosten (für Anbau und Nachbesserung einschließlich des Aufwandes für allgemeine Gegenstände) sind unter Benutzung der bei der letzten Revision nach 5 jährigem Durchschnitt ermittelten Kosten einzustellen.

7. Auf den angegebenen Grundlagen ergeben sich für die Fichte folgende

Bodenbruttowerte pro ha Fichtenwirtschaft:

Bonität	Umtriebszeit	Kulturkosten	Erntekostenfreier Abtriebsertrag pro fm Mark							
	Jahre	pro ha	6	8	10	12	14	16	18	20
I	60	100	780	1080	1380	1680	1980	2280	2580	2880
		200	660	960	1260	1560	1860	2160	2460	2760
	80	100	620	860	1100	1340	1580	1840	2080	2320
		200	510	750	1000	1240	1480	1720	1960	2200
	100	100	430	610	790	980	1160	1340	1520	1700
		200	330	510	690	860	1040	1220	1400	1580
II	60	100	580	820	1040	1280	1520	1760	1980	2220
		200	460	700	920	1160	1400	1640	1860	2100
	80	100	460	640	840	1020	1200	1400	1580	1780
		200	340	530	720	900	1100	1280	1480	1660
	100	100	310	450	590	730	860	100	1140	1280
		200	210	350	480	620	760	900	1040	1180
III	60	100	410	590	760	940	1120	1300	1460	1640
		200	290	460	640	820	1000	1160	1340	1520
	80	100	330	470	620	760	900	1060	1200	1340
		200	220	360	510	650	800	940	1080	1240
	100	100	210	320	430	530	640	740	860	960
		200	110	210	320	430	530	640	750	860
IV	60	100	210	330	440	550	660	770	—	—
		200	90	210	320	430	540	650	—	—
	80	100	170	260	350	440	530	620	720	—
		200	50	150	240	330	420	510	610	—
	100	100	100	160	230	300	370	430	500	570
		200	—	60	130	190	260	330	390	460
V	60	100	20	70	120	170	210	260	—	—
		200	—	—	—	40	90	140	—	—
	80	100	—	40	80	120	150	190	230	—
		200	—	—	—	10	40	80	120	—
	100	100	—	—	30	60	80	110	140	170
		200	—	—	—	—	—	10	30	60

8. Von dem Bruttowert des Bodens sind zur Ermittelung des reinen Bodenwertes die kapitalisierten Steuern und Abgaben jeder Art, der kapitalisierte Verwaltungsaufwand, die Auslagen für Entwässerungsanlagen und sonstige Lasten in Abzug zu bringen.

Vergleicht man nun die von der sächsischen Staatsforstverwaltung ermit-

fallenden Reinerträge zu ermitteln, sind von dem jährlichen Ertrage die Zinsen des Vorratskapitals, die Kulturkosten und Verwaltungskosten in Abzug zu bringen. Nach den obigen Angaben stellen sich die Elemente, welche zum Nachweis der Bodenrenten erforderlich sind, folgendermaßen dar.

Alter	Abtriebsertrag A	Summa d. Durchforstungsertrage D	$A+D$	Vorrat (N) pro ha Masse	Vorrat (N) pro ha Wert	$u \cdot N$ 0, op	Kulturkosten pro ha	Verwaltungs usw. kosten auf u ha	$\dfrac{A+D-u \cdot N \cdot 0, op-(c+v)}{u}$
	Mark	Mark	Mark	fm	Mark	Mark	Mark	Mark	Mark
I. Standortsklasse.									
50	5500	1180	6680	242	1954	2931	200	250	3299 : 50 = 66
60	8400	2280	10680	302	3028	5450	200	300	4730 : 60 = 79
70	11560	3900	15460	356	4247	8919	200	350	5991 : 70 = 86
80	15000	5980	20980	405	5591	13418	200	400	6962 : 80 = 87
II. Standortsklasse.									
50	3705	860	4565	180	1295	1943	200	250	2172 : 50 = 43
60	5880	1560	7440	232	1926	3467	200	300	3473 : 60 = 58
70	8265	2520	10785	280	2831	5945	200	350	4290 : 70 = 61
80	10540	3780	14320	323	3795	9108	200	400	4612 : 80 = 58
III. Standortsklasse.									
50	2320	595	2915	124	788	1182	200	250	1283. 50 = 26
60	3800	1075	4875	167	1290	2322	200	300	2053 60 = 34
70	5400	1740	7140	207	1877	3942	200	350	2648. 70 = 38
80	7000	2510	9510	244	2518	6043	200	400	2867 80 = 36
IV. Standortsklasse.									
50	1430	320	1750	92	487	731	200	250	569 : 50 = 11
60	2320	620	2940	125	793	1427	200	300	1013 : 60 = 17
70	3230	1040	4270	156	1141	2410	200	350	1310. 70 = 19
80	4180	1520	5700	184	1521	3650	200	400	1450 : 80 = 18

telten Bodenbruttowerte mit den oben niedergelegten, so tritt als der wesentlichste Unterschied der beiderseitigen Ergebnisse hervor, daß, wahrend die Bodenrenten der sachsischen Anweisung mit dem 60 Jahre ihren Hochstbetrag erreichen, die oben berechneten Werte bis zu 80 Jahren ansteigen. Die Ursache der Unterschiede der nach gleichem Verfahren berechneten Bodenwerte liegt in der Behandlung der Bestande, insbesondere in der Verschiedenheit des Durchforstungsbetriebs. Nach der unter 3. beigefugten sachsischen Bonitierungstafel steigen fur $u = 100$ die Massen der Bestande auf I. Bonitat bis 1040 fm, auf II. bis 806 fm, wahrend die Massen der neuesten Normalertragstafeln der Versuchsanstalt nur bis 830 bzw. 680 fm anwachsen. Die Differenzbetrage werden im Wege der Durchforstung genntzt. Durch die im Alter von 60—80 Jahren erfolgenden hohen Durchforstungsertrage wird das sonst eintretende Sinken des Bodenwertes aufgehoben. — Eine weitergehende Behandlung dieses Gegenstandes wird bei der Begrundung der Durchforstungsgrade und Umtriebszeiten erfolgen.

II. Regelmäßige Kiefernbestände.

Zufolge ihrer physiologischen Eigenschaften, welche eine lichtere Stellung der Bestände zur Folge haben und vom Stangenholzalter an stärkere Konkurrenten um die Bodennährstoffe entstehen lassen, steht die Kiefer in ihrer Massenerzeugung unter übrigens gleichen Umständen gegenüber der Fichte stets zurück. Hinsichtlich der Werte ihres Holzes ist das Verhältnis beider Holzarten je nach den Standortsverhältnissen sehr verschieden. In der norddeutschen Ebene erreicht die Kiefer namentlich im höheren Alter ein besseres Holz; im Gebirge steht die Fichte in allen Altersstufen der Kiefer voran.[1]) Die den Wert bestimmenden Verhältnisse müssen daher für jedes Wirtschaftsgebiet nach Maßgabe der vorliegenden Standortsverhältnisse besonders untersucht werden.

In den Normalertragstafeln von Schwappach werden für die regelmäßigen Kiefernbestände der norddeutschen Ebene folgende Ertragszahlen (abgerundet) angegeben:

Alter	30	40	50	60	70	80	90	100	110	120	J.

Standortsklasse I.

Haubarkeitserträge	240	320	390	440	490	540	570	600	620	650	fm
Vornutzungen	30	40	40	40	40	40	30	20	20	20	,,

Standortsklasse II.

Haubarkeitserträge	190	250	310	370	410	450	480	500	520	540	,,
Vornutzungen	30	30	40	40	40	30	30	20	20	20	,,

Hieraus werden auf Grund genauer Sortimentsnachweise und mit der Annahme, daß die Preise der preußischen Stammklassen zwischen 10,6 M. (für Stämme V. Klasse mit weniger als 0,5 fm) und 19,6 M. (für Stämme I. Klasse mit mehr als 2 fm Inhalt) liegen, folgende Bodenerwartungswerte abgeleitet:

Zinsfuß $= 2\%$

Alter	80	100	120	140 Jahre
Standortsklasse I	1650	1425	1172	929 M.
,, II	1203	1012	860	681 ,,

Zinsfuß $= 3\%$

Standortsklasse I	608	442	304	197 ,,
,, II	416	287	194	114 ,,

Bei einem Zinsfuß von 3% beträgt hiernach das Maximum des Reinertrags der Kiefer auf I. Klasse 608 M., auf 2. Klasse 416 M. p. ha. Die Ursachen dieser im Vergleich zu den Boden-

---

[1]) Nach v. Hagen-Donner, Forstl. Verhältn. Pr., Tab. 31, ist das Verhaltnis des Wertes von Kiefern- und Fichtenstammholz im Regierungsbezirk Königsberg (Oberforsterei Friedrichsfelde, Puppen, Ratzeburg u. a.) wie 10 zu 7, im Regierungsbezirk Hildesheim (Oberforsterei Elend, Lauterberg u. a.) wie 11 zu 15.

werten der Fichte sehr niedrigen Sätze liegen bei Unterstellung eines bestimmten Zinsfußes in den geringen Vorerträgen und den niedrigen Preisen. Den Ertragstafeln liegt eine Bestandesbehandlung zugrunde, bei welcher, namentlich vom höhern Stangenholzalter ab, nur mäßige Durchforstungen (mit 20—30 fm p. ha und Jahrzehnt) geführt werden. Der bleibende Hauptbestand erreicht dagegen die verhältnismäßig hohen Massen von 650 bzw. 540 fm. Die Vorerträge nehmen bei der Kiefer nur ein Drittel der Gesamtmasse ein, während bei der Fichte, wenn sie mit höheren Umtrieben behandelt wird, nach den genannten Tafeln fast die Hälfte des Gesamtertrags auf die Vornutzungen entfällt. Die Preise des Kiefernholzes erreichen schon mit 19,6 M. für Stämme I. Klasse den Höchstbetrag, während sie tatsächlich in Gebieten, die dem Handel verschlossen sind, weit höher ansteigen.

Werden nun mit Rücksicht auf die Lichtbedürftigkeit der Kiefer, mit Einbeziehung der Einschläge infolge von Naturschäden (Pilze, Insekten usw.) bis zu hohem Alter stärkere Vornutzungen zugrunde gelegt, an die sich Lichtungen in Verbindung mit dem Unterbau anschließen, wird demgemäß der bleibende Bestand, entsprechend dem natürlichen Verhalten der Kiefer, weniger massenreich gehalten, werden endlich Preise zugrunde gelegt, welche den jetzigen Marktverhältnissen entsprechen, so stellen sich die Reinerträge erheblich höher als nach den bestehenden Ertragstafeln, die (ebenso wie es bei der Fichte geschehen ist) nach dem Fortschritt der Wirtschaft zu berichtigen sein werden.

Nach den vom Verfasser[1]) für die Oberförsterei E b e r s w a l d e gemachten Untersuchungen waren die Massen und Werte der Haubarkeits- und Durchforstungserträge für den besseren Sandboden — II. Bonität — etwa folgende:

Alter	Haubarkeitserträge			Durchforstungserträge der einzelnen Altersstufen			Summa der Durchforstungserträge	
	Masse	Wert		Masse	Wert		Masse	Wert
		pro fm	im ganzen		pro fm	im ganzen		
Jahre	fm	Mark	Mark	fm	Mark	Mark	fm	Mark
20	80	2	160	—	—	—	—	—
30	160	4	640	—	—	—	—	—
40	240	6	1440	50	4	200	50	200
50	280	8	2240	50	6	300	100	500
60	320	10	3200	50	8	400	150	900
70	340	12	4080	50	10	500	200	1400
80	350	14	4900	50	12	600	250	2000
90	350	16	5600	50	14	700	300	2700
100	350	18	6300	50	16	800	350	3500

---

[1]) Zeitschrift für Forst- u. Jagdw., Sept.-, Okt.- u. Novemberheft 1903.

Hieraus ergeben sich bei Zugrundelegung der Seite 281 angewandten Formel für einen Zinsfuß $= 3\%$ folgende Bodenreinerträge pro ha:

Alter	Abtriebsertrag A	Summa d. Durchforstungserträge D	$A+D$	Vorrat (N) pro ha		$u N \cdot 0, op$	Kulturkosten pro ha	Verwaltungskosten auf $u\,ha$	Bodenreinertrag pro ha $\dfrac{A+D-uN\,0,op-(c+v)}{u}$
				Masse	Wert				
	Mark	Mark	Mark	fm	Mark	Mark	M.	Mark	Mark
50	2240	500	2740	150	900	1350	100	150	23
60	3200	900	4100	180	1280	2304	100	180	25
70	4080	1400	5480	200	1680	3528	100	210	24
80	4900	2000	6900	220	2080	4992	100	240	20
90	5600	2700	8300	235	2470	6670	100	270	14
100	6300	3500	9800	247	2850	8550	100	300	9

Auch bei diesen Ansätzen bleiben die Bodenreinerträge der Kiefer gegenüber der Fichte erheblich zurück. Dasselbe ist auf den besseren und geringeren Bodenklassen der Fall. Die Bodenreinerträge erreichen schon bei einem Umtrieb von 60—70 Jahren das Maximum. Um eine stärkere Anteilnahme des Bodens am Waldreinertrag herbeizuführen, muß ein mit der höheren Umtriebszeit sinkender Zinsfuß unterstellt werden, dessen Berechtigung und Notwendigkeit bereits früher begründet wurde.[1][2]

III. Ödland.

Die vorliegenden Nachweisungen des Reinertrags beziehen sich auf gute Waldböden, wo Kiefer und Fichte bis zum höheren Alter volle Bestände bilden und andauernden Wertzuwachs besitzen. Manche Flächen, deren Reinerträge bei land- und forstwirtschaftlicher Benutzung miteinander zu vergleichen sind, tragen aber einen ganz an-

---

[1]) Vgl. I. Teil, 3. Abschnitt, II, 5.

[2]) Auch für die Kiefer sind nach der Anweisung des sächsischen Finanzministeriums Bodenbruttowerte berechnet worden. Dabei sind:

a) Für die Enderträge folgende Massen pro ha eingestellt:

	u =	60	70	80	90	100	110	120 Jahre
Bonität	I	505	598	682	758	823	876	917 fm
„	II	398	471	537	596	647	689	721 „
„	III	291	344	392	434	471	502	525 „
„	IV	184	217	246	272	295	314	329 „
„	V	82	96	108	120	130	138	144 „

b) Die Werte der Zwischennutzung nach folgendem Verhältnis zu den Enderträgen eingestellt:

	u =	60	70	80	90	100	110	120 Jahre
Bonität I u. II		20	23	27	31	37	43	50 $\%$
„	III	15	17	20	23	27	31	36 $\%$
„	IV u V	7	10	13	15	18	21	24 $\%$.

deren Charakter. Die Kiefer wird hier von Schäden betroffen, welche die Bestände durchlöchern, ihre Masse vermindern und den Wertzuwachs hemmen oder ganz aufheben. Die von regelmäßigen Beständen abgeleiteten Normalertragstafeln und Berechnungen mit anhaltend hohem Zuwachs können auf sie keine Anwendung finden. Auch gegenüber regelmäßigen Beständen geringerer Bonität zeigen solche Bestände Abweichungen. Wie die Verhältnisse nun auch liegen mögen, so geht die gemeinsame Folge dieser Unregelmäßigkeiten dahin, daß die Bestände nur mit niedriger Umtriebszeit bewirtschaftet werden können. Diejenige Verwendungsart, welche für das Holz solcher Bestände nach dem gegenwärtigen, voraussichtlich bleibenden Stande der deutschen Volkswirtschaft hauptsächlich in Betracht kommt, ist Grubenholz. Dies übertrifft die daneben noch

Hiernach ergeben sich folgende

Bodenbruttowerte pro ha Kiefernwirtschaft:

Bonität	Umtriebszeit	Kulturkosten pro ha	Erntekostenfreier Abtriebsertrag pro fm Mark							
	Jahr	Mark	6	8	10	12	14	16	18	20
I	60	100	620	880	1120	1360	1620	1860	2100	2360
		200	500	750	1000	1240	1500	1740	1980	2240
	80	100	430	610	790	960	1140	1320	1500	1680
		200	320	500	680	860	1040	1220	1400	1580
	100	100	270	390	510	640	760	880	1000	1140
		200	160	280	410	530	660	780	900	1020
II	60	100	470	660	860	1060	1240	1440	1640	1840
		200	350	540	740	940	1120	1320	1520	1720
	80	100	310	460	600	740	880	1020	1160	1300
		200	200	350	490	630	770	920	1060	1200
	100	100	190	280	380	480	580	670	770	860
		200	80	180	280	370	470	570	670	760
III	60	100	290	430	560	700	840	980	1120	1240
		200	170	310	440	580	720	860	1000	1120
	80	100	180	280	380	480	570	670	770	860
		200	70	170	270	370	460	560	660	760
	100	100	90	160	220	290	350	420	490	550
		200	—	50	120	180	250	310	380	450
IV	60	100	120	200	280	360	440	520	600	690
		200	—	80	160	240	320	400	480	560
	80	100	60	120	180	240	290	350	410	470
		200	—	10	70	130	180	240	300	360
	100	100	10	50	90	120	160	200	240	280
		200	—	—	—	20	60	100	130	170
V	60	100	—	20	60	100	130	170	200	240
		200	—	—	—	—	10	50	80	120
	80	100	—	—	20	40	70	90	120	140
		200	—	—	—	—	—	—	10	30
	100	100	—	—	—	—	10	30	50	60
		200	—	—	—	—	—	—	—	—

vorkommenden Nutzungen in einem Maße, daß die Rechnung oft fast ausschließlich auf dies Sortiment gerichtet werden kann.

Am meisten praktische Bedeutung hat die Wahl der Kulturarten für solche Flächen, die zur Zeit einer geregelten Nutzung gar nicht unterliegen. Sie werden als Ödland bezeichnet, worunter nach den bei der Ermittelung der landwirtschaftlichen Benutzung im Deutschen Reich gegebenen Erläuterungen solche Flächen verstanden werden, die zur Zeit als ertragslos aber — im Gegensatz zum Unland — noch als benutzungsfähig anzusehen sind.[1]) Zum Ödland gehören insbesondere geringe ehemalige Ackerländer, auf denen der Ackerbau wegen mangelnder Rentabilität aufgegeben ist; ferner geringe Weiden, die als solche nur unregelmäßig genutzt werden; Waldflächen, die infolge weitgehender Parzellierung abgetrieben und nicht wieder angebaut sind, übermäßig auf Streu genutzte Waldflächen, die infolge dessen mit Holz entweder gar nicht oder nur mit Gestrüpp bewachsen sind; endlich nicht angebaute Flugsandböden. Auf die Notwendigkeit der Aufforstung des Ödlandes nachdrücklich hingewirkt zu haben, ist das unbestrittene Verdienst Danckelmanns.[2])

Der Umfang des Ödlandes ist auf Anregung des Ökonomie-Kollegiums im Jahre 1893 auf amtlichem Wege festgestellt. Es wurden in Preußen ermittelt[3]):

Geringe Weiden 1,6 Mill. ha, davon aufforstungsfähig 0,24 Mill. ha
Öd- und Unland 1,6   ,,   ,,   ,,   ,,   0,35   ,,   ,,

Zusammen 3,2 Mill. ha, davon aufforstungsfähig 0,59 Mill. ha

Hiervon entfallen mehr als 36000 ha auf Ostpreußen, 64000 ha auf Westpreußen, 37000 auf Schleswig-Holstein, über 231000 auf Hannover, 72000 auf Westfalen, 46000 auf Rheinland. „Die Tatsache — schreibt Danckelmann a. a. O. —, daß in dem Kulturstaat Preußen mehr als eine halbe Million Hektar Holzbodenfläche bei befriedigenden Holzpreisen selbst für schwaches Nadelholz-Nutzholz zur Zeit ertragslos liegen, läßt es als eine Staatsaufgabe ersten Ranges erscheinen, die Aufforstung des Waldödlandes rasch und

---

[1]) Der Begriff des Ödlandes („Aufforstungsfähige, zur Zeit ganz oder fast ganz ertragslose Flächen auf unbedingtem oder bedingtem Waldboden" — Danckelmann) ist nach dem Standpunkt der beurteilenden Personen sehr verschieden. Seine Grenzen liegen nicht fest. Manche Flächen können sowohl landwirtschaftlich als forstwirtschaftlich benutzt werden; unter Umständen bleiben sie aber trotzdem unbenutzt liegen. Hierauf beruhen die großen Unterschiede in den Zahlenangaben, die auch in den obigen Ausführungen erkennbar sind.

[2]) „Wirtschaftliche und wirtschaftspolitische Rückblicke auf Forstwesen und Jagd" (Zeitschr. für Forst- u. Jagdw., 1894—99).

[3]) Danckelmann, a. a. O., 1895, S. 254.

energisch zu fördern. Diese Aufgabe erhält ein verstärktes Gewicht dadurch, daß Deutschland seinen Nutzholzbedarf aus eigenen Waldungen seit 30 Jahren nicht mehr deckt."

Mit der Forderung des Eingreifens durch Maßregeln der ökonomischen Politik wird zugleich die Richtung bezeichnet, welche bei den Berechnungen der Erträge und Kosten eingehalten werden muß. Diese können nur unvollkommen sein. Die Wirkungen politischer Maßnahmen lassen sich nicht in präzise Zahlen fassen. Der Natur der Sache nach stößt hier jede Rechnung auf Schwierigkeiten, welche mit den Mitteln der Statistik nicht gehoben werden können. Es ist mit Recht daran erinnert worden,[1]) daß die Aufforstung des Ödlandes auch günstige klimatische und volkswirtschaftliche Wirkungen zur Folge haben kann. Diese Wirkungen kommen nicht nur den Waldbesitzern, sondern auch der Gesamtheit zugute, wodurch es gerechtfertigt ist, daß Staatszuschüsse zu den Aufforstungen der Privaten gegeben werden. Im Grunde wird aber durch solche indirekte Wirkungen der Grundsatz, daß der höchste Bodenreinertrag durch die Wirtschaftsführung erzielt werden soll, nicht aufgehoben. Hat die Bewaldung wertvolle sekundäre Wirkungen irgend welcher Art zur Folge, so kann dadurch Veranlassung gegeben sein, daß geringere Forderungen in bezug auf die Ertragsleistungen gestellt werden. Allein die volkswirtschaftlichen Folgen, die an den Gebrauchswert des Holzes und seine weitere Verwendung geknüpft sind, verursachen eine Steigerung der Preise; sie kommen daher auch dem Waldeigentümer zugute. Die Vermutung der zukünftigen Wertzunahme kommt rechnerisch dadurch am richtigsten zum Ausdruck, daß ein niedrigerer Zinsfuß zugrunde gelegt wird, als es sonst geschehen würde.

Das Ödland, dessen Aufforstungsfähigkeit und Bedürftigkeit Gegenstand statischer Untersuchungen sein kann, kommt einmal in der nordost- und nordwestdeutschen Ebene vor. Hier sind es namentlich manche Sandböden, die wegen ihrer Armut und der Schwierigkeit ihrer Melioration der landwirtschaftlichen Benutzung in absehbarer Zeit nicht unterzogen werden. Sodann findet sich Ödland in manchen westdeutschen Gebirgen, namentlich im **R h e i n l a n d (Eifel)** und **W e s t f a l e n (Ebbe, südliches Sauerland)**, wo infolge der Zerstückelung des Waldeigentums, durch Vernachlässigung des Bodens und mangelnde Bestandespflege der frühere Waldbestand auf großen Flächen ganz oder teilweise vernichtet ist. Beide Ödlandgebiete verhalten sich nach wesentlichen Richtungen (Beschaffen-

---

[1]) Bericht über die vierte Hauptversammlung des Deutschen Forstvereins in Kiel S. 107 u. 111 f (Forstrat **O t t o** und **Q u a e t - F a s l e m**).

heit des Bodens, Anbau) verschieden und müssen getrennt gehalten werden.

1. Sandböden in Norddeutschland.

Von größter Ausdehnung ist das Ödland in den Provinzen Schleswig-Holstein, Hannover, Ost- und Westpreußen.

Schleswig-Holstein.

In Schleswig - Holstein liegen unbenutzte Flächen von großer Ausdehnung vor. Nach den in der Versammlung des deutschen Forstvereins in Kiel gemachten Mitteilungen[1]) sind dort über 70000 ha Weide und 94000 ha Äcker der geringsten Klassen, zusammen 164000 ha $= 8,7\%$ der Gesamtfläche vorhanden, deren Aufforstung in Erwägung zu ziehen ist. Die Herstellung einer Bewaldung erscheint schon mit Rücksicht auf klimatische Verhältnisse erwünscht, da durch zweckmäßige Waldanlage den Wirkungen der Seewinde entgegengetreten wird. In stärkerem Grade kommen aber die ökonomischen Verhältnisse in Betracht. Schon eine ganz allgemein gehaltene Beobachtung der vorliegenden Verhältnisse läßt die Nachteile, welche die Ausdehnung des Ödlandes für den Zustand der Landeskultur mit sich bringt, erkennen.[2]) Schleswig - Holstein ist die waldärmste Provinz Preußens. Die Bewaldung beträgt $6,7\%$ der Gesamtfläche; sie bleibt um 17% hinter dem Durchschnitt des preußischen Staates zurück. Zur Zeit werden nicht unbedeutende Geldbeträge für Holz ausgegeben, das aus nordischen Ländern eingeführt wird. Eine Aufforstung der Heideflächen würde nicht nur diese Ausgabe überflüssig machen oder ermäßigen, sondern auch der Bevölkerung zur Winterarbeit Gelegenheit geben und diese dadurch seßhaft machen. Die Bevölkerungszahl ist in den letzten 20 Jahren beständig gesunken. Die Abnahme erklärt sich größtenteils durch den Weggang von Arbeiterfamilien. Im Sommer ist der Verdienst gut, im Winter fehlt die Arbeit.

Die technische Ausführung der Ödland-Aufforstung in Holstein ist gelegentlich der Versammlung in Kiel eingehend erörtert worden;[3]) sie kann hier nur kurz angedeutet werden. Als die wichtigste Holzart wird allgemein die Fichte angesehen. „Die Fichte ist der wahre Baum der Heide." (Oberforstmeister Hahn.) Ihrem Wachstum kommen die klimatischen Verhältnisse, namentlich die Luftfeuchtigkeit zugute; sie leistet mehr, als man nach der Beschaffenheit des Bodens, der zunächst auf die anspruchslose Kiefer hinzu-

---

[1]) Bericht S. 84.
[2]) Das. S. 107—109.
[3]) Mitteilungen von Forstrat Otto in der Versammlung in Kiel, Bericht S 101.

weisen scheint, vermutet. Die Kiefer hat den in sie gesetzten Erwartungen nicht entsprochen. Sie stirbt frühzeitig ab, vielfach schon in einem Alter, wo sie noch kaum als Grubenholz zu verwerten ist. Auch die nordischen Varietäten, welche sich zunächst besser zu verhalten schienen, sind nach den neuesten Mitteilungen von den Schäden, denen die gemeine Kiefer unterworfen ist, nicht frei geblieben. Besser ist das Verhalten der Bergkiefer. Ihr Hauptvorzug besteht darin, daß sie nicht von der Schütte befallen wird, anspruchslos an den Boden und widerstandsfähig gegen Sturm ist. Ihrem Anbau steht aber die geringe Nutzbarkeit des Holzes entgegen. Am meisten Wert hat sie wegen ihrer Tauglichkeit zur Anlage von Windmänteln.

Die Bodenbereitung erfolgt in der Regel durch Pflugkulturen, nachdem vorher die Heide, soweit es geschehen kann, beseitigt ist. Bei der Bodenbearbeitung mittelst des Pfluges, die in verschiedener Weise vorgenommen wird, ist es Regel, daß die verschiedenen Schichten des Bodens (Rohhumus, Bleisand und Untergrund) miteinander gemischt werden. Die Bestandesbegründung erfolgt vorzugsweise im Wege der Pflanzung.

Zahlenmäßige Nachweise über die Rentabilität der Aufforstung sind mit Schwierigkeiten verbunden. Das einzige in dieser Beziehung vorliegende Material wurde von dem langjährigen Leiter der Wirtschaft, Oberforstmeister Hahn,[1]) mitgeteilt und wird den nachstehenden Erörterungen zugrunde gelegt. Danach sind in den Jahren 1876 bis 1892 im Regierungsbezirk Schleswig 6358,4 ha Heideland zu einem Kaufpreis von 1 006 246 M. vom Staat erworben worden. Die Preise liegen zwischen 94 und 349 M. und betrugen im Mittel 158,25 M. pro ha. Aufgeforstet sind in der genannten Zeit 7990 ha. Die Kosten der Aufforstung haben einschließlich Nachbesserung, Pflege, Bewehrungen und Gräben 700 258 M., pro ha also 87,64 M. betragen. Zu den staatlichen Aufforstungen kommen noch solche, die von seiten der Provinz und von Privatbesitzern ausgeführt sind, hinzu. Sie werden bis zum Jahre 1892 zu 922 und 3956 ha angegeben. Bis zum Jahre 1903 wurden durch die Staatsforstverwaltung 10 230 ha, durch die Provinzialverwaltung 1590 ha, durch Private 5250 ha, im ganzen 17 070 ha aufgeforstet.[2])

Die Erträge der Bestände, welche aus der erstmaligen Aufforstung des Heidelandes hervorgehen, lassen sich der Natur der

<hr>

[1]) Die Aufforstungen in Schleswig-Holstein (Zeitschrift für Forst- und Jagdwesen, 1893).

[2]) Bericht über die Versammlung in Kiel, S. 84. Bis 1904 waren staatsseitig erworben 10 942 ha (nach Mitteil. d. Herrn Oberforstmeisters Conrades in Schleswig).

Sache nach nur schwer abschätzen. Bemerkenswert ist aber die a. a. O. enthaltene Bemerkung, daß im Revier Segeberg auf mäßigem Heideboden aus der ersten rohesten Kulturart (Eggesaat) Kiefernbestände hervorgegangen sind, die im Alter von 70—80 Jahren 195—210 fm Masse besitzen — daß in der Oberförsterei Drage auf besserem Boden 65—70jährige Kiefernbestände mit 200—230 fm und 50—60jährige Fichten mit 250 fm Masse vorliegen. Für den ganzen Umfang der bis 1892 im Regierungsbezirk Schleswig (Oberförsterei Quickborn, Segeberg, Drage, Neumünster, Rendsburg, Schleswig, Apenrade) vollzogenen Aufforstungen wird bemerkt, daß die Massen bei 100jähriger Umtriebszeit auf 180—600, im Durchschnitt auf 330 fm abgeschätzt seien. Die Durchforstungen sollen vom 40. bis 90. Jahre mit 10jähriger Abstufungszeit ausgeführt werden. Die Erträge werden mit 15—20 fm pro Jahrzehnt veranschlagt.[1] Voraussichtlich werden sich die Enderträge unter dem Einfluß der zu erwartenden Schäden meist niedriger, die Vorerträge mit Einschluß der zufälligen Ergebnisse höher gestalten. Bei Prolongierung der Durchforstungserträge auf das Haubarkeitsalter wird der gesamte Ertrag a. a. O. auf 3855,82 M. eingeschätzt. Diesem Ertrage im Jahre u werden als Produktionskosten im Jahre 0 154,06 M. pro ha für den Ankauf und 114 M. für die Aufforstung gegenübergestellt. Auf Grund dieser Abschätzung wird berechnet, daß sich die Aufwendungen für Ankauf und Aufforstung durch den Ertrag an Haubarkeits- und Vornutzungen zu 13,36% verzinsen würden. Es sind dabei unter Hinweis auf andere Aufgaben der Bodenkultur einfache Zinsen zugrunde gelegt. Indessen die Höhe dieser Verzinsung deutet an, daß die Annahme einfacher Zinsen, wie sie sich theoretisch nicht rechtfertigen läßt, so auch praktisch keine brauchbaren Resultate ergibt. Sie entspricht nicht der in der Forstwirtschaft stattfindenden gleichmäßigen Wertbildung. Werden Zinseszinsen zugrunde gelegt, so ergibt die Gegenüberstellung jener Zahlen, daß sich die angegebenen Produktionskosten mit 2,6% verzinsen, was den früher[2] mitgeteilten Bestimmungsgründen über die

---

[1] Als durchschnittliche Abtriebserträge pro ha für $u = 100$ wurden eingeschätzt:

Oberförsterei Quickborn	343 fm im Werte von	2966 Mark
„ Segeberg	300 „ „ „ „	2400 „
„ Drage	220 „ „ „ „	1760 „
„ Neumünster	490 „ „ „ ,	4557 „
„ Rendsburg	200 „ „ „ „	1184 „
„ Schleswig	600 „ „ „ „	6600 „
„ Apenrade	180 „ „ „ „	540 „

Im Durchschnitt 333 fm im Werte von 2715 Mark.

Die Vornutzungserträge sind geschätzt für das Alter von 40 Jahren zu

[2] Erster Teil, 3. Abschnitt, II, 5.

Höhe des in der Bodenkultur anzuwendenden Zinsfußes ganz entsprechend ist.

Provinz Hannover (Lüneburger Heide).

Am größten unter allen Provinzen Preußens ist der Bestand an Ödland in der Provinz Hannover, insbesondere in dem Regierungsbezirk Lüneburg. Nachdem der Waldbestand, der früher im größten Teil des Heidegebiets vorhanden war, vernichtet ist, werden die ausgedehnten Heideflächen nur kümmerlich durch Schafweide nutzbar gemacht. Dies ist für ein Kulturland mit günstigen Absatzbedingungen für alle Bodenprodukte zweifellos ein Zustand, der dringend der Besserung bedarf. Seit Burckhardts Vorgehen wird auf die Aufforstung der Heide mit Energie hingewirkt. In erster Linie geschieht es durch den Staat; aber auch die Vertreter der Provinzialverwaltungen, Korporationen und Privatbesitzer haben sich in neuerer Zeit am Werk der Aufforstung beteiligt.

Der Ausführung der forstlichen Kulturen stehen in technischer Hinsicht keine besonderen Schwierigkeiten entgegen. Der Boden läßt sich, was für einen schnellen Fortgang großer Kulturen von Wichtigkeit ist, mit dem Pfluge bearbeiten. Die größte Schwierigkeit in der Aufforstungsfrage, auf die hier nicht einzugehen ist, betrifft die Beurteilung der chemisch-physikalischen Verhältnisse des Bodens, die häufig von einer Beschaffenheit sind, welche für die Herstellung des Waldes als Minimum anzusehen ist. Die Kulturflächen werden meist so behandelt, daß Streifen von 4—5 m Breite mit dem Pfluge gelockert werden und Zwischenräume von etwa 1,5 m unbearbeitet bleiben.[1]) Die Ausführung der Bodenlockerung mit dem Pflug erfolgt in verschiedener Weise. Fast immer findet ein wiederholtes Pflügen statt. Zunächst ist der Überzug abzuschälen, dann erfolgt eine Lockerung bis zu verschiedener Tiefe. Von Wichtigkeit ist unter allen Umständen, daß die verschiedenen Bodenschichten gehörig durchlüftet und möglichst gründlich miteinander gemischt werden, wodurch den Nachteilen, die einer getrennten Schichtung des Bodens eigentümlich sind, entgegengetreten wird. Vorherrschende Holzart für den Anbau ist die Kiefer, vorherrschende Art der Begründung Pflanzung. Saaten haben weit mehr durch Auffrieren, Austrocknen und Schütte zu leiden.

Im allgemeinen machen die Kulturen der Lüneburger Heide

2—20, durchschnittlich 9 fm; 50 Jahren 3—15, durchschnittlich 10 fm; 60 Jahren 3—25, durchschnittlich 15 fm; 70, 80 und 90 Jahren durchschnittlich 17 fm. Dem Wert des Abtriebsertrags pro ha = 2715 M. steht als Nachwert sämtlicher Durchforstungserträge die Summe von 1140 M. gegenuber.

[1]) Eingehende Mitteilung über alle Teile der Aufforstungstechnik machte Quaet-Faslem, Bericht der Versammlung des D. Forstvereins in Kiel, S. 114—118.

einen befriedigenden Eindruck.[1]) Sie erwecken die Hoffnung, daß sie sich zu guten Beständen entwickeln werden. Beim Durchwandern der Stangenorte wird man allerdings häufig finden, daß die Erwartungen, die an die Kulturen gestellt wurden, nicht immer in Erfüllung gegangen sind. Viele Stangenorte sind schlechtwüchsig und lückig. Man sieht oft Bestände oder Bestandesteile, deren Höhenwuchs im 40. Jahre, wenn die Stämme kaum 8 m Höhe erreicht haben, fast aufhört. Insekten, Pilze und andere Schäden, namentlich ungünstige Zustände im Boden, haben ihren Einfluß auf die Entwicklung sichtlich geltend gemacht. Die Masse beträgt in manchen Teilen kaum 50 fm. Von mancher Seite wird mit Rücksicht hierauf die Ansicht vertreten, daß die Aufforstungen in der Lüneburger Heide beschränkt werden müßten. Indessen für den Standpunkt, den die leitenden Behörden einzunehmen haben, sind nicht die schlechtesten, sondern die durchschnittlichen Ertragsverhältnisse maßgebend. Diese sind aber weit besser, als man unter dem unmittelbaren Eindruck der schlechtesten Bestände anzunehmen geneigt ist. Den schlechten Bestandesteilen mit 50 fm pro ha stehen andere gegenüber, die mit 50 Jahren 150 fm enthalten, deren Leistungen auch unter weniger ungünstigen Entwicklungsbedingungen befriedigen würden.

Einem genauen Nachweis der Rentabilität stellen sich der Natur der Sache nach Schwierigkeiten entgegen. Man kann die vorliegenden Ergebnisse der Wirtschaft nicht benutzen, um bestimmte zahlenmäßige Resultate daraus abzuleiten, sondern nur, um dem Urteil über den Fortgang der Aufforstungen eine größere Bestimmtheit zu geben, als es ohne jede zahlenmäßige Grundlage möglich ist. Am einfachsten gestaltet sich der Nachweis der Rentabilität der Aufforstung, wenn angenommen werden darf, daß die Nachwerte der Kulturkosten durch die Vornutzungserträge gedeckt werden. Alsdann besteht für den Bodenertragswert der einfache Ausdruck $B_u = \dfrac{A_u}{1{,}op^u - 1} - V$. Abgesehen von dem nach gleichen Durchschnittssätzen zu bemessenden Verwaltungskosten ist alsdann der Bodenwert nur von der Masse und dem Wert der Haubarkeitserträge und dem Zinsfuß abhängig.

Wird, wie es dem Standpunkt der preußischen Staatsforstverwaltung zur Zeit entsprechen wird, ein Zinsfuß von $2^1/_2\%$ für die in der Bodenkultur angelegten Werte zugrunde gelegt, so gestaltet sich die Rechnung bei Unterstellung mittlerer Sätze für Massen, Werte und Verwaltungskosten folgendermaßen:

---

[1]) Dem obigen allgemein gehaltenen Urteil liegen Bestände der Oberforstereien Bleckede, Munster und Oerrel-Lintzel zugrunde, durch die Herr Oberforstmeister von Blum den Verfasser zu führen die Güte hatte.

u	Masse fm	Wert		$\dfrac{A_u}{1,\mathrm{op}^u - 1} - V^1)$
		pro fm Mark	im ganzen Mark	
50	100	8	800	800 0,41 — 80 = 248
60	140	10	1400	1400 0,29 — 80 = 326
70	160	12	1920	1920 0,21 — 80 = 323

Für die Beurteilung, ob die vorstehend betreffs der Vornutzungserträge gemachten Unterstellungen zutreffend sind, besteht kein besseres Untersuchungsobjekt, als das bei Ülzen gelegene Provinzial-Forstrevier Örrel-Lintzel, das auch noch für andere, die Aufforstung von Ödland betreffende Verhältnisse zur Grundlage dienen kann.[2]) Dies Revier wurde aus dem im Jahre 1876 begründeten Aufforstungsfonds der Provinz Hannover durch Ankauf von Ödland hergestellt. Zu den Ödlandflächen trat noch der Ankauf der beiden Höfe Örrel und Lintzel mit ihrem Zubehör von Äckern, Wiesen, Gebäuden und Beständen hinzu. Alle seit jener Zeit gemachten Ausgaben für Erwerbung, Melioration, Anlage von Wiesen, Baumschulen usw. sind genau gebucht und verrechnet; ebenso die erfolgten Einnahmen. Örrel-Lintzel bildet daher ein vortreffliches Objekt für Untersuchungen der forstlichen Statik. Alle Werte sind nach der richtigsten Methode, als Kostenwerte, berechnet, was sonst nur selten möglich ist.

Nach den Ergebnissen des Ankaufs berechnet sich der gesamte Kaufpreis der erworbenen Fläche zu 174 M. pro ha; der Preis des Boden abzüglich der auf ihm befindlichen Anlagen beträgt 130 M. Die Kulturen sind alsbald nach der Erwerbung in schneller Folge durchgeführt; in einzelnen Jahren wurden mehr als 900 ha aufgeforstet. Die Kulturkosten betragen im Durchschnitt 103 M p. ha. Die Summe aller Aufwendungen mit ihren verzinsten Nachwerten bildet den Kapitalwert des Waldes, der auf 484 M. pro ha festgestellt wurde. Die Verzinsung des Gesamtwaldwertes durch die laufenden Einnahmen liegt in den Grenzen von 1,3 bis 2%, im Mittel 1,5%, was unter Berücksichtigung des Alters der Bestände als ein sehr günstiges Verhältnis angesehen werden muß.

Für die Resultate der Wirtschaft sind nächst den Bodenverhältnissen, von welchen die Masse abhängig ist, die Holzpreise

---

[1]) Die Staatsforstverwaltung wird unter manchen Verhältnissen die Verwaltungskosten gar nicht in Rechnung stellen; ebenso auch manche kommunalen u. a. größere Verwaltungen. Alsdann erhöhen sich die Bodenwerte auf 328—406—403 Mark.

[2]) Quaet-Faslem, Die Auffassungsbestrebungen der Hannoverschen Provinzial-Verwaltung (Zeitschrift f. Forst- u. Jagdw. 1896, Januarheft).

am meisten ausschlaggebend. Für den Absatz aller Holzsortimente der Lüneburger Heide ist die Nähe der Elbe von günstigem Einfluß. Sie gewährt die Möglichkeit, auch schwaches Material zu guten Preisen abzusetzen. Dieser Einfluß tritt auch in den Ergebnissen des Forstreviers Örrel-Lintzel hervor. Hier werden alle Hölzer von der Forstverwaltung so hergerichtet, wie sie in den Handel gebracht werden. Als Arbeiter fungieren bei der Fällung und Bearbeitung des Holzes Korrigenden des in Örrel befindlichen Korrektionshauses. Ihre Leistungen werden auf die Hälfte derjenigen freier Arbeiter geschätzt und demgemäß auch entsprechend bezahlt.

Die Preise der vorgekommenen Sortimente im Wirtschaftsjahre 1904 haben betragen:[1)]

für 100 Bund Reiserwellen (frei Bahnwagen Brockhöfe)   5,80 M.
„ 1 rm Nutzknüppel 2,5—5 cm stark, einseitig bestreift
    (frei Bahnwagen) . . . .   6,00 „
„ 1 „ Nutzknüppel 5—7 cm stark, einseitig bestreift
    (frei Materialplatz) . . . .   7,20 „
„ 1 fm Stempel von 8—10 cm, geschält (Materialpl.)   8,70 „
„ 1 „   „   „ 10—12 „   „   „   11,70 „
„ 1 „   „   „ 12—14 „   „   „   11,70 „
„ 1 „   „   „ 15—17 „   „   „   12,70 „
„ 1 „   „   „ 17—20 „   „   „   12,70 „

Ergebnisse über die Erträge aus wirtschaftlichen Hieben liegen nur betreffs der ersten Durchforstung vor, welche schon im 20- bis 25 jährigen Alter geführt wird. Im letzten Wirtschaftsjahre waren die Ergebnisse des Durchforstungsbetriebes folgende:

Jagen 115 = 11,4 ha Kiefern, 25 jährig, aus Saat auf Pferdepflugstreifen. Die Durchforstung und Verwertung ergab:

2200 Bund Reiserwellen . . . . 1276,00 M.
6,69 fm Grubenknüppel von 2,5—5 cm⎫
19,91 „   „   „ 5 —7 „⎬ . . 201,87 „
6,45 „ Grubenstempel verschiedener Stärke . 60,26 „
                                                            1538,13 M.

An Werbungkosten (einschließlich Schälen)
entfallen hierauf . . . . 585,99 M.
An Transportkosten zum Bahnhof und Materialplatz mittelst der Waldeisenbahn
einschließlich Laden . . . . 267,19 „
                                                            853,18 M.

Der Überschuß über die Kosten ist daher . . . . 684,95 M.
das ist pro ha 60 M.

[1)] Nach Mitteil. des Herrn Landesforstrats Quaet-Faslem in Hannover.

Ebenso ergab die Durchforstung eines 23 jährigen Kiefernsaatbestandes im Jagen 27 einen Reinertrag von 58 M. pro ha.

Aus vorstehenden charakteristischen Zahlen ergibt sich, daß durch den Ertrag der ersten Durchforstung ein Drittel des Nachwerts der Kulturkosten ($34 \times 1{,}8$ M.) gedeckt wird. Daß die Deckung eines zweiten Drittels der Kulturkosten durch die Erträge der zwischen 30—40 Jahren ausgeführten Durchforstung — des dritten Drittels durch die zwischen 40 und 50 Jahren erfolgenden Durchforstungserträge erwartet werden kann, bedarf nach den Ergebnissen der ersten Durchforstung kaum eines Beweises. Belege hierauf ergeben sich aus vielen anderen Wirtschaftsgebieten, die sich in bezug auf den Absatz von Grubenholz ungünstiger verhalten.

Wird nun, dem Vorstehenden gemäß, die Rentabilität nach der Formel $B = \dfrac{A}{1{,}op^u - 1} - V$ bemessen, so ergibt sich, daß die Aufforstung von Ödland in der Provinzialforst Örrel-Lintzel eine wirtschaftlich richtige Maßnahme gewesen ist. Der wirtschaftliche Ertragswert des Bodens (B_u) ist höher als sein Ankaufswert (B). Die Wirtschaft arbeitet mit einem Gewinn, der nach den Sätzen der forstlichen Statik in der Differenz $B_u - B$ seinen Ausdruck findet.[1]) Entsprechendes gilt für das ganze, durch guten Absatz schwacher Kiefernsortimente ausgezeichnete Gebiet der westdeutschen Ebene. Wenn auch die Verhältnisse in manchen Revieren ungünstiger liegen als in Örrel-Lintzel, so ist doch im allgemeinen die Vermutung berechtigt, daß die zukünftige Entwicklung der Forstwirtschaft in bezug auf Absatz und Ertrag eine günstige sein werde. Hierfür spricht namentlich die Zunahme des Holzverbrauchs, insbesondere auch an schwachen Hölzern, und die Verbesserung der Transportmittel, durch welche alle Hölzer aus der Heide dem Zentralpunkt des Handels zugeführt werden. Die Aufforstung des Ödlandes in der Lüneburger Heide erscheint daher als eine richtige Maßnahme. Der Staat hat um so mehr Anlaß, sie zur Ausführung zu bringen, als mit der Aufforstung noch andere unwägbare Einflüsse in Verbindung stehen. Nur solche Flächen, welche durch besonders ungünstige Bodenverhältnisse ausgezeichnet

---

[1]) Entsprechend dem zuerst von G. Heyer, Handbuch der forstlichen Statik, S. 20, aufgestellten Satze „Der Unternehmergewinn (Wirtschaftserfolg, Endres) ist gleich dem Unterschied zwischen dem Bodenerwartungs- und dem Bodenkostenwert ... Ein Unternehmergewinn ergibt sich: „a) wenn man den Boden zu einem geringern Preise als demjenigen, welcher sich für den Bodenerwartungswert berechnet, erworben hat; b) wenn man die Große des Bodenerwartungswertes, sei es durch Vermehrung der Einnahmen oder durch Verminderung der Ausgaben, über den üblichen Betrag zu steigern versteht.“

sind, deren Erträge erheblich hinter den obigen Sätzen zurückstehen, werden von derselben auszuschließen sein. Hier hat zunächst die bodenkundliche Untersuchung einzusetzen und nachzuweisen, ob und wie durch Verbesserung des Bodens eine Erhöhung
der Produktion erwartet werden kann.

Östliche Provinzen Preußens.

In den östlichen Provinzen Preußens hat das Ödland im Laufe
des 19. Jahrhunderts an Umfang sehr zugenommen. Dies war eine
Folge der Anwendung des Grundsatzes der unbeschränkten Freiheit
der Bodenbenutzung, der durch die Lehren von A. Smith in
Deutschland zu allgemeiner Anerkennung gelangte. Durch das
Landeskulturedikt von 1811, welches dieser Anschauung der unbeschränkten Freiheit praktischen Ausdruck gab, wurden die Beschränkungen, welche früher in bezug auf die Teilung und Benutzung der Waldflächen bestanden hatten, aufgehoben.[1]) Viele
Flächen, die als Abfindung für Hute- und Streurechte abgetreten
waren, wurden unter die Berechtigten geteilt. Sie kamen meist
nur kurz zur landwirtschaftlichen Benutzung und blieben dann
liegen. Ebenso manche kleineren früheren Staatsforsten, die zu
Anfang des 19. Jahrhunderts veräußert worden waren.[2]) Das Be-

---

[1]) Das Edikt bestimmte, daß jeder Eigentumer befugt sein solle, uber
seine Grundstücke insofern frei zu verfügen, als nicht Rechte, welche Dritten
darauf zustehen, dadurch verletzt werden. „Die Eigentümer können ihre
Walder benutzen, sie auch parzellieren und urbar machen, wenn ihnen nicht
Verträge oder Berechtigungen anderer entgegenstehen."

[2]) v. d. Borne, „Denkschrift, betreffend die Waldverhältnisse der Provinzen Ost- und Westpreußen". (Zeitschrift fur Forst- u. Jagdwesen, 1900.)
„Die Aufhebung der den Waldbesitzern fruher auferlegt gewesenen gesetzlichen Beschrankungen durch das Landeskulturedikt hat im Verein mit anderen die Gemeinheitsteilung und die Entlastung des Großgrundbesitzes von
den auf ihnen ruhenden Beschränkungen bezweckenden Gesetzen in erheblichem Maße in Ost- und Westpreußen zur Entwaldung und Veräußerung
beigetragen, namentlich aber zur Vernichtung der meisten bauerlichen Holzbestande gefuhrt. Nachdem schon unter der Regierung Friedrichs des Großen
in die schwach bevölkerten Waldgegenden Westpreußens und des ostpreußi-
schen Masuren Kolonisten gezogen und zu ihrer Ansiedelung Flachen ent-
waldet waren, sind auch weiter noch in der darauffolgenden Zeit größere
fiskalische Waldflächen an bäuerliche Besitzer uberwiesen und abgeholzt
worden. Die bei Aufhebung von Forstberechtigungen gewahrten gemeinsamen Waldabfindungen wurden in der Regel bald darauf im Wege der
Separation aufgeteilt und dann devastiert. Ein nicht unbedeutender Teil
der Staatsforsten der Provinzen Ost- und Westpreußen ist auch aus Anlaß
der schwierigen Lage, in der sich die Finanzen des Staates nach den Napo-
leonischen Kriegen befanden, vom Staate verkauft und danach von den Er-
werbern abgeholzt worden. Namentlich sind bei dieser Gelegenheit viele der
kleinen fiskalischen Forstparzellen verloren gegangen und in Ödland verwandelt worden.

Nach ungefahren Ermittelungen wurden in den letzten 90 Jahren im
Regierungsbezirk Königsberg uber 17 000 ha, im Regierungsbezirk Gumbinnen

waldungsprozent hat daher im Laufe des Jahrhunderts sehr abgenommen.[1])

Die Nachteile der völligen Mobilisierung des Waldbodens traten im Laufe der Zeit mehr und mehr hervor. Das Ödland nahm überhand; es betrug gegen Ende des Jahrhunderts in den Regierungsbezirken Königsberg 78200 ha, Gumbinnen 76660 ha, Danzig 56473 ha, Marienwerder 77500 ha.[2]) In der allgemeinen Erkenntnis der Nachteile, welche aus der Überhandnahme von Ödflächen für die Landeskultur hervorgehen, machte sich mehr und mehr das Bestreben der Aufforstung geltend. Wenn auch seitens der Privaten und kleiner Verbände manches geschehen ist, um der Waldvernichtung entgegenzutreten, so muß doch auch hier als das wichtigste Mittel, bessere Zustände für die Zukunft zu schaffen, die staatliche Erwerbung und Aufforstung der Ödlandflächen angesehen werden. Es sind dann auch in der neueren Zeit durch die gesetzgebenden Körperschaften wachsende Mittel in den Etat der Forstverwaltung eingestellt worden. In der Zeit vom 1. April 1890 bis 1. April 1900 sind im Regierungsbezirk Königsberg 12095 ha, Danzig 8438 ha, Marienwerder 46317 ha — im ganzen 66850 ha erworben, von denen 59101 ha als Holzboden, 7749 ha als Nichtholzboden bezeichnet werden.[3]) Der größte Teil des Holzbodens besteht aus Blößen und Räumden.

Die Verhältnisse, welche den Bodenreinertrag bestimmen, liegen in den östlichen Provinzen weit ungünstiger als im Westen. Die Holzpreise, insbesondere die der geringen Sortimente, welche für Ödland hauptsächlich in Betracht kommen, sind viel niedriger. Der Unterschied wird durch die hohen Transportkosten verursacht, welche erforderlich sind, um die Hölzer in die Industriegebiete zu schaffen. Indessen die Höhe der Transportkosten ist keine allgemeine und bleibende. Die Verhältnisse haben sich in der neueren

---

10—12000 ha Privatwald niedergelegt. In Westpreußen ist etwa die gleiche Fläche des Privatwaldes abgeholzt und dabei auch mancher Wald, der bisher schonend behandelt war, der Axt verfallen. In solcher Weise schreitet die Abholzung der Privatwälder in beiden Provinzen weiter fort."

[1]) Nach der im Jahre 1893 für das Deutsche Reich erfolgten statistischen Nachweisung betrug die Bewaldungsziffer im Regierungsbezirk Königsberg 18,4%, Gumbinnen 16,3%, Danzig 18,9%, Marienwerder 22,4%. In diesen Zahlen sind aber bäuerliche Wälder enthalten, die kaum noch als Wald bezeichnet werden können, vielmehr schon den Charakter des Ödlandes tragen. Werden diese in Abzug gebracht, so sinkt das Bewaldungsprozent für den Regierungsbezirk Königsberg auf 12,9, Gumbinnen auf 12,7, Danzig auf 13,5, Marienwerder auf 16,2 (v. d Borne a. a. O. S. 391).

[2]) A. a. O. S. 392 (Auszug aus der land- und forstwirtschaftlichen Betriebsstatistik nach der Zählung vom 14. 6. 1895).

[3]) Das. S. 396 (Nachweisung von den Wald- und Ödlandserwerbungen in dem Reg.-Bez. Königsberg usw.).

Zeit durch die Fortschritte der Verkehrsmittel und Tarifpolitik sehr viel günstiger gestaltet. Nach der Entwicklung der neueren Technik darf man erwarten, daß dies noch fernerhin in einer für den Osten günstigen Richtung geschehen werde. Den geringeren Erträgen der Forstwirtschaft stehen nun aber auch geringere Ausgaben für Ankauf und Aufforstung gegenüber. Nach dem Durchschnitt der Jahre 1890—1900[1]) betrug der Ankaufspreis pro ha einschließlich der auf den Flächen befindlichen Holzbestände und Gebäude im Regierungsbezirk König sberg 89 M., im Regierungsbezirk Danzig 129 M., im Regierungsbezirk Marienwerder 124 M.[2]) Die Aufforstungen sind zum größeren Teil durch Pflanzung, zum kleineren Teil durch Saat bewirkt worden. Der Kulturgelderaufwand wird im ganzen zu 1344876 M. angegeben — einschließlich der zu 21% Nachbesserungen etwa zu 70 M. pro ha. An Ausgaben für Verwaltung und Schutz wird die preußische Staatsforstverwaltung nur geringe Beträge in Rechnung stellen.

Infolge der ungünstigen Absatzverhältnisse stehen dem Nachweis der Rentabilität der Aufforstung des Ödlandes in den östlichen Landesteilen der Natur der Sache nach größere Schwierigkeiten entgegen. Alle Faktoren der Rentabilitätsrechnung unterliegen Schwankungen. Der Wuchs der Bestände wird im allgemeinen als ein befriedigender angesehen. Ob er lange aushält, ist nach den Erfahrungen, die anderwärts gemacht sind, allerdings zweifelhaft. Als Wirtschaftsziel wird bei dem Verhalten der Kiefer vorzugsweise geringes Bauholz und Grubenholz anzusehen und demgemäß die Umtriebszeit niedrig zu halten sein. Wird als Maßstab der Produktion der Durchschnitt aus der 4. und 5. Bodenklasse angenommen, so beziffert sich die gesamte Erzeugung für $u = 60$ auf 200 fm. Wird nach den jetzigen Preisen der Wert der Enderträge und der prolongierte Wert der Vornutzungen im Durchschnitt zu 6 M. p. fm eingestellt, so ist $A_u + D_a \, 1 \, o \, p^{u-a} + \ldots = 1200$ M.

---

[1]) v. d. Borne, Zeitschrift f. Forst- u. Jagdw. 1900, S. 398.

[2]) Im Regierungsbezirk Marienwerder betrugen die Jahresdurchschnittspreise pro ha einschließlich der zum Teil auf ihr befindlichen Holzbestande in den Jahren 1888 81 M., 1890 63 M , 1892 114 M., 1894 110 M., 1896 158 M., 1898 86 M., 1900 84 M., 1902 140 M., 1903 308 M. Die Unterschiede der Jahrespreise (namentlich der letzten Zeit) beruhen hauptsächlich darauf, daß in den Jahren mit niedrigen Kaufpreisen vorzugsweise unbestandene Flächen — in den anderen Jahren auch größere mit Wald bestandene Flächen erworben sind. Man ist bei dem Ankauf in den letzten Jahren von dem früheren Grundsatz, möglichst nur unbestandene Flächen anzukaufen, abgekommen, wodurch es gelungen ist, mehr wertvolle Forsten vor der Axt des Holzhändlers zu retten. Der reine Bodenwert ist bei Kiefer V. Klasse der Regel nach auf 40—60 M., IV. Klasse auf 80—90 M., III. Klasse auf 120—150 M. bemessen. (Nach Mitteilung des Herrn Oberforstmeisters Reisch in Marienwerder und des Herrn Forstrats Carganico z. Z. in Breslau.)

Die Kosten der Erzeugung bestehen aus dem Nachwert der Kulturkosten (c) und den Zinsen des Bodens (B) und Verwaltungskapitals (V). Ist $c = 70$ M., $B = 100$ M., $V = 50$ M., so beträgt der Nachwert $c \cdot 1, op^u = 70 \cdot 4,4 =$ (abgerundet) 300 und $(B + V)\,(1, op^{u-1})$ $=$ (abgerundet) 500 M. Der Bestandeswert ist daher auch hier höher als der Nachwert der Produktionskosten.

Zu dem gleichen Resultat gelangt man beim Nachweis des Bodenwertes. Ist $A_u + D_a \cdot 1, op^{u-a} + \ldots = 1200$, $c \cdot 1, op^u = 300$, $V = 50$,

so ist $B_u = \dfrac{1200 - 300}{1, op^u - 1} - V = 900 \cdot 0,3 - 50 = 220$ M. Es besteht

daher unter den zugrunde gelegten Bedingungen ein Überschuß des Ertragswertes über den Ankaufswert. — Zu dem privatökonomischen Erfolg der Aufforstung, der im Bodenertragswert seinen Ausdruck findet, treten noch volkswirtschaftliche Momente hinzu, die noch weniger in bestimmten Zahlen nachweisbar sind. Sie liegen darin, daß durch die Aufforstung die Bindung eines zum Flüchtigwerden geneigten Bodens und eine Verbesserung der klimatischen Verhältnisse erzielt wird. Noch größer sind die ökonomischen Wirkungen. Hierher gehört die Gelegenheit zu menschlicher Arbeit, die durch die Werbung und Verarbeitung des Holzes gegeben wird. Wenn der Wald auch wenig Gelegenheit zur Arbeit gewährt, so verhält er sich doch zweifellos weit besser als Ödland, durch dessen Ausdehnung die Länder an Bevölkerung und Wohlstand notwendig zurückgehen.

2. Gebirgsböden Westdeutschlands.

Rheinland (Eifel) und Westfalen (Siegener Hauberge usw.).

Während im Osten der preußischen Monarchie das Ödland durch Entwaldung und Ausraubung des armen, oft beweglichen Bodens entstanden ist, liegt in den westlichen Provinzen, namentlich in den Regierungsbezirken Aachen, Trier, Koblenz, Köln und Arnsberg die wesentlichste Ursache seiner Entstehung in der Parzellierung des Waldeigentums.[1]) Eine gute, planmäßig geleitete

---

[1]) Danckelmann, Rückblick auf Wald und Jagd des Jahres 1897 (Zeitschrift für Forst- und Jagdwesen, 1899) unterschied auf Grund der bei Gelegenheit der Berufs- und Gewerbezahlung im Jahre 1895 stattgehabten Aufnahme der gesamten Waldfläche nach der Größe des Besitzes:

Zwergbetriebe . .	in Preußen 9,2⁰/₀,	im Deutschen Reich 11,8⁰/₀			
(unter 10 ha)					
Kleinbetriebe . .	,, ,, 19,0⁰/₀	,,	,,	,, 19,7⁰/₀	der Gesamtwaldfläche einnehmend.
(10—200 ha)					
Mittelbetriebe . .	,, ,, 19,8⁰/₀	,,	,,	,, 19,4⁰/₀	
(200—1000 ha)					
Großbetriebe . .	,, ,, 32,2⁰/₀	,,	,,	,, 34,2⁰/₀	
(1000—5000 ha)					
Herrschaftsbetriebe	,, ,, 19,8⁰/₀	,,	,,	,, 14,9⁰/₀	
(über 5000 ha)					

Forstwirtschaft ist nur bei einer gewissen Größe der Wirtschaftseinheiten möglich; bei kleinem Besitz fehlen die erforderlichen Bedingungen. Das Streben kleiner bäuerlicher Wirte ist meist auf
möglichst ausgiebige Benutzung des Bodenüberzuges gerichtet, was
mit der nachhaltigen forstlichen Wirtschaft unvereinbar ist. Die
Teilung des Grundeigentums ist nirgends weiter ausgebildet, als in
den genannten Bezirken, wo der Einfluß des römischen Erbrechts
der Teilung keine Schranken setzte. Auch wo eine solche weitgehende Teilung nicht stattfand, wie bei den rheinischen und westfälischen Gemeindewaldungen, waren die Entwicklungsbedingungen
für den Wald nicht günstige. Die vorherrschende Betriebsart war
in großen Waldgebieten der Eichenschälwald. Dieser kann sich
nur in gutem Zustande erhalten, wenn Boden und Bestand gepflegt
werden, wie es lange Zeit hindurch in vielen Gebieten tatsächlich
der Fall gewesen ist. Ohne Pflege geht der Schälwald mit Notwendigkeit zurück, da die Ausschlagfähigkeit der Stöcke nicht unbegrenzt ist. In den meisten Fällen ist eine Pflege aber nicht eingetreten. Die Bestände wurden fortgesetzt lückiger; der Boden
verwilderte. So sind ausgedehnte Flächen entstanden, welche fast
nur noch mit Heide und Ginster bewachsen sind. Am ungünstigsten liegen die Verhältnisse in den von den Ortschaften der Besitzer weit abgelegenen Waldungen. Die Vernachlässigung der
Waldpflege wurde hier erhöht durch die Entwicklung der Industrie
und die Abnahme der Holzpreise. Durch die fortschreitende Industrie wurden die Arbeitslöhne erhöht, die Arbeitskräfte dem
Walde entzogen. Der Rückgang der Preise der Rinde und des geringen Brennholzes hat aber vielfach für entlegene Waldungen die
Grundbedingungen der Wirtschaft gänzlich aufgehoben.[1])

Im allgemeinen sind hiernach die Eigentumsverhältnisse des Waldes als
günstig zu bezeichnen. Volkswirtschaftliche Mißstände bestehen nur hinsichtlich der Zwergbetriebe und eines Teils der Kleinbetriebe. Sie sind weitaus am stärksten in Westfalen und in der Rheinprovinz vertreten. Von der
gesamten Waldfläche nehmen ein:

	die Zwergbetriebe	Kleinbetriebe	Mittelbetriebe	Großbetriebe	Herrschaftliche Betriebe
Provinz Westfalen	20,0	39,3	12,3	16,3	12,1 $^0/_0$
Rheinprovinz . .	18,9	17,3	14,7	24,6	24,4 ,,
Konigreich Preußen	9,2	19,0	19,7	32,2	19,8 ,,

Die Zahl der Zwergbetriebe unter 1 ha beträgt in Westfalen 14623, im
Rheinland 68021; die Zahl der Betriebe von 1—2 ha beträgt in Westfalen
10981, in der Rheinprovinz 25884; der Betriebe von 2—10 ha in Westfalen
17241, im Rheinland 20604; die Gesamtzahl der Zwergbetriebe (unter 10 ha)
ist in Westfalen 40255, im Rheinland 107091.

[1]) Die Bestandesverhältnisse der betreffenden Flächen im Regierungsbezirk Arnsberg werden anschaulich geschildert von Franz: „Über das
Ebbegebirge und dessen Ankauf und Aufforstung durch den Staat" (Zeitschrift für Forst- und Jagdwesen, Juli 1904). „Die herrschende Betriebsart

Eine Verbesserung der vorliegenden Verhältnisse ist nur dadurch zu erzielen, daß der Staat die betreffenden Privatflächen in seinen Besitz bringt. Da die Erwerbung der mit Lasten aller Art behafteten Grundstücke aber mit Schwierigkeiten verbunden ist, können diese Verbesserungen nur allmählich herbeigeführt werden. Eine Wahl verschiedener Kulturarten kommt nicht in Frage. Da die Weide-, Acker- und Wiesenwirtschaft ausgeschlossen ist, bleibt der Wald als einzige Kulturart übrig. Die Untersuchung ist nur dahin gerichtet, ob die vorliegenden Flächen öde liegen bleiben oder ob sie als Wald erhalten oder in solchen umgewandelt werden sollen. Der Kernpunkt der bestimmenden Verhältnisse ist auch hier davon abhängig, ob durch die Wirtschaft ein Reinertrag erzielt wird. Bei dem jetzigen Stand der Wirtschaft kann dies für die betreffenden Gebiete sowohl in den vorkommenden Einzelfällen als auch allgemein bestimmter als es für die Sandböden des Ostens möglich ist, nachgewiesen werden.

Die Erzeugungskosten der zu begründenden Bestände liegen im Aufwand für die Erwerbung der Flächen, für Aufforstung und Verwaltung. Die Preise des meist mit Heide oder Ginster bewachsenen zum Teil mit Resten des früheren Waldbestandes versehenen Bodens haben in letzter Zeit betragen:[1] Im Regierungsbezirk Trier, Oberförsterei Prüm (Ankaufsfläche 2250 ha)

---

war seit lange der Niederwald. Soweit diese Holzungen, wie es meist der Fall ist, sich im freien Privatbesitz befinden, stehen sie mehr oder minder im Zeichen des Ruckgangs, welcher stellenweise bis zur vollstandigen Verodung vorgeschritten ist. Es bestehen hier zwei Welten nebeneinander. In den Talern das Rauchen der Schlote, das Pochen der Hammer, das Getriebe der Maschinen und Menschen; uberall Leben und Entwicklung. Einige hundert Schritte weiter ins Gebirge und die vollendete Einode und Verwustung zeigt sich dem Auge. Das letztere gilt namentlich von dem westlichen Teil des Ebbegebirges. Hier war ursprunglich vorzugsweise die Buche heimisch. Heute legen nur noch die vereinzelten alten Grenzbuchen Zeugnis ab von der entschwundenen Herrlichkeit. Als im vorigen Jahrhundert die Holzkohle, welche zur Verhuttung der Eisenerze im benachbarten Siegerlande viel gebraucht wurde, hoch im Preise stand, wanderten die Bestande rucksichtslos in die Kohlenmeiler und wurden zu Geld gemacht. An Wiederaufforstung dachte niemand. Dazu traten große Brande und die Streunutzung und vernichteten noch, was die Natur wieder aufzubauen bestrebt war. Wenn sich auch noch einzelne Teile des Gebirges in leidlichem Zustand erhalten haben, so bietet das Ganze doch einen hochst trostlosen Anblick dar. Auf große Strecken, namentlich auf dem nordlichen Abhang des Gebirges, hat sich ein uberaus uppiger Heidekrautwuchs entwickelt, und bedeckt als Leichentuch das Zerstorungswerk des Menschen. Im ostlichen Ebbegebirge war und ist der Schalwald herrschend. Der zahen Ausschlagsfahigkeit der Eiche und fruhen hohen Rentabilitat des Betriebs, welch letztere ihre schutzende Hand lange uber die Holzungen hielt, ist es zu danken, daß dort auch heute noch gute Bestandesbilder von jungen Holzern vorhanden sind."
[1] Nach Mitteilung der Herrn Oberforstmeister Wery in Arnsberg, Oberforster Volk in Prum und Forstassessor Merten in Siegburg.

135—200 M.; im Regierungsbezirk Köln, Oberförsterei Siegburg (Ankaufsfläche 1904 ha) 200—320, im Mittel 240 M.; im Regierungsbezirk Arnsberg, Oberförsterei Ewig (Ankaufsfläche 1932 ha) 100 bis 260 M. Im Durchschnitt sind hiernach die Preise des Bodens, der seiner bleibenden Beschaffenheit im Mittel etwa 3., vielfach auch als 2. Bonität anzusehen, in der Oberfläche aber durch starken Überzug verwildert ist, zu 200 M. pro ha anzunehmen.

Die Aufforstungskosten sind je nach den vorliegenden Standortsverhältnissen nach Holzart und Kulturmethoden verschieden. Als Holzart kommt im großen (abgesehen von Kalkboden, wo die Kiefer zu wählen und späterer Übergang in Laubholz in Aussicht zu nehmen ist) vorzugsweise die Fichte in Betracht. Für sie sind die vorherrschenden Standortsverhältnisse, Boden und Höhenlage in den bezeichneten Wirtschaftsgebieten, namentlich auf den dort häufigen Tonschiefer- und Grauwackeböden sehr günstig. Als Regel gilt bei der Ausführung, daß von vorliegendem Baumwuchs alles erhalten wird, was als Schirm der jungen Kulturen oder zum bleibenden Einwachsen behufs Unterbrechung großer Fichtenkomplexe geeignet ist. Art der Begründung ist vorzugsweise Einzelpflanzung in Verbänden von mäßiger Pflanzweite. Unter manchen Verhältnissen haben auch Saaten guten Erfolg gehabt. Die Kosten der Aufforstung betragen: Regierungsbezirk Trier, Oberförsterei Prüm von 30 M. (Hafersaaten sind fast kostenlos) bis 150 M. (Hügelpflanzung). Im Regierungsbezirk Köln, Oberförsterei Siegburg, Fichtenpflanzung in 1,2 m ☐ Vb. 150 M. Regierungsbezirk Arnsberg, Oberförsterei Ewig 120 M. (einschließlich Pflanzenerziehung).

Die Verwaltungskosten lassen sich, da die Aufforstungsflächen stets mit anderen Flächen gemeinsam verwaltet und beschützt werden, nicht besonders nachweisen. Werden sie nach anderweiten Erfahrungen oder nach dem Durchschnitt ganzer Bezirke oder der ganzen preußischen Monarchie eingesetzt, so sind sie auf 3—5 M. pro ha zu veranschlagen. Das Verwaltungskostenkapital beträgt dann 100—150 M.

Bei Anwendung eines Zinsfußes von $2^1/_2\%$ ergeben sich als Produktionskosten des Bestandes nach der Formel $c \cdot 1{,}0p^u + (B+V)$ $(1{,}0p^u - 1)$

für $u = 60$ ca. 1800 M., für $u = 80$ ca. 2900 M.

Hiernach würde ein Ersatz für die Kosten der Herstellung der Bestände erreicht werden, wenn dieselben im 60. Jahre Erträge von 300 fm im Werte von 6 M. pro fm, im 80. Jahre Erträge von 400 fm im Werte von 8 M. pro fm ergeben. Da aber die Enderträge an Masse und insbesondere an Wert voraussichtlich höher sein werden, da ferner sehr beträchtliche Vornutzungen zu erwarten sind, welche die Kultur- und Verwaltungskosten zum Teil decken, so gestattet das Anlagekapital voraussichtlich eine weit bessere Verzinsung; oder es können, um die gleiche Verzinsung zu bewirken, höhere Kosten aufgewendet werden. Es geht hieraus hervor, daß die Aufforstung des Ödlandes, ganz abgesehen von den in Zahlen nicht nachweisbaren physischen und ökonomischen Folgen, rentabel ist. Ein bleibender Gegensatz zwischen den nationalökonomischen Aufgaben des Staates für die Zukunft und der Forderung der Rentabilität der Wirtschaft liegt nicht vor.

3. Vergleichung der land- und forstwirtschaftlichen Bodenrente.

Vergleichungen der land- und forstwirtschaftlichen Bodenreinerträge in der Fassung bestimmter Zahlen stoßen stets auf Schwierigkeiten. Solche ergeben sich schon dadurch, daß in großen Wirtschaftsgebieten (Gemarkungen, Kreisen, Oberförstereien) gleiche Vergleichsobjekte von großer Ausdehnung in der Regel gar nicht vorliegen. Meist nehmen die landwirtschaftlich benutzten Böden weit günstigere Lagen ein als die Waldungen. Eine weitere Schwierigkeit der Vergleichung liegt in der Verbindung des dem Boden entstammenden Ertrags mit demjenigen, der aus Arbeit und Kapital hervorgegangen ist. In der Landwirtschaft besteht diese Verbindung bezüglich der ausgeführten Meliorationen und des stehenden Kapitals (Gebäude, Maschinen); in der Forstwirtschaft ist die Wirkung des Bodens mit derjenigen des Vorrats eng verbunden. Eine Teilung des Ertrags nach den Elementen, die ihm zugrunde liegen, läßt sich nur mit gewissen Unterstellungen bewirken, an die daher die Gültigkeit der Resultate von Reinertragsberechnungen geknüpft ist.

Trotz der angegebenen Schwierigkeiten, die einer zahlenmäßigen Vergleichung der Reinerträge des Bodens bei land- und forstwirtschaftlicher Berechnung entgegenstehen, lassen sich aus den Ergebnissen der Rechnung doch bestimmte Folgerungen über das Verhältnis der Bodenrenten bei verschiedenen Kulturarten ableiten. Unter der Voraussetzung, daß für die Leistung des mit dem Boden dauernd verbundenen, stetig und nachhaltig wirkenden Betriebskapitals (Meliorationen, Vorratskapital) nur mäßige Zinsfüße ($2^1/_2$ und 3%) angewendet werden — und die Staatsforstverwaltungen, Gemeinden und Großgrundbesitzer stehen übereinstimmend auf diesem Standpunkt —, sind die beiden wichtigsten Ergebnisse für jenes Verhältnis nachstehende:

Erstens zeigen die mitgeteilten und andere auf wirklichen Untersuchungen beruhenden Zahlen, daß unter den Verhältnissen der Gegenwart im Gegensatz zu dem früheren Stand der Sache die Reinerträge des Bodens bei der Holzzucht denjenigen, die sich bei landwirtschaftlicher Benutzung ergeben, im allgemeinen nicht nachstehen. Gewiß gibt es hier Ausnahmen. Für Grundstücke, die durch ihre Lage zur Erzeugung von Gewächsen, die an Boden und Klima besondere Ansprüche stellen, in besonderem Grade geeignet sind (Weinberge, Gärten, Handelsgewächse), ergeben sich durch den Anbau solcher Gewächse höhere Reinerträge als bei irgend welchen anderen Kulturarten. In noch höherem Grade gilt dies für die Grundstücke, denen durch ihre Lage in der Nähe bewohnter Orte ein Vorzug vor anderen zukommt. Namentlich haben in Großstädten die Renten von Flächen, die zu Bauplätzen geeignet sind, eine außerordentliche Höhe erreicht. Allein Grundstücke dieser Art haben für die vorliegende Frage wenig Bedeutung. Dem Nachweis des Verhältnisses der Bodenreinerträge gleicher Grundstücke bei verschiedener Benutzung sind die im großen Betriebe vorherrschenden Verhältnisse zugrunde zu legen. Die Art der Benutzung ist für die meisten Grundstücke durch eine Summe von Bestimmungsgründen physischer und ökonomischer Natur vorgeschrieben. Grundlegende Änderungen der Betriebsführung bezüglich der hauptsächlichsten Kulturgewächse sind sowohl in der Landwirtschaft[1]) als auch in der Forstwirtschaft[2]) beschränkter als oft angenommen wird.

---

[1]) Für die Landwirtschaft wurde die in land- und volkswirtschaftlicher Hinsicht sehr wichtige Frage, ob bzw. inwieweit eine Änderung der bestehenden Betriebsweise möglich und erstrebenswert sei, von J. Kuhn, „Getreide- und Futterbau, ihre wirtschaftliche Bedeutung unter den gegenwärtigen Betriebsverhältnissen der deutschen Landwirtschaft" (Landwirtschaftlicher Kalender von Mentzel und v. Lengerke 1896) einer eingehenden Erörterung unterzogen. Veranlaßt durch den für die Landwirtschaft ungünstigen Stand der Getreidepreise untersuchte Kühn, ob es nicht geboten erscheine, den Getreidebau zugunsten anderer Kulturarten einzuschränken, um auf diese Weise eine Abschwächung der Folgen niedriger Getreidepreise herbeizuführen. Die Zulässigkeit einer Beschränkung des Getreidebaus ist einerseits von der Möglichkeit der Einführung anderer Betriebe abhängig; andererseits muß ihr der Nachweis vorausgehen, daß eine Verminderung der inländischen Getreideerzeugung keine nachteiligen Folgen in volkswirtschaftlicher und politischer Hinsicht mit sich bringt. Nach beiden Richtungen lautet die Antwort auf die ausgesprochene Frage verneinend.

Nach den in den „Vierteljahrsheften zur Statistik des Deutschen Reiches" 1894 IV mitgeteilten Ergebnissen der Ermittelung der landwirtschaftlichen Bodenbenutzung im Jahre 1893 war der prozentische Anteil der wichtigsten Fruchtarten an der Gesamtfläche des Acker- und Getreidelandes folgender:

	1878	1883	1893
Getreide und Hülsenfrüchte	59,79	60,06	60,94
Hackfrüchte und Gemuse .	13,64	15,07	16,15
Handelsgewachse	1,60	1,35	0,99

Zu Vergleichungen land- und forstwirtschaftlicher Bodenrenten kommen hauptsächlich Äcker und Wiesen von mittlerer und ge-

	1878	1883	1893
Futterpflanzen	9,39	9,19	9,60
Brache	8,89	7,05	5,91
Ackerweide	5,80	5,69	4,61
Haus- und Obstgarten . .	0,89	1,59	1,80

Das hiernach vorliegende Überwiegen des Getreidebaues besteht nicht nur im Durchschnitt des Deutschen Reiches, sondern in fast allen deutschen Staaten. Im Jahre 1893 nahmen die Hauptgetreidearten und Hulsenfruchte vom ganzen Garten- und Ackerland ein: in Preußen 49—77, im Mittel 61%; in Bayern 50—64, im Mittel 60%; in Württemberg 59—64, im Mittel 62%; im Großherzogtum Baden 53—59, im Mittel 56%; im Großherzogtum Hessen 53—64, im Mittel 58%; in Elsaß-Lothringen 56—61, im Mittel 59%; im Konigreich Sachsen 56—65, im Mittel 61%. Enthalt schon das tatsachliche, zeitlich und ortlich ausnahmslos eintretende Verhaltnis einen triftigen Grund fur die Vermutung der Notwendigkeit des Vorwiegens der Getreideproduktion, so erhalt diese eine Bestatigung, wenn man die Moglichkeit der Einfuhrung anderer Betriebe in nahere Erwagung zieht.

Als Kulturgewachse, die an Stelle des verminderten Getreidebaues treten konnten, kommen Gemuse, Blumen, Rubensamen und andere Handelsgewachse, Obstbau, ferner auch Flachs, Ölfruchte, Hackfruchte, Futtergewachse in Betracht. Die Anzucht von Samen und Handelsgewachsen ist unter entsprechenden Boden- und klimatischen Verhaltnissen sehr eintraglich. Aber die Moglichkeit einer Ausdehnung dieser Kulturart ist, wie die statistischen Zahlen erkennen lassen, sehr beschrankt. Ähnliches gilt auch von den Handelsfruchten. Wenn auch der Rubenbau durch die grundliche Bearbeitung und die sorgfaltige Beseitigung des Unkrauts, die mit ihm verbunden ist, auf den Zustand der Landwirtschaft vorteilhaft einwirkt, so kann doch eine sehr erhebliche Ausdehnung der ihm dienenden Flache nicht Platz greifen, da, sobald sie eintrate, alsbald eine Überproduktion an Zucker die Folge sein wurde

Am meisten Bedeutung bei Erwagung der vorliegenden Frage muß zweifellos der Ausdehnung der Futterpflanzen zum Zweck der Hebung der Viehzucht zuerkannt werden. Fur eine solche spricht zunachst die Zunahme der Vieh- und Fleischpreise. Wahrend die Preise des Getreides in der zweiten Halfte des 19. Jahrhunderts zuruckgegangen sind, zeigen die Preise fur Vieh und andere tierischen Erzeugnisse ein ziemlich gleichmäßiges Steigen. Die Preise fur Rindfleisch betrugen im Durchschnitt des preußischen Staates p. 100 kg: 1821—1830 46,6 M., 1831—1840 51,6 M., 1841—50 56,6 M., 1851—60 70,0 M., 1861—70 86,6 M., 1871—75 114,7 M , 1876—80 114,8 M., 1881—85 117,8 M., 1886—90 114,5 M. Demgemaß hat auch eine bedeutende Einfuhr der wichtigsten Viehgattungen und vieler tierischer Erzeugnisse stattgefunden. So hohen Wert man nun aber auch auf Viehzucht und Futterbau zu legen Ursache hat, so bedurfen doch die hierauf gerichteten Erwartungen der Beschrankung. Die Ausdehnung der Viehzucht hat ihre naturliche Grenze im Klima und Boden. Die in Deutschland bestehenden Verhaltnisse sind nicht durch Zufall entstanden, sondern sie sind die Folge der gegebenen Produktionsbedingungen. Diese lassen sich nicht willkurlich verandern Aus den Zahlen, welche a. a. O. nachgewiesen werden, geht hervor, daß die deutsche Landwirtschaft schon seither bestrebt war, die Viehzucht in angemessener Weise auszudehnen. Sie hat sich dabei den örtlichen Betriebsbedingungen anzupassen gesucht. Eine Vermehrung der Viehzucht in einem Maße, wie sie dem Bedurfnis der deutschen Volkswirtschaft entspricht, wird erreichbar sein, ohne daß eine wesentliche Veranderung in den Anbauverhältnissen vorgenommen wird. „Es kann hiernach (heißt es zum Schluß) einem Zweifel nicht unterliegen, daß durch moglichst vollkommene Ausnutzung des bisher zum Futterbau benutzten Areals und des etwa fur denselben verwendeten

ringer Beschaffenheit in Betracht, namentlich solche, welche von
den bewohnten Orten weit entfernt sind. Sie erhalten den Maß-

---

Brachlandes, sowie durch Ausdehnung des Zwischenfruchtbaues, wo die klimatischen Verhältnisse denselben zulassen, eine soweit erheblich höhere Produktion von Tieren und tierischen Erzeugnissen erzielt werden kann, als erforderlich ist, den bisherigen Import außer der Wolle zu beschranken oder unnötig
zu machen und auch noch einem durch die ansteigende Bevölkerung wachsenden Bedurfnis entgegenzukommen. Sollte nun aber unabweislich später
eine Einschränkung des Getreidebaues nötig werden, ... so würde der Körner-
fruchtbau immerhin noch 51,34 $^0/_0$ des deutschen Ackerlandes einnehmen; es
verbliebe auch dann noch der Kornerfruchtbau der Angelpunkt des Land-
wirtschaftsbetriebs." Das Resultat der aufgestellten Erorterungen geht dahin,
„daß es in privatwirtschaftlicher wie in nationalokonomischer Beziehung von
großter Wichtigkeit ist, den hohen Wert einer rationell betriebenen und an-
gemessen ausgedehnten Viehhaltung voll zu wurdigen und dem steigenden
Bedürfnis an tierischer Produktion möglichst entgegenzukommen, daß es sich
dabei aber wesentlich nur um Vervollkommnung und vorsichtige Weiterentwicklung des bisher schon Vorhandenen und mit bestem Erfolg Angestrebten
handelt."
    Mit den vorstehenden Ausfuhrungen eines hervorragenden Vertreters
der deutschen Landwirtschaft stimmen auch die Vertreter der deutschen
Staatsregierungen uberein. Vgl. die Rede des Reichskanzlers Furst v. Bülow
in der Sitzung des deutschen Reichstages vom 1. Februar 1905. (,,Der Getreidebau bildet auch heute noch die hauptsächlichste Grundlage des landwirtschaftlichen Betriebs in Deutschland und wird es bei unserer Bodenbeschaffenheit und unseren klimatischen Verhältnissen voraussichtlich in absehbarer Zeit bleiben. Mehr als die Hälfte der deutschen Acker- und Gartenflache wird mit Getreide bestellt. Bei einem so umfangreichen Anbau der
Halmfruchte ist die Hohe der Getreidepreise fur die Rentabilität der Landwirtschaft von großter Bedeutung.")
    [2]) In der Forstwirtschaft beruht die Gebundenheit der Betriebsfuhrung
einerseits darauf, daß jahrlich nur ein kleiner Teil der Betriebsfläche zur Abnutzung kommt, andererseits auf den Standortsverhaltnissen, die haufig nur
einer oder wenigen Holzarten entsprechen. Die sogenannten edeln Holzarten
(Ahorn, Esche, Ulme), welche sich durch wertvolle Eigenschaften ihres Holzes
auszeichnen, haben fur gewisse Wirtschaftsgebiete große Bedeutung. Aber
sie stellen an die Standortsverhaltnisse, insbesondere an den Boden, zu hohe
Anspruche, um an Orten, wo sie seither nicht vorkommen, im großen Maßstab angebaut werden zu konnen. — Weit großer ist die Moglichkeit der Erweiterung ihres Standortsgebiets bei den weichen Laubhölzern. Birke, Erle,
Aspe, Weide u. a. zeichnen sich durch Raschwuchsigkeit und bescheidene
Anspruche an Boden und Klima aus. Ihr Gebrauchswert hat in der Neuzeit
an Vielseitigkeit sehr zugenommen; auf ihre Erhaltung muß daher in Zukunft
mehr Wert gelegt werden, als es bei der einseitigen Rucksichtnahme auf die
Buche im Laubholzgebiet (nach G. L. Hartig sollten alle Weichhölzer möglichst fruhzeitig aus den Buchenschlägen ausgehauen werden) lange Zeit hindurch geschehen ist. Eine mäßige Einmischung der genannten Holzarten ist
ein geeignetes Mittel, um die Rentabilität der Laubholzwirtschaft zu heben.
Aber als das eigentliche Ziel der Wirtschaft konnen sie in der Regel nicht
angesehen werden; einmal wegen ihres Verhaltnisses zum Boden, sodann
wegen ihrer fruhen Hiebsreife. Die hohe Umtriebszeit, welche die Buchen-
nutzholzerziehung erforderlich macht, konnen sie nicht aushalten; sie müssen
im Wege der Durchforstung genutzt werden. — Auch die Lärche kann nur
in beschranktem Maße zum Ersatz anderer Holzarten Verwendung finden.
Trotz der trefflichen Eigenschaften ihres Holzes setzen die Schaden der organischen und anorganischen Natur, die ihr eigentumlich sind, ihrer Ausdehnung an vielen Orten bestimmte Grenzen. Es liegen seither viel mehr un-

stab ihres Wertes hauptsächlich durch die Brauchbarkeit zur Erzeugung von Lebensmitteln, Futtergewächsen und Holz. Für Grundstücke dieser Art übertrifft die landwirtschaftliche Grundrente diejenigen bei fortlicher Benutzung entweder gar nicht oder in viel geringerem Grade, als es lange Zeit der Fall gewesen ist und bei Vergleichungen noch immer häufig angenommen wird. Die Verhältnisse, welche die Bodenrente bestimmen, haben sich in der neueren Zeit zugunsten der Forstwirtschaft, zum Nachteil der Landwirtschaft verändert. Die unter 1. und 2. gefundenen Zahlen und die Ergebnisse anderer Untersuchungen, die auf Grund richtiger Grundlagen gemacht werden, lassen dies bestimmt erkennen. Ein Fichtenboden I. Klasse, der einen Wert von 2000 M. besitzt oder eine Rente von 87 M. gewährt, ist nicht besser als der Boden einer Wiese, deren Rente zu 56 und 72 M. berechnet ist.[1]) Ebenso ist ein Sandboden der norddeutschen Ebene, der als II. Klasse für die Kiefer bezeichnet wird und 25 M. Reinertrag gewährt, seiner chemischen Beschaffenheit nach nicht besser als ein Hafer- und Roggenboden mit 10—20 M. Reinertrag.[2]) Dagegen übertrifft ein Boden, der Gerste, Weizen, Kleeheu produziert und mit 47 M. Reinertrag beziffert wird,[3]) die II. Klasse für Fichte. Allerdings müssen bei der Übertragung der von regelmäßigen Beständen abgeleiteten Verhältnisse auf die mehr oder weniger unregelmäßigen ganzer Reviere gewisse Abzüge gemacht werden. Allein dies ist auch in der Landwirtschaft der Fall. Man braucht nur von den letztjährigen Berichten der preußischen Landwirtschaftskammern oder den Motiven zum Abschluß der neuen Handelsverträge Kenntnis zu nehmen, um zu der

gunstige als gunstige Resultate uber ihr Verhalten vor. — Noch weniger sind die auslandischen Holzarten, an welche von mancher Seite weitgehende Erwartungen gestellt wurden, geeignet, Anderungen der betreffenden Verhaltnisse der deutschen Forstwirtschaft herbeizufuhren. Nach den jetzt vorliegenden Resultaten sind nur wenige von denselben geeignet, in bescheidenem Maße den deutschen Holzarten erganzend zur Seite zu treten

Die wichtigsten, die Betriebsfuhrung und Rentabilitat der Wirtschaft bestimmenden Holzarten der deutschen Forstwirtschaft werden (wie Roggen, Weizen und Hafer in der Landwirtschaft) auch in Zukunft diejenigen bleiben mussen, die seither herrschend gewesen sind: Eiche, Buche, Fichte, Tanne, Kiefer. Die Eiche nimmt durch die technischen Eigenschaften ihres Holzes den ersten Rang im Laubholzgebiet ein Wo Boden und Lage ihr entsprechen, muß sie deshalb den gegebenen Boden- und Luftraum moglichst unbeschrankt ausnutzen. Die Buche hat ihre Bedeutung schon durch ihr Vorhandensein und durch den guten Einfluß, den sie auf den Boden und das Wachstum anderer Holzarten ausubt. Die Fichte ist in den hoheren Lagen der meisten deutschen Gebirgsforsten die ausschließlich in Betracht kommende Holzart. Die Kiefer ist der herrschende Waldbaum der norddeutschen Ebene, um so ausschließlicher, je geringer der Boden ist

[1]) Vgl. die Nachweisungen des Reinertrags S. 264 und 265.
[2]) Vgl. die Berechnungen S. 261
[3]) Desgl. S. 260.

Überzeugung zu gelangen, daß die Verhältnisse in dieser Beziehung für die Landwirtschaft nicht günstiger liegen als für die Forstwirtschaft.

Die vorstehend ausgesprochene Ansicht über das Verhältnis der Bodenrenten bei land- und forstwirtschaftlicher Benutzung befindet sich sowohl zur Geschichte der Bodenkultur in Deutschland als auch zu den Ansichten vieler namhafter Forstwirte, Landwirte und Nationalökonomen im Gegensatz. In der Geschichte der Bodenkultur hat sich stets das Bestreben kundgegeben, Böden, welche der landwirtschaftlichen Benutzung fähig sind, der Landwirtschaft zuzuführen. Die ersten Ansiedelungen und späteren Kulturfortschritte waren von diesem Bestreben getragen. Seine Berechtigung wurde so wenig bezweifelt, daß ein zahlenmäßiger Nachweis des gegenseitigen Verhältnisses nicht nötig erschien. Die gleiche Ansicht ist auch in der forstlichen, landwirtschaftlichen und volkswirtschaftlichen Literatur vielfach ausgesprochen. Unter den älteren Forstwirten hat namentlich H. Cotta die Überlegenheit der Landwirtschaft vor der Forstwirtschaft betont. Die Privaten hätten wegen der geringen Reinerträge wenig Interesse an der Forstwirtschaft. Ihr Interesse führe sie vielmehr zur Devastation des Waldes oder zu seiner Umwandlung in Ackerland. Der Staat müsse deshalb die zur Befriedigung des nationalen Holzbedarfs nötigen Wälder in seinen Besitz nehmen. Hundeshagen[1]) hob in verschie-

---

[1]) Forstliche Gewerbslehre, 3. Aufl., S. 74 u. 311. „Wie gering übrigens das forstliche Einkommen überhaupt, in Vergleich des landwirtschaftlichen sei, laßt sich daraus ermessen, daß bei richtigen Mittelpreisen für die Wald- und Feldprodukte der beste Waldbestand demnach erst etwa ein Achtteil bis Zehnteil soviel Rohertrag liefert, als das beste Ackerland durch seine verschiedenen Rotationen hindurch.

Dagegen läßt sich ein wirklicher Reinertrag — der weder bei forstlichen, noch landwirtschaftlichen Grundstücken für die Regel zu erfolgen pflegt — jederzeit dadurch bewirken und erhöhen, daß man gegen einen Verlust, der auf Kosten des Holzertrages erfolgt, eine um so hohere Einnahme an Weide- und Streunutzung zu beziehen strebt. Denn da letztere nachhaltig erfolgt und der Geldertrag bis zu gewissem Grade im Gleichgewichte gegen die außerdem hohere Einnahme aus dem Holzprodukte erhält, folglich an dem baren Rohertrage dadurch sich nichts geändert, während das Materialkapital unter solcher Behandlung (Mißhandlung?) und der Produktionsaufwand viel kleiner werden (denn hinsichtlich der Weide- und Heidestreu ist ein Materialfonds nicht vorhanden), so muß dieser Umstand notwendig selbst auch alsdann dem Reinertrage aus dem Boden zugute kommen, wenn der Forstertrag im ganzen allmählich positiv sinken sollte. Man darf daher ohne alle Neigung zu Paradoxien annehmen, daß gerade die bisher als Mißbrauch betrachtete Behandlung der Waldungen zwar ihren positiven jährlichen Ertrag allmählich herunterbringe, daß sie dagegen unter gewissen Preisverhältnissen des Holzes und der Weide und Streu, und bis zu gewissen Stufen der Ausdehnung wirklich den wahren Reinertrag des Waldbodens bewirken und erhöhen helfe; besonders jedoch in Fällen, wo der Waldbesitzer zugleich der unteren, eigenhändig arbeitenden Klasse von Gewerbsbürgern angehört.

denen seiner Schriften hervor, daß das aus der Forstwirtschaft fließende Einkommen gegenüber demjenigen, das die Landwirtschaft gewähre, sehr zurückstehe. Ein Bodenreinertrag sei in der Forstwirtschaft nur durch stärkeren Bezug an Nebennutzungen zu erzielen. Den gleichen Standpunkt vertritt in der neueren Literatur Borggreve.[1]) Er bezeichnet deshalb die Umwandlung des Waldbodens in Ackerland als Konsequenz einer Wirtschaft, die auf die Erzielung eines möglichst hohen Bodenreinertrags gerichtet ist. — Von namhaften Vertretern der Landwirtschaft hat J. Kühn[2])

---

[1]) Forstreinertragslehre, S. 27. „Im Gegenteil, die Anhanger der statischen Richtung konnten sogar mit dem entschiedensten und berechtigtsten Siegesbewußtsein mich und ihre sonstigen Gegner auf die im Laufe der letzten zwei Jahrtausende allmahlich verschwundenen zwei bis drei Vierteile von den zur Zeit Armins etwa vorhanden gewesenen deutschen Waldern, auf die in der klassischen Zeit allmahlich bis auf ein Minimum reduzierten Walder Griechenlands und Italiens, auf die noch viel energischeren Leistungen der Yankees in den Vereinigten Staaten, die sich unter unseren Augen vollziehen usw., verweisen! Denn fast alle diese Walder sind doch infolge mehr oder weniger exakter statischer Erhebungen, vollkommen nach den Prinzipien der Rentabilitätsrechnung, behandelt, indem man ihr schlecht rentierendes Materialkapital versilberte, seine Zinsen bezog, und den Boden als Acker, Wiese, Weide, Heide usw. nutzte.“

[2]) Getreide- u. Futterbau (Landw. Kalender v. Mentzel u. v. Lengerke, 1896, S. 67). „Aber auch dann, wenn man nur $5^0/_0$ Zinsen berechnet, ergibt sich ein Betrag, den die Einnahmen aus dem Holzertrage (unter Mitberechnung der Zwischennutzungen, aber auch Anrechnung der Betriebs- und Holzerntekosten) nicht voll zu decken vermogen; also auch dann noch unzureichende Verzinsung und ganzlicher Verzicht auf Bodenrente! Bei solcher Sachlage ist es doch fur den Privatbesitzer weit vorteilhafter, das fur die Aufforstung erforderliche Kapital zu sparen und in seiner Wirtschaft anderweitig erfolgreicher anzulegen, die Heideflache in regelmaßigem Turnus abschnittsweise zur Streugewinnung zu nutzen, um sie dadurch immer zugleich zu regenerieren und so in altgewohnter, aber ganz rationeller Weise doch wenigstens eine, wenn auch nur sehr maßige Rente von solchen mit Heidekraut bewachsenen Ödlandereien zu erzielen

Dasselbe gilt in noch hoherem Maße von den 2 124 328,4 ha umfassenden „geringen Weiden und Hutungen“ des Deutschen Reiches, die man auch schon als fur Aufforstung geeignetes Land bezeichnet hat und deren Umwandlung in Waldland doch in der Regel ein gar arger wirtschaftlicher Fehler sein würde. Ware der Ertrag einer Weide auch ein sehr geringer, so gewahrt sie doch uberhaupt noch eine Nutzung, wahrend ihre Umwandlung in Waldland in der Regel ohne Gewinn irgend einer wirklichen Rente und mit sicherem Verlust der Aufforstungskosten erfolgen würde. Nur dort, wo nach Maßgabe der Lage und Bodenbeschaffenheit die Anlage von Schalweidenanlagen oder Futterreisiggewinnung Erfolg verspricht, wie es namentlich bei kiesigem oder sandigem Boden in Flußniederungen vorkommen kann, würde eine Änderung der Kulturart sich empfehlen und konnte eine solche mit erheblichem Erfolg verknupft sein. Wo es sich dagegen um trockene Höhenweiden handelt, werden dieselben als solche beizubehalten sein, falls nicht eine genauere Untersuchung der Boden-, insbesondere der Untergrundverhaltnisse bei in der Tiefe anstehendem Mergel ihre Umwandlung in Ackerland als möglich und rentabel erweisen sollte.

Wenn schon bei Ödland und geringen Weiden eine Umwandlung in Waldland fur den Privatbesitzer sich meistens nicht empfiehlt, so wird dies

die Überlegenheit der Landwirtschaft über die Forstwirtschaft mit Entschiedenheit vertreten. Ausgehend von der Forderung hoher Zinsfüße für die Berechnung der Nachwerte der Kulturkosten kommt er zu dem Schluß, daß eine landwirtschaftliche Benutzung selbst der geringsten Äcker, Weiden und Ödländereien, auch wenn sie nur einen geringen Ertrag an Heidestreu und Schafweide liefern, höhere Reinerträge gewähre als der Wald. Die Aufforstung des geringen Acker- und Heidelandes sei deshalb für den Privatgrundbesitzer in der Regel ein wirtschaftlicher Fehler. — Unter den Nationalökonomen, die sich mit Vergleichungen land- und forstwirtschaftlicher Bodenrenten beschäftigt haben, ist Helferich[1]) zu nennen. Er bezeichnet es als die erste Folgerung einer Bodenwirtschaft, die nach den Grundsätzen der Bodenreinertragslehre geführt werde, daß viele Grundstücke, die jetzt der Holzzucht dienten, als Acker und Wiesen benutzt werden würden.

Die Ansicht, daß die forstlichen Reinerträge des Bodens bei Benutzung zur Holzzucht denjenigen als Äcker, Wiesen und Weiden nachständen, erhielt (abgesehen von der Rechnung mit hohen Zinsfüßen) ihre wesentliche Begründung einmal in den Ergebnissen der Grundsteuer-Einschätzung, sodann in den Rodungen, die tatsächlich seitens vieler Privatbesitzer ausgeführt worden sind. Die in Preußen auf Grund des Gesetzes vom 21. Mai 1861, betreffend die anderweite Regelung der Grundsteuer[2]) stattgehabten Untersuchungen über die Reinerträge führten zu dem Resultat, daß die

---

noch vielmehr von wirklichem Ackerland gelten, wenn dies auch der geringsten Bonität angehort. Lohnt dasselbe unter den gegenwartigen Preisverhaltnissen die Auslage für Arbeit und Samen sowie für Kainit- und Thomasschlackendungung nicht, um den Anbau von Roggen nach Grundung-Lupinen zu ermoglichen, so behandle man solch geringes Land in altgewohnter Weise als „sechs- oder neunjahriges Roggenland" und erweist sich auch dies nicht mehr rentabel, dann lasse man es einfach als Schafweide liegen."

[1]) Zeitschrift für die ges. Staatswissenschaft 1871, S. 569: „So viel aber laßt sich mit der größten Bestimmtheit sagen, daß, wenn wirklich jeder sein Grundeigentum ausschließlich nach dem Grundsatz bewirtschaften würde, das Maximum der Bodenrente daraus zu gewinnen, immerhin manches Grundstück, welches jetzt Acker, Wiese oder Weide ist, zu Wald umgewandelt, sicher aber ein sehr viel größeres Areal des letzteren ausgestockt und der Boden der landwirtschaftlichen Kultur zugewendet werden mußte."

[2]) Das Verhaltnis des Reinertrags vom Ackerland zu dem der Holzungen (letzteres = 1) wird für den Durchschnitt der preußischen Monarchie (alte Provinzen) folgendermaßen angegeben:

Klasse	1	2	3	4	5	6	7	8	Durchschnitt
	5,4	5,4	4,2	3,4	2,7	2,4	2,1	2,6	3,9

Das Verhaltnis der Reinertrage der Wiesen zu dem der Walder (= 1) ist:

für Klasse	1	2	3	4	5	6	7	8	Durchschnitt
	5,9	5,5	4,3	3,8	3,2	2,8	2,8	4,6	4

Bei den Weiden sind die betreffenden Verhaltniszahlen:

Klasse	1	2	3	4	5	6	7	8	Durchschnitt
	1,6	1,3	1,1	1,8	0,8	0,8	0,8	1,1	1,3

Forsten nur ein Viertel vom Reinertrag der Äcker und Wiesen gewährten. Allein aus den Abschlußzahlen der Reinertragsnachweisungen sind Folgerungen irgend welcher Art in der vorliegenden Richtung nicht zu machen. Die betreffenden Zahlen waren selbst vor 40 Jahren, als jenes Gesetz erlassen war, nicht beweisfähig. Abgesehen davon, daß die bekannt gewordenen statischen Abschlüsse viel zu allgemein gehalten sind, um für die Bestimmung der Kulturart verwendet werden zu können, sind die Flächen, welche als I., II., III. . . . Klasse für Äcker, Wiesen usw. bezeichnet werden. bei den verschiedenen Kulturarten von sehr ungleichem Wert. Die Wälder nehmen die in chemisch - physikalischer und ökonomischer Beziehung am ungünstigsten ausgestatteten Flächen ein. Wenn diese Flächen nach ihrem landwirtschaftlichen Reinertrag geschätzt wären, so würden sie nicht nur nicht $^1/_4$, sondern wahrscheinlich noch nicht $^1/_{40}$ desjenigen der Wiesen und Äcker ergeben haben. Für die meisten Waldflächen ist der landwirtschaftliche Bodenreinertrag $= 0$.

Was sodann die Neigung der Privatbesitzer zum Roden des Waldes betrifft, so war sie innerhalb zeitlicher und örtlicher Grenzen durchaus berechtigt. Aber in dem Bestreben, den Wald zu vermindern, sind viele Waldbesitzer weiter gegangen, als es den eigenen nachhaltigen ökonomischen Interessen und denjenigen des Volkes entsprechend war. Die meisten Rodungen sind nicht aus Untersuchungen über die bleibenden Bodenreinerträge hervorgegangen. Nichts beweist dies besser als die durch Entwaldung herbeigeführte Entstehung und Zunahme des Ödlandes, dessen Bodenrente die denkbar niedrigste, $= 0$ ist. Die Ursachen der meisten Rodungen liegen darin, daß viele Privatbesitzer zur Führung der Waldwirtschaft nicht geeignet sind. Sie haben weder ein genügendes Vermögen, um die mit hohem Betriebskapital arbeitende Forstwirtschaft zu betreiben, noch haben sie an dem Stande der forstlichen Verhältnisse nachhaltiges Interesse, was mit Rücksicht auf die lange Dauer, die zwischen der Bestandesgründung und Ernte liegt, für die Tauglichkeit eines Grundeigentümers zum Forstbetrieb eine notwendige Bedingung ist. Die Neigung vieler Privaten zur Landwirtschaft erhielt dagegen durch den Umstand eine Verstärkung, daß die menschlichen und tierischen Arbeitskräfte, welche die Landwirtschaft nötig hat, wegen Mangels an Gelegenheit zu anderweiter Betätigung bei der Berechnung oder Begutachtung der landwirtschaftlichen Produktionskosten vielfach nicht voll in Rechnung gestellt wurden. Auch kam hinzu, daß die zum Lebensunterhalt erforderlichen Erzeugnisse der Landwirtschaft nicht anders als durch eigene Erzeugung beschafft werden konnten. Diese erschien daher, im Gegensatz zur Holzzucht, abgesehen von dem Resultat einer Rentabilitätsberechnung, als eine wirtschaftliche Notwendigkeit. In der neueren Zeit haben sich diese Verhältnisse sehr geändert.

Die wesentlichste Ursache, welche die Veränderung des Verhältnisses der Bodenreinerträge bei forstwirtschaftlicher Benutzung bewirkt, liegt in der **Entwicklung der Volkswirtschaft in der 2. Hälfte des 19. Jahrhunderts.** Die Änderungen, welche diese herbeigeführt hat, sind der Forstwirtschaft in höherem Maße als der Landwirtschaft zugute gekommen. Die Abnahme des Waldes und die Zunahme des Nutzholzverbrauchs mußten die Erträge des Waldes steigern. Die Ausbildung der modernen Verkehrsmittel ist für fast keinen Wirtschaftszweig von günstigerem Einfluß gewesen als für die Forstwirtschaft, deren schwere Produkte vor der Anwendung der Dampfkraft auf die Verkehrsmittel, abgesehen von Waldungen in der Nähe des Wassers, kaum Gegenstand des Handels und eines weiteren Absatzes sein konnten. Einen bestimmten Ausdruck findet die Verschiedenheit der Einwirkung dieser Entwicklung in dem Verhältnis der Preise der land- und forstwirtschaftlichen Erzeugnisse. Die Preise der meisten landwirtschaftlichen Produkte sind trotz der Zunahme der Bevölkerung in der 2. Hälfte des 19. Jahrhunderts nicht nur nicht gestiegen, sondern gesunken.[1]) Die negative Wirkung der vermehrten Produktion und der erleichterten Zufuhr aus dem Auslande war größer als die positive des gesteigerten Bedarfs der zunehmenden Bevölkerung. Auf die Preise des forstlichen Hauptproduktes wurde früher hingewiesen. Die Holzpreise haben in Preußen in der Zeit von 1837—1881 um mehr als 100% zugenommen; in Sachsen sind sie im Laufe des 19. Jahrhunderts von 5 auf 14 M. für 1 fm Derbholz gestiegen. Ein weiterer Grund für die Änderung des Verhältnisses der Bodenrenten lag in der Zunahme der Arbeitslöhne und der Abnahme des Zinsfußes. Die Landwirtschaft beansprucht weit mehr Arbeit. Die allseitige Steigerung der Arbeitslöhne fiel bei der Berechnung der Produktionskosten der Landwirtschaft viel stärker in die Wagschale. Für die Forstwirtschaft, die viel weniger Arbeit aber mehr Kapital gebraucht, war andererseits die Abnahme des Zinsfußes von stärkerem Einfluß.

Die **zweite Folgerung**, welche aus dem Verhältnis der Bodenrenten zu entnehmen ist, geht dahin, daß die **beim Sinken der Bodengüte erfolgende Abnahme der Bodenreinerträge in der Landwirtschaft in stärkerem Maße erfolgt als bei der Holzzucht.** Der Unterschied zwischen den Bodenrenten oder Boden-

---

[1]) Vgl. die Preisangaben für Roggen und Weizen auf Seite 256.

werten der forstlichen Standortsklassen ist zwar ein sehr großer; aber er wird doch von den in der Landwirtschaft (bei Acker, Wiese und Weide) bestehenden Unterschieden übertroffen. Diese überall hervortretende Erscheinung hat ihre Ursache in dem Umstand, daß der größte Teil der landwirtschaftlichen Betriebskosten (für Bodenbearbeitung, Düngung, Saatfrucht) zur Fläche im Verhältnis steht. Im Verhältnis zum Werte werden daher die geringen Standortsklassen durch diese Kosten in weit stärkerem Grade belastet. Sofern die geringe Bonität in der Entfernung vom Betriebssitz ihren Grund hat, sind die Kosten mancher Teile des Produktionsaufwands auf den geringen Bonitäten sogar größer. Bei der Forstwirtschaft steht ein Teil der Kosten zwar gleichfalls im Verhältnis zur Fläche. Der größte Teil der zur Ermittelung der Bodenreinerträge vom Gesamtertrag zu machenden Abzüge, namentlich der Zins des Vorratskapitals, steht dagegen in geradem Verhältnis zur Masse und zum Wert des Ertrags. Es wird dadurch eine Abnahme der Bodenreinerträge bewirkt, die in geradem Verhältnis zum Bestandeswerte steht.

II. Die Bestimmung der Kulturarten auf gutachtlichem Wege.

Gegen die Festsetzung der Kulturarten auf Grund der Berechnung und Vergleichung der Reinerträge lassen sich weder bezüglich des Prinzips noch der Methode berechtigte Einwendungen erheben. Trotzdem wird im großen praktischen Betriebe von Berechnungen dieser Art verhältnismäßig nur selten Anwendung gemacht. Sie sind häufig nicht mit der nötigen Bestimmtheit, in der Form von Zahlen, ausführbar. Dies ist, im Gegensatz zu ausgesprochenen, regelmässig bestandenen Wald- und Ackerböden, gerade auf Böden, für die verschiedene Kulturarten in Betracht kommen, der Fall. Die forstlichen Erträge sind hier von denen der Ertragstafeln oft nicht unerheblich abweichend; die Verteilung der Erträge auf Haubarkeits- und Vornutzungen ist je nach der Betriebsführung verschieden; die Holzpreise unterliegen durch die Zunahme der Bevölkerung, die Fortschritte der Technik und die Verbesserung der Verkehrsmittel mannigfachen Schwankungen. Ähnlich ist es auch in der Landwirtschaft. Die Tagelöhne, die hier eine weit größere Rolle spielen, sind dem Wechsel unterworfen, so daß die statistischen Ergebnisse, die der Vergangenheit entnommen sind, in ihrer zahlenmäßigen Bestimmtheit für die Zukunft nicht benutzt werden können. Auf die Preise der landwirtschaftlichen Erzeugnisse sind außer dem wachsenden Bedarf der zunehmenden Bevölkerung auch die Maßnahmen der ökonomischen Politik von Einfluß. Es kommt ferner hinzu, daß die Berechnung der Reinerträge in der unter I angegebenen Weise eine zeitraubende Arbeit ist. Bei der Ausscheidung der Grundstücke für verschiedene Kulturarten, die gelegentlich des Zusammenlegens der Feldgemarkungen, der forstlichen Wegenetzlegung usw. auszuführen ist, liegen die Verhältnisse aber häufig so, daß von den Vertretern der Bodenkultur schnell, während des Begehens einer vorliegenden Strecke, ein Urteil abgegeben werden muß. Dies kann deshalb häufig nur in der Form eines Gutachtens erfolgen. Die Bestimmungsgründe für ein solches Gutachten sind einmal die chemisch-physikalischen Faktoren des Standorts, die im Boden und in der Lage zum Ausdruck kommen — sodann die ökonomischen Verhältnisse, durch welche der Absatz und die Preise der landwirtschaftlichen und forstlichen Erzeugnisse bestimmt werden.

1. Chemisch-physikalische Bestimmungsgründe der Kulturart.

a) Der Einfluß des Bodens auf die Wahl der Kulturart.

1. Der chemische Gehalt des Bodens. Die Frage, welchen Einfluß der chemische Gehalt des Bodens auf das Wachstum der Pflanzen ausübt, ist für alle Zweige der Bodenkultur von grundlegender Bedeutung; sie muß bei der Wahl der Kulturarten der eingehenden Würdigung unterzogen werden. Nach den natürlichsten Regeln des Stoffwechsels ist man von vornherein zu der Annahme berechtigt, daß die Tauglichkeit eines Standorts zu einer Kulturart von dem Verbrauch der betreffenden Kulturpflanzen an den wichtigsten Bodennährstoffen abhängig ist. Nun verhalten sich bekanntlich die Pflanzen, deren Erzeugung den Hauptzweck des forst- und landwirtschaftlichen Betriebs bildet, in bezug auf die Menge der anorganischen Stoffe, die sie verbrauchen, sehr verschieden. Die Holzgewächse sind in dieser Beziehung sehr anspruchslos. In einem Festmeter ausgereiftem Fichten- und Kiefernholz sind kaum 0,3 % der Trockensubstanz an Reinasche enthalten; bei den meisten Laubhölzern ergibt die Analyse 0,4—0,5 %.[1] Ein Festmeter Kiefern-

---

[1] Eine Zusammenstellung des Gehalts an Reinasche und ihrer Zusammensetzung ist für die wichtigsten Holzarten (Buche, Eiche, Birke, verschiedene andere Laubhölzer, Kiefer, Lärche, Fichte, Tanne) auf Grund der Untersuchungen von R. Weber, J. Schroeder, H. Nordlinger, W. Schütze u. a. von E. Wolff „Aschenanalyse von land- und forstwirtschaftlichen Produkten" vorgenommen. Hier sind folgende Reinaschenprozente angegeben: Für Buche, Scheitholz 0,383—0,503, Knüppelholz 0,526, Reisholz 0,815, Rinde 3,13—4,76, Blätter 2,84—6,70; Eiche: Stammholz 0,45—0,52, Kernholz von Alteichen 0,22, Rinde 2,86—8,24; Kiefer· Stammholz 0,312—0,334, Zweige von 10 bis 17 mm 0,66—0,91, Zweige von 5—7 mm 1.180, Nadeln 1,56—2,31; Fichte:

Scheitholz enthält nur ca. 200 g Kali, 805 g Kalk, 144 g Magnesia, 82 g Phosphorsäure; ein Festmeter Buchen-Scheitholz 794 g Kali, 1809 Kalk, 406 g Magnesia, 223 g Phosphorsäure.[1]) Mehr anorganische Stoffe als das ausgereifte Holz enthält der Splint, mehr als dieser die Rinde, deren Gehalt je nach Holzart und Alter sehr verschieden ist. Demnach verhalten sich auch die Sortimente (Scheit, Knüppel, Reis) in der vorliegenden Richtung verschieden. Am meisten anorganische Stoffe sind in den Blättern enthalten, deren chemischer Gehalt, namentlich beim Laubholz, ein Vielfaches des Holzzuwachses ist. Aber im regelmäßigen Hochwaldbetrieb machen Reis und Rinde nur einen geringen Teil der Holzerzeugung aus und die Entnahme von Blättern unterbleibt bei einer guten Wirtschaftsführung in der Regel gänzlich. Nach den vorliegenden Aschenanalysen werden dem Boden bei Unterstellung der Angaben der Versuchsanstalten durch den laufenden Zuwachs (einschl. Vornutzungen) etwa folgende Mengen von Mineralstoffen pro ha und Jahr entzogen.[2])

Alter Jahre	Reinasche kg	Kali kg	Kalk kg	Magnesia kg	Phosphorsaure kg	Stickstoff kg

Buche, I. Ertragsklasse

Alter Jahre	Reinasche kg	Kali kg	Kalk kg	Magnesia kg	Phosphorsaure kg	Stickstoff kg
20	35,65	8,02	14,43	3,03	4,51	9,88
40	54,66	11,58	23,04	6,12	6,10	14,24
60	51,67	10,91	22,71	6,00	4,79	12,74
80	49,50	10,66	21,98	5,69	4,31	11,64
100	48,12	10,44	21,43	5,50	4,11	11,73
120	44,67	9,80	19,99	5,08	3,70	10,85

Buche, III. Ertragsklasse

Alter Jahre	Reinasche kg	Kali kg	Kalk kg	Magnesia kg	Phosphorsaure kg	Stickstoff kg
20	20,13	4,68	11,17	2,71	3,78	8,05
40	33,13	7,10	18,30	4,89	4,10	11,34
60	42,90	7,33	19,36	5,10	4,35	11,15
80	33,87	7,16	18,08	4,61	3,60	10,14
100	32,56	7,00	17,58	4,45	3,40	9,72
120	31,27	6,76	16,95	4,30	3,20	9,26

Stammholz 0,194—0,25, schwache Äste 0,32, Rinde 1.38—2,82, Nadeln 2,13 bis 2,66. Bei den landwirtschaftlichen Kulturpflanzen sind die Aschenprozente weit höher als beim fertigen Hauptprodukt der Forstwirtschaft. Sie betragen beim Roggen: Korner 1,83—2,18, Stroh 2,83—6,01; Hafer: Korner 3,04—4,29, Stroh 6,93—9,42; Rotklee 4,46—8,08; Kartoffeln: 3,07—5,74; Rüben· 9,34—14,05 Zu den hohen Ascheprozenten treten die großen Gewichtszahlen der Ernteertrage hinzu, um die starken Unterschiede zwischen den Hauptprodukten der Land- und Forstwirtschaft in bezug auf die Entnahme von Bodennahrstoffen bestimmt hervortreten zu lassen.

[1]) Ramann, Forstl. Bodenkunde, 1. Aufl, S. 333.
[2]) Ramann a. a. O, S 325 und 329.

Alter Jahre	Reinasche kg	Kali kg	Kalk kg	Magnesia kg	Phosphorsäure kg	Stickstoff kg

Kiefer, I. Ertragsklasse

Alter Jahre	Reinasche kg	Kali kg	Kalk kg	Magnesia kg	Phosphorsäure kg	Stickstoff kg
20	31,80	6,06	15,02	3,06	3,00	18,57
40	23,10	4,02	11,20	2,29	1,85	12,80
60	19,80	3,22	9,96	1,95	1,46	10,60
80	18,00	2,80	9,24	1,75	1,26	9,40
100	16,40	2,50	8,46	1,60	1,13	8,50
120	15,00	2,30	7,70	1,45	1,04	7,75

Kiefer, III. Ertragsklasse

Alter Jahre	Reinasche kg	Kali kg	Kalk kg	Magnesia kg	Phosphorsäure kg	Stickstoff kg
20	27,90	4,23	9,40	2,05	2,17	12,90
40	27,00	3,13	7,70	1,68	1,54	9,70
60	14,40	2,50	6,80	1,40	1,16	7,95
80	12,20	2,02	6,05	1.20	0,95	6,60
100	11,00	1,75	5,50	1,06	0,80	5,80
120	10,00	1,60	5,00	0,97	0,73	5,30

Der Durchschnittszuwachs an Holz (Haubarkeits- und Vornutzung), der in einer geregelten Wirtschaft nachhaltig genutzt
wird, würde hiernach bei einer 120 jährigen Umtriebszeit etwa folgende Mengen von Mineralstoffen entnehmen:

Holzart	Ertragsklasse	Kali	Kalk	Magnesia	Phosphorsäure	Stickstoff	
Buche	I	10,2	20,3	5,3	4,6	11,8	kg
„	III	6,6	16,8	4,3	3,7	9,9	„
Kiefer	I	3,5	10,2	2,0	1,6	11,3	„
„	III	2,5	6,8	1,4	1,2	8,0	„

Gegenüber dem Verbrauch der landwirtschaftlichen Gewächse
erscheinen diese Beträge außerordentlich niedrig. Nach den Angaben
von G. Heyer[1]) enthalten die Ernteerträge der nachfolgenden Kulturpflanzen folgende Mengen von Kali, Kalk usw.

	Kali	Kalk u. Magnesia	Phosphor- säure	Stick- stoff
Roggen (bei 32 Ztr. Körnerertrag pro ha)	38,9	14,0	17,1	43,9
Rüben (800 Ztr. pro ha)	247,8	73,9	35,2	124,0
Kartoffeln (400 Ztr. pro ha)	105,1	14,7	23,1	82,0
Wiesenheu (80 Ztr. pro ha)	57,9	61,9	13,3	53,2

Geht man bei der Beurteilung des Bodens für die verschiedenen
Kulturarten von solchen Zahlen aus, so wird man von vornherein
zu der Vermutung geführt, daß die landwirtschaftlichen Gewächse
die reicheren Böden einnehmen und die Waldungen mehr und mehr
auf die schlechteren zurückgedrängt werden müssen. Mit dieser

---

[1]) Lehrbuch der forstlichen Bodenkunde und Klimatologie, S. 483.

Folgerung stehen tatsächlich nicht nur die Ansichten vieler Vertreter der Bodenkultur, sondern auch manche Erscheinungen des wirklichen Lebens in Übereinstimmung. Die Geschichte der Bodenkultur in Deutschland und in anderen Ländern gibt davon Zeugnis. Ursprünglich war alles Land, sofern die Bedingungen seiner Entstehung vorhanden waren, mit Wald bedeckt. Allmählich sind die fruchtbarsten Böden in ebenen Lagen dem Ackerbau zugeführt worden. Bis zu einem gewissen Grade entsprach diese Entwicklung zweifellos dem allgemeinen Interesse der Kulturvölker. Die im Urwald angehäuften Naturgaben mußten durch den Landbau zur Erzeugung der dringendsten Lebensbedürfnisse nutzbar gemacht werden. In der neueren Zeit liegen aber die Verhältnisse wesentlich anders. Die Landwirtschaft ist jetzt durch die Fortschritte der Technik und der Verkehrsmittel weit mehr als früher in der Lage, geringe Böden auf künstlichem Wege zu bessern und in einen solchen Zustand zu bringen, daß bei entsprechenden klimatischen Bedingungen die wichtigsten Kulturpflanzen mit gutem Erfolg angebaut werden können. In der Forstwirtschaft kann dagegen, soweit man bis jetzt beurteilen kann, durch die Düngung eine erhebliche Veränderung in der Menge und Güte der nachhaltigen Holzproduktion nicht erzielt werden.[1]) Die Düngung beschränkt sich (abgesehen von Saatkämpen, Weidenhegern) auf die Förderung des Wuchses in den Jugendjahren. Andererseits lehrt die Erfahrung, daß der chemische Gehalt des Bodens auch für die Forstwirtschaft von großer Bedeutung ist. Für die Wahl der Holzarten gibt es keinen Bestimmungsgrund von allgemeinerer Gültigkeit als die chemische Beschaffenheit des Bodens. Dies tritt am bestimmtesten auf armem Boden hervor. In Sandrevieren müssen, wenn Eichen kultiviert werden, die Stellen, wo sich Lehm findet, sorgfältig aufgesucht werden. Der Anbau von Eschen, Ahorn und anderen anspruchsvollen Laubhölzern ist auf sandigen Böden ganz ausgeschlossen.

---

[1]) Die Verschiedenheit des land- und forstwirtschaftlichen Betriebs in bezug auf die Erhaltung und Messung der Bodenkraft wurde neuerdings bestimmt hervorgehoben und begründet von Albert, „Welche Erfahrungen liegen bis jetzt über den Einfluß künstlicher Düngung usw. im forstlichen Großbetrieb vor?" (Zeitschrift für Forst- u. Jagdw. 1905, Märzheft), welcher diesen Aufsatz mit den Worten beginnt: „Ein abschließendes Urteil darüber, was im forstlichen Großbetriebe durch künstliche Düngung erreichbar ist, läßt sich heute noch nicht abgeben; wir befinden uns erst im Anfange des Versuchsstadiums ... Der hervortretendste Mangel, der unseren bisherigen Düngungsversuchen anhaftet, ist darin zu erblicken, daß sie, mit sehr wenigen Ausnahmen, eine direkte Übertragung in der Landwirtschaft erprobter Methoden auf den Forstbetrieb darstellen ..." Als die wichtigsten positiven Mittel zur Verbesserung des Waldbodens werden am Schluß bezeichnet. 1. Ausnutzung und Aufschließung der in unsern Waldböden noch ausreichend vorhandenen Pflanzennährstoffe; 2. Erschließung und Ausbeutung natürlich vorhandener und nachhaltig wirksamer Meliorationsmittel, wie Mergel, Moor usw.

Daß die im vorstehenden angedeuteten Änderungen in der
Würdigung der chemischen Zusammensetzung des Bodens bei der
Wahl der Kulturart tatsächlich eingetreten sind, kann am besten
auf den geringsten Böden, die früher unangebaut blieben, erkannt
werden. Kein Land bietet in dieser Beziehung bessere Beispiele
als Belgien, das seit langer Zeit durch einen hohen Stand der
Bodenkultur und der landwirtschaftlichen Technik ausgezeichnet ist.
Belgien hat neben seinen guten Böden, welche die höchsten Erträge
aller Kulturstaaten nachweisen, auch Flächen, die auf der tiefsten
Stufe der Produktionsfähigkeit stehen. In der Kampine (östlich
von Antwerpen) befinden sich weite Landstrecken, die so unfrucht-
bar sind, daß dort seither kein Kulturgewächs hat angezogen werden
können. Auch die Kultur der anspruchlosesten Holzarten ist er-
folglos geblieben. Die Kiefernbestände erreichen oft eine Höhe von
kaum vier Meter und geraten dann in völlige Wuchsstockung, in
stärkerem Maße, als dies in den schlechtesten Beständen der Lüneburger Heide der Fall ist. Flächen dieser Art sind aber in der
neueren Zeit von Großgrundbesitzern angekauft und durch gründliche Melioration in einen ganz veränderten Zustand gebracht
worden. Ein interessantes Objekt solchen früheren Ödlandes sah
der Verfasser gelegentlich einer im Herbst 1900 mit mehreren Fachgenossen ausgeführten forstlichen Reise in den Besitzungen des
Herrn Verstappen zu Diest. Die zu 80 Fr. pro ha angekauften
Flächen wurden einer sehr intensiven Düngung mit Lupine, Thomasmehl, Kainit, Chilisalpeter, schwefelsaurem Ammoniak, Stallmist unterworfen. An Fruchtarten kamen Getreide und Kartoffeln in verschiedener Folge zum Anbau. Die Düngung und die landwirtschaftliche
Nutzung wurde eine Reihe von Jahren hindurch fortgesetzt.[1]) Nach

---

[1]) Eingehende Mitteilungen über die vorliegenden Verhältnisse machten
Jentsch, „Bestandesdüngungen in den Niederlanden und in Belgien" (Forst-
wiss. Zentralbl., 1901) und Lent, „Belgische und deutsche Forstdüngungen"
(17. Band der Deutschen Forstzeitung). Der Gang der Bodenbesserung und
Bodenbenutzung ist etwa folgender: Im ersten Jahre findet eine gründliche
Bearbeitung mit dem Pfluge statt, sowie Dungung mit 1200 kg Thomasmehl,
das in den Boden eingepflugt wird; dann Einsaat von Winterroggen mit
einer Obenaufdüngung von 150 kg schwefelsaurem Ammoniak. Im Frühjahr
des zweiten Jahres erhält die Roggensaat eine Kopfdungung von 250—300 kg
Chilisalpeter. Im Herbst erfolgt der Umbruch und eine Düngung mit 600 kg
Thomasmehl und 300 kg Kainit. Im dritten Jahre werden Kartoffeln gelegt;
zugleich erfolgt eine lochweise Düngung unter Anwendung von 300 kg Phos-
phat und 100 kg Chilisalpeter. Wenn die Kartoffeln handhoch sind, werden
in der Regel Lupinen eingesät, die nach der Kartoffelernte eingepflügt werden Vom vierten bis sechsten Jahre folgen weitere landwirtschaftliche Be-
stellungen und Ernten von Halmfrüchten und Kartoffeln in verschiedener
Folge, nach wiederholter Lupinensaat und fortgesetzter gründlicher Mineral-
düngung. Die landwirtschaftlichen Ernten sind hoch (1200 kg Roggen,
3000 kg Stroh). Im siebenten Jahre erfolgt der Anbau der Kiefer. Der

Beendigung der landwirtschaftlichen Benutzung sollen die Flächen nach den aufgestellten Plänen zum Teil aufgeforstet werden. Ob und in welcher Ausdehnung die Aufforstungen zur Ausführung kommen, hängt aber nicht von der ursprünglichen Beschaffenheit des Bodens ab, sondern von der Lage der betreffenden Flächen zu den Ortschaften und der Zunahme der Bevölkerung. Bei einer fortgesetzt intensiven Behandlung, namentlich bei Anwendung kräftiger Düngemittel, ist es möglich, den Boden, nachdem er einmal in einen für den landwirtschaftlichen Betrieb tauglichen Zustand gebracht ist, auch fernerhin in einem solchen zu erhalten.

Ähnlich wie in der belgischen Kampine liegen die Verhältnisse welche die Kulturart bestimmen, auch in den S. 290 f. genannten deutschen Kulturgebieten. Die Entstehung des Ödlandes in Ost- und Westpreußen war eine Folge des geringen chemischen Gehaltes der betreffenden Böden. Nach Aufzehrung des Humus vom früheren Waldbestand erschien eine fernere Benutzung der Flächen zum Ackerbau den Eigentümern nicht lohnend. Die Armut des Bodens an Nährstoffen ist auch die Ursache, daß diese Flächen, nachdem die Erwerbung durch den Staat stattgefunden hatte, der anspruchslosen Waldwirtschaft zugeführt wurden. Eine künstliche Besserung durch Dungung in einem Grade, daß ein landwirtschaftlicher Betrieb rentabel erscheint, kann nach den dort in der Gegenwart vorliegenden volkswirtschaftlichen Verhältnissen nicht Platz greifen. Der Anbau von Getreide und Futterpflanzen würde mit Verlust verbunden sein. Dies ist aber kein bleibender Zustand der Bodenkultur. Wenn im Laufe der kommenden Jahrhunderte in den östlichen Provinzen Preußens eine stärkere Zunahme der Bevölkerung eintritt, wenn infolgedessen an die Erzeugung von Getreide und Futterstoffen vermehrte Ansprüche gestellt werden, wenn andererseits mit der Bevölkerungszunahme auch vermehrte Gelegenheit, den Boden zu bessern, gegeben ist, so erscheint es nicht unwahrscheinlich, daß dieselben Flächen, welche jetzt aufgeforstet werden, zum Teil der Landwirtschaft wieder zufallen werden. Ähnliche Verhältnisse liegen auch in der nordwestdeutschen Ebene, in

---

Zweck der Melioration geht dahin, den durch die frühere Streunutzung verarmten Boden so zu bessern, daß er nachhaltig zur Holzzucht verwendet werden kann Die Kosten der Melioration werden durch die landwirtschaftlichen Ernten gedeckt Die Ergebnisse von Untersuchungen über Zufuhr und Entzug der wichtigsten Bodennährstoffe sind (für andere Flächen der Kampine) von Lent a. a O. mitgeteilt Aus ihnen geht hervor, daß durch die Lupinenkultur und Mineraldungung dem Boden eine Vorratsdungung gegeben wird, die den Nährstoffentzug eines Kiefernbestandes für die 50 ersten Lebensjahre an Phosphorsäure und Kalk um das Mehrfache übertrifft, dem Entzug an Stickstoff aber gleichkommt.

Hannover und Holstein, vor. In der Lüneburger Heide kann man oft wahrnehmen, daß um die kleinen Gehöfte, welche zerstreut dort auftreten, Gärten, Äcker, bisweilen auch Wiesen entstanden sind, auf Boden, der seiner ursprünglichen Beschaffenheit nach als kaum genügend für den Anbau der Kiefer angesehen wird. Wenn in der Folgezeit durch irgendwelche Umstände (Entdeckung von Erzlagern, Entstehung einer Industrie) die Menschenzahl in der Lüneburger Heide zunimmt, werden solche Urbarmachungen in weit größerem Umfang eintreten. Die Aufforstung würde dann an Orten, wo sie jetzt zu empfehlen ist, unrichtig sein. — In den westdeutschen Gebirgsländern ist allerdings die Umwandlung von Ödland oder Wald in Ackerland wegen der geneigten Lage oft nicht ausführbar. Allein, daß auch im rheinischen und westfälischen Gebirgsland der chemische Gehalt des Bodens als bestimmender Faktor der Kulturart anderen Verhältnissen gegenüber zurücktritt, zeigen die Hauberge im Kreise Siegen und im nassauischen Dillkreise, wo lange Zeit hindurch eine Verbindung beider Betriebe bestanden hat. Die in der neueren Zeit dort eingetretene Einschränkung des Ackerbaus ist nicht wegen der Beschaffenheit des Bodens erfolgt, sondern sie ist eine Folge der veränderten volkswirtschaftlichen Verhältnisse. Hauptsächlich ist die Möglichkeit, die Arbeitskräfte, welche früher an den Haubergsbetrieb gebunden waren, in der Industrie verwenden zu können, von Einfluß gewesen.[1])

Aus den angegebenen Verhältnissen geht hervor, daß der chemische Gehalt des Bodens, so wichtig für jede einzelne Kulturart er auch ist, als Bestimmungsgrund von bleibender Gültigkeit für die Abgrenzung von Land- und Forstwirtschaft nicht angesehen werden kann. Andere Verhältnisse fallen stärker in die Wagschale. Zunächst erhalten die chemischen Eigenschaften eine Ergänzung durch

2. die physikalischen Eigenschaften. Was der Boden

---

[1]) Müller, Vergangenheit, Gegenwart und Zukunft der Hauberge im Dillkreise (Zeitschrift für Forst- u. Jagdw. 1905, Februarheft): „Ungefähr zu der Zeit, als die Verschiebung des Hauptgewichtes im Haubergsbetriebe von Kohlen- auf Lohegewinnung vollzogen war, trat der riesenhafte Aufschwung der Eisenindustrie infolge der Bismarckschen Schutzzollpolitik seit Ende der 70er Jahre ein und zog allmählich die überschüssige Arbeitskraft der entlegensten Dörfer . . . an sich. Dies wurde verhängnisvoll für den Fruchtbau im Hauberg. Denn das Hainen und die Bestellung kostet viele und schwere Arbeit, die nicht von den Frauen, Kindern und Greisen allein geleistet werden kann. Wozu aber sollte man sich auch plagen? Verdiente doch Ende der 1890er Jahre Mann bei Mann täglich 3, 4, ja bis 6 Mark in Gruben und Hütten und schaffte so die Mittel, den Fehlbetrag an Roggen über und über zu ersetzen, der sonst durch den Brand- und Hackfruchtbau mit unverhältnismäßigem Arbeitsaufwand und nur teilweise erworben wurde. Im Jahre 1901 und 1902 ist nur noch verschwindend wenig Korn gebaut worden."

nach seinem chemischen Gehalt leisten kann, wird in den meisten Fällen nicht erzeugt. Häufig befinden sich die kleinsten Bodenteilchen in einem so dichten Zustand, daß sie von den feinen Wurzeln der Kulturgewächse nicht durchzogen und ausgenutzt werden können. Insbesondere nimmt der Wald Flächen ein, deren Produktionsfähigkeit durch ihre Bindigkeit oder durch das Vorhandensein von Steinen, Wurzeln, Standortsgewächsen, beeinträchtigt ist. Ob die nach dem chemischen Gehalt mögliche Leistung des Bodens zustande gebracht wird, hängt überall wesentlich von seinen physikalischen Eigenschaften ab, unter denen Tiefgründigkeit, Lockerheit, Frische und Erwärmungsfähigkeit von besonderer Bedeutung sind. Die Schätzung des Bodens kann daher in der Land- und Forstwirtschaft auch niemals nur nach dem chemischen Gehalt, sondern sie muß stets nach den chemischen und physikalischen Eigenschaften bewirkt werden.

Tiefgründigkeit ist eine für alle Kulturarten wichtige Eigenschaft. Je mächtiger die Ackerkrume ist, um so tiefer können die Wurzeln der landwirtschaftlichen Kulturpflanzen in den Boden eindringen; um so länger hält sich die Feuchtigkeit; um so besser sind die Kulturpflanzen imstande, den Gefahren, welche die austrocknende Wirkung von Sonne und Wind zur Folge haben kann, Widerstand entgegenzusetzen. Auf flachgründigen Böden lassen sich manche anspruchsvollen Getreide- und Futterpflanzen nicht anbauen. Ähnliches findet (wie früher hervorgehoben wurde) in der Forstwirtschaft statt. Die Wahl der Holzart, der Verlauf des Massen- und Wertzuwachses ist von der Tiefgründigkeit abhängig. — Ein gewisses Maß der Frische ist für alle land- und forstwirtschaftlichen Pflanzen eine Grundbedingung. Fehlt das erforderliche Minimum, so ist eine Kultur der betreffenden Pflanze unmöglich. Bleibt die Feuchtigkeitsmenge merklich hinter dem den betreffenden Gewächsen entsprechenden Grade zurück, so werden die Leistungen sehr beeinträchtigt. In der Landwirtschaft tritt der Einfluß der mangelnden Feuchtigkeit namentlich in den Unterschieden der Erträge in trocknen und feuchten Jahren hervor. Auch in der Forstwirtschaft ist der Zuwachs nach der Witterung der Jahre, welche die Frische des Bodens beeinflußt, verschieden, wenn es auch praktisch, da stets der Zuwachs vieler Jahre genutzt wird, nicht hervortritt. Abgesehen vom Feuchtigkeitsgehalt des Bodens an sich ist auch die Fähigkeit der Aufnahme und Zurückhaltung des Wassers von Einfluß. Das Verhalten verschiedener Bodenarten, vom grobkörnigen Sand bis zum dichten Tonboden, ist in dieser Beziehung sehr verschieden. Auch hier besteht die Regel, daß die Extreme der Bodenzustände von nachteiliger Wirkung sind. Es besteht ein Optimum. Je weiter die Eigenschaften und Zustände des Bodens von diesem entfernt sind, um so ungünstiger gestalten sich die Ertragsverhältnisse. Ein sehr durchlässiger Boden unterliegt der schnellen Austrocknung, ein undurchlassender gibt zu stehender Nässe, gegen welche alle Kulturpflanzen sehr empfindlich sind, Anlaß. — Auch die Schnelligkeit der Wärme-Aufnahme und Abgabe ist für jede Art der Bodenwirtschaft von Bedeutung. Manche Schäden werden dadurch herbeigeführt. Auf warmen Böden wird die Entwicklung im Frühjahr beschleunigt; aber es sind auch nachteilige Wirkungen (Austrocknen und schnelle Abkühlung) damit verbunden. — Lockerheit endlich ist eine unter allen Verhältnissen sehr wichtige Eigenschaft, durch welche der Ertrag aller Kulturpflanzen in außerordentlichem Maße gehoben werden kann. Ein entsprechender Grad von Lockerheit hat die Folge, daß sich die Wurzeln besser ausbilden und daß die Tätigkeit der physikalischen und organischen Kräfte, welche im Boden tätig sind, gefördert wird. Abgesehen von sehr losen Böden ist es deshalb eine wesentliche Aufgabe der Wirtschaft, einen genügenden Grad der Lockerheit auf künstlichem Wege, durch Bearbeitung, herzustellen.

Vergleicht man nun das Verhalten der land- und forstwirtschaftlichen Gewächse in bezug auf die physikalischen Eigenschaften des Bodens, so ergibt sich, daß beide durch dieselben in gleicher Richtung beeinflußt werden. Ein Übermaß der Feuchtigkeit und Bindigkeit, der Durchlässigkeit und Erwärmungsfähigkeit ist für alle Kulturgewächse von Nachteil; ebenso aber auch ein Mangel an den genannten Eigenschaften. Entsprechend dem Verhalten der Kulturart in chemischer Richtung wird auch bezüglich der physikalischen Eigenschaften das Urteil dahin zu richten sein, daß die meisten landwirtschaftlichen Gewächse höhere Ansprüche an die physikalischen Eigenschaften stellen, als die Waldbäume, welche noch auf flachgründigen, harten, durchwurzelten, mit Steinen und Gerölle bekleideten Böden, die sich mit Pflug und Egge nicht mehr bearbeiten lassen, Erträge zu gewähren vermögen. Aber auch hinsichtlich der physikalischen Eigenschaften ist die Landwirtschaft in einem höhern Grade in der Lage, Mittel anzuwenden, um die gegebenen Bodenzustände vorteilhaft zu verändern. Die Lockerung wird alljährlich für die ganze Betriebsfläche vollzogen. Bei intensivem Betrieb wird auf bindigem Boden eine weitere Zerkleinerung von Erdschollen und die Beseitigung von größeren Steinen vorgenommen. Nasse Böden werden durch Drainieren, Wiesen, denen es an Feuchtigkeit fehlt, werden durch Bewässerung in einen ertragsreicheren Zustand gebracht. In der Forstwirtschaft tragen die Maßnahmen, welche zur Verbesserung der physikalischen Eigenschaften des Bodens ergriffen werden, einen weniger aktiven Charakter. Sie sind dahin gerichtet, zu verhindern, daß sich ungünstige Zustände bilden. Insbesondere muß einer Abnahme der Frische und der Entstehung einer Boden-Verhärtung und -Verwilderung entgegengetreten werden. Die Bildung und Erhaltung guter Waldmäntel, welche die austrocknende Wirkung der Sonne und des Windes abhalten, ist daher von großer praktischer Bedeutung. Das wichtigste Mittel aber, das forstwirtschaftlich angewendet werden kann, um die physikalischen Eigenschaften zu verbessern, liegt in der Herstellung und Erhaltung der Bedingungen, unter denen sich ein guter Humuszustand bildet und erhält. Der durch Laub, Nadeln, Moos, Reisig bei mäßigem Luftzutritt gebildete Humus erhöht die Lockerheit und Tiefgründigkeit; er verhindert die Extreme der Temperatur und Feuchtigkeit. Ein Unterscheidungsmerkmal von allgemeiner Geltung für die Abgrenzung der Kulturarten kann aber auch aus den physikalischen Eigenschaften des Bodens, da diese die Entwicklung der land- und forstwirtschaftlichen Gewächse in der gleichen Richtung beeinflussen, nicht abgeleitet werden.

b) Der Einfluß der Lage auf die Kulturart.

Der zweite Faktor, welcher bei der Festsetzung der Kulturarten berücksichtigt werden muß, ist die Lage. Durch die Lage (geographische Länge und Breite, Meereshöhe, Exposition, Umgebung) wird die Wärme bestimmt, welche für das Auftreten aller Pflanzen von der größten Bedeutung ist. Alle physiologischen Vorgänge: Keimen, Wachsen, Blühen, Fruchttragen, sind von der Wärmemenge und der Verteilung der Wärme auf die Jahreszeiten abhängig. Im Verhalten der Gewächse in bezug auf die Wärme liegt der wichtigste Bestimmungsgrund ihrer natürlichen Ausbreitung. Je besser das Klima einer Pflanze entspricht, um so eher ist sie imstande, sich gegen andere Gewächse, mit denen sie einen Kampf um Nahrung und Wachsraum zu führen hat, zu behaupten. Jede Pflanze stellt an die klimatischen Verhältnisse ihres Standorts bestimmte Ansprüche, sowohl in bezug auf die durchschnittliche Wärme, als auch in bezug auf die Minima der Temperatur. Diese sind für die verschiedenen Entwicklungsstadien und Jahreszeiten verschieden. Wird das für eine Pflanze bestehende Minimum überschritten, so geht sie plötzlich zugrunde; genügt die durchschnittliche Temperatur ihrem Wärmebedürfnis nicht, so muß sie, wenn der Versuch der Einführung gemacht ist, allmählich verschwinden. Ist die durchschnittliche Temperatur nahe der unteren Grenze des

Wärmebedarfs, so kann sie sich nur kümmerlich entwickeln; sie
wird von anderen Gewächsen, die mit ihr im Kampf ums Dasein
konkurrieren, überwunden und verdrängt werden.

Zufolge der auf der Erdoberfläche gegebenen Standortsverhältnisse haben alle Kulturpflanzen ein ihren Eigenschaften entsprechendes Verbreitungsgebiet,[1]) das in erster Linie durch die Wärme
bestimmt und durch Linien eines Wärmeminimums horizontal und
vertikal begrenzt wird. So findet die Buche ihre Wärmegrenze
in Ostpreußen und im südlichen Norwegen, Kiefer und Fichte etwa
mit dem 70. Breitengrad. Im Gebirge sind die Grenzlinien nach
Lage und Exposition verschieden. Ein wichtiger Grundsatz für
die Kultur geht aus der überall wahrzunehmenden Tatsache hervor,
daß sich alle Pflanzen in dem mittleren Bezirk ihrer natürlichen
Verbreitungsgebiete am besten verhalten. Nach den nördlichen
und oberen Grenzen nimmt die Vegetationszeit ab; die Wachstums-
und Fortpflanzungsorgane können sich nicht genügend entwickeln.
Viele landwirtschaftliche Gewächse kommen nicht zur Reife;
atmosphärische Schäden und ihre Folgen nehmen zu. Aber auch
eine zu große Wärmesumme ist der Massen- und Werterzeugung
nicht förderlich. Wenn auch die Zeit der physiologischen Tätigkeit
durch ein mildes Klima verlängert und die Güte des Holzes durch
Wärme erhöht wird, so treten doch infolge einer zu hohen und an-
haltenden Wärme verschiedene Konkurrenten auf, welche die nachhaltige Leistung der betreffenden Holzart vermindern; es finden
mehr Schäden der organischen Natur statt, welche die Masse und
Güte des Holzes nachteilig beeinflussen.[2]) In der Landwirtschaft

---

[1]) Borggreve, Holzzucht, 2. Aufl., S. 52 f. (nebst Tafel 2 u. 3): „Ver-
bindet man die äußersten Endpunkte, an welchen ein Organismus, insbesondere Waldbaum von Natur vorkommt, auf der Karte durch Linien, so umgeben diese den natürlichen geographischen Verbreitungsbezirk. Die immerhin zeitlich etwas schwankende Grenzlinie desselben ist fast lediglich durch
jährlich oder doch periodisch wiederkehrende direkte ... oder indirekte klimatische Einwirkungen bedingt, welchen der Organismus nach seiner erb-
lichen Anlage entweder überhaupt oder wenigstens bezüglich seiner Fort-
pflanzung ... nicht mehr widerstehen kann. Innerhalb — jedoch nicht gerade in der Mitte, sondern mehr nach dem polaren Rande des geographischen
Verbreitungsgebiets hin — liegt, wie für jeden Organismus, so auch für jeden
Waldbaum ein im allgemeinen westlich-östlich 4—12 mal so langes als nord-
südlich breites Gebiet, innerhalb dessen er im annähernd meeresgleichen Gebiet ziemlich überall, wenigstens einzeln dort auftritt, wo im übrigen seine
Existenzbedingungen vereinigt, seine Feinde und Konkurrenten also genügend
ohnmächtig sind."

[2]) Borggreve a. a. O S. 55: „Nach der Kältegrenze hin geht die
Wachstumsgeschwindigkeit sowie die Zeitigkeit und Häufigkeit der Samenerzeugung allmählich zurück; dagegen nimmt bis ziemlich nahe an dieselbe
die Ausdauer und Riesenhaftigkeit, welche der Einzelstamm im hohen Alter
erreichen kann ... von der Mitte des Bezirks aus noch zu ... Nach der
Wärmegrenze hin nimmt mit der früheren und häufigeren Samenerzeugung

kann ein zu mildes Klima eine Erschöpfung der Pflanzen und des Bodens zur Folge haben.

Wie bei der natürlichen Verbreitung der Gewächse, so muß auch bei ihrem künstlichen Anbau die Lage der Kulturflächen als einer der wichtigsten Bestimmungsgründe angesehen und berücksichtigt werden. Der Grundsatz, daß man bei der Fuhrung der Bodenwirtschaft der Natur folgen soll, hat, während man bei manchen anderen Maßnahmen der Wirkung der Natur entgegentreten muß, hinsichtlich der klimatischen Verhältnisse uneingeschränkte Gültigkeit. mehr als es fur den Boden der Fall ist. Hinsichtlich des Bodens läßt sich die Ungunst der natürlichen Verhältnisse unter Umständen bis zu einem gewissen Grade beseitigen oder mildern. Mängel in der chemischen Beschaffenheit des Bodens lassen sich durch Düngung, solche der physikalischen Eigenschaften durch Lockerung und Drainierung abschwächen. Die natürlichen klimatischen Faktoren müssen aber als bestimmt gegeben hingenommen werden. Weder durch eine allmähliche Akklimatisation der Pflanzen noch durch künstliche Zuführung von Wärme und Feuchtigkeit lassen sich die von der Natur gegebenen Verhältnisse in bemerkenswertem Maße verändern.

Vergleicht man nun Land- und Forstwirtschaft in bezug auf die Anspruche, welche sie an die Lage stellen, miteinander, so wird man in cinem allgemeinen Sinne keine von beiden Kulturarten der andern voranstellen dürfen. Es gibt Waldbäume, wie die südeuropäischen Eichen, alle tropischen Holzarten, die an die Wärme weit höhere Ansprüche stellen, als die deutschen Agrikulturgewächse. Innerhalb der Lander der gemäßigten Zone, wo Getreide und Holz die wichtigsten Erzeugnisse der Bodenwirtschaft bilden, gilt jedoch die Regel, daß beim landwirtschaftlichen Betrieb höhere Ansprüche an den unmittelbaren Genuß von Licht und Wärme gestellt werden. Insbesondere können die wichtigsten deutschen Nadelhölzer noch in Lagen angebaut werden, wo die Wärme für die Getreidearten nicht mehr genügt. Sofern nicht andere Bestimmungsgründe ausschlaggebend sind, wird deshalb die Trennung der land- und forstwirtschaftlichen Kulturgebiete oft so zu erfolgen haben, daß die wärmeren tieferen Schichten der Hänge der Landwirtschaft, die höheren der Forstwirtschaft zufallen. Ebenso kann es sich empfehlen, daß Nordhänge mit Wald bestockt werden, während unter übrigens gleichen Verhältnissen die südlichen Ab-

---

zunachst die Lebensdauer und Vollkommenheit der Einzelstamme . . ., dann wegen der immer haufigeren und heftigeren Einwirkungen feindlicher Organismen auch die Haufigkeit des Vorkommens allmahlich ab.“

dachungen der Landwirtschaft oder dem Wein- oder Gartenbau zugewiesen werden. Gleichheit der übrigen Bedingungen besteht nun aber, wenn es sich um die Wahl der Kulturarten handelt, in der Regel nicht. Vielmehr liegen in den meisten Fällen noch andere Verhältnisse vor, welche die Art der Kultur bestimmt vorschreiben. Unter diesen Bestimmungsgründen ist namentlich der Grad der Abdachung von Einfluß. Da der landwirtschaftliche Betrieb meist eine Bestellung mit dem Pfluge verlangt, so müssen die Kulturflächen für die Zugtiere zugänglich sein: alle steilen Hänge sind daher von ihr ausgeschlossen. Schroff abfallende Flächen müssen häufig als Schutzwald ausgeschieden werden; an den Hängen von mittleren Neigungsgraden ist der ökonomische Charakter der Forstwirtschaft ausschlaggebend; die Landwirtschaft kann in der Regel nur mäßig geneigte Hänge und ebene Lagen in Betrieb nehmen.[1])

Wie die Lage für die Trennung der Kulturarten ein wichtiger Faktor ist, so ist sie auch innerhalb der verschiedenen Zweige der Bodenkultur für die Betriebsführung von großer Bedeutung. In der Landwirtschaft ist der Anspruch der wichtigsten Nahrungspflanzen (Getreide, Mais usw.) an die Wärme bestimmend für den ökonomischen Charakter der Länder. In der Forstwirtschaft wird die Teilung größerer Gebirgsforsten durch Terrainlinien und Schichtwege bewirkt, wodurch es möglich wird, für die Hauptholzarten gemäß dem Grade ihrer Ansprüche an Wärme und Feuchtigkeit einheitliche Standortsgebiete herzustellen.

2. Ökonomische Bestimmungsgründe für den Standort der Land- und Forstwirtschaft.

Im Gebirge wird die Abtrennung der Kulturarten in den meisten Fällen durch die von der Natur gegebenen Verhältnisse des Standorts (Höhenlage, Abdachung usw.) ziemlich fest vorgeschrieben, so daß weitere Untersuchungen über ihr ökonomisches Verhalten kaum erforderlich werden. In der Ebene ist dies nicht der Fall. Bei der gleichartigen Beschaffenheit der Lage, oft auch

---

[1]) Bezüglich der technischen Ausführung und der erforderlichen gesetzlichen Maßnahmen vgl. O. Kaiser, „Beiträge zur Pflege der Bodenwirtschaft", worin unter II. „Zur Abgrenzung der Kulturarten" ausgeführt wird, daß nur dann die höchste Stufe der Bodenkultur möglich ist, „wenn die nach Lage bzw. Standort verschiedenen Flächen wirtschaftlich richtig abgegrenzt und den entsprechenden Kulturarten zugewiesen werden. Die auf vorsichtiger rationeller Kulturabgrenzung basierende Abgabe tauglichen Waldlandes da, wo es wirtschaftlich verwertbar ist, an die Landwirtschaft und die Akquisition von Schutzwaldflächen seitens des Staates werden auch für die Zukunft sehr eingehend zu kultivierende Aufgaben bleiben."

des Bodens, treten hier die ökonomischen Momente bei der Wahl der Kulturarten bestimmter in den Vordergrund der Erwägungen. So verschieden die gegebenen Verhältnisse je nach den physischen und geschichtlichen Bedingungen in den einzelnen Ländern oder Wirtschaftsgebieten nun auch liegen, so lassen sich doch die wichtigsten ökonomischen Bestimmungsgründe für die Trennung der Kulturarten auf gleiche Faktoren, nämlich einerseits auf die Schwere und Haltbarkeit der Erzeugnisse, andererseits auf die Menge der mit dem Betrieb verbundenen Arbeit zurückführen. Beide Faktoren sind von großem Einfluß auf die Verbindung zwischen den Erzeugungs- und Verbrauchsgebieten der Produkte der Bodenkultur. Diese Verbindung nach Möglichkeit zu erleichtern, ist eines der wichtigsten Mittel, um den Reinertrag der Bodenwirtschaft zu erhöhen. Wenn auch alle Zweige der Bodenkultur von beiden Faktoren beeinflußt werden, so ist doch das Verhältnis, in dem sie wirksam sind, nach der Art der Produktion und den vorliegenden Produktionsbedingungen ein sehr verschiedenes; es muß planmäßig geregelt werden.

a) Die Schwere und Haltbarkeit der Erzeugnisse.

1. Einfluß in der Geschichte der Bodenkultur. Die Schwere der wirtschaftlichen Erzeugnisse war in Verbindung mit dem Zustand der Beförderungsmittel jederzeit ein wichtiger Faktor für die Entwicklung der Bodenkultur. Sie war von großem Einfluß auf die Preise der Erzeugnisse, welche einen wesentlichen Bestimmungsgrund der Reinerträge der Wirtschaft bilden. Die Preise der Bodenprodukte werden an den Orten, wo sie verbraucht werden, bestimmt. Die höchsten Preise, welche an den Erzeugungsorten gezahlt werden können, ergeben sich durch den Abzug der Transportkosten von den Preisen an den Verbrauchsorten. Diese fallen um so stärker in die Wagschale, je größeres Gewicht die zu befördernden Güter im Verhältnis zu ihrem Wert besitzen. Auf den Wert der Edelmetalle übt der Ort, wo sie gewonnen oder verwendet werden, fast keinen Einfluß. Auch die feineren Industrieerzeugnisse sind in dieser Beziehung von den Beförderungskosten ziemlich unabhängig. Bei den Rohstoffen werden jedoch ungleich größere örtliche Verschiedenheiten im Tauschwert herbeigeführt. Wegen des Einflusses des Gewichtes auf die Beförderung der Güter hat „der Handel, der für die ökonomische Entwicklung der Völker von großem Einfluß ist, mit den kostbarsten Waren begonnen, die wegen ihres kleinen Volumens bei hohem Wert die Schwierigkeiten und Gefahren des Transportes am besten lohnen." (Roscher.) In der Schwere der Rohstoffe und der Schwierigkeit ihrer

Beförderung lag lange Zeit hindurch ein Hinderungsgrund für einen gleichmäßigen rationellen Betrieb der Bodenkultur. Die Landwirtschaft konnte aus diesem Grunde dem Handel nur in geringem Maße erschlossen werden. Die Betriebsführung war mannigfach gebunden. Die Unentbehrlichkeit des Getreides und der Futterstoffe für den Bedarf der eigenen Wirtschaft, die Abhängigkeit der Ernte von der Witterung, die Dauer und Kostspieligkeit des Transportes ergaben manche Schwankungen und Unsicherheiten im Verhältnis von Produktion und Konsumtion, was einen planmäßigen Handel, der Übersicht und Berechnung erfordert, nicht aufkommen läßt. Erst die Fortschritte auf dem Gebiete des Transportwesens im 19. Jahrhundert, insbesondere die Anwendung der Dampfkraft auf Land- und Wasserbeförderung, haben auf die Absatzfähigkeit der Bodenprodukte einen umgestaltenden Einfluß ausgeübt. Die Entwicklung der Industrie war ferner mit einer Zunahme des Wohlstandes und der Bevölkerung verknüpft, die zur Folge hatte, daß in einzelnen Teilen des Deutschen Reichs weit mehr Getreide gebraucht als erzogen wurde. Der Verkehr mit Getreide im Inlande und der internationale Getreidehandel wurden daher ein dringendes volkswirtschaftliches Bedürfnis und erhielten zunehmende Bedeutung.

Noch größer als in der Landwirtschaft trat der beschränkende Einfluß, der sich aus der Schwere ergibt, in der Forstwirtschaft hervor. Die Forstprodukte haben im Verhältnis zu ihrem Wert ein sehr großes Gewicht. Sie stellen deshalb dem Handel noch größere Schwierigkeiten entgegen, als das Hauptprodukt des landwirtschaftlichen Betriebs. Ein Zentner Getreide hat einen Wert von 7—8 M., ein Zentner Stammholz (abgesehen vom besten Eichen-Schneideholz und wertvollen ausländischen Holzarten) einen Wert von 2—3 M. Bei den geringen Sortimenten (Knüppelholz, Reisholz) sinkt der Wert der Gewichtseinheit noch weit unter die angegebenen Maße herab. Zu der Schwere des Holzes trat noch die Entlegenheit des Standorts, den die Wälder einnehmen, und der mangelhafte Zustand der Waldwege hinzu, um zu bewirken, daß das Absatzgebiet der Forstprodukte beschränkt blieb. Nur solche Waldungen, welche in der Nähe der Wasserstraßen lagen, machten eine Ausnahme. Hier konnte der Transport mit geringen Kosten bewirkt werden. Daher gab der Lauf der großen Ströme fast überall dem Holzhandel seine Richtung.

Die hauptsächlichste Folge, welche die Schwere des Holzes für die Betriebsführung mit sich brachte, war eine außerordentlich ungleichmäßige Abnutzung des Waldes. In der Nähe der Wasserstraßen fanden meist Übernutzungen statt; und da nach der Nutzung eine Kultur vielfach nicht vorgenommen wurde, so mußte, als weitere Folge, die Vernichtung des Waldes mit Notwendigkeit eintreten. Alle Länder der Welt zeigen diese Entwicklung. In der Nähe der Seen und Fjorde des Nordens, an den Küsten des Mittelmeeres und an anderen Orten treten dem Beobachter die Spuren der Waldvernichtung, die durch die Leichtigkeit des Absatzes in der Nähe von Wasserstraßen verursacht ist, in gleicher Weise entgegen. In den großen, mit Wasserstraßen nicht versehenen, zusammenhängenden Waldungen, insbesondere in Gebirgsforsten, waren dagegen die Nutzungen wegen Mangels an Absatz oft fast gar nicht ausführbar. Namentlich konnten die für die Betriebsführung wichtigen Durchforstungen nicht in dem ihnen gebührendem Maße zur Ausführung kommen; sie mußten wegen der Schwere des Holzes und der Entlegenheit des Waldes oft ganz unausgeführt bleiben. Erst in der Neuzeit haben sich die Verhältnisse nach der vorliegenden Richtung wesentlich verändert. Der zunehmende Verbrauch und die Fortschritte der Technik in der Benutzung und Verwendung der schwachen Hölzer machen eine regelmäßige Abnutzung auch hinsichtlich der Durchforstungserträge möglich.

Die Schwere der Erzeugnisse konnte auf das Verhältnis der Kulturarten, wenn auf dasselbe auch noch andere Faktoren sich geltend machten, nicht ohne Einfluß bleiben. Sofern für die verschiedenen Kulturarten das gleiche Absatzgebiet in Betracht kommt, ist es offenbar für den wirtschaftlichen Erfolg von günstigem Einfluß, wenn Produkte, die im Verhältnis zu ihrem Wert ein hohes Gewicht besitzen, in der Nähe der Verbrauchsorte erzeugt werden, während solche, die einen im Verhältnis zum Gewicht hohen Wert haben, aus entfernten Gegenden bezogen werden können. Wie dieser Umstand auf die Abgrenzung der Kulturarten bestimmend ist, so macht er sich auch innerhalb der einzelnen Kulturgebiete geltend. Neben dem Gewicht kommt ferner noch die Haltbarkeit der Erzeugnisse in Betracht. Geringe Haltbarkeit eines Rohstoffs verlangt seine Erzeugung in der Nähe der Verbrauchsorte; lange Dauer ermöglicht die Erzeugung in entlegenen Produktionsgebieten.

2. Der Standort der Kulturarten im isolierten Staat J. H. v. Thünens. Der Einfluß, den die örtlichen Beziehungen zwischen den Produktions- und Konsumtionsgebieten auf die Bodenkultur ausüben, ist in der nationalökonomischen Literatur am gründlichsten von J. H. v. Thünen[1]) bearbeitet worden.

____

1) Der isolierte Staat in Beziehung auf Landwirtschaft und Nationalökonomie, 1 Teil.

Seine Untersuchungen sind, wenn sie auch keine unmittelbare Übertragung auf die realen Verhältnisse gestatten, doch gerade in der Gegenwart, in welcher die Beförderungsmittel eine gewaltige Bedeutung für den Handel, auch der Rohstoffe, erhalten haben, einer vielseitigen Anwendung fähig. Insbesondere ist die Theorie v. Thünens für die Wirtschaftspolitik von Bedeutung. Die wichtigen Maßnahmen, welche auf die Beförderung der Forstprodukte und auf die Erleichterung der Verbindung zwischen den Erzeugungs- und Verbrauchsgebieten gerichtet sind, werden durch sie beeinflußt. Dieser Einfluß tritt im Verkehr verschiedener Länder und Landesteile so stark hervor, daß man alle Ursache hat, auf die bahnbrechende Bedeutung, welche v. Thünens isolierter Staat nach dieser Richtung hin gehabt hat, hinzuweisen.

v. Thünen leitet seine Schrift mit folgenden Worten ein: „Man denke sich eine sehr große Stadt in der Mitte einer fruchtbaren Ebene gelegen, die von keinem schiffbaren Fluß oder Kanal durchströmt wird. Die Ebene selbst bestehe aus einem durchaus gleichen Boden, der überall der Kultur fähig ist. In großer Entfernung von der Stadt endige sich die Ebene in eine unkultivierte Wildnis, wodurch diese Stadt von der übrigen Welt gänzlich getrennt wird. — Die Ebene enthalte weiter keine Städte, als die eine große Stadt und diese muß also alle Produkte des Kunstfleißes für das Land liefern, sowie die Stadt einzig von der sie umgebenden Landfläche mit Lebensmitteln versorgt werden kann. Es entsteht nun die Frage: Wie wird sich unter diesen Verhältnissen der Ackerbau gestalten und wie wird die größere oder geringere Entfernung von der Stadt auf den Landbau einwirken, wenn dieser mit der größten Konsequenz betrieben wird?"

„Es ist im allgemeinen klar, daß in der Nähe der Stadt solche Produkte gebaut werden, die im Verhältnis zu ihrem Wert ein großes Gewicht haben oder einen großen Raum einnehmen und deren Transportkosten nach der Stadt so bedeutend sind, daß sie aus entfernten Gegenden nicht mehr geliefert werden können, sowie auch solche Produkte, die dem Verderben leicht unterworfen sind und frisch verbraucht werden müssen. Mit der größeren Entfernung von der Stadt wird das Land immer mehr auf die Erzeugung derjenigen Produkte verwiesen, die im Verhältnis zu ihrem Wert mindere Transportkosten verursachen." Aus diesem Grunde werden sich um die Stadt ziemlich scharf geschiedene konzentrische Kreise bilden, in welchen bestimmte Gewächse das Haupterzeugnis ausmachen. Der unmittelbar an die Stadt grenzende innerste Ring ist insbesondere dem Anbau von Gartengewächsen, der Erzeugung von Blumen, Handelsgewächsen, Gemüse, Milch usw. gewidmet. Den zweiten

Ring nimmt die Forstwirtschaft ein, weil deren Erzeugnisse bei gleichem Wert schwerer sind, als das Hauptprodukt der Landwirtschaft, also nicht so weit wie dies transportiert werden können. An die Forstwirtschaft schließen sich die vorzugsweise der Getreideproduktion gewidmeten landwirtschaftlichen Betriebe an, und zwar in einer durch ihre Intensitätsstufen gekennzeichneten Folge. Die der Stadt näher gelegenen Gebiete werden mit einer größeren Menge von Arbeit und Dünger versehen; die weiter von ihr abgelegenen werden extensiver bewirtschaftet. Jenseits der als Ackerland benutzten Fläche endlich liegt ein der Viehzucht gewidmeter Ring. Das Hauptprodukt ist bei diesem Betrieb wertvoller, beansprucht daher verhältnismäßig weniger Transportkosten und kann noch in größerer Entfernung erzeugt werden. Mit diesem Viehzuchtring hört die Kultur des isolierten Staates auf. Am Ende desselben ist der Bodenreinertrag = 0. In noch größerer Entfernung würde die Bodenrente negativ werden; die Benutzung des Bodens zur Güterzeugung muß daher unterbleiben.

Wird die übrigens gleiche Ebene von einem schiffbaren Fluß oder Kanal durchströmt, welcher die Transportkosten nach der Stadt ermäßigt, so nehmen die verschiedenen Kulturgebiete die Form von langen Streifen an, die sich längs dem Flusse oder Kanal hinziehen. Denselben Einfluß, wie ein schiffbarer Fluß, üben Eisenbahnen und gute Landstraßen. Unter den Verhältnissen der Gegenwart haben alle Ringe eine weit größere Ausdehnung erhalten. Den entgegengesetzten Einfluß, wie gute Verkehrsmittel, üben dagegen Terrainschwierigkeiten (Gebirge, Sümpfe usw.) und Erschwerungen des Verkehrs durch Zölle und andere Verkehrsschranken aus.

Wäre die Schwere der Erzeugnisse der ausschließliche Bestimmungsgrund für den Standort der Kulturarten und das Absatzgebiet für alle Produkte ein einheitliches und fest gegebenes, so würden sich die Kulturgebiete auch in der Wirklichkeit bei Gleichheit der physikalischen Verhältnisse nach der Ordnung, wie sie v. Thünen begründet hat, abgegrenzt haben. Die Waldungen würden die nächste Umgebung der Großstädte und Industriebezirke einnehmen. Tatsächlich ist dies nicht der Fall. Vergleicht man die gegenseitige Lage der verschiedenen Kulturarten in der Wirklichkeit mit denjenigen im Thünenschen Staate, so ergeben sich überall auffallende Abweichungen. Mit dem ersten Ring des isolierten Staates stimmt die Gestaltung der Bodenwirtschaft in allen Ländern überein. In der unmittelbaren Nähe von Großstädten und anderen bewohnten Orten liegen überall Flächen, welche, wie der innerste Ring von Thünens, der Produktion von Gartengewächsen, Gemüse, Milch, Futterstoffen und anderen Erzeugnissen, die schnell verbraucht werden und keinen weiten Transport vertragen, gewidmet sind. Entfernt man sich aber weiter von den Städten oder Dörfern, so gelangt man nicht, wie im isolierten Staate, auf Wald, sondern auf Ackerland, das in der Nähe der Gutshöfe in der Regel intensiver, in den entlegenen Teilen extensiver bewirtschaftet wird. Erst jenseits der Feldfluren liegen die größeren Waldgebiete.

Das hier angegebene Verhältnis in der Abgrenzung der Kulturarten tritt in allen Gegenden und Ländern so deutlich hervor, daß es als ein gesetzmäßiges, durch die Natur uud Geschichte begründetes, angesehen werden muß. Da aber andererseits zweifellos auch der Grundgedanke v. Thünens, daß in der Schwere des Holzes ein Moment liegt, das den Wald den Verbrauchsorten annähern soll, richtig ist, so muß eine Erklärung dieses Gegensatzes gegeben werden. Sie liegt in dem Umstande, daß auf den Standort des Waldes außer der Schwere des Holzes noch andere Bestimmungsgründe und zwar in der entgegengesetzten Richtung einwirken und daß diese letzteren in stärkerem Maße als die Höhe der Transportkosten wirksam sind. Auf die chemisch-physikalischen Unterschiede des Standorts wurde unter 1 hingewiesen. Sie machen sich bei der Abgrenzung von Wiesen, Äckern und Wald überall geltend. Ferner sind die geschichtlich gewordenen Verhältnisse von Einfluß. Sie sind häufig einer rationellen Gestaltung und Abgrenzung der Kulturarten nicht entsprechend gewesen. Die Gründung von Städten und Dörfern in engen Mauern und auf Anhöhen ist häufig nicht mit Rücksicht auf die ökonomischen Grundlagen einer rationellen Bodenkultur, sondern mit Rücksicht auf die Sicherheit gegen Feinde erfolgt. Dann kommt in Betracht, daß in der Wirklichkeit für Holz, Getreide, Vieh und andere Rohstoffe eine größere Zahl von Konsumtionsgebieten besteht und daß diese Gebiete nicht fest, wie im isolierten Staat v. Thünens, sondern dehnbar sind. Hierdurch ergeben sich eine Menge unregelmäßig ineinander verschlungener Verbindungslinien zwischen den Produktions- und Konsumtionsgebieten.

Trotz der Menge von anderweiten Verhältnissen, welche im wirklichen Leben auf den Standort der verschiedenen Zweige der Bodenkultur Einfluß üben, ist der Grundgedanke v. Thünens, daß in der Entfernung zwischen den Erzeugungs- und Verbrauchsorten und in der Schwere der Produkte wesentliche Bestimmungsgründe für die Kulturart und Betriebsführung liegen, von weittragender Bedeutung. Neben der den Entzug und Ersatz von Bodennährstoffen betreffenden chemischen Theorie, die an J. von Liebigs Namen geknüpft ist, bilden die ökonomischen Beziehungen zwischen dem Erzeugungs- und Absatzgebiet, welche v. Thünen am originellsten behandelt hat, den einflußreichsten Faktor für die Gestaltung der Bodenkultur. Alle Fortschritte in dieser sind stets mit den beiden genannten Faktoren verbunden gewesen. Für die Entwicklung der modernen Wirtschaft war nichts so einflußreich, als die Überwindung des Widerstandes, welchen die Schwere der Erzeugnisse ihrer Verwertung früher entgegenstellte. Die Beziehungen zwischen den Produktions- und Konsumtionsgebieten sind dadurch außerordentlich erleichtert. Trotzdem sind aber die praktischen Aufgaben der Technik und Politik nicht einfacher, sondern schwieriger geworden. Manche wirtschaftlichen Verhältnisse, die einen Eingriff des Staates nötig machen, sind in der Neuzeit überhaupt erst entstanden. Insbesondere hat der Handel für die Bodenwirtschaft eine weit größere Bedeutung erhalten. Deutschlands Fortschritte in Bevölkerung und Wohlstand sind erst durch den Übergang vom Agrikulturstaat zum Industrie- und Ackerbau-Staat möglich geworden, der die Einfuhr von Rohstoffen notwendig gemacht hat. Auch innerhalb der einzelnen Teile größerer Staaten haben die Beziehungen zwischen den Produktions- und Konsumtionsgebieten weitgehende Bedeutung. In Preußen erzeugt der westliche Teil der Monarchie weniger, der Osten mehr Rohstoffe, als innerhalb seines Gebietes verbraucht werden. Beide Teile in wirtschaftliche Verbindung zu bringen, liegt in ihrem Interesse und in dem des ganzen Landes Für alle Untersuchungen und Maßnahmen, die sich auf die Verhältnisse der Produktions- und Konsumtionsgebiete beziehen, muß aber v. Thünens Theorie als grundlegend angesehen werden.

Abgesehen von den Unterschieden, die sich nach Boden, Lage und dem allgemeinen Kulturzustand für die Verteilung und Abgrenzung der Kulturarten ergeben, liegt der wesentliche Unterschied zwischen der Theorie v. Thünens und dem Stand der wirklichen Wirtschaft darin, daß, während dort der Konsumtionsbezirk als feststehend, das Produktionsgebiet als dehnbar angesehen wird, in der Wirklichkeit meist das letztere den festern Charakter besitzt. Der Standort des Waldes ist im Gebirge durch die Höhenlage, Abdachung und Bodenbeschaffenheit, in der Ebene durch die Entfernung von den Gutshöfen und Ortschaften ziemlich fest vorgeschrieben; die Lage der Wiesen ist meist durch die Frische des Bodens, die Breite der Täler und die Möglichkeit der Bewässerung bestimmt; die Acker nehmen nur solche Flächen ein, welche mit dem Pfluge bearbeitet werden können. Bezüglich der Absatzbezirke für ein gegebenes Wirtschaftsgebiet bestehen dagegen durch die Natur der Verhältnisse keine festen Schranken und Vorschriften. Zwar haben Großstädte und Industriebezirke für die hinter ihnen liegenden Produktionsgebiete oft eine ähnliche Bedeutung, wie im

Thünenschen Staate die Zentralstadt. Aber dies ist doch nie in dem absoluten bindenden Sinne wie dort der Fall. Land- und Forstwirtschaft streben ihr Absatzgebiet zu erweitern oder mannigfaltiger zu gestalten. Unter diesen Umständen erfährt die Anwendung des Thünenschen Gesetzes, bei welchem das Absatzgebiet fest ist, gewissermaßen eine Umdrehung und lautet: Das Absatzgebiet, welches von einem gegebenen Produktionsgebiet aufgesucht werden kann, hat eine um so größere Ausdehnung, je wertvoller die Erzeugnisse bei einem bestimmten Gewicht sind; je geringer dagegen der Wert ist, den ein Gut bei einem gewissen Gewicht besitzt, um so beschränkter ist das Absatzgebiet. In dieser veränderten Fassung wird von der Theorie v. Thünens vielseitige Anwendung gemacht.

Die allgemeinste Ursache für die Abweichung der gegenseitigen Lage der Kulturarten von der Theorie v. Thünens liegt jedoch in der verschiedenen Menge von

b) Arbeit,

welche mit der Betriebsführung verbunden ist. Auf die Bedeutung der Arbeit in der Forstwirtschaft wurde bereits Seite 133 f. hingewiesen. Sie ist hier geringer als bei allen anderen Kulturarten. Die Arbeit muß trotz der großen Bedeutung, die sie in sozialer Beziehung besitzt, bei der Würdigung der Kulturarten als ein negatives Moment in Betracht gezogen werden. Maßgebend ist nach allen Richtungen der Standpunkt des Waldeigentümers, der den höchsten Reinertrag des Bodens anstrebt. Es ist ohne weiteres klar, daß eine weite Entfernung der Kulturstätten vom Betriebsbesitz um so ungünstiger wirkt, je mehr Arbeit mit dem Betriebe verbunden ist. Mit der Ausführung der Arbeit sind Gänge der Arbeiter von den Wirtschaftshöfen nach den Betriebsflächen verbunden, die, ohne daß etwas produziert wird, Kosten verursachen. Ebenso ist es mit den Leistungen der Arbeitstiere. Manche Arbeiten, wie insbesondere die auf Abfuhr der Erzeugnisse gerichteten, stehen mit der Entfernung fast in geradem Verhältnis. Auch die Düngung wird durch eine weite Entfernung kostspieliger und schwieriger. Die Meliorationen sind deshalb in ihren Wirkungen um so unsicherer, je weiter die Grundstücke von den Gutshöfen entfernt liegen. Die Fruchtbarkeit der Ländereien nimmt daher bei Böden von ursprünglich gleicher Beschaffenheit in der Regel mit der Entfernung der Äcker vom Gutshofe ab.

Die einzelnen Zweige der Bodenkultur verhalten sich hinsichtlich des Maßes von Arbeit, welches sie bedürfen, sehr verschieden. Am meisten Arbeit beansprucht die Gartenkultur. Der Boden wird hier wiederholt bearbeitet, in der Regel mit dem Spaten. Die

Pflege der Gewächse ist eine viel sorgfältigere, als bei anderen Benutzungsarten des Bodens. Ebenso wird die Düngung gründlicher betrieben; sie ist weniger abhängig von den Stoffen, die in der Wirtschaft erzeugt werden; künstliche Dungstoffe kommen in stärkerer Menge zur Verwendung. Die Gartenkultur ist daher auch freier, nicht gebunden an eine bestimmte Folge der Gewächse, welche in der Landwirtschaft Regel ist und dem ganzen Betriebe eine bestimmte Richtung gibt. Wegen dieser Verhältnisse nehmen die Gärten die nächste Umgebung der bewohnten Orte ein, was auch mit Rücksicht auf den Absatz notwendig ist, da viele Erzeugnisse des Gartens keinen weiten Transport vertragen. Auf die Gärten folgen hinsichtlich der Menge von Arbeit, die sie bedürfen, die Weinberge. Sie würden daher unter entsprechenden klimatischen Bedingungen die Gärten in der Form von konzentrischen Ringen umgeben, wenn nicht die Lage nach der Himmelsrichtung hier eine so wesentliche Rolle spielte.

An die Gärten und Weinberge schließt sich hinsichtlich der Ansprüche an menschliche und tierische Arbeit die Ackerwirtschaft an, welche in erster Linie der Getreideproduktion gewidmet ist. Änderungen in bezug auf das Hauptgewächs des Ackerbaus sind nur in beschränktem Maße zulässig. Die Ackerwirtschaft macht volle Bestellung mit dem Pfluge, regelmäßige Düngung, sowie eine durch die chemischen Ansprüche der Gewächse bedingte Fruchtfolge erforderlich. In ökonomischer Beziehung ist die Wirtschaftsführung je nach der Menge von Arbeit, die auf die Bestellung verwendet wird, verschieden. Eine wesentliche Ursache für die Arbeitsmenge liegt unter übrigens gleichen Umständen stets in der Entfernung von den Gehöften. In der Nähe derselben kann von gleichen Arbeitskräften mehr geleistet werden; meist wird den näheren Teilen deshalb vermehrte Arbeit zugeführt. Ebenso verhält es sich mit der Düngerzufuhr. Die näheren Grundstücke werden in stärkerem Maße mit Dünger versehen. Dagegen nimmt die Landwirtschaft einen um so extensiveren Charakter an, je weiter die Grundstücke von den Wirtschaftshöfen entfernt sind.

Weniger arbeitsintensiv als der Betrieb des Ackerlandes ist die Bewirtschaftung von Wiesen und Weiden. Der Boden wird hier nicht umgebrochen und die Düngung ist einfacher. Eine größere Entfernung ist deshalb, wenn die nahe Lage auch hier besondere Vorzüge hat, doch mit geringeren Nachteilen für die Wirtschaft verbunden. Am wenigsten Arbeit unter allen Zweigen der Bodenkultur beansprucht aber die Forstwirtschaft. Die Kulturen erfolgen nur auf kleinen Teilen der Fläche; die Düngung unterbleibt ganz. Ein lebendes Inventar ist nicht erforderlich, die Ernte ist weit einfacher, die Abfuhr erfolgt durch die Käufer. —

Der Einfluß der genannten ökonomischen Bestimmungsgründe ist überall für die Entstehung und weitere Entwicklung der Bodenwirtschaft von Einfluß gewesen; die Wahl der Kulturart und die Führung des Betriebs innerhalb der einzelnen Kulturarten war von ihnen abhängig. Die Gründe für die Auswahl der Flächen, welche zuerst der Kultur unterzogen wurden, lassen sich nur unvollständig nachweisen. Das Vorhandensein von Wasser, die Bearbeitungsfähigkeit des Bodens, die Rücksicht auf die Sicherheit u. a. Verhältnisse waren für die Entstehung der ersten Ansiedlungen maßgebend. Nachdem sich diese aber einmal gebildet hatten, erfolgten von ihnen aus Veränderungen im Kulturzustand der Betriebsflächen, die auf die genannten ökonomischen Faktoren zurückzuführen sind. Auf die den Betriebs- und Wohnsitzen nahen Teile der Feldgemarkungen wurde mehr Arbeit und Kapital verwandt. Die menschlichen und tierischen Arbeitskräfte waren hier erfolgreicher. Die Grundstücke wurden gründlicher bearbeitet und gedüngt. Sie glichen daher den innern, intensiver bewirtschafteten Ringen des v. Thünenschen Staates. Wie einzelne Gemarkungen und Landgüter, so tragen auch ganze Länder einen entsprechenden Charakter. „Es leuchtet ein, daß alle dichtbevölkerten oder reichen, überhaupt alle hochkultivierten Länder, in welchen nach Menge oder Güte ein starker Verbrauch von Bodenerzeugnissen stattfindet, den inneren Ringen des v. Thünenschen Staates verwandt sind, alle dünnbevölkerten oder armen, überhaupt alle niedrig kultivierten Länder den äußeren Ringen. In dem Bild des isolierten Staates haben wir jedoch nicht bloß einen Schlüssel zur Statistik, sondern ebensogut auch zur Geschichte der Landwirtschaft. Mit bloßer Okkupation, womit der isolierte Staat endigt, fängt die Wirtschaft des Volkes im allgemeinen an. Sie geht zur Viehzucht über, zum Ackerbau; im Ackerbau zu immer intensiveren Systemen. Städtischer Gewerbfleiß und Handel bilden hier den Gipfel der Entwicklung, sowie dort den Mittelpunkt des Bildes." (Roscher.) Die Vergleichung des landwirtschaftlichen Zustandes in der Umgebung der Großstädte, der Industrieländer mit dichter, und der reinen Ackerbaustaaten mit dünner Bevölkerung lassen überall die Analogie zum isolierten Staate klar hervortreten.

In der Forstwirtschaft gestaltet sich der Einfluß der ökonomischen Faktoren wesentlich abweichend von denjenigen in der Landwirtschaft. Zunächst wurden nur die in der Nähe der bewohnten Orte gelegenen Waldungen der Benutzung unterzogen; später wurden die Nutzungen weiter ausgedehnt. Je nach den ökonomischen Bedingungen, insbesondere der Schwere des Holzes, dem Wert, der ihm beigelegt wurde, der Menge von Arbeit, die mit der Betriebsführung verknüpft ist, gestaltete sich die Betriebsführung verschieden. Ein so allgemein und in so großer Menge gebrauchter Rohstoff wie das Brennholz konnte nicht aus weiter Ferne herbeigeholt werden. Das hohe Gewicht verbot einen kostspieligen Transport. Die den Verbrauchsgebieten nahe gelegenen Wälder waren es daher, die mit der Befriedigung des Brennholzbedurfnisses belastet blieben. Um Bauholz zu beschaffen, das seltener und in geringerer Menge nötig war und dem höherer Wert beigelegt wurde, scheute man die Muhe und Kosten eines weiten Transportes viel weniger. Aus den entlegensten Waldungen endlich wurden, solange man die schwächeren Hölzer aus der Nähe beziehen konnte, nur einzelne Stämme von besonders hohem Werte herbeigeholt.

Der verschiedene Grad der Benutzung konnte nicht ohne Einfluß auf den Zustand des Waldes bleiben. Da die stärksten Nutzungen in den nahegelegenen Waldungen stattfanden, so mußten hier die Holzvorräte abnehmen und die Umtriebszeiten sinken. Für den nachhaltigen Brennholzbezug erschien eine schnelle Wiedererzeugung von Brennholz erwünscht. Daher nahm der Kulturbetrieb in diesen Waldgebieten seinen Anfang. Zugleich wurde aber auch von der Fähigkeit des Laubholzes, vom Stocke auszuschlagen, Anwendung gemacht. Es bildete sich in vielen Ländern der Nieder- und Mittelwald aus. Im Laubholzgebiet hat dieser (nebst verwandten Betriebsformen) in der Nähe der bewohnten Orte lange Zeit hindurch große Ausdehnung gehabt und dem Bedürfnis der Bevölkerung an Brenn- und Nutzholz lange Zeit gut entsprochen. Aus den weiter abgelegenen Waldungen konnte geringes Reis wegen seines Volumens nicht bezogen werden. Hier bestanden die Nutzungen vorzugsweise im Derbbrennholz und Bauholz. Diesem Verhältnis entsprach der regelmäßige Hochwaldbetrieb mit natürlicher Verjüngung. Im Nadelholzgebiet war Bauholz, — im Laubholzgebiet Eichen-Nutz- und Buchen-Brennholz das wichtigste Produkt. Der Kulturbetrieb beschränkte sich auf die Ergänzung der Naturverjüngungen. In den entlegensten Waldungen endlich, wo nur Aushiebe von wertvollen Stämmen, aber keine Kulturen vorgenommen wurden, hat sich der naturwüchsige Plenterwald mit horstweiser Verjüngung erhalten.

Zu den Unterschieden in der Holznutzung trat noch der Einfluß der Nebennutzungen hinzu, um den Charakter des Waldes zu beeinflussen. Die Eigenschaften der Schwere und Haltbarkeit, sowie die mit der Gewinnung dieser Produkte verbundene Arbeit

führten dahin, daß alle Nebennutzungen, insbesondere die wichtigste
derselben, die Streunutzung, vorzugsweise in den nahe den bewohnten Orten belegenen Waldungen vorgenommen wurden. Die
Gewinnung der Streu hatte auf den Zustand der Wälder einen sehr
ungünstigen Einfluß. Im Gegensatz zur Landwirtschaft, welche die
nahen Betriebsflächen in chemischer und physikalischer Hinsicht
verbesserte, sind die dem Einfluß einer dichten Bevölkerung ausgesetzten Waldungen nach beiden Richtungen durch die Streunutzung verschlechtert worden. Andererseits haben sich die dem Absatzgebiet nahen Waldgebiete insofern günstig verhalten, als durch ihren
Zustand die Einsicht der Notwendigkeit eines geregelten Kulturbetriebs
entstand und der Ansporn zu einer planmäßigen Forstwirtschaft
gegeben wurde, während sich unter den entgegengesetzten Verhältnissen die Ansicht, daß Holz von selbst wachse und der planmäßigen Erzeugung nicht bedürfe, weit länger erhalten hat.

Auch in der praktischen Wirtschaft muß den ökonomischen
Faktoren im Sinne des Thünenschen Gesetzes Rechnung getragen
werden. Als unmittelbare Folge der Schwere im Verhältnis zum Wert
ergibt sich die Regel: Je weiter die Waldungen von den Absatz-
gebieten entfernt sind, um so bestimmter und ausschließlicher muß
das Ziel der Wirtschaft auf die Erzeugung von starken und wertvollen Sortimenten gerichtet werden. Für ökonomisch günstig gelegene Wälder muß auf die Erzeugung schwacher Sortimente ein
weit größerer Wert gelegt werden. Sie tragen zur Erhöhung der
Rentabilität bei, während in den entlegenen Waldungen durch ihre
Verwertung oft kaum die Produktionskosten gedeckt werden. Die
verschiedenen Sortimente derselben Holzart und desselben Waldes
haben wegen ihres verschiedenen Wertes oft ganz verschiedene Ab-
satzgebiete. Stock- und Reisholz können meist nur in den in unmittelbarer Waldnähe gelegenen Dörfern Absatz finden; Derbbrennholz kann die nächsten Städte aufsuchen; Bauholz ist Gegenstand
des Handels; Schneideholz endlich kann überall dem Weltmarkt
zugeführt werden. Indem man diese Ziele bei der Regelung der
forstlichen Technik befolgt, ergeben sich verschiedene Folgerungen
für die Behandlung der Bestände je nach ihrer ökonomischen Lage.
In allen Waldungen mit nahem Absatzgebiet, insbesondere in dichtbevölkerten Ländern, muß mehr Arbeit aufgewendet werden. Die
Kulturen sind dichter auszuführen, die Bestände stammreicher zu
halten, die Durchforstungen früher zu beginnen, die ganze Wirtschaft intensiver zu führen. Ein Vergleich der Wirtschaft unter
abweichenden ökonomischen Verhältnissen bietet überall Beispiele
des Einflusses der ökonomischen Faktoren. (Näheres s. in den die
Betriebsart und Umtriebszeiten behandelnden Abschnitten.)

Soweit die beiden ökonomischen Bestimmungsgründe, Schwere und Arbeitsaufwand, eine entgegengesetzte Wirkung auf die Wirtschaftsführung ausüben, ergibt der tatsächliche Zustand der Waldungen, daß der in der Arbeit liegende Faktor der einflußreichere ist. Daher nimmt der Wald vielfach nicht den der Theorie v. Thünens entsprechenden Standort ein, sondern oft einen derselben entgegengesetzten. Immerhin wird man aber aus dem (trotzdem richtigen) Grundgedanken Thünens einen wichtigen, praktisch wirkungsvolleren Grund entnehmen, um der Waldvernichtung in der Nähe der Städte und in kultivierten Ländern entgegenzutreten — ganz abgesehen von den ästhetischen Wirkungen, die in der Nähe der Großstädte vielfach an erster Stelle stehen.

c) Mittel zur Regelung der Beziehungen zwischen den Erzeugungs- und Verbrauchsgebieten.

Da die ökonomischen Bestimmungsgründe der Bodenkultur, die in der Schwere der Rohstoffe und der Menge der für die Betriebsführung erforderlichen Arbeit liegen, so großen Einfluß auf die Erfolge der Wirtschaft ausüben, so ist es für alle Zweige der Bodenkultur von Wichtigkeit, daß die Beziehungen zwischen den Erzeugungs- und Verbrauchsgebieten der Rohstoffe nach Möglichkeit erleichtert werden. Die Schwere und der Arbeitsaufwand sind für den Reinertrag negative Elemente. Alle Maßregeln, durch welche die Wirkung negativer Posten vermindert wird, tragen, sofern nicht gleichzeitig gegenteilige Einflüsse damit verbunden sind, zu einer Erhöhung der in der Volkswirtschaft vorhandenen Werte bei.

Die Mittel, welche zur Förderung der Beziehungen zwischen den Erzeugungs- und Verbrauchsgebieten ergriffen werden können, sind entweder technischer oder politischer Natur. Sie erstrecken sich einerseits auf die Herstellung und Benutzung der Beförderungsmittel, andererseits auf die wirtschaftlichen Beziehungen zu andern Ländern, durch welche der von selbst sich bildende Verkehr gehemmt oder befördert werden kann.

I. Beförderungsmittel.

Die meisten Fortschritte auf wirtschaftlichem Gebiete sind mit der Überwindung von Transportschwierigkeiten eingeleitet worden. Verkehrserleichterungen haben stets einen zweifachen Einfluß auf die Resultate der Bodenwirtschaft; sie bewirken eine direkte Erhöhung der Werte der Güter am Produktionsorte; sodann eine Belebung des Verkehrs, die stets noch weitgehende Folgen für die Volkswirtschaft mit sich bringt. Wegen dieses zweifachen Einflusses ist es meist nicht möglich, den Erfolg der Beförderungsmittel in der Form bestimmter Zahlen nachzuweisen. Im allgemeinen darf man aber annehmen, daß diese Erfolge um so bestimmter hervortreten, je schwerer die betreffenden Erzeugnisse sind und je weitere Strecken überwunden werden müssen. Verkehrserleichterungen kommen in der Regel den Produzenten und Konsumenten zugute; ob den einen oder den anderen in höherem Maße, läßt sich allgemein nicht nachweisen.

Um den Einfluß der Beförderungsmittel auf die Wirtschaft und die darauf bezüglichen praktischen Folgen richtig zu beurteilen, empfiehlt es sich, sie in zwei Gruppen zu teilen. Man hat solche Beförderungsmittel zu unterscheiden, welche lediglich für ein gegebenes Wirtschaftsobjekt (Landgut, Oberförsterei) Bedeutung haben, und solche, welche dem allgemeinen Verkehr dienen sollen. Beide haben für die Land- und Forstwirtschaft Bedeutung. Die Anlage der Abfuhrwege erfolgt in der Landwirtschaft bei der Zusammenlegung der Gemarkungen, in der Forstwirtschaft bei der wirtschaftlichen Einteilung und Wegenetzlegung. Die Herstellung und Unterhaltung der Wege ist Aufgabe der Grundbesitzer, die sie nach dem allgemeinen Gesichtspunkt der Rentabilität, in der Regel auf gutachtlichem Wege, zu bewirken haben. Die Gestaltung der allgemeinen Verkehrsmittel, welche unabhängig von einzelnen Wirtschaften im Interesse der Gesamtheit zu erfolgen hat, ist Aufgabe des Staates oder anderer größerer Verbände. Nur auf Beförderungsmittel dieser letzteren Art wird hier Bezug genommen. Sie zerfallen, abgesehen von Landstraßen, die für die Beförderung der Rohstoffe auf weite Strecken wenig Bedeutung haben, in Eisenbahnen und Wasserstraßen.

1. Eisenbahnen.

Die Eisenbahnen haben für die Entwicklung der wirtschaftlichen Verhältnisse im 19. Jahrhundert außerordentliche Bedeutung gehabt; sie bezeichnen nach dieser Richtung den größten Fortschritt, der überhaupt im Wirtschaftsleben jemals eingetreten ist. Die Hindernisse, welche dem Verkehr mit Rohstoffen so lange Zeit entgegenstanden, sind durch die Eisenbahnen siegreich überwunden worden. Das Holz wird jetzt mit gleichen Kosten und in gleicher Zeit um mehr als das Zehnfache weiterbefördert, als es auf Landwegen geschehen konnte.

Trotz der großen Fortschritte, die auf dem Gebiete des Verkehrswesens bereits erfolgt sind, können die jetzigen Verhältnisse doch nicht als abgeschlossen angesehen werden. Vielmehr liegt eine weitere Ausbildung derselben in hohem Maße im Interesse der nationalen Wirtschaft. Ein weiterer Fortschritt kann zunächst dadurch erfolgen, daß die Eisenbahnlinien noch weiter vervollständigt werden. Für die Land- und Forstwirtschaft kommen neben den großen durchgehenden Linien insbesondere auch die Kleinbahnen in Betracht. Sie berühren die entlegenen Waldungen verhältnismäßig mehr als Hauptbahnen und geben die Möglichkeit, daß die Waldungen mit dem großen Eisenbahnnetz in Verbindung gebracht werden. Das wichtigste Mittel, um die Bodenkultur in ihrer ökonomischen Entwicklung zu fördern, betrifft jedoch die Art und Weise, wie die Tarife für die Benutzung der Bahnlinien festgesetzt werden.

Die Festsetzung der Tarife erfolgt durch die Eisenbahnverwaltung. Das Interesse derjenigen, die die Bahn benutzen, geht dahin, daß die Gebühren möglichst niedrig festgesetzt werden. Niedrige Tarife haben erfahrungsgemäß eine große Steigerung des Verkehrs zur Folge. Indessen verlangt die Rücksicht auf die Rentabilität, daß hier gewisse Grenzen eingehalten werden, bei deren Festsetzung nach Möglichkeit die beiderseitigen Interessen berücksichtigt werden sollen. Eine Fortsetzung der auf die Erleichterung des Verkehrs gerichteten Frachtermäßigung kann nun in zweifacher Richtung erfolgen: Die Beförderungskosten können entweder unabhängig von der Länge der befahrenen Strecke gleichmäßig vermindert werden, oder sie nehmen mit wachsender Entfernung für die Streckeneinheit ab. In letzterem Falle erhält man einen Staffeltarif. Eine allgemeine, für alle Entfernungen anzuwendende Frachtermäßigung in einem Grade, wie sie erforderlich wäre, um schwere Güter aus dem Osten des Deutschen Reichs nach dem Westen zu befördern, ist nach Lage der Verhältnisse in absehbarer Zeit nicht möglich. Die Eisenbahnverwaltungen sind außerstande, sie durchzuführen. Der wichtigste Güterverkehr ist auch in der modernen Wirtschaft noch immer derjenige zwischen nahegelegenen Wirtschaftsgebieten. Für kurze Strecken sind aber die bestehenden Tarife niedrig genug; es besteht keine Ursache, sie weiter zu vermindern. Würden die Frachtsätze für alle Entfernungen gleichmäßig beträchtlich erniedrigt, so würden die Einnahmen der Bahn so herabgedrückt werden, daß das erforderliche finanzielle Gleichgewicht gestört würde. Das beste Mittel, um für entlegene Wirtschaftsgebiete die Verbindung mit dem Absatzgebiet unbeschadet der Einnahme der Verwaltung zu ermöglichen, besteht in der Anwendung des Prinzips der Staffeltarife, das darin besteht, daß die Frachtsätze mit wachsender Entfernung pro Einheit der befahrenen Strecke abnehmen. Damit jedoch die Benutzung einer längeren Strecke nie billiger wird als eine kürzere, kommt die Ermäßigung nur für die Zusatzstrecke zur Anwendung.[1])

[1]) Ulrich, Staffeltarife und Wasserstraße 1894, Seite 13 „Im ersten

Staffeltarife entsprechen sowohl den ökonomischen Forderungen der Bahnverwaltungen, als auch den allgemeinen volkswirtschaftlichen Interessen, welche bei der Regelung des Verkehrs nach Möglichkeit gefördert werden sollen Vom Standpunkt des Eisenbahnfiskus muß dem allgemeinsten ökonomischen Grundsatz genügt werden, daß die Einnahmen, welche durch die Güterbeförderung erzielt werden, den Kosten des Baues und der Unterhaltung der Bahnen mindestens gleichkommen. Von den Vertretern der Bahnverwaltung ist mit Recht hervorgehoben, daß die Selbstkosten der Beförderung bei langen Entfernungen für die Streckeneinheit geringer sind als bei kurzen.[1]) Bei langen Strecken erfolgt eine bessere Ausnutzung der Maschinen, der Wagen und des Personals. Staffeltarife entsprechen auch den allgemeinen Grundsätzen, die sonst im Wirtschaftsleben Geltung haben. Alle Leistungen, welche sich auf kürzere Zeit oder kürzere Strecken beziehen, werden, schon wegen der häufiger eintretenden Unterbrechungen, pro Einheit höher bezahlt als solche für längere Dauer und längere Strecken. Von größerer Bedeutung aber ist der Umstand, daß Staffeltarife am besten Gelegenheit geben, ungünstig gelegene Landesteile in ihrer Entwicklung zu begünstigen und die wirtschaftlichen Beziehungen zwischen verschiedenen Ländern und Landesteilen zu erleichtern bzw. überhaupt zustande zu bringen.[2]) Insbesondere liegt in den Staffeltarifen das beste Mittel, um diejenigen Teile des Deutschen Reichs, welche vorzugsweise auf Bodenwirtschaft angewiesen sind,

---

Fall (bei gleichmäßiger Verminderung der Frachtsatze) ermäßigt man alle bisherigen Transporte mit und kann nur einen Vorteil haben, wenn der Überschuß aus dem neuen Verkehr, welchen man durch die Ermäßigung gewinnt, großer ist als die Ausfalle bei dem schon vorhandenen Verkehr. Dies ist also, da der Verkehr auf kürzere Entfernungen in der Regel weit stärker ist als der auf langere Entfernungen, nicht sehr häufig, und wenn man nicht Einnahmeausfalle erleiden will, bleibt nur ubrig, auf die Einfuhrung der Ermaßigung und Gewinnung der Transporte auf langere Entfernungen zu verzichten. Im andern Falle, wenn man die Ermaßigung nur fur die weiten Entfernungen gewahrt, bleiben die Frachtsatze fur die kurzen Entfernungen dieselben; es entsteht also kein Einnahmeausfall bei den schon vorhandenen Transporten auf kurzere Entfernung . . . Hieraus ergibt sich also, daß die Eisenbahn die Tarife auf weiten Entfernungen in der Regel mit Vorteil nur ermaßigen kann, wenn sie Tarife mit fallender Staffel bildet.“

[1]) Ulrich a. a. O., S. 5: „Die Tarifbildung nach fallender Staffel ist begrundet in den Selbstkosten des Eisenbahntransports, welche fur Transporte auf lange Entfernungen verhältnismaßig geringer sind, als für Transporte auf kurze Entfernungen.“

[2]) A. a. O : „Die Sachlage ist also so, daß die deutschen Verkehrsinteressenten entweder fur die Zukunft auf erheblichere Tarifermaßigungen der Eisenbahnen verzichten oder aber dieselben in Form von Staffeltarifen annehmen mussen. -- Auch aus allgemein-wirtschaftlichen Gründen ist . . . die Einführung allgemeiner staffelformig ermaßigter Tarife geboten: nur so kann eine wirklich gleichmaßige Behandlung fur alle Landesteile, Orte und Interessen gesichert werden.“

mit solchen, welche Industrie und Handel treiben, in Verbindung zu bringen. Unter den forstlichen Erzeugnissen kommen in dieser Beziehung namentlich Grubenhölzer und andere Nutzhölzer in Betracht. Bei einem gleichmäßigen Beförderungstarif können sie aus dem Osten, wo sie im Überfluß erzeugt werden, nach dem Westen, wo sie nötig sind, nicht befördert werden; nur die Anwendung von Tarifen, die mit größeren Strecken abnehmen, gibt dazu Gelegenheit.[1]) Staffeltarife entsprechen sonach in gleicher Weise den Interessen der Grundbesitzer des Ostens und der Industriellen des Westens, deren Produkte weit transportiert werden müssen.[2]) Dagegen werden die Interessen der Grundeigentümer im Westen durch billige Tarife ungünstig beeinflußt. Indessen das erstere Interesse ist das höhere und dem allgemeinen nationalen Wohl mehr entsprechende. Die Fortschritte im Verkehr sind nie möglich, ohne daß einzelne Vertreter anderen gegenüber benachteiligt werden.[3])

[1]) In der Versammlung des Märkischen Forstvereins in Freienwalde am 28. Mai 1895, in welcher die Einführung von Staffeltarifen für geringwertige Grubenhölzer behandelt wurde, stellte Danckelmann als Mitberichterstatter den Leitsatz auf: „Die allgemeine Einführung von Staffeltarifen in Verbindung mit einer Ergänzung des Eisenbahnnetzes durch Nebenbahnen und Kleinbahnen gehört zu den berechtigten Zielen der Eisenbahntarifpolitik" Im Gegensatz zum Berichterstatter Graf von Wilamowitz-Moellendorf, welcher die Staffeltarife nur für solche Güter, die im Lande nicht selbst hervorgebracht werden, als unbedenklich bezeichnet hatte, führte Danckelmann aus, daß Staffeltarife für alle Waren empfehlenswert seien Holz sei ein Erzeugnis, für welches Staffeltarife besonders am Platze seien. Nach Einführung angemessener Staffeltarife würde der Preis der Grubenhölzer im Walde steigen und der Absatz sich vergrößern Daher wurde der weitere Antrag gestellt· „Für geringwertige Grubenhölzer erscheint die schleunige Einführung eines etwa bis zum Ausnahmetarifsatze der Steinkohlen fallenden Staffeltarifs auf den preußischen Staatseisenbahnen in forstwirtschaftlichem Interesse dringend geboten."

[2]) Jentsch, Zeitschr f Forst- u Jagdw. 1904, Seite 627: (Ich halte nach dem Ausgeführten dafür, daß diese Änderung [Einführung von Staffeltarifen] einem dringenden wirtschaftlichen Bedürfnisse beider Gebiete entspricht. Der Osten kann dann seine selbst erzeugten Überschüsse an Holz dem westlichen Markt zuführen usw ")

[3]) Das umfangliche, vielfachen Veränderungen unterworfen gewesene Gebiet der Tarifierung des Holzes ist für die preußischen Staatsbahnen nach seiner geschichtlichen Entwicklung und seinem jetzigen Stande dargestellt von Mammen, „Die Tarifierung des Holzes auf den preußischen Staatsbahnen" (Zeitschrift f. Forst- u Jagdw, 1904) Hiernach wird befördert nach Spezialtarif I: Holz in Balken, Bohlen, Blocken, Brettern usw. von solchen Arten, welche nicht Gegenstand eines betriebsgemäßen Einschlags in der mitteleuropäischen Forst- und Landwirtschaft sind; nach Spezialtarif III: Stamm- und Stangenholz, sowie Scheit- und Knuppelholz bis zu 2,5 m Länge; Eisenbahnschwellen, roh und impragniert, Grubenhölzer bis zu 20 cm Zopfstärke (am dünnen Ende ohne Rinde gemessen), bis zu 7 m Länge u. v. a. Die übrigen Holzsortimente, insbesondere Langnutzholz, roh und behauen, und Schnittholz, werden nach Spezialtarif II befördert

Die zurzeit im innern Güterverkehr der preußischen Staatsbahnen gültigen Normalfrachtsätze sind: für Spezialtarif I 4,5 Pf pr tkm, für Spezial-

2. Wasserstraßen.

Die Benutzung von Wasserstraßen war seit alter Zeit das wichtigste Mittel, um schwere Rohstoffe auf weite Strecken zu befördern. Vor dem Bau von Eisenbahnen konnte für weite Strecke eine andere Art der Bringung als die zu Wasser kaum in Frage kommen. Der Handel folgte den natürlichen Wasserstraßen. Alle deutschen Ströme, insbesondere Rhein, Elbe, Oder und Weichsel, gaben ihm seine Richtung.

Um den Einfluß der Wasserstraßen auf die ökonomischen Re-

---

tarif II 3,5 Pf. pr. tkm, für Spezialtarif III auf Entfernungen von 1—100 km 2,6 Pf., über 100 km 2,2 Pf. pr. tkm. Mammen berechnet (a. a. O. S. 423), daß nach Spezialtarif II Nutzholz nach den Durchschnittspreisen im preußischen Staatswald nicht über 600 km transportiert werden kann, während Brennholz schon bei 400 km seine Maximaltransportweite erreicht. Tatsächlich kommen jedoch für die Beförderung eines großen Teils der Rohstoffe Ausnahmetarife zur Anwendung, deren Feststellung den einzelnen Eisenbahnverwaltungen überlassen ist. Die wichtigsten Ausnahmetarife sind: Für Hölzer des Spezialtarifs II der allgemeine Holztarif, welcher statt des normalen Satzes von 3,5 Pf. nur 3 Pf. pr. tkm. beträgt. Ferner Staffeltarife auf Strecken der Direktionsbezirke Bromberg, Danzig, Königsberg (Ostbahnstaffeltarif), welcher für nachbezeichnete Strecken

1—100	101—200	201—300	301—400	über 400 km
3,0	2,8	2,6	2,4	2,2 Pf.

beträgt. Die vielfach hervorgetretenen Bestrebungen, diesem Staffeltarif allgemeinere Ausdehnung zu geben, haben bis jetzt noch keine Erfolge gehabt (Zeitschr. f. Forst- u. Jagdw., S. 507 f.).

Für sämtliche Holzsortimente des Spezialtarifs III ist auf den preußischen Staatsbahnen vom 1. April 1897 an der sog. Rohstofftarif eingeführt worden, der für Entfernungen bis 350 km 2.2 Pf. — von 351 km ab 1,4 Pf. pr. tkm beträgt.

Danckelmann (Zeitschr. f. Forst- u. Jagdw. 1897, S. 729) gibt die Unterschiede der Frachtsätze für 1 fm entrindetes trockenes Kiefern-Grubenholz (18 fm auf 1 Doppelwaggon) folgendermaßen an:

Entfernung km	nach Spezialtarif III Mark	nach dem Rohstofftarif Mark	Unterschied Mark
100	1,94	1,61	0,33
200	3,11	2,83	0,28
400	5,56	5,06	0,50
600	8,00	6,62	1,38
800	10,44	8,17	2,27
1000	12,89	9,72	3,17

„Die Tarifmaßregel, welche den Ferntransport geringwertigen Holzes verbilligt und insbesondere dem Grubenholz, Papierholz und den Eisenbahnschwellen zugute kommt, wird dazu dienen, die Holzpreise und die Waldrente in waldreichen Gegenden mit geringen Holzpreisen und unzureichendem Nutzholzabsatz zu heben. Unter anderem wird sie ermöglichen, Kiefernholz, welches bisher in das Brennholz geschlagen wurde, in weit von_ den Steinkohlengruben belegenen Waldbezirken als Grubenholz abzusetzen. Daß die Maßregel, welche dazu beiträgt, die Ungleichheit der örtlichen Produktionsverhältnisse der Ausgleichung näher zu bringen, auch der Holzindustrie zugute kommt, und volkswirtschaftlich also überwiegende Vorteile darbietet, soll hier nur angedeutet werden. Hoffentlich bedeutet sie den ersten Schritt auf dem Wege zur Verallgemeinerung des Eisenbahnstaffeltarifs.‟

sultate der Bodenwirtschaft zu beurteilen, müssen sie in natürliche und künstliche unterschieden werden.

Die Benutzung der natürlichen Wasserstraßen hat vor allen anderen Beförderungsarten den Vorzug größter Billigkeit. Die Gebührensätze sind je nach der Beschaffenheit und Größe der Schiffe, dem Wasserstande und anderen Verhältnissen Schwankungen unterworfen. Als Mittelsätze werden angegeben:[1] 0,4 Pf. p. fm und km für Flußschiffahrt im treibenden Strome, 0,32 Pf. für Dampfschiffahrt auf dem Meere, 0,22 Pf. fur Segelschiffahrt auf dem Meere. Hiernach würden beim Vorhandensein natürlicher Wasserstraßen die Erzeugnisse der Bodenkultur etwa 4—6 mal so weit befördert werden können, als auf Eisenbahnen. Es ist allgemein bekannt, daß der Holzhandel überall die natürlichen Wasserstraßen besonders eifrig aufsucht und benutzt.[2]

Trotz seiner natürlichen Vorzüge haften jedoch dem Verkehr auf Wasserstraßen Mängel an, die ihn gegen die Beförderung zu Lande zurücktreten lassen. Zunächst ist der Umstand hervorzuheben, daß bei der Benutzung der Flüsse oft große Umwege gemacht werden, so daß die Tarife pro Streckeneinheit keinen richtigen Maßstab für das Verhältnis der Kosten zwischen der Beförderung auf Land- und Wasserwegen abgeben. Holz, das aus Brandenburg oder Sachsen nach Westfalen geht, hat zu Wasser mehr als die doppelte Strecke der Eisenbahn zuruckzulegen. Ferner steht der Transport auf den Flussen demjenigen auf den Eisenbahnen nach in bezug auf Schnelligkeit und Regelmäßigkeit. Für alle Arten der Beförderung, bei denen auf diese Verhältnisse Wert gelegt wird, ist der Wassertransport ungeeignet. Dieser leidet ferner mehr von der Ungunst der Witterung und des Klimas. Bei Hochwasser und Eisgang ist der Verkehr unterbrochen. Alle diese Verhältnisse tragen dazu bei, daß im allgemeinen der Verkehr auf Flüssen im Verhältnis zum Eisenbahnverkehr abnimmt.

Unter den künstlichen Wasserstraßen kommen vorzugsweise die Kanäle in Betracht, über deren wirtschaftliche Bedeutung gerade mit Rücksicht auf die Bodenkultur in der Gegenwart die Meinungen einander entgegengesetzt sind. Hinsichtlich des ökono-

---

[1] Danckelmann, Die deutschen Nutzholzzolle, eine Waldschutzschrift 1883, S 105

[2] Danckelmann, a. a. O , Tafel XXI: Nutzholzverkehr auf den Wasserstraßen des Deutschen Reichs. Aus dieser Übersicht geht hervor, daß der Wassertransport den Eisenbahntransport hinsichtlich des uber die Grenze eingehenden fremden Nutzholzes bedeutend uberragt . . . „Hiernach . . . ist die Annahme gerechtfertigt, daß von dem auslandischen Nutzholze gegen $90\,^0/_0$ mittels Wassertransportes und hochstens $10\,^0/_0$ per Eisenbahn eingegangen sind."

mischen Verhaltens ist zu bemerken, daß der Hauptvorzug der natürlichen Wasserstraßen, der der größeren Billigkeit, den Kanälen nicht zukommt. Dies ist wenigstens da nicht der Fall, wo für die Benutzung der Kanäle Gebühren erhoben werden, die das Anlagekapital in ähnlicher Weise verzinsen, wie es bei den Eisenbahnen verlangt wird.[1]) Die Kosten der Beförderung auf Kanälen werden unter mittleren Verhältnissen zu 3,5 Pf. p. tkm oder 2,2 Pf. p. fm

[1]) Ulrich, (Staffeltarife und Wasserstraßen, Berlin 1894) fuhrt im 8 Abschnitt dieser Schrift aus, daß bei Feststellung der Frachtsätze die Staatseisenbahnen und Staatswasserstraßen seither ungleichmaßig behandelt sind. — „Bei der finanziellen Verwaltung der Verkehrswege und Verkehrsanstalten konnen seitens des Staates drei verschiedene Grundsätze zur Anwendung gelangen, nämlich: 1. Der Grundsatz der reinen Ausgabe oder des allgemeinen Genußgutes, d. h. der Staat oder ein Teil desselben (Provinz, Kreis, Gemeinde) bestreitet die Kosten einer Einrichtung oder Tätigkeit vollständig aus allgemeinen Einnahmen . . . 2. Das Gebührenprinzip. Hier erheben der Staat oder seine Glieder für die Ausfuhrung einer im offentlichen Interesse übernommenen Tätigkeit . . . eine besondere Abgabe von denjenigen, welche dieselbe benutzen. 3. Der privatwirtschaftliche oder gewerbliche Grundsatz. Hier wird ebenfalls von den Leistungsempfängern eine Abgabe gefordert, aber nicht bloß zur Deckung der entstehenden Kosten, sondern es wird ein moglichst hoher Überschuß hierüber nach den Grundsatzen der privatwirtschaftlichen Konkurrenz erstrebt.“

„Die Entscheidung der Frage, welcher dieser drei Grundsätze bei der Verwaltung eines Verkehrswegs oder einer Verkehrsanstalt anzuwenden ist, hangt in erster Linie ab von der Gleichmäßigkeit oder Ungleichmäßigkeit der Verteilung des betreffenden Verkehrsmittels uber das ganze Land und der Gleichmaßigkeit oder Ungleichmäßigkeit des Nutzens, welchen die gesamte Bevolkerung aus dem betreffenden Verkehrsmittel zieht . . . Nur dann kann sich die Übernahme der durch ein Verkehrsmittel entstehenden Ausgaben auf allgemeine Kosten rechtfertigen, wenn durch die diese Kosten aufbringende Gesamtheit der Staatsangehorigen in gleichmaßiger Weise an den Vorteilen der Verkehrsmittel teilnimmt . . . Welcher von den beiden andern Verwaltungsgrundsätzen . . . gewählt wird, hangt teils wieder von der mehr oder weniger allgemeinen Verbreitung und Benutzung des Verkehrsmittels, teils von finanzwirtschaftlichen Gesichtspunkten ab . . .“

Weiter wird a. a. O. von Ulrich hervorgehoben, daß die Eisenbahnverwaltung in Preußen von jeher nach den angegebenen Grundsätzen verfahren ist. Die ersten Versuche mit dem Eisenbahnbetriebe sind von der Privatindustrie ausgegangen; später hat der Staat alle Bahnen in seinen Besitz gebracht. Er verwaltet sie nach dem gewerblichen Grundsatz bzw. nach einem Systeme, das als eine Verbindung des gewerblichen mit dem Gebühren-Prinzip bezeichnet werden kann.

„Betrachten wir demgegenüber die Verwaltung der Wasserstraßen, so wird die der natürlichen Wasserstraßen ganz, die der künstlichen Wasserstraßen mit geringen Ausnahmen nach dem Grundsatz der reinen Staatsausgabe gefuhrt, obwohl eine Berechtigung hierzu . . . nicht anerkannt werden kann. Denn die Wasserstraßen sind keineswegs uber das gesamte Land gleichmaßig verbreitet, vielmehr weniger gleichmaßig als die Eisenbahnen . . . Die Benutzung der Wasserstraße seitens der Bevolkerung ist viel ungleichmaßiger als die der Eisenbahnen . . . Auf alle Falle ist nicht zu bestreiten, daß, solange man sogar die Eisenbahnen nach dem gewerblichen Grundsatz verwaltet, die Verwaltung der Wasserstraßen nach demselben Grundsatz erfolgen muß und die jetzige Verwaltung derselben nach dem Grundsatz der reinen Staatsausgabe unberechtigt ist.“

u. km angegeben.[1]) Von seiten der Grundbesitzer wird ferner gegen die Anlage von Kanälen geltend gemacht, daß sie Änderungen des Wasserstandes zur Folge haben, wodurch für trockene Lage eine Verminderung der Fruchtbarkeit verbunden ist. Endlich ist hervorzuheben, daß der Anschluß der Landgüter und namentlich der Wälder an Kanäle nicht immer leicht ist. Im Walde haben Trift und Flößerei, die früher die billigste Art der Holzbringung darstellten, mehr und mehr an Bedeutung verloren. Wegenetze und Waldeisenbahnen sind jetzt die wichtigste Art der Bringung des Holzes im Walde. Wege und Waldeisenbahnen erhalten aber ihren Endpunkt an den Haltestellen der die Waldung berührenden oder in der Nähe befindlichen Eisenbahnen. Die Herstellung des Anschlusses an Kanäle bietet unter Umständen mehr Schwierigkeiten.

In Berücksichtigung der großen Vorzüge, welche der Eisenbahn eigentümlich sind, wird voraussichtlich die Herstellung neuer Kanäle in Zukunft nur in bescheidenem Maße zur Durchführung gelangen. Kanäle haben die Hauptaufgabe, die Wirtschaftsgebiete mit den großen Strömen, welche in ihrer Nähe sind, in direkte Verbindung zu bringen, damit die billige Fracht der natürlichen Wasserstraßen möglichst weitgehend zur Anwendung kommen kann. Mit dieser Beschränkung haben die Kanäle für die schwerfälligen dauerhaften Produkte große Bedeutung. In besonderem Grade gilt dies für das Hauptprodukt der Forstwirtschaft, das für die Wasserbeförderung in besonderm Maße geeignet ist.[2]) Der Umstand, daß Kanäle auch dem auswärtigen Holze zugute kommen, darf gegen ihre Anlage nicht geltend gemacht werden. Alle Beziehungen zum Ausland müssen im Wege der Zollpolitik geregelt werden.

[1]) Danckelmann, a a O, S 105
[2]) Im Kreise von Forstwirten wurde die Bedeutung der Wasserstraßen für die Beförderung des Holzes auf der Versammlung des Märkischen Forstvereins zu Freienwalde behandelt Der Berichterstatter, Graf von Wilamowitz-Moellendorf, machte gegen die Anlage des Mittellandkanals die Bedenken geltend, die durch die Verhandlungen des preußischen Abgeordnetenhauses allgemein bekannt geworden sind. Für die Land- und Forstwirtschaft sei seine Bedeutung zweifelhaft, die Verzinsung des Anlagekapitals erscheine unsicher. Der Frachtausfall für die Bahnen wurde nach Fertigstellung des Kanals 23—30 Millionen Mark jährlich betragen Demgegenüber stellte Danckelmann den Leitsatz auf. „Von weiterem großen Nutzen ist die Instandhaltung, Verbesserung und Vermehrung der natürlichen und künstlichen Wasserstraßen, vorausgesetzt, daß die staatliche Neuanlage und Verbesserung der Kanäle nach dem Gebührenprinzip erfolgt. Als wichtigste Aufgabe in dieser Hinsicht erscheint die Herstellung einer leistungsfähigen Schiffahrtsstraße vom Rhein bis zur Elbe usw." Die gegen den Bau von Kanälen angeführten Bedenken seien hinfällig. Die Wasserstraßen hätten hohe Bedeutung nicht nur für Industrie und Handel, sondern auch für alle Erzeugnisse, die in großen Massen befördert werden Die Forstwirtschaft werde in den Stand gesetzt werden, durch Erhöhung der Nutzholzausbeute und des Nutzholzpreises die Waldrente um etwa eine Million Mark zu steigern.

Die Verbesserungen der Beförderungsanstalten haben für jede Art der Bodenkultur große Bedeutung. Ob sie nun der Land- oder Forstwirtschaft in höherm Maße zugute kommen, und ob dadurch das Verhältnis der Reinerträge verschiedener Kulturarten und damit auch die Wahl der Kulturart wesentlich beeinflußt wird, ist kaum nachzuweisen. Im allgemeinen darf man annehmen, daß die Forstwirtschaft wegen der Schwere ihres Hauptprodukts und der großen Unterschiede der Holzpreise an den Erzeugungs- und Verbrauchsorten in höherem Maße durch Verkehrserleichterungen gefördert wird. Tatsächlich hat sich, wie früher nachgewiesen wurde, das Verhältnis des Reinertrags von Land- und Forstwirtschaft zugunsten der letzteren verschoben. Indessen sind die Verhältnisse in dieser Beziehung so mannigfach, daß sie im Einzelfall begründet werden müssen.

II. Zollpolitik.

Ein zweites Mittel, das auf die Verbindung zwischen den Produktions- und Konsumtionsgebieten von Einfluß ist, liegt in der Regelung des auswärtigen Handels, die im Wege der Handelsverträge erfolgt. Zollpolitische Maßnahmen, welche die Einfuhr der Rohstoffe aus anderen Ländern erschweren, bewirken eine Erhöhung des Bodenreinertrags. Dieser ist das Resultat aller positiven und negativen Faktoren, welche auf die Wirtschaft von Einfluß sind. Die Zollpolitik beeinflußt durch die Wirkung, welche sie auf die Preise ausübt, nicht nur die absolute Höhe der Bodenreinerträge; wenn die Erzeugnisse der Bodenkultur verschieden behandelt werden, so muß auch das Verhältnis der Bodenreinerträge verschiedener Kulturarten davon betroffen werden. Hierdurch wird die Benutzungsweise des Bodens beeinflußt. Daher steht auch die Zollpolitik mit dem vorliegenden Gegenstand in nahem Zusammenhang.

In der neueren Zeit ist kein größeres Kulturvolk hinsichtlich der Erzeugung und des Bezugs von Wirtschaftsgütern isoliert; ein jedes steht mit andern in Verbindung. Eine solche wird um so notwendiger, je mehr ein Volk, um sich wirtschaftlich entwickeln zu können, auf die Abfuhr von Verbrauchsgegenständen, die es über das eigene Bedürfnis erzeugt, angewiesen ist; oder je mehr es an Genuß- und Erwerbsmitteln, die es nicht selbst hervorzubringen vermag, einführen muß. Die internationalen wirtschaftlichen Beziehungen nehmen beim Kulturfortschritt zu. Mit der Entwicklung des Verkehrs schließen sich die Völker nicht gegenseitig voneinander ab, sondern sie treten einander näher. Dies liegt im Interesse jeder der miteinander verkehrenden Nationen. Wenn man ein Ideal für den internationalen Verkehr aufstellt, so geht dies dahin, daß die verschiedenen Länder, durch einen ewigen Frieden verbunden, die Produkte erzeugen, die ihren von der Natur gegebenen Verhältnissen am besten entsprechen, und daß sie dieselben, ohne durch gegenseitige Verkehrsschranken behindert zu sein, dahin befördern, wo sie am stärksten begehrt und am besten bezahlt werden. Sind der Freiheit bei der Erzeugung und Verteilung der Güter keine Schranken gezogen, so können die meisten Werte geschaffen und in der der menschlichen Gesellschaft entsprechenden Weise verwendet werden.

Es erscheint hiernach sehr erklärlich, daß die Vertreter der Wirtschaftslehre, welche normale Verhältnisse vor Augen hatten, die Freiheit des Handels zum Prinzip erhoben und jede Art von Schutzzoll bekämpft haben. Nachdem bereits die Physiokraten die dem Merkantilsystem eigentümlichen Verkehrsbeschränkungen bekämpft hatten, ist die Lehre der Handelsfreiheit insbesondere von A. Smith[1]) vertreten worden. Er sagt bei der Kritik des Merkantilsystems, daß, wenn man alle Schranken des Verkehrs, die Eigennutz und Beschränktheit gezogen hätten, beseitige, der beste Zustand nicht nur vom Standpunkt der Weltwirtschaft, sondern auch der einzelnen Völker und ihrer Glieder herbeigeführt werde. Es ist bekannt, daß zufolge des weitgehenden, nachhaltigen Einflusses, der von A. Smith ausgeübt wurde, die Lehre der unbeschränkten Handelsfreiheit bis zur Gegenwart viele Anhänger gehabt hat.

Trotz der Richtigkeit der allgemeinen Grundgedanken des Smithschen Systems hat das ihm zugrunde liegende Ideal des internationalen friedlichen Verkehrs niemals bestanden. Die reale Wirtschaftspolitik hat nicht die internationalen Interessen des Weltverkehrs, sondern sie hat die nationalen Interessen eines bestimmten Volkes zu einer bestimmten Zeit zu vertreten. Und hieraus ergeben sich andere Folgerungen für die den internationalen Handel betreffenden Maßnahmen, als sie von den Vertretern des unbeschränkten Freihandels gezogen worden sind. Neben den übereinstimmenden Interessen haben Völker, die miteinander verkehren, sowohl in bezug

---

[1]) Quellen des Volkswohlstandes, IV Buch 9 Kap.: „So geschieht es, daß jedes System, welches entweder durch außerordentliche Bevorzugung eines besonderen Industriezweiges demselben einen größeren Teil des Landeskapitals zuzuführen sucht, als sich ihm von selbst zugewendet haben würde, oder das durch außerordentliche Hemmnisse einem Industriezweig einen Teil des Landeskapitals, der sonst darin angelegt sein würde, abwendig machen will, in der Tat auf Vernichtung seines eigenen Hauptzwecks hinarbeitet. Es verzögert den Fortschritt des Gemeinwesens in wahrem Wohlstand und wahrer Größe, anstatt ihn zu beschleunigen; und vermindert den wirklichen Wert des Jahresertrags des Bodens und der Arbeit, anstatt ihn zu vermehren . . Beseitigt man nun alle solche Bevorzugungs- und Hemmungssysteme vollständig, so stellt sich das einfache und klare System der natürlichen Freiheit von selbst her."

auf die Produktion als auch in bezug auf die weitere Verteilung der Güter, in der Regel auch entgegengesetzte Interessen; sie treten miteinander in Wettbewerb. Bei der Konkurrenz entwicklungsfähiger Völker kommt aber eines der allgemeinsten Gesetze des organischen Lebens zur Geltung, daß nämlich von mehreren, miteinander konkurrierenden Lebewesen ohne den Eingriff einer höheren Macht diejenigen fortgesetzt an Einfluß gewinnen, die von vornherein — durch einen Vorsprung der Entwicklung oder durch innere Veranlagung oder durch äußere Umstände — begünstigt sind. Die stärkere Nation sucht (wie am besten aus der Handelsgeschichte Englands zu erkennen ist) die schwächere in ihrer Entwicklung zurückzuhalten. Es war ein außerordentlich großes, für die deutsche Volkswirtschaft nachhaltig einflußreiches Verdienst von Friedr. List,[1]) daß er dieses

---

[1]) Das nationale System der politischen Ökonomie, 7. Aufl. 1883. Da das System von List, dessen Grundgedanken trotz vieler Übertreibungen und unzutreffender Folgerungen noch immer von großer praktischer Bedeutung sind, oft verkannt und durch Schlagworte entstellt ist, so folgt hier eine kurze Charakteristik mit des Autors eigenen Worten:

„Die höchste zur Zeit realisierte Einigung der Individuen unter dem Rechtsgesetz ist die des Staates und der Nation; die höchste gedenkbare Vereinigung ist die der gesamten Menschheit. Gleichwie das Individuum im Staat und in der Nation seine individuellen Zwecke in einem viel höheren Grade zu erreichen vermag, als wenn es allein stände, so würden alle Nationen ihre Zwecke in einem viel höheren Grade erreichen, wären sie durch das Rechtsgesetz, den ewigen Frieden und den freien Verkehr miteinander verbunden. Die Natur selbst drängt die Nationen allmählich zu dieser höchsten Vereinigung, indem sie durch die Verschiedenheit des Klimas, des Bodens und der Produkte sie zum Tausch, und durch Übervölkerung und Überfluß an Kapital und Talenten zur Auswanderung und Kolonisierung antreibt. Der internationale Handel, indem er durch Hervorrufung neuer Bedürfnisse zur Tätigkeit und Kraftanstrengung anreizt und neue Ideen, Erfindungen und Kräfte von einer Nation auf die andere überträgt, ist einer der mächtigsten Hebel der Zivilisation und des Nationalwohlstandes. Zur Zeit aber ist die durch den internationalen Handel entstehende Einigung der Nationen noch eine sehr unvollkommene; denn sie wird unterbrochen oder doch geschwächt durch den Krieg oder durch egoistische Maßregeln einzelner Nationen . . . Erhaltung, Ausbildung und Vervollkommnung der Nationalität ist daher zurzeit ein Hauptgegenstand des Strebens der Nation, und muß es sein. Es ist dies kein falsches und egoistisches, sondern ein vernünftiges, mit dem wahren Interesse der gesamten Menschheit vollkommen im Einklang stehendes Bestreben; denn es führt naturgemäß zur endlichen Einigung der Nationen unter dem Rechtsgesetz zur Universalunion, welche der Wohlfahrt des menschlichen Geschlechts nur zuträglich sein kann, wenn viele Nationen eine gleichmäßige Stufe von Kultur und Macht erreichen, . . . wenn also die Universalunion auf dem Wege der Konföderation realisiert wird. Eine aus überwiegender politischer Macht, aus überwiegendem Reichtum einer einzigen Nation hervorgehende, also auf Unterwerfung und Abhängigkeit der anderen Nationalitäten basierte Universalunion dagegen würde der Untergang aller Nationaleigentümlichkeiten und alles Wetteifers unter den Völkern zur Folge haben." . .

„Jede Nation, für welche Selbständigkeit und Fortdauer einigen Wert haben, muß daher trachten, sobald als möglich von einem niedrigen Kulturstand in einen höheren überzugehen, sobald als möglich Agrikultur, Manufakturen, Schiffahrt und Handel auf ihrem eigenen Territorium zu vereinigen."

Gesetz mit Sachkenntnis auf die nationale Wirtschaftslehre und Wirtschaftspolitik zur Anwendung gebracht hat. Die Praxis ist ihm gefolgt. Die größten Taten der neueren Wirtschaftspolitik — vom Erlaß des preußischen Zollgesetzes im Jahre 1818 und der Gründung des Deutschen Zollvereins bis zu den neuesten Handelsverträgen des Deutschen Reichs — sind Anwendungen jenes großen Gesetzes auf die Wirtschaftspolitik.

List wollte bekanntlich den Schutzzoll auf den Gewerbfleiß beschränkt wissen. Hinsichtlich der Bodenkultur hat er stets mit Entschiedenheit den Freihandel vertreten.[1)] Er nahm an, daß die Landwirtschaft bei einer Entwicklung des Gewerbfleißes indirekt — durch die Zunahme des Verbrauchs an Lebensmitteln, die wachsende Bevölkerung und die Hebung des Wohlstandes — so begünstigt werde, daß sie einen direkten Schutz durch Einfuhrzölle nicht nötig habe.[2)] Auch durfte damals — vor dem Dasein von Eisenbahnen

---

„Die Übergange der Nation vom wilden Zustand in den Hirtenstand und vom Hirtenstand in den Agrikulturstand und die ersten Fortschritte in der Agrikultur werden am besten durch freien Handel mit zivilisierten Nationen bewirkt Der Übergang der Agrikulturvolker in die Klasse der Agrikulturmanufaktur- und Handelsnationen wurde bei freiem Verkehr nur in dem Falle von selbst stattfinden konnen, wenn bei allen zu Emporbringung einer Manufakturkraft berufenen Nationen zu gleicher Zeit der gleiche Bildungsprozeß stattgefunden hatte, wenn die Nationen einander in ihrer okonomischen Ausbildung keinerlei Hindernisse in den Weg legten, wenn sie nicht durch Kriege und Douanensysteme einander in ihren Fortschritten storten. . . . Durch die fruheren Fortschritte anderer Nationen, durch die fremden Douanensysteme und die Kriege werden die minder vorgeruckten Nationen genotigt, in sich selbst die Mittel zu suchen, um den Übergang vom Agrikulturstand in den Manufakturstand zu bewerkstelligen und den Handel mit weiter vorgeruckten und nach dem Manufakturmonopol strebenden Nationen, insofern er ihnen darin hinderlich ist, durch ein eigenes Douanensystem zu beschränken. Das Douanensystem ist demnach nicht, wie man behauptet hat, eine Erfindung spekulativer Kopfe; es ist eine naturliche Folge des Strebens der Nationen nach den Garantien der Fortdauer und Prosperitat oder nach uberwiegender Macht Dieses Streben ist aber nur insofern ein legitimes und vernunftiges, als es der Nation selbst, die es ergreift, in ihrer okonomischen Entwickelung nicht hinderlich, sondern forderlich ist, und als es dem höheren Zweck der Menschheit, der kunftigen Universalkonfoderation nicht feindlich entgegentritt '

Das System Lists steht hiernach in einem entschiedenen Gegensatz zu der generalisierenden Richtung in der Wirtschaftspolitik Es bedeutet keinen Ruckschritt von der Freiheit zum Zwang, sondern es enthalt wirtschaftliche Entwicklungslehre List befolgt in seinem nationalen System die Methode der Geschichte und kritischen Vergleichung und begrundet die obigen Satze durch die Geschichte der wichtigsten Kulturvolker.

[1)] A. a. O. S 16: „Die innere Agrikultur durch Schutzzolle heben zu wollen, ist ein torichtes Beginnen, weil die innere Agrikultur nur durch die inlandischen Manufakturen auf okonomische Weise gehoben werden kann und weil durch Ausschließung fremder Rohstoffe und Agrikulturprodukte die eigenen Manufakturen des Landes niedergehalten werden."

[2)] A a O S 18 „Der Schutzzoll auf Manufakturwaren fallt nicht den Agrikulturisten der beschutzten Nation zur Last. Durch das Emporkommen

und Dampfschiffen — für die meisten Wirtschaftsgebiete in der
Schwere der Rohstoffe ein Schutz gegen die Einfuhr auswärtigen
Getreides erblickt werden. Indessen aus diesen Verhältnissen ergeben sich nur Unterschiede des Grades und der Zeit. Im Kern
und Wesen der Sache ist eine verschiedene Behandlung beider
Hauptwirtschaftszweige nicht begründet. Die frühere Unterstellung,
daß die Landwirtschaft durch die Schwere ihrer Erzeugnisse gegen
den Wettbewerb ausländischer Produkte geschützt sei, ist in der
Gegenwart nicht im geringsten mehr zutreffend. Die von List und
seinen Nachfolgern ausgesprochene Ansicht aber, daß die Entwicklung der Industrie einen günstigen Einfluß auf die Landwirtschaft
übt, indem sie den Verbrauch an Rohstoffen erhöht und damit auch
die Erträge steigert, kann und muß auch dahin umgekehrt werden,
daß eine blühende Landwirtschaft auf den Stand der Industrie eine
günstige Wirkung übt. Beide Hauptzweige des nationalen Erwerbs-
lebens stehen in dieser wie in vielen anderen Beziehungen in Wechselwirkung. Der Staat muß deshalb beide als gleichberechtigte Wirtschaftszweige ansehen.[1]) Wird der Zollschutz unter Umständen für
die heimische Industrie, wenn sie sich ohne staatliche Hilfe gegen
den Wettbewerb auswärtiger Länder nicht behaupten kann, eingeführt, so muß er unter entsprechenden Verhältnissen, wenn die
Produktionsbedingungen im Ausland günstigere sind, als im eigenen
Lande, auch für die Landwirtschaft als zulässig und erforderlich
angesehen werden.

einer inländischen Manufakturkraft wird der Reichtum der Bevölkerung und
damit die Nachfrage nach Agrikulturprodukten, folglich Rente und Tauschwert des Grundeigentums außerordentlich vermehrt, während mit der Zeit
die Manufakturbedürfnisse der Agrikulturisten im Preise fallen. Diese Ge-
winste übersteigen die durch die vorübergehende Erhöhung der Manufaktur-
warenpreise den Agrikulturisten zugehenden Verluste zehnfältig "

[1]) Dieser Standpunkt ist auch in der neuesten deutschen Handelspolitik
eingehalten worden. Reichskanzler Fürst von Bülow im Deutschen Reichstag, Sitzung am 1. Februar 1905: „Ich erkenne die hohe Bedeutung an,
welche Industrie und Handel für unsere wirtschaftliche und kulturelle Entwicklung haben, für die Mehrung unseres Nationalvermögens, für unsere
Machtstellung in der Welt: Ich freue mich dieser Erfolge unserer Handelspolitik, welche zu diesem wirtschaftlichen Aufschwung mit beigetragen hat
Ich betrachte aber die Landwirtschaft als einen den beiden andern Erwerbs-
ständen völlig gleichberechtigten Faktor ... Das Maß für die Erhöhung
der landwirtschaftlichen Zölle glaubten die verbundeten Regierungen zu finden einerseits in der gebotenen Rücksicht auf die beiden andern Erwerbs
stände, Handel und Industrie, andererseits in der Rücksicht auf die Konsumenten. Wenn aber, m H., die Schaffung vertragsmäßiger Bürgschaften für
den internationalen Güteraustausch der verbundeten Regierungen als notwendig galt, so durfte mit der Erhöhung der landwirtschaftlichen Zölle nur
so hoch gegangen werden, als dabei der Abschluß langfristiger Handelsverträge noch möglich erschien und eine Schädigung anderer Bevölkerungskreise
nicht zu befürchten ist. Von diesen rein objektiven Gesichtspunkten sind
die verbundeten Regierungen bei der Abmessung der neuen Getreidezölle
ausgegangen."

Ob nun ein Zollschutz dem nationalen Interesse entspricht, hängt von den besonderen Verhältnissen der betreffenden Völker und Länder ab. Allgemeine Theorien lassen sich über die Vorzüge und Nachteile des freien Handels, über die Notwendigkeit, Entbehrlichkeit oder Schädlichkeit von Schutzzöllen nicht aufstellen. Es unterliegt keinem Zweifel, daß manche Völker, in erster Linie das englische, auf dem Wege des Freihandels ihren Wohlstand begründet und gefördert haben. Weit mehr Beispiele werden aber aus der neueren Geschichte dafür erbracht werden können, daß die Völker unter dem Schutz von Einfuhrzöllen die Bedingungen für die Hebung ihrer wirtschaftlichen Kultur erhalten haben. Die Berechtigung von Zöllen muß, entsprechend den Grundgedanken des Listschen Systems, stets nach den geschichtlichen Entwicklungsstufen und nach den von der Natur gegebenen Verhältnissen der betreffenden Nationen beurteilt werden.

Auf den primitiven Stufen der Volkswirtschaft ist ein Zoll auf die Einfuhr landwirtschaftlicher Erzeugnisse in der Regel fast gegenstandslos; ein Handel mit denselben ist alsdann noch kaum vorhanden. Andererseits lassen auch die höchsten Kulturstufen einen Zollschutz überflüssig erscheinen. Gute Absatzlagen, in denen alle landwirtschaftlichen Produkte vorteilhaft verwertet werden können — gute Böden, die den Anbau jeder Fruchtart und jeden Wechsel ihrer Folge gestatten —, enthalten hierdurch einen Vorzug, der sie befähigt, sich ohne Zollschutz im Konkurrenzkampf gegen andere Wirtschaftsgebiete zu behaupten. Für die der Fläche nach weitaus überwiegenden Teile des Deutschen Reichs, die nach den gegebenen physikalischen und ökonomischen Bedingungen vorwiegend auf Getreidebau angewiesen sind, liegen aber, wie die neueste Zeit klar gezeigt hat, durch die Unterschiede in den Produktionsbedingungen und die Leichtigkeit der Beförderung, die Verhältnisse so, daß die Landwirtschaft den Schutzzoll gegen auswärtige Konkurrenz ebensowenig entbehren kann, als eine in der ersten Entwicklung begriffene Industrie. Der Übergang zu anderen Kulturarten, der den Landwirten oft empfohlen wird, ist, wie früher begründet wurde, nur in sehr beschränktem Maße ausführbar.[1])

---

[1]) Reichskanzler Fürst von Bülow im Deutschen Reichstag· „Die Landwirtschaft ist es, die bei den letzten Handelsverträgen zu kurz gekommen war und die unter der damaligen Herabsetzung der landwirtschaftlichen Zölle schwer zu leiden gehabt hat Sollte aber der Landwirtschaft geholfen werden, so war ein verstärkter Zollschutz sowohl für den deutschen Getreidebau wie für die heimische Viehzucht unerläßlich Der Getreidebau bildet auch heute noch die hauptsächlichste Grundlage des landwirtschaftlichen Betriebs in Deutschland und wird es bei unserer Bodenbeschaffenheit und unseren klimatischen Verhältnissen voraussichtlich in absehbarer Zeit bleiben.

Wird nun Getreide aus Gegenden, für die durch die Gunst von Boden und Klima die Produktionskosten geringer sind als im eigenen Lande, eingeführt, so können dadurch die Preise in einem Maße abnehmen, daß die Produktionskosten nicht erreicht werden. Dies hat bei längerer Dauer für ein konsequentes Handeln die Folge, daß einzelne Flächen der Landgüter, Feldmarkungen usw., welche seither die unterste Ertragsstufe gebildet haben, nicht mehr angebaut werden. In Preußen war dieser Fall auf den ärmern Sandböden der Provinzen Ost- und Westpreußen in großem Umfang eingetreten. Seine Folgen liegen jetzt klar am Tage; die Entstehung des Ödlandes ist dadurch verursacht Das Unbebautbleiben von kulturfähigem Boden hat, wie die Verhältnisse in Ost- und Westpreußen, Holstein, Hannover zeigen, volkswirtschaftlich nachteilige Folgen, die weitere Kreise berühren als die der unmittelbar beteiligten Interessenten. Es wird dadurch ein Rückgang der nationalen Produktion herbeigeführt.[1]) Ein Gewinn steht diesem Verlust nicht gegenüber. Der städtische Gewerbefleiß verliert vielmehr durch die Abnahme der Kaufkraft der ländlichen Bevölkerung. Das nationale Interesse, welches verlangt, daß die einem Lande gegebene Produktionskraft möglichst zur Betätigung gelangt, steht daher unter Umständen mit der kosmopolitischen Lehre, welche dahin geht, daß die Güter von da bezogen werden, wo sie am billigsten erzeugt werden, im Gegensatz. Der Staat hat aber das nationale Prinzip zu vertreten und nach Möglichkeit zur

Mehr als die Halfte der deutschen Acker- und Gartenflache wird mit Getreide bestellt.“

[1]) Die Folgen, welche die unbeschränkte Freiheit des Getreidehandels zwischen Volkern, welche unter verschiedenen Bedingungen produzieren, für die Macht und den Wohlstand nach sich zieht, sind von v. Thunen in einer Richtung dargestellt, welche für den Stand dieser Frage gerade in der Gegenwart und jungsten Vergangenheit charakteristisch ist: „Der isolierte Staat A sei durch einen schiffbaren Fluß mit einem anderen Staat Q verbunden. In der Hauptstadt des Staates A sei bei völliger Absperrung der Preis des Berliner Scheffels Roggen = 1,5 Taler, in der Hauptstadt des Staates Q sei, wegen des fruchtbareren Bodens, dieser Preis nur 1 Taler. Gesetzt, die Transport- und Handelskosten bei der Versendung des Korns von Q nach A betragen 0,1 Taler pro Scheffel. Wie wird nun der freie Getreidehandel auf den Wohlstand des Staates A wirken? Das Resultat ist folgendes: „Es werden die Bewohner des Staates A ihre Gebaude verfallen lassen, und wenn diese aufhoren, brauchbar zu sein, mit ihrem Vieh und der beweglichen Habe nach dem Staate Q wandern, dort auf dem noch unkultivierten Lande sich anbauen, wo wegen des fruchtbaren Bodens ihre Arbeit und ihr Kapital eine hohere Belohnung finden als in A. Die endliche Folge der Handelsfreiheit ist also die, daß der Staat A an Bevolkerung, Kapital und Landrente armer geworden ist. . . . Dieses ist nun die nationale Seite der Frage und von diesem Standpunkt aus müssen wir die Zweckmäßigkeit der Handelsfreiheit verneinen.“ Isol. Staat, 3. Aufl., II. Teil, 2. Abteil , S. 83 f.

Geltung zu bringen. Im Gegensatz zur Lehre von A. Smith,[1] welcher bei der Leitung der ökonomischen Politik ausschließlich die Konsumenten berücksichtigt wissen wollte, hat eine nationale Wirtschaftspolitik auch die Interessen der Produzenten (welche, sofern die Zukunft gehörig berücksichtigt wird, mit denen der Konsumenten weit mehr übereinstimmen, als es einem beschränkten, nur auf die Gegenwart und den Einzelfall gerichteten Blick erscheint) zu vertreten.

Der Forstwirtschaft ist von Nationalökonomen und Staatswirten meist nur wenig Beachtung zuteil geworden. Fr. List erwähnt sie gar nicht; er würde sie noch weniger eines Schutzes bedürftig erachtet haben als die Landwirtschaft. Die Gründe, welche gegen den Zollschutz der Landwirtschaft geltend gemacht wurden, konnten vor 60 Jahren (als List schrieb) in noch stärkerem Grade in bezug auf die Forstwirtschaft hervorgehoben werden. Die Forstwirtschaft wurde vielfach nur als Mittel für die Gewerbe betrachtet. Erst von den Vertretern des Bodenreinertrags wurde ihre Bedeutung als selbständiger Betrieb hervorgehoben. Auf Grund dieser theoretischen Forderung hat Danckelmann[2] die Notwendigkeit eines Zollschutzes für die Forstprodukte nicht nur mit Rücksicht auf die Waldbesitzer, sondern auch mit Rücksicht auf die Arbeiter und Konsumenten, nicht nur im Interesse der Gegenwart, sondern auch im Hinblick auf die Zukunft mit Nachdruck vertreten.

Auch bei der Beurteilung der Schutzbedürftigkeit der Forstwirtschaft müssen die vorliegenden zeitlichen und örtlichen Verhältnisse berücksichtigt werden. Allgemeine Sätze über Zollschutz und Freihandel können auch betreffs der Walderzeugnisse nicht aufgestellt werden. In mancher Hinsicht liegen die Verhältnisse ganz analog denjenigen der Landwirtschaft. Weder die niedrigsten noch die höchsten Stufen des forstlichen Betriebs bedürfen des Schutzes. Auf den niedrigsten Stufen besteht, abgesehen von Waldungen, die mit Wasserstraßen in Verbindung stehen, kein Holzhandel; fast alles Holz wird nur in der Nähe des Waldes ver-

---

[1] Quellen des Volkswohlstandes, 4 Buch, 8. Kap : „Einziges Ziel und Ende aller Produktion ist Konsumtion; und für das Interesse der Produzenten hat man nur soweit zu sorgen, als es zur Förderung desjenigen des Konsumenten nötig erscheinen sollte; eine Maxime, die ihren Beweis so offenbar und vollständig in sich selbst trägt, daß es töricht sein würde, ihn noch erst anzutreten Im Merkantilsystem aber wird das Interesse des Konsumenten fast beständig dem des Produzenten geopfert und es scheint die Produktion, nicht die Konsumtion als den endlichen Zweck und Gegenstand alles Gewerbefleißes und Handels zu betrachten."

[2] Die deutschen Nutzholzzölle, eine Waldschutzschrift 1883· „Es sind die Interessen der Gesamtheit und Zukunft, denen der Waldschutzzoll zu dienen bestimmt ist."

braucht. Andererseits besitzen Wälder mit sehr günstigen Boden-
und Absatzverhältnissen hierdurch einen Vorzug, der sie befähigt,
ohne besondere Schutzmaßregeln die Konkurrenz mit auswärtigen
Wirtschaftsgebieten siegreich zu bestehen. Aber für die an Umfang
überwiegenden Wirtschaftsgebiete, die zwischen den genannten Extremen liegen, sind die Verhältnisse anders. Hier können, wie in
der Landwirtschaft, durch eine starke Einfuhr von ausländischem
Holz die Preise so gedrückt werden, daß die statischen Grundbedingungen der Wirtschaftsführung aufgehoben werden und der
Sporn zum Wiederanbau auch für Besitzer, die für den forstlichen
Betrieb wohl geeignet sind, erstickt wird. Die Folge hiervon ist
die Entstehung von Ödland. Was seitens der Forstwirtschaft auf
dem vorliegenden Gebiete erstrebt wird, ist die Anerkennung des
Grundsatzes der Parität gegenüber der Landwirtschaft und Industrie. Die Forstwirtschaft darf nicht, wie es unter der Herrschaft
des Merkantilsystems geschehen ist — und noch in der Gegenwart
sind die Folgen dieser Anschauung in weiten Kreisen wahrzunehmen
— lediglich als eine Hilfsanstalt für andere Betriebe angesehen,
sie muß vielmehr als ein selbständiger Wirtschaftszweig behandelt
werden, der zunächst in sich einen Reinertrag zu erstreben hat.
Ihr mittelbarer Einfluß und ihre Bedeutung für die Industrie wird
dadurch nicht abgeschwächt. Und wenn man diesen Grundsatz
der Parität durchführt, so gelangt man zu der von Danckelmann vertretenen Anschauung, daß die heimische Forstwirtschaft
unter Umständen des Schutzes dringend bedürftig ist — nicht
wegen eines schlechtern Betriebs, sondern wegen der Verschiedenheit der Produktionsbedingungen im In- und Ausland. So ist für
Starkholz ein Schutzzoll angezeigt, weil im Ausland Starkhölzer
vielfach noch durch Okkupation gewonnen werden, während sie in
Deutschland, den Forderungen der Bodenreinertragslehre entsprechend, mit den Kosten der langen Produktionszeiträume belastet
angesehen werden. Auch für die das Haupterzeugnis vieler Wälder
bildenden mittleren Nutzhölzer kann ein Zollschutz erstrebenswert
sein. Gerade diese Sortimente können durch Massenabtriebe ausländischer Privatforsten in großer Menge gewonnen und bei der
Billigkeit überseeischer Frachten nach Deutschland eingeführt werden. Weiterhin ist die Rinde ein Erzeugnis, für das ein Schutzzoll erwünscht ist. Vom Standpunkt der nationalen Produktion
erscheint eine Begünstigung des Schälwaldes allerdings nicht angezeigt; er steht gegen die Leistung des Hochwaldes zurück. Wohl
aber kann die Rücksicht auf die Schälwaldbesitzer einen Grund
für den Zoll auf auswärtige Gerbstoffe bilden. Die Schälwaldungen
sind in vielen Gegenden im Besitz kleiner Eigentümer, welche die

sonst erstrebenswerte Überführung in den höhere Werte erzeugenden Hochwald nicht ausführen können.

Geht man im Anschluß an die vorstehenden allgemeinen Erörterungen auf die Maßregeln der neuesten Zollpolitik ein, so wird bekanntlich der Landwirtschaft durch die abgeschlossenen Handelsverträge ein erhöhter Schutz gegen auswärtige Getreideeinfuhr zuteil werden. Er wird voraussichtlich zur Folge haben, daß das Sinken der Reinerträge aufhören und die Rentabilität gehoben werden wird. Die Forstwirtschaft wird dagegen in der nächsten Zukunft bezüglich mancher Sortimente gänzlich, bezüglich anderer nahezu dem Einfluß des Freihandels preisgegeben sein. Die seither schon außerordentlich niedrigen Zollsätze sind, wenigstens beim Nadelholz und weichen Laubholz, in den neueren Handelsverträgen noch weiter erniedrigt worden.[1]) Geschützt wird durch die Handelsverträge hauptsächlich nur die am Holze vollzogene Arbeit der Handwerker und Fabrikanten, insbesondere die Sägeindustrie,[2]) nicht aber das Rohprodukt selbst, das Gegenstand der forstlichen Betriebsführung ist.

[1]) Die seitherigen Zollsätze betrugen für:

	pro 100 kg Mark	pro fm Mark
1. Bau- und Nutzholz, roh	0,20	1,20
2. Bau- und Nutzholz, beschlagen oder sonst vorgearbeitet	0,30	1,80
3. Bau- und Nutzholz, gesägt	0,80	4,80

Die neuen Zollsätze betragen:

	pro 100 kg Mark	pro fm Hartholz Mark	pro fm Weichholz
zu 1	0,12	1,08	0,72
zu 2	0,24	1,92	1,44
zu 3	0,72	5,76	4,32

Hiernach ergeben sich bei rohem Hartholz nur geringfügige Änderungen gegen die seitherigen Zollsätze, beim gesagten Hartholz findet eine Erhöhung des Zolles statt; beim Weichholz ergeben sich bei allen Arten beträchtliche Veränderungen.

[2]) Hierauf wird auch von den Leitern der deutschen Wirtschaftspolitik besonders hingewiesen. Reichskanzler Fürst von Bülow im Deutschen Reichstag: „Dagegen bietet der neue Zolltarif den Vorteil, daß das bewaldrechtete Holz künftig nicht als Rohholz, sondern als beschlagenes Holz verzollt wird und somit eine Zollerhöhung um 4 Pfennig erfährt. Der Zoll für Sägeholz ist wegen der Herabsetzung des Zolles für Rohholz in seinen ziffernmäßigen Beträgen ermäßigt worden. Indessen ist die Spannung von 60 Pf zwischen dem Zollsatz für Rohholz und für Sägeholz festgehalten, und damit ist eine Verringerung des Zollschutzes für unsere deutsche Sägeindustrie vermieden worden. Dazu kommt, daß sich Rußland verpflichtet hat, während der ganzen Dauer des Vertrages weder sein Rohholz, noch sein beschlagenes Holz mit einem Ausfuhrzoll oder Ausfuhrverbot zu belegen. Die deutschen Schneidemühlen sind also sichergestellt, daß ihnen das aus Rußland bezogene Rohholz nicht durch Auflegung eines Ausfuhrzolles verteuert werden kann. Ohne diese Bindung würde Rußland ein bequemes Mittel in der Hand gehabt haben, unsere sorgsam erwogene Relation zwischen den Sätzen für Rohholz, für beschlagenes Holz und für Sägeholz willkürlich zu verschieben."

Die Ursache der verschiedenen zollpolitischen Behandlung beider Hauptzweige der Bodenkultur liegt zunächst in dem Umstand, daß der inländischen Getreideerzeugung in wirtschaftlicher und politischer Beziehung ein weit höherer Wert beigelegt wird und beigelegt werden muß, als der einheimischen Holzzucht. Dies wird jederzeit so bleiben. Sodann kann die von den entschiedensten Schutzzöllnern vertretene Ansicht, daß Deutschland imstande sein werde, den eigenen Nutzholzbedarf zu befriedigen, nicht aufrechterhalten werden. Sie wird von den Vertretern der deutschen Regierungen nicht geteilt.[1]) Der wesentlichste Grund der verschiedenen Behandlung liegt aber darin, daß die Forstwirtschaft ohne besondere wirtschaftspolitische Maßnahmen lediglich infolge der Entwicklung des modernen Wirtschaftslebens, in besonderem Grade begünstigt worden ist.[2]) Daher wird erwartet, daß sich ihre Rentabilität auch ferner ohne besondere Unterstützung durch hohe Einfuhrzölle befriedigend gestalten werde.[3]) Die Landwirtschaft ist dagegen durch die Entwicklung der neueren Wirtschaftsverhältnisse, insbesondere durch die an sich berechtigte und wünschenswerte Steigerung der Arbeitslöhne, ungünstig beeinflußt.

Die Begünstigung der Landwirtschaft kann die Folge haben, daß in Zukunft manche Flächen landwirtschaftlich benutzt werden,

---

[1]) Fürst von Bülow im Deutschen Reichstag: „Was nun das Holz angeht, m. H., so lag die Sache ähnlich wie beim Hopfen. Wenn wir an den bisherigen Sätzen für Holz festgehalten hätten, so würde es unmöglich, es würde völlig ausgeschlossen gewesen sein, wieder zu Handelsverträgen mit Rußland und mit Österreich-Ungarn zu gelangen. Deutschland ist nicht imstande, seinen Bedarf an Holz aus eigenen Beständen zu decken. Deshalb erschien die Herabsetzung des Zolls für Rohholz und für beschlagenes Holz zulässig.“ — Landwirtschaftsminister von Podbielski im preußischen Landesökonomie-Kollegium, Sitzung am 4. Febr. 1905: „Man vergesse die Tatsache nicht, daß Deutschland $2/_3$ seines Bedarfs produziert und $1/_3$ importiert.“

[2]) Eine eigentliche Notlage, die Danckelmann, Nutzholzzölle, Vorwort und S. 81 unterstellt („Angesichts der dargestellten trüben Verhältnisse in bezug auf Waldrente, Holzpreise und Nutzholzausbeute dürfte einiger Mut dazu gehören, die Behauptung aufrechtzuerhalten, daß sich die deutsche Waldwirtschaft nicht in einer Notlage befinde.“) hat in der Forstwirtschaft überhaupt nicht stattgefunden. Die a. a. O. Tafel XIII bis XVI dargestellten zeitweisen Schwankungen in der Nutzholzausbeute und der Reinerträge können nur zum geringen Teil auf die eingehaltene Zollpolitik zurückgeführt werden. Im allgemeinen zeigen die Reinerträge der Forsten eine stetige Zunahme, obwohl die bestehenden Zölle so niedrig waren und noch sind, daß sie einen wesentlichen Einfluß auf die Holzpreise nicht haben ausüben können.

[3]) Landwirtschaftsminister v. Podbielski im Landesökonomie-Kollegium: „Wenn wir schädliche Folgen von der Herabsetzung fürchten müßten, so müßten wir auch eine schädliche Einwirkung auf die preußischen Staatsfinanzen fürchten. Aber da muß ich sagen: Gestützt auf viele Berichte, auch auf die unserer forstwirtschaftlichen Sachverständigen im Auslande, glaube ich versichern zu können: Der Holzmarkt wird sich dauernd in steigender Konjunktur befinden.“

die sonst der Forstwirtschaft zufallen würden. Dies ist (wie früher hervorgehoben wurde) kein Übelstand, entspricht vielmehr dem Interesse der zunehmenden Bevölkerung des Deutschen Reichs. Jedenfalls hat man aber bei der Vergleichung beider Kulturarten zu beachten, daß das auf Grund der zukünftigen Zollsätze sich ergebende Verhältnis der Bodenreinerträge kein allgemeines und bleibendes, sondern daß es durch die ungleiche Behandlung der Zollpolitik herbeigeführt ist. Es liegt hierin ein Beitrag für die an anderer Stelle dieser Schrift ausgesprochene Lehre. daß die Ergebnisse von Untersuchungen über wirtschaftliche Verhältnisse in ihrer zahlenmäßigen Bestimmtheit nur eine zeitlich und örtlich beschränkte, keine allgemeine und bleibende Bedeutung haben.

Behringer, Dr. Martin, **Schätzung stehenden Fichtenholzes** mit einfachen Hilfsmitteln unter besonderer Berücksichtigung der sogenannten Heilbronner Sortierung. 2 Teile Kartoniert Preis je M. 2,—.

Danckelmann, Dr jur. Bernhard, **Die Ablösung und Regelung der Waldgrundgerechtigkeiten.** Erster Teil: Die Ablösung und Regelung der Waldgrundgerechtigkeiten im Allgemeinen Preis M. 7,—.
Zweiter Teil: Die Ablösung und Regelung der Waldgrundgerechtigkeiten im Besonderen. Dritter Teil: Hülfstafeln zur Wertermittelung von Waldgrundgerechtigkeiten. Preis von Teil II und III zusammen M. 15,—.
(Teil II und III werden einzeln nicht abgegeben) Preis des ganzen Werkes M. 22,—.

Eichhorn, Dr. Fritz, **Ertragstafel für die Weißtanne.** Auf Grund des Materials der Großherzogl. bad. forstlichen Versuchsstation. Mit 5 lithogr. Tafeln. Preis M 3,60; in Leinwand gebunden M 4,40.

Endres, Dr. Max, **Lehrbuch der Waldwertrechnung und Forststatik.** Mit 4 in den Text gedruckten Figuren. Preis M. 7,—; in Leinwand gebunden M. 8,20.

— — **Handbuch der Forstpolitik mit besonderer Berücksichtigung der Gesetzgebung und Statistik.** Preis ca. M. 15,—; in Leinwand gebunden ca. M. 16,20. (Erscheint im Herbst 1905.)

Fischbach, Karl von, **Lehrbuch der Forstwissenschaft.** Für Forstmänner und Waldbesitzer Vierte, vermehrte Auflage. Preis M. 10,—; in Halbleder gebunden M 12,—.

Fürst, Dr. Hermann, **Die Pflanzenzucht im Walde.** Ein Handbuch für Forstwirte, Waldbesitzer und Studierende Dritte, vermehrte und verbesserte Auflage Mit 52 Holzschnitten im Text. Preis M 6,—; in Leinwand gebunden M 7,—

Grundner, Dr. F, **Untersuchungen im Buchenhochwalde über Wachstumsgang und Massenertrag.** Nach den Aufnahmen der Herzoglich Braunschweigischen Forstlichen Versuchsanstalt. Mit 2 lithogr. Tafeln Preis M. 3,—.

Hagen, Otto von, **Die forstlichen Verhältnisse Preußens.** Dritte Auflage, bearbeitet nach amtlichem Material von K. Donner, Oberlandforstmeister und Ministerialdirektor In zwei Bänden. Preis M. 20,—; in 1 Leinwandband gebunden M. 21,50; in 2 Leinwandbände gebunden M. 22,50.
Als Ergänzung hierzu erschienen:
Amtliche Mitteilungen aus der Abteilung für Forsten des Kgl. Preußischen Ministeriums für Landwirtschaft, Domänen und Forsten. 1. Heft 1893—1900. 2. Heft 1900—1903. Preis je M. 2,—.

Heck, Dr Carl Robert, **Freie Durchforstung.** Mit 31 Übersichten und 6 Tafeln. Preis M. 3,—.

Kaiser, Otto, **Die wirtschaftliche Einteilung der Forsten** mit besonderer Berücksichtigung des Gebirges in Verbindung mit der Wegnetzlegung. Mit 30 Textfiguren, 10 lithogr Tafeln und 4 Karten. Preis M. 6,—; in Leinwand gebunden M 7,—.